Reihenherausgeber
Prof. Dr. Holger Dette · Prof. Dr. Wolfgang Härdle

Statistik und ihre Anwendungen

Weitere Bände dieser Reihe finden Sie unter
http://www.springer.com/series/5100

Andreas Handl · Torben Kuhlenkasper

Multivariate Analysemethoden

Theorie und Praxis mit R

3., wesentl. überarb. Aufl. 2017

 Springer Spektrum

Andreas Handl

Torben Kuhlenkasper
Hochschule Pforzheim
Pforzheim, Deutschland

Statistik und ihre Anwendungen
ISBN 978-3-662-54753-3
DOI 10.1007/978-3-662-54754-0

ISBN 978-3-662-54754-0 (eBook)

Die Deutsche Nationalbibliothek verzeichnet diese Publikation in der Deutschen Nationalbibliografie; detaillierte bibliografische Daten sind im Internet über http://dnb.d-nb.de abrufbar.

Springer Spektrum

Planung: Iris Ruhmann

Gedruckt auf säurefreiem und chlorfrei gebleichtem Papier

Springer Spektrum ist Teil von Springer Nature
Die eingetragene Gesellschaft ist Springer-Verlag GmbH Deutschland
Die Anschrift der Gesellschaft ist: Heidelberger Platz 3, 14197 Berlin, Germany

Vorwort zur dritten Auflage

In der vorliegenden dritten Auflage des Buches wurden weitere Ergänzungen und Verbesserungen umgesetzt. Als ehemaliger Student von Andreas Handl in Bielefeld ist es für mich eine ganz besondere Ehre und große Herausforderung, dieses Lehrbuch fortführen zu dürfen. Hierfür möchte ich insbesondere Claudia und Fabian Handl ganz herzlich für das Vertrauen danken. Auch der Springer Verlag und Stefan Niermann haben eine Fortführung dieses Buches ermöglicht. Auch dafür danke ich sehr herzlich.

In der dritten Auflage kommt anstelle der Software S-PLUS nun die frei verfügbare Software R zur Anwendung. R hat sich in den letzten Jahren fest in der statistischen Welt etabliert und ist auf dem Weg, die Standardsoftware für Datenanalyse zu werden. Wenngleich S-PLUS und R sich sehr ähneln, haben sich insbesondere in den Unterkapiteln des Buches zur Anwendung der Methoden in R die meisten Änderungen ergeben. Viele Funktionen mussten in S-PLUS noch selbst geschrieben werden. Da mittlerweile in R durch Zusatzpakete viele dieser benötigten Funktionen verfügbar sind, hat sich die Anwendung an vielen Stellen deutlich vereinfacht und ist für den Anwender komfortabler geworden. Der Leser des Buches ist aber auch weiterhin dazu aufgefordert, die Beispiele zunächst manuell nachzurechnen und im Detail zu verstehen um dann zu lernen, wie man die gleichen Ergebnisse in R erhält und die eigenen Analysen in R umsetzen kann. Alle Abbildungen im Buch sind aktualisiert und nun mit R erstellt worden. Darüber hinaus wurden einige Beispiele und somit auch die Berechnungen mit den Beispielen im Buch ersetzt. Kapitel 11 zur einfaktoriellen Varianzanalyse wurde um den Jonckheere-Test ergänzt. Auf der Plattform

www.multivariate.kuhlenkasper.de

werden in Kürze zusätzliche Informationen zum Lehrbuch, eine Errata-Liste sowie die verwendeten Datensätze für R zur Verfügung gestellt. Weitere Übungsaufgaben und deren Lösungen sind ebenfalls geplant.

Bad Essen, im März 2017   Torben Kuhlenkasper

Vorwort zur zweiten Auflage

Bei der hiermit vorgelegten korrigierten und überarbeiteten zweiten Auflage des Buches wurden Ergänzungen und Verbesserungen des im Jahr 2007 verstorbenen Autors integriert. Seine Lehrveranstaltungen und Arbeiten zeichneten und zeichnen sich durch besonders große Verständlichkeit, Anwendungsbezug, Liebe zum Detail und das ständige Bemühen aus, die Inhalte aus Sicht seiner Hörer und Leser zu sehen. Deshalb ist es mir eine große Freude, Verantwortung und Ehre zugleich, dieses äußerst bewahrenswerte Erbe fortzuführen.

In der vorliegenden zweiten Auflage wurde im vierten Kapitel die Berechnung des Gower-Koeffizienten überarbeitet. Im fünften Kapitel wurde anstelle der exemplarischen Hauptkomponentenanalyse der PISA-Daten eine für die praktische Anwendung geeignete, auf sieben Schritten beruhende Vorgehensweise dargestellt. Das Kapitel 13 zur Clusteranalyse wurde ergänzt um das Ward-, das Median- und das Zentroid-Verfahren. Diese werden als Spezialfälle der Rekursionsbeziehung von Lance und Williams eingeführt. Darüber hinaus wurden weitere Eigenschaften hierarchischer Verfahren in das Kapitel aufgenommen.

Hannover, im April 2010 Stefan Niermann

Vorwort zur ersten Auflage

In den letzten 20 Jahren hat die starke Verbreitung von leistungsfähigen Rechnern unter anderem dazu geführt, dass riesige Datenmengen gesammelt werden, in denen sowohl unter den Objekten als auch den Merkmalen Strukturen gesucht werden. Geeignete Werkzeuge hierzu bieten multivariate Verfahren. Außerdem erhöhte sich durch die Verbreitung der Computer auch die Verfügbarkeit leistungsfähiger Programme zur Analyse multivariater Daten. Statistische Programmpakete wir SAS, SPSS und BMDP laufen auch auf PCs. Daneben wurde eine Reihe von Umgebungen zur Datenanalyse wie S-PLUS, R und GAUSS geschaffen, die nicht nur eine Vielzahl von Funktionen zur Verfügung stellen, sondern in denen auch neue Verfahren schnell implementiert werden können.

Dieses Buch gibt eine Einführung in die Analyse multivariater Daten, die die eben beschriebenen Aspekte berücksichtigt. Jedes Verfahren wird zunächst anhand eines realen Problems motiviert. Darauf aufbauend wird ausführlich die Zielsetzung des Verfahrens herausgearbeitet. Es folgt eine detaillierte Entwicklung der Theorie. Praktische Aspekte runden die Darstellung des Verfahrens ab. An allen Stellen wird die Vorgehensweise anhand realer Datensätze veranschaulicht. Abschließend wird beschrieben, wie das Verfahren in S-PLUS durchzuführen ist beziehungsweise wie S-PLUS entsprechend erweitert werden kann, wenn das Verfahren nicht implementiert ist.

Das Buch wendet sich zum einen an Studierende des Fachs Statistik im Hauptstudium, die die multivariaten Verfahren sowie deren Durchführung beziehungsweise Implementierung in S-PLUS kennenlernen möchten. Es richtet sich zum anderen aber auch an Personen in Wissenschaft und Praxis, die im Rahmen von Diplomarbeiten, Dissertationen und Projekten Datenanalyse betreiben und hierbei multivariate Verfahren unter Zuhilfenahme von S-PLUS anwenden möchten. Dabei sind grundsätzlich die Ausführungen so gehalten und die Beispiele derart gewählt, dass sie für die Anwender unterschiedlicher Fachrichtungen interessant sind.

Einige Grundlagen wie Maximum-Likelihood und Testtheorie werden vorausgesetzt. Diese werden zum Beispiel in Schlittgen (2012) und Fahrmeir et al. (2016) dargelegt. Andere grundlegende Aspekte werden aber auch in diesem Buch entwickelt. So findet man in Kap. 2 einen großen Teil der univariaten Datenanalyse und in Kap. 3 einige Aspekte von univariaten Zufallsvariablen. Die im Buch benötigte Theorie mehrdimensionaler Zufallsvariablen wird in Kap. 3 detailliert herausgearbeitet. Um diese und weitere Kapitel verstehen zu können, benötigt man Kenntnisse aus der linearen Algebra. Deshalb werden im Abschn. A.1 die zentralen Begriffe und Zusammenhänge der linearen Algebra beschrieben und exemplarisch verdeutlicht. Außerdem ist Literatur angegeben, in der die Beweise und Zusammenhänge ausführlich betrachtet werden.

Es ist unmöglich, alle multivariaten Verfahren in einem Buch darzustellen. Ich habe die Verfahren so ausgewählt, dass ein Überblick über die breiten Anwendungsmöglichkeiten multivariater Verfahren gegeben wird. Dabei versuche ich die Verfahren so darzustellen, dass anschließend die Spezialliteratur zu jedem der Gebiete gelesen werden kann. Das Buch besteht aus vier Teilen. Im ersten Teil werden die Grundlagen gelegt, während in den anderen Teilen unterschiedliche Anwendungsaspekte berücksichtigt werden. Bei einem hochdimensionalen Datensatz kann man an den Objekten oder den Merkmalen interessiert sein. Im zweiten Teil werden deshalb Verfahren vorgestellt, die dazu dienen, die Objekte in einem Raum niedriger Dimension darzustellen. Außerdem wird die Procrustes-Analyse beschrieben, die einen Vergleich unterschiedlicher Konfigurationen erlaubt. Der dritte Teil beschäftigt sich mit Abhängigkeitsstrukturen zwischen Variablen. Hier ist das Modell der bedingten Unabhängigkeit von großer Bedeutung. Im letzten Teil des Buches werden Daten mit Gruppenstruktur betrachtet. Am Ende fast aller Kapitel sind Aufgaben zu finden. Die Lösungen zu den Aufgaben sowie die im Buch verwendeten Datensätze und S-PLUS-Funktionen sind auf der Internetseite des Springer-Verlages zu finden.

In diesem Buch spielt der Einsatz des Rechners bei der Datenanalyse eine wichtige Rolle. Programmpakete entwickeln sich sehr schnell, sodass das heute Geschriebene oft schon morgen veraltet ist. Um dies zu vermeiden, beschränke ich mich auf den Kern von S-PLUS, wie er schon in der Version 3 vorhanden war. Den Output habe ich mit Version 4.5 erstellt. Ich stelle also alles im Befehlsmodus dar. Dies hat aus meiner Sicht einige Vorteile. Zum einen lernt man so, wie man das System schnell um eigene Funktionen erweitern kann. Zum anderen kann man die Funktionen in nahezu allen Fällen auch in R ausführen, das man sich kostenlos im Internet unter http://cran.r-project.org/ herunterladen kann. Informationen zum Bezug von S-Plus für Studenten findet man im Internet unter http://elms03.e-academy.com/splus/. Das Buch enthält keine getrennte Einführung in S-PLUS. Vielmehr werden im Kap. 2.3 anhand der elementaren Datenbehandlung die ersten Schritte in S-PLUS gezeigt. Dieses Konzept hat sich in Lehrveranstaltungen als erfolgreich erwiesen. Nachdem man dieses Kapitel durchgearbeitet hat, sollte man sich dann Abschn. A.3 widmen, in dem gezeigt wird, wie man die Matrizenrechnung in S-PLUS umsetzt. Bei der Erstellung eigener Funktionen benötigt man diese Kenntnisse. Ansonsten bietet es sich an, einen Blick in die Lehrbuchliteratur zu werfen. Hier sind Süselbeck (1993), Krause & Olson (2000) und Venables & Ripley (1999) zu empfehlen.

Das Buch ist aus Skripten entstanden, die ich seit Mitte der achtziger Jahre zu Vorlesungen an der Freien Universität Berlin und der Universität Bielefeld angefertigt habe. Ich danke an erster Stelle Herrn Prof. Dr. Herbert Büning von der Freien Universität Berlin, der mich ermutigt und unterstützt hat, aus meinem Skript ein Lehrbuch zu erstellen. Er hat Teile des Manuskripts gelesen und korrigiert und mir sehr viele wertvolle Hinweise gegeben. Dankbar bin ich auch Herrn Dipl.-Volkswirt Wolfgang Lemke von der Universität Bielefeld, der die Kapitel über Regressionsanalyse und insbesondere Faktorenanalyse durch seine klugen Fragen und Anmerkungen bereichert hat. Ebenfalls danken möchte ich Herrn Dr. Stefan Niermann, der das Skript schon seit einigen Jahren in seinen Lehrveranstaltungen an der Universität Hannover verwendet und einer kritischen Würdigung unterzogen hat.

Herrn Andreas Schleicher von der OECD in Paris danke ich für die Genehmigung, die Daten der PISA-Studie zu verwenden. Herrn Prof. Dr. Wolfgang Härdle von der Humboldt-Universität zu Berlin und Herrn Prof. Dr. Holger Dette von der Ruhr-Universität Bochum danke ich, dass sie das Buch in ihre Reihe aufgenommen haben. Vom Springer-Verlag erhielt ich jede nur denkbare Hilfe bei der Erstellung der druckreifen Version. Herr Holzwarth vom Springer-Verlag fand für jedes meiner LATEX-Probleme sofort eine Lösung und Frau Kehl gab mir viele wichtige Hinweise in Bezug auf das Layout.

Abschließend möchte ich an Herrn Professor Dr. Bernd Streitberg erinnern, der ein großartiger Lehrer war. Er konnte schwierige Zusammenhänge einfach veranschaulichen und verstand es, Studenten und Mitarbeiter für die Datenanalyse zu begeistern. Auch ihm habe ich sehr viel zu verdanken.

Bielefeld, im Juni 2002   Andreas Handl

Inhaltsverzeichnis

Teil I   Grundlagen

1   Beispiele multivariater Datensätze 3

2   Elementare Behandlung der Daten 15
  2.1   Beschreibung und Darstellung univariater Datensätze 15
      2.1.1   Beschreibung und Darstellung qualitativer Merkmale 17
      2.1.2   Beschreibung und Darstellung quantitativer Merkmale 19
  2.2   Beschreibung und Darstellung multivariater Datensätze 25
      2.2.1   Beschreibung und Darstellung von Datenmatrizen quantitativer
            Merkmale 25
      2.2.2   Datenmatrizen qualitativer Merkmale 40
  2.3   Datenbehandlung in R 44
      2.3.1   R als mächtiger Taschenrechner 44
      2.3.2   Univariate Datenanalyse 46
      2.3.3   Multivariate Datenanalyse 57
  2.4   Ergänzungen und weiterführende Literatur 67
  2.5   Übungen 68

3   Mehrdimensionale Zufallsvariablen 71
  3.1   Problemstellung 71
  3.2   Univariate Zufallsvariablen 71
  3.3   Zufallsmatrizen und Zufallsvektoren.................... 76
  3.4   Multivariate Normalverteilung 88

4   Ähnlichkeits- und Distanzmaße 91
  4.1   Problemstellung 91
  4.2   Bestimmung der Distanzen und Ähnlichkeiten aus der Datenmatrix ... 92
      4.2.1   Quantitative Merkmale 92
      4.2.2   Binäre Merkmale 103
      4.2.3   Qualitative Merkmale mit mehr als zwei Merkmalsausprägungen 107

4.2.4   Qualitative Merkmale, deren Merkmalsausprägungen geordnet
           sind 107
    4.2.5   Unterschiedliche Messniveaus 107
4.3   Distanzmaße in R 110
4.4   Direkte Bestimmung der Distanzen 116
4.5   Übungen 117

Teil II   Darstellung hochdimensionaler Daten in niedrigdimensionalen Räumen

5   Hauptkomponentenanalyse 121
    5.1   Problemstellung 121
    5.2   Hauptkomponentenanalyse bei bekannter Varianz-Kovarianz-Matrix . . . 126
    5.3   Hauptkomponentenanalyse bei unbekannter Varianz-Kovarianz-Matrix . 129
    5.4   Praktische Aspekte 133
        5.4.1   Anzahl der Hauptkomponenten 135
        5.4.2   Überprüfung der Güte der Anpassung 139
        5.4.3   Analyse auf Basis der Varianz-Kovarianz-Matrix oder auf Basis
                   der Korrelationsmatrix 142
    5.5   Wie geht man bei einer Hauptkomponentenanalyse vor? 145
    5.6   Hauptkomponentenanalyse in R 150
    5.7   Ergänzungen und weiterführende Literatur 155
    5.8   Übungen 155

6   Mehrdimensionale Skalierung 159
    6.1   Problemstellung 159
    6.2   Metrische mehrdimensionale Skalierung 161
        6.2.1   Theorie 161
        6.2.2   Praktische Aspekte 178
        6.2.3   Metrische mehrdimensionale Skalierung der Rangreihung von
                   Politikerpaaren 180
        6.2.4   Metrische mehrdimensionale Skalierung in R 182
    6.3   Nichtmetrische mehrdimensionale Skalierung 185
        6.3.1   Theorie 185
        6.3.2   Nichtmetrische mehrdimensionale Skalierung in R 194
    6.4   Ergänzungen und weiterführende Literatur 196
    6.5   Übungen 197

7   Procrustes-Analyse 199
    7.1   Problemstellung und Grundlagen 199
    7.2   Illustration der Vorgehensweise 202
    7.3   Theorie 208
    7.4   Procrustes-Analyse der Reisezeiten 210

7.5   Procrustes-Analyse in R 212
7.6   Ergänzungen und weiterführende Literatur 215
7.7   Übungen 215

Teil III   Abhängigkeitsstrukturen

8   Lineare Regression 219
      8.1   Problemstellung und Modell 219
      8.2   Schätzung der Parameter 222
      8.3   Praktische Aspekte 230
            8.3.1   Interpretation der Parameter bei mehreren erklärenden Variablen . 230
            8.3.2   Güte der Anpassung 235
            8.3.3   Tests 238
      8.4   Lineare Regression in R 243
      8.5   Ergänzungen und weiterführende Literatur 246
      8.6   Übungen 246

9   Explorative Faktorenanalyse 249
      9.1   Problemstellung und Grundlagen 249
      9.2   Theorie 257
            9.2.1   Allgemeines Modell 257
            9.2.2   Nichteindeutigkeit der Lösung 261
            9.2.3   Schätzung von $\mathbf{L}$ und $\boldsymbol{\Psi}$ 264
      9.3   Praktische Aspekte 270
            9.3.1   Bestimmung der Anzahl der Faktoren 270
            9.3.2   Rotation 270
      9.4   Faktorenanalyse in R 272
      9.5   Ergänzungen und weiterführende Literatur 275
      9.6   Übungen 275

10   Hierarchische loglineare Modelle 279
      10.1 Problemstellung und Grundlagen 279
      10.2 Zweidimensionale Kontingenztabellen 289
            10.2.1 Modell 0 290
            10.2.2 Modell A 291
            10.2.3 IPF-Algorithmus 293
            10.2.4 Modell B 295
            10.2.5 Modell A, B 296
            10.2.6 Modell AB 298
            10.2.7 Modellselektion 299
      10.3 Dreidimensionale Kontingenztabellen 302
            10.3.1 Modell der totalen Unabhängigkeit 302

10.3.2 Modell der Unabhängigkeit einer Variablen 306

10.3.3 Modell der bedingten Unabhängigkeit 309

10.3.4 Modell ohne Drei-Faktor-Interaktion 312

10.3.5 Saturiertes Modell 315

10.3.6 Modellselektion 315

10.4 Loglineare Modelle in R 317

10.5 Ergänzungen und weiterführende Literatur 323

10.6 Übungen 323

Teil IV   Gruppenstrukturen

11   Einfaktorielle Varianzanalyse 329

11.1 Problemstellung 329

11.2 Univariate einfaktorielle Varianzanalyse 330

11.2.1 Theorie 330

11.2.2 Praktische Aspekte 339

11.3 Multivariate einfaktorielle Varianzanalyse 345

11.4 Jonckheere-Test 348

11.5 Einfaktorielle Varianzanalyse in R 354

11.6 Ergänzungen und weiterführende Literatur 360

11.7 Übungen 360

12   Diskriminanzanalyse 363

12.1 Problemstellung und theoretische Grundlagen 363

12.2 Diskriminanzanalyse bei normalverteilten Grundgesamtheiten 372

12.2.1 Diskriminanzanalyse bei Normalverteilung mit bekannten
Parametern 372

12.2.2 Diskriminanzanalyse bei Normalverteilung mit unbekannten
Parametern 378

12.3 Fishers lineare Diskriminanzanalyse 383

12.4 Logistische Diskriminanzanalyse 388

12.5 Klassifikationsbäume 391

12.6 Praktische Aspekte 399

12.7 Diskriminanzanalyse in R 405

12.8 Ergänzungen und weiterführende Literatur 411

12.9 Übungen 412

13   Clusteranalyse 415

13.1 Problemstellung 415

13.2 Hierarchische Clusteranalyse 416

13.2.1 Theorie 416

13.2.2 Verfahren der hierarchischen Clusterbildung 422

13.2.3 Praktische Aspekte 449
13.2.4 Hierarchische Clusteranalyse in R 454
13.3 Partitionierende Verfahren 457
13.3.1 Theorie 457
13.3.2 Praktische Aspekte 460
13.3.3 Partitionierende Verfahren in R 466
13.4 Clusteranalyse von Daten der Regionen 471
13.5 Ergänzungen und weiterführende Literatur 474
13.6 Übungen 474

Anhang A Mathematische Grundlagen 477
A.1 Matrizenrechnung 477
A.1.1 Definitionen und spezielle Matrizen 478
A.1.2 Matrixverknüpfungen 479
A.1.3 Inverse Matrix 484
A.1.4 Orthogonale Matrizen 485
A.1.5 Spur einer Matrix 486
A.1.6 Determinante einer Matrix 487
A.1.7 Lineare Gleichungssysteme 488
A.1.8 Eigenwerte und Eigenvektoren 490
A.1.9 Spektralzerlegung einer symmetrischen Matrix 493
A.1.10 Singulärwertzerlegung 495
A.1.11 Quadratische Formen 496
A.2 Extremwerte 497
A.2.1 Gradient und Hesse-Matrix 498
A.2.2 Extremwerte ohne Nebenbedingungen 500
A.2.3 Extremwerte unter Nebenbedingungen 501
A.3 Matrizenrechnung in R 503

Anhang B Eigene R-Funktionen 509
B.1 Quartile 509
B.2 Monotone Regression 509
B.3 STRESS1 510
B.4 Bestimmung einer neuen Konfiguration 510
B.5 Kophenetische Matrix 511
B.6 Gamma-Koeffizient 512
B.7 Bestimmung der Zugehörigkeit zu Klassen 513
B.8 Silhouette 513
B.9 Zeichnen einer Silhouette 514

Anhang C Tabellen 517
C.1 Standardnormalverteilung 517

C.2 χ^2-Verteilung 519
C.3 t-Verteilung 520
C.4 F-Verteilung 521

Literatur 523

Sachverzeichnis 529

Teil I
Grundlagen

Beispiele multivariater Datensätze

Worum geht es in *Statistik*, und was kann *Statistik*? Wie Utts (2014) sehr treffend beschreibt, geht es in der Statistik um zwei zentrale Anliegen: zum einen um *Finding Data in Life* und zum anderen um *Finding Life in Data*. Dabei ist der Ausgangspunkt zunächst ein Problem, das mithilfe von statistischer Analyse gelöst werden soll. Um dieses Problem zu lösen, werden entweder zu Beginn Daten erhoben (*Finding Data in Life*), oder es wird auf vorhandene Datenbestände zurückgegriffen. Danach sollen die Daten zum Lösen des Problems mit geeigneten Methoden verwendet werden: *Finding Life in Data*. Darum geht es in Statistik, und das kann Statistik.

Die Daten liegen dabei so vor, dass für alle von n untersuchten Objekten die Ausprägungen von p verschiedenen Merkmalen zur Verfügung stehen. Das Objekt, auch Merkmalsträger genannt, ist dabei häufig eine Person. Ist p gleich 1, so spricht man von univariater, bei $p > 1$ von multivariater Datenanalyse. Im vorliegenden Buch geht es um solche multivariaten Analysemethoden und um das *Finding Life in Data*. Bei der Analyse der Daten kann man entweder explorativ oder konfirmatorisch vorgehen. Im ersten Fall sucht man gezielt nach Strukturen, die zu Beginn der Analyse noch unbekannt sind. Im zweiten Fall geht man von einer Hypothese oder mehreren konkreten Hypothesen aus, die man überprüfen will. Die Fragestellung kann sich dabei auf die Objekte oder die Merkmale beziehen. Wir werden im vorliegenden Buch sowohl explorative als auch konfirmatorische multivariate Verfahren kennenlernen. Ein wichtiges Anliegen dieses Buches ist es, die Problemstellung und Vorgehensweise multivariater Verfahren anhand von realen Datensätzen zu motivieren und zu illustrieren. Um die Vorgehensweise nachvollziehen zu können, sind die verwendeten Datensätze in Bezug auf die n Objekte und die p Merkmale so groß wie nötig und so klein wie möglich gehalten. Im ersten Kapitel wollen wir uns darauf einstimmen und uns so beim *Finding Data in Life* bereits vorab einige der verwendeten Datensätze sowie die sich daraus ergebenden Fragestellungen ansehen. In den nachfolgenden Kapiteln nutzen wir dann diese Datensätze und widmen uns dem *Finding Life in Data*.

© Springer-Verlag GmbH Deutschland 2017

A. Handl, T. Kuhlenkasper, *Multivariate Analysemethoden*, Statistik und ihre Anwendungen, DOI 10.1007/978-3-662-54754-0_1

Beispiel 1 Seit dem Jahr 2001 wurden die Ergebnisse der sogenannten PISA-Studie regelmäßig veröffentlicht und diskutiert. In diesen Studien wurden die Merkmale `Lesekompetenz`, `Mathematische Grundbildung` und `Naturwissenschaftliche Grundbildung` in verschiedenen Ländern bei Schülern getestet. In Tab. 1.1 sind die Mittelwerte der Punkte, die von den Schülern in einzelnen Ländern bei der Studie im Jahr 2012 erreicht wurden, zu finden. In einzelnen Übungsaufgaben werden wir auch Daten aus der ersten PISA-Studie aus dem Jahr 2001 verwenden.   □

Dieser Datensatz beinhaltet ausschließlich quantitative Merkmale. Wir wollen ihn in Kap. 2 im Rahmen der elementaren Datenanalyse mit einfachen Hilfsmitteln beschreiben. Ziel ist es, die Verteilung jedes Merkmals grafisch darzustellen und durch geeignete Maßzahlen zu beschreiben. Außerdem wollen wir dort auch Abhängigkeitsstrukturen zwischen zwei Merkmalen analysieren. Darüber hinaus findet der Datensatz insbesondere auch Anwendung in Kap. 5.

Tab. 1.1 Mittelwerte der Punkte in den Bereichen Mathematische Grundbildung, Lesekompetenz und Naturwissenschaftliche Grundbildung im Rahmen der PISA-Studie, vgl. OECD (2013, S. 5)

Land	Mathematische Grundbildung	Lesekompetenz	Naturwissenschaftliche Grundbildung
Singapur	573	542	551
Korea	554	536	538
Japan	536	538	547
Liechtenstein	535	516	525
Schweiz	531	509	515
Niederlande	523	511	522
Estland	521	516	541
Finnland	519	524	545
Kanada	518	523	525
Polen	518	518	526
Belgien	515	509	505
Deutschland	514	508	524
Vietnam	511	508	528
Österreich	506	490	506
Australien	504	512	521
Irland	501	523	522
Slowenien	501	481	514
Dänemark	500	496	498
Neuseeland	500	512	516
Tschechien	499	493	508
Frankreich	495	505	499
Großbritannien	494	499	514

Tab. 1.1 *Fortsetzung*

Land	Mathematische Grundbildung	Lesekompetenz	Naturwissenschaftliche Grundbildung
Island	493	483	478
Lettland	491	489	502
Luxemburg	490	488	491
Norwegen	489	504	495
Portugal	487	488	489
Italien	485	490	494
Spanien	484	488	496
Russland	482	475	486
Slowakische Republik	482	463	471
USA	481	498	497
Litauen	479	477	496
Schweden	478	483	485
Ungarn	477	488	494
Kroatien	471	485	491
Israel	466	486	470
Griechenland	453	477	467
Serbien	449	446	445
Türkei	448	475	463
Rumänien	445	438	439
Bulgarien	439	436	446
Vereinigte Arabische Emirate	434	442	448
Kasachstan	432	393	425
Thailand	427	441	444
Chile	423	441	445
Malaysia	421	398	420
Mexiko	413	424	415
Montenegro	410	422	410
Uruguay	409	411	416
Costa Rica	407	441	429
Albanien	394	394	397
Brasilien	391	410	405
Argentinien	388	396	406
Tunesien	388	404	398
Jordanien	386	399	409
Kolumbien	376	403	399
Katar	376	388	384
Indonesien	375	396	382
Peru	368	384	373

Tab. 1.2 Ergebnisse von
Studienanfängern bei einem
Mathematik-Test

Geschlecht	MatheLK	MatheNote	Abitur	Punkte
m	n	3	n	8
m	n	4	n	7
m	n	4	n	4
m	n	4	n	2
m	n	3	n	7
w	n	3	n	6
w	n	4	j	3
w	n	3	j	7
w	n	4	j	14
m	j	3	n	19
m	j	3	n	15
m	j	2	n	17
m	j	3	n	10
w	j	3	n	22
w	j	2	n	23
w	j	2	n	15
m	j	1	j	21
w	j	2	j	10
w	j	2	j	12
w	j	4	j	17

Beispiel 2 Bei Studienanfängern am Fachbereich Wirtschaftswissenschaft der FU Berlin
wurde ein Test mit 26 Aufgaben zur Mittelstufenalgebra durchgeführt. Neben dem Merkmal Geschlecht mit den Ausprägungsmöglichkeiten w und m wurde noch eine Reihe
weiterer Merkmale erhoben. Die Studenten wurden gefragt, ob sie vor Studienbeginn den
Leistungskurs Mathematik besucht und ob sie im gleichen Jahr des Studienbeginns das
Abitur gemacht haben. Diese Merkmale bezeichnen wir mit MatheLK und Abitur. Bei
beiden Merkmalen gibt es die Ausprägungsmöglichkeiten j und n. Außerdem sollten sie
ihre Abiturnote in Mathematik angeben. Dieses Merkmal bezeichnen wir mit MatheNote.
Das Merkmal Punkte gibt die Anzahl der im Test richtig gelösten Aufgaben an. Die Daten sind in Tab. 1.2 gegeben. ▢

Dieser Datensatz enthält neben quantitativen auch qualitative Merkmale. Diese wollen wir
ebenfalls in Kap. 2 zunächst geeignet darstellen. Außerdem hat der Datensatz wesentliche
Bedeutung im Rahmen von Kap. 12.

Beispiel 3 An der Fakultät für Wirtschaftswissenschaften der Universität Bielefeld wurden Erstsemesterstudenten gebeten, einen Fragebogen in der Einführungsvorlesung zur
Statistik auszufüllen. Neben dem Merkmal Geschlecht mit den Ausprägungsmöglichkeiten w und m wurden die Merkmale Gewicht, Alter und Größe erhoben. Außerdem

Tab. 1.3 Ergebnis der Befragung von fünf Erstsemesterstudenten

Geschlecht	Alter	Größe	Gewicht	Raucher	Auto	Cola	MatheLK
m	23	171	60	n	j	2	j
m	21	187	75	n	j	1	n
w	20	180	65	n	n	3	j
w	20	165	55	j	n	2	j
m	23	193	81	n	n	3	n

wurden die Studenten gefragt, ob sie rauchen und ob sie ein Auto besitzen. Diese Merkmale bezeichnen wir mit Raucher und Auto. Auf einer Notenskala von 1 bis 5 sollten sie angeben, wie ihnen Cola schmeckt. Das Merkmal bezeichnen wir mit Cola. Als Letztes wurde noch gefragt, ob die Studenten den Leistungskurs Mathematik besucht haben. Dieses Merkmal bezeichnen wir mit MatheLK. Tab. 1.3 gibt die Ergebnisse von fünf Studenten wieder. □

Ziel einer multivariaten Analyse dieses Datensatzes wird es sein, anhand der Merkmale Ähnlichkeiten zwischen den Studenten festzustellen. Wir wollen uns mit solchen Ähnlichkeits- und Distanzmaßen in Kap. 4 beschäftigen.

Beispiel 4 An der Fakultät für Wirtschaftswissenschaften der Universität Bielefeld bestand in den Diplom-Studiengängen BWL und VWL das gemeinsame Grundstudium aus 16 Vorlesungen. Von den Studienanfängern eines Wintersemesters haben 17 Studenten alle 16 Klausuren nach vier Semestern im ersten Anlauf bestanden. Tab. 1.4 zeigt die Durchschnittsnoten dieser Studenten in den vier Bereichen des Grundstudiums: Mathematik, BWL, VWL und Methoden. □

Es handelt sich auch hier um einen hochdimensionalen Datensatz. Ziel wird es deshalb sein, die Einzelnoten der Studenten zu einer Gesamtnote zusammenzufassen, also die

Tab. 1.4 Noten von Studenten in Fächern

Mathematik	BWL	VWL	Methoden	Mathematik	BWL	VWL	Methoden
1.325	1.000	1.825	1.750	2.500	3.250	3.075	2.250
2.000	1.250	2.675	1.750	1.675	2.500	2.675	1.250
3.000	3.250	3.000	2.750	2.075	1.750	1.900	1.500
1.075	2.000	1.675	1.000	1.750	2.000	1.150	1.250
3.425	2.000	3.250	2.750	2.500	2.250	2.425	2.500
1.900	2.000	2.400	2.750	1.675	2.750	2.000	1.250
3.325	2.500	3.000	2.000	3.675	3.000	3.325	2.500
3.000	2.750	3.075	2.250	1.250	1.500	1.150	1.000
2.075	1.250	2.000	2.250				

Tab. 1.5 Luftlinienentfernungen in Kilometern zwischen deutschen Städten

	HH	B	K	F	M
HH	0	250	361	406	614
B	250	0	475	432	503
K	361	475	0	152	456
F	406	432	152	0	305
M	614	503	456	305	0

Objekte in einem Raum niedriger Dimension darzustellen. Im Rahmen der Hauptkomponentenanalyse in Kap. 5 werden wir sehen, dass es für diesen Zweck neben der Mittelwertbildung andere Verfahren gibt, die wesentlichen Merkmalen ein größeres Gewicht beimessen.

Beispiel 5 In Tab. 1.5 sind die Luftlinienentfernungen zwischen deutschen Städten in Kilometern angegeben. Für die Namen der Städte wurden die Autokennzeichen verwendet. □

Anhand dieses Datensatzes werden wir mithilfe der mehrdimensionalen Skalierung in Kap. 6 zeigen, wie sich aus den Distanzen Konfigurationen gewinnen lassen. Diese können wir dann grafisch darstellen. Im Beispiel wäre eine solche Darstellung eine vereinfachte Landkarte Deutschlands.

Beispiel 6 Mithilfe des Internets können Reisezeiten mit unterschiedlichen Verkehrsmitteln innerhalb Deutschlands leicht verglichen werden. Dabei wurde die Reisezeit betrachtet, die man zwischen den Rathäusern von jeweils zwei Städten benötigt. Dazu wurde am 10.10.2016 auf der Seite www.wieweit.net die Reisezeit mit dem Pkw und auf der Seite www.bahn.de die Reisezeit mit der Bahn abgefragt. Die Tab. 1.6 und 1.7 zeigen die

Tab. 1.6 Reisezeiten (in Minuten) mit dem Pkw zwischen deutschen Rathäusern

	HH	B	K	F	M
HH	0	170	248	285	449
B	170	0	322	303	332
K	248	322	0	124	342
F	285	303	124	0	251
M	449	332	342	251	0

Tab. 1.7 Reisezeiten (in Minuten) mit der Bahn zwischen deutschen Rathäusern

	HH	B	K	F	M
HH	0	149	273	244	304
B	149	0	297	275	340
K	273	297	0	109	295
F	244	275	109	0	221
M	304	340	295	221	0

benötigten Reisezeiten für Fahrten mit dem Pkw und der Bahn zwischen ausgewählten deutschen Städten. □

Auch in diesem Beispiel lassen sich Konfigurationen gewinnen. Für jedes Verkehrsmittel lässt sich eine zweidimensionale Darstellung der Städte ermitteln. Das Problem besteht allerdings in der Vergleichbarkeit der Darstellungen, da die Konfigurationen verschoben, gedreht, gestaucht oder gestreckt werden können, ohne dass sich die Verhältnisse der Distanzen ändern. Mit der Procrustes-Analyse in Kap. 7 wollen wir deshalb ein Verfahren darstellen, mit dessen Hilfe Konfigurationen und somit auch grafische Darstellungen ähnlich und somit vergleichbar gemacht werden können.

Beispiel 7 Auf dem Internetportal www.mobile.de werden Neu- und Gebrauchtwagen angeboten. Am 09.10.2016 wurden in einem Umkreis von 20 Kilometern um Bad Essen insgesamt 39 Golf VI angeboten. Tab. 1.8 zeigt deren Merkmale Alter in Jahren, Gefahrene Kilometer (in tausend) und Angebotspreis (in EUR). □

Tab. 1.8 Alter, Gefahrene Kilometer und Angebotspreis von 39 VW Golf VI

Alter	Gefahrene Kilometer	Angebotspreis	Alter	Gefahrene Kilometer	Angebotspreis
4	123	9990	6	45	9990
4	103	10990	6	60	10480
4	79	11370	6	60	10990
4	73	11890	6	45	11980
4	111	11990	6	54	11990
4	123	11990	6	75	12790
4	56	11990	6	107	7850
4	61	17980	6	204	8800
4	66	19480	6	158	8990
4	109	9980	6	116	8999
5	112	10480	6	79	9490
5	83	10980	7	88	7880
5	86	11100	7	116	7900
5	81	11270	7	62	7990
5	32	12480	7	110	8880
5	66	13190	7	59	8990
5	41	15790	7	90	9990
5	160	7990	8	219	5490
5	53	8990	8	107	9490
5	107	9800			

Tab. 1.9 Korrelationen
zwischen Merkmalen

	Fehler	Kunden	Angebot	Qualität	Zeit	Kosten
Fehler	1.000	0.223	0.133	0.625	0.506	0.500
Kunden	0.223	1.000	0.544	0.365	0.320	0.361
Angebot	0.133	0.544	1.000	0.248	0.179	0.288
Qualität	0.625	0.365	0.248	1.000	0.624	0.630
Zeit	0.506	0.32	0.179	0.624	1.000	0.625
Kosten	0.500	0.361	0.288	0.630	0.625	1.000

In den bisherigen Beispielen standen die Objekte im Mittelpunkt des Interesses. In Beispiel 7 interessieren uns die Abhängigkeitsstrukturen zwischen Merkmalen. Wir wollen wissen, inwieweit der Angebotspreis vom Alter und dem Kilometerstand des Pkws abhängt. In Kap. 8 werden wir Abhängigkeitsstrukturen durch ein Regressionsmodell beschreiben.

Beispiel 8 Bödeker & Franke (2001) beschäftigen sich in ihrer Diplomarbeit mit den Möglichkeiten und Grenzen von Virtual-Reality-Technologien auf industriellen Anwendermärkten. Hierbei führten sie eine Befragung bei Unternehmen durch, in der sie unter anderem den Nutzen ermittelten, den Unternehmen von einem Virtual-Reality-System erwarten. Auf einer Skala von 1 bis 5 sollte dabei angegeben werden, wie wichtig die Merkmale Veranschaulichung von Fehlfunktionen, Ermittlung von Kundenanforderungen, Angebotserstellung, Qualitätsverbesserung, Kostenreduktion und Entwicklungszeitverkürzung sind. 508 Unternehmen bewerteten alle sechs Aspekte. Tab. 1.9 zeigt die Korrelationen zwischen den Merkmalen. Dabei wird Veranschaulichung von Fehlfunktionen durch Fehler, Ermittlung von Kundenanforderungen durch Kunden, Angebotserstellung durch Angebot, Qualitätsverbesserung durch Qualität, Entwicklungszeitverkürzung durch Zeit und Kostenreduktion durch Kosten abgekürzt. ☐

Bei vielen Anwendungen werden die Merkmale gleich behandelt. Im Zusammenhang mit Beispiel 8 lassen sich Korrelationen zwischen mehreren Merkmalen durch sogenannte Faktoren erklären. Es fällt auf, dass alle Korrelationen positiv sind. Außerdem gibt es Gruppen von Merkmalen, zwischen denen hohe Korrelationen existieren, während die Korrelationen mit den anderen Merkmalen niedrig sind. Diese Struktur der Korrelationen soll durch unbeobachtbare Variablen, die Faktoren genannt werden, erklärt werden. Hiermit werden wir uns im Rahmen der Faktorenanalyse in Kap. 9 beschäftigen.

Beispiel 9 Bei einer Befragung von Studienanfängern der Fakultät für Wirtschaft und Recht an der Hochschule Pforzheim wurde neben dem Merkmal Geschlecht auch erhoben, ob die Studierenden das Buch *Der Medicus* von Noah Gordon gelesen haben. Außerdem wurde gefragt, ob die Teilnehmer der Befragung auch den Film *Der Medicus*

Tab. 1.10 Buch und Film *Der Medicus* bei den Studentinnen

	Film gesehen	
Buch gelesen	ja	nein
ja	4	10
nein	27	83

Tab. 1.11 Buch und Film *Der Medicus* bei den Studenten

	Film gesehen	
Buch gelesen	ja	nein
ja	3	3
nein	29	25

gesehen haben. Die Kontingenztabelle mit den absoluten Häufigkeiten für die Merkmale Buch gelesen und Film gesehen bei den Frauen zeigt Tab. 1.10, bei den Männern Tab. 1.11. □

Wie bereits in Beispiel 7 interessieren uns auch in Beispiel 9 die Abhängigkeitsstrukturen zwischen den Merkmalen. Allerdings handelt es sich in Beispiel 9 nicht um quantitative, sondern um qualitative Merkmale. Welche Abhängigkeitsstrukturen zwischen mehreren qualitativen Merkmalen bestehen können und wie man sie durch geeignete Modelle beschreiben kann, werden wir in Kap. 10 über loglineare Modelle sehen.

Beispiel 10 Im Rahmen der in Beispiel 1 beschriebenen PISA-Studie wurden auch verschiedene Daten von den Schülern in den Ländern erhoben (vgl. OECD (2013, S. 18f.)). Dabei wurde auch abgefragt, wie häufig Schüler dem Unterricht ferngeblieben sind. Wir unterscheiden dabei zwischen Ländern mit überdurchschnittlichen, durchschnittlichen und unterdurchschnittlichen Fehlzeiten. Wir wollen vergleichen, ob sich die Verteilung des Merkmals Mathematische Grundbildung in den drei Gruppen unterscheidet. Wir sind aber auch daran interessiert, ob sich die drei Merkmale Lesekompetenz, Mathematische Grundbildung und Naturwissenschaftliche Grundbildung in den drei Gruppen unterscheiden. □

In diesem Beispiel liegen die Daten in Form von Gruppen vor, wobei die Gruppen bekannt sind. Die Gruppenunterschiede werden wir mit einer einfaktoriellen Varianzanalyse in Kap. 11 bestimmen.

Beispiel 11 An der Hochschule Pforzheim wurden 21 Teilnehmer einer Vorlesung im Bachelorstudium befragt. Neben dem Merkmal Geschlecht mit den Ausprägungen w und m wurde auch nach der Koerpergroesse und dem Koerpergewicht gefragt. In Tab. 1.12 sind die Merkmale Geschlecht, Koerpergroesse (in cm) und Koerpergewicht (in kg) zusammengestellt.

Es soll untersucht werden, wie man mit den quantitativen Merkmalen Koerpergroesse und Koerpergewicht zeigen kann, ob die Person männlich oder weiblich ist.

Tab. 1.12 Merkmale von 21 Studenten in Pforzheim

Geschlecht	Körpergröße	Körpergewicht	Geschlecht	Körpergröße	Körpergewicht
w	168	56	w	166	56
w	167	54	m	180	71
w	164	68	m	184	74
w	157	55	m	184	75
w	160	58	w	163	64
w	175	73	m	183	80
m	176	70	m	193	81
w	170	53	m	181	77
m	182	74	w	175	70
m	188	82	m	178	75
w	164	55			

Es soll eine Entscheidungsregel angegeben werden, mit der man auf der Basis der Werte der quantitativen Merkmale `Koerpergroesse` und `Koerpergewicht` eine Aussage über das qualitative Merkmal Geschlecht machen kann.   □

Auch hier liegen bekannte Gruppen vor. Die in Beispiel 11 angesprochene Entscheidungsregel werden wir in Kap. 12 mithilfe der Verfahren der Diskriminanzanalyse ermitteln.

Beispiel 12 Lasch & Edel (1994) betrachten 127 Zweigstellen eines Kreditinstituts in Baden-Württemberg und bilden auf der Basis einer Vielzahl von Merkmalen neun Gruppen von Zweigstellen. In Tab. 1.13 sind die Merkmale `Einwohnerzahl` und jährliche `Gesamtkosten` in tausend EUR für 20 dieser Zweigstellen zusammengestellt.

Unter diesen Zweigstellen gibt es zwei Typen. Die ersten 14 Zweigstellen haben einen hohen Marktanteil und ein überdurchschnittliches Darlehens- und Kreditgeschäft. Die

Tab. 1.13 Eigenschaften von 20 Zweigstellen eines Kreditinstituts in Baden-Württemberg

Filiale	Einwohner	Gesamtkosten	Filiale	Einwohner	Gesamtkosten
1	1642	478.2	11	3504	413.8
2	2418	247.3	12	5431	379.7
3	1417	223.6	13	3523	400.5
4	2761	505.6	14	5471	404.1
5	3991	399.3	15	7172	499.4
6	2500	276.0	16	9419	674.9
7	6261	542.5	17	8780	468.6
8	3260	308.9	18	5070	601.5
9	2516	453.6	19	8780	578.8
10	4451	430.2	20	8630	641.5

Tab. 1.14 Merkmale von sechs Regionen in Deutschland

	Bev	BevOZ	Luft	PKW	IC	BevUmland
Münster	1524.8	265.4	272	79	24	223.5
Bielefeld	1596.9	323.6	285	87	23	333.9
Duisburg/Essen	2299.7	610.3	241	45	9	632.1
Bonn	864.1	303.9	220	53	11	484.7
Rhein-Main	2669.9	645.5	202	61	15	438.6
Düsseldorf	2985.2	571.2	226	45	16	1103.9

restlichen sechs Zweigstellen sind technisch gut ausgestattet, besitzen ein überdurchschnittliches Einlage- und Kreditgeschäft und eine hohe Mitarbeiterzahl. Es soll nun eine Entscheidungsregel angegeben werden, mit der man auf der Basis der Werte der Merkmale `Einwohnerzahl` und `Gesamtkosten` eine neue Zweigstelle einer der beiden Gruppen zuordnen kann. □

Auch hier liegen bekannte Gruppen vor. Die in Beispiel 12 angesprochene Entscheidungsregel werden wir in Kap. 12 mithilfe der Verfahren der Diskriminanzanalyse ermitteln.

Beispiel 13 Brühl & Kahn (2001) betrachten in ihrer Diplomarbeit unter anderem sechs Regionen Deutschlands und bestimmen für jede der Regionen eine Reihe von Merkmalen. Das Merkmal `Bev` ist die absolute Bevölkerungszahl (in tausend Einwohner) der Region, während das Merkmal `BevOZ` die Bevölkerungszahl (in tausend Einwohner) im Oberzentrum und das Merkmal `BevUmland` die Bevölkerungsdichte (in Einwohner je Quadratkilometer) im Umland angibt. Das Merkmal `Luft` gibt die durchschnittliche Flugzeit zu allen 41 europäischen Agglomerationsräumen in Minuten an. Das Merkmal `PKW` gibt die durchschnittliche Pkw-Fahrzeit zu den nächsten drei Agglomerationsräumen in Minuten an. Das Merkmal `IC` gibt die Pkw-Fahrzeit zum nächsten IC-Systemhalt des Kernnetzes der Bahn in Minuten an. Tab. 1.14 zeigt die Ausprägungen der Merkmale in den sechs Regionen. □

Im Unterschied zu den Beispielen 10 und 12 wollen wir hier die Gruppen erst noch bilden. Es sollen Gruppen von Regionen so gebildet werden, dass die Regionen in einer Gruppe ähnlich sind, während die Gruppen sich unterscheiden. Möglich ist das mit dem Verfahren der Clusteranalyse, die Gegenstand des Kap. 13 ist.

Elementare Behandlung der Daten

2

Inhaltsverzeichnis

2.1   Beschreibung und Darstellung univariater Datensätze 15
2.2   Beschreibung und Darstellung multivariater Datensätze 25
2.3   Datenbehandlung in R 44
2.4   Ergänzungen und weiterführende Literatur 67
2.5   Übungen 68

2.1   Beschreibung und Darstellung univariater Datensätze

Wie wir an den Beispielen in Kap. 1 gesehen haben, werden für multivariate Analyse an jedem von n Objekten p verschiedene Merkmale erhoben. Die Werte dieser Merkmale werden in einer *Datenmatrix* $\mathbf{X}$ zusammengefasst, wobei alle Werte numerisch kodiert werden:

$$\mathbf{X} = \begin{pmatrix} x_{11} & \ldots & x_{1p} \\ x_{21} & \ldots & x_{2p} \\ \vdots & \ddots & \vdots \\ x_{n1} & \ldots & x_{np} \end{pmatrix}.$$

Diese Datenmatrix besteht aus n Zeilen und p Spalten. Dabei ist x_{ij} der Wert des j-ten Merkmals beim i-ten Objekt. Die Objekte werden auch als Merkmalsträger bezeichnet. In der i-ten Zeile der Datenmatrix $\mathbf{X}$ stehen also die Werte der p Merkmale beim i-ten Merkmalsträger. In der j-ten Spalte der Datenmatrix $\mathbf{X}$ stehen die Werte des j-ten Merkmals bei allen Merkmalsträgern. Oft werden die Werte der einzelnen Merkmale beim i-ten

© Springer-Verlag GmbH Deutschland 2017

A. Handl, T. Kuhlenkasper, *Multivariate Analysemethoden*, Statistik und ihre Anwendungen,
DOI 10.1007/978-3-662-54754-0_2

Merkmalsträger benötigt. Man fasst diese in einem Vektor $\mathbf{x}_i$ zusammen:

$$\mathbf{x}_i = \begin{pmatrix} x_{i1} \\ \vdots \\ x_{ip} \end{pmatrix}. \tag{2.1}$$

Beispiel 15 In Beispiel 2 wurden fünf Merkmale bei 20 Studenten erhoben. Also ist $n = 20$ und $p = 5$. Wir müssen die Merkmale Geschlecht, MatheLK und Abitur geeignet kodieren. Beim Merkmal Geschlecht weisen wir der Ausprägung w die Zahl 1 und der Ausprägung m die Zahl 0 zu. Bei den beiden anderen Merkmalen ordnen wir der Ausprägung j eine 1 und der Ausprägung n eine 0 zu. Die numerische Datenmatrix sieht also folgendermaßen aus:

$$\mathbf{X} = \begin{pmatrix}
0 & 0 & 3 & 0 & 8 \\
0 & 0 & 4 & 0 & 7 \\
0 & 0 & 4 & 0 & 4 \\
0 & 0 & 4 & 0 & 2 \\
0 & 0 & 3 & 0 & 7 \\
1 & 0 & 3 & 0 & 6 \\
1 & 0 & 4 & 1 & 3 \\
1 & 0 & 3 & 1 & 7 \\
1 & 0 & 4 & 1 & 14 \\
0 & 1 & 3 & 0 & 19 \\
0 & 1 & 3 & 0 & 15 \\
0 & 1 & 2 & 0 & 17 \\
0 & 1 & 3 & 0 & 10 \\
1 & 1 & 3 & 0 & 22 \\
1 & 1 & 2 & 0 & 23 \\
1 & 1 & 2 & 0 & 15 \\
0 & 1 & 1 & 1 & 21 \\
1 & 1 & 2 & 1 & 10 \\
1 & 1 & 2 & 1 & 12 \\
1 & 1 & 4 & 1 & 17
\end{pmatrix}. \tag{2.2}$$

□

Vor einer multivariaten Analyse sollte man sich die Eigenschaften der Verteilungen der einzelnen Merkmale ansehen. Aus diesem Grunde beschäftigen wir uns zunächst mit der *univariaten Analyse*. Wir betrachten also zuerst nur die Werte in einer ausgewählten Spalte der Datenmatrix $\mathbf{X}$. Bei der Beschreibung und Darstellung der Merkmale werden wir in

Abhängigkeit vom Merkmal unterschiedlich vorgehen. Man unterscheidet *qualitative* und *quantitative* Merkmale. Bei qualitativen Merkmalen sind die einzelnen Merkmalsausprägungen *Kategorien*, wobei jeder Merkmalsträger zu genau einer Kategorie gehört. Kann man die Ausprägungen eines qualitativen Merkmals nicht anordnen, so ist das Merkmal *nominalskaliert*. Kann man die Kategorien anordnen und in eine natürliche Reihenfolge bringen, so spricht man von einem *ordinalskalierten* Merkmal. Quantitative Merkmale zeichnen sich dadurch aus, dass die Merkmalsausprägungen Zahlen sind, mit denen man rechnen kann.

Beispiel 15 (Fortsetzung) Die Merkmale Geschlecht, MatheLK, MatheNote und Abitur sind qualitative Merkmale, wobei die Merkmale Geschlecht, MatheLK und Abitur nominalskaliert sind, während das Merkmal MatheNote ordinalskaliert ist. Das Merkmal Punkte ist quantitativ. □

2.1.1 Beschreibung und Darstellung qualitativer Merkmale

Wir gehen von den Ausprägungen $x_1, \ldots, x_n$ eines Merkmals bei n Objekten aus. Man nennt x_i auch die i-te Beobachtung. Die Beobachtungen stehen zunächst in der *Urliste*.

Beispiel 15 (Fortsetzung) Wir wollen uns das Merkmal MatheLK näher ansehen. Hier sind die Werte der 20 Studenten:

0 0 0 0 0 0 0 0 0 1 1 1 1 1 1 1 1 1 1 1.

Konkret gilt $x_1 = 0$. □

Die Analyse eines qualitativen Merkmals mit den Merkmalsausprägungen $A_1, \ldots, A_k$ beginnt mit dem Zählen. Man bestimmt die *absolute Häufigkeit* n_i der i-ten Merkmalsausprägung A_i.

Beispiel 15 (Fortsetzung) Von den 20 Studenten haben elf den Mathematik-Leistungskurs besucht, während neun ihn nicht besucht haben. Die Merkmalsausprägung A_1 sei die 0 und die Merkmalsausprägung A_2 die 1. Es gilt also $n_1 = 9$ und $n_2 = 11$. □

Ob eine absolute Häufigkeit groß oder klein ist, hängt von der Anzahl n der untersuchten Objekte ab. Wir beziehen die absolute Häufigkeit n_i auf n und erhalten die *relative Häufigkeit* h_i mit

$$h_i = \frac{n_i}{n}.$$

Beispiel 15 (Fortsetzung) Es gilt $h_1 = 0.45$ und $h_2 = 0.55$. □

Absolute und relative Häufigkeiten stellt man in einer *Häufigkeitstabelle* zusammen. Tab. 2.1 zeigt den allgemeinen Aufbau einer Häufigkeitstabelle.

Tab. 2.1 Allgemeiner Aufbau
der Häufigkeitstabelle eines
qualitativen Merkmals

Merkmals-ausprägung	absolute Häufigkeit	relative Häufigkeit
A_1	n_1	h_1
$\vdots$	$\vdots$	$\vdots$
A_k	n_k	h_k

Tab. 2.2 Häufigkeitstabelle
des Merkmals MatheLK

Merkmals-ausprägung	absolute Häufigkeit	relative Häufigkeit
0	9	0.45
1	11	0.55

Beispiel 15 (Fortsetzung) Für die 20 Studenten erhalten wir in Tab. 2.2 die Häufigkeitstabelle.   □

Abb. 2.1 Balkendiagramm des
Merkmals MatheLK

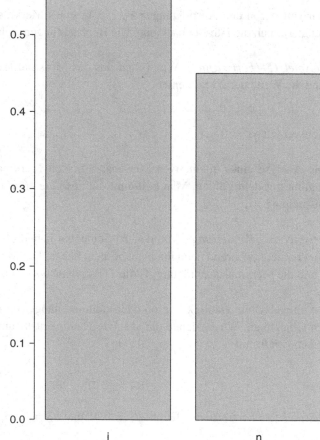

Die Informationen in einer Häufigkeitstabelle werden in einem *Stabdiagramm* oder *Balkendiagramm* grafisch dargestellt. Hierbei stehen in einem kartesischen Koordinatensystem auf der Abszisse die Merkmalsausprägungen und auf der Ordinate die relativen Häufigkeiten. Über jeder Merkmalsausprägung wird eine senkrechte Linie abgetragen, deren Länge der relativen Häufigkeit der Merkmalsausprägung entspricht. Bei einem Balkendiagramm wird ein Rechteck über jeder Merkmalsausprägung eingezeichnet.

Beispiel 15 (Fortsetzung) Abb. 2.1 zeigt das Balkendiagramm des Merkmals `MatheLK`. Um es leichter interpretieren zu können, haben wir bei der Achsenbeschriftung die Merkmalsausprägungen n und j gewählt. Wir erkennen an der Grafik auf einen Blick, dass die relativen Häufigkeiten der beiden Merkmalsausprägungen sich kaum unterscheiden. □

2.1.2 Beschreibung und Darstellung quantitativer Merkmale

Beispiel 16 In Beispiel 1 sind alle Merkmale quantitativ. Sehen wir uns das Merkmal `Lesekompetenz` an. Die Urliste sieht folgendermaßen aus:

```
542 536 538 516 509 511 516 524 523 518 509 508 508
490 512 523 481 496 512 493 505 499 483 489 488 504
488 490 488 475 463 498 477 483 488 485 486 477 446
475 438 436 442 393 441 441 398 424 422 411 441 394
410 396 404 399 403 388 396 384
```
□

Die Urliste ist sehr unübersichtlich. Ordnen wir die Werte der Größe nach, so können wir bereits eine Struktur erkennen. Man bezeichnet die i-t kleinste Beobachtung mit $x_{(i)}$. Der *geordnete Datensatz* ist somit $x_{(1)}, \ldots, x_{(n)}$. $x_{(1)}$ ist somit das Minimum der Werte und $x_{(n)}$ das Maximum.

Beispiel 16 (Fortsetzung) Der geordnete Datensatz lautet

```
384 388 393 394 396 396 398 399 403 404 410 411 422
424 436 438 441 441 441 442 446 463 475 475 477 477
481 483 483 485 486 488 488 488 488 489 490 490 493
496 498 499 504 505 508 508 509 509 511 512 512 516
516 518 523 523 524 536 538 542
```
□

Bei so vielen unterschiedlichen Werten ist es nicht sinnvoll, ein Stabdiagramm zu erstellen. Stattdessen sollte man Klassen bilden. Eine Beobachtung gehört zu einer Klasse, wenn sie größer als die Untergrenze, aber kleiner oder gleich der Obergrenze dieser Klasse ist. Bei diesem Vorgehen verlieren wir zwar Informationen über den genauen Wert der einzelnen Beobachtung, erhalten aber dafür eine übersichtlichere Darstellung.

Beispiel 16 (Fortsetzung) Wir wählen vier äquidistante Klassen so, dass die Untergrenze der ersten Klasse gleich 350 und die Obergrenze der letzten Klasse gleich 600 ist. Die

Untergrenze der 4-ten Klasse ist 450 und die Obergrenze 500. Zur 4-ten Klasse gehören die Beobachtungen 463, 475, 475, 477, 477, 481, 483, 483, 485, 486, 488, 488, 488, 488, 489, 490, 490, 493, 496, 498 und 499.   □

Die Häufigkeitsverteilung der Klassen wird in einem *Histogramm* dargestellt. Dabei trägt man die Klassen auf der Abszisse ab und zeichnet über jeder Klasse ein Rechteck, dessen Höhe gleich der relativen Häufigkeit der Klasse dividiert durch die Klassenbreite ist. Hierdurch ist die Fläche unter dem Histogramm immer gleich 1.

Beispiel 16 (Fortsetzung) Abb. 2.2 zeigt ein Histogramm des Merkmals Lesekompetenz. Das Histogramm deutet auf eine *rechtssteile* Verteilung hin. Man bezeichnet diese auch als *linksschief*.   □

Abb. 2.2 Histogramm des Merkmals Lesekompetenz

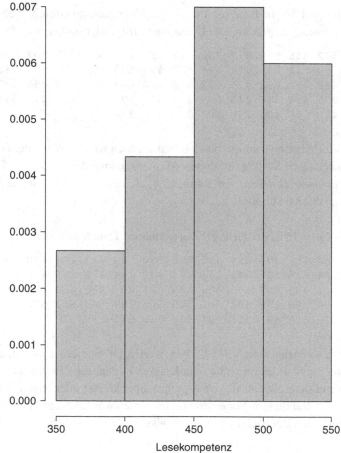

Wir wollen noch eine andere Art der Darstellung eines quantitativen univariaten Merkmals betrachten. Tukey (1977) hat vorgeschlagen, einen Datensatz durch folgende fünf Zahlen zusammenzufassen:

das *Minimum* $x_{(1)}$,

das *untere Quartil* $x_{0.25}$,

der *Median* $x_{0.5}$,

das *obere Quartil* $x_{0.75}$,

das *Maximum* $x_{(n)}$.

Zunächst bestimmt man das Minimum $x_{(1)}$ und das Maximum $x_{(n)}$.

Beispiel 16 (Fortsetzung) Es gilt $x_{(1)} = 384$ und $x_{(n)} = 542$. $\square$

Durch Minimum und Maximum kennen wir den Bereich, in dem die Werte liegen. Außerdem können wir mithilfe dieser beiden Zahlen eine einfache Maßzahl für die *Streuung* bestimmen. Die Differenz aus Maximum und Minimum nennt man die *Spannweite R*. Es gilt also

$$R = x_{(n)} - x_{(1)}. \tag{2.3}$$

Beispiel 16 (Fortsetzung) Die Spannweite beträgt 158. $\square$

Eine Maß zahl für die *Lage* des Datensatzes ist der Median $x_{0.5}$. Dieser ist die Zahl, die den geordneten Datensatz in zwei gleiche Teile teilt. 50 % der Beobachtungen sind kleiner oder gleich dem Median. Ist der Stichprobenumfang ungerade, dann ist der Median die Beobachtung in der Mitte des geordneten Datensatzes. Ist der Stichprobenumfang gerade, so ist der Median der Mittelwert der beiden mittleren Beobachtungen im geordneten Datensatz. Formal kann man den Median folgendermaßen definieren:

$$x_{0.5} = \begin{cases} x_{(0.5(n+1))}, & \text{falls } n \text{ ungerade ist,} \\ 0.5(x_{(0.5n)} + x_{(1+0.5n)}), & \text{falls } n \text{ gerade ist.} \end{cases} \tag{2.4}$$

Beispiel 16 (Fortsetzung) Der Stichprobenumfang ist gleich 60. Der Median ist somit der Mittelwert der beiden mittleren Beobachtungen an der 30-ten und 31-ten Stelle des geordneten Datensatzes. Der Wert des Medians beträgt somit 485.5. $\square$

Neben dem Minimum, Maximum und Median betrachtet Tukey (1977) noch das untere Quartil $x_{0.25}$ und das obere Quartil $x_{0.75}$. 25 % der Beobachtungen sind kleiner oder gleich dem unteren Quartil $x_{0.25}$ und 75 % der Beobachtungen sind kleiner oder gleich dem oberen Quartil $x_{0.75}$. Das untere Quartil teilt die untere Hälfte des geordneten Datensatzes in zwei gleich große Hälften, während das obere Quartil die obere Hälfte des geordneten Datensatzes in zwei gleich große Hälften teilt. Somit ist das untere Quartil der Median der unteren Hälfte des geordneten Datensatzes, während das obere Quartil der Median der oberen Hälfte des geordneten Datensatzes ist. Ist der Stichprobenumfang gerade, so ist die untere und obere Hälfte des geordneten Datensatzes eindeutig definiert. Bei einem ungeraden Stichprobenumfang gehört der Median sowohl zur oberen als auch zur unteren Hälfte des geordneten Datensatzes.

Beispiel 16 (Fortsetzung) Das untere Quartil bei 60 Beobachtungen ist der Mittelwert aus $x_{(15)} = 436$ und $x_{(16)} = 438$ und beträgt somit 437, während das obere Quartil der Mittelwert aus $x_{(45)} = 508$ und $x_{(46)} = 508$ ist. Es beträgt somit auch 508. Die fünf Zahlen sind somit

$$x_{(1)} = 384,$$
$$x_{0.25} = 437,$$
$$x_{0.5} = 485.5,$$
$$x_{0.75} = 508,$$
$$x_{(n)} = 542.$$ □

Tukey (1977) hat vorgeschlagen, die fünf Zahlen in einem sogenannten *Boxplot* grafisch darzustellen. Beim Boxplot wird ein Kasten vom unteren Quartil bis zum oberen Quartil gezeichnet. Außerdem wird der Median als Linie in den Kasten eingezeichnet. Von den Rändern des Kastens bis zu den Extremen werden Linien gezeichnet, die an sogenannten *Zäunen* enden. Um Ausreißer zu markieren, wird der letzte Schritt modifiziert: Sind Punkte mehr als das 1.5-Fache der Kastenbreite von den Quartilen entfernt, so wird die Linie nur bis zu dem Wert gezeichnet, der gerade noch innerhalb der 1.5-fachen Kastenbreite liegt. Alle Punkte, die außerhalb liegen, werden markiert.

Beispiel 16 (Fortsetzung) Abb. 2.3 zeigt den Boxplot des Merkmals `Lesekompetenz`. Der Boxplot deutet auch auf eine linksschiefe Verteilung hin. Ausreißer sind nicht zu erkennen.   □

Ein wichtiger Aspekt der Verteilung eines quantitativen Merkmals ist die Lage. Wir haben bisher den Median als eine Maßzahl zur Beschreibung der Lage kennengelernt. Neben dem Median ist der *Mittelwert* $\bar{x}$ die wichtigste Maßzahl zur Beschreibung der Lage. Dieser ist folgendermaßen definiert:

$$\bar{x} = \frac{1}{n} \sum_{i=1}^{n} x_i \,. \tag{2.5}$$

Abb. 2.3 Boxplot des Merkmals Lesekompetenz im Rahmen der PISA-Studie

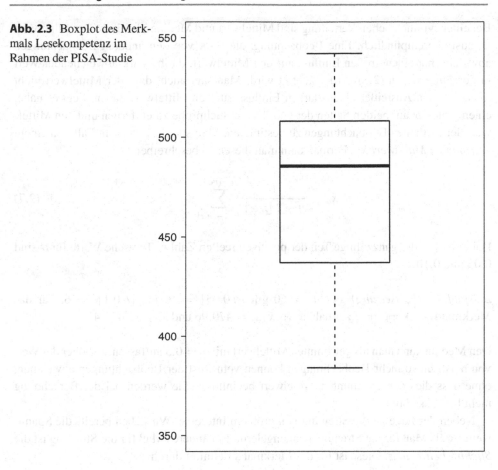

Lesekompetenz

Beispiel 16 (Fortsetzung) Es gilt $\bar{x} = 470.22$. Der Mittelwert ist kleiner als der Median. Dies ist bei einer linksschiefen Verteilung der Fall. □

Transformieren wir alle Beobachtungen x_i linear zu $y_i = b + a\,x_i$, so gilt

$$\bar{y} = b + a\,\bar{x}. \tag{2.6}$$

Dies sieht man folgendermaßen:

$$\bar{y} = \frac{1}{n} \sum_{i=1}^{n} (b + a\,x_i) = \frac{1}{n} \sum_{i=1}^{n} b + \frac{1}{n} \sum_{i=1}^{n} a\,x_i$$

$$= \frac{1}{n}\,n\,b + a\,\frac{1}{n} \sum_{i=1}^{n} x_i = b + a\,\bar{x}.$$

Bei einer symmetrischen Verteilung sind Mittelwert und Median identisch. Der Mittelwert ist ausreißerempfindlich. Eine Beobachtung, die stark von den anderen Beobachtungen abweicht, hat einen großen Einfluss auf den Mittelwert, da ihr stark abweichender Wert in der Summe von (2.5) berücksichtigt wird. Man sagt auch, dass der Mittelwert nicht *robust* ist. Da Ausreißer einen starken Einfluss auf den Mittelwert haben, liegt es nahe, einen Anteil α auf beiden Seiten der geordneten Stichprobe zu entfernen und den Mittelwert der restlichen Beobachtungen zu bestimmen. Man spricht in diesem Fall von einem *getrimmten Mittelwert* $\bar{x}_\alpha$. Formal kann man diesen so beschreiben:

$$\bar{x}_\alpha = \frac{1}{n - 2\lfloor n\,\alpha \rfloor} \sum_{i=1+\lfloor n\alpha \rfloor}^{n-\lfloor n\alpha \rfloor} x_{(i)} \; . \tag{2.7}$$

Dabei ist $\lfloor c \rfloor$ der ganzzahlige Teil der positiven reellen Zahl c. Typische Werte für α sind 0.05 und 0.10.

Beispiel 16 (Fortsetzung) Für $n = 60$ gilt $\lfloor n\,0.05 \rfloor = 3$ und $\lfloor n\,0.1 \rfloor = 6$. Für das Merkmal Lesekompetenz erhalten wir $\bar{x}_{0.05} = 470.96$ und $\bar{x}_{0.10} = 472.42$. $\qquad\square$

Den Median kann man als getrimmten Mittelwert mit $\alpha = 0.5$ auffassen. Je höher der Wert von α ist, umso mehr Beobachtungen können vom Rest der Beobachtungen abweichen, ohne dass dies den getrimmten Mittelwert beeinflusst. Sie werden bei der Berechnung nicht berücksichtigt.

Neben der Lage ist die Streuung von größtem Interesse. Wir haben bereits die Spannweite R als Maß für die Streuung kennengelernt. Ein anderes Maß für die Streuung ist die *Stichprobenvarianz*. Diese ist für das Merkmal **x** definiert durch

$$s_x^2 = \frac{1}{n - 1} \sum_{i=1}^{n} (x_i - \bar{x})^2 \; . \tag{2.8}$$

Beispiel 16 (Fortsetzung) Es gilt $s_x^2 = 2077.732$. $\qquad\square$

Die Stichprobenvarianz besitzt nicht die gleiche Maßeinheit wie die Beobachtungen. Zieht man aus der Stichprobenvarianz die Quadratwurzel, so erhält man eine Maßzahl, die die gleiche Dimension wie die Beobachtungen besitzt. Diese heißt *Standardabweichung* s_x.

Beispiel 16 (Fortsetzung) Es gilt $s_x = 45.582$. $\qquad\square$

Transformieren wir alle Beobachtungen x_i linear zu $y_i = b + a\,x_i$, so gilt

$$s_y^2 = a^2 \cdot s_x^2. \tag{2.9}$$

Dies sieht man mit (2.6) folgendermaßen:

$$s_y^2 = \frac{1}{n-1} \sum_{i=1}^{n} (y_i - \bar{y})^2 = \frac{1}{n-1} \sum_{i=1}^{n} (b + a\, x_i - b - a\, \bar{x})^2$$

$$= \frac{1}{n-1} \sum_{i=1}^{n} (a\,(x_i - \bar{x}))^2 = a^2 \frac{1}{n-1} \sum_{i=1}^{n} (x_i - \bar{x})^2 = a^2 \cdot s_x^2.$$

2.2 Beschreibung und Darstellung multivariater Datensätze

Bisher haben wir nur ein einzelnes Merkmal analysiert. Nun wollen wir mehrere Merkmale gemeinsam betrachten, um zum Beispiel Abhängigkeitsstrukturen zwischen den Merkmalen aufzudecken. Wir gehen davon aus, dass an jedem von n Objekten p Merkmale erhoben wurden. Wir wollen zeigen, wie man Informationen in Datenmatrizen einfach darstellen kann. Dabei wollen wir wieder zwischen qualitativen und quantitativen Merkmalen unterscheiden.

2.2.1 Beschreibung und Darstellung von Datenmatrizen quantitativer Merkmale

Beispiel 17 Wir betrachten den Datensatz in Beispiel 1 und stellen die Daten in einer Datenmatrix zusammen. In der ersten Spalte stehen die Werte des Merkmals Mathematische Grundbildung, in der zweiten Spalte die Werte des Merkmals Lesekompetenz und in der letzten Spalte die Werte des Merkmals Naturwissenschaftliche Grundbildung:

$$\mathbf{X} = \begin{pmatrix} 573 & 542 & 551 \\ 554 & 536 & 538 \\ 536 & 538 & 547 \\ 435 & 516 & 525 \\ 531 & 509 & 515 \\ \vdots & \vdots & \vdots \\ 376 & 388 & 384 \\ 375 & 396 & 382 \\ 368 & 384 & 372 \end{pmatrix}.$$

In der zwölften Zeile der Matrix $\mathbf{X}$ stehen die Merkmalsausprägungen von Deutschland:

$$\mathbf{x}_{12} = \begin{pmatrix} 514 \\ 508 \\ 524 \end{pmatrix}. \qquad \square$$

Wir wollen nun das Konzept des Mittelwerts auf mehrere Merkmale übertragen. Dies ist ganz einfach. Wir bestimmen den Mittelwert jedes Merkmals und fassen diese Mittelwerte zum Vektor der Mittelwerte zusammen. Wir bezeichnen den Mittelwert des j-ten Merkmals mit $\bar{x}_j$. Es gilt also

$$\bar{x}_j = \frac{1}{n} \sum_{i=1}^{n} x_{ij} \; .$$

Für den Vektor $\bar{\mathbf{x}}$ der Mittelwerte gilt demnach

$$\bar{\mathbf{x}} = \begin{pmatrix} \bar{x}_1 \\ \vdots \\ \bar{x}_p \end{pmatrix} .$$

Beispiel 17 (Fortsetzung) Es gilt

$$\bar{\mathbf{x}} = \begin{pmatrix} 467.58 \\ 470.22 \\ 474.83 \end{pmatrix} . \tag{2.10}$$

Wir sehen, dass im Bereich `Naturwissenschaften` im Durchschnitt am meisten Punkte erreicht wurden, während die Leistungen im Bereich `Mathematik` im Mittel am schlechtesten waren.   □

Mit den Beobachtungsvektoren $\mathbf{x}_i$, $i = 1, \ldots, n$, aus (2.1) können wir den Vektor $\bar{\mathbf{x}}$ der Mittelwerte auch bestimmen durch

$$\bar{\mathbf{x}} = \frac{1}{n} \sum_{i=1}^{n} \mathbf{x}_i \; .$$

Dies sieht man folgendermaßen:

$$\bar{\mathbf{x}} = \begin{pmatrix} \bar{x}_1 \\ \vdots \\ \bar{x}_p \end{pmatrix} = \begin{pmatrix} \frac{1}{n} \sum_{i=1}^{n} x_{i1} \\ \vdots \\ \frac{1}{n} \sum_{i=1}^{n} x_{ip} \end{pmatrix} = \frac{1}{n} \begin{pmatrix} \sum_{i=1}^{n} x_{i1} \\ \vdots \\ \sum_{i=1}^{n} x_{ip} \end{pmatrix} = \frac{1}{n} \sum_{i=1}^{n} \begin{pmatrix} x_{i1} \\ \vdots \\ x_{ip} \end{pmatrix} = \frac{1}{n} \sum_{i=1}^{n} \mathbf{x}_i \; .$$

Manche der multivariaten Verfahren, die wir betrachten werden, gehen davon aus, dass die Merkmale *zentriert* sind. Wir zentrieren die Werte des i-ten Merkmals, indem wir von jedem Wert x_{ij} den Mittelwert $\bar{x}_j$ subtrahieren:

$$\tilde{x}_{ij} = x_{ij} - \bar{x}_j \; . \tag{2.11}$$

Der Mittelwert eines zentrierten Merkmals ist gleich 0. Dies sieht man folgendermaßen:

$$\bar{\tilde{x}}_j = \frac{1}{n} \sum_{i=1}^{n} (x_{ij} - \bar{x}_j) = \frac{1}{n} \sum_{i=1}^{n} x_{ij} - \frac{1}{n} \sum_{i=1}^{n} \bar{x}_j = \bar{x}_j - \frac{1}{n} n \, \bar{x}_j = 0 \, .$$

Die *zentrierte Datenmatrix* ist

$$\tilde{\mathbf{X}} = \begin{pmatrix} x_{11} - \bar{x}_1 & \dots & x_{1p} - \bar{x}_p \\ \vdots & \ddots & \vdots \\ x_{n1} - \bar{x}_1 & \dots & x_{np} - \bar{x}_p \end{pmatrix} . \tag{2.12}$$

Beispiel 17 (Fortsetzung) Es gilt

$$\tilde{\mathbf{X}} = \begin{pmatrix} 105.42 & 71.78 & 76.17 \\ 86.42 & 65.78 & 63.17 \\ 68.42 & 67.78 & 72.17 \\ 67.42 & 45.78 & 50.17 \\ 63.32 & 38.78 & 40.17 \\ \vdots & \vdots & \vdots \\ -91.58 & -82.22 & -90.83 \\ -92.58 & -74.22 & -92.83 \\ -99.58 & -86.22 & -101.83 \end{pmatrix} .$$

An der zentrierten Datenmatrix kann man sofort erkennen, wie sich jedes Land vom Mittelwert unterscheidet. Wir sehen, dass die Schweiz als fünftes Land in der Matrix in allen Bereichen über dem Durchschnitt liegt, während Peru als letztes Land in der Matrix in allen Bereichen unter dem Durchschnitt liegt. □

Wir wollen uns nun noch anschauen, wie man die zentrierte Datenmatrix durch eine einfache Multiplikation mit einer anderen Matrix gewinnen kann. Diese Matrix werden wir im Folgenden öfter verwenden. Sei

$$\mathbf{M} = \mathbf{I}_n - \frac{1}{n} \mathbf{1} \mathbf{1}' \, . \tag{2.13}$$

Dabei ist $\mathbf{I}_n$ die Einheitsmatrix und $\mathbf{1}$ der Einservektor. Es gilt

$$\tilde{\mathbf{X}} = \mathbf{M} \mathbf{X} \, . \tag{2.14}$$

Um (2.14) zu zeigen, formen wir sie um:

$$\mathbf{M} \mathbf{X} = \left(\mathbf{I}_n - \frac{1}{n} \mathbf{1} \mathbf{1}' \right) \mathbf{X} = \mathbf{X} - \frac{1}{n} \mathbf{1} \mathbf{1}' \mathbf{X} \, .$$

Wir betrachten zunächst $\frac{1}{n}\mathbf{11'X}$. Da $\mathbf{1}$ der summierende Vektor ist, gilt

$$\mathbf{1'X} = \left(\sum_{i=1}^{n} x_{i1}, \ldots, \sum_{i=1}^{n} x_{ip} \right) .$$

Da $\frac{1}{n}$ ein Skalar ist, gilt

$$\frac{1}{n}\mathbf{11'X} = \mathbf{1}\frac{1}{n}\mathbf{1'X}.$$

Es gilt

$$\frac{1}{n}\mathbf{1'X} = (\bar{x}_1, \ldots, \bar{x}_p) .$$

Somit folgt

$$\frac{1}{n}\mathbf{11'X} = \mathbf{1}\frac{1}{n}\mathbf{1'X} = \begin{pmatrix} 1 \\ \vdots \\ 1 \end{pmatrix} (\bar{x}_1, \ldots, \bar{x}_p) = \begin{pmatrix} \bar{x}_1 & \ldots & \bar{x}_p \\ \vdots & \ddots & \vdots \\ \bar{x}_1 & \ldots & \bar{x}_p \end{pmatrix} .$$

Also gilt

$$\mathbf{MX} = \mathbf{X} - \frac{1}{n}\mathbf{11'X} = \begin{pmatrix} x_{11} & \ldots & x_{1p} \\ \vdots & \ddots & \vdots \\ x_{n1} & \ldots & x_{np} \end{pmatrix} - \begin{pmatrix} \bar{x}_1 & \ldots & \bar{x}_p \\ \vdots & \ddots & \vdots \\ \bar{x}_1 & \ldots & \bar{x}_p \end{pmatrix}$$

$$= \begin{pmatrix} x_{11} - \bar{x}_1 & \ldots & x_{1p} - \bar{x}_p \\ \vdots & \ddots & \vdots \\ x_{n1} - \bar{x}_1 & \ldots & x_{np} - \bar{x}_p \end{pmatrix} = \mathbf{\tilde{X}}.$$

Man nennt $\mathbf{M}$ auch die *Zentrierungsmatrix.* Sie ist symmetrisch. Es gilt nämlich

$$\mathbf{M'} = \left(\mathbf{I}_n - \frac{1}{n}\mathbf{11'} \right)' = \mathbf{I}_n' - (\frac{1}{n}\mathbf{11'})' = \mathbf{I}_n - \frac{1}{n}\mathbf{11'} = \mathbf{M}.$$

Multipliziert man die Datenmatrix also von rechts mit der Matrix

$$\mathbf{M} = \mathbf{I}_p - \frac{1}{p}\mathbf{11'} ,$$

so werden die Zeilen zentriert.

Bei der univariaten Datenanalyse haben wir robuste Schätzer wie den Median und den getrimmten Mittelwert betrachtet. Wir wollen nun aufzeigen, wie man diese Konzepte auf den multivariaten Fall übertragen kann. Hierbei werden wir uns aber auf den zweidimensionalen Fall beschränken, da nur in diesem Fall Funktionen in R existieren und wir die Vorgehensweise leicht veranschaulichen können. Beginnen wir mit dem Trimmen. Hierzu stellen wir die Werte der beiden Merkmale in einem *Streudiagramm* dar. Die beiden Merkmale bilden die Achsen in einem kartesischen Koordinatensystem. Die Werte jedes Objekts werden als Punkt in dieses Koordinatensystem eingetragen.

Beispiel 17 (Fortsetzung) Abb. 2.4 zeigt das Streudiagramm der Merkmale `Lesekompetenz` und `Mathematische Grundbildung`. □

Bei nur einem Merkmal ist das Trimmen eindeutig. Man ordnet die Werte der Größe nach und entfernt jeweils einen Anteil α der extremen Werte auf beiden Seiten der geordneten Stichprobe. Bei zwei Merkmalen gibt es keine natürliche Ordnung. Natürlich kann man jedes der beiden Merkmale getrennt trimmen. Hierbei berücksichtigt man aber nicht, dass beide Merkmale an demselben Objekt erhoben wurden. Es gibt nun eine Reihe von Vorschlägen, wie man im zweidimensionalen Raum trimmen kann. Wir wollen uns einen von diesen anschauen. Man bestimmt hierzu zunächst die *konvexe Hülle* der Menge der Beobachtungen. Die konvexe Hülle ist das kleinste Polygon, in dem entweder jede Beob-

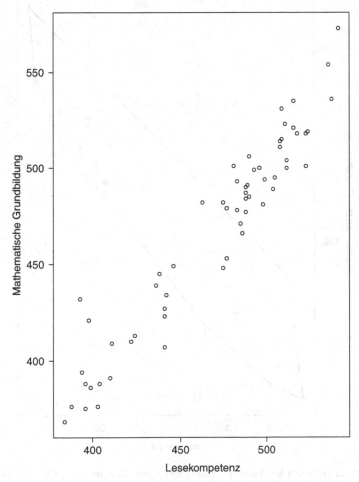

Abb. 2.4 Streudiagramm der Merkmale Lesekompetenz und Mathematische Grundbildung im Rahmen der PISA-Studie

achtung auf dem Rand oder innerhalb des Polygons liegt. Büning (1991) veranschaulicht
die Konstruktion der konvexen Hülle folgendermaßen:

> Wir können uns die Punkte $\mathbf{x}_1, \ldots, \mathbf{x}_n$ als Nägel auf einem Brett vorstellen, um die
> ein (großes) elastisches Band gespannt und dann losgelassen wird; das Band kommt
> in Form eines Polygons zur Ruhe.

Beispiel 17 (Fortsetzung) Abb. 2.5 zeigt die konvexe Hülle der Beobachtungen der Merkmale Lesekompetenz und Mathematische Grundbildung.

Auf der konvexen Hülle liegen die Länder Peru, Kasachstan, Singapur, Japan,
Irland, Costa Rica und Kolumbien.   □

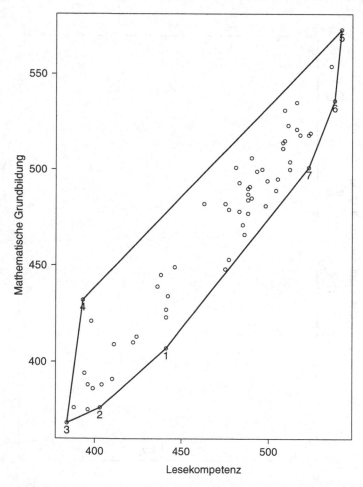

Abb. 2.5 Konvexe Hülle der Merkmale Lesekompetenz und Mathematische Grundbildung im Rahmen der PISA-Studie

Einen auf der konvexen Hülle basierenden getrimmten Mittelwert erhält man dadurch, dass man alle Beobachtungen auf der konvexen Hülle aus dem Datensatz entfernt und den Mittelwert der restlichen Beobachtungen bestimmt.

Beispiel 17 (Fortsetzung) Es sind sieben Punkte auf der konvexen Hülle. Somit beträgt der Trimmanteil $7/60 = 0.117$. Der getrimmte Mittelwert beträgt

$$\bar{\mathbf{x}}_{0.117} = \begin{pmatrix} 471.49 \\ 469.09 \end{pmatrix}.$$

Ein Vergleich mit den ersten beiden Komponenten von $\bar{\mathbf{x}}$ in (2.10) zeigt, dass sich dieser nicht stark vom Mittelwert unterscheidet.   □

Im Englischen nennt man diese Vorgehensweise *Peeling*. Heiler & Michels (1994) verwenden den Begriff *Schälen*. Man kann nun eine konvexe Hülle nach der anderen entfernen, bis nur noch eine übrig bleibt. Liegt innerhalb dieser Hülle noch ein Punkt, so ist dieser der *multivariate Median*. Liegt innerhalb dieser Hülle kein Punkt, so wählt man den Mittelwert der Beobachtungen auf der innersten Hülle als multivariaten Median. Heiler & Michels (1994) nennen ihn auch *Konvexe-Hüllen-Median*. Für das Beispiel erhalten wir durch Schälen Abb. 2.6.

Beispiel 17 (Fortsetzung) Für das Beispiel Lesekompetenz und Mathematische Grundbildung erhalten wir für den multivariaten Median

$$\begin{pmatrix} 488 \\ 487 \end{pmatrix}.$$ □

Weitere Ansätze zur Bestimmung eines multivariaten Medians geben Büning (1991), Heiler & Michels (1994) und Small (1990).

Ein Maß für die Streuung eines univariaten Merkmals ist die Stichprobenvarianz. In Analogie zu (2.8) ist die Stichprobenvarianz des j-ten Merkmals definiert durch

$$s_j^2 = \frac{1}{n-1} \sum_{i=1}^{n} (x_{ij} - \bar{x}_j)^2. \tag{2.15}$$

Die Standardabweichung des j-ten Merkmals ist $s_j = \sqrt{s_j^2}$.

Beispiel 17 (Fortsetzung) Die Stichprobenvarianzen der einzelnen Merkmale sind $s_1^2 = 2629.1$, $s_2^2 = 2077.7$ und $s_3^2 = 2407.2$. Wir sehen, dass die Punkte am stärksten im Bereich Mathematische Grundbildung und am wenigsten im Bereich Lesekompetenz streuen. Die Standardabweichungen der Merkmale sind $s_1 = 51.27$, $s_2 = 45.58$ und $s_3 = 49.06$.   □

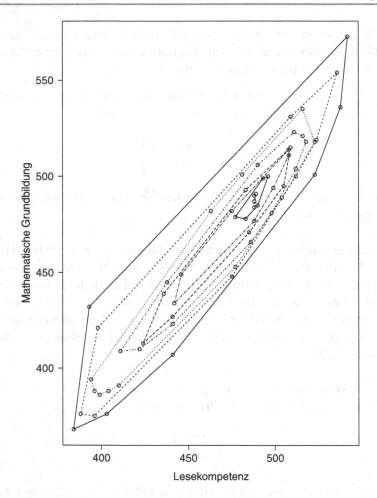

Abb. 2.6 Konvexe Hüllen der Merkmale Lesekompetenz und Mathematische Grundbildung im Rahmen der PISA-Studie

Wir haben in (2.11) die Merkmale zentriert. Dividiert man die Werte eines zentrierten Merkmals noch durch die Standardabweichung dieses Merkmals, so erhält man *standardisierte* Merkmale:

$$x_{ij}^* = \frac{x_{ij} - \bar{x}_j}{s_j}\,.$$

Der Mittelwert eines standardisierten Merkmals ist ebenfalls gleich 0. Dies sieht man folgendermaßen:

$$\overline{x_j^*} = \frac{1}{n}\sum_{i=1}^{n} x_{ij}^* = \frac{1}{n}\sum_{i=1}^{n}\frac{x_{ij} - \bar{x}_j}{s_j} = \frac{1}{n\,s_j}\sum_{i=1}^{n}(x_{ij} - \bar{x}_j) = 0\,.$$

Die Stichprobenvarianz der standardisierten Merkmale ist gleich 1. Dies sieht man folgendermaßen:

$$\frac{1}{n-1} \sum_{i=1}^{n} \left(\frac{x_{ij} - \bar{x}_j}{s_j} \right)^2 = \frac{1}{s_j^2} \frac{1}{n-1} \sum_{i=1}^{n} \left(x_{ij} - \bar{x}_j \right)^2$$

$$= \frac{1}{s_j^2} s_j^2 = 1.$$

Die *Matrix der standardisierten Merkmale* lautet:

$$\mathbf{X}^* = \begin{pmatrix} \frac{x_{11} - \bar{x}_1}{s_1} & \cdots & \frac{x_{1p} - \bar{x}_p}{s_p} \\ \vdots & \ddots & \vdots \\ \frac{x_{n1} - \bar{x}_1}{s_1} & \cdots & \frac{x_{np} - \bar{x}_p}{s_p} \end{pmatrix}. \tag{2.16}$$

Beispiel 17 (Fortsetzung) Es gilt

$$\mathbf{X}^* = \begin{pmatrix} 2.056 & 1.574 & 1.552 \\ 1.685 & 1.443 & 1.287 \\ 1.334 & 1.487 & 1.471 \\ 1.315 & 1.004 & 1.022 \\ 1.237 & 0.851 & 0.819 \\ \vdots & \vdots & \vdots \\ -1.786 & -1.804 & -1.851 \\ -1.806 & -1.629 & -1.892 \\ -1.942 & -1.891 & -2.076 \end{pmatrix}. \qquad \square$$

Es ist nicht üblich, in Analogie zum Vektor der Mittelwerte einen Vektor der Stichprobenvarianzen zu bilden. Die Stichprobenvarianzen sind Bestandteil der *empirischen Varianz-Kovarianz-Matrix*. Um diese zu erhalten, benötigen wir die *empirische Kovarianz*, die wir nun herleiten wollen. Bisher haben wir die Charakteristika jedes einzelnen Merkmals betrachtet. In der multivariaten Analyse sind aber Zusammenhänge zwischen Merkmalen von Interesse.

Beispiel 17 (Fortsetzung) Betrachten wir unter diesem Aspekt noch einmal das Streudiagramm der Merkmale Lesekompetenz und Mathematische Grundbildung in Abb. 2.4. Wir sehen, dass Länder, die eine hohe Punktezahl im Bereich Lesekompetenz aufweisen, auch im Bereich Mathematische Grundbildung eine hohe Punktezahl erreichen. Länder mit einer niedrigen Punktezahl im Bereich Lesekompetenz weisen in der Regel auch einen niedrigen Wert im Bereich Mathematische Grundbildung auf. Ist ein Land also in einem Bereich über dem Durchschnitt, so ist es in der Regel auch

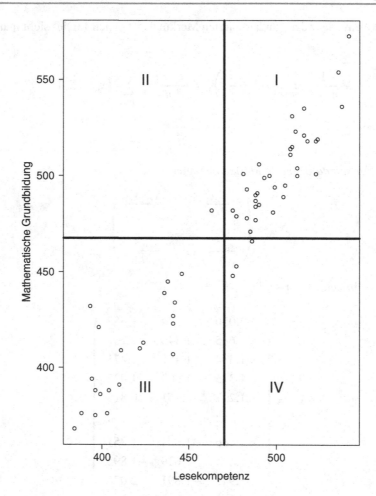

Abb. 2.7 Streudiagramm der Merkmale Lesekompetenz und Mathematische Grundbildung im Rahmen der PISA-Studie, aufgeteilt in vier Quadranten

im anderen Bereich über dem Durchschnitt. Dies wird auch am Streudiagramm deutlich, wenn wir die Mittelwerte der beiden Merkmale in diesem berücksichtigen. Hierzu zeichnen wir eine Gerade parallel zur Ordinate in Höhe des Mittelwerts der Punktezahl im Bereich Lesekompetenz und eine Gerade parallel zur Abszisse in Höhe des Mittelwerts der Punktezahl im Bereich Mathematische Grundbildung. Abb. 2.7 veranschaulicht dies.

Hierdurch erhalten wir vier Quadranten, die in der Grafik durchnummeriert sind. Im ersten Quadranten sind die Länder, deren Punktezahl in den Bereichen Lesekompetenz und Mathematische Grundbildung über dem Durchschnitt liegen, während sich im dritten Quadranten die Länder befinden, deren Punktezahl in den Bereichen Lesekompetenz und Mathematische Grundbildung unter dem Durchschnitt liegen. Im zweiten

Quadranten sind die Länder, deren Punktezahl im Bereich Lesekompetenz unter dem Durchschnitt, im Bereich Mathematische Grundbildung hingegen über dem Durchschnitt liegen, während im vierten Quadranten die Länder liegen, deren Punktezahl im Bereich Lesekompetenz über dem Durchschnitt, im Bereich Mathematische Grundbildung hingegen unter dem Durchschnitt liegen. Besteht ein positiver Zusammenhang zwischen den beiden Merkmalen, so werden wir die meisten Beobachtungen in den Quadranten I und III erwarten, während wir bei einem negativen Zusammenhang die meisten in den Quadranten II und IV erwarten. Verteilen sich die Punkte gleichmäßig über die vier Quadranten, so liegt kein Zusammenhang zwischen den Merkmalen vor.   □

Um den in Beispiel veranschaulichten Sachverhalt in eine geeignete Maßzahl für den Zusammenhang zwischen den beiden Merkmalen umzusetzen, gehen wir davon aus, dass das i-te Merkmal auf der Abszisse und das j-te Merkmal auf der Ordinate stehe. Sei x_{ki} die Ausprägung des i-ten Merkmals beim k-ten Objekt und x_{kj} die Ausprägung des j-ten Merkmals beim k-ten Objekt. Dann gilt in den einzelnen Quadranten:

$$\text{Quadrant I:} \quad x_{ki} > \bar{x}_i, x_{kj} > \bar{x}_j \,,$$
$$\text{Quadrant II:} \quad x_{ki} < \bar{x}_i, x_{kj} > \bar{x}_j \,,$$
$$\text{Quadrant III:} \quad x_{ki} < \bar{x}_i, x_{kj} < \bar{x}_j \,,$$
$$\text{Quadrant IV:} \quad x_{ki} > \bar{x}_i, x_{kj} < \bar{x}_j \,.$$

Also gilt

$$\text{Quadrant I:} \quad x_{ki} - \bar{x}_i > 0, x_{kj} - \bar{x}_j > 0 \,,$$
$$\text{Quadrant II:} \quad x_{ki} - \bar{x}_i < 0, x_{kj} - \bar{x}_j > 0 \,,$$
$$\text{Quadrant III:} \quad x_{ki} - \bar{x}_i < 0, x_{kj} - \bar{x}_j < 0 \,,$$
$$\text{Quadrant IV:} \quad x_{ki} - \bar{x}_i > 0, x_{kj} - \bar{x}_j < 0 \,.$$

Demnach ist das Produkt $(x_{ki} - \bar{x}_i) \cdot (x_{kj} - \bar{x}_j)$ im ersten und dritten Quadranten positiv, während es im zweiten und vierten Quadranten negativ ist. Dies legt nahe, folgende Maßzahl zu betrachten:

$$s_{ij} = \frac{1}{n-1} \sum_{k=1}^{n} (x_{ki} - \bar{x}_i)(x_{kj} - \bar{x}_j) \,. \tag{2.17}$$

s_{ij} heißt empirische Kovarianz zwischen dem i-ten und j-ten Merkmal. Es gilt

$$s_{jj} = \frac{1}{n-1} \sum_{k=1}^{n} (x_{kj} - \bar{x}_j)(x_{kj} - \bar{x}_j) = \frac{1}{n-1} \sum_{k=1}^{n} (x_{kj} - \bar{x}_j)^2 = s_j^2 \,.$$

Bei p Merkmalen $x_1, \ldots, x_p$ bestimmt man zwischen allen Paaren von Merkmalen die Kovarianz. Wir sehen, dass die empirische Kovarianz zwischen zwei Merkmalen auch negativ sein kann. Die Varianz von einem einzelnen Merkmal bei der univariaten Daten-analyse kann hingegen nicht negativ sein. Man stellt diese Kovarianzen in der empirischen Varianz-Kovarianz-Matrix zusammen:

$$
\mathbf{S} = \begin{pmatrix} s_1^2 & \cdots & s_{1p} \\ \vdots & \ddots & \vdots \\ s_{p1} & \cdots & s_p^2 \end{pmatrix}.
$$

Wegen $s_{ij} = s_{ji}$ ist die empirische Varianz-Kovarianz-Matrix symmetrisch. Auf der Hauptdiagonalen finden wir die univariaten Varianzen der einzelnen Merkmale.

Beispiel 17 (Fortsetzung) Es gilt

$$
\mathbf{S} = \begin{pmatrix} 2629.1 & 2241.4 & 2455.8 \\ 2241.4 & 2077.7 & 2182.8 \\ 2455.8 & 2182.8 & 2407.2 \end{pmatrix}.
$$

Wir sehen, dass alle empirischen Kovarianzen positiv sind. Die empirische Kovarianz zwischen den Merkmalen Mathematische Grundbildung und Naturwissenschaftliche Grundbildung ist mit $s_{13}^2 = 2455.8$ am größten. $\qquad\square$

Man kann die empirische Varianz-Kovarianz-Matrix auch folgendermaßen bestimmen:

$$
\mathbf{S} = \frac{1}{n-1} \sum_{k=1}^{n} (\mathbf{x}_k - \bar{\mathbf{x}})(\mathbf{x}_k - \bar{\mathbf{x}})'. \tag{2.18}
$$

Mit

$$
\mathbf{x}_k = \begin{pmatrix} x_{k1} \\ \vdots \\ x_{kp} \end{pmatrix}
$$

und

$$
\bar{\mathbf{x}} = \begin{pmatrix} \bar{x}_1 \\ \vdots \\ \bar{x}_p \end{pmatrix}
$$

gilt

$$(\mathbf{x}_k - \bar{\mathbf{x}})(\mathbf{x}_k - \bar{\mathbf{x}})' = \begin{pmatrix} x_{k1} - \bar{x}_1 \\ \vdots \\ x_{kp} - \bar{x}_p \end{pmatrix} \begin{pmatrix} x_{k1} - \bar{x}_1 & \cdots & x_{kp} - \bar{x}_p \end{pmatrix}$$

$$= \begin{pmatrix} (x_{k1} - \bar{x}_1)(x_{k1} - \bar{x}_1) & \cdots & (x_{k1} - \bar{x}_1)(x_{kp} - \bar{x}_p) \\ \vdots & \ddots & \vdots \\ (x_{kp} - \bar{x}_p)(x_{k1} - \bar{x}_1) & \cdots & (x_{kp} - \bar{x}_p)(x_{kp} - \bar{x}_p) \end{pmatrix}.$$

Summieren wir diese Matrizen von $k = 1$ bis n und dividieren die Summe durch $n - 1$, so erhalten wir die empirische Varianz-Kovarianz-Matrix $\mathbf{S}$. Es gibt noch eine weitere Darstellung der empirischen Varianz-Kovarianz-Matrix, auf die wir noch häufiger zurückkommen werden. Sei $\tilde{\mathbf{X}}$ die zentrierte Datenmatrix aus (2.12). Dann gilt

$$\mathbf{S} = \frac{1}{n-1} \tilde{\mathbf{X}}'\tilde{\mathbf{X}}. \qquad (2.19)$$

Das Element in der i-ten Zeile und j-ten Spalte von $\tilde{\mathbf{X}}'\tilde{\mathbf{X}}$ erhält man dadurch, dass man das innere Produkt aus den Vektoren bildet, die in der i-ten und der j-ten Spalte von $\tilde{\mathbf{X}}$ stehen. Dieses ist

$$\sum_{k=1}^{n} (x_{ki} - \bar{x}_i)(x_{kj} - \bar{x}_j).$$

Dividiert man diesen Ausdruck durch $n - 1$, so erhält man die empirische Kovarianz zwischen dem i-ten und j-ten Merkmal, wie man durch einen Vergleich mit (2.17) erkennt.

Die empirische Kovarianz ist nicht skaleninvariant. Multipliziert man alle Werte des einen Merkmals mit einer Konstanten b und die Werte des anderen Merkmals mit einer Konstanten c, so wird die empirische Kovarianz bc-mal so groß.

Mit (2.6) gilt nämlich

$$\frac{1}{n-1} \sum_{k=1}^{n} (b\,x_{ki} - \overline{b\,x_i})(c\,x_{kj} - \overline{c\,x_j}) = \frac{1}{n-1} \sum_{k=1}^{n} (b\,x_{ki} - b\,\bar{x}_i)(c\,x_{kj} - c\,\bar{x}_j)$$

$$= b\,c\,\frac{1}{n-1} \sum_{k=1}^{n} (x_{ki} - \bar{x}_i)(x_{kj} - \bar{x}_j)$$

$$= b\,c\,s_{ij}.$$

Man kann die empirische Kovarianz normieren, indem man sie durch das Produkt der Standardabweichungen der beiden Merkmale dividiert. Man erhält dann den *empirischen*

Tab. 2.3 Werte der Merkmale
x_1 und x_2

k	x_{k1}	x_{k2}
1	-2	4
2	-1	1
3	0	0
4	1	1
5	2	4

Korrelationskoeffizienten

$$r_{ij} = \frac{s_{ij}}{s_i \cdot s_j}. \tag{2.20}$$

Für den empirischen Korrelationskoeffizienten r_{ij} gilt:

1. $-1 \leq r_{ij} \leq 1$,
2. $r_{ij} = 1$ genau dann, wenn zwischen den beiden Merkmalen ein exakter linearer Zusammenhang mit positiver Steigung besteht,
3. $r_{ij} = -1$ genau dann, wenn zwischen den beiden Merkmalen ein exakter linearer Zusammenhang mit negativer Steigung besteht.

Wir wollen diese Eigenschaften hier nicht beweisen. Wir beweisen sie in Kap. 3 für den Korrelationskoeffizienten. Hier wollen wir diese Eigenschaften aber interpretieren. Die erste Eigenschaft besagt, dass der empirische Korrelationskoeffizient Werte zwischen -1 und 1 annimmt, während die beiden anderen Eigenschaften erklären, wie wir die Werte des empirischen Korrelationskoeffizienten zu interpretieren haben. Liegt der Wert des empirischen Korrelationskoeffizienten in der Nähe von 1, so liegt ein positiver linearer Zusammenhang zwischen den beiden Merkmalen vor, während ein Wert in der Nähe von -1 auf einen negativen linearen Zusammenhang hindeutet. Ein Wert in der Nähe von 0 spricht dafür, dass kein linearer Zusammenhang zwischen den beiden Merkmalen vorliegt. Dies bedeutet aber nicht notwendigerweise, dass gar kein Zusammenhang zwischen den beiden Merkmalen besteht, wie das Beispiel in Tab. 2.3 zeigt.

Der Wert des Korrelationskoeffizienten zwischen den beiden Merkmalen beträgt 0. Betrachtet man die Werte in der Tabelle genauer, so stellt man fest, dass $x_{k2} = x_{k1}^2$ gilt. Zwischen den beiden Merkmalen besteht also ein funktionaler Zusammenhang, der hier aber nicht linear ist.

Wir stellen die Korrelationen in der *empirischen Korrelationsmatrix* **R** zusammen:

$$\mathbf{R} = \begin{pmatrix} r_{11} & \cdots & r_{1p} \\ \vdots & \ddots & \vdots \\ r_{p1} & \cdots & r_{pp} \end{pmatrix}. \tag{2.21}$$

Beispiel 17 (Fortsetzung) Es gilt

$$\mathbf{R} = \begin{pmatrix} 1 & 0.959 & 0.976 \\ 0.959 & 1 & 0.976 \\ 0.976 & 0.976 & 1 \end{pmatrix}.$$

Es fällt auf, dass alle Elemente der empirischen Korrelationsmatrix positiv sind. □

Man kann die empirische Korrelationsmatrix auch mithilfe der Matrix der standardisierten Merkmale (2.16) bestimmen. Es gilt

$$\mathbf{R} = \frac{1}{n-1} \mathbf{X}^{*\prime} \mathbf{X}^*. \tag{2.22}$$

Das Element in der i-ten Zeile und j-ten Spalte von $\mathbf{X}^{*\prime}\mathbf{X}^*$ erhält man dadurch, dass man das innere Produkt aus den Vektoren bildet, die in der i-ten und der j-ten Spalte von $\mathbf{X}^*$ stehen. Dieses ist

$$\sum_{k=1}^{n} \frac{x_{ki} - \bar{x}_i}{s_i} \frac{x_{kj} - \bar{x}_j}{s_j} = \frac{1}{s_i s_j} \sum_{k=1}^{n} (x_{ki} - \bar{x}_i)(x_{kj} - \bar{x}_j).$$

Dividiert man diesen Ausdruck durch $n - 1$, so erhält man den empirischen Korrelations-koeffizienten zwischen dem i-ten und j-ten Merkmal, wie man durch einen Vergleich mit (2.20) erkennt. In der empirischen Korrelationsmatrix sind die Zusammenhänge zwischen allen Paaren von Merkmalen zusammengefasst. Eine hierzu analoge grafische Darstellung ist die *Streudiagrammmatrix*. Hier werden die Streudiagramme aller Paare von Merkmalen in einer Matrix zusammengefasst.

Beispiel 17 (Fortsetzung) Die Streudiagrammmatrix zeigt Abb. 2.8. Wir sehen hier auf einen Blick, dass alle Merkmale miteinander positiv korreliert sind. □

Bisher haben wir mithilfe von Streudiagrammen versucht herauszufinden, welcher Zusammenhang zwischen zwei Merkmalen besteht. Die Objekte, an denen die Merkmale erhoben wurden, waren nicht von Interesse. Mit diesen wollen wir uns nun aber auch beschäftigen. Will man eine grafische Darstellung hinsichtlich aller drei Merkmale erhalten, so könnte man eine dreidimensionale Grafik erstellen. Bei mehr als drei Merkmalen ist eine direkte grafische Darstellung der Objekte hinsichtlich aller Merkmale nicht mehr möglich. Wir werden aber Verfahren kennenlernen, die eine interpretierbare Darstellung von Objekten in einem zweidimensionalen Streudiagramm ermöglichen.

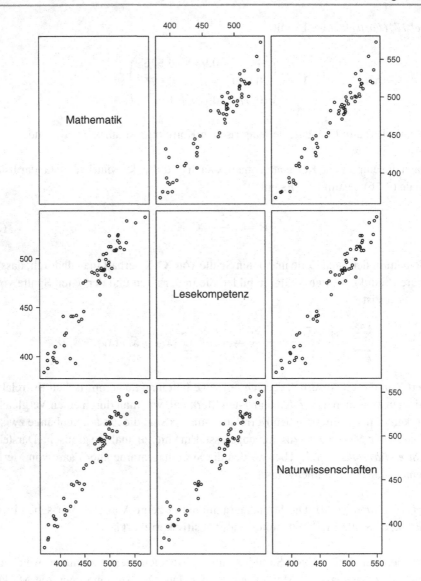

Abb. 2.8 Streudiagrammmatrix der drei Merkmale im Rahmen der PISA-Studie

2.2.2 Datenmatrizen qualitativer Merkmale

Beispiel 18 In Beispiel 2 wurde eine Reihe qualitativer Merkmale erhoben. Die Datenmatrix ist in (2.2) gegeben. Wir wählen von dieser die Spalten 1, 2 und 4 mit den Merkmalen Geschlecht, MatheLK und Abitur aus.   □

Tab. 2.4 Allgemeiner Aufbau einer zweidimensionalen Kontingenztabelle

A	B			
	B_1	B_2	...	B_J
A_1	n_{11}	n_{12}	...	n_{1J}
A_2	n_{21}	n_{22}	...	n_{2J}
$\vdots$	$\vdots$	$\vdots$	$\ddots$	$\vdots$
A_I	n_{I1}	n_{I2}	...	n_{IJ}

Tab. 2.5 Kontingenztabelle der Merkmale Geschlecht und MatheLK

Geschlecht	MatheLK	
	0	1
0	5	5
1	4	6

Bei nur einem Merkmal haben wir eine Häufigkeitstabelle erstellt. Dies wird auch der erste Schritt bei mehreren qualitativen Merkmalen sein. Die klassische Form der Darstellung einer (n, p)-Datenmatrix, die nur qualitative Merkmale enthält, ist die *Kontingenztabelle*. Eine Kontingenztabelle ist nichts anderes als eine Häufigkeitstabelle mehrerer qualitativer Merkmale. Schauen wir uns diese zunächst für zwei qualitative Merkmale A und B an. Wir bezeichnen die Merkmalsausprägungen von A mit $A_1, A_2, \ldots, A_I$ und die Merkmalsausprägungen von B mit $B_1, B_2, \ldots, B_J$. Wie im univariaten Fall bestimmen wir absolute Häufigkeiten, wobei wir aber die beiden Merkmale gemeinsam betrachten. Sei n_{ij} die Anzahl der Objekte, die beim Merkmal A die Ausprägung A_i und beim Merkmal B die Ausprägung B_j aufweisen. Tab. 2.4 zeigt den allgemeinen Aufbau einer zweidimensionalen Kontingenztabelle.

Beispiel 18 (Fortsetzung) Sei A das Merkmal Geschlecht und B das Merkmal MatheLK. Fassen wir bei beiden Merkmalen 0 als erste Merkmalsausprägung und 1 als zweite Merkmalsausprägung auf, so gilt

$$n_{11} = 5, \quad n_{12} = 5, \quad n_{21} = 4, \quad n_{22} = 6.$$

Tab. 2.5 zeigt die Kontingenztabelle.   □

Die absoluten Häufigkeiten der Merkmalsausprägungen der univariaten Merkmale erhalten wir durch Summierung der Elemente der Zeilen beziehungsweise Spalten. Wir bezeichnen die absolute Häufigkeit der Merkmalsausprägung A_i mit $n_{i.}$ und die absolute Häufigkeit der Merkmalsausprägung B_j mit $n_{.j}$. Es gilt

$$n_{i.} = \sum_{j=1}^{J} n_{ij}$$

Tab. 2.6 Allgemeiner Aufbau einer Kontingenztabelle mit bedingten relativen Häufigkeiten

A	B			
	B_1	B_2	$\ldots$	B_J
A_1	$h_{1\mid 1}$	$h_{2\mid 1}$	$\cdots$	$h_{J\mid 1}$
A_2	$h_{1\mid 2}$	$h_{2\mid 2}$	$\cdots$	$h_{J\mid 2}$
$\vdots$	$\vdots$	$\vdots$	$\ddots$	$\vdots$
A_I	$h_{1\mid I}$	$h_{2\mid I}$	$\cdots$	$h_{J\mid I}$

Tab. 2.7 Kontingenztabelle der Merkmale Geschlecht und MatheLK mit bedingten relativen Häufigkeiten

Geschlecht	MatheLK	
	0	1
0	0.5	0.5
1	0.4	0.6

und

$$n_{.j} = \sum_{i=1}^{I} n_{ij} .$$

Beispiel 18 (Fortsetzung) Es gilt $n_{1.} = 10, n_{2.} = 10, n_{.1} = 9$ und $n_{.2} = 11$. ☐

Sehr häufig ist es von Interesse, ob zwischen den beiden Merkmalen ein Zusammenhang besteht. Hierzu betrachtet man zunächst die *bedingten relativen Häufigkeiten* . Dies bedeutet, dass man unter der Bedingung, dass die einzelnen Kategorien des Merkmals A gegeben sind, die Verteilung des Merkmals B bestimmt.

Beispiel 18 (Fortsetzung) Wir betrachten zunächst nur die Männer. Von den zehn haben fünf Männer den Mathematik-Leistungskurs besucht, also 50 %. Von den zehn Frauen haben sechs den Mathematik-Leistungskurs besucht, also 60 %. Wir sehen, dass sich diese Häufigkeiten unterscheiden. Es stellt sich die Frage, ob dieser Unterschied signifikant ist. Wir werden diese Frage in Kap. 10 über loglineare Modelle beantworten. ☐

Für die bedingte relative Häufigkeit der Merkmalsausprägung B_j unter der Bedingung, dass die Merkmalsausprägung A_i gegeben ist, schreiben wir $h_{j\mid i}$. Offensichtlich gilt

$$h_{j\mid i} = \frac{n_{ij}}{n_{i.}} .$$

Den allgemeinen Aufbau einer Tabelle mit bedingten relativen Häufigkeiten zeigt Tab. 2.6. Die Zeilen dieser Tabelle bezeichnet man auch als *Profile*.

Beispiel 18 (Fortsetzung) Für das Beispiel erhalten wir die bedingten relativen Häufigkeiten in Tab. 2.7. ☐

Tab. 2.8 Allgemeiner Aufbau einer dreidimensionalen Kontingenztabelle

C	B			
	A	B_1	$\ldots$	B_J
C_1	A_1	n_{111}	$\ldots$	n_{1J1}
	$\vdots$	$\vdots$	$\ddots$	$\vdots$
	A_I	n_{I11}	$\ldots$	n_{IJ1}
$\vdots$	$\vdots$	$\vdots$	$\ddots$	$\vdots$
C_K	A_1	n_{11K}	$\ldots$	n_{1JK}
	$\vdots$	$\vdots$	$\ddots$	$\vdots$
	A_I	n_{I1K}	$\ldots$	n_{IJK}

Tab. 2.9 Dreidimensionale Kontingenztabelle der Merkmale Geschlecht, MatheLK und Abitur

		MatheLK	
Abitur	Geschlecht	0	1
0	0	5	4
	1	1	3
1	0	0	1
	1	3	3

Man kann natürlich auch die Verteilung von A unter der Bedingung bestimmen, dass die einzelnen Kategorien von B gegeben sind. Dies wollen wir aber nicht im Detail ausführen.

Die Kontingenztabelle von zwei qualitativen Merkmalen ist ein Rechteck. Nimmt man ein weiteres Merkmal hinzu, so erhält man einen Quader. Diesen stellt man nun nicht dreidimensional, sondern mithilfe von Schnitten zweidimensional dar. Gegeben seien also die qualitativen Merkmale A, B und C mit den Merkmalsausprägungen $A_1, \ldots, A_I$, $B_1, \ldots, B_J$ und $C_1, \ldots, C_K$. Dann ist n_{ijk} die absolute Häufigkeit des gemeinsamen Auftretens von A_i, B_j und C_k, $i = 1, \ldots, I$, $j = 1, \ldots, J$ und $k = 1, \ldots, K$. Tab. 2.8 beinhaltet den allgemeinen Aufbau einer dreidimensionalen Kontingenztabelle.

Beispiel 18 (Fortsetzung) Die dreidimensionale Kontingenztabelle der Merkmale Geschlecht, MatheLK und Abitur zeigt Abb. 2.9. □

Aus einer dreidimensionalen Tabelle kann man durch Summation über die Häufigkeiten eines Merkmals drei zweidimensionale Kontingenztabellen erhalten.

Beispiel 18 (Fortsetzung) Wir haben die Kontingenztabelle der Merkmale Geschlecht und MatheLK bereits erstellt. Sie ist in Tab. 2.5 gegeben. Die beiden anderen Kontingenztabellen zeigen die Tab. 2.10 und 2.11.

Betrachtet man die entsprechenden bedingten relativen Häufigkeiten, so sieht es so aus, als ob zwischen den Merkmalen Geschlecht und Abitur ein Zusammenhang besteht, während es hingegen zwischen den Merkmalen Abitur und MatheLK keinen Zusammenhang zu geben scheint. □

Tab. 2.10 Kontingenztabelle der Merkmale Geschlecht und Abitur

Geschlecht	Abitur	
	0	1
0	9	1
1	4	6

Tab. 2.11 Kontingenztabelle der Merkmale Abitur und MatheLK

Abitur	MatheLK	
	0	1
0	6	7
1	3	4

Wir haben bisher nur die zweidimensionalen Kontingenztabellen betrachtet, die man aus einer dreidimensionalen Kontingenztabelle gewinnen kann, und deskriptiv auf Zusammenhänge untersucht. In dreidimensionalen Kontingenztabellen können aber noch komplexere Zusammenhänge existieren. Mit diesen werden wir uns detailliert in Kap. 10 im Zusammenhang mit loglinearen Modellen beschäftigen.

2.3   Datenbehandlung in R

2.3.1   R als mächtiger Taschenrechner

R bietet eine interaktive Umgebung, den Befehlsmodus, in dem man die Daten direkt eingeben und analysieren kann. Nach dem Start des Programms wird durch das Bereitschaftszeichen > angezeigt, dass eine Eingabe erwartet wird. Der Befehlsmodus ist ein mächtiger Taschenrechner. Wir können hier die Grundrechenarten Addition, Subtraktion, Multiplikation und Division mit den Operatoren +, -, * und / durchführen. Bei Dezimalzahlen verwendet man einen Dezimalpunkt und nicht das in Deutschland oft verwendete Dezimalkomma. Nachdem wir einen Befehl mit der Taste `return` abgeschickt haben, gibt R das Ergebnis in der nächsten Zeile aus. Hier sind einige einfache Beispiele:

```
> 2.1+2
[1] 4.1

> 2.1-2
[1] 0.1

> 2.1*2
[1] 4.2

> 2.1/2
[1] 1.05
```

Zum Potenzieren verwenden wir ^ :

```
> 2.1^2
[1] 4.41
```

Die Quadratwurzel von 2 erhalten wir also durch

```
> 2^0.5
[1] 1.414214
```

Man kann aber auch die Funktion sqrt verwenden. Dabei ist sqrt eine Abkürzung für square root, also Quadratwurzel. Namen von Funktionen sind in R unter mnemotechnischen Gesichtspunkten gewählt. Funktionen bieten die Möglichkeit, einen oder mehrere Befehle unter einem Namen abzuspeichern. Funktionen besitzen in der Regel Argumente. So muss man der Funktion sqrt mitteilen, von welcher Zahl sie die Quadratwurzel bestimmen soll. Diese Zahl ist Argument der Funktion sqrt. Die Argumente einer Funktion stehen in runden Klammern hinter dem Funktionsnamen und sind durch Kommata voneinander getrennt. Wir rufen die Funktion sqrt also mit dem Argument 2 auf:

```
> sqrt(2)
[1] 1.414214
```

R führt die Berechnung auf sehr viele Stellen genau nach dem Dezimalpunkt aus, zeigt jedoch weniger Stellen an. Soll das ausgegebene Ergebnis noch übersichtlicher werden, sollten wir runden, und wir verwenden hierzu die Funktion roundR Funktionen!round. Dabei können wir der Funktion round den Aufruf der Funktion der Funktion sqrt als Argument übergeben, was bei allen Funktionen möglich ist:

```
> round(sqrt(2))
[1] 1
```

Jetzt ist das Ergebnis zwar sehr übersichtlich, aber ungenau. Wir müssen der Funktion round also noch mitteilen, auf wie viele Stellen nach dem Dezimalpunkt wir runden wollen. Wie wir dies erreichen können, erfahren wir, indem wir die Funktion helpR Funktionen!help mit dem Argument round aufrufen. Alternativ können wir die jeweilige Hilfeseite zu einer Funktion aufrufen, indem wir dem Namen der Funktion ein ? voranstellen: ?round oder help(round) öffnet die Hilfeseite für die Funktion round. Für alle Funktionen in R, die man nicht selbst geschrieben hat, gibt es eine solche Hilfeseite. Wir sehen, dass die Funktion folgendermaßen aufgerufen wird:

```
round(x, digits = 0)
```

Neben dem ersten Argument, bei dem es sich um die zu rundende Zahl handelt, gibt es noch das Argument digits. Dieses gibt die Anzahl der Stellen nach dem Dezimalpunkt an, auf die gerundet werden soll, und nimmt standardmäßig den Wert 0 an.

Funktionen in R besitzen zwei Typen von Argumenten. Es gibt Argumente, die beim Aufruf der Funktion angegeben werden müssen. Bei der Funktion round ist dies das Argument x. Es gibt aber auch optionale Argumente, die nicht angegeben werden müssen. In diesem Fall wird ihnen der Wert zugewiesen, der in der Kopfzeile zu finden ist. Das Argument digits nimmt also standardmäßig den Wert 0 an.

Wie übergibt man diese einer Funktion, die mindestens zwei Argumente besitzt? Hierzu gibt es eine Reihe von Möglichkeiten, die wir anhand der Funktion round illustrieren wollen. Kennt man die Reihenfolge der Argumente im Kopf der Funktion, so kann man sie ohne zusätzliche Angaben eingeben:

```
> round(sqrt(2),2)
[1] 1.41
```

Man kann aber auch die Namen der Argumente verwenden, wie sie im Kopf der Funktion stehen:

```
> round(x=sqrt(2),digits=2)
[1] 1.41
```

Verwendet man die Namen, so kann man die Argumente in beliebiger Reihenfolge eingeben:

```
> round(digits=2,x=sqrt(2))
[1] 1.41
```

Man kann die Namen der Argumente abkürzen, wenn sie dadurch eindeutig bleiben. Beginnen zwei Namen zum Beispiel mit di, so darf man di nicht als Abkürzung verwenden:

```
> round(x=sqrt(2),d=2)
[1] 1.41
```

2.3.2 Univariate Datenanalyse

Quantitative Merkmale

Bei statistischen Erhebungen werden bei jedem von n Merkmalsträgern jeweils p Merkmale erhoben. Wir werden daher zunächst lernen, wie man die Daten eingibt und unter einem Namen abspeichert, mit dem man auf sie zurückgreifen kann.

Wir gehen zunächst davon aus, dass nur ein Merkmal erhoben wurde. Wir wollen hier die Punkte aller Länder im Bereich Mathematische Grundbildung analysieren, die wir hier noch einmal wiedergeben:

```
573 554 536 535 531 523 521 519 518 518 515 514 511
506 504 501 501 500 500 499 495 494 493 491 490 489
487 485 484 482 482 481 479 478 477 471 466 453 449
448 445 439 434 432 427 423 421 413 410 409 407 394
391 388 388 386 376 376 375 368 .
```

Wir geben die Daten als Vektor ein. Ein Vektor ist eine Zusammenfassung von Objekten zu einer endlichen Folge und besteht aus Komponenten. Einen Vektor erzeugt man in R mit der Funktion c. Diese macht aus einer Folge von Zahlen, die durch Kommata getrennt sind, einen Vektor, dessen Komponenten die einzelnen Zahlen sind. Die Zahlen sind die Argumente der Funktion c. Wir geben also ein:

```
> c(573 554 536 535 531 523 521 519 518 518 515 514
+    511 506 504 501 501 500 500 499 495 494 493 491
+    490 489 487 485 484 482 482 481 479 478 477 471
```

```
+    466 453 449 448 445 439 434 432 427 423 421 413
+    410 409 407 394 391 388 388 386 376 376 375 368)
```

Wechselt das Bereitschaftszeichen zu einem +, zeigt R damit an, dass der Aufruf der Funktion noch nicht abgeschlossen ist. Wir erhalten am Bildschirm folgendes Ergebnis:

```
 [1] 573 554 536 535 531 523 521 519 518 518 515 514 511 506
[15] 504 501 501 500 500 499 495 494 493 491 490 489 487 485
[29] 484 482 482 481 479 478 477 471 466 453 449 448 445 439
[43] 434 432 427 423 421 413 410 409 407 394 391 388 388 386
[57] 376 376 375 368
```

Die Elemente des Vektors werden ausgegeben. Am Anfang steht [1]. Dies zeigt, dass die erste ausgegebene Zahl gleich der ersten Komponente des Vektors ist. Hier ist es der Wert 573. Wie viele Zeilen am Bildschirm für die Komponenten benötigt werden, hängt von der Größe des Bildschirms und der Größe des geöffneten R-Fensters ab.

Um mit den Werten weiterhin arbeiten zu können, müssen wir sie in einer Variablen speichern. Dies geschieht mit dem Zuweisungsoperator <-, den man durch die Zeichen < und - erhält, wobei zwischen den beiden Zeichen kein Leerzeichen stehen darf. Auf der linken Seite steht der Name der Variablen, der die Werte zugewiesen werden sollen, auf der rechten Seite steht der Aufruf der Funktion c.

Die Namen von Variablen können beliebig lang sein, dürfen aber nur aus Buchstaben, Ziffern, dem Punkt und dem Unterstrich bestehen, wobei das erste Zeichen ein Buchstabe oder der Punkt sein muss. Beginnt ein Name mit einem Punkt, so dürfen nicht alle folgenden Zeichen Ziffern sein. Hierdurch erzeugt man nämlich eine Zahl.

Wir nennen die Variable Mathe. R unterscheidet Groß- und Kleinschreibung. Die Variablennamen Mathe und mathe beziehen sich also auf unterschiedliche Objekte. Wir geben ein:

```
> Mathe <- c(573 554 536 535 531 523 521 519 518 518 515
+            514 511 506 504 501 501 500 500 499 495 494
+            493 491 490 489 487 485 484 482 482 481 479
+            478 477 471 466 453 449 448 445 439 434 432
+            427 423 421 413 410 409 407 394 391 388 388
+            386 376 376 375 368)
```

Den Inhalt einer Variablen kann man sich durch Eingabe des Namens anschauen. Der Aufruf

```
> Mathe
```

liefert das Ergebnis

```
 [1] 573 554 536 535 531 523 521 519 518 518 515 514 511 506
[15] 504 501 501 500 500 499 495 494 493 491 490 489 487 485
[29] 484 482 482 481 479 478 477 471 466 453 449 448 445 439
[43] 434 432 427 423 421 413 410 409 407 394 391 388 388 386
[57] 376 376 375 368
```

Eine Variable bleibt während der gesamten Sitzung im Workspace erhalten, wenn sie nicht mit dem Befehl `rm` gelöscht wird. Beim Verlassen von R durch `q()` wird man gefragt, ob man den Workspace sichern will. Antwortet man mit Ja, so sind auch bei der nächsten Sitzung alle Variablen vorhanden. Mit der Funktion `ls` kann man durch den Aufruf `ls()` alle Objekte im Workspace auflisten. Mit der Funktion `save` können Objekte auch in einer eigenen Datei abgespeichert werden. Hierfür verwenden wir das Datenformat von R mit der Dateiendung `RData`. So führt der Aufruf

```
> save(Mathe,file='mathe.RData')
```

dazu, dass die Datei `mathe.RData` mit dem Objekt `Mathe` angelegt wurde. Mit der Funktion `load` können die Objekte wieder in R geladen werden:

```
> load('mathe.RData')
```

Man kann gleichlange Vektoren mit Operatoren verknüpfen. Dabei wird der Operator auf die entsprechenden Komponenten der Vektoren angewendet. Man kann aber auch einen Skalar mit einem Vektor über einen Operator verknüpfen. Dabei wird der Skalar mit jeder Komponente des Vektors über den Operator verknüpft. Will man also wissen, wie sich jede Komponente des Vektors `Mathe` von der Zahl 500 unterscheidet, so gibt man ein:

```
> Mathe-500
 [1]   73   54   36   35   31   23   21   19   18   18   15
[12]   14   11    6    4    1    1    0    0   -1   -5   -6
[23]   -7   -9  -10  -11  -13  -15  -16  -18  -18  -19  -21
[34]  -22  -23  -29  -34  -47  -51  -52  -55  -61  -66  -68
[45]  -73  -77  -79  -87  -90  -91  -93 -106 -109 -112 -112
[56] -114 -124 -124 -125 -132
```

Auf Komponenten eines Vektors greift man durch Indizierung zu. Hierzu gibt man den Namen des Vektors, gefolgt von eckigen Klammern ein, zwischen denen die Nummer der Komponente steht, auf die man zugreifen will. Will man also die Punkte des zweiten Landes wissen, so gibt man ein:

```
> Mathe[2]
```

und erhält als Ergebnis:

```
[1] 554
```

Bei der Bildschirmausgabe von `Mathe` ist die 15. Beobachtung somit `504`, die 29. Beobachtung ist `484` usw. Will man auf die letzte Komponente zugreifen, so benötigt man die Länge des Vektors. Diese liefert die Funktion `length`:

```
> length(Mathe)
[1] 60
```

Die letzte Komponente des Vektors `Mathe` erhalten wir also durch

```
> Mathe[length(Mathe)]
[1] 368
```

Auf mehrere Komponenten eines Vektors greift man zu, indem man einen Vektor mit den Nummern der Komponenten bildet und mit diesem indiziert. So erhält man die Punkte der ersten drei Länder durch

```
> Mathe[c(1,2,3)]
[1] 573 554 536
```

Einen Vektor mit aufeinander folgenden natürlichen Zahlen erhält man mit dem Operator :. Sind also i und j natürliche Zahlen mit $i < j$, so liefert in R der Ausdruck

```
i:j
```

die Zahlenfolge $i, i + 1, \ldots, j - 1, j$. Ist $i > j$, so erhalten wir die Zahlenfolge $i, i - 1, \ldots, j + 1, j$. Schauen wir uns einige Beispiele an:

```
> 1:3
[1] 1 2 3
> 4:10
[1]  4  5  6  7  8  9 10
> 3:1
[1] 3 2 1
```

Wollen wir also auf die ersten drei Komponenten von `Mathe` zugreifen, so können wir auch eingeben:

```
> Mathe[1:3]
[1] 573 554 536
```

Wollen wir den Vektor `Mathe` in umgekehrter Reihenfolge ausgeben, so geben wir ein:

```
> Mathe[length(Mathe):1]
 [1] 368 375 376 376 386 388 388 391 394 407 409 410 413 421
[15] 423 427 432 434 439 445 448 449 453 466 471 477 478 479
[29] 481 482 482 484 485 487 489 490 491 493 494 495 499 500
[43] 500 501 501 504 506 511 514 515 518 518 519 521 523 531
[57] 535 536 554 573
```

Mit der Funktion `rev` und dem Aufruf `rev(Mathe)` hätten wir das gleiche Ergebnis erhalten.

Betrachten wir noch einige Funktionen, mit denen man Informationen aus einem Vektor extrahieren kann. Die Summe aller Werte liefert die Funktion `sum`:

```
> sum(Mathe)
[1] 28055
```

Das Minimum erhalten wir mit der Funktion `min`

```
> min(Mathe)
[1] 368
```

und das Maximum mit der Funktion `max`:

```
> max(Mathe)
[1] 573
```

Die Funktion `sort` sortiert die Werte in einen Vektor aufsteigend:

```
> sort(Mathe)
 [1] 368 375 376 376 386 388 388 391 394 407 409 410 413 421
[15] 423 427 432 434 439 445 448 449 453 466 471 477 478 479
[29] 481 482 482 484 485 487 489 490 491 493 494 495 499 500
[43] 500 501 501 504 506 511 514 515 518 518 519 521 523 531
[57] 535 536 554 573
```

Setzt man das Argument `decreasing` auf den Wert `TRUE`, so wird absteigend sortiert.

Oft will man Komponenten eines Vektors selektieren, die bestimmte Eigenschaften besitzen. Wir müssen also überprüfen, welche Komponenten eines Vektors eine Bedingung erfüllen.

Um Bedingungen zu überprüfen, kann man in R die Vergleichsoperatoren

`==`	gleich
`!=`	ungleich
`<`	kleiner
`<=`	kleiner oder gleich
`>`	größer
`> =`	größer oder gleich

verwenden. Mit diesen Operatoren vergleicht man zwei Objekte. Schauen wir uns die Wirkung der Operatoren beim Vergleich von zwei Zahlen an:

```
> 3<4
[1] TRUE
> 3>4
[1] FALSE
```

Wir sehen, dass der Vergleich den Wert `TRUE` liefert, wenn die Bedingung wahr ist, ansonsten liefert er den Wert `FALSE`. Man kann auch Vektoren mit Skalaren vergleichen. Das Ergebnis ist in diesem Fall ein Vektor, dessen Komponenten `TRUE` sind, bei denen die Bedingung erfüllt ist. Ansonsten sind die Komponenten `FALSE`.

Man kann natürlich auch einen Vektor der Länge *n* und einen Skalar mit einem Vergleichsoperator verknüpfen:

```
> 1:5 <= 3
[1] TRUE TRUE TRUE FALSE FALSE
```

Man spricht auch von einem logischen Vektor. Wenn wir einen gleichlangen Vektor x mit einem logischen Vektor l durch `x[l]` indizieren, so werden aus x alle Komponenten ausgewählt, die in l den Wert `TRUE` annehmen.

Wollen wir die Punktezahlen der Länder wissen, die weniger als 400 Punkte erreicht haben, so geben wir ein:

```
> Mathe[Mathe<400]
[1] 394 391 388 388 386 376 376 375 368
```

Die Nummern der Länder erhalten wir durch:

```
> (1:length(Mathe))[Mathe<400]
[1] 52 53 54 55 56 57 58 59 60
```

Dieses Ergebnis hätten wir auch mit der Funktion which erhalten.

```
> which(Mathe<400)
[1] 52 53 54 55 56 57 58 59 60
```

Mit den Funktionen any und all kann man überprüfen, ob mindestens eine Komponente oder alle Komponenten eines Vektors eine Bedingung erfüllen:

```
> any(Mathe > 600)
[1] FALSE
> all(Mathe <= 600)
[1] TRUE
```

Die Funktion sum bestimmt die Summe der Komponenten eines Vektors. Sind diese vom Typ logical, so wird FALSE in 0 und TRUE in 1 umgewandelt. Der Aufruf

```
> sum(Mathe<400)
[1] 9
```

liefert also die Anzahl der Länder mit weniger als 400 Punkten.

Sollen mehrere Bedingungen erfüllt sein, so kann man die logischen Operatoren & und | verwenden. Der Operator & liefert genau dann das Ergebnis TRUE, wenn beide Bedingungen wahr sind, während dies beim Operator | der Fall ist, wenn mindestens eine Bedingung wahr ist. Die Indizes der Länder, die mindestens 490 und höchstens 510 Punkte erreicht haben, erhalten wir durch

```
> which(Mathe>490 & Mathe <=510)
 [1] 14 15 16 17 18 19 20 21 22 23 24
```

In R gibt es eine Vielzahl von Funktionen. Von diesen haben wir auch die Funktionen sum und length kennengelernt. Mit diesen Funktionen können wir den Mittelwert folgendermaßen bestimmen:

```
> sum(Mathe)/length(Mathe)
[1] 467.5833
```

In R gibt es zur Bestimmung des Mittelwerts die Funktion mean. Für die Variable Mathe erhalten wir

```
> mean(Mathe)
[1] 467.5833
```

Mit der Funktion `mean` kann auch der getrimmte Mittelwert bestimmt werden. Man muss in diesem Fall nur dem Argument `trim` den gewünschten Trimmanteil α zuweisen. Der Aufruf

```
> mean(Mathe,0.05)
```

liefert das Ergebnis

```
[1] 468.0185
```

Man kann mit der Funktion `mean` auch den Median bestimmen. Man muss nur das Argument `trim` auf 0.5 setzen:

```
> mean(Mathe,0.5)
[1] 482
```

Wir können den Median aber auch direkt bestimmen durch

```
> median(Mathe)
[1] 482
```

Die Funktionen `mean` und `median` besitzen das optionale Argument `na.rm`. Dieses steuert den Umgang mit fehlenden Beobachtungen. Bei fast jeder statistischen Erhebung fehlen Beobachtungen, da Befragte keine Antwort gegeben haben oder Versuche abgebrochen werden mussten. In R gibt man fehlende Beobachtungen als `NA` ein. Dies steht für `not available`. Sind in einem Vektor `z` fehlende Werte, so wird der Mittelwert ohne diese bestimmt, wenn das Argument `na.rm` auf `TRUE` steht. Nimmt es den Wert `FALSE` an, so liefert die Funktion `mean` als Ergebnis den Wert `NA`. Schauen wir uns dies für ein Beispiel an, bei dem die zweite Beobachtung fehlt:

```
> z <- c(1,NA,5,3)
> z
[1]  1 NA  5  3
> mean(z)
[1] NA
> mean(z,na.rm=TRUE)
[1] 3
```

Die Varianz einer Variablen erhält man mit der Funktion `var`:

```
> var(Mathe)
[1] 2629.061
```

Für die Standardabweichung gibt es die Funktion `sd`:

```
> sd(Mathe)
[1] 51.27437
```

Anhand der Standardabweichung wollen wir uns etwas näher mit Funktionen in R beschäftigen. Dazu wollen wir eine eigene Funktion schreiben, die die Standardabweichung ausrechnet und uns das Ergebnis anzeigt. Eine Funktion wird mithilfe von `function` durch folgende Befehlsfolge deklariert:

```
fname <- function(Argumente){
  Koerper der Funktion
  return(Ergebnis)
}
```

Jede Funktion in R besteht aus einem Kopf und einem Körper. Der Funktionskopf besteht aus dem Namen der Funktion, gefolgt von den Argumenten der Funktion, die in runden Klammern stehen und durch Kommata getrennt sind. Der Funktionskörper besteht aus den Anweisungen. Die Anweisungen stehen in geschweiften Klammern und werden nacheinander abgearbeitet. Der Ausdruck `return(x)` bewirkt, dass die Ausführung einer Funktion beendet und x als Ergebnis der Funktion zurückgegeben wird. Wir geben also ein:

```
> std <- function(x){
+                   return(sqrt(var(x)))
+                   }
```

Wir können die Funktion sofort verwenden:

```
> std(Mathe)
[1] 51.27437
```

Wir erhalten das gleiche Ergebnis wie mit der Funktion `sd`. Der Zweck der Funktion `std` ist ersichtlich, aber hier verbessert die Verwendung von Kommentaren die Lesbarkeit.

Dies ist die kommentierte Version von `std`:

```
> std <- function(x){
+ # Standardabweichung der Elemente von x
+ # Es wird die Wurzel aus der Varianz berechnet
+                   return(sqrt(var(x)))
+                   }
```

Dabei verwenden wir das Zeichen #, um den restlichen Teil der Zeile nicht von R auswerten zu lassen.

Funktionskörper enthalten häufig bedingte Anweisungen. In R setzt man bedingte Anweisungen mit dem Konstrukt

```
if(Bedingung){Befehlsfolge 1} else {Befehlsfolge 2}
```

um. Wenn die `Bedingung` den Wert `TRUE` liefert, so wird die Befehlsfolge 1 durchgeführt. Dabei besteht eine Befehlsfolge in R aus einer Folge von Anweisungen, die von geschweiften Klammern umgeben sind. Wenn die `Bedingung` den Wert `FALSE` liefert, so wird die Befehlsfolge 2 abgearbeitet. Liegt nur ein Befehl vor, so kann man auf die geschweiften Klammern verzichten.

Bei der Beschreibung eines univariaten Merkmals haben wir auch die Fünf-Zahlen-Zusammenfassung betrachtet. Die Funktion `summary` bestimmt das Minimum $x_{(1)}$, das untere Quartil $x_{0.25}$, den Median $x_{0.5}$, das obere Quartil $x_{0.75}$ und das Maximum $x_{(n)}$. Der Aufruf

```
> summary(Mathe)
```

liefert das Ergebnis

```
   Min. 1st Qu.  Median   Mean 3rd Qu.    Max.
  368.0   426.0   482.0  467.6   501.8   573.0
```

Wir sehen, dass neben den fünf Zahlen auch noch der Mittelwert bestimmt wird. Die Zahlen stimmen mit denen überein, die wir weiter oben bestimmt haben. R liefert aber nicht für jeden Stichprobenumfang die Quartile so, wie es in Abschn. 2.1.2 beschrieben wird. Der Aufruf

```
> summary(1:6)
```

liefert das Ergebnis

```
   Min. 1st Qu.  Median   Mean 3rd Qu.    Max.
   1.00    2.25    3.50   3.50    4.75    6.00
```

Bei Tukey nimmt das untere Quartil den Wert 2 an.

Hyndman & Fan (1996) geben an, wie R die Quartile bestimmt. Wir wollen hierauf aber nicht eingehen. Im Anhang ist in Abschn. B.1 eine Funktion quartile zu finden, die die Quartile so bestimmt, wie es in Abschn. 2.1.2 beschrieben wird:

```
> quartile(1:6)
[1] 2 5
```

Mithilfe der fünf Zahlen kann man einen Boxplot erstellen. Der Aufruf

```
> boxplot(Mathe)
```

liefert Abb. 2.9.

Der Boxplot sieht nicht so aus wie in Abb. 2.3. Die Beschriftung der Ordinate unterscheidet sich in beiden Abbildungen. Allerdings sind wir eine Beschriftung wie in Abb. 2.3 gewohnt. Diese erreichen wir, indem wir den Grafikparameter las auf den Wert 1 setzen. Der folgende Aufruf liefert einen Boxplot wie in Abb. 2.3:

```
> par(las=1)
> boxplot(Mathe)
```

Um Grafiken in R anzupassen, benötigt man häufig Zeichenketten, eine Folge von Zeichen, die in Hochkommata stehen. Bevor wir uns jedoch mit Zeichenketten beschäftigen, betrachten wir die Befehlsfolge, die das Histogramm in Abb. 2.2 liefert. Dabei verwenden wir eine Zeichenkette für die Beschriftung der Abszisse:

```
> hist(Lesekompetenz,breaks=c(350,400,450,500,550),
+        right=TRUE,freq=FALSE,main='',
+        xlab='Lesekompetenz',ylab = '',col='grey')
```

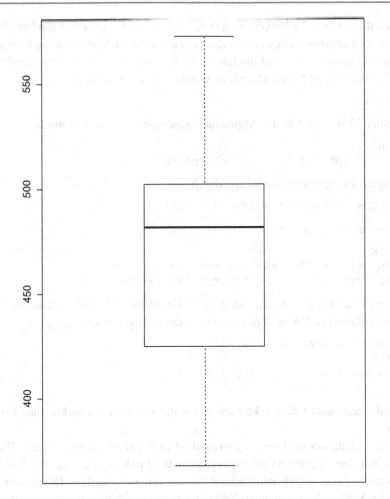

Abb. 2.9 Boxplot des Merkmals Mathematische Grundbildung

Durch `freq=FALSE` stellen wir sicher, dass die Fläche unter dem Histogramm gleich 1 ist. Setzen wir `freq` auf `TRUE`, so haben die Rechtecke die Höhe der absoluten Häufigkeiten. R wählt standardmäßig gleich-große Klassen. Die Anzahl der Klassen ist proportional zu $\ln n$. Mit dem Argument `breaks` können wir die Klassengrenzen vorgeben. Das Argument `right=TRUE` erstellt rechts geschlossene Klassengrenzen. Dies stellt sicher, dass eine Beobachtung zu einer Klasse gehört, wenn deren Wert größer als die Untergrenze und kleiner oder gleich der Obergrenze ist.

Qualitative Merkmale

Wir wollen die Analyse des Merkmals `MatheLK` aus Beispiel 2.1.1 in R nachvollziehen. Das Merkmal `MatheLK` kann die Werte `j` und `n` annehmen. Hier sind noch einmal die Werte der 20 Studenten angegeben:

```
n n n n n n n n n j j j j j j j j j j j
```

Wir wollen diese Werte der Variablen `MatheLK` zuweisen. Hierzu erzeugen wir einen Vektor der Länge 20, dessen Komponenten Zeichenketten sind. Die ersten neun Komponenten sollen die Zeichenkette `"n"` und die letzten elf Komponenten die Zeichenkette `"j"` enthalten. Um die Eingabe zu erleichtern, verwenden wir die Funktion `rep`. Der Aufruf

```
rep(x,times)
```

erzeugt einen Vektor, in dem das Argument `x` `times`-mal wiederholt wird:

```
> rep("n",9)
[1] "n" "n" "n" "n" "n" "n" "n" "n" "n"
```

Wir erzeugen den Vektor `MatheLK` also durch

```
> MatheLK <- c(rep("n",9),rep("j",11))
```

Schauen wir uns `MatheLK` an:

```
> MatheLK
 [1]  "n" "j" "n" "n" "n" "n" "n" "n" "n" "n"
[11] "j" "j" "j" "j" "j" "j" "j" "j" "j" "j"
```

Das Merkmal `MatheLK` ist nominalskaliert. Ein nominalskaliertes qualitatives Merkmal ist in R ein *Faktor*. Ein Faktor wird erzeugt mit der Funktion `factor`:

```
> MatheLK <- factor(MatheLK)
> MatheLK
 [1] n n n n n n n n j j j j j j j j j j j j
Levels: j n
```

Die Ausgabe zeigt neben dem Vektor mit den Rohdaten auch die vorkommenden Faktorstufen an.

Ein ordinalskaliertes qualitatives Merkmal ist in R ein *geordneter Faktor*. Diesen erzeugt man mit dem Argument `ordered=TRUE` in der Funktion `factor`. Die Faktorstufen werden dann in der eingegebenen Reihenfolge aufsteigend geordnet. Die absoluten Häufigkeiten der Merkmalsausprägungen erhalten wir mit der Funktion `table`. Der Aufruf

```
> table(MatheLK)
```

liefert das Ergebnis

```
 j n
11 9
```

Die relativen Häufigkeiten erhalten wir, indem wir das Ergebnis der Funktion `table` durch die Anzahl der Beobachtungen teilen:

```
> table(MatheLK)/length(MatheLK)
    j    n
 0.55 0.45
```

Mit der Funktion `barplot` erstellen wir das Balkendiagramm. Der Aufruf

```
> par(las=1)
> barplot(table(MatheLK)/length(MatheLK))
```

liefert ein Balkendiagramm.

2.3.3   Multivariate Datenanalyse

Quantitative Merkmale
Nun wollen wir die Merkmale `Lesekompetenz`, `Mathematische Grundbildung` und `Naturwissenschaftliche Grundbildung` aus Beispiel 17 gemeinsam analysieren. Hierzu geben wir die Daten in Form einer Matrix ein. In R erzeugt man eine Matrix mit der Funktion `matrix`. Der Aufruf von `matrix` lautet:

```
matrix(data,nrow=1,ncol=1,byrow=FALSE)
```

Dabei ist `data` der Vektor mit den Elementen der Matrix. Das Argument `nrow` gibt die Anzahl der Zeilen und das Argument `ncol` die Anzahl der Spalten der Matrix an. Standardmäßig wird eine Matrix spaltenweise eingegeben. Sollen die Zeilen aufgefüllt werden, so muss das Argument `byrow` auf den Wert `TRUE` gesetzt werden. Wir weisen die Punkte der 60 Länder der Matrix `PISA` zu, wobei wir hier die Daten verkürzt wiedergeben. Die drei Punkte stehen für die restlichen 174 Beobachtungen:

```
> PISA <- matrix(c(573,554,536,...,384,382,373),60,3)
```

Wir wollen nun noch den Zeilen und Spalten der Matrix `PISA` Namen geben. Dies geschieht mit der Funktion `dimnames`. Der Aufruf von `dimnames` für eine Matrix `mat` lautet:

```
> dimnames(mat)<-list(ZN,SN)
```

Dabei sind `ZN` und `SN` Vektoren mit den Namen der Zeilen beziehungsweise Spalten der Matrix `mat`. In der Regel werden dies Vektoren sein, die Zeichenketten enthalten. Die Funktion `list` verbindet ihre Argumente zu einer Liste. Eine Liste besteht aus Komponenten, die unterschiedliche R-Objekte sein können. In einer Liste kann man zum Beispiel Vektoren und Matrizen zu einem Objekt zusammenfassen. Schauen wir uns dies für das Beispiel an. Wir erzeugen zunächst einen Vektor `laender` mit den Namen der Länder, wobei wir die Ländernamen durch die Autokennzeichen abkürzen:

```
> laender <- c('SGP','ROK','J','FL','CH','NL','EST','FIN',
+              'CDN','PL','B','D','VN','A','AUS','IRL','SLO',
+              'DK','NZ','CZ','F','GB','IS','LV','L','N','P',
+              'I','E','RUS','SK','USA','LT','S','H','HR',
+              'IL','GR','SRB','TR','RO','BG','UAE','KZ','T',
+              'RCH','AL','BR','RA','TN','JOR','CO','Q','RI',
+              'PE')
```

Dann erzeugen wir einen Vektor `bereiche` mit den drei Bereichen:

```
> bereiche <- c('Mathematik','Lesekompetenz',
+               'Naturwissenschaften')
```

Wir weisen diese beiden Vektoren einer Liste mit Namen `namen.PISA` zu:

```
> namen.PISA <- list(laender,bereiche)
```

Betrachten wir `namen.PISA`:

```
> namen.PISA
[[1]]
 [1] "SGP" "ROK" "J"   "FL"  "CH"  "NL"  "EST" "FIN" "CDN" "PL"
[11] "B"   "D"   "VN"  "A"   "AUS" "IRL" "SLO" "DK"  "NZ"  "CZ"
[21] "F"   "GB"  "IS"  "LV"  "L"   "N"   "P"   "I"   "E"   "RUS"
[31] "SK"  "USA" "LT"  "S"   "H"   "HR"  "IL"  "GR"  "SRB" "TR"
[41] "RO"  "BG"  "UAE" "KZ"  "T"   "RCH" "MAL" "MEX" "MNE" "RDU"
[51] "CR"  "AL"  "BR"  "RA"  "TN"  "JOR" "CO"  "Q"   "RI"  "PE"


[[2]]
[1] "Mathematik"    "Lesekompetenz"    "Naturwissenschaft"
```

Auf Komponenten einer Liste greift man mit doppelten eckigen Klammern zu:

```
> namen.PISA[[2]]
[1] "Mathematik"         "Lesekompetenz"         "Naturwissenschaft"
```

Nun geben wir den Zeilen und Spalten von `PISA` Namen:

```
> dimnames(PISA) <- namen.PISA
```

Einzelne Elemente der Matrix erhält man durch Indizierung, wobei man die Nummer der Zeile und die Nummer der Spalte in eckigen Klammern durch Komma getrennt eingeben muss. Die Punktezahl von Deutschland im Bereich Mathematik erhält man also durch

```
> PISA[12,1]
[1] 514
```

Die Punkte von Deutschland in allen Bereichen erhält man durch

```
> PISA[12,]
  Mathematik Lesekompetenz Naturwissenschaft
D        514           508               524
```

Der Name der Zeile wird hier auch mit angezeigt. Wendet man die Funktion `mean` auf eine Matrix an, so wird der Mittelwert aller Elemente dieser Matrix bestimmt:

```
> mean(PISA)
[1] 470.8778
```

Dieser interessiert aber in der Regel wenig, da man die einzelnen Variablen getrennt analysieren will. Will man die Mittelwerte aller Spalten einer Matrix bestimmen, so kann man die Funktion `apply` aufrufen. Der allgemeine Aufruf von `apply` ist

```
apply(X, MARGIN, FUN)
```

Dabei sind `X` die Matrix und `MARGIN` die Dimension der Matrix, bezüglich der die Funktion angewendet werden soll. Dabei steht 1 für die Zeilen und 2 für die Spalten. Das Argument `FUN` ist der Name der Funktion, die auf `MARGIN` von `X` angewendet werden soll. Der Aufruf `apply(PISA,1,mean)` den Vektor der Mittelwerte der Zeilen der Datenmatrix `PISA` und der Aufruf `apply(PISA,2,mean)` bestimmt den Vektor der Mittelwerte der Spalten der Datenmatrix `PISA`. Dies sind die mittleren Punktezahlen in den Bereichen:

```
> apply(PISA,2,mean)
  Mathematik     Lesekompetenz Naturwissenschaft
   467.5833          470.2167          474.8333
```

Die zentrierte Datenmatrix kann man auf drei Arten erhalten. Man kann die Funktion `scale` anwenden, die neben der Datenmatrix `m` noch die beiden Argumente `center` und `scale` besitzt. Diese sind standardmäßig auf `TRUE` gesetzt. Ruft man die Funktion `scale` nur mit der Datenmatrix als Argument auf, so liefert diese die Matrix der standardisierten Variablen. Von jedem Wert jeder Variablen wird der Mittelwert subtrahiert und anschließend durch die Standardabweichung der Variablen dividiert. Setzt man das Argument `scale` auf `FALSE`, so erhält man die Matrix der zentrierten Variablen. Der Aufruf

```
> scale(PISA,scale=FALSE)
```

liefert also die zentrierte Datenmatrix. Man kann aber auch die Funktion `sweep` aufrufen. Der Aufruf von `sweep` für eine Matrix ist

```
sweep(M, MARGIN, STATS, FUN)
```

Dabei sind `M` die Matrix und `MARGIN` die Dimension der Matrix, bezüglich der die Funktion angewendet werden soll. Dabei steht 1 für die Zeilen und 2 für die Spalten. Das Argument `STATS` ist ein Vektor, dessen Länge der Größe der Dimension entspricht, die im Argument `MARGIN` gewählt wurde, und das Argument `FUN` ist der Name der Funktion, die auf `MARGIN` von `M` angewendet werden soll. Standardmäßig wird die Subtraktion gewählt. Die Funktion `sweep` bewirkt, dass die Funktion `FUN` angewendet wird, um die Komponenten des Vektors aus der gewählten Dimension von `M` im wahrsten Sinne des Wortes herauszufegen. Stehen zum Beispiel in `STATS` die Mittelwerte der Spalten von `M`, und ist `FUN` gleich ", so liefert der Aufruf

```
> sweep(M,2,STATS,FUN="-")
```

die zentrierte Datenmatrix. Die Komponenten von `STATS` können wir mithilfe von `apply` bestimmen, sodass der folgende Aufruf für das Beispiel die Matrix der zentrierten Variablen liefert:

```
> sweep(PISA,2,apply(PISA,2,mean),FUN="-")
```

Man kann die zentrierte Datenmatrix aber auch mit der (2.12) erhalten. Die Matrix **M** liefert folgender Ausdruck:

```
> n<-dim(PISA)[1]
> M<-diag(n)-outer(rep(1,n),rep(1,n))/n
```

Die Funktion `outer` wird in Abschn. A.3 beschrieben. Die zentrierte Datenmatrix erhalten wir durch

```
> M%*%PISA
```

Um die Stichprobenvarianzen der drei Variablen zu bestimmen, verwenden wir wiederum die Funktion `apply`:

```
> apply(PISA,2,var)
  Mathematik     Lesekompetenz  Naturwissenschaft
    2629.061         2077.732          2407.192
```

Um ein Streudiagramm zu erstellen, verwendet man in R die Funktion `plot`. Übergibt man dieser als Argumente zwei gleichlange Vektoren, so erstellt sie ein Streudiagramm, wobei die Komponenten des ersten Vektors der Abszisse und die des zweiten Vektors der Ordinate zugeordnet werden. Um das Streudiagramm der Merkmale `Lesekompetenz` und `Mathematische Grundbildung` zu erstellen, geben wir also ein:

```
> plot(PISA[,2],PISA[,1])
```

Wir erhalten Abb. 2.10.

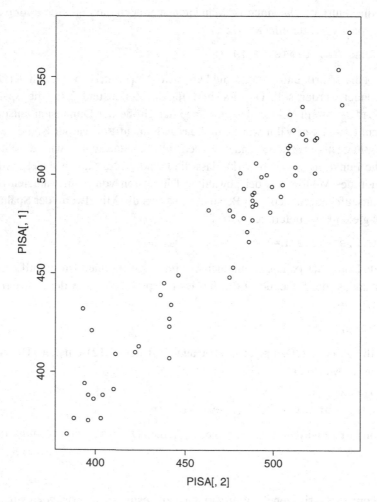

Abb. 2.10 Streudiagramm der Merkmale Lesekompetenz und Mathematische Grundbildung im Rahmen der PISA-Studie

Die Grafik kann man nun noch verbessern. Die Achsen können noch geeignet beschriftet werden durch die Argumente `xlab` und `ylab`. Die Beschriftung wird der Funktion `plot` als Argument in Form einer Zeichenkette übergeben. Die folgende Befehlsfolge erzeugt Abb. 2.4:

```
> plot(PISA[,2],PISA[,1],xlab="Lesekompetenz",
+      ylab="Mathematische Grundbildung")
```

Wir können auch in einer Abbildung beispielsweise die Punkte im Streudiagramm durch die Kürzel der Ländernamen ersetzen. Um dies zu erreichen, weisen wir beim Aufruf der Funktion `plot` dem Argument `type` den Wert `"n"` zu. In diesem Fall werden keine Punkte gezeichnet:

```
> plot(PISA[,1],PISA[,2],xlab="Lesekompetenz",
+      ylab="Mathematische Grundbildung",type="n")
```

Nun müssen wir nur noch mit der Funktion `text` die Namen an den entsprechenden Stellen hinzufügen:

```
> text(PISA[,1],PISA[,2],laender)
```

Wir erhalten Abb. 2.11.

Wendet man die Funktion `var` auf eine Datenmatrix an, so erhält man die empirische Varianz-Kovarianz-Matrix, deren Zeilen und Spalten beschriftet sind:

```
> var(PISA)
                  Mathematik Lesekompetenz Naturwissenschaft
Mathematik         2629.061      2241.414          2455.845
Lesekompetenz      2241.414      2077.732          2182.833
Naturwissenschaft  2455.845      2182.833          2407.192
```

Um die Struktur besser erkennen zu können, runden wir mit der Funktion `round` auf eine Stelle nach dem Komma:

```
> round(var(PISA),1)
                  Mathematik Lesekompetenz Naturwissenschaft
Mathematik           2629.1        2241.4            2455.8
Lesekompetenz        2241.4        2077.7            2182.8
Naturwissenschaft    2455.8        2182.8            2407.2
```

In R bestimmen wir die empirische Korrelationsmatrix mit der Funktion `cor`:

```
> cor(PISA)
                  Mathematik Lesekompetenz Naturwissenschaft
Mathematik         1.0000000     0.9590185         0.9762144
Lesekompetenz      0.9590185     1.0000000         0.9760464
Naturwissenschaft  0.9762144     0.9760464         1.0000000
```

Eine Streudiagrammmatrix liefert die Funktion `pairs`. Um Abb. 2.8 zu erhalten, geben wir ein:

```
> pairs(PISA)
```

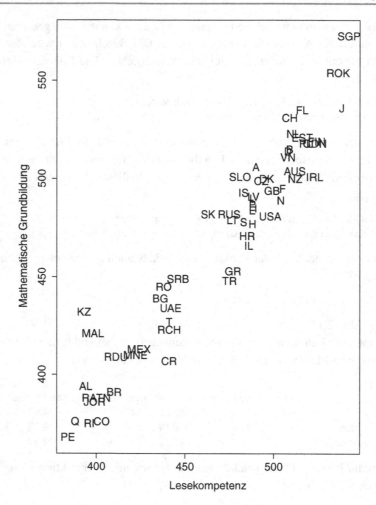

Abb. 2.11 Streudiagramm der Merkmale Lesekompetenz und Mathematische Grundbildung im Rahmen der PISA-Studie mit Länderkürzeln

Nun fehlt uns aus dem Bereich der quantitativen Merkmale noch die konvexe Hülle. Die Indizes der Länder auf der konvexen Hülle aller Beobachtungen erhält man mit der Funktion `chull`. Der allgemeine Aufruf von `chull` lautet:

```
chull(x, y)
```

Im Paket `aplpack` von Wolf (2014) finden wir die Funktion `plothulls`. Damit können wir die verschiedenen konvexen Hüllen zeichnen, und wir erhalten auch die Werte der Punkte auf den jeweiligen Hüllen. Die Funktion `plothulls` benötigt als erstes Argument eine Matrix mit zwei Spalten, die die Werte enthält. Der Aufruf von

```
> par(las=1)
> huelle <- plothulls(PISA[,c(2,1)])
> plothulls(PISA[,c(2,1)],xlab='Lesekompetenz',
+ ylab='Mathematische Grundbildung',main='')
> text(huelle[[1]],rownames(huelle[[1]]),pos=1)
```

liefert als Ergebnis Abbildung 2.5. Dabei ist das Ergebnis der Funktion plothulls eine Liste. Sie enthält als Elemente jeweils eine Matrix mit den Koordinaten der Punkte auf der konvexen Hülle.

Abbildung 2.6 erhalten wir, indem wir die Anzahl der zu berechnenden Hüllen mit dem Argument n.hull auf einen hohen Wert, beispielsweise 100 setzen:

```
> par(las=1)
> huelle <- plothulls(PISA[,c(2,1)],n.hull=100)
> plothulls(PISA[,c(2,1)],n.hull=100,xlab='Lesekompetenz',
+ ylab='Mathematische Grundbildung',main='',col.hull = 1)
```

Die Liste enthält als letzte Matrix somit auch den multivariaten Median:

```
> huelle <- plothulls(PISA[,c(2,1)],n.hull=100)
> huelle
[[1]]
    x.hull y.hull
CR     441    407
CO     403    376
PE     384    368
KZ     393    432
SGP    542    573
J      538    536
IRL    523    501
.
.
.
[[9]]
  x.hull y.hull
P    488    487
```

Der multivariate Median liegt daher bei den Werten von Polen.

Bisher haben wir Vektoren, Listen und Matrizen betrachtet. Von diesen bieten Listen die Möglichkeit, Variablen unterschiedlichen Typs in einem Objekt zu speichern. Die Elemente einer Matrix müssen vom gleichen Typ sein. In R ist es aber auch möglich, Variablen unterschiedlichen Typs in einem Objekt zu speichern, auf das wie auf eine Matrix zugegriffen werden kann. Diese heißen *Dataframes*. Schauen wir uns exemplarisch die ersten zehn Beobachtungen der Daten in Tab. 1.2 an. Wir erzeugen zunächst die fünf Variablen. Da viele Werte mehrfach hintereinander vorkommen, verwenden wir die Funktion rep:

```
> Geschlecht <- c(rep("m",5),rep("w",4),"m")
> Geschlecht <- factor(Geschlecht)
```

```
> MatheLK <- c(rep("n",9),"j")
> MatheLK <- factor(MatheLK)
> MatheNote <- c(3,4,4,4,3,3,4,3,4,3)
> MatheNote <- ordered(MatheNote)
> Abitur <- c(rep("n",6),rep("j",3),"n")
> Abitur <- factor(Abitur)
> Punkte <- c(8,7,4,2,7,6,3,7,14,19)
```

Mit der Funktion `data.frame` macht man aus diesen Variablen einen Dataframe:

```
> test <- data.frame(Geschlecht,MatheLK,MatheNote,
                     Abitur,Punkte)
> test
   Geschlecht MatheLK MatheNote Abitur Punkte
1           m       n         3      n      8
2           m       n         4      n      7
3           m       n         4      n      4
4           m       n         4      n      2
5           m       n         3      n      7
6           w       n         3      n      6
7           w       n         4      j      3
8           w       n         3      j      7
9           w       n         4      j     14
10          m       j         3      n     19
```

Die Werte der Variablen `Geschlecht` erhalten wir durch

```
> test[,1]
 [1] m m m m m w w w w m
Levels: m w
```

oder durch

```
> test[[1]]
  [1] m m m m m w w w w m
Levels: m w
```

Wir können die Werte der Variablen auch mit dem $-Zeichen, gefolgt von dem Namen der Variablen aufrufen:

```
> test$Geschlecht
 [1] m m m m m w w w w m
Levels: m w
```

Schauen wir uns noch die Beschreibung qualitativer Merkmale an. Wir betrachten wiederum die Merkmale `Geschlecht`, `MatheLK` und `Abitur` des Beispiels 2 bei den ersten zehn Studenten. Wir bilden einen Dataframe `qual` mit den Merkmalen

```
> qual <- test[,c(1,2,4)]
```

Schauen wir uns `qual` an:

```
> qual
  Geschlecht MatheLK Abitur
1          m       n      n
2          m       n      n
3          m       n      n
4          m       n      n
5          m       n      n
6          w       n      n
7          w       n      j
8          w       n      j
9          w       n      j
10         m       j      n
```

Mithilfe der Funktion `table` erstellen wir die zweidimensionale Kontingenztabelle der Merkmale `Geschlecht` und `MatheLK`:

```
> table(qual$Geschlecht,qual$MatheLK)

    j n
  m 1 5
  w 0 4
```

In den Zeilen stehen die Ausprägungen des Merkmals `Geschlecht` und in den Spalten die Ausprägungen des Merkmals `MatheLK`. Die Matrix der bedingten relativen Häufigkeiten bestimmen wir mit der Funktion `sweep`. Hierzu weisen wir den obigen Aufruf einer Variablen zu:

```
> e <- table(qual$Geschlecht,qual$MatheLK)
```

und rufen dann `sweep` auf:

```
> sweep(e,1,apply(e,1,sum),"/")
          j         n
  m 0.1666667 0.8333333
  w 0.0000000 1.0000000
```

Eine dreidimensionale Kontingenztabelle liefert der Aufruf von `table` mit drei Argumenten. Die dreidimensionale Tabelle der Merkmale `Geschlecht`, `MatheLK` und `Abitur` erhalten wir durch

```
> e <- table(qual$Geschlecht,qual$MatheLK,qual$Abitur)
> e
, , = j


    j n
  m 0 0
  w 0 3
```

```
, , = n


    j n
  m 1 5
  w 0 1
```

Wir sehen, dass die zweidimensionalen Kontingenztabellen jeweils für die Ausprägungen von `Abitur` angezeigt werden. Die zweidimensionale Tabelle der Merkmale
`Geschlecht` und `MatheLK` erhalten wir durch Anwenden von `apply` auf `e` mit der
Funktion `sum`:

```
> apply(e,c(1,2),sum)
    j n
  m 1 5
  w 0 4
```

Entsprechend erhält man die beiden anderen zweidimensionalen Tabellen. Oft liegen die
Daten in Form einer dreidimensionalen Kontingenztabelle vor. Dies ist in Beispiel 9 der
Fall. Man kann diese in R mit der Funktion `array` eingeben. Diese wird folgendermaßen
aufgerufen:

```
array(data = NA, dim = length(data), dimnames = NULL)
```

Dabei ist `data` der Vektor mit den Daten, `dim` ein Vektor mit den Dimensionsangaben
und `dimnames` eine Liste mit Namen der Dimensionen. In welcher Reihenfolge wird die
dreidimensionale Tabelle nun aufgefüllt? Stellen wir uns die Tabelle als Schichten von
Matrizen vor, so wird zuerst die Matrix der ersten Schicht spaltenweise aufgefüllt. Dann
wird die Matrix jeder weiteren Schicht spaltenweise aufgefüllt. Wir geben also ein:

```
> medicus <- array(c(4,27,10,83,3,29,3,25),c(2,2,2),
+                   dimnames=list(c("Buch_ja","Buch_nein"),
+                   c("Film_ja","Film_nein"),c("w","m")))
```

Betrachten wir `medicus`:

```
> medicus
, , w


          Film_ja Film_nein
Buch_ja         4        10
Buch_nein      27        83


, , m


          Film_ja Film_nein
Buch_ja         3         3
Buch_nein      29        25
```

R ist ein offenes Programm, das durch Funktionen, die von Benutzern erstellt wurden,
erweitert werden kann. Diese Funktionen sind in Paketen (packages) enthalten. Um eine

Funktion aus einem Paket verwenden zu können, muss man das Paket installieren und laden. Man installiert ein Paket, indem man auf den Schalter

Pakete

und danach auf den Schalter

Installiere Paket(e)

klickt. Es öffnet sich ein Fenster mit einer Liste, in der man auf den Namen des Paketes klickt. Hierauf wird das Paket installiert. Dazu muss natürlich eine Verbindung zum Internet vorhanden sein. Alternativ kann ein Paket auch über den Befehlsmodus heruntergeladen und installiert werden. Der Befehl

```
> install.packages("MASS")
```

installiert in diesem Fall das Paket MASS von Venables & Ripley (2002). Eine Liste aller inzwischen verfügbaren Pakete für R (es sind inzwischen mehr als 10 000 Pakete) erhält man unter:

http://cran.r-project.org/web/packages/

Nachdem man

```
> library(Name des Paketes)
```

eingegeben hat, kann man die Funktionen des Paketes verwenden. Man muss ein Paket nur einmal installieren, muss es aber während jeder Sitzung einmal laden, wenn man es verwenden will.

2.4 Ergänzungen und weiterführende Literatur

In diesem Kapitel haben wir Verfahren kennengelernt, mit denen man die wesentlichen Charakteristika eines Datensatzes mit mehreren Merkmalen beschreiben kann. Hierbei haben wir einige Aspekte nicht berücksichtigt. Das Histogramm ist ein spezieller Dichteschätzer, der aber nicht glatt ist. Mit *Kerndichteschätzern* erhält man eine glatte Schätzung der Dichtefunktion. Univariate und multivariate Dichteschätzer werden bei Härdle (1990b) beschrieben. Rousseeuw et al. (1999) entwickelten einen zweidimensionalen Boxplot, den sie *Bagplot* nennen. Von Rousseeuw (1984) wurden zwei robuste Schätzer der Varianz-Kovarianz-Matrix vorgeschlagen. Beim *MVE-Schätzer* wird das Ellipsoid mit kleinstem Volumen bestimmt, das h der n Beobachtungen enthält, während man beim *MCD-Schätzer* die h Beobachtungen sucht, deren empirische Varianz-Kovarianz-Matrix die kleinste Determinante besitzt. Bei beiden Schätzern wird die Varianz-Kovarianz-Matrix durch die empirische Varianz-Kovarianz-Matrix der h Beobachtungen geschätzt. Ein Algorithmus zur schnellen Bestimmung des MCD-Schätzers und einige Anwendungen sind bei Rousseeuw & van Driessen (1999) gegeben. Einen weiteren wichtigen Aspekt multivariater Datensätze haben wir nicht berücksichtigt. In der Regel enthalten multivariate Datensätze eine Vielzahl fehlender Beobachtungen. Es gibt eine Reihe von Verfahren zur Behandlung fehlender Beobachtungen. Man kann zum Beispiel alle Objekte aus dem Datensatz entfernen, bei denen mindestens eine Beobachtung fehlt. Eine solche Vorgehensweise führt meistens zu einer drastischen Verringerung des Datenbestandes und ist deshalb oft nicht sinnvoll. Man wird eher versuchen, die fehlenden Beobachtungen zu ersetzen. Wie man hierbei vorgehen sollte, kann man bei Bankhofer (1995) finden. Bei Schafer (1997) ist ein bayesianischer Zugang zur Behandlung fehlender Beobachtungen in multivariaten Datensätzen gegeben.

2.5 Übungen

2.1 Im Rahmen der ersten PISA-Studie aus dem Jahr 2001 wurde das Merkmal Lese-kompetenz näher untersucht. Dabei wurden die mittleren Punktezahlen der Schüler in den Bereichen Ermitteln von Informationen, Textbezogenes Interpre-tieren und Reflektieren und Bewerten in jedem der 31 Ländern bestimmt. In Tab. 2.12 sind die Ergebnisse enthalten.
Verwenden Sie R bei der Lösung der folgenden Aufgaben.

1. Bestimmen Sie den Mittelwertvektor und die Matrix der zentrierten Merkmale.
2. Bestimmen Sie die Matrix der standardisierten Merkmale.
3. Bestimmen Sie die empirische Varianz-Kovarianz-Matrix und die empirische Korrela-tionsmatrix der Daten.
4. Erstellen und interpretieren Sie die Streudiagrammmatrix.

2.2 Betrachten Sie die Daten in Tab. 2.12.

1. Bestimmen Sie den Mittelwertvektor und die Matrix der zentrierten Merkmale mit R.
2. Zeigen Sie, dass der Mittelwert der zentrierten Merkmale gleich 0 ist.
3. Prüfen Sie mit R am Datensatz, dass der Mittelwert der zentrierten Merkmale gleich 0 ist.
4. Bestimmen Sie die Matrix der standardisierten Merkmale mit R.
5. Zeigen Sie, dass die Stichprobenvarianz der standardisierten Merkmale gleich 1 ist.
6. Prüfen Sie mit R am Datensatz, dass die Stichprobenvarianz der standardisierten Merk-male gleich 1 ist.
7. Bestimmen Sie die empirische Varianz-Kovarianz-Matrix und die empirische Korrela-tionsmatrix der Daten mit R.
8. Bestimmen Sie mit R die empirische Varianz-Kovarianz-Matrix der Daten mithilfe von (2.19).
9. Bestimmen Sie mit R die empirische Korrelationsmatrix der Daten mithilfe von (2.22).

2.3 Im Rahmen einer Weiterbildungsveranstaltung sollten die Teilnehmer einen Fragebo-gen ausfüllen. Neben dem Merkmal Geschlecht mit den Ausprägungsmöglichkeiten w und m wurde noch eine Reihe weiterer Merkmale erhoben. Die Teilnehmer wurden gefragt, ob sie den Film *Titanic* gesehen haben. Dieses Merkmal bezeichnen wir mit Titanic. Außerdem sollten sie den folgenden Satz fortsetzen:

Tab. 2.12 Mittelwert der Punkte in den Bereichen der Lesekompetenz im Rahmen der PISA-Studie, vgl. Deutsches PISA-Konsortium (Hrsg.) (2001, S. 533)

Land	Ermitteln von Informationen	Textbezogenes Interpretieren	Reflektieren und Bewerten
Australien	536	527	526
Belgien	515	512	497
Brasilien	365	400	417
Dänemark	498	494	500
Deutschland	483	488	478
Finnland	556	555	533
Frankreich	515	506	496
Griechenland	450	475	495
Großbritannien	523	514	539
Irland	524	526	533
Island	500	514	501
Italien	488	489	483
Japan	526	518	530
Kanada	530	532	542
Korea	530	525	526
Lettland	451	459	458
Liechtenstein	492	484	468
Luxemburg	433	446	442
Mexiko	402	419	446
Neuseeland	535	526	529
Norwegen	505	505	506
Österreich	502	508	512
Polen	475	482	477
Portugal	455	473	480
Russland	451	468	455
Schweden	516	522	510
Schweiz	498	496	488
Spanien	483	491	506
Tschechien	481	500	485
Ungarn	478	480	481
USA	499	505	507

Zu Risiken und Nebenwirkungen ...

Wir bezeichnen das Merkmal mit `Satz`. Es nimmt die Ausprägung `j` an, wenn der Satz richtig fortgesetzt wurde. Ansonsten nimmt es den Wert `n` an. Die Ergebnisse sind in Tab. 2.13 enthalten.

1. Erstellen Sie die dreidimensionale Kontingenztabelle.

Tab. 2.13 Ergebnisse einer Befragung in einer Weiterbildungsveranstaltung

Person	Geschlecht	Titanic	Satz	Person	Geschlecht	Titanic	Satz
1	m	n	n	14	w	j	j
2	w	j	n	15	w	j	n
3	w	j	j	16	m	j	n
4	m	n	n	17	m	n	n
5	m	n	n	18	m	j	n
6	m	j	j	19	w	n	n
7	w	j	n	20	w	j	n
8	m	n	n	21	w	j	j
9	w	j	j	22	w	j	j
10	m	n	n	23	w	j	n
11	w	j	j	24	w	j	j
12	m	j	n	25	m	n	j
13	m	j	j				

2. Erstellen Sie die Kontingenztabelle der Merkmale `Geschlecht` und `Titanic` und bestimmen Sie die bedingten relativen Häufigkeiten.

3. Erstellen Sie die Kontingenztabelle der Merkmale `Geschlecht` und `Satz` und bestimmen Sie die bedingten relativen Häufigkeiten.

4. Erstellen Sie die Kontingenztabelle der Merkmale `Satz` und `Titanic` und bestimmen Sie die bedingten relativen Häufigkeiten.

5. Auf welche Zusammenhänge deuten die drei zweidimensionalen Kontingenztabellen hin?

Mehrdimensionale Zufallsvariablen

3

Inhaltsverzeichnis

3.1 Problemstellung 71
3.2 Univariate Zufallsvariablen 71
3.3 Zufallsmatrizen und Zufallsvektoren 76
3.4 Multivariate Normalverteilung 88

3.1 Problemstellung

In Kap. 2 haben wir einfache Verfahren zur Darstellung hochdimensionaler Datensätze kennengelernt. Bei diesen Datensätzen handelt es sich in der Regel um Stichproben aus Populationen, wie sie bei Kauermann & Küchenhoff (2011) detailliert beschrieben werden. Populationen werden auch Grundgesamtheiten genannt. Um Schlüsse von einer Stichprobe über die zugrunde liegenden Populationen ziehen zu können, muss man Annahmen über die Merkmale machen. Hierzu benötigen wir das Konzept der *Zufallsvariablen*. Wir werden in diesem Kapitel zunächst *univariate* Zufallsvariablen betrachten. Anschließend werden wir die wesentlichen Eigenschaften von *mehrdimensionalen* Zufallsvariablen herleiten, die wir im weiteren Verlauf des Buches immer wieder benötigen werden.

3.2 Univariate Zufallsvariablen

Beispiel 18 In Beispiel 2 wurden die 20 Studenten unter anderem danach befragt, ob sie den Leistungskurs Mathematik besucht haben. Kodiert man j mit 1 und n mit 0, so erhält man folgende Daten:

```
0 0 0 0 0 0 0 0 0 1 1 1 1 1 1 1 1 1 1 1 .
```
□

© Springer-Verlag GmbH Deutschland 2017
A. Handl, T. Kuhlenkasper, *Multivariate Analysemethoden*, Statistik und ihre Anwendungen,
DOI 10.1007/978-3-662-54754-0_3

In Kap. 2 haben wir gesehen, wie wir diesen Datensatz beschreiben können. Hier wollen wir die Daten als Zufallsstichprobe aus einer Grundgesamtheit auffassen, über die man Aussagen treffen will. In der Regel will man Parameter schätzen oder Hypothesen testen. Um zu sinnvollen Schlussfolgerungen zu gelangen, muss man für das Merkmal eine Wahrscheinlichkeitsverteilung unterstellen. Das Merkmal wird dann zu einer Zufallsvariablen. Man unterscheidet *diskrete* und *stetige* Zufallsvariablen.

Definition 3.1 *Eine Zufallsvariable Y, die höchstens abzählbar viele Werte annehmen kann, heißt diskret. Dabei heißt $P(Y = y)$ die Wahrscheinlichkeitsfunktion von Y.*

Für die Wahrscheinlichkeitsfunktion einer diskreten Zufallsvariablen Y gilt

$$\sum_{y} P(Y = y) = 1$$

und

$$P(Y = y) \geq 0$$

für alle $y \in I\!R$.

Beispiel 18 (Fortsetzung) Es liegt nahe, die Zufallsvariable Y zu betrachten, die wir Leistungskurs nennen wollen. Sie kann die Werte 0 und 1 annehmen. Die Wahrscheinlichkeit des Wertes 1 sei p. Somit ist die Wahrscheinlichkeit des Wertes 0 gleich $1 - p$. Wir erhalten somit die Wahrscheinlichkeitsfunktion

$$P(Y = 0) = 1 - p \,,$$
$$P(Y = 1) = p \,. \qquad\qquad\qquad \square$$

Definition 3.2 *Die Zufallsvariable Y heißt Bernoulli-verteilt mit dem Parameter p, wenn gilt*

$$P(Y = 0) = 1 - p \,,$$
$$P(Y = 1) = p \,.$$

Man kann die Wahrscheinlichkeitsverteilung der *Bernoulli-Verteilung* auch kompakter schreiben. Es gilt

$$P(Y = y) = p^y (1 - p)^{1-y} \quad \text{für} \quad y = 0, 1 \,.$$

Oft ist die Frage von Interesse, ob eine Zufallsvariable Y Werte annimmt, die kleiner oder gleich einem vorgegebenen Wert y sind.

Definition 3.3 *Sei Y eine Zufallsvariable. Dann heißt*

$$F_Y(y) = P(Y \leq y)$$

die Verteilungsfunktion von Y.

Betrachten wir stetige Zufallsvariablen.

Definition 3.4 *Eine Zufallsvariable Y heißt stetig, wenn eine Funktion $f_Y : I\!R \to I\!R$ existiert, sodass für die Verteilungsfunktion $F_Y(y)$ von Y gilt*

$$F_Y(y) = \int_{-\infty}^{y} f_Y(u)\, du\,.$$

Die Funktion $f_Y(y)$ heißt *Dichtefunktion* der Zufallsvariablen Y.

Die Dichtefunktion $f_Y(y)$ erfüllt folgende Bedingungen:

1.

$$f_Y(y) \geq 0 \qquad \text{für alle } y \in I\!R,$$

2.

$$\int_{-\infty}^{\infty} f_Y(y)\, dy = 1\,.$$

Man kann zeigen, dass jede Funktion, die diese Bedingungen erfüllt, als Dichtefunktion einer stetigen Zufallsvariablen aufgefasst werden kann.

Das wichtigste Verteilungsmodell für eine stetige Zufallsvariable ist die *Normalverteilung*.

Definition 3.5 *Die Zufallsvariable Y heißt normalverteilt mit den Parametern μ und σ^2, wenn ihre Dichtefunktion gegeben ist durch*

$$f_Y(y) = \frac{1}{\sigma\sqrt{2\pi}} \exp\left\{-\frac{(y-\mu)^2}{2\sigma^2}\right\} \quad \text{für} \quad y \in I\!R. \tag{3.1}$$

Wir schreiben $Y \sim N(\mu, \sigma^2)$.

Abb. 3.1 zeigt die Dichtefunktion der Normalverteilung mit $\mu = 0$ und $\sigma = 1$, die *Standardnormalverteilung* heißt.

Charakteristika von Verteilungen werden durch *Maßzahlen* beschrieben. Die beiden wichtigsten sind der *Erwartungswert* und die *Varianz*. Der Erwartungswert ist die wichtigste Maßzahl für die Lage einer Verteilung.

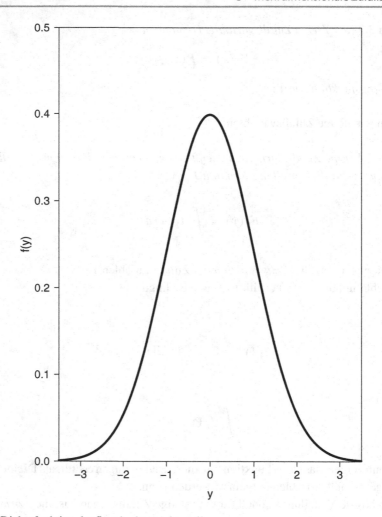

Abb. 3.1 Dichtefunktion der Standardnormalverteilung

Definition 3.6 *Sei Y eine Zufallsvariable mit Wahrscheinlichkeitsfunktion $P(Y = y)$ beziehungsweise Dichtefunktion $f_Y(y)$. Der Erwartungswert $E(Y)$ von Y ist definiert durch*

$$E(Y) = \sum_y y\, P(Y = y),$$

falls Y diskret ist, und durch

$$E(Y) = \int_{-\infty}^{\infty} y\, f_Y(y)\, dy,$$

falls Y stetig ist.

Schauen wir uns die Bernoulli-Verteilung und die Normalverteilung an. Für eine mit Parameter p Bernoulli-verteilte Zufallsvariable Y gilt

$$E(Y) = p \, . \tag{3.2}$$

Dies sieht man folgendermaßen:

$$E(Y) = 0 \cdot (1 - p) + 1 \cdot p = p \, .$$

Für eine mit den Parametern μ und σ^2 normalverteilte Zufallsvariable Y gilt

$$E(Y) = \mu \, . \tag{3.3}$$

Der Beweis ist bei Mood et al. (1974) gegeben.

Der Erwartungswert $E\left(g(Y)\right)$ einer Funktion $g(Y)$ der Zufallsvariablen Y ist definiert durch

$$E\left(g(Y)\right) = \sum_y g(y)\, P(Y = y) \, ,$$

falls Y diskret ist, und durch

$$E\left(g(Y)\right) = \int_{-\infty}^{\infty} g(y)\, f_Y(y)\, dy \, ,$$

falls Y stetig ist.

Der Erwartungswert besitzt folgende wichtige Eigenschaft:

$$E(a\, Y + b) = a\, E(Y) + b \, . \tag{3.4}$$

Wir zeigen dies für eine diskrete Zufallsvariable Y mit Wahrscheinlichkeitsfunktion $P(Y = y)$:

$$E(a\, Y + b) = \sum_y (a\, y + b)\, P(Y = y) = \sum_y (a\, y\, P(Y = y) + b\, P(Y = y))$$

$$= \sum_y a\, y\, P(Y = y) + \sum_y b\, P(Y = y)$$

$$= a \sum_y y\, P(Y = y) + b \sum_y P(Y = y) = a\, E(Y) + b \, .$$

Definition 3.7 *Sei Y eine Zufallsvariable. Dann ist die Varianz von Y definiert durch*

$$Var(Y) = E\left((Y - E(Y))^2\right) \, . \tag{3.5}$$

Für eine mit Parameter p Bernoulli-verteilte Zufallsvariable Y gilt

$$\mathrm{Var}(Y) = p \cdot (1 - p) \, .$$

Dies sieht man folgendermaßen:

$$\begin{aligned}
\mathrm{Var}(Y) &= (0 - p)^2 \cdot (1 - p) + (1 - p)^2 \cdot p \\
&= p \cdot (1 - p) \cdot (p + 1 - p) \\
&= p \cdot (1 - p).
\end{aligned}$$

Für eine mit den Parametern μ und σ^2 normalverteilte Zufallsvariable Y gilt

$$\mathrm{Var}(Y) = \sigma^2 \, .$$

Der Beweis ist bei Mood et al. (1974) gegeben. Die Parameter μ und σ^2 sind also gerade der Erwartungswert und die Varianz einer normalverteilten Zufallsvariablen.

Die Varianz besitzt folgende Eigenschaft:

$$\mathrm{Var}(a \, Y + b) = a^2 \, \mathrm{Var}(Y) \, . \tag{3.6}$$

Dies sieht man mit (3.4) folgendermaßen:

$$\begin{aligned}
\mathrm{Var}(a \, Y + b) &= E \left[(a \, Y + b - E(a \, Y + b))^2 \right] \\
&= E \left[(a \, Y + b - a \, E(Y) - b)^2 \right] = E \left[(a \, (Y - E(Y)))^2 \right] \\
&= a^2 \, E \left[(Y - E(Y))^2 \right] = a^2 \, \mathrm{Var}(Y) \, .
\end{aligned}$$

3.3   Zufallsmatrizen und Zufallsvektoren

Wir wollen nun mehrere Zufallsvariablen gleichzeitig betrachten. Beginnen wir mit einem Theorem, dessen Aussage wir im Folgenden immer wieder benötigen.

Theorem 3.1 *Seien $Y_1, \dots, Y_p$ univariate Zufallsvariablen. Dann gilt*

$$E \left(\sum_{i=1}^{p} Y_i \right) = \sum_{i=1}^{p} E(Y_i) \, . \tag{3.7}$$

Der Beweis des Theorems ist bei Rice (2006) zu finden.

Man kann mehrere Zufallsvariablen zu einer *Zufallsmatrix* oder einem *Zufallsvektor* zusammenfassen.

Definition 3.8 *Seien* $W_{11}, \ldots, W_{1n}, \ldots, W_{m1}, \ldots, W_{mn}$ *univariate Zufallsvariablen.*
Dann heißt

$$
\mathbf{W} = \begin{pmatrix} W_{11} & \ldots & W_{1n} \\ W_{21} & \ldots & W_{2n} \\ \vdots & \ddots & \vdots \\ W_{m1} & \ldots & W_{mn} \end{pmatrix}
$$

Zufallsmatrix.

Wie auch bei univariaten Zufallsvariablen ist bei Zufallsmatrizen der Erwartungswert von Interesse:

Definition 3.9 *Sei* $\mathbf{W}$ *eine Zufallsmatrix. Dann heißt*

$$
E(\mathbf{W}) = \begin{pmatrix} E(W_{11}) & \ldots & E(W_{1n}) \\ E(W_{21}) & \ldots & E(W_{2n}) \\ \vdots & \ddots & \vdots \\ E(W_{m1}) & \ldots & E(W_{mn}) \end{pmatrix}
$$

der Erwartungswert von $\mathbf{W}$.

Der Erwartungswert einer Zufallsmatrix besitzt eine wichtige Eigenschaft:

Theorem 3.2 *Seien* $\mathbf{W}$ *eine* (m, n)-*Zufallsmatrix,* $\mathbf{A}$ *eine* (l, m)-*Matrix und* $\mathbf{B}$ *eine* (n, p)-*Matrix, dann gilt*

$$
E(\mathbf{AWB}) = \mathbf{A}E(\mathbf{W})\mathbf{B}. \tag{3.8}
$$

Beweis:
Das Element in der i-*ten Zeile und* j-*ten Spalte von* $\mathbf{AWB}$ *erhält man, indem man das innere Produkt der* i-*ten Zeile von* $\mathbf{AW}$ *und der* j-*ten Spalte der Matrix* $\mathbf{B}$ *bildet. Die* i-*te Zeile der Matrix* $\mathbf{AW}$ *ist*

$$
\left(\sum_{r=1}^{m} a_{ir} W_{r1}, \quad \ldots, \quad \sum_{r=1}^{m} a_{ir} W_{rn} \right)
$$

und die j-*te Spalte von* $\mathbf{B}$ *ist*

$$
\begin{pmatrix} b_{1j} \\ \vdots \\ b_{nj} \end{pmatrix}.
$$

Bildet man das innere Produkt dieser beiden Vektoren, so erhält man

$$b_{1j} \sum_{r=1}^{m} a_{ir} W_{r1} + \ldots + b_{nj} \sum_{r=1}^{m} a_{ir} W_{rn} = \sum_{r=1}^{m} a_{ir} W_{r1} b_{1j} + \ldots + \sum_{r=1}^{m} a_{ir} W_{rn} b_{nj}$$

$$= \sum_{s=1}^{n} \sum_{r=1}^{m} a_{ir} W_{rs} b_{sj}.$$

Nun gilt

$$E\left(\sum_{s=1}^{n} \sum_{r=1}^{m} a_{ir} W_{rs} b_{sj} \right) = \sum_{s=1}^{n} \sum_{r=1}^{m} a_{ir} E(W_{rs}) b_{sj}.$$

Dies ist aber gerade das Element in der i-ten Zeile und j-ten Spalte der Matrix $\mathbf{A}E(\mathbf{W})\mathbf{B}$.

Diese Eigenschaft von Zufallsmatrizen werden wir gleich verwenden. Wir werden uns im Folgenden aber nicht mit Zufallsmatrizen, sondern mit Zufallsvektoren beschäftigen, die wir auch als *mehrdimensionale Zufallsvariablen* bezeichnen.

Definition 3.10 *Seien* $Y_1, \ldots, Y_p$ *univariate Zufallsvariablen. Dann heißt*

$$\mathbf{Y} = \begin{pmatrix} Y_1 \\ \vdots \\ Y_p \end{pmatrix}$$

p-dimensionale Zufallsvariable.

In Analogie zum Erwartungswert einer Zufallsmatrix definieren wir den Erwartungswert einer *p*-dimensionalen Zufallsvariablen.

Definition 3.11 *Sei* $\mathbf{Y}$ *eine p-dimensionale Zufallsvariable. Dann heißt*

$$E(\mathbf{Y}) = \begin{pmatrix} E(Y_1) \\ \vdots \\ E(Y_p) \end{pmatrix}$$

Erwartungswert von $\mathbf{Y}$.

Wir haben bei univariaten Zufallsvariablen Y gesehen, dass der Erwartungswert einer Lineartransformation von Y gleich der Lineartransformation des Erwartungswertes ist. Eine entsprechende Eigenschaft gilt für mehrdimensionale Zufallsvariablen.

Theorem 3.3 *Sei* $\mathbf{Y}$ *eine p-dimensionale Zufallsvariable,* $\mathbf{A}$ *eine* (m, p)*-Matrix,* $\mathbf{b}$ *ein m-dimensionaler Vektor. Dann gilt*

$$E(\mathbf{AY} + \mathbf{b}) = \mathbf{A}E(\mathbf{Y}) + \mathbf{b}. \tag{3.9}$$

Beweis:
Die i-te Komponente des Vektors $\mathbf{AY} + \mathbf{b}$ *ist*

$$\sum_{k=1}^{p} a_{ik} Y_k + b_i.$$

Nun gilt

$$E\left(\sum_{k=1}^{p} a_{ik} Y_k + b_i\right) = \sum_{k=1}^{p} a_{ik} E(Y_k) + b_i.$$

Dies ist aber gerade die i-te Komponente von $\mathbf{A}E(\mathbf{Y}) + \mathbf{b}$.

Wie das folgende Theorem zeigt, gilt die Aussage von Theorem 3.1 auch für p-dimensionale Zufallsvariablen.

Theorem 3.4 *Seien* $\mathbf{Y}_1, \ldots, \mathbf{Y}_n$ *p-dimensionale Zufallsvariablen mit*

$$\mathbf{Y}_i = \begin{pmatrix} Y_{i1} \\ \vdots \\ Y_{ip} \end{pmatrix}.$$

Dann gilt

$$E\left(\sum_{i=1}^{n} \mathbf{Y}_i\right) = \sum_{i=1}^{n} E(\mathbf{Y}_i). \tag{3.10}$$

Beweis:

$$E\left(\sum_{i=1}^{n} \mathbf{Y}_i\right) = E\left[\begin{pmatrix} \sum_{i=1}^{n} Y_{i1} \\ \vdots \\ \sum_{i=1}^{n} Y_{ip} \end{pmatrix}\right] = \begin{pmatrix} E(\sum_{i=1}^{n} Y_{i1}) \\ \vdots \\ E(\sum_{i=1}^{n} Y_{ip}) \end{pmatrix}$$

$$= \begin{pmatrix} \sum_{i=1}^{n} E(Y_{i1}) \\ \vdots \\ \sum_{i=1}^{n} E(Y_{ip}) \end{pmatrix} = \sum_{i=1}^{n} \begin{pmatrix} E(Y_{i1}) \\ \vdots \\ E(Y_{ip}) \end{pmatrix} = \sum_{i=1}^{n} E(\mathbf{Y}_i).$$

In Kap. 2 haben wir die empirische Kovarianz als Maß für den linearen Zusammenhang zwischen zwei Merkmalen kennengelernt. Sie ist definiert durch

$$s_{ij} = \frac{1}{n-1} \sum_{k=1}^{n} (x_{ki} - \bar{x}_i)(x_{kj} - \bar{x}_j).$$

Diesen Ausdruck können wir direkt auf zwei Zufallsvariablen übertragen.

Definition 3.12 *Seien Y und Z univariate Zufallsvariablen. Dann ist die Kovarianz Cov(Y, Z) zwischen Y und Z definiert durch*

$$Cov(Y, Z) = E\left[(Y - E(Y))\,(Z - E(Z))\right]. \tag{3.11}$$

Offensichtlich gilt

$$\mathrm{Cov}(Y, Z) = \mathrm{Cov}(Z, Y). \tag{3.12}$$

Setzen wir in (3.11) Z gleich Y, so ergibt sich die Varianz von Y:

$$\mathrm{Var}(Y) = \mathrm{Cov}(Y, Y). \tag{3.13}$$

Das folgende Theorem gibt wichtige Eigenschaften der Kovarianz an.

Theorem 3.5 *Seien U, V, Y und Z univariate Zufallsvariablen und a, b, c und d reelle Zahlen. Dann gilt*

$$Cov(U + V, Y + Z) = Cov(U, Y) + Cov(U, Z)$$
$$+ Cov(V, Y) + Cov(V, Z) \tag{3.14}$$

und

$$Cov(a\,V + b, c\,Y + d) = a\,c\,Cov(V, Y). \tag{3.15}$$

Beweis:
Wir beweisen zunächst (3.14):

$$
\begin{aligned}
Cov(U + V, Y + Z) &= E[(U + V - E(U + V))\,(Y + Z - E(Y + Z))] \\
&= E[(U + V - E(U) - E(V))(Y + Z - E(Y) - E(Z))] \\
&= E[(U - E(U) + V - E(V))\,(Y - E(Y) + Z - E(Z))] \\
&= E[(U - E(U))(Y - E(Y)) + (U - E(U))(Z - E(Z)) \\
&\quad + (V - E(V))(Y - E(Y)) + (V - E(V))(Z - E(Z))]
\end{aligned}
$$

$$= E[(U - E(U))(Y - E(Y))] + E[(U - E(U))(Z - E(Z))]$$
$$+ E[(V - E(V))(Y - E(Y))] + E[(V - E(V))(Z - E(Z))]$$
$$= Cov(U, Y) + Cov(U, Z) + Cov(V, Y) + Cov(V, Z) .$$

(3.15) gilt wegen

$$Cov(a\,V + b, c\,Y + d) = E[(a\,V + b - E(a\,V + b))\,(c\,Y + d - E(c\,Y + d))]$$
$$= E[(a\,V + b - a\,E(V) - b)\,(c\,Y + d - c\,E(Y) - d)]$$
$$= a\,c\,E[(V - E(V))\,(Y - E(Y))]$$
$$= a\,c\,Cov(V, Y) .$$

Setzen wir in (3.14) U gleich Y und V gleich Z, so gilt

$$\text{Cov}(Y + Z, Y + Z) = \text{Cov}(Y, Y) + \text{Cov}(Y, Z) + \text{Cov}(Z, Y) + \text{Cov}(Z, Z)$$
$$= \text{Var}(Y) + 2\,\text{Cov}(Y, Z) + \text{Var}(Z) .$$

Es gilt also

$$\text{Var}(Y + Z) = \text{Var}(Y) + \text{Var}(Z) + 2\,\text{Cov}(Y, Z) . \tag{3.16}$$

Entsprechend kann man zeigen:

$$\text{Var}(Y - Z) = \text{Var}(Y) + \text{Var}(Z) - 2\,\text{Cov}(Y, Z) . \tag{3.17}$$

(3.15) zeigt, dass die Kovarianz nicht skaleninvariant ist. Das haben wir auch schon in Kap. 2 gesehen. Misst man die Körpergröße in Zentimetern und das Körpergewicht in Gramm und bestimmt die Kovarianz zwischen diesen beiden Zufallsvariablen, so ist die Kovarianz 100 000-mal so groß, als wenn man die Körpergröße in Metern und das Körpergewicht in Kilogramm bestimmt. Eine skaleninvariante Maßzahl für den Zusammenhang zwischen zwei Zufallsvariablen erhält man, indem man die beiden Zufallsvariablen standardisiert. Wir bilden

$$Y^* = \frac{Y - E(Y)}{\sqrt{\text{Var}(Y)}} \tag{3.18}$$

und

$$Z^* = \frac{Z - E(Z)}{\sqrt{\text{Var}(Z)}} . \tag{3.19}$$

Wie man mit (3.4) und (3.6) leicht zeigen kann, gilt

$$E(Y^*) = E(Z^*) = 0 \tag{3.20}$$

und

$$\mathrm{Var}(Y^*) = \mathrm{Var}(Z^*) = 1 . \tag{3.21}$$

Für die Kovarianz zwischen Y^* und Z^* gilt

$$\mathrm{Cov}(Y^*, Z^*) = \frac{\mathrm{Cov}(Y, Z)}{\sqrt{\mathrm{Var}(Y)}\,\sqrt{\mathrm{Var}(Z)}} . \tag{3.22}$$

Dies sieht man mit (3.15) folgendermaßen:

$$
\begin{aligned}
\mathrm{Cov}(Y^*, Z^*) &= \mathrm{Cov}\left(\frac{Y - E(Y)}{\sqrt{\mathrm{Var}(Y)}}, \frac{Z - E(Z)}{\sqrt{\mathrm{Var}(Z)}}\right) \\
&= \frac{1}{\sqrt{\mathrm{Var}(Y)}\,\sqrt{\mathrm{Var}(Z)}}\,\mathrm{Cov}(Y - E(Y), Z - E(Z)) \\
&= \frac{\mathrm{Cov}(Y, Z)}{\sqrt{\mathrm{Var}(Y)}\,\sqrt{\mathrm{Var}(Z)}} .
\end{aligned}
$$

Definition 3.13 *Seien Y und Z Zufallsvariablen. Der Korrelationskoeffizient $\rho_{Y,Z}$ zwischen Y und Z ist definiert durch*

$$\rho_{Y,Z} = \frac{Cov(Y, Z)}{\sqrt{Var(Y)}\,\sqrt{Var(Z)}} . \tag{3.23}$$

Der Korrelationskoeffizient ist skaleninvariant. Sind a und c positive reelle Zahlen, so gilt

$$\rho_{aY,cZ} = \rho_{Y,Z} .$$

Mit (3.6) und (3.15) sieht man dies folgendermaßen:

$$
\begin{aligned}
\rho_{aY,cZ} &= \frac{\mathrm{Cov}(a\,Y, c\,Z)}{\sqrt{\mathrm{Var}(a\,Y)}\,\sqrt{\mathrm{Var}(c\,Z)}} = \frac{a\,c\,\mathrm{Cov}(Y, Z)}{\sqrt{a^2\,\mathrm{Var}(Y)}\,\sqrt{c^2\,\mathrm{Var}(Z)}} \\
&= \frac{a\,c\,\mathrm{Cov}(Y, Z)}{a\,c\,\sqrt{\mathrm{Var}(Y)}\,\sqrt{\mathrm{Var}(Z)}} = \frac{\mathrm{Cov}(Y, Z)}{\sqrt{\mathrm{Var}(Y)}\,\sqrt{\mathrm{Var}(Z)}} = \rho_{Y,Z} .
\end{aligned}
$$

Das folgende Theorem gibt eine wichtige Eigenschaft des Korrelationskoeffizienten an.

Theorem 3.6 *Für den Korrelationskoeffizienten $\rho_{Y,Z}$ zwischen den Zufallsvariablen Y und Z gilt*

$$-1 \leq \rho_{Y,Z} \leq 1 \,. \tag{3.24}$$

Dabei ist $|\rho_{Y,Z}| = 1$ genau dann, wenn Konstanten a und $b \neq 0$ existieren, sodass gilt

$$P(Z = a \pm b\,Y) = 1 \,.$$

Beweis:
Seien Y^* und Z^* die standardisierten Variablen. Dann gilt wegen (3.16)

$$Var(Y^* + Z^*) = Var(Y^*) + Var(Z^*) + 2\,Cov(Y^*, Z^*) = 2 + 2\,\rho_{Y,Z} \,.$$

Da die Varianz nichtnegativ ist, gilt

$$2 + 2\,\rho_{Y,Z} \geq 0$$

und somit

$$\rho_{Y,Z} \geq -1 \,.$$

Außerdem gilt wegen (3.17)

$$Var(Y^* - Z^*) = Var(Y^*) + Var(Z^*) - 2\,Cov(Y^*, Z^*) = 2 - 2\,\rho_{Y,Z} \,.$$

Hieraus folgt

$$\rho_{Y,Z} \leq 1 \,.$$

Also gilt

$$-1 \leq \rho_{Y,Z} \leq 1 \,.$$

Ist

$$\rho_{Y,Z} = 1 \,,$$

so gilt

$$Var(Y^* - Z^*) = 0 \,.$$

Somit gilt

$$P(Y^* - Z^* = 0) = 1 \, ,$$

siehe dazu Rice (2006).
  Also gilt

$$P(Y = a + b\,Z) = 1$$

mit

$$a = E(Y) - \frac{\sqrt{Var(Y)}}{\sqrt{Var(Z)}}\,E(Z)$$

und

$$b = \frac{\sqrt{Var(Y)}}{\sqrt{Var(Z)}} \, .$$

Eine analoge Beziehung erhält man für $\rho_{Y,Z} = -1$.

Das Konzept der Kovarianz kann auch auf mehrdimensionale Zufallsvariablen übertragen werden.

Definition 3.14 *Sei $\mathbf{Y}$ eine p-dimensionale Zufallsvariable und $\mathbf{Z}$ eine q-dimensionale Zufallsvariable, dann heißt*

$$Cov(\mathbf{Y}, \mathbf{Z}) = \begin{pmatrix} Cov(Y_1, Z_1) & \ldots & Cov(Y_1, Z_q) \\ \vdots & \ddots & \vdots \\ Cov(Y_p, Z_1) & \ldots & Cov(Y_p, Z_q) \end{pmatrix} \tag{3.25}$$

die Kovarianzmatrix von $\mathbf{Y}$ und $\mathbf{Z}$.

Man kann die Kovarianzmatrix von $\mathbf{Y}$ und $\mathbf{Z}$ auch mithilfe des äußeren Produkts darstellen:

$$\mathrm{Cov}(\mathbf{Y}, \mathbf{Z}) = E\left[(\mathbf{Y} - E(\mathbf{Y}))\,(\mathbf{Z} - E(\mathbf{Z}))' \right] \, . \tag{3.26}$$

Dies sieht man folgendermaßen:

$$
\mathrm{Cov}(\mathbf{Y}, \mathbf{Z}) = \begin{pmatrix} \mathrm{Cov}(Y_1, Z_1) & \cdots & \mathrm{Cov}(Y_1, Z_q) \\ \vdots & \ddots & \vdots \\ \mathrm{Cov}(Y_p, Z_1) & \cdots & \mathrm{Cov}(Y_p, Z_q) \end{pmatrix}
$$

$$
= \begin{pmatrix} E[(Y_1 - E(Y_1))(Z_1 - E(Z_1))] & \cdots & E[(Y_1 - E(Y_1))(Z_q - E(Z_q))] \\ \vdots & \ddots & \vdots \\ E[(Y_p - E(Y_p))(Z_1 - E(Z_1))] & \cdots & E[(Y_p - E(Y_p))(Z_q - E(Z_q))] \end{pmatrix}
$$

$$
= E \begin{pmatrix} (Y_1 - E(Y_1))(Z_1 - E(Z_1)) & \cdots & (Y_1 - E(Y_1))(Z_q - E(Z_q)) \\ \vdots & \ddots & \vdots \\ (Y_p - E(Y_p))(Z_1 - E(Z_1)) & \cdots & (Y_p - E(Y_p))(Z_q - E(Z_q)) \end{pmatrix}
$$

$$
= E \left[\begin{pmatrix} Y_1 - E(Y_1) \\ \vdots \\ Y_p - E(Y_p) \end{pmatrix} \left(Z_1 - E(Z_1) \ \cdots \ Z_q - E(Z_q) \right) \right]
$$

$$
= E\left[(\mathbf{Y} - E(\mathbf{Y}))(\mathbf{Z} - E(\mathbf{Z}))' \right] .
$$

In Theorem 3.5 wurden Eigenschaften von $\mathrm{Cov}(Y, Z)$ bewiesen. $\mathrm{Cov}(\mathbf{Y}, \mathbf{Z})$ besitzt analoge Eigenschaften.

Theorem 3.7 *Seien* $\mathbf{U}$ *und* $\mathbf{V}$ *p-dimensionale Zufallsvariablen,* $\mathbf{Y}$ *und* $\mathbf{Z}$ *q-dimensionale Zufallsvariablen,* $\mathbf{A}$ *eine* (m, p)-Matrix, $\mathbf{C}$ *eine* (n, q)-Matrix, $\mathbf{b}$ *ein m-dimensionaler Vektor und* $\mathbf{d}$ *ein n-dimensionaler Vektor. Dann gilt*

$$
\mathrm{Cov}(\mathbf{U} + \mathbf{V}, \mathbf{Y} + \mathbf{Z}) = \mathrm{Cov}(\mathbf{U}, \mathbf{Y}) + \mathrm{Cov}(\mathbf{V}, \mathbf{Y}) + \mathrm{Cov}(\mathbf{U}, \mathbf{Z}) + \mathrm{Cov}(\mathbf{V}, \mathbf{Z}) \quad (3.27)
$$

und

$$
\mathrm{Cov}(\mathbf{A}\,\mathbf{V} + \mathbf{b}, \mathbf{C}\,\mathbf{Y} + \mathbf{d}) = \mathbf{A}\,\mathrm{Cov}(\mathbf{V}, \mathbf{Y})\,\mathbf{C}' . \quad (3.28)
$$

Beweis:
Wir zeigen zunächst (3.27):

$$
\begin{aligned}
\mathrm{Cov}(\mathbf{U} + \mathbf{V}, \mathbf{Y} + \mathbf{Z}) &= E[(\mathbf{U} + \mathbf{V} - E(\mathbf{U} + \mathbf{V}))(\mathbf{Y} + \mathbf{Z} - E(\mathbf{Y} + \mathbf{Z}))'] \\
&= E[(\mathbf{U} + \mathbf{V} - E(\mathbf{U}) - E(\mathbf{V}))(\mathbf{Y} + \mathbf{Z} - E(\mathbf{Y}) - E(\mathbf{Z}))'] \\
&= E[(\mathbf{U} - E(\mathbf{U}) + \mathbf{V} - E(\mathbf{V}))(\mathbf{Y} - E(\mathbf{Y}) + \mathbf{Z} - E(\mathbf{Z}))'] \\
&= E[(\mathbf{U} - E(\mathbf{U}))(\mathbf{Y} - E(\mathbf{Y}))' + (\mathbf{U} - E(\mathbf{U}))(\mathbf{Z} - E(\mathbf{Z}))' \\
&\quad + (\mathbf{V} - E(\mathbf{V}))(\mathbf{Y} - E(\mathbf{Y}))' + (\mathbf{V} - E(\mathbf{V}))(\mathbf{Z} - E(\mathbf{Z}))']
\end{aligned}
$$

$$= E[(\mathbf{U} - E(\mathbf{U}))(\mathbf{Y} - E(\mathbf{Y}))'] + E[(\mathbf{U} - E(\mathbf{U}))(\mathbf{Z} - E(\mathbf{Z}))']$$
$$+ E[(\mathbf{V} - E(\mathbf{V}))(\mathbf{Y} - E(\mathbf{Y}))'] + E[(\mathbf{V} - E(\mathbf{V}))(\mathbf{Z} - E(\mathbf{Z}))']$$
$$= Cov(\mathbf{U}, \mathbf{Y}) + Cov(\mathbf{U}, \mathbf{Z}) + Cov(\mathbf{V}, \mathbf{Y}) + Cov(\mathbf{V}, \mathbf{Z}).$$

(3.28) ist erfüllt wegen

$$
\begin{aligned}
Cov(\mathbf{AV} + \mathbf{b}, \mathbf{CY} + \mathbf{d}) &= E[(\mathbf{AV} + \mathbf{b} - E(\mathbf{AV} + \mathbf{b}))(\mathbf{CY} + \mathbf{d} - E(\mathbf{CY} + \mathbf{d}))'] \\
&= E[(\mathbf{AV} - \mathbf{A}E(\mathbf{V}))(\mathbf{CY} - \mathbf{C}E(\mathbf{Y}))'] \\
&= E[(\mathbf{A}(\mathbf{V} - E(\mathbf{V}))(\mathbf{C}(\mathbf{Y} - E(\mathbf{Y})))'] \\
&= E[\mathbf{A}(\mathbf{V} - E(\mathbf{V}))(\mathbf{Y} - E(\mathbf{Y}))'\mathbf{C}'] & (3.29) \\
&= \mathbf{A}E[(\mathbf{V} - E(\mathbf{V}))(\mathbf{Y} - E(\mathbf{Y}))']\mathbf{C}' & (3.30) \\
&= \mathbf{A}\, Cov(\mathbf{V}, \mathbf{Y})\, \mathbf{C}'.
\end{aligned}
$$

Der Übergang von (3.29) zu (3.30) gilt aufgrund von (3.8).

Definition 3.15 *Sei* $\mathbf{Y}$ *eine p-dimensionale Zufallsvariable. Dann nennt man* $Cov(\mathbf{Y}, \mathbf{Y})$
die Varianz-Kovarianz-Matrix $Var(\mathbf{Y})$ *von* $\mathbf{Y}$.

Für die Varianz-Kovarianz-Matrix schreiben wir auch $\boldsymbol{\Sigma}$. Sie sieht folgendermaßen aus:

$$
\boldsymbol{\Sigma} =
\begin{pmatrix}
\text{Var}(Y_1) & \text{Cov}(Y_1, Y_2) & \dots & \text{Cov}(Y_1, Y_p) \\
\text{Cov}(Y_2, Y_1) & \text{Var}(Y_2) & \dots & \text{Cov}(Y_2, Y_p) \\
\vdots & \vdots & \ddots & \vdots \\
\text{Cov}(Y_p, Y_1) & \text{Cov}(Y_p, Y_2) & \dots & \text{Var}(Y_p)
\end{pmatrix}.
$$

Wegen $\text{Cov}(Y_i, Y_j) = \text{Cov}(Y_j, Y_i)$ ist die Varianz-Kovarianz-Matrix symmetrisch. Diese Eigenschaft wird im Folgenden von zentraler Bedeutung sein.

Theorem 3.8 *Sei* $\mathbf{Y}$ *eine p-dimensionale Zufallsvariable,* $\mathbf{A}$ *eine* (m, p)-*Matrix und* $\mathbf{b}$
ein m-dimensionaler Vektor. Dann gilt

$$Var(\mathbf{AY} + \mathbf{b}) = \mathbf{A}\,Var(\mathbf{Y})\mathbf{A}'. \tag{3.31}$$

Beweis:
Wegen (3.28) gilt:

$$
\begin{aligned}
Var(\mathbf{AY} + \mathbf{b}) &= Cov(\mathbf{AY} + \mathbf{b}, \mathbf{AY} + \mathbf{b}) \\
&= \mathbf{A}\, Cov(\mathbf{Y}, \mathbf{Y})\mathbf{A}' = \mathbf{A}\, Var(\mathbf{Y})\mathbf{A}'.
\end{aligned}
$$

Ist in (3.31) $\mathbf{A}$ eine $(1, p)$-Matrix, also ein p-dimensionaler Zeilenvektor $\mathbf{a}'$, und $\mathbf{b} = \mathbf{0}$, so gilt

$$\text{Var}(\mathbf{a}'\mathbf{Y}) = \mathbf{a}'\text{Var}(\mathbf{Y})\,\mathbf{a} = \mathbf{a}'\boldsymbol{\Sigma}\,\mathbf{a}. \tag{3.32}$$

Da die Varianz nichtnegativ ist, gilt für jeden p-dimensionalen Vektor $\mathbf{a}$

$$\mathbf{a}'\text{Var}(\mathbf{Y})\,\mathbf{a} \geq 0.$$

Also ist eine Varianz-Kovarianz-Matrix immer nichtnegativ definit.

Setzen wir in (3.32) für $\mathbf{a}$ den Einservektor $\mathbf{1}$ ein, erhalten wir

$$\text{Var}\left(\sum_{i=1}^{p} Y_i\right) = \text{Var}(\mathbf{1}'\mathbf{Y}) = \mathbf{1}'\text{Var}(\mathbf{Y})\,\mathbf{1} = \sum_{i=1}^{p} \text{Var}(Y_i) + \sum_{i \neq j} \text{Cov}(Y_i, Y_j).$$

Sind die Zufallsvariablen $Y_1, \ldots, Y_p$ also unkorreliert, so gilt

$$\text{Var}\left(\sum_{i=1}^{p} Y_i\right) = \sum_{i=1}^{p} \text{Var}(Y_i).$$

Die Varianz-Kovarianz-Matrix der standardisierten Zufallsvariablen nennt man auch *Korrelationsmatrix* $\mathbf{P}$:

$$\mathbf{P} = \begin{pmatrix} 1 & \rho_{12} & \cdots & \rho_{1p} \\ \rho_{21} & 1 & \cdots & \rho_{2p} \\ \vdots & \vdots & \ddots & \vdots \\ \rho_{p1} & \rho_{p2} & \cdots & 1 \end{pmatrix}. \tag{3.33}$$

Dabei gilt

$$\rho_{ij} = \frac{\text{Cov}(Y_i, Y_j)}{\sqrt{\text{Var}(Y_i)}\,\sqrt{\text{Var}(Y_j)}}.$$

Wir bezeichnen $E(Y_i)$ mit μ_i und $\sqrt{\text{Var}(Y_i)}$ mit σ_i. Sei $\tilde{\mathbf{Y}}$ die zentrierte p-dimensionale Zufallsvariable $\mathbf{Y}$. Es gilt also

$$\tilde{\mathbf{Y}} = \begin{pmatrix} Y_1 - \mu_1 \\ \vdots \\ Y_p - \mu_p \end{pmatrix}. \tag{3.34}$$

Die standardisierte p-dimensionale Zufallsvariable $\mathbf{Y}$ bezeichnen wir mit $\mathbf{Y}^*$. Es gilt

$$\mathbf{Y}^* = \begin{pmatrix} \frac{Y_1 - \mu_1}{\sigma_1} \\ \vdots \\ \frac{Y_p - \mu_p}{\sigma_p} \end{pmatrix}. \tag{3.35}$$

Bilden wir die Diagonalmatrix

$$\mathbf{D} = \begin{pmatrix} \sigma_1 & 0 & \dots & 0 \\ 0 & \sigma_2 & \dots & 0 \\ \vdots & \vdots & \ddots & \vdots \\ 0 & 0 & \dots & \sigma_p \end{pmatrix},$$

so gilt

$$\mathbf{Y}^* = \mathbf{D}^{-1}\,\tilde{\mathbf{Y}}.$$

Da Korrelationen gerade die Kovarianzen zwischen den standardisierten Zufallsvariablen sind, folgt

$$\mathbf{P} = \text{Var}(\mathbf{D}^{-1}\,\tilde{\mathbf{Y}}). \tag{3.36}$$

Diese Beziehung werden wir in Kap. 9 benötigen.

3.4   Multivariate Normalverteilung

Die wichtigste stetige Verteilung ist die Normalverteilung. Die Dichtefunktion einer mit den Parametern μ und σ^2 normalverteilten Zufallsvariablen ist gegeben durch

$$f_Y(y) = \frac{1}{\sigma\sqrt{2\pi}}\,\exp\left\{-\frac{(y-\mu)^2}{2\sigma^2}\right\} \quad \text{für} \quad y \in I\!R.$$

Wir können diesen Ausdruck direkt übertragen auf eine p-dimensionale Zufallsvariable $\mathbf{Y}$.

Definition 3.16 *Die p-dimensionale Zufallsvariable $\mathbf{Y}$ heißt p-variat normalverteilt mit den Parametern $\boldsymbol{\mu}$ und $\boldsymbol{\Sigma}$, falls die Dichtefunktion von $\mathbf{Y}$ gegeben ist durch*

$$f_{\mathbf{Y}}(\mathbf{y}) = (2\,\pi)^{-p/2}\,|\boldsymbol{\Sigma}|^{-0.5}\,\exp\{-0.5\,(\mathbf{y}-\boldsymbol{\mu})'\,\boldsymbol{\Sigma}^{-1}(\mathbf{y}-\boldsymbol{\mu})\}. \tag{3.37}$$

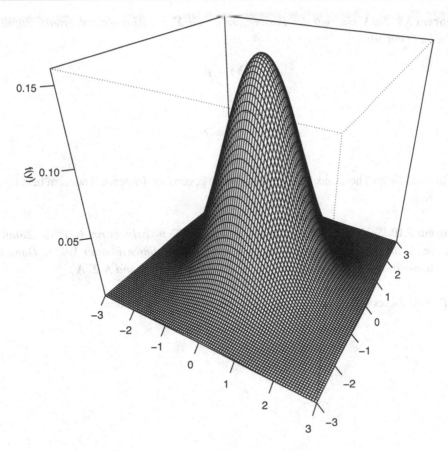

Abb. 3.2 Dichtefunktion der bivariaten Standardnormalverteilung

Abb. 3.2 zeigt die Dichte einer bivariaten Standardnormalverteilung. Es gilt also

$$\mu = \begin{pmatrix} 0 \\ 0 \end{pmatrix}$$

und

$$\Sigma = \begin{pmatrix} 1 & 0 \\ 0 & 1 \end{pmatrix}.$$

Das folgende Theorem gibt den Erwartungswert und die Varianz-Kovarianz-Matrix einer p-dimensionalen Normalverteilung an.

Theorem 3.9   *Sei* **Y** *eine mit den Parametern* μ *und* Σ *p-variat normalverteilte Zufalls-variable. Dann gilt*

$$E(\mathbf{Y}) = \mu$$

und

$$Var(\mathbf{Y}) = \Sigma.$$

Ein Beweis dieses Theorems ist bei Seber (1977) gegen.Das folgende Theorem benötigen wir in Kap. 9.

Theorem 3.10   *Sei* **Y** *eine mit den Parametern* μ *und* Σ *p-variat normalverteilte Zufalls-variable,* **A** *eine (m,p)-Matrix vom Rang m und* **b** *ein m-dimensionaler Vektor. Dann ist* **AY** + **b** *m-variat normalverteilt mit den Parametern* **A** μ + **b** *und* **A** Σ **A**′.

Ein Beweis dieses Theorems ist ebenfalls bei Seber (1977) enthalten.

Ähnlichkeits- und Distanzmaße

4

Inhaltsverzeichnis

4.1 Problemstellung 91
4.2 Bestimmung der Distanzen und Ähnlichkeiten aus der Datenmatrix 92
4.3 Distanzmaße in R 110
4.4 Direkte Bestimmung der Distanzen 116
4.5 Übungen 117

4.1 Problemstellung

Wir gehen in der multivariaten Statistik von n Objekten aus, an denen p verschiedene Merkmale erhoben wurden. Nun wollen wir bestimmen, wie ähnlich sich die Objekte sind. Wir suchen eine Zahl s_{ij}, die die Ähnlichkeit zwischen dem i-ten und dem j-ten Objekt misst. Wir nennen diese *Ähnlichkeitskoeffizient*. Diesen werden wir so wählen, dass er umso größer ist, je ähnlicher sich die beiden Objekte sind. Oft sind Ähnlichkeitskoeffizienten normiert. Sie erfüllen die Bedingung

$$0 \leq s_{ij} \leq 1 \,.$$

Statt eines Ähnlichkeitskoeffizienten kann man auch ein *Distanzmaß* d_{ij} betrachten, das die Unähnlichkeit zwischen dem i-ten und dem j-ten Objekt misst. Dieses Distanzmaß sollte umso größer sein, je mehr sich zwei Objekte unterscheiden. Gilt für einen Ähnlichkeitskoeffizienten s_{ij}

$$0 \leq s_{ij} \leq 1 \,,$$

so erhält man mit $d_{ij} = 1 - s_{ij}$ ein Distanzmaß, für das gilt

$$0 \leq d_{ij} \leq 1 \,.$$

Wir werden hierauf noch öfter zurückkommen.

© Springer-Verlag GmbH Deutschland 2017
A. Handl, T. Kuhlenkasper, *Multivariate Analysemethoden*, Statistik und ihre Anwendungen,
DOI 10.1007/978-3-662-54754-0_4

Die Distanzen zwischen allen n Objekten stellen wir in einer sogenannten *Distanz-matrix* **D** dar. Wegen $d_{ij} = d_{ji}$ ist eine Distanzmatrix immer symmetrisch. Auf der Hauptdiagonalen von **D** befinden sich nur Nullen, da ein Objekt zu sich selbst keine Distanz haben kann:

$$\mathbf{D} = \begin{pmatrix} d_{11} & \dots & d_{1n} \\ \vdots & \ddots & \vdots \\ d_{n1} & \dots & d_{nn} \end{pmatrix}.$$

Wir betrachten nun einige Distanzmaße und Ähnlichkeitskoeffizienten. Hierbei ist es sinn-voll, die unterschiedlichen Messniveaus getrennt zu behandeln.

4.2   Bestimmung der Distanzen und Ähnlichkeiten aus der Datenmatrix

4.2.1   Quantitative Merkmale

Wir wollen zunächst die Distanz zwischen zwei Objekten, bei denen nur quantitative Merkmale erhoben wurden, durch eine Maßzahl beschreiben.

Beispiel 19 Bei einer Befragung gaben 6 Studierende das Alter ihrer Mutter und ihres Vaters an. Die Werte sind in Tab. 4.1 enthalten: □

Wir zentrieren die Beobachtungen, da hierdurch die Analyse vereinfacht wird. Durch Zentrierung wird die Punktewolke verschoben. Dies hat aber keinen Einfluss auf die Distanzen.

Beispiel 19 (Fortsetzung) Tab. 4.2 zeigt die zentrierten Werte.   □

Zwei Merkmale lassen sich grafisch leicht in einem Streudiagramm darstellen.

Tab. 4.1 Alter von Mutter und Vater von sechs Studierenden

Studierender	Alter der Mutter	Alter des Vaters
1	58	60
2	61	62
3	55	59
4	59	64
5	54	54
6	52	55

Tab. 4.2 Zentriertes Alter von Mutter und Vater von sechs Studierenden

Studierender	Alter der Mutter	Alter des Vaters
1	1.5	1
2	4.5	3
3	−1.5	0
4	2.5	5
5	−2.5	−5
6	−4.5	−4

Beispiel 19 (Fortsetzung) In Abb. 4.1 stellen wir die sechs Studierenden hinsichtlich der zentrierten Merkmale `Alter Mutter` und `Alter Vater` in einem kartesischen Koordinatensystem dar, wobei wir die Punkte durch die Nummern der Studierenden markieren. □

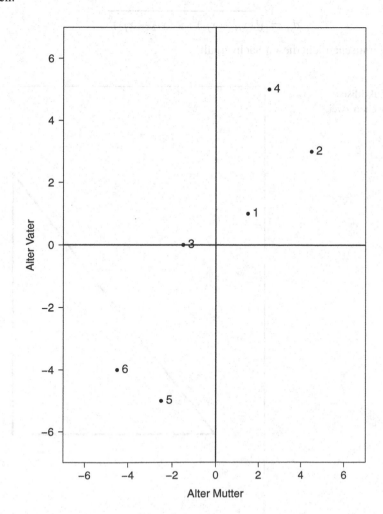

Abb. 4.1 Streudiagramm der zentrierten Merkmale

Es liegt nahe, als Distanz zwischen zwei Objekten den kürzesten Abstand der zugehörigen Punkte zu wählen. Seien

$$\mathbf{x}_i = \begin{pmatrix} x_{i1} \\ x_{i2} \end{pmatrix}$$

und

$$\mathbf{x}_j = \begin{pmatrix} x_{j1} \\ x_{j2} \end{pmatrix}$$

zwei Punkte aus dem IR^2. Dann ist aufgrund des Satzes von Pythagoras der kürzeste Abstand zwischen $\mathbf{x}_i$ und $\mathbf{x}_j$ gegeben durch

$$d_{ij} = \sqrt{(x_{i1} - x_{j1})^2 + (x_{i2} - x_{j2})^2}\,.$$

Abb. 4.2 veranschaulicht diesen Sachverhalt.

Abb. 4.2 Euklidische
Distanz zwischen zwei
Punkten

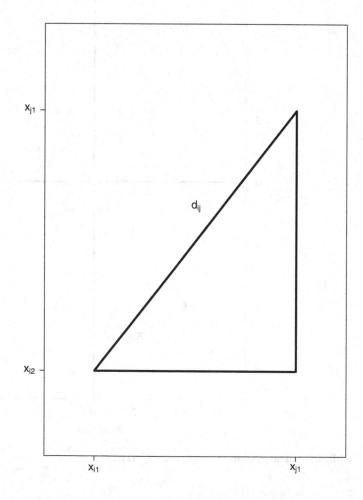

Beispiel 19 (Fortsetzung) Wir betrachten die ersten beiden Studierenden

$$d_{12} = \sqrt{(58 - 61)^2 + (60 - 62)^2} = \sqrt{13} = 3.6$$

Für die sechs Studierenden erhalten wir folgende Distanzmatrix mit den euklidischen Distanzen der Merkmale `Alter Mutter` und `Alter Vater`:

$$
\mathbf{D} = \begin{pmatrix}
0.0 & 3.6 & 3.2 & 4.1 & 7.2 & 7.8 \\
3.6 & 0.0 & 6.7 & 2.8 & 10.6 & 11.4 \\
3.2 & 6.7 & 0.0 & 6.4 & 5.1 & 5 \\
4.1 & 2.8 & 6.4 & 0.0 & 11.2 & 11.4 \\
7.2 & 10.6 & 5.1 & 11.2 & 0.0 & 2.2 \\
7.8 & 11.4 & 5 & 11.4 & 2.2 & 0.0
\end{pmatrix} . \tag{4.1}
$$

$\square$

Das Konzept kann problemlos auf Punkte in höherdimensionalen Räumen übertragen werden. Die euklidische Distanz d_{ij} zwischen dem i-ten und dem j-ten Objekt mit den Merkmalsvektoren

$$
\mathbf{x}_i = \begin{pmatrix} x_{i1} \\ \vdots \\ x_{ip} \end{pmatrix}
$$

und

$$
\mathbf{x}_j = \begin{pmatrix} x_{j1} \\ \vdots \\ x_{jp} \end{pmatrix}
$$

ist definiert durch

$$d_{ij} = \sqrt{\sum_{k=1}^{p} \left(x_{ik} - x_{jk}\right)^2} = \sqrt{(\mathbf{x}_i - \mathbf{x}_j)'(\mathbf{x}_i - \mathbf{x}_j)} . \tag{4.2}$$

Unterscheiden sich die Varianzen der Merkmale stark, so sollte man die skalierte euklidische Distanz bestimmen. Hierzu bestimmt man die Stichpobenvarianzen $s_1^2, \ldots, s_p^2$ der Merkmale und bildet

$$d_{ij}^s = \sqrt{\sum_{k=1}^{p} \frac{\left(x_{ik} - x_{jk}\right)^2}{s_k^2}} = \sqrt{\sum_{k=1}^{p} \left(\frac{x_{ik}}{s_k} - \frac{x_{jk}}{s_k}\right)^2} . \tag{4.3}$$

Wir berücksichtigen die Streuung dadurch, dass wir die Werte des i-ten Merkmals durch seine Standardabweichung s_i dividieren. Um die skalierte euklidische Distanz matriziell darzustellen, bilden wir die Diagonalmatrix $\mathbf{V}$ mit den Stichprobenvarianzen der Merkmale auf der Hauptdiagonalen:

$$
\mathbf{V} = \begin{pmatrix} s_1^2 & 0 & \ldots & 0 \\ 0 & s_2^2 & \ldots & 0 \\ \vdots & \vdots & \ddots & \vdots \\ 0 & 0 & \ldots & s_p^2 \end{pmatrix} .
$$

Es gilt

$$
d_{ij}^s = \sqrt{(\mathbf{x}_i - \mathbf{x}_j)' \mathbf{V}^{-1} (\mathbf{x}_i - \mathbf{x}_j)} .
$$

Da $\mathbf{V}$ eine Diagonalmatrix ist, deren Hauptdiagonalelemente alle positiv sind, können wir die Matrizen $\mathbf{V}^{0.5}$ und $\mathbf{V}^{-0.5}$ bestimmen. Es gilt

$$
\mathbf{V}^{0.5} = \begin{pmatrix} s_1 & 0 & \ldots & 0 \\ 0 & s_2 & \ldots & 0 \\ \vdots & \vdots & \ddots & \vdots \\ 0 & 0 & \ldots & s_p \end{pmatrix}
$$

und

$$
\mathbf{V}^{-0.5} = \begin{pmatrix} \frac{1}{s_1} & 0 & \ldots & 0 \\ 0 & \frac{1}{s_2} & \ldots & 0 \\ \vdots & \vdots & \ddots & \vdots \\ 0 & 0 & \ldots & \frac{1}{s_p} \end{pmatrix} .
$$

Also ist die j-te skalierte Beobachtung gleich

$$
\mathbf{V}^{-0.5} \mathbf{x}_j = \begin{pmatrix} \frac{x_{j1}}{s_1} \\ \vdots \\ \frac{x_{jp}}{s_p} \end{pmatrix} .
$$

Die euklidische Distanz zwischen der i-ten und j-ten skalierten Beobachtung ist

$$
\begin{aligned}
(\mathbf{V}^{-0.5} \mathbf{x}_i - \mathbf{V}^{-0.5} \mathbf{x}_j)' (\mathbf{V}^{-0.5} \mathbf{x}_i - \mathbf{V}^{-0.5} \mathbf{x}_j) &= (\mathbf{V}^{-0.5} (\mathbf{x}_i - \mathbf{x}_j))' \mathbf{V}^{-0.5} (\mathbf{x}_i - \mathbf{x}_j) \\
&= (\mathbf{x}_i - \mathbf{x}_j)' (\mathbf{V}^{-0.5})' (\mathbf{V}^{-0.5} (\mathbf{x}_i - \mathbf{x}_j)) \\
&= (\mathbf{x}_i - \mathbf{x}_j)' \mathbf{V}^{-0.5} (\mathbf{V}^{-0.5} (\mathbf{x}_i - \mathbf{x}_j)) \\
&= (\mathbf{x}_i - \mathbf{x}_j)' \mathbf{V}^{-1} (\mathbf{x}_i - \mathbf{x}_j) .
\end{aligned}
$$

Oft reicht es aber nicht aus, die Merkmale lediglich zu skalieren. Um zu entscheiden, ob die euklidischen Distanzen geeignet sind, schauen wir uns das Streudiagramm in Abb. 4.1 an. Die Streuung der Punktewolke ist in Richtung der Winkelhalbierenden des ersten Quadranten viel größer als in der zu dieser orthogonalen Richtung. Dies hat zur Konsequenz, dass der Punkt 2 hinsichtlich der euklidischen Distanz näher am Punkt 1 liegt als der Punkt 4. Berücksichtigt man aber die Ausrichtung der Punktewolke, so liegt das im Wesentlichen daran, dass er in Richtung der Winkelhalbierenden weiter von diesem entfernt ist. Man muss dies bei der Berechnung der Distanzen also berücksichtigen. Schauen wir uns an, ob skalierte euklidische Distanzen das Problem lösen. Die Stichprobenvarianzen sind $s_1^2 = 11.5$ und $s_2^2 = 15.2$. Die Matrix mit den skalierten euklidischen Distanzen lautet

$$\mathbf{D} = \begin{pmatrix} 0.0 & 1.0 & 0.9 & 1.1 & 1.9 & 2.2 \\ 1.0 & 0.0 & 1.9 & 0.8 & 2.9 & 3.2 \\ 0.9 & 1.9 & 0.0 & 1.7 & 1.3 & 1.4 \\ 1.1 & 0.8 & 1.7 & 0.0 & 3.0 & 3.1 \\ 1.9 & 2.9 & 1.3 & 3.0 & 0.0 & 0.6 \\ 2.2 & 3.2 & 1.4 & 3.1 & 0.6 & 0.0 \end{pmatrix} . \tag{4.4}$$

Wir sehen, dass das Problem nicht gelöst ist. Dies liegt daran, dass wir die Streuung nicht in Richtung der Winkelhalbierenden und der dazu orthogonalen Geraden bestimmt haben. Dies gelingt uns, wenn wir die Punktewolke so drehen, dass die Merkmale bezüglich der neuen Achsen unkorreliert sind (siehe Abb. 4.3).

Tab. 4.3 zeigt die rotierten zentrierten Werte.

Die Stichprobenvarianzen sind $s_1^2 = 25.1$ und $s_2^2 = 1.6$. Bilden wir mit diesen Werten die skalierten euklidischen Distanzen zwischen den rotierten und zentrierten Beobachtungen, so erhalten wir folgende Distanzmatrix:

$$\mathbf{D} = \begin{pmatrix} 0.00 & 1.04 & 1.40 & 1.63 & 1.58 & 1.85 \\ 1.04 & 0.00 & 2.40 & 2.23 & 2.12 & 2.87 \\ 1.40 & 2.40 & 0.00 & 1.29 & 2.16 & 1.03 \\ 1.63 & 2.23 & 1.29 & 0.00 & 3.04 & 2.31 \\ 1.58 & 2.12 & 2.16 & 3.04 & 0.00 & 1.72 \\ 1.85 & 2.87 & 1.03 & 2.31 & 1.72 & 0.00 \end{pmatrix} . \tag{4.5}$$

Tab. 4.3 Zentriertes und rotiertes Alter von Mutter und Vater von sechs Studierenden

Studierender	Alter der Mutter	Alter des Vaters
1	1.74	−0.49
2	5.21	−1.47
3	−0.98	1.14
4	5.42	1.35
5	−5.42	−1.35
6	−5.96	0.82

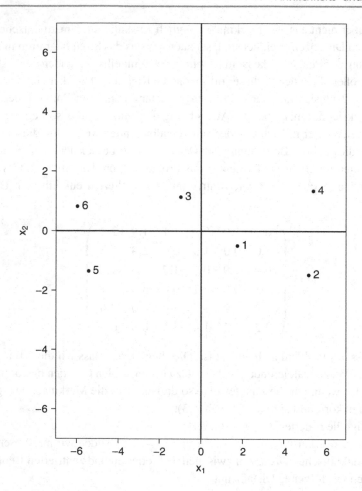

Abb. 4.3 Streudiagramm der zentrierten Merkmale nach Drehung

Nun haben wir das Problem gelöst.

Sind die Merkmale also korreliert, so müssen wir die Konfiguration der Punkte so drehen, dass sie hinsichtlich der neuen Koordinatenachsen unkorreliert sind. Anschließend bestimmen wir die skalierten euklidischen Distanzen zwischen den Punkten der gedrehten Konfiguration.

Die Rotationsmatrix liefert uns die Spektralzerlegung der Varianz-Kovarianz-Matrix. Es gilt

$$\mathbf{S} = \mathbf{T}\mathbf{\Lambda}\mathbf{T}'.\qquad(4.6)$$

Dabei ist $\mathbf{T}$ eine orthogonale Matrix, in deren Spalten die Eigenvektoren von $\mathbf{S}$ stehen. Es gilt also

$$\mathbf{TT'} = \mathbf{I} \tag{4.7}$$

und

$$\mathbf{T'T} = \mathbf{I} \,. \tag{4.8}$$

Die Matrix $\mathbf{T'}$ ist die Rotationsmatrix. Sind $\mathbf{x}_1, \ldots, \mathbf{x}_n$ die Beobachtungen, so sind $\mathbf{T'x}_i$ die rotierten Beobachtungen.

Die rotierten Beobachtungen sind unkorreliert. Es gilt nämlich

$$\text{Var}(\mathbf{T'x}_i) = \mathbf{T'}\text{Var}(\mathbf{x}_i)\mathbf{T} = \mathbf{T'ST} \overset{(4.6)}{=} \mathbf{T'T}\Lambda\mathbf{T'T} \overset{(4.7)(4.8)}{=} \Lambda \,. \tag{4.9}$$

Wie (4.9) zeigt, liefert die Spektralzerlegung aber auch die Information für die Skalierung. Die Eigenwerte sind die Varianzen der rotierten Merkmale.

Sind also $\mathbf{x}_i$, $i = 1, \ldots, n$ die Beobachtungen, so sind $\Lambda^{-0.5}\mathbf{T'x}_i$, $i = 1, \ldots, n$ die rotierten und skalierten Beobachtungen. Sie sind unkorreliert und haben alle dieselbe Varianz. Dies sieht man folgendermaßen:

$$\begin{aligned}
\text{Var}(\Lambda^{-0.5}\mathbf{T'x}_i) &= \Lambda^{-0.5}\mathbf{T'}\text{Var}(\mathbf{x}_i)(\Lambda^{-0.5}\mathbf{T'})' \\
&= \Lambda^{-0.5}\mathbf{T'ST}\Lambda^{-0.5} \\
&= \Lambda^{-0.5}\Lambda\Lambda^{-0.5} \\
&= \mathbf{I} \,.
\end{aligned}$$

Wir bestimmen nun noch die euklidischen Distanzen zwischen den rotierten und skalierten Beobachtungen. Es gilt

$$\begin{aligned}
\sqrt{(\Lambda^{-0.5}\mathbf{T'x}_i - \Lambda^{-0.5}\mathbf{T'x}_j)'(\Lambda^{-0.5}\mathbf{T'x}_i - \Lambda^{-0.5}\mathbf{T'x}_j)} & \\
= \sqrt{(\Lambda^{-0.5}\mathbf{T'}(\mathbf{x}_i - \mathbf{x}_j))'\Lambda^{-0.5}\mathbf{T'}(\mathbf{x}_i - \mathbf{x}_j)} & \\
= \sqrt{(\mathbf{x}_i - \mathbf{x}_j)'(\Lambda^{-0.5}\mathbf{T'})'\Lambda^{-0.5}\mathbf{T'}(\mathbf{x}_i - \mathbf{x}_j)} & \\
= \sqrt{(\mathbf{x}_i - \mathbf{x}_j)'\mathbf{T}\Lambda^{-0.5}\Lambda^{-0.5}\mathbf{T'}(\mathbf{x}_i - \mathbf{x}_j)} & \\
= \sqrt{(\mathbf{x}_i - \mathbf{x}_j)'\mathbf{T}\Lambda^{-1}\mathbf{T'}(\mathbf{x}_i - \mathbf{x}_j)} \,. &
\end{aligned}$$

Der Ausdruck $\mathbf{T}\Lambda^{-1}\mathbf{T'}$ ist aber gerade die Spektralzerlegung von $\mathbf{S}^{-1}$. Ist nämlich $\mathbf{S}$ eine reguläre Matrix mit der Spektraldarstellung

$$\mathbf{S} = \mathbf{T}\Lambda\mathbf{T'} \,,$$

so gilt

$$\mathbf{S}^{-1} = \mathbf{T}\boldsymbol{\Lambda}^{-1}\mathbf{T}' .$$
(4.10)

Um dies zeigen zu können, benötigen wir folgende Beziehungen:
Für zwei reguläre Matrizen $\mathbf{A}$ und $\mathbf{B}$ gilt

$$(\mathbf{AB})^{-1} = \mathbf{B}^{-1}\mathbf{A}^{-1} .$$
(4.11)

Für eine orthogonale Matrix $\mathbf{T}$ gilt

$$\mathbf{T}^{-1} = \mathbf{T}' .$$
(4.12)

(4.10) gilt dann wegen

$$\mathbf{S}^{-1} = (\mathbf{T}\boldsymbol{\Lambda}\mathbf{T}')^{-1} \overset{(4.11)}{=} (\mathbf{T}')^{-1}\boldsymbol{\Lambda}^{-1}\mathbf{T}^{-1} \overset{(4.12)}{=} \mathbf{T}\boldsymbol{\Lambda}^{-1}\mathbf{T}' .$$

Also sind die euklidischen Distanzen zwischen den rotierten und skalierten Beobachtungen gleich

$$d_{ij}^{\mathrm{M}} = \sqrt{(\mathbf{x}_i - \mathbf{x}_j)'\mathbf{S}^{-1}(\mathbf{x}_i - \mathbf{x}_j)} .$$
(4.13)

Man nennt d_{ij}^{M} auch die *Mahalanobis-Distanz* .

Beispiel 19 (Fortsetzung) Wir bestimmen den Wert der Mahalanobis-Distanz zwischen

$$\mathbf{x}_1 = \begin{pmatrix} 58 \\ 60 \end{pmatrix}$$

und

$$\mathbf{x}_2 = \begin{pmatrix} 61 \\ 62 \end{pmatrix} .$$

Es gilt

$$\mathbf{S} = \begin{pmatrix} 11.5 & 11.6 \\ 11.6 & 15.2 \end{pmatrix}$$

und

$$\mathbf{S}^{-1} = \begin{pmatrix} 0.378 & -0.288 \\ -0.288 & 0.286 \end{pmatrix} .$$

Mit

$$\mathbf{x}_1 - \mathbf{x}_2 = \begin{pmatrix} 58 \\ 60 \end{pmatrix} - \begin{pmatrix} 61 \\ 62 \end{pmatrix} = \begin{pmatrix} -3 \\ -2 \end{pmatrix}$$

gilt

$$d_{12}^M = \sqrt{(-3 \quad -2) \begin{pmatrix} 0.378 & -0.288 \\ -0.288 & 0.286 \end{pmatrix} \begin{pmatrix} -3 \\ -2 \end{pmatrix}}$$

$$= \sqrt{(-3 \quad -2) \begin{pmatrix} -0.558 \\ 0.292 \end{pmatrix}} = \sqrt{1.09} = 1.04 . \qquad \square$$

Oft benutzt man die Mahalanobis-Distanz, um den Abstand von Punkten $\mathbf{x}_1, \ldots, \mathbf{x}_n$ zu einem anderen Punkt $\mathbf{z}$ zu bestimmen. Dabei wird in der Regel für $\mathbf{z}$ ein Schätzer des Lageparameters verwendet. Das kann der Vektor der Mittelwerte sein. Man berechnet also

$$d_i^M = \sqrt{(\mathbf{x}_i - \bar{\mathbf{x}})' \mathbf{S}^{-1} (\mathbf{x}_i - \bar{\mathbf{x}})} . \qquad (4.14)$$

Beispiel 19 (Fortsetzung) Es gilt

$$\bar{\mathbf{x}} = \begin{pmatrix} 56.5 \\ 59.0 \end{pmatrix} .$$

Die Werte von d_i^M lauten:

$$d_1^M = 0.52, \; d_2^M = 1.56, \; d_3^M = 0.92, \; d_4^M = 1.52, \; d_5^M = 1.52, \; d_6^M = 1.36 . \qquad \square$$

Mit den Distanzen $d_1^M, \ldots, d_n^M$ kann man Ausreißer identifizieren. Alle Beobachtungen, für die gilt

$$d_i^M > \sqrt{\chi_{p,0.975}^2} ,$$

sind Ausreißer. Dabei ist $\chi_{p,0.975}^2$ das 0.975-Quantil der χ^2-Verteilung mit p Freiheitsgraden, wobei p die Anzahl der Merkmale ist.

Beispiel 19 (Fortsetzung) Aus Tab. C.3 entnehmen wir $\chi_{2,0.975}^2 = 7.38$. Es gilt daher

$$\sqrt{\chi_{2,0.975}^2} = \sqrt{7.38} = 2.72 .$$

Also liegt kein Ausreißer im Datensatz vor. $\qquad \square$

Bei der euklidischen Distanz wird der kürzeste Abstand zwischen den beiden Punkten gewählt. Dies ist im rechtwinkligen Dreieck die Länge der Hypotenuse. Ein anderes Distanzmaß erhält man, wenn man die Summe der Längen der beiden Katheten bestimmt. Das
ist dann die kürzeste Verbindung zwischen zwei Punkten, wenn man eine Stadt mit einem
rechtwinkligen Straßennetz betrachtet. Da dies in Manhattan der Fall ist, spricht man von
der *Manhattan-Metrik* oder *City-Block-Metrik*. Dies führt zum City-Block-(Manhattan)-
Abstand zwischen dem i-ten und dem j-ten Objekt mit den Merkmalsvektoren

$$\mathbf{x}_i = \begin{pmatrix} x_{i1} \\ \vdots \\ x_{ip} \end{pmatrix}$$

und

$$\mathbf{x}_j = \begin{pmatrix} x_{j1} \\ \vdots \\ x_{jp} \end{pmatrix} .$$

Er ist definiert durch

$$d_{ij} = \sum_{k=1}^{p} \left| x_{ik} - x_{jk} \right| . \tag{4.15}$$

Beispiel 19 (Fortsetzung) Für die Distanz zwischen den Studierenden 1 und 2 gilt

$$d_{12} = |58 - 61| + |60 - 62| = 5 .$$

Die Distanzmatrix sieht folgendermaßen aus:

$$\mathbf{D} = \begin{pmatrix} 0 & 5 & 4 & 5 & 10 & 11 \\ 5 & 0 & 9 & 4 & 15 & 16 \\ 4 & 9 & 0 & 9 & 6 & 7 \\ 5 & 4 & 9 & 0 & 15 & 16 \\ 10 & 15 & 6 & 15 & 0 & 3 \\ 11 & 16 & 7 & 16 & 3 & 0 \end{pmatrix} . \qquad \square$$

Auch bei der Manhattan-Metrik liegt es nahe, die Merkmale zu skalieren. Man dividiert
den Wert x_{ij} des Merkmals j beim i-ten Objekt durch die Spannweite R_j des j-ten
Merkmals und bestimmt die Distanzen auf Basis der skalierten Merkmale. Die Distanz
zwischen dem i-ten und dem j-ten Objekt ist somit

$$d_{ij} = \sum_{k=1}^{p} \frac{\left| x_{ik} - x_{jk} \right|}{R_k} .$$

Beispiel 19 (Fortsetzung) Die Spannweite des Merkmals `Alter Mutter` beträgt 9 und die Spannweite des Merkmals `Alter Vater` 10. Wir bestimmen die Matrix der Distanzen:

$$
\mathbf{D} = \begin{pmatrix}
0 & 0.5 & 0.4 & 0.5 & 1 & 1.2 \\
0.5 & 0 & 1 & 0.4 & 1.6 & 1.7 \\
0.4 & 1 & 0 & 0.9 & 0.6 & 0.7 \\
0.5 & 0.4 & 0.9 & 0 & 1.6 & 1.7 \\
1 & 1.6 & 0.6 & 1.6 & 0 & 0.3 \\
1.2 & 1.7 & 0.7 & 1.7 & 0.3 & 0
\end{pmatrix} .
$$

Da die beiden Merkmale in diesem Beispiel eine ähnliche Varianz aufweisen, ergeben sich keine wesentlichen Unterschiede bei den Distanzen der unskalierten Merkmale und den Distanzen der skalierten Merkmale. Lediglich bezüglich des Niveaus unterscheiden sie sich etwa um den Faktor 10. □

4.2.2 Binäre Merkmale

Binäre Merkmale haben nur zwei Ausprägungen, die wir mit 1 und 0 kodieren wollen. Dabei bedeutet 1, dass ein Objekt die durch das Merkmal beschriebene Eigenschaft besitzt. Auf den ersten Blick scheint es einfach zu sein, die Distanz beziehungsweise Ähnlichkeit zweier Objekte hinsichtlich eines binären Merkmals zu bestimmen. Betrachten wir zum Beispiel das Merkmal Geschlecht. Sind beide Personen weiblich, so ist die Distanz zwischen beiden 0, sind beide männlich, so ist die Distanz ebenfalls 0. Ist hingegen eine Person weiblich und die andere männlich, so ist die Distanz 1. Problematisch wird diese Vorgehensweise aber, wenn man am Vorhandensein eines seltenen Merkmals interessiert ist. Hier sind sich zwei Objekte nicht notwendigerweise ähnlich, wenn beide das Merkmal nicht besitzen. Man spricht in diesem Fall von *asymmetrischen* binären Merkmalen. Bei asymmetrischen binären Merkmalen sind sich zwei Objekte weder ähnlich noch unähnlich, wenn beide Objekte die interessierende Eigenschaft nicht besitzen. Bei *symmetrischen* binären Merkmalen sind sie sich auch ähnlich, wenn beide eine Eigenschaft nicht besitzen. Wir wollen uns im Folgenden mit symmetrischen und asymmetrischen binären Merkmalen beschäftigen und den Fall betrachten, dass mehrere binäre Merkmale erhoben wurden.

Beispiel 19 (Fortsetzung) Wir berücksichtigen nur die binären Merkmale aus Tab. 1.3. Diese sind für die ersten beiden Studenten in Tab. 4.4 angegeben.

Wir sehen, dass die beiden Studenten männlich sind und nicht rauchen. Beide haben ein eigenes Auto, aber nur der erste Student hat den Leistungskurs Mathematik besucht. □

Wir gehen zunächst davon aus, dass alle binären Merkmale symmetrisch sind. Dann können wir die Ähnlichkeit zwischen den beiden Objekten durch Zählen bestimmen. Wir

Tab. 4.4 Merkmale Ge-
schlecht, Raucher, Auto und
MatheLK bei zwei Studenten

Student	Geschlecht	Raucher	Auto	MatheLK
1	0	0	1	1
2	0	0	1	0

Tab. 4.5 Hilfstabelle zur Berechnung von Distanzmaßen
zwischen binären Merkmalen

Objekt i	Objekt j 1	0	
1	a	b	$a+b$
0	c	d	$c+d$
	$a+c$	$b+d$	p

bestimmen den Anteil der Merkmale, bei denen sie übereinstimmen. Man spricht in diesem Fall vom *Simple-Matching-Koeffizienten*. Entsprechend erhalten wir ein Distanzmaß, indem wir den Anteil der Merkmale bestimmen, bei denen sie sich unterscheiden.

Beispiel 19 (Fortsetzung) Die beiden Studenten stimmen bei drei von vier Merkmalen überein. Also beträgt der Wert des Simple-Matching-Koeffizienten in diesem Fall 0.75. Sie unterscheiden sich bei einem von vier Merkmalen. Also ist die Distanz gleich 0.25. □

Gehen wir davon aus, dass alle Merkmale asymmetrisch sind, so schließen wir zunächst alle Merkmale aus der weiteren Betrachtung aus, bei dem beide Objekte den Wert 0 aufweisen. Unter den restlichen Merkmalen bestimmen wir dann den Anteil, bei denen beide Objekte den gleichen Wert aufweisen. Man spricht in diesem Fall vom *Jaccard-Koeffizienten*, da dieser von Jaccard (1908) zum ersten Mal vorgeschlagen wurde.

Beispiel 19 (Fortsetzung) Die Merkmale Geschlecht und Raucher schließen wir aus, da beide Studenten hier den Wert 0 aufweisen. Bei einem der beiden anderen Merkmale stimmen sie überein, sodass der Jaccard-Koeffizient den Wert 0.5 annimmt. □

Es gibt noch eine Reihe von Koeffizienten, die auf den gleichen Ideen beruhen. Um diese konstruieren zu können, bestimmen wir für das i-te und das j-te Objekt vier Größen. Die Anzahl der Merkmale, bei denen beide Objekte den Wert 1 annehmen, bezeichnen wir mit a, die Anzahl der Merkmale, bei denen Objekt i den Wert 1 und Objekt j den Wert 0 annimmt, mit b, die Anzahl der Merkmale, bei denen Objekt i den Wert 0 und Objekt j den Wert 1 annimmt, mit c und die Anzahl der Merkmale, bei denen beide den Wert 0 annehmen, mit d (siehe Tab. 4.5).

Beispiel 19 (Fortsetzung) Es gilt:

$$a = 1, \quad b = 1, \quad c = 0, \quad d = 2 .$$

Wir erhalten Tab. 4.6. □

Tab. 4.6 Hilfstabelle zur Berechnung von Distanzmaßen zwischen binären Merkmalen mit den Werten von zwei Studenten

1. Student	2. Student 1	0	
1	1	1	2
0	0	2	2
	1	3	4

Betrachten wir zunächst symmetrische binäre Merkmale. Die Werte eines Ähnlichkeitsmaßes sollten sich nicht ändern, wenn die Kodierung der binären Merkmale vertauscht wird. Das Ähnlichkeitsmaß sollte also von $a + d$ und $b + c$ abhängen.

Gower & Legendre (1986) betrachten eine Klasse von Ähnlichkeitskoeffizienten s_{ij}^{GL1}, die für symmetrische Merkmale geeignet sind. Diese sind definiert durch

$$s_{ij}^{\mathrm{GL1}} = \frac{a + d}{a + d + \theta(b + c)}, \tag{4.16}$$

wobei $\theta > 0$ gilt. Die Distanzmaße d_{ij}^{GL1} erhält man durch

$$d_{ij}^{\mathrm{GL1}} = 1 - s_{ij}^{\mathrm{GL1}}.$$

Durch θ kann man steuern, ob die Anzahl $a + d$ der Übereinstimmungen oder die Anzahl $b + c$ der Nichtübereinstimmungen ein stärkeres Gewicht erhält. Den Simple-Matching-Koeffizienten erhält man für $\theta = 1$. Es gilt

$$s_{ij}^{\mathrm{SM}} = \frac{a + d}{a + b + c + d} \tag{4.17}$$

und

$$d_{ij}^{\mathrm{SM}} = \frac{b + c}{a + b + c + d}. \tag{4.18}$$

Beispiel 19 (Fortsetzung) Es gilt

$$s_{12}^{\mathrm{SM}} = \frac{3}{4}, \qquad d_{12}^{\mathrm{SM}} = \frac{1}{4}. \qquad \square$$

Für $\theta = 2$ ergibt sich der von Rogers & Tanimoto (1960) vorgeschlagene Koeffizient s_{ij}^{RT}:

$$s_{ij}^{\mathrm{RT}} = \frac{a + d}{a + d + 2(b + c)} \tag{4.19}$$

und

$$d_{ij}^{\mathrm{RT}} = \frac{2(b + c)}{a + d + 2(b + c)}. \tag{4.20}$$

Beispiel 19 (Fortsetzung) Es gilt

$$s_{12}^{RT} = \frac{3}{5}, \qquad d_{12}^{RT} = \frac{2}{5}. \qquad \qquad \square$$

Gower & Legendre (1986) betrachten noch weitere Spezialfälle. Wir wollen auf diese aber nicht eingehen, sondern wenden uns den Koeffizienten für asymmetrische Merkmale zu. In Analogie zu symmetrischen Merkmalen betrachten Gower & Legendre (1986) folgende Klasse von Ähnlichkeitskoeffizienten:

$$s_{ij}^{GL2} = \frac{a}{a + \theta(b + c)}, \qquad \qquad (4.21)$$

wobei $\theta > 0$ gilt. Die Distanzmaße d_{ij}^{GL2} erhält man durch

$$d_{ij}^{GL2} = 1 - s_{ij}^{GL2}.$$

Für $\theta = 1$ erhält man den Jaccard-Koeffizienten. Es gilt

$$s_{ij}^{JA} = \frac{a}{a + b + c} \qquad \qquad (4.22)$$

und

$$d_{ij}^{JA} = \frac{b + c}{a + b + c}. \qquad \qquad (4.23)$$

Beispiel 19 (Fortsetzung) Es gilt

$$s_{12}^{JA} = \frac{1}{2}, \qquad d_{12}^{JA} = \frac{1}{2}. \qquad \qquad \square$$

Für $\theta = 2$ erhält man den von Sneath & Sokal (1973) vorgeschlagenen Koeffizienten:

$$s_{ij}^{SO} = \frac{a}{a + 2(b + c)} \qquad \qquad (4.24)$$

und

$$d_{ij}^{SO} = \frac{2(b + c)}{a + 2(b + c)}. \qquad \qquad (4.25)$$

Beispiel 19 (Fortsetzung) Es gilt

$$s_{12}^{SO} = \frac{1}{3}, \qquad d_{12}^{SO} = \frac{2}{3}. \qquad \qquad \square$$

4.2.3 Qualitative Merkmale mit mehr als zwei Merkmalsausprägungen

Wir betrachten nun qualitative Merkmale mit mehr als zwei Merkmalsausprägungen. Sind alle p Merkmale nominal, so wird von Sneath & Sokal (1973) vorgeschlagen:

$$s_{ij} = \frac{u}{p}$$

und

$$d_{ij} = \frac{p - u}{p} \, ,$$

wobei u die Anzahl der Merkmale ist, bei denen beide Objekte dieselbe Merkmalsausprägung besitzen.

4.2.4 Qualitative Merkmale, deren Merkmalsausprägungen geordnet sind

Die Ausprägungen eines ordinalen Merkmals seien der Größe nach geordnet, beispielsweise sehr gut, gut, mittel, schlecht und sehr schlecht. Wir ordnen den Ausprägungen die Ränge 1, 2, 3, 4 und 5 zu. Die Distanz zwischen zwei Objekten bei einem ordinalen Merkmal erhalten wir dadurch, dass wir den Absolutbetrag der Differenz durch die Spannweite der Ausprägungen des Merkmals dividieren.

Beispiel 19 (Fortsetzung) Das Merkmal Cola ist ordinal. Die Spannweite beträgt $3-1 = 2$. Die Distanz zwischen dem ersten und zweiten Studenten mit den Merkmalsausprägungen 2 beziehungsweise 1 beträgt also 0.5.   □

4.2.5 Unterschiedliche Messniveaus

Reale Datensätze bestehen meistens aus Merkmalen mit unterschiedlichen Messniveaus. Von Gower (1971) wurde folgender Koeffizient für gemischte Merkmale vorgeschlagen:

$$d_{ij} = \frac{\sum\limits_{k=1}^{p} \delta_{ij}^{(k)} \, d_{ij}^{(k)}}{\sum\limits_{k=1}^{p} \delta_{ij}^{(k)}} \, .$$

Durch $\delta_{ij}^{(k)}$ werden zum einen fehlende Beobachtungen und zum anderen die Symmetrie binärer Merkmale berücksichtigt. Dabei ist $\delta_{ij}^{(k)}$ gleich 1 ist, wenn das k-te Merkmal bei beiden Objekten beobachtet wurde. Fehlt bei mindestens einem Objekt der Wert des k-ten Merkmals, so ist $\delta_{ij}^{(k)}$ gleich 0. Asymmetrische binäre Merkmale werden dadurch berücksichtigt, dass $\delta_{ij}^{(k)}$ gleich 0 gesetzt wird, wenn bei einem asymmetrischen binären Merkmal beide Objekte den Wert 0 annehmen.

In Abhängigkeit vom Messniveau des Merkmals k wird die Distanz $d_{ij}^{(k)}$ zwischen dem i-ten und dem j-ten Objekt mit den Merkmalsausprägungen x_{ik} beziehungsweise x_{jk} folgendermaßen bestimmt:

- Bei binären und nominalskalierten Merkmalen gilt

$$d_{ij}^{(k)} = \begin{cases} 1 & \text{wenn} \quad x_{ik} \neq x_{jk} \\ 0 & \text{wenn} \quad x_{ik} = x_{jk}. \end{cases}$$

- Bei quantitativen Merkmalen und ordinalen Merkmalen, deren Ausprägungsmöglichkeiten gleich den Rängen $1, \ldots, r$ sind, gilt

$$d_{ij}^{(k)} = \frac{|x_{ik} - x_{jk}|}{R_k}$$

mit

$$R_k = \max_i x_{ik} - \min_i x_{ik}$$

für $k = 1, \ldots, p$.

Sind alle Merkmale quantitativ und fehlen keine Beobachtungen, dann ist der *Gower-Koeffizient* gleich der Manhattan-Metrik, angewendet auf die durch die Spannweite skalierten Merkmale. Dies folgt sofort aus der Definition des Gower-Koeffizienten. Sind alle Merkmale ordinal, dann ist der Gower-Koeffizient gleich der Manhattan-Metrik, angewendet auf die durch die Spannweite skalierten Ränge. Sind alle Merkmale symmetrisch binär, so ist der Gower-Koeffizient gleich dem Simple-Matching-Koeffizienten. Die Distanz zwischen zwei Objekten ist nämlich bei einem Merkmal gleich 0, wenn die beiden Objekte bei dem Merkmal unterschiedliche Werte annehmen, ansonsten ist sie gleich 1. Wir zählen also, bei wie vielen Merkmalen sich die Objekte unterscheiden, und dividieren diese Anzahl durch die Anzahl der Merkmale. Sind alle Merkmale asymmetrisch binär, so ist der Gower-Koeffizient gleich dem Jaccard-Koeffizienten. Merkmale, bei denen beide Objekte den Wert 0 annehmen, werden bei der Zählung nicht berücksichtigt. Ansonsten liefern zwei Objekte mit unterschiedlichen Merkmalsausprägungen den Wert 0 und Objekte mit identischer Merkmalsausprägung den Wert 1.

Beispiel 20 Bei einer Befragung wurden von Studierenden unter anderem die Ausprägungen folgender Merkmale erfragt:

Tab. 4.7 Ergebnisse einer Befragung

Student	x_1	x_2	x_3	x_4	x_5	x_6	x_7	x_8	x_9
1	1	27	61	62	0	0	0	3.1	3.2
2	1	24	55	59	1	0	1	1.7	1.6
3	0	26	53	53	1	NA	1	NA	2.2

- x_1 Geschlecht (1 ist weiblich),
- x_2 Alter,
- x_3 Alter der Mutter,
- x_4 Alter des Vaters,
- x_5 Wollten Sie in Bielefeld studieren? (1 ist ja),
- x_6 Würden Sie noch einmal in Bielefeld studieren? (1 ist ja),
- x_7 Haben Sie den Leistungskurs Mathematik besucht? (1 ist ja),
- x_8 Durchschnittsnote im Abitur,
- x_9 Durchschnittsnote im Vordiplom.

Tab. 4.7 zeigt die Daten. Dabei steht NA für eine fehlende Beobachtung.

Wir betrachten zunächst das Messniveau der Merkmale. Die Merkmale x_1, x_5, x_6 und x_7 sind binär und die restlichen Merkmale quantitativ.

Wir bestimmen die Spannweiten der quantitativen Merkmale. Es gilt:

$$R_2 = 27 - 24 = 3$$
$$R_3 = 61 - 53 = 8$$
$$R_4 = 62 - 53 = 9$$
$$R_8 = 3.1 - 1.7 = 1.4$$
$$R_9 = 3.2 - 1.6 = 1.6$$

Besitzen alle Merkmalsträger bei einem Merkmal denselben Wert, so ist die Spannweite gleich 0. Wir würden in diesem Fall durch 0 dividieren. Da in diesem Fall aber alle Distanzen gleich 0 sind, müssen wir auch nicht durch die Spannweite dividieren.

Nun können wir den Gower-Koeffizienten bestimmen.

Wir gehen zunächst davon aus, dass alle binären Merkmale symmetrisch sind.

Beginnen wir mit der Distanz zwischen der ersten und zweiten Person. Bei beiden Personen sind die Ausprägungen aller Merkmale vorhanden. Wir erhalten

$$d_{12} = \frac{1}{9} \left(0 + \frac{|24 - 27|}{3} + \frac{|55 - 61|}{8} + \frac{|59 - 62|}{9} \right.$$
$$\left. + 1 + 0 + 1 + \frac{|1.7 - 3.1|}{1.4} + \frac{|1.6 - 3.2|}{1.6} \right) = 0.676 \, .$$

Bestimmen wir die Distanz zwischen dem ersten und dritten Merkmalsträger, so müssen wir berücksichtigen, dass beim dritten Merkmalsträger die Merkmalsausprägungen von

x_6 und x_8 fehlen. Diese Merkmale werden also bei der Berechnung nicht berücksichtigt. Wir erhalten

$$d_{13} = \frac{1}{7}\left(1 + \frac{|26-27|}{3} + \frac{|53-61|}{8} + \frac{|53-62|}{9} + 1 + 1 + \frac{|2.2-3.2|}{1.6}\right)$$
$$= 0.851 \, .$$

Analog erhalten wir

$$d_{23} = \frac{1}{7}\left(1 + \frac{|26-24|}{3} + \frac{|53-55|}{8} + \frac{|53-59|}{9} + 0 + 0 + \frac{|2.2-1.6|}{1.6}\right)$$
$$= 0.423 \, .$$

Wir erhalten also folgende Distanzmatrix:

$$\mathbf{D} = \begin{pmatrix} 0.000 & 0.676 & 0.851 \\ 0.676 & 0.000 & 0.423 \\ 0.851 & 0.423 & 0.000 \end{pmatrix} \, .$$

Nun unterstellen wir noch, dass das Merkmal x_6 asymmetrisch binär ist. Dies hat einen Einfluss auf die Berechnung von d_{12}, da das Merkmal x_6 bei beiden Merkmalsträgern den Wert 0 annimmt. Das Merkmal wird also in diesem Fall bei der Berechnung nicht berücksichtigt. Es gilt

$$d_{12} = \frac{1}{8}\left(0 + \frac{|24-27|}{3} + \frac{|55-61|}{8} + \frac{|59-62|}{9}\right.$$
$$\left. + 1 + 1 + \frac{|1.7-3.1|}{1.4} + \frac{|1.6-3.2|}{1.6}\right) = 0.76 \, .$$

Die beiden anderen Distanzen ändern sich nicht. Es gilt also

$$\mathbf{D} = \begin{pmatrix} 0.000 & 0.760 & 0.851 \\ 0.760 & 0.000 & 0.423 \\ 0.851 & 0.423 & 0.000 \end{pmatrix} \, . \qquad \square$$

4.3 Distanzmaße in R

Wir wollen in R Distanzmaße für die Werte in Tab. 1.3 bestimmen. Die Daten mögen in der Matrix `student5` stehen:

```
> student5
  Geschlecht Alter Groesse Gewicht Raucher Auto Cola MatheLK
1          0    23     171      60       0    1    2       1
2          0    21     187      75       0    1    1       0
3          1    20     180      65       0    0    3       1
4          1    20     165      55       1    0    2       1
5          0    23     193      81       0    0    3       0
```

In R gibt es die Funktion `dist`, mit der man eine Reihe von Distanzmaßen bestimmen kann. Der Aufruf von `dist` lautet:

```
dist(x, method = "euclidean", diag = FALSE, upper = FALSE,
    p = 2)
```

Dabei ist x die Datenmatrix, die aus n Zeilen und p Spalten besteht. Die Metrik übergibt man mit dem Argument `method`. Die euklidische Distanz erhält man, wenn man das Argument `method` auf `"euclidean"` setzt. Weist man `method` beim Aufruf den Wert `"manhattan"` zu, so wird die Manhattan-Metrik bestimmt. Für binäre Merkmale wird `method` auf den Wert `"binary"` gesetzt.

Sind alle Merkmale asymmetrisch binär, so wird der Jaccard-Koeffizient bestimmt. Das Ergebnis von `dist` ist ein Vektor der Länge $0.5 \cdot n \cdot (n - 1)$, der die Elemente der unteren Hälfte der Distanzmatrix enthält.

Wir wollen die Funktion `dist` anwenden. Beginnen wir mit den metrischen Merkmalen. Wir wählen die metrischen Merkmale aus der Matrix `student5` aus und weisen sie der Variablen `quant` zu:

```
> quant<-student5[,2:4]
> quant
  Alter Groesse Gewicht
1    23     171      60
2    21     187      75
3    20     180      65
4    20     165      55
5    23     193      81
```

Die euklidischen Distanzen erhalten wir durch

```
> d <- dist(quant)
> d
           1         2         3         4
2 22.022716
3 10.723805 12.247449
4  8.366600 29.748950 18.027756
5 30.413813  8.717798 20.832667 38.327536
```

Das Ergebnis ist ein Objekt der Klasse `dist`. Es handelt sich um eine untere Dreiecksmatrix. Viele Funktionen in R, die als Argument eine Distanzmatrix benötigen, können direkt mit dem Ergebnis der Funktion `dist` aufgerufen werden. An einigen Stellen benötigen wir jedoch die volle Distanzmatrix. Hierfür gibt es im Paket `ecodist` von Goslee & Urban

(2007) die Funktion `full`. Nach dem Installieren und dem Bereitstellen der Funktionen des Pakets erhalten wir die volle Distanzmatrix somit durch:

```
> library(ecodist)
> dm <- full(d)
> dm
          [,1]      [,2]      [,3]      [,4]      [,5]
[1,]   0.00000 22.022716 10.72381  8.36660 30.413813
[2,]  22.02272  0.000000 12.24745 29.74895  8.717798
[3,]  10.72381 12.247449  0.00000 18.02776 20.832667
[4,]   8.36660 29.748950 18.02776  0.00000 38.327536
[5,]  30.41381  8.717798 20.83267 38.32754  0.000000
```

Wir wenden die Funktion `full` an und runden die Werte mit der Funktion `round` auf zwei Stellen nach dem Dezimalpunkt:

```
> round(full(dist(quant)),2)
```

Dieser Aufruf liefert das Ergebnis

```
        [,1]  [,2]  [,3]  [,4]  [,5]
[1,]   0.00 22.02 10.72  8.37 30.41
[2,]  22.02  0.00 12.25 29.75  8.72
[3,]  10.72 12.25  0.00 18.03 20.83
[4,]   8.37 29.75 18.03  0.00 38.33
[5,]  30.41  8.72 20.83 38.33  0.00
```

Entsprechend erhalten wir die Matrix mit den Distanzen der Manhattan-Metrik:

```
> full(dist(quant,method = 'manhattan'))
      [,1] [,2] [,3] [,4] [,5]
[1,]     0   33   17   14   43
[2,]    33    0   18   43   14
[3,]    17   18    0   25   32
[4,]    14   43   25    0   57
[5,]    43   14   32   57    0
```

Um die skalierte euklidische und die Manhattan-Metrik zu erhalten, müssen wir die Daten erst entsprechend skalieren. Beginnen wir mit der skalierten euklidischen Metrik. Hier dividieren wir die Werte jedes Merkmals durch ihre Standardabweichung. Einen Vektor mit den Standardabweichungen erhalten wir mithilfe der Funktion `apply`:

```
> sqrt(apply(quant,2,var))
    Alter  Groesse  Gewicht
 1.516575 11.41052 10.68644
```

Nun müssen wir noch jede Spalte durch die entsprechende Standardabweichung dividieren. Hierzu verwenden wir die Funktion `sweep`. Der Aufruf

```
> sweep(quant,2,sqrt(apply(quant,2,var)),"/")
      Alter  Groesse  Gewicht
 1 15.16575 14.98617 5.614592
```

```
2 13.84699 16.38838 7.018240
3 13.18761 15.77491 6.082475
4 13.18761 14.46034 5.146709
5 15.16575 16.91421 7.579699
```

liefert die Matrix der skalierten Werte. Auf diese können wir die Funktion dist anwenden:

```
> dist(sweep(quant,2,sqrt(apply(quant,2,var)),"/"))
          1        2        3        4
2 2.382344
3 2.180385 1.298762
4 2.099632 2.766725 1.613619
5 2.752999 1.526717 2.729968 3.981707
```

Die volle Matrix der skalierten Werte erhalten wir mit:

```
> full(dist(sweep(quant,2,sqrt(apply(quant,2,var)),"/")))
          [,1]     [,2]     [,3]     [,4]     [,5]
[1,] 0.000000 2.382344 2.180385 2.099632 2.752999
[2,] 2.382344 0.000000 1.298762 2.766725 1.526717
[3,] 2.180385 1.298762 0.000000 1.613619 2.729968
[4,] 2.099632 2.766725 1.613619 0.000000 3.981707
[5,] 2.752999 1.526717 2.729968 3.981707 0.000000
```

Um die skalierte Manhattan-Metrik zu erhalten, definieren wir eine Funktion Spannweite durch

```
> Spannweite <- function(x){max(x)-min(x)}
```

Die Funktionen min und max bestimmen Minimum und Maximum der Komponenten eines Vektors. Wir wenden wieder die Funktionen sweep und apply an:

```
> sweep(quant,2,apply(quant,2,Spannweite),"/")
     Alter   Groesse  Gewicht
1 7.666667 6.107143 2.307692
2 7.000000 6.678571 2.884615
3 6.666667 6.428571 2.500000
4 6.666667 5.892857 2.115385
5 7.666667 6.892857 3.115385
```

Die Distanzen zwischen den skalierten Merkmalen erhalten wir also durch

```
> dist(sweep(quant,2,apply(quant,2,Spannweite),"/"),
       method='manhattan')
          1        2        3        4
2 1.8150183
3 1.5137363 0.9679487
4 1.4065934 1.8882784 0.9203297
5 1.5934066 1.1117216 2.0796703 3.0000000
```

Schauen wir uns die binären Merkmale an. Wir weisen diese der Matrix binaer zu:

```
> binaer <- student5[,c(1,5,6,8)]
```

Diese sieht folgendermaßen aus:

```
> binaer
  Geschlecht Raucher Auto MatheLK
1          0       0    1       1
2          0       0    1       0
3          1       0    0       1
4          1       1    0       1
5          0       0    0       0
```

Unterstellen wir, dass alle Merkmale asymmetrisch sind, dann erhalten wir den Jaccard-Koeffizienten mit

```
> dist(binaer,method = 'binary')
          1         2         3         4
2 0.5000000
3 0.6666667 1.0000000
4 0.7500000 1.0000000 0.3333333
5 1.0000000 1.0000000 1.0000000 1.0000000
```

Auch den Simple-Matching-Koeffizienten können wir mit der Funktion `dist` bestimmen. Wendet man die Manhattan-Distanzen auf eine Datenmatrix an, die aus Nullen und Einsen besteht, so erhält man für jedes Objektpaar die Anzahl der Fälle, in denen sie nicht übereinstimmen. Diese Anzahl müssen wir nur noch durch die Anzahl der Beobachtungen teilen, um den Simple-Matching-Koeffizienten zu erhalten:

```
> dist(binaer,method='manhattan')/dim(binaer)[2]
     1    2    3    4
2 0.25
3 0.50 0.75
4 0.75 1.00 0.25
5 0.50 0.25 0.50 0.75
```

Die Funktion `dim` gibt die Dimension einer Matrix, also die Anzahl der Zeilen und Spalten an. Liegen keine qualitativen Merkmale mit mehr als zwei Kategorien vor, fehlen keine Beobachtungen und sind alle binären Merkmale symmetrisch, so erhält man den Gower-Koeffizienten dadurch, dass man zunächst alle Merkmale durch ihre Spannweite dividiert. Danach wenden wir auf das Ergebnis die Funktion `dist` mit `metric="manhattan"` an und dividieren das Ergebnis durch die Anzahl der Merkmale:

```
> dist(sweep(student5,2,apply(student5,2,Spannweite),"/"),
       method='manhattan')/dim(student5)[2]
          1         2         3         4
2 0.4143773
3 0.5017170 0.6209936
4 0.5508242 0.7985348 0.3025412
5 0.5116758 0.3889652 0.5099588 0.8125000
```

Die Funktion `dist` erlaubt auch fehlende Werte. Die jeweiligen Zeilen der Matrix, die fehlende Werte enthalten, werden dann bei den Berechnungen nicht berücksichtigt. Allerdings können mit der Funktion `dist` keine asymmetrischen binären Variablen berücksichtigt werden. Dies ist mit der Funktion `daisy` möglich, die bei Kaufman & Rousseeuw (1990) beschrieben wird. Diese Funktion ist im Paket `cluster` von Maechler et al. (2016) enthalten. Das Paket gehört zur Standardinstallation von R und muss nicht heruntergeladen werden:

```
> library(cluster)
```

Schauen wir uns an, wie man `daisy` verwendet, wenn man für die Daten in `student5` den Gower-Koeffizienten berechnen will. Dabei gehen wir davon aus, dass die Merkmale in den Spalten 1, 5, 6 und 8 symmetrisch binär sind. Die Variablen in den Spalten 2, 3 und 4 sind metrisch, und die Variable in Spalte 7 ist ordinal. Die Funktion geht ohne Angabe von Zusatzargumenten davon aus, dass die Datenmatrix nur metrische Merkmale enthält. Mit dem Argument `type`, das eine Liste benötigt, können wir das für einzelne Spalten der Datenmatrix ändern. Durch die Eingabe von

```
> g <- daisy(student5,metric='gower',
            type=list(symm=c(1,5,6,8),ordratio=7))
```

erhalten wir die Werte des Gower-Koeffizienten. Dabei werden die Spalten 1, 5, 6 und 8 als symmetrisch binär berücksichtigt. Die Spalte 7 enthält ein ordinales Merkmal, und die übrigen Spalten 2, 3 und 4 werden metrisch berücksichtig. Wir erhalten somit:

```
> g
Dissimilarities :
          1         2         3         4
2 0.4143773
3 0.5017170 0.6209936
4 0.5508242 0.7985348 0.3025412
5 0.5116758 0.3889652 0.5099588 0.8125000

Metric :  mixed ;  Types = S, I, I, I, S, S, T, S
Number of objects : 5
```

Soll das Merkmal `MatheLK` in der achten Spalte asymmetrisch binär sein, so rufen wir die Funktion `daisy` folgendermaßen auf:

```
> g <- daisy(student5,metric='gower',
            type=list(symm=c(1,5,6),ordratio=7,asymm=8))
> g
Dissimilarities :
          1         2         3         4
2 0.4143773
3 0.5017170 0.6209936
4 0.5508242 0.7985348 0.3025412
5 0.5116758 0.4445317 0.5099588 0.8125000
```

```
Metric :  mixed ;  Types = S, I, I, I, S, S, T, A
Number of objects : 5
```

Es hat sich nur die Distanz zwischen dem zweiten und fünften Studenten geändert, da diese keinen Mathematik-Leistungskurs besucht haben.

4.4   Direkte Bestimmung der Distanzen

Bisher haben wir die Distanzen aus der Datenmatrix bestimmt. Man kann die Distanzen auch direkt bestimmen. In Kap. 2 haben wir dafür ein Beispiel kennengelernt. Dort sind die Entfernungen zwischen Städten in Deutschland angegeben.

In den Sozialwissenschaften will man häufig untersuchen, wie n Subjekte oder Objekte wahrgenommen werden. Hierzu bestimmt man die Distanzen zwischen allen möglichen Paaren der Subjekte beziehungsweise Objekte. Hierzu gibt es eine Reihe von Verfahren, die wir im Folgenden näher betrachten wollen.

Beispiel 21 Es soll untersucht werden, wie ein Befragter fünf internationale Politiker beurteilt. Hierzu werden alle Paare dieser fünf Politiker betrachtet (siehe Tab. 4.8).   □

Bei der Beurteilung der Ähnlichkeit von Politikern innerhalb eines Paares gibt es mehrere Möglichkeiten, von denen wir zwei näher betrachten wollen. Die erste Möglichkeit besteht darin, die Ähnlichkeit jedes Paares von Personen auf einer Skala von 1 bis n zu bewerten, wobei das Paar den Wert 1 erhält, wenn sich die beiden Personen sehr ähnlich sind, und den Wert n, wenn sich die Personen sehr unähnlich sind. Man spricht in diesem Fall vom *Ratingverfahren*.

Beispiel 21 (Fortsetzung) Tab. 4.9 zeigt die Ergebnisse eines Befragten aus dem Januar 2017, wobei $n = 7$ gilt.   □

Tab. 4.8 Alle Paare aus einer Menge von fünf Politikern

1. Politiker	2. Politiker
Putin	Trump
Putin	Merkel
Putin	Obama
Putin	Trudeau
Trump	Merkel
Trump	Obama
Trump	Trudeau
Merkel	Obama
Merkel	Trudeau
Obama	Trudeau

Tab. 4.9 Vergleich aller Paare aus einer Menge von fünf Politikern mit dem Ratingverfahren

1. Politiker	2. Politiker	Rating
Putin	Trump	1
Putin	Merkel	4
Putin	Obama	6
Putin	Trudeau	7
Trump	Merkel	5
Trump	Obama	6
Trump	Trudeau	6
Merkel	Obama	3
Merkel	Trudeau	3
Obama	Trudeau	2

Tab. 4.10 Vergleich aller Paare aus einer Menge von fünf Politikern mit dem Verfahren der Rangreihung

1. Politiker	2. Politiker	Rang
Putin	Trump	1
Putin	Merkel	5
Putin	Obama	6
Putin	Trudeau	10
Trump	Merkel	9
Trump	Obama	7
Trump	Trudeau	8
Merkel	Obama	3
Merkel	Trudeau	4
Obama	Trudeau	2

Das andere Verfahren besteht darin, die Paarvergleiche der Größe nach zu ordnen, wobei das ähnlichste Paar eine 1, das zweitähnlichste eine 2 usw. erhält. Man spricht in diesem Fall von *Rangreihung*. Hier dürfen also die Werte von 1 bis n jeweils nur einmal vergeben werden. Liegen k verschiedene Objekte vor, die paarweise verglichen werden, gilt $\binom{k}{2} = n$.

Beispiel 21 (Fortsetzung) Für fünf internationale Politiker, die paarweise verglichen werden, ergeben sich somit die Distanzen von 1 bis $\binom{5}{2} = 10$. Die Ergebnisse eines Befragten aus dem Januar 2017 zeigt Tab. 4.10. □

4.5 Übungen

4.1 Betrachten Sie Beispiel 13.

1. Bestimmen Sie die Distanzen zwischen den Regionen mit der euklidischen und der standardisierten euklidischen Distanz. Welche der beiden Vorgehensweisen halten Sie für angemessener?

Tab. 4.11 Ergebnis der Befragung von drei Studenten

Geschlecht	Alter	Größe	Gewicht	Eltern	Miete	Auto	Ausbildung	Note
w	22	179	65	n	550	n	n	4.0
w	19	205	80	n	1200	j	n	1.0
m	29	175	75	n	200	j	j	1.7

2. Bestimmen Sie die Distanzen zwischen den Regionen mit der Manhattan-Metrik und der standardisierten Manhattan-Metrik. Welche der beiden Vorgehensweisen halten Sie für angemessener?

4.2 In einer Einführungsveranstaltung zur Ökonometrie wurden 191 Studenten befragt. Neben dem Merkmal Geschlecht mit den Merkmalsausprägungen w und m wurden noch die Merkmale Alter, Größe, Gewicht und Miete der Wohnung erhoben. Außerdem wurden die Studierenden gefragt, ob sie bei den Eltern wohnen, ob sie ein eigenes Auto besitzen und ob sie nach dem Abitur eine Berufsausbildung gemacht haben. Wir bezeichnen diese Merkmale mit Eltern, Auto und Ausbildung. Ihre Ausprägungsmöglichkeiten sind j und n. Als Letztes sollten die Studierenden ihre Durchschnittsnote im Abitur angeben. Dieses Merkmal bezeichnen wir mit Note. Die Ergebnisse der Befragung von drei Studenten zeigt Tab. 4.11.

1. Wählen Sie die quantitativen Merkmale aus und bestimmen Sie die Distanzen zwischen den drei Studenten hinsichtlich dieser Merkmale bezüglich der euklidischen Distanz.
2. Wählen Sie die quantitativen Merkmale aus und bestimmen Sie die Distanzen zwischen den drei Studenten hinsichtlich dieser Merkmale bezüglich der Manhattan-Metrik und der skalierten Manhattan-Metrik.
3. Erklären Sie kurz, warum es im Beispiel sinnvoll ist, die skalierte Manhattan-Metrik zu betrachten.
4. Was ist der Unterschied zwischen symmetrischen und asymmetrischen binären Merkmalen?
5. Wählen Sie die binären Merkmale aus und gehen Sie davon aus, dass alle binären Merkmale symmetrisch sind. Bestimmen Sie die Ähnlichkeiten und Distanzen zwischen den drei Studenten hinsichtlich des Simple-Matching-Koeffizienten.
6. Welche Idee steckt hinter dem Simple-Matching-Koeffizienten?
7. Bestimmen Sie die Werte des Gower-Koeffizienten zwischen den drei Studenten.

Teil II

Darstellung hochdimensionaler Daten in niedrigdimensionalen Räumen

Hauptkomponentenanalyse

5

Inhaltsverzeichnis

5.1 Problemstellung 121
5.2 Hauptkomponentenanalyse bei bekannter Varianz-Kovarianz-Matrix 126
5.3 Hauptkomponentenanalyse bei unbekannter Varianz-Kovarianz-Matrix 129
5.4 Praktische Aspekte 133
5.5 Wie geht man bei einer Hauptkomponentenanalyse vor? 145
5.6 Hauptkomponentenanalyse in R 150
5.7 Ergänzungen und weiterführende Literatur 155
5.8 Übungen 155

5.1 Problemstellung

Ausgangspunkt vieler Anwendungen ist eine Datenmatrix, die mehr als zwei quantitative Merkmale enthält. In einer solchen Situation ist man sehr oft daran interessiert, die Objekte der Größe nach zu ordnen, wobei alle Merkmale zusammen in Betracht gezogen werden sollen. Außerdem will man die Objekte in einem Streudiagramm grafisch darstellen. Auch hier sollen alle Merkmale bei der Darstellung berücksichtigt werden. Es liegt nahe, das zweite Ziel durch Zeichnen der Streudiagrammmatrix erreichen zu wollen. Bei dieser werden aber immer nur Paare von Merkmalen betrachtet, sodass der Zusammenhang zwischen allen p Merkmalen nicht berücksichtigt wird. Wir werden im Folgenden ein Verfahren kennenlernen, mit dessen Hilfe man ein Streudiagramm zeichnen kann. Dabei können wir mit nur zwei Achsen alle Merkmale gleichzeitig berücksichtigen. Außerdem kann man die Objekte ordnen, indem man ihre Werte bezüglich der ersten Achse des Streudiagramms betrachtet. Um das erste Ziel zu erreichen, bestimmt man oft den Mittelwert aller Merkmale bei jedem Objekt. Sei x_{ij} der Wert des j-ten Merkmals beim i-ten Objekt, dann ist der Mittelwert $\bar{x}_i$ der Werte des i-ten Objekts folgendermaßen definiert:

$$\bar{x}_i = \frac{1}{p} \sum_{j=1}^{p} x_{ij} .$$

© Springer-Verlag GmbH Deutschland 2017
A. Handl, T. Kuhlenkasper, *Multivariate Analysemethoden*, Statistik und ihre Anwendungen,
DOI 10.1007/978-3-662-54754-0_5

Tab. 5.1 Durchschnittsnoten
der 17 Studenten

Student	Durchschnittsnote
1	1.48
2	1.92
3	3.00
4	1.44
5	2.86
6	2.26
7	2.71
8	2.77
9	1.89
10	2.77
11	2.03
12	1.81
13	1.54
14	2.42
15	1.92
16	3.12
17	1.22

Beispiel 22 In Beispiel 4 betrachten wir die Noten der Studenten in den Bereichen Mathematik, BWL, VWL und Methoden. Die Mittelwerte zeigt Tab. 5.1. Wählt man die Durchschnittsnote als Kriterium, ist der 17. Student der Beste und der 16. der Schlechteste.   □

Man kann den Mittelwert auch schreiben als

$$\bar{x}_i = \sum_{j=1}^{p} a_j \, x_{ij}$$

mit $a_j = \frac{1}{p}$.

Der Mittelwert ist eine Linearkombination der Merkmalswerte, bei der alle Gewichte gleich sind. Das ist nicht notwendigerweise die beste Wahl. Die Merkmalsträger werden sich bezüglich der p Merkmale unterscheiden. Diese Unterschiede sollten beim Übergang zu einem Wert mithilfe einer Linearkombination im Wesentlichen erhalten bleiben. Wie ist das möglich? Und woran merkt man, wie gut dieses Ziel erreicht wurde?

Beispiel 23 Wir betrachten das Beispiel 1 und wählen fünf Länder und die Merkmale Lesekompetenz und Mathematische Grundbildung aus. Es handelt sich um die Länder Südkorea (ROK), Japan (J), Kroatien (HR), Griechenland (GR) und die Türkei (TR). Die Werte zeigt Tab. 5.2.

Abb. 5.1 zeigt das Streudiagramm der Daten.

Tab. 5.2 Merkmale Lesekompetenz und Mathematische Grundbildung von fünf Ländern im Rahmen der PISA-Studie

Land	Lesekompetenz	Mathematische Grundbildung
ROK	536	554
J	538	536
HR	485	471
GR	477	453
TR	475	448

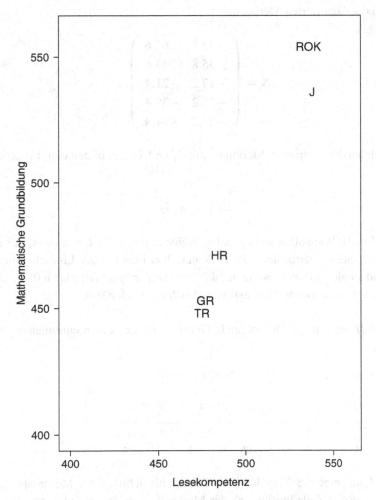

Abb. 5.1 Streudiagramm der Merkmale Lesekompetenz und Mathematische Grundbildung von fünf Ländern im Rahmen der PISA-Studie

Wir erkennen, dass das Merkmal Mathematische Grundbildung stärker streut als das Merkmal Lesekompetenz. Außerdem sehen wir, dass es zwei Gruppen gibt. Die eine Gruppe besteht aus Kroatien, Griechenland und der Türkei, die andere aus Südkorea und Japan. Wir wollen nun die beiden Merkmale durch eine Linearkombination ersetzen, die möglichst viel von der zweidimensionalen Struktur enthält. Die Interpretation der Linearkombination vereinfacht sich beträchtlich, wenn man die Merkmale zentriert. Wir subtrahieren also von den Werten eines Merkmals den Mittelwert des Merkmals. Der Mittelwert des Merkmals Lesekompetenz für die fünf ausgewählten Länder beträgt 502.2 und der Mittelwert des Merkmals Mathematische Grundbildung 492.4. Subtrahieren wir die Mittelwerte von den Werten der jeweiligen Merkmale, so erhalten wir folgende Datenmatrix der zentrierten Merkmale:

$$\tilde{\mathbf{X}} = \begin{pmatrix} 33.8 & 61.6 \\ 35.8 & 43.6 \\ -17.2 & -21.4 \\ -25.2 & -39.4 \\ -27.2 & -44.4 \end{pmatrix}. \qquad \Box$$

Wir bezeichnen die zentrierten Merkmale mit $\tilde{x}_1$ und $\tilde{x}_2$ und bilden eine Linearkombination

$$a_1 \tilde{x}_1 + a_2 \tilde{x}_2$$

dieser Merkmale. Wie sollen wir a_1 und a_2 wählen? Am einfachsten ist es, nur eines der beiden Merkmale zu betrachten. Das bedeutet, dass man bei der Linearkombination a_1 gleich 1 und a_2 gleich 0 setzt, wenn nur das erste Merkmal und a_1 gleich 0, und a_2 gleich 1 setzt, wenn nur das zweite Merkmal berücksichtigt werden soll.

Beispiel 23 (Fortsetzung) Die folgende Grafik zeigt die beiden eindimensionalen Darstellungen:

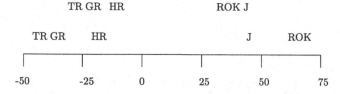

Die erste Zeile zeigt die Verteilung der Länder hinsichtlich des Merkmals Lesekompetenz, die zweite Zeile hinsichtlich des Merkmals Mathematische Grundbildung. Vergleichen wir diese Abbildung mit der zweidimensionalen Konfiguration in Abb. 5.1, so sehen wir, dass die eindimensionale Darstellung bezüglich des Merkmals Mathematische Grundbildung die Beziehungen zwischen den Ländern viel besser wiedergibt als die Darstellung bezüglich des Merkmals Lesekompetenz. Die Türkei, Griechenland und Kroatien liegen bezüglich des Merkmals Mathematische Grundbildung relativ nahe beieinander und sind von den Ländern Japan und Südkorea relativ weit entfernt. Das ist

Tab. 5.3 Werte von $0.6\,\bar{X}_1 +$ $0.8\,\bar{X}_2$ von fünf Ländern im Rahmen der PISA-Studie

Land	Wert der Linearkombination
ROK	69.6
J	56.4
HR	−27.4
GR	−46.6
TR	−51.8

auch bei der zweidimensionalen Darstellung der Fall. Woran liegt das? Schauen wir uns die Stichprobenvarianzen der beiden Merkmale an. Die Stichprobenvarianz des Merkmals Mathematische Grundbildung beträgt für diese Länder 2419.3, die des Merkmals Lesekompetenz 1023.7. Die Streuung des Merkmals Mathematische Grundbildung ist viel größer als die Streuung des Merkmals Lesekompetenz. Eine große Streuung diskriminiert viel stärker zwischen den Ländern. Somit sollte man eine Linearkombination der beiden Merkmale wählen, die eine sehr große Streuung besitzt. □

Bisher haben wir nur Linearkombinationen betrachtet, bei denen genau eines der Merkmale untersucht wird. Die Gewichte sind hierbei $a_1 = 1$ und $a_2 = 0$ oder $a_1 = 0$ und $a_2 = 1$. Betrachten wir nun eine andere Wahl der Gewichte, so sollte sie mit den bisher verwendeten Gewichten vergleichbar sein. Wir können die Varianz einer Linearkombination beliebig groß machen, indem wir die Gewichte a_1 und a_2 entsprechend vergrößern. Wir müssen die Gewichte also normieren. Naheliegend ist die Wahl

$$a_1 + a_2 = 1\,.$$

Aus technischen Gründen ist es sinnvoller,

$$a_1^2 + a_2^2 = 1$$

zu wählen. Diese Bedingung ist für die obigen Gewichte erfüllt.

Beispiel 23 (Fortsetzung) Wir wählen $a_1 = 0.6$ und $a_2 = 0.8$. Bildet man mit diesen Werten die Linearkombination der zentrierten Merkmale, so erhält man die in Tab. 5.3 angegebenen Werte.

Ein Land erhält bei dieser Linearkombination einen hohen Wert, wenn die Werte beider Merkmale größer als der jeweilige Mittelwert sind. Es erhält einen niedrigen Wert, wenn die Punktezahl des Landes in beiden Bereichen unter dem Durchschnitt liegt. Die Stichprobenvarianz dieser Linearkombination ist 3407.67. Wir sehen, dass diese Linearkombination eine größere Varianz besitzt als jedes der einzelnen Merkmale. Es lohnt sich also, beide Merkmale zusammen zu betrachten. □

Schauen wir uns noch eine andere Wahl der Gewichte an.

Tab. 5.4 Werte von $-0.6\,\tilde{X}_1 +$
$0.8\,\tilde{X}_2$ von fünf Ländern im
Rahmen der PISA-Studie

Land	Wert der Linearkombination
ROK	29.0
J	13.4
HR	−6.8
GR	−16.4
TR	−19.2

Beispiel 23 (Fortsetzung) Sei $a_1 = -0.6$ und $a_2 = 0.8$. Bildet man mit diesen Werten
die Linearkombination der zentrierten Merkmale, so erhält man die Werte in Tab. 5.4. Ein
Land erhält bei dieser Linearkombination einen hohen Wert, wenn der Wert des Merkmals
Lesekompetenz unter dem Durchschnitt und der Wert des Merkmals Mathematische
Grundbildung über dem Durchschnitt liegt. Es erhält einen niedrigen Wert, wenn der
Wert des Merkmals Lesekompetenz über dem Durchschnitt und der Wert des Merkmals
Mathematische Grundbildung unter dem Durchschnitt liegt. Länder, die bei dieser
Linearkombination extreme Werte annehmen, sind in einem der Bereiche gut und in dem
anderen schlecht. Die Stichprobenvarianz dieser Linearkombination beträgt nur 426.1. □

5.2 Hauptkomponentenanalyse bei bekannter Varianz-Kovarianz-Matrix

Nun wollen wir zeigen, wie man die optimalen Gewichte bestimmen kann. Hierbei gehen
wir von der p-dimensionalen Zufallsvariablen $\mathbf{X}$ aus. Es gelte $\mathrm{Var}(\mathbf{X}) = \boldsymbol{\Sigma}$. Gesucht ist
die Linearkombination $\mathbf{a}_1'\mathbf{X}$ mit größter Varianz unter der Nebenbedingung

$$\mathbf{a}_1'\mathbf{a}_1 = 1 \,.$$

Wie wir in (3.32) gezeigt haben, gilt

$$\mathrm{Var}(\mathbf{a}_1'\mathbf{X}) = \mathbf{a}_1'\,\boldsymbol{\Sigma}\,\mathbf{a}_1 \,.$$

Wir betrachten also folgendes Optimierungsproblem:

$$\max_{\mathbf{a}} \mathbf{a}'\boldsymbol{\Sigma}\mathbf{a} \tag{5.1}$$

unter der Nebenbedingung

$$\mathbf{a}'\mathbf{a} = 1 \,. \tag{5.2}$$

Wir stellen die Lagrange-Funktion auf (siehe dazu Abschn. A.2.3):

$$\mathrm{L}(\mathbf{a}, \lambda) = \mathbf{a}'\boldsymbol{\Sigma}\mathbf{a} - \lambda\left(\mathbf{a}'\mathbf{a} - 1\right) \,.$$

Die partiellen Ableitungen lauten

$$\frac{\partial}{\partial \mathbf{a}} L(\mathbf{a}, \lambda) = 2\mathbf{\Sigma a} - 2\lambda\mathbf{a},$$

$$\frac{\partial}{\partial \lambda} L(\mathbf{a}, \lambda) = 1 - \mathbf{a}'\mathbf{a}.$$

Der Vektor $\mathbf{a}_1$ erfüllt die notwendigen Bedingungen für einen Extremwert, wenn gilt

$$2\mathbf{\Sigma a}_1 - 2\lambda\mathbf{a}_1 = \mathbf{0} \tag{5.3}$$

und

$$\mathbf{a}_1'\mathbf{a}_1 = 1 . \tag{5.4}$$

Aus (5.3) folgt

$$\mathbf{\Sigma a}_1 = \lambda\mathbf{a}_1 . \tag{5.5}$$

Bei (5.5) handelt es sich um ein Eigenwertproblem. Die notwendigen Bedingungen eines Extremwerts von (5.1) unter der Nebenbedingung (5.2) werden also von den normierten Eigenvektoren der Matrix $\mathbf{\Sigma}$ erfüllt. Aufgrund von (A.52) existieren zu jeder symmetrischen (p, p)-Matrix $\mathbf{\Sigma}$ p Eigenwerte $\lambda_1, \ldots, \lambda_p$ mit zugehörigen orthogonalen Eigenvektoren $\mathbf{a}_1, \ldots, \mathbf{a}_p$. Welcher der Eigenvektoren liefert nun die Linearkombination mit der größten Varianz? Um diese Frage zu beantworten, betrachten wir die Varianz der Linearkombination $\mathbf{a}_1'\mathbf{X}$, wenn der Vektor $\mathbf{a}_1$ die (5.4) und (5.5) erfüllt:

$$\mathrm{Var}(\mathbf{a}_1'\mathbf{X}) = \mathbf{a}_1' \mathbf{\Sigma} \mathbf{a}_1 = \mathbf{a}_1'\lambda\mathbf{a}_1 = \lambda\,\mathbf{a}_1'\mathbf{a}_1 = \lambda .$$

Also ist der Eigenwert λ zum Eigenvektor $\mathbf{a}_1$ die Varianz der Linearkombination $\mathbf{a}_1'\mathbf{X}$. Da wir die Linearkombination mit der größten Varianz suchen, wählen wir den Eigenvektor, der zum größten Eigenwert gehört. Wir nennen diesen die erste *Hauptkomponente*. Wir nummerieren die Eigenwerte und zugehörigen Eigenvektoren nach der Größe der Eigenwerte, wobei der größte Eigenwert den Index 1 erhält.

Wie kann man die anderen Eigenvektoren interpretieren? Wir betrachten dies exemplarisch für $\mathbf{a}_2$. Dieser liefert die Koeffizienten der Linearkombination $\mathbf{a}_2'\mathbf{X}$ mit der größten Varianz unter den Nebenbedingungen

$$\mathbf{a}_2'\mathbf{a}_2 = 1 \tag{5.6}$$

und

$$\mathbf{a}_2'\mathbf{a}_1 = 0 , \tag{5.7}$$

wobei $\mathbf{a}_1$ die erste Hauptkomponente ist. Die zweite Nebenbedingung besagt, dass $\mathbf{a}_1$ und $\mathbf{a}_2$ orthogonal sind. Wir zeigen nun diesen Sachverhalt.

Wir betrachten also das Optimierungsproblem

$$\max_{\mathbf{a}} \mathbf{a}' \boldsymbol{\Sigma} \mathbf{a}$$

unter den Nebenbedingungen

$$\mathbf{a}' \mathbf{a} = 1$$

und

$$\mathbf{a}' \mathbf{a}_1 = 0 \ .$$

Die Lagrange-Funktion lautet

$$L(\mathbf{a}, \lambda, \nu) = \mathbf{a}' \boldsymbol{\Sigma} \mathbf{a} - \lambda \left(\mathbf{a}' \mathbf{a} - 1 \right) - 2\nu \mathbf{a}' \mathbf{a}_1 \ .$$

Die partiellen Ableitungen lauten

$$\frac{\partial}{\partial \mathbf{a}} L(\mathbf{a}, \lambda, \nu) = 2\boldsymbol{\Sigma} \mathbf{a} - 2\lambda \mathbf{a} - 2\nu \mathbf{a}_1,$$

$$\frac{\partial}{\partial \lambda} L(\mathbf{a}, \lambda, \nu) = 1 - \mathbf{a}' \mathbf{a},$$

$$\frac{\partial}{\partial \nu} L(\mathbf{a}, \lambda, \nu) = -2\mathbf{a}' \mathbf{a}_1 \ .$$

Der Vektor $\mathbf{a}_2$ erfüllt also die notwendigen Bedingungen für einen Extremwert, wenn gilt

$$2\boldsymbol{\Sigma} \mathbf{a}_2 - 2\lambda \mathbf{a}_2 - 2\nu \mathbf{a}_1 = 0 \ , \tag{5.8}$$

$$\mathbf{a}_2' \mathbf{a}_2 = 1 \tag{5.9}$$

und

$$\mathbf{a}_2' \mathbf{a}_1 = 0 \ . \tag{5.10}$$

(5.8) können wir umformen zu

$$\boldsymbol{\Sigma} \mathbf{a}_2 = \lambda \mathbf{a}_2 + \nu \mathbf{a}_1 \ . \tag{5.11}$$

Multiplizieren wir (5.11) von links mit dem Eigenvektor $\mathbf{a}_1'$, so gilt

$$\mathbf{a}_1' \boldsymbol{\Sigma} \mathbf{a}_2 = \mathbf{a}_1' \lambda \mathbf{a}_2 + \mathbf{a}_1' \nu \mathbf{a}_1 \ . \tag{5.12}$$

Mit (5.5) und (5.10) gilt

$$\mathbf{a}_1' \, \boldsymbol{\Sigma} \, \mathbf{a}_2 = (\mathbf{a}_1' \, \boldsymbol{\Sigma} \, \mathbf{a}_2)' = \mathbf{a}_2' \, \boldsymbol{\Sigma} \, \mathbf{a}_1 = \mathbf{a}_2' \lambda_1 \mathbf{a}_1 = \lambda_1 \mathbf{a}_2' \mathbf{a}_1 = 0 \, . \tag{5.13}$$

Mit (5.13) und (5.10) vereinfacht sich (5.12) zu

$$\nu \mathbf{a}_1' \mathbf{a}_1 = 0 \, .$$

Und hieraus folgt mit (5.4) sofort $\nu = 0$. Somit vereinfacht sich (5.11) zu

$$\boldsymbol{\Sigma} \, \mathbf{a}_2 = \lambda \mathbf{a}_2 \, . \tag{5.14}$$

$\mathbf{a}_2$ ist also auch Eigenvektor von $\boldsymbol{\Sigma}$. Außerdem ist er orthogonal zu $\mathbf{a}_1$. Wir bezeichnen ihn als zweite Hauptkomponente. Die anderen Eigenvektoren kann man analog interpretieren.

Fassen wir zusammen: Um die Linearkombination $\mathbf{a}' \mathbf{X}$ mit der größten Varianz zu erhalten, bestimmen wir die Eigenwerte und Eigenvektoren der Varianz-Kovarianz-Matrix $\boldsymbol{\Sigma}$. Der normierte Eigenvektor $\mathbf{a}_1$, der zum größten Eigenwert λ_1 gehört, bildet die Gewichte der gesuchten Linearkombination. Der Eigenvektor $\mathbf{a}_2$, der zum zweitgrößten Eigenwert λ_2 gehört, bildet die Gewichte der Linearkombination mit der größten Varianz unter allen Vektoren, die zum ersten Eigenvektor orthogonal sind. Entsprechend kann man die anderen Eigenvektoren interpretieren.

Bisher haben wir die Hauptkomponentenanalyse nur unter dem Aspekt einer bekannten Varianz-Kovarianz-Matrix kennengelernt. In Abschn. 5.3 werden wir sehen, wie man datengestützt vorgeht.

5.3 Hauptkomponentenanalyse bei unbekannter Varianz-Kovarianz-Matrix

In der Praxis ist die Varianz-Kovarianz-Matrix $\boldsymbol{\Sigma}$ in der Regel unbekannt und muss durch die empirische Varianz-Kovarianz-Matrix $\mathbf{S}$ geschätzt werden. Die empirische Varianz-Kovarianz-Matrix $\mathbf{S}$ ist dann der Ausgangspunkt der Hauptkomponentenanalyse.

Beispiel 23 (Fortsetzung) Es gilt

$$\mathbf{S} = \begin{pmatrix} 1023.7 & 1552.9 \\ 1552.9 & 2419.3 \end{pmatrix} \, .$$

Es gilt

$$\det (\mathbf{S} - \lambda \, \mathbf{I}_2) = (1023.7 - \lambda)(2419.3 - \lambda) - 2\,411\,498 \, .$$

Wir müssen also folgende quadratische Gleichung lösen:

$$(1023.7 - \lambda)\,(2419.3 - \lambda) - 2\,411\,498 \, .$$

Wir können diese auch schreiben als

$$\lambda^2 - 3443\,\lambda + 65\,139.41 = 0 \, .$$

Die Lösungen dieser Gleichung sind $\lambda_1 = 3423.47$ und $\lambda_2 = 19.53$. Der Eigenvektor $\mathbf{a}_1$ zum Eigenwert $\lambda_1 = 3423.47$ muss folgendes Gleichungssystem erfüllen:

$$-2399.77\,a_{11} + 1552.9\,a_{12} = 0,$$
$$1552.9\,a_{11} - 1004.17\,a_{12} = 0 \, .$$

Hieraus folgt $a_{12} = 1.545347\,a_{11}$.

Wegen $a_{11}^2 + a_{12}^2 = 1$ ist der Eigenvektor $\mathbf{a}_1$ zum Eigenwert λ_1 also

$$\mathbf{a}_1 = \begin{pmatrix} 0.543 \\ 0.840 \end{pmatrix} \, .$$

Der Eigenvektor $\mathbf{a}_2$ zum Eigenwert $\lambda_2 = 19.53$ muss folgendes Gleichungssystem erfüllen:

$$1004.17\,a_{21} + 1552.9\,a_{22} = 0,$$
$$1552.9\,a_{21} + 2399.77\,a_{22} = 0 \, .$$

Hieraus folgt $a_{22} = -0.6466418\,a_{21}$. Der Eigenvektor $\mathbf{a}_2$ zum Eigenwert λ_2 ist also

$$\mathbf{a}_2 = \begin{pmatrix} 0.840 \\ -0.543 \end{pmatrix} \, .$$

Die erste Hauptkomponente stellt eine Art Mittelwert der beiden Merkmale dar, wobei das Merkmal Mathematische Grundbildung stärker gewichtet wird. Die zweite Hauptkomponente ist ein Kontrast aus den beiden Merkmalen. Abb. 5.2 erleichtert die Interpretation der Eigenvektoren.   □

In der Einleitung zu diesem Kapitel hatten wir zwei Ziele formuliert. Zum einen wollten wir die Objekte hinsichtlich aller Merkmale ordnen. Dies ist problemlos möglich, wenn wir die Werte jedes Objekts hinsichtlich einer Linearkombination bestimmen. Es bietet sich die Linearkombination mit der größten Varianz an, da bei dieser die Unterschiede zwischen den Objekten am besten zu Tage treten.

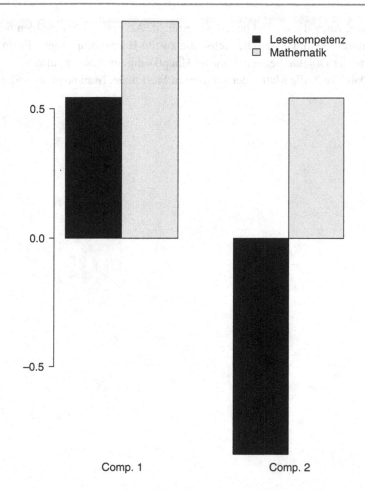

Abb. 5.2 Hauptkomponenten der Merkmale Lesekompetenz (*schwarz*) und Mathematische Grundbildung (*grau*) von fünf Ländern im Rahmen der PISA-Studie

Tab. 5.5 Werte von
$0.543\,\tilde{X}_1 + 0.840\,\tilde{X}_2$ von
fünf Ländern im Rahmen der
PISA-Studie

Land	Wert der Linearkombination
ROK	70.1
J	56.06
HR	−27.32
GR	−46.78
TR	−52.07

Beispiel 23 (Fortsetzung) Tab. 5.5 zeigt die Werte der Linearkombination $0.543\,\tilde{X}_1 +$ $0.840\,\tilde{X}_2$. Wir sehen, dass Südkorea am besten und die Türkei am schlechtesten abschneidet.   □

Das zweite Ziel, das wir am Anfang dieses Kapitels formulierten, war, die Objekte in einem Streudiagrammxx darzustellen, wobei bei jeder Achse alle Merkmale berücksichtigt werden sollten. Auch dieses Ziel haben wir erreicht. Als erste Achse wählen wir die erste Hauptkomponente und als zweite Achse die zweite Hauptkomponente. Dann zeichnen wir die Werte der Objekte bezüglich dieser Hauptkomponenten ein, also $\mathbf{z}_1 = \tilde{\mathbf{X}}\mathbf{a}_1$ und $\mathbf{z}_2 = \tilde{\mathbf{X}}\mathbf{a}_2$. Dabei ist $\tilde{\mathbf{X}}$ die Matrix der zentrierten Merkmale. Man nennt $\mathbf{z}_1$ und $\mathbf{z}_2$ *Scores*.

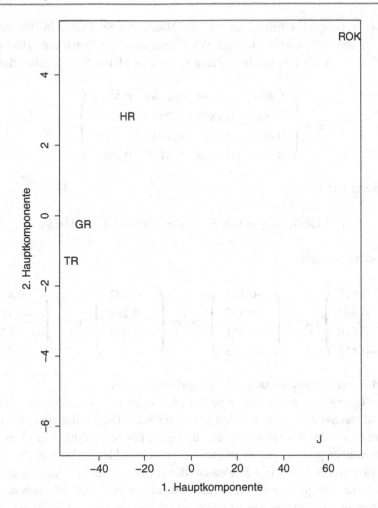

Abb. 5.3 Darstellung der Länder bezüglich der ersten beiden Hauptkomponenten

Beispiel 23 (Fortsetzung) Da nur zwei Merkmale betrachtet wurden, erhalten wir eine Wiedergabe des ursprünglichen Streudiagramms in einem gedrehten Koordinatensystem (siehe Abb. 5.3). □

5.4 Praktische Aspekte

Wir haben in Abschn. 5.3 gesehen, wie man auf Basis einer Datenmatrix eine Hauptkomponentenanalyse durchführt. In diesem Abschnitt werden wir einige praxisrelevante Aspekte betrachten. Diese werden wir im Wesentlichen anhand eines Beispiels illustrieren.

Beispiel 24 In Beispiel 4 betrachten wir die Noten der Studenten in den Bereichen Mathematik, BWL, VWL und Methoden. Wir führen für diese Daten eine Hauptkomponentenanalyse durch. Die empirische Varianz-Kovarianz-Matrix $\mathbf{S}$ ist gegeben durch

$$\mathbf{S} = \begin{pmatrix} 0.6382 & 0.3069 & 0.4695 & 0.3761 \\ 0.3069 & 0.4825 & 0.2889 & 0.1388 \\ 0.4695 & 0.2889 & 0.4944 & 0.3198 \\ 0.3761 & 0.1388 & 0.3198 & 0.3966 \end{pmatrix}.$$

Die Eigenwerte sind

$$\lambda_1 = 1.497, \quad \lambda_2 = 0.323, \quad \lambda_3 = 0.103, \quad \lambda_4 = 0.088. \tag{5.15}$$

Die Eigenvektoren lauten

$$\mathbf{a}_1 = \begin{pmatrix} -0.617 \\ -0.397 \\ -0.536 \\ -0.417 \end{pmatrix}, \mathbf{a}_2 = \begin{pmatrix} -0.177 \\ 0.855 \\ -0.051 \\ -0.485 \end{pmatrix}, \mathbf{a}_3 = \begin{pmatrix} -0.602 \\ 0.289 \\ -0.095 \\ 0.738 \end{pmatrix}, \mathbf{a}_4 = \begin{pmatrix} -0.474 \\ -0.169 \\ 0.837 \\ -0.214 \end{pmatrix}.$$

Abb. 5.4 erleichtert die Interpretation der Hauptkomponenten.

Die erste Hauptkomponente stellt eine Art Mittelwert der vier Merkmale dar, wobei das Merkmal Mathematik am stärksten gewichtet wird. Die zweite Hauptkomponente ist ein Kontrast aus der Note in Methoden und BWL. Ein Student hat hier einen kleinen Wert, wenn er einen großen Wert in Methoden und einen kleinen Wert in BWL hat. Hier wird also unterschieden zwischen Studenten, die gut in BWL und schlecht in Methoden sind und solchen, die gut in Methoden und schlecht in BWL sind. Wir sehen, dass die dritte Komponente ein Kontrast aus Methoden und Mathematik ist, während die vierte Hauptkomponente ein Kontrast aus VWL und Mathematik ist. Abb. 5.5 zeigt die Werte der 17 Studenten bezüglich der ersten beiden Hauptkomponenten, wobei wir auch hier wieder von den zentrierten Merkmalen ausgehen. □

Es sind nun noch einige Fragen offen:

1. Wie viele Hauptkomponenten benötigt man?
2. Wie kann man beurteilen, ob die Darstellung im $I\!R^2$ gut ist?
3. Soll die Analyse auf Basis der Varianz-Kovarianz-Matrix oder auf Basis der Korrelationsmatrix durchgeführt werden?

Diese Fragen werden wir in den nächsten Unterabschnitten beantworten.

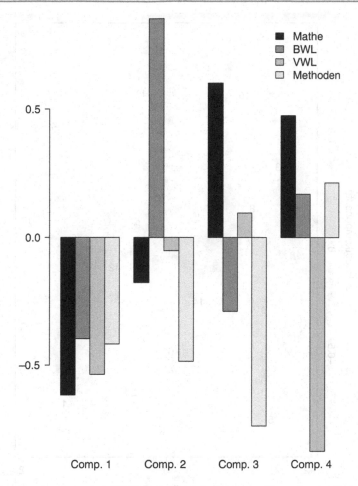

Abb. 5.4 Hauptkomponenten bei 17 Studenten auf der Basis der Noten in vier Fachgebieten (jeweils von links: Mathematik, BWL, VWL und Methoden)

5.4.1 Anzahl der Hauptkomponenten

In diesem Abschnitt wollen wir uns mit der Frage beschäftigen, wie viele Hauptkomponenten ausreichen, um die wesentliche Struktur des Datensatzes zu reproduzieren. Um dies entscheiden zu können, betrachten wir die Eigenwerte der empirischen Varianz-Kovarianz-Matrix S. Wir gehen dabei davon aus, dass die Eigenwerte $\lambda_1, \ldots, \lambda_p$ der Größe nach geordnet sind, wobei λ_1 der größte Eigenwert ist.

Beispiel 24 (Fortsetzung) Die Eigenwerte sind

$$\lambda_1 = 1.497, \quad \lambda_2 = 0.323, \quad \lambda_3 = 0.103, \quad \lambda_4 = 0.088 \, . \qquad \square$$

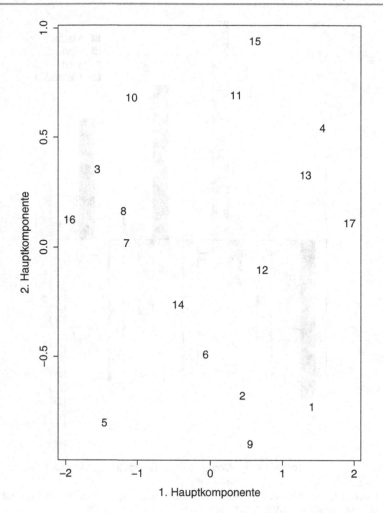

Abb. 5.5 Werte von 17 Studenten bezüglich der ersten beiden Hauptkomponenten

Die Spur von **S** ist gleich der Summe der Stichprobenvarianzen:

$$tr(\mathbf{S}) = \sum_{i=1}^{p} s_i^2 \ .$$

Im Anhang A wird gezeigt, dass die Spur einer symmetrischen Matrix gleich der Summe ihrer Eigenwerte ist. Da die Eigenwerte der empirischen Varianz-Kovarianz-Matrix **S** aber gerade die Stichprobenvarianzen der Hauptkomponenten sind, können wir bestimmen, welcher Anteil der Gesamtstreuung durch die einzelnen Hauptkomponenten erklärt wird. Um sich für eine Anzahl von Hauptkomponenten zu entscheiden, gibt man einen Anteil α

vor und wählt als Anzahl den kleinsten Wert von r, für den gilt

$$\frac{\sum_{i=1}^{r} \lambda_i}{\sum_{i=1}^{p} \lambda_i} \geq \alpha \ .$$

Typische Werte für α sind 0.75, 0.8 und 0.85.

Beispiel 24 (Fortsetzung) Die erste Hauptkomponente erklärt 74.4% der Gesamtstreuung. Die ersten beiden Hauptkomponenten erklären zusammen 90.5% Prozent der Gesamtstreuung. Es sollten also zwei Komponenten zur Beschreibung des Datensatzes herangezogen werden. □

Cattell (1966) hat vorgeschlagen, die λ_i gegen den Index i zu zeichnen. In der Regel ist in dieser Grafik ein Knick zu beobachten. Es werden nur die Hauptkomponenten betrachtet, die zu Eigenwerten gehören, die vor dem Knick liegen. Man spricht in diesem Fall vom *Screeplot* (scree heißt Geröllhalde).

Beispiel 24 (Fortsetzung) Abb. 5.6 zeigt den Screeplot.
    Hier ist es nicht einfach, eine Entscheidung zu fällen. Sowohl eine als auch zwei Hauptkomponenten erscheinen akzeptabel. □

Ein anderer Zugang wurde von Kaiser (1960) gewählt. Dieser hat vorgeschlagen, nur die Hauptkomponenten zu berücksichtigen, deren zugehörige Eigenwerte größer sind als der Mittelwert aller Eigenwerte, d.h. alle λ_i mit $\lambda_i > \bar{\lambda}$, wobei gilt

$$\bar{\lambda} = \frac{1}{p} \sum_{i=1}^{p} \lambda_i \ .$$

Beispiel 24 (Fortsetzung) Der Mittelwert der Eigenwerte ist 0.503. Nur der erste Eigenwert ist größer als dieser Mittelwert. Nach dem *Kriterium von Kaiser* benötigen wir also nur eine Hauptkomponente. □

Kaisers Kriterium beruht auf der Hauptkomponentenanalyse der standardisierten Merkmale. In diesem Fall ist die Stichprobenvarianz jedes Merkmals gleich 1. Der Mittelwert aller Stichprobenvarianzen ist somit auch gleich 1. Jede Hauptkomponente, deren zugehöriger Eigenwert größer als 1 ist, trägt zur Gesamtstreuung mehr bei als jedes einzelne Merkmal. In diesem Sinne ist sie wichtig und sollte berücksichtigt werden. Dieses Konzept kann problemlos auf eine Hauptkomponente der nichtstandardisierten Merkmale übertragen werden. Dies führt dann zu Kaisers Kriterium. Jolliffe (1972) hat festgestellt, dass die Forderung Kaisers zu hoch ist. Er hat vorgeschlagen, nur die Hauptkomponenten zu berücksichtigen, deren zugehörige Eigenwerte größer sind als das 0.7-Fache des

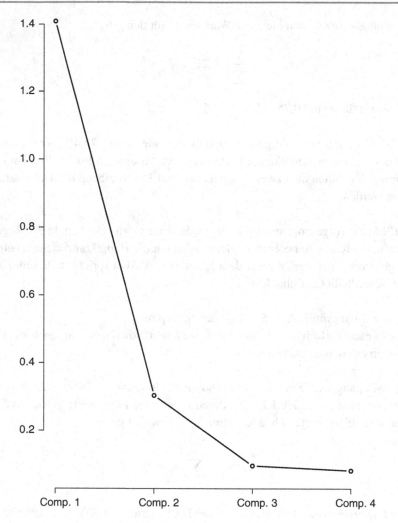

Abb. 5.6 Screeplot der Eigenwerte der Noten von 17 Studenten

Mittelwerts aller Eigenwerte, d.h. alle λ_i mit $\lambda_i > 0.7\,\bar{\lambda}$, wobei gilt

$$\bar{\lambda} = \frac{1}{p}\sum_{i=1}^{p}\lambda_i \;.$$

Beispiel 24 (Fortsetzung) Es gilt $0.7\,\bar{\lambda} = 0.352$. Auch nach dem *Kriterium von Jolliffe* würde man nur eine Hauptkomponente verwenden.   □

5.4.2 Überprüfung der Güte der Anpassung

Im Folgenden wollen wir überprüfen, wie gut die durch eine Hauptkomponentenanalyse gewonnene zweidimensionale Darstellung ist. Hierzu benötigen wir einige Begriffe aus der Graphentheorie. Ausgangspunkt sei eine *Menge von Punkten*.

Beispiel 25 Wir betrachten die folgenden Punkte:

$$\mathbf{x}_1 = \begin{pmatrix} 1 \\ 1 \end{pmatrix}, \quad \mathbf{x}_2 = \begin{pmatrix} 1 \\ 2 \end{pmatrix}, \quad \mathbf{x}_3 = \begin{pmatrix} 3 \\ 1 \end{pmatrix}, \quad \mathbf{x}_4 = \begin{pmatrix} 3 \\ 4 \end{pmatrix}, \quad \mathbf{x}_5 = \begin{pmatrix} 7 \\ 2 \end{pmatrix}. \quad \square$$

Eine Verbindung von zwei Punkten nennt man *Kante*. Eine Menge von Kanten und Punkten heißt *Graph*.

Beispiel 25 (Fortsetzung) Abb. 5.7 zeigt einen Graphen. $\square$

Ein Graph heißt *zusammenhängend*, wenn man von jedem Punkt jeden anderen Punkt erreichen kann, indem man eine Folge von Kanten durchläuft.

Beispiel 25 (Fortsetzung) Der Graph in Abb. 5.7 ist zusammenhängend. $\square$

Ein *Kreis* ist eine Folge von unterscheidbaren Kanten, die im gleichen Punkt beginnt und endet, ohne eine Kante mehrfach zu durchlaufen.

Abb. 5.7 Beispiel eines Graphen

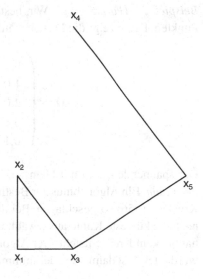

Abb. 5.8 Beispiel eines
spannenden Baumes

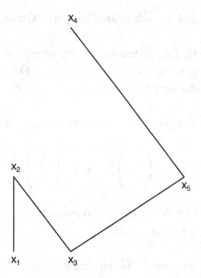

Beispiel 25 (Fortsetzung) In Abb. 5.7 bilden die Kanten, die die Punkte x_1, x_2 und x_3 verbinden, einen Kreis.   □

Ein zusammenhängender Graph ohne Kreis heißt *spannender Baum*.

Beispiel 25 (Fortsetzung) Abb. 5.8 zeigt einen spannenden Baum.   □

Bei vielen Anwendungen werden die Kanten bewertet.

Beispiel 25 (Fortsetzung) Wir bestimmen die euklidischen Distanzen zwischen den Punkten. Diese zeigt die Distanzmatrix:

$$
\mathbf{D} = \begin{pmatrix}
0 & 1.0 & 2.0 & 3.6 & 6.1 \\
1.0 & 0 & 2.2 & 2.8 & 6.0 \\
2.0 & 2.2 & 0 & 3.0 & 4.1 \\
3.6 & 2.8 & 3.0 & 0 & 4.5 \\
6.1 & 6.0 & 4.1 & 4.5 & 0
\end{pmatrix} .
$$
                                                                                          □

Der spannende Baum mit kleinster Summe der Kantengewichte heißt *minimal spannender Baum*. Ein Algorithmus zur Bestimmung des minimal spannenden Baumes wurde von Kruskal (1956) vorgeschlagen. Bei diesem Algorithmus wird zur Konstruktion der Reihe nach die kürzeste Kante ausgewählt und dem Baum hinzugefügt, wenn durch ihre Hinzunahme kein Kreis entsteht. Der Algorithmus endet, wenn ein spannender Baum gefunden wurde. Dies ist dann auch der minimal spannende Baum.

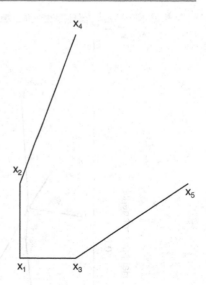

Abb. 5.9 Beispiel eines minimal spannenden Baums

Beispiel 25 (Fortsetzung) Um den minimal spannenden Baum zu finden, suchen wir die kleinste Distanz aus. Diese ist 1. Somit werden die Punkte x_1 und x_2 mit einer Kante verbunden. Die kleinste unter den restlichen Distanzen ist 2. Es werden also die Punkte x_1 und x_3 mit einer Kante verbunden. Die kleinste unter den restlichen Distanzen ist 2.2. Dies ist der Abstand der Punkte x_2 und x_3. Die Punkte x_2 und x_3 werden aber nicht durch eine Kante verbunden, da hierdurch ein Kreis entsteht. Die kleinste unter den restlichen Distanzen ist 2.8. Es werden also die Punkte x_2 und x_4 mit einer Kante verbunden. Die kleinste unter den restlichen Distanzen ist 3. Dies ist der Abstand der Punkte x_3 und x_4. Die Punkte x_3 und x_4 werden aber nicht durch eine Kante verbunden, da hierdurch ein Kreis entsteht. Die kleinste unter den restlichen Distanzen ist 3.6. Dies ist der Abstand der Punkte x_1 und x_4. Die Punkte 1 und 4 werden aber nicht durch eine Kante verbunden, da hierdurch ein Kreis entsteht. Die kleinste unter den restlichen Distanzen ist 4.1. Es werden also die Punkte x_3 und x_5 mit einer Kante verbunden. Abb. 5.9 zeigt den minimal spannenden Baum. □

Man kann einen spannenden Baum verwenden, um die Güte einer zweidimensionalen Darstellung zu überprüfen. Hierzu führt man eine Hauptkomponentenanalyse durch und zeichnet die Punkte bezüglich der ersten beiden Hauptkomponenten in ein Koordinatensystem. Anschließend bestimmt man den minimal spannenden Baum für die Originaldaten und zeichnet diesen Baum in das Streudiagramm.

Beispiel 25 (Fortsetzung) Für den Datensatz der Noten erhalten wir Abb. 5.10.
  Wir sehen, dass die zweidimensionale Darstellung die Lage der Studenten im vierdimensionalen Raum gut wiedergibt. Nur die relative Lage der Studenten 4, 13 und 17 wird im zweidimensionalen Raum nicht richtig dargestellt. □

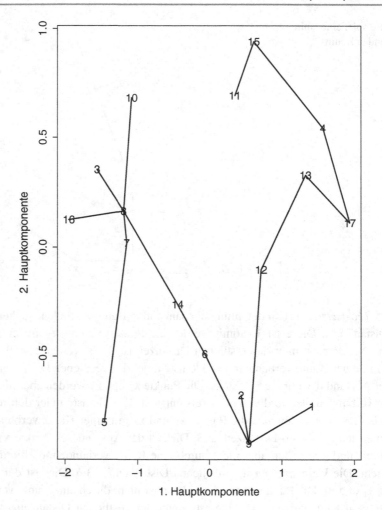

Abb. 5.10 Darstellung der Noten von 17 Studenten bezüglich der ersten beiden Hauptkomponenten mit dem minimal spannenden Baum der Originaldaten

5.4.3 Analyse auf Basis der Varianz-Kovarianz-Matrix oder auf Basis der Korrelationsmatrix

Bei einer Hauptkomponentenanalyse führt man eine Spektralzerlegung der empirischen Varianz-Kovarianz-Matrix durch. Diese kann man, wie wir in (2.19) gesehen haben, folgendermaßen aus der Matrix $\tilde{\mathbf{X}}$ der zentrierten Merkmale gewinnen:

$$\mathbf{S} = \frac{1}{n-1} \tilde{\mathbf{X}}' \tilde{\mathbf{X}} \,.$$

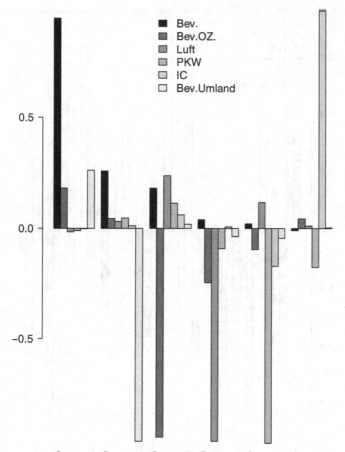

Comp. 1 Comp. 2 Comp. 3 Comp. 4 Comp. 5 Comp. 6

Abb. 5.11 Hauptkomponenten auf Basis der empirischen Varianz-Kovarianz-Matrix

Geht man hingegen von der Matrix $\mathbf{X}^*$ der standardisierten Merkmale aus, so erhält man über die gleiche Vorgehensweise die empirische Korrelationsmatrix $\mathbf{R}$:

$$\mathbf{R} = \frac{1}{n-1}\mathbf{X}^{*\prime}\mathbf{X}^* .$$

Dies wird in Kap. 2 gezeigt. Eine Spektralzerlegung der Korrelationsmatrix liefert also Hauptkomponenten für die standardisierten Merkmale. Welche der beiden Vorgehensweisen ist vorzuziehen? Schauen wir uns dies anhand eines Beispiels an.

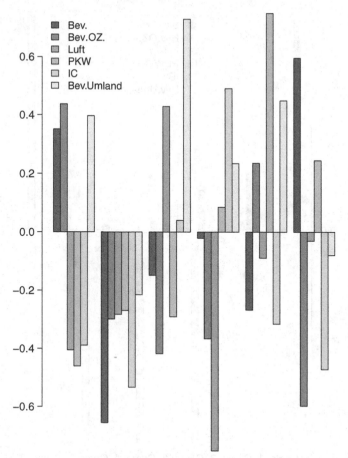

Comp. 1 Comp. 2 Comp. 3 Comp. 4 Comp. 5 Comp. 6

Abb. 5.12 Hauptkomponenten auf Basis der empirischen Korrelationsmatrix

Beispiel 26 Wir betrachten Beispiel 13. Die empirische Varianz-Kovarianz-Matrix lautet:

$$
\mathbf{S} = \begin{pmatrix}
637\,438 & 120\,648 & -9904 & -6093 & -738 & 162\,259 \\
120\,648 & 29\,988 & -3532 & -1992 & -591 & 31\,184 \\
-9904 & -3532 & 1017 & 422 & 140 & -4445 \\
-6093 & -1992 & 422 & 315 & 95 & -4219 \\
-738 & -591 & 140 & 95 & 37 & -847 \\
162\,259 & 31\,184 & -4445 & -4219 & -847 & 96\,473
\end{pmatrix}.
$$

Schauen wir uns die Varianzen an:

$$
s_1^2 = 637\,438, \; s_2^2 = 29\,988, \; s_3^2 = 1017, \; s_4^2 = 315, \; s_5^2 = 37, \; s_6^2 = 96\,473 \,.
$$

Wir sehen, dass sich die Varianzen stark unterscheiden. Dies führt dazu, dass die Hauptkomponenten von den Merkmalen dominiert werden, die große Varianzen besitzen (siehe Abb. 5.11). Führt man die Analyse auf Basis der empirischen Korrelationsmatrix durch, so erhält man Abb. 5.12. Die Hauptkomponenten auf Basis der empirischen Varianz-Kovarianz-Matrix unterscheiden sich stark von den Hauptkomponenten auf Basis der empirischen Korrelationsmatrix. In Abb. 5.11 wird die gesamte Struktur in den Hauptkomponenten durch die große Varianz des ersten Merkmals überdeckt. Eine sinnvolle Interpretation ist nur in Abb. 5.12 möglich. Unterscheiden sich die Varianzen der Merkmale, so sollte man eine Hauptkomponentenanalyse auf Basis der Korrelationsmatrix durchführen. □

5.5 Wie geht man bei einer Hauptkomponentenanalyse vor?

Bei einer Hauptkomponentenanalyse sollte man die folgenden sieben Punkte überprüfen.

1. Liegt ein hochdimensionaler Datensatz vor, der in einem niedrigdimensionalen Raum dargestellt werden soll?
2. Erfüllen die Daten die Voraussetzungen?
   Mindestens einer der beiden folgenden Punkte muss erfüllt sein.
   - Alle Merkmale sind quantitativ.
   - Die Daten liegen als Varianz-Kovarianz-Matrix oder Korrelationsmatrix vor.
   Sind die Voraussetzungen nicht erfüllt, so sollte man Distanzen zwischen den Objekten bestimmen und eine Mehrdimensionale Skalierung durchführen. Hiermit beschäftigen wir uns in den Kap. 4 und 6.
3. Soll die Hauptkomponentenanalyse auf Basis der Varianz-Kovarianz-Matrix oder auf Basis der Korrelationsmatrix durchgeführt werden?
   Man muss überprüfen, ob sich die Varianzen der Merkmale stark unterscheiden. Ist dies der Fall, so sollte man die Hauptkomponentenanalyse auf Basis der Korrelationsmatrix durchführen.
4. Die Eigenwerte und Eigenvektoren der Varianz-Kovarianz-Matrix bzw. der Korrelationsmatrix werden bestimmt.
5. Wie viele Hauptkomponenten benötigt man? Kriterien sind:
   - Anteil der Gesamtstreuung, die durch die Hauptkomponenten erklärt wird,
   - Kaiser-Kriterium,
   - Jolliffe-Kriterium,
   - Scree-Plot.
6. Wird eine Darstellung im $I\!R^2$ gewählt, so sollte man den minimal spannenden Baum erstellen.
7. Die Hauptkomponenten werden interpretiert.

Tab. 5.6 Noten von 15
Studenten

Student	Statistik II	Mathe III	UFO	INFO
1	2.0	1.3	1.0	2.0
2	2.3	3.0	2.7	2.0
3	1.3	2.0	2.0	4.0
4	1.0	1.7	3.0	3.0
5	2.0	2.0	2.0	1.0
6	1.7	2.0	4.0	2.0
7	2.3	2.0	2.0	4.0
8	4.0	2.7	3.0	4.0
9	3.0	3.0	3.0	4.0
10	2.0	2.0	2.0	3.0
11	2.3	3.3	2.0	4.0
12	3.0	2.3	4.0	3.0
13	3.0	3.7	4.0	4.0
14	2.0	3.0	4.0	2.0
15	1.0	1.7	1.0	1.0

Beispiel 27 In einer Vorlesung wurden 15 Studenten zufällig ausgewählt und die Noten in den Fächern Statistik II, Mathematik III (Mathe III), Unternehmensforschung (UFO) und Informatik (INFO) bestimmt.

Tab. 5.6 zeigt die Ergebnisse der 15 Studenten.

Wir arbeiten die genannten sieben Punkte ab.

1. Wir wollen die Studenten in einem niedrigdimensionalen Raum darstellen. Dabei wollen wir aber auch wissen, welche Studenten am besten und welche am schlechtesten sind.
2. Noten sind eigentlich ordinalskaliert. In der Praxis werden sie aber immer wie quantitative Merkmale behandelt. Jeder Student hat eine Durchschnittsnote im Abitur. Für uns sind sie also auch quantitativ.
3. Die Varianz-Kovarianz-Matrix lautet

$$S = \begin{pmatrix} 0.66 & 0.33 & 0.34 & 0.45 \\ 0.33 & 0.48 & 0.39 & 0.34 \\ 0.34 & 0.39 & 1.09 & 0.26 \\ 0.45 & 0.34 & 0.26 & 1.27 \end{pmatrix}.$$

Die Varianzen unterscheiden sich nicht sehr, sodass wir die Hauptkomponentenanalyse auf Basis der Varianz-Kovarianz-Matrix durchführen.

4. Die Eigenwerte der Varianz-Kovarianz-Matrix sind:

$$\lambda_1 = 1.98, \qquad \lambda_2 = 0.92, \qquad \lambda_3 = 0.39, \qquad \lambda_4 = 0.21.$$

Die Eigenvektoren der Varianz-Kovarianz-Matrix sind:

$$\mathbf{a}_1 = \begin{pmatrix} -0.44 \\ -0.37 \\ -0.51 \\ -0.64 \end{pmatrix}, \mathbf{a}_2 = \begin{pmatrix} 0.01 \\ -0.13 \\ -0.74 \\ 0.66 \end{pmatrix}, \mathbf{a}_3 = \begin{pmatrix} 0.79 \\ 0.27 \\ -0.39 \\ -0.39 \end{pmatrix}, \mathbf{a}_4 = \begin{pmatrix} -0.43 \\ 0.88 \\ -0.21 \\ -0.05 \end{pmatrix}.$$

5. Schauen wir uns die Kriterien an.

- Durch die erste Hauptkomponente werden

$$100 \cdot \frac{1.98}{1.98 + 0.92 + 0.39 + 0.21} = 56.6\%\,,$$

durch die ersten beiden Hauptkomponenten

$$100 \cdot \frac{1.98 + 0.92}{1.98 + 0.92 + 0.39 + 0.21} = 82.9\%$$

und durch durch die ersten drei Hauptkomponenten

$$100 \cdot \frac{1.98 + 0.92 + 0.39}{1.98 + 0.92 + 0.39 + 0.21} = 94\%$$

der Gesamtstreuung erklärt. Nimmt man 80 % als Grenze, so spricht dies für zwei Hauptkomponenten.

- Kaiser-Kriterium. Es gilt $\bar{\lambda} = 0.875$. Dies spricht für zwei Hauptkomponenten.
- Jolliffe-Kriterium. Es gilt $0.7 \cdot \bar{\lambda} = 0.6125$. Dies spricht für zwei Hauptkomponenten.
- Abb. 5.13 zeigt den Screeplot. Wie so oft ist der Screeplot nicht einfach zu interpretieren. Ein Knick ist eigentlich nicht zu entdecken.

6. Um zu überprüfen, ob die Darstellung im IR^2 geeignet ist, erstellen wir das Streudiagramm der Scores bezüglich der ersten beiden Hauptkomponenten. Anschließend bestimmen wir die Matrix der euklidischen Distanzen zwischen den Studenten auf Basis aller vier Merkmale. Für diese Distanzmatrix bestimmen wir den minimal spannenden Baum. Dann verbinden wir im Streudiagramm die Punkte, die im minimal spannenden Baum, der auf Basis aller Merkmale bestimmt wurde, verbunden sind. Sind hier Punkte nicht miteinander verbunden, die nahe beieinander liegen, so deutet dies auf eine schlechte Anpassung hin. Dies ist auch der Fall, wenn Punkte miteinander verbunden sind, die im Streudiagramm weit entfernt sind. Am besten kann man die Differenzen erkennen, wenn man auch den minimal spannenden Baum für die Punkte im Streudiagramm erstellt. Dann kann man im direkten Vergleich erkennen, wo Probleme auftreten.

Abb. 5.14 zeigt den minimal spannenden Baum auf Basis aller Merkmale und Abb. 5.15 den minimal spannenden Baum der Punkte im Streudiagramm.

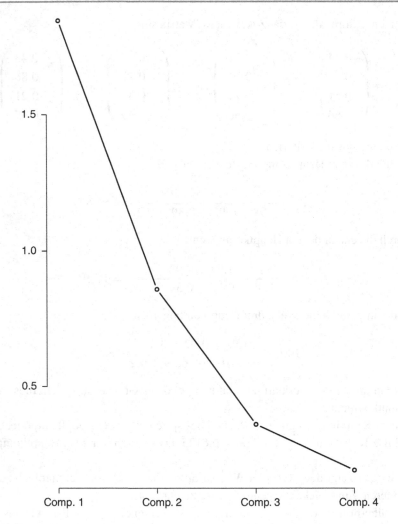

Abb. 5.13 Screeplot

Wir sehen, dass die Punkte 1 und 10 im IR^4 näher beieinander liegen als im Streudiagramm, während die Punkte 4 und 5 weiter auseinander liegen. Wir sehen auch,
dass die Punkte 2 und 4 im IR^4 weiter entfernt sind als in der zweidimensionalen
Darstellung. Dies gilt auch für weitere Punktepaare. Insgesamt ist die Darstellung zu-
friedenstellend. Sie ist aber nicht perfekt.
7. Wir interpretieren die beiden Hauptkomponenten, die die zentralen Charakteristika des
   Datensatzes ansprechen.
   Die erste Hauptkomponente ist ein gewichteter Mittelwert aller Merkmale, wobei das
   Fach Statistik II am stärksten gewichtet wird. Sie unterscheidet gute und schlechte Stu-
   denten. Alle Gewichte sind positiv. Sind alle Elemente der Korrelationsmatrix positiv,

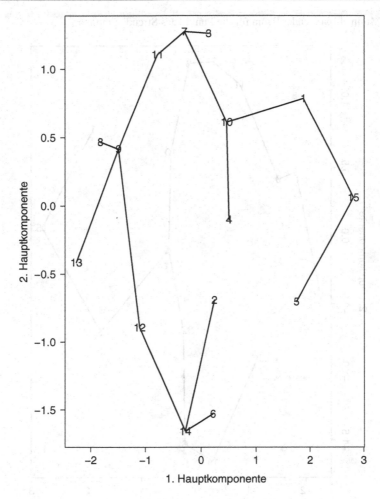

Abb. 5.14 Minimal spannender Baum auf Basis aller Merkmale

so ist dies der Fall. Die Korrelationsmatrix lautet:

$$\mathbf{R} = \begin{pmatrix} 1.0 & 0.6 & 0.4 & 0.5 \\ 0.6 & 1.0 & 0.5 & 0.4 \\ 0.4 & 0.5 & 1.0 & 0.2 \\ 0.5 & 0.4 & 0.2 & 1.0 \end{pmatrix}.$$

Die zweite Hauptkomponente ist ein Kontrast aus den Fächern Unternehmensforschung und Informatik. Bei ihr nehmen Studenten extreme Werte an, die in einem der beiden Fächer gut und im anderen schlecht sind. □

Abb. 5.15 Minimal spannender Baum für die Punkte des Streudiagramms

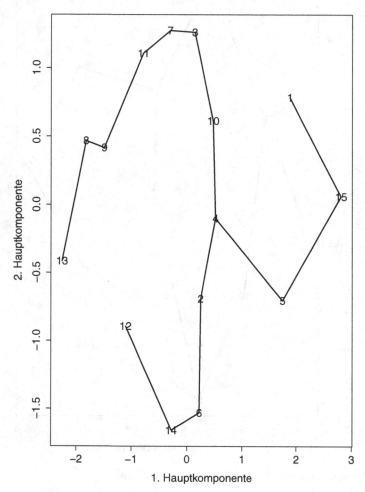

5.6 Hauptkomponentenanalyse in R

Wir wollen nun das Beispiel 24 in R nachvollziehen. Hierzu verwenden wir die Daten aus Beispiel 4. Diese mögen in der Matrix `Noten` stehen. Schauen wir uns diese an:

```
> Noten
    Mathe  BWL    VWL Methoden
1   1.325  1.00  1.825     1.75
2   2.000  1.25  2.675     1.75
3   3.000  3.25  3.000     2.75
4   1.075  2.00  1.675     1.00
5   3.425  2.00  3.250     2.75
6   1.900  2.00  2.400     2.75
```

```
 7 3.325 2.50 3.000    2.00
 8 3.000 2.75 3.075    2.25
 9 2.075 1.25 2.000    2.25
10 2.500 3.25 3.075    2.25
11 1.675 2.50 2.675    1.25
12 2.075 1.75 1.900    1.50
13 1.750 2.00 1.150    1.25
14 2.500 2.25 2.425    2.50
15 1.675 2.75 2.000    1.25
16 3.675 3.00 3.325    2.50
17 1.250 1.50 1.150    1.00
```

Mit der Funktion `princomp` kann man in R eine Hauptkomponentenanalyse durchführen. Der Aufruf von `princomp` lautet:

```
princomp(x, cor = FALSE, scores = TRUE, covmat = NULL,
         subset = rep_len(TRUE, nrow(as.matrix(x))), ...)
```

Betrachten wir die Argumente, die sich auf Charakteristika beziehen, mit denen wir uns beschäftigt haben. Liegen die Daten in Form einer Datenmatrix vor, so weisen wir diese beim Aufruf dem Argument x zu. Soll die Hauptkomponentenanalyse auf Basis der Korrelationsmatrix durchgeführt werden, so setzt man das Argument cor auf den Wert TRUE. Standardmäßig steht dieser auf FALSE, sodass die Varianz-Kovarianz-Matrix verwendet wird. Das Argument covmat bietet die Möglichkeit, die Daten direkt in Form der empirischen Varianz-Kovarianz-Matrix oder der Korrelationsmatrix zu übergeben. Standardmäßig werden die Scores berechnet. Dies sieht man am Argument scores, das auf TRUE gesetzt ist.

Das Ergebnis der Funktion `princomp` ist eine Liste. Schauen wir uns die relevanten Komponenten am Beispiel an. Wir rufen die Funktion `princomp` mit dem Argument note auf und weisen das Ergebnis der Variablen e zu:

```
> e <- princomp(Noten)
```

Der Aufruf

```
> e$sdev
```

liefert die Wurzeln der Eigenwerte:

```
> e$sdev
   Comp.1    Comp.2    Comp.3    Comp.4
1.1870069 0.5512975 0.3118719 0.2883909
```

Um das Kriterium von Kaiser anwenden zu können, benötigen wir die Eigenwerte. Wir bilden also

```
> eig <- e$sdev^2
> eig
    Comp.1     Comp.2     Comp.3     Comp.4
1.40898543 0.30392893 0.09726408 0.08316932
```

Diese Werte stimmen nicht mit den Werten in (5.15) überein. Dies liegt daran, dass R die Eigenwerte und Eigenvektoren der Matrix $(n-1)/n$ S und nicht der Matrix S bestimmt. Dies führt zu keinen Problemen bei der Analyse, da die Eigenvektoren der Matrizen S und $(n-1)/n$ S identisch sind. Außerdem ist $n/(n-1)$ λ Eigenwert von S, wenn λ Eigenwert von $(n-1)/n$ S ist. Da die Entscheidungen über die Anzahl der Hauptkomponenten nur von den Verhältnissen der Eigenwerte abhängen, können wir die Eigenwerte und Eigenvektoren der Matrix S oder der Matrix $(n-1)/n$ S betrachten. Um die gleichen Zahlen und Grafiken wie im Text zu erhalten, bilden wir

```
> e$sdev <- sqrt(17/16)*e$sdev
> eig <- e$sdev^2
```

Die Eigenwerte sind

```
> eig
   Comp.1     Comp.2     Comp.3     Comp.4
1.4970470 0.3229245 0.1033431 0.0883674
```

Der Mittelwert der Eigenwerte ist

```
> mean(eig)
[1] 0.5029205
```

Nach dem Kriterium von Kaiser benötigen wir zur Beschreibung der Daten eine Hauptkomponente. Um das Kriterium von Jolliffe anwenden zu können, multiplizieren wir den Mittelwert der Eigenwerte mit 0.7:

```
> 0.7*mean(eig)
[1] 0.3520443
```

Auch bei diesem Kriterium benötigen wir zur Beschreibung der Daten nur eine Hauptkomponente. Die Abb. 5.6 des Screeplots erhält man mit der Funktion screeplot folgendermaßen:

```
> par(las=1)
> screeplot(e,type ="l",main='')
```

Die Anteile der Gesamtstreuung, die durch die einzelnen Hauptkomponenten erklärt werden, und den kumulierten Anteil der Gesamtstreuung erhält man durch

```
> summary(e)
Importance of components:
                           Comp.1    Comp.2     Comp.3     Comp.4
Standard deviation      1.2235387 0.5682644 0.32147019 0.29726654
Proportion of Variance  0.7441768 0.1605246 0.05137148 0.04392712
Cumulative Proportion   0.7441768 0.9047014 0.95607288 1.00000000
```

Wir sehen, dass durch die ersten beiden Hauptkomponenten rund 90% der Gesamtstreuung erklärt werden. Schauen wir uns die Hauptkomponenten an. Diese erhält man durch

```
> loadings(e)
```

```
Loadings:
          Comp.1 Comp.2 Comp.3 Comp.4
Mathe     -0.617 -0.177  0.602  0.475
BWL       -0.397  0.855 -0.289  0.169
VWL       -0.536               -0.837
Methoden  -0.417 -0.485 -0.738  0.213


                Comp.1 Comp.2 Comp.3 Comp.4
SS loadings       1.00   1.00   1.00   1.00
Proportion Var    0.25   0.25   0.25   0.25
Cumulative Var    0.25   0.50   0.75   1.00
```

Die leeren Positionen der Matrix charakterisieren Werte, die in der Nähe von null liegen. Die Abb. 5.4 der Hauptkomponenten liefert der folgende Befehl:

```
> par(las=1)
> barplot(loadings(e),beside = TRUE,legend = colnames(Noten),
          args.legend=list(bty='n'))
```

Das Argument `beside=TRUE` stellt für jede Hauptkomponente die Merkmale nebeneinander dar. Mit dem Argument `legend=colnames(Noten)` fügen wir der Grafik eine Legende hinzu. Die Spaltennamen unserer Datenmatrix werden als Text in der Legende verwendet. Mit dem zusätzlichen Argument `args.legend=list(bty='n')` ändern wir das Aussehen der Legende. Hier wird durch `bty='n'` verhindert, dass eine Box um die Legende gezeichnet wird. Die Argumente für das Aussehen der Legende müssen als Liste übergeben werden. Die Scores der Studenten liefert

```
> e$scores
```

Das Streudiagramm der Scores der Studenten bezüglich der ersten beiden Hauptkomponenten in Abb. 5.5 erhält man durch

```
> plot(e$scores,xlab='1. Hauptkomponente',
       ylab='2. Hauptkomponente',type='n')
> text(e$scores,rownames(e$scores))
```

Einen Eindruck, inwieweit die zweidimensionale Darstellung die ursprüngliche Lage der Punkte gut wiedergibt, erhalten wir dadurch, dass wir den minimal spannenden Baum der ursprünglichen Daten in die Darstellung der beiden Hauptkomponenten legen. Hierzu rufen wir die Funktion `spantree` aus dem Zusatzpaket `vegan` von Oksanen et al. (2016) auf. Die Funktion `spantree` benötigt als erstes Argument eine Distanzmatrix der Daten:

```
> library(vegan)
> ms <- spantree(dist(Noten))
```

Das Ergebnis ist eine Liste mit zwei Vektoren, von der wir den Vektor kid benötigen:

```
> msb <- ms$kid
> msb
 [1]  9  8 17  7  9  8 14  1  8 15  9 12  6  4  8 13
```

Der Vektor enthält die Nummern der Punkte, bei denen eine Verbindungslinie endet, beginnend mit Punkt Nr. 2. Die i-te Komponente dieses Vektors gibt den Index des Punktes an, mit dem der $i + 1$-ste Punkt verbunden werden soll. Die erste Linie wird also zwischen Punkt 2 und 9 gezeichnet. Die zweite Linie wird zwischen Punkt 3 und 8 gezeichnet usw. Wir sehen, dass msb nur aus 16 Komponenten besteht. Da es sich um einen spannenden Baum handelt, führt zur 17-ten Beobachtung auf jeden Fall von einem der anderen Punkte eine Gerade. Um Abb. 5.10 zu erhalten, erstellen wir zunächst das Streudiagramm der Scores:

```
> x <- e$scores[,1]
> y <- e$scores[,2]
> plot(x,y,xlab='1.Hauptkomponente',
      ylab='2.Hauptkomponente',type='n')
> text(x,y,rownames(Noten))
```

Um die Linien zu zeichnen, benötigen wir nun noch die Funktion segments. Diese wird aufgerufen durch

```
 segments(x1,y1,x2,y2)
```

Dabei sind x1, y1, x2 und y2 Vektoren der Länge n. Durch den Aufruf der Funktion segments werden die Punkte (x1[i],y1[i]) und (x2[i],y2[i]) für jeden Wert von $i = 1, \ldots, n$ durch eine Linie verbunden. Wir müssen also nur noch eingeben:

```
> segments(x[2:length(x)],y[2:length(x)],x[ms],y[ms])
```

In Beispiel 8 sind nur die Korrelationen gegeben. Sie mögen in der Matrix rnutzen stehen:

```
> rnutzen
```

	Fehler	Kunden	Angebot	Qualitaet	Zeit	Kosten
Fehler	1.000	0.223	0.133	0.625	0.506	0.500
Kunden	0.223	1.000	0.544	0.365	0.320	0.361
Angebot	0.133	0.544	1.000	0.248	0.179	0.288
Qualitaet	0.625	0.365	0.248	1.000	0.624	0.630
Zeit	0.506	0.320	0.179	0.624	1.000	0.625
Kosten	0.500	0.361	0.288	0.630	0.625	1.000

Um eine Hauptkomponentenanalyse auf Basis von rnutzen durchführen zu können, rufen wir die Funktion princomp mit der Korrelationsmatrix direkt auf. Nach dem Aufruf

```
> e <- princomp(covmat=rnutzen)
```

stehen in e die Informationen über die Hauptkomponentenanalyse. In diesem Fall können natürlich keine Scores bestimmt werden.

5.7 Ergänzungen und weiterführende Literatur

Wir haben in diesem Kapitel eine Einführung in die Hauptkomponentenanalyse gegeben. Dabei haben wir eine Reihe von Aspekten nicht berücksichtigt. Eine Vielzahl weiterer Aspekte sind bei Jackson (2003), Jolliffe (2002) und Härdle & Simar (2012) gegeben. So sind die Ergebnisse der Hauptkomponentenanalyse sehr ausreißerempfindlich. Eine Möglichkeit einer robusten Schätzung der Hauptkomponenten besteht in einer Spektralanalyse einer robusten Schätzung der Varianz-Kovarianz-Matrix. Dieses und weitere Verfahren sind bei Jackson (2003), Seber (1984) und Jolliffe (2002) beschrieben. Bei der Hauptkomponentenanalyse werden Linearkombinationen mit großer Varianz gesucht. Friedman & Tukey (1974) haben ein Verfahren vorgeschlagen, bei dem andere Kriterien als die Varianz der Linearkombination bei der Suche nach interessanten Projektionen berücksichtigt werden. Sie nennen dieses Verfahren *Projection Pursuit*. Einen Überblick über Projection Pursuit geben Jones & Sibson (1987) und Huber (1985). Weitere Details zu Anwendungen in R geben Everitt & Hothorn (2011).

5.8 Übungen

5.1 Bestimmen Sie für den Fall $p = 2$ die Eigenwerte und Eigenvektoren der Korrelationsmatrix in Abhängigkeit vom Wert des Korrelationskoeffizienten r. Betrachten Sie die Spezialfälle $r = 0$ und $r = 1$.

5.2 Gegeben sei die Datenmatrix

$$\mathbf{X} = \begin{pmatrix} 60 & 64 \\ 58 & 62 \\ 64 & 68 \\ 56 & 52 \end{pmatrix}.$$

Die Matrix der euklidischen Abstände lautet

$$\mathbf{D} = \begin{pmatrix} 0 & 2.83 & 5.66 & 12.65 \\ 2.83 & 0 & 8.49 & 10.2 \\ 5.66 & 8.49 & 0 & 17.89 \\ 12.65 & 10.2 & 17.89 & 0 \end{pmatrix}.$$

Stellen Sie die Punkte grafisch dar und bestimmen Sie den minimal spannenden Baum.

5.3 In Abschn. 5.4.3 haben wir uns mit Beispiel 13 unter dem Aspekt beschäftigt, ob man die Hauptkomponentenanalyse auf Basis der Varianz-Kovarianz-Matrix oder der Korrelationsmatrix durchführen soll. Führen Sie eine vollständige Hauptkomponentenanalyse der Daten mit R durch.

5.4 Führen Sie die Hauptkomponentenanalyse der Ergebnisse der PISA-Studie aus Beispiel 1.1 mit R durch.

5.5 In der ersten PISA-Studie aus dem Jahr 2001 wurden von den einzelnen Ländern nicht nur die Mittelwerte der Punkte in den Bereichen Lesekompetenz, Mathemati-

Tab. 5.7 0.95-Quantil der Punkte in den Bereichen Lesekompetenz, Mathematische Grundbildung und Naturwissenschaftliche Grundbildung im Rahmen der PISA-Studie, vgl. Deutsches PISA-Konsortium (Hrsg.) (2001, S. 107, 173, 229)

Land	Lesekompetenz	Mathematische Grundbildung	Naturwissenschaftliche Grundbildung
Australien	685	679	675
Belgien	659	672	656
Brasilien	539	499	531
Dänemark	645	649	645
Deutschland	650	649	649
Finnland	681	664	674
Frankreich	645	656	663
Griechenland	625	617	616
Großbritannien	682	676	687
Irland	669	630	661
Island	647	649	635
Italien	627	600	633
Japan	650	688	688
Kanada	681	668	670
Korea	629	676	674
Lettland	617	625	620
Liechtenstein	625	665	629
Luxemburg	592	588	593
Mexiko	565	527	554
Neuseeland	692	689	683
Norwegen	660	643	649
Österreich	648	661	659
Polen	630	632	639
Portugal	620	596	604
Russland	608	648	625
Schweden	657	656	660
Schweiz	651	682	656
Spanien	620	621	643
Tschechien	638	655	663
USA	669	652	658
Ungarn	626	648	659

sche Grundbildung und Naturwissenschaftliche Grundbildung, sondern auch
ausgewählte Quantile angegeben. Tab. 5.7 enthält die 0.95-Quantile in den drei Bereichen.

Führen Sie für die Daten in Tab. 5.7 eine Hauptkomponentenanalyse durch. Gehen Sie
hierbei auf folgende Aspekte ein:

1. Soll eine Hauptkomponentenanalyse der empirischen Varianz-Kovarianz-Matrix oder
   der empirischen Korrelationsmatrix durchgeführt werden?
2. Wie viele Hauptkomponenten benötigt man?
3. Weist die Grafik des minimal spannenden Baumes auf schlechte Anpassung hin?

5.6 Führen Sie für die Daten in Übung 2.1 eine Hauptkomponentenanalyse mit R durch.
Gehen Sie hierbei auf folgende Aspekte ein:

1. Soll eine Hauptkomponentenanalyse der empirischen Varianz-Kovarianz-Matrix oder
   der empirischen Korrelationsmatrix durchgeführt werden?
2. Wie viele Hauptkomponenten benötigt man?
3. Weist die Grafik des minimal spannenden Baumes auf schlechte Anpassung hin?

Mehrdimensionale Skalierung 6

Inhaltsverzeichnis

6.1 Problemstellung 159
6.2 Metrische mehrdimensionale Skalierung 161
6.3 Nichtmetrische mehrdimensionale Skalierung 185
6.4 Ergänzungen und weiterführende Literatur 196
6.5 Übungen 197

6.1 Problemstellung

Bisher haben wir Datensätze analysiert, bei denen die Daten in Form von Datenmatrizen anfielen. Bei jedem von n Objekten wurden p Merkmale gleichzeitig erhoben. Sind alle Merkmale quantitativ, so ist mithilfe der Hauptkomponentenanalyse eine approximative Darstellung der Objekte im IR^2 möglich. In der Praxis sind häufig nicht alle Merkmale in einer Datenmatrix quantitativ. In Beispiel 3 sind nur die Merkmale Alter, Größe und Gewicht quantitativ. Mithilfe der mehrdimensionalen Skalierung ist es aber auch hier möglich, eine zweidimensionale Darstellung der Studenten unter Berücksichtigung aller Merkmale zu erhalten.

Wir werden in Abschn. 6.2 sehen, wie man eine Konfiguration, das heißt eine Anordnung der Objekte, aus der Distanzmatrix gewinnt. Sehr oft ist die Distanzmatrix der Ausgangspunkt der Analyse. In Tab. 1.5 sind die Entfernungen zwischen deutschen Städten zu finden. Abb. 6.1 beinhaltet eine Darstellung der Städte in der Ebene, die mithilfe eines Verfahrens der mehrdimensionalen Skalierung gewonnen wurde.

Wie wir sehen, entspricht dies nicht der gewohnten Ausrichtung der Konfiguration. Nach einer Drehung der Konfiguration um 90 Grad gegen der Uhrzeigersinn erhalten wir das gewohnte Bild, das in Abb. 6.2 zu sehen ist. Wir können eine vereinfachte Karte Deutschlands erkennen.

© Springer-Verlag GmbH Deutschland 2017   159
A. Handl, T. Kuhlenkasper, *Multivariate Analysemethoden*, Statistik und ihre Anwendungen,
DOI 10.1007/978-3-662-54754-0_6

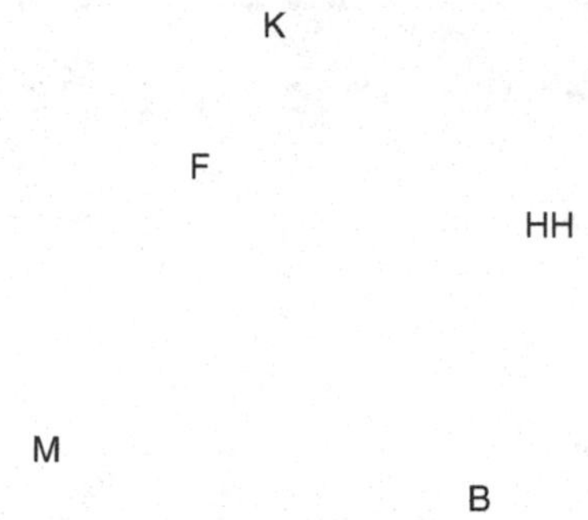

Abb. 6.1 Konfiguration von
fünf deutschen Städten, die
mithilfe der mehrdimensionalen Skalierung gewonnen
wurde

$$
\begin{array}{c}
\text{K} \\[4pt]
\text{F} \\[4pt]
\hspace{4cm}\text{HH} \\[24pt]
\text{M} \\[4pt]
\hspace{1cm}\text{B}
\end{array}
$$

Eine mithilfe einer mehrdimensionalen Skalierung gewonnene Konfiguration ist also bezüglich ihrer Lage und Ausrichtung nicht eindeutig. Verschiebungen der Konfiguration und Drehungen um den Nullpunkt ändern die Distanzen zwischen den Punkten aber nicht. Bezüglich der Lage wird die Konfiguration in der Regel dadurch eindeutig, dass man ihr Zentrum in den Ursprung legt. Anschließende Drehungen erleichtern unter Umständen die Interpretation.

Wir werden uns im Folgenden mit zwei Verfahren der mehrdimensionalen Skalierung beschäftigen. Die *metrische mehrdimensionale Skalierung* geht von einer Distanzmatrix aus. Man sucht eine Konfiguration von Punkten, sodass die Abstände zwischen den Punkten der Konfiguration möglichst gut die Distanzen in der Distanzmatrix wiedergeben. Bei der *nichtmetrischen mehrdimensionalen Skalierung* ist man nicht an den Distanzen selbst, sondern an der Reihenfolge der Distanzen interessiert. Man sucht also eine Konfiguration von Punkten, sodass die Reihenfolge der Distanzen zwischen den Punkten der Konfiguration der Reihenfolge der Distanzen in der Distanzmatrix entspricht.

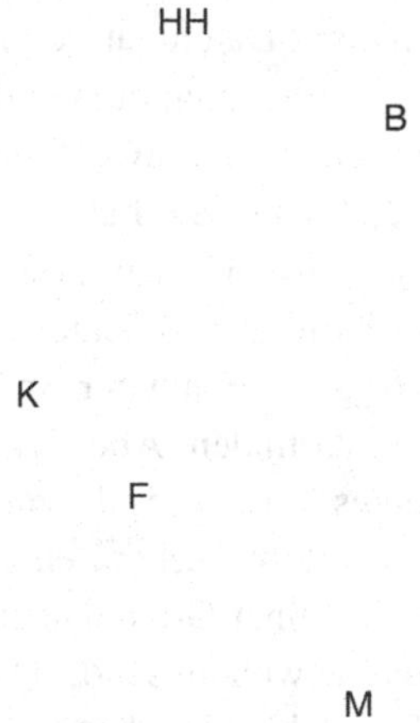

Abb. 6.2 Konfiguration von
fünf deutschen Städten, die
mithilfe der mehrdimensionalen Skalierung gewonnen
wurde, nach Drehung

$$
\begin{array}{c}
\hspace{2cm}\text{HH} \\[6pt]
\hspace{4cm}\text{B} \\[40pt]
\text{K} \\[10pt]
\hspace{1cm}\text{F} \\[40pt]
\hspace{2cm}\text{M}
\end{array}
$$

6.2 Metrische mehrdimensionale Skalierung

6.2.1 Theorie

Sind die Punkte $x_1, \ldots, x_n$ gegeben, so können wir mit (4.2) die euklidischen Distanzen zwischen den Punkten bestimmen.

Beispiel 28 Gegeben seien die folgenden Punkte

$$x_1 = \begin{pmatrix} 1 \\ 1 \end{pmatrix}, \quad x_2 = \begin{pmatrix} 5 \\ 1 \end{pmatrix}, \quad x_3 = \begin{pmatrix} 1 \\ 4 \end{pmatrix}.$$

(siehe Abb. 6.3).

Die euklidischen Distanzen zwischen diesen Punkten sind

$$d_{12} = \sqrt{(1-5)^2 + (1-1)^2} = 4\,,$$

$$d_{13} = \sqrt{(1-1)^2 + (1-4)^2} = 3\,,$$

$$d_{23} = \sqrt{(5-1)^2 + (1-4)^2} = 5\,. \qquad \square$$

Nun kehren wir die Fragestellung um. Wir gehen von einer Distanzmatrix **D** aus und suchen eine Konfiguration von Punkten im $I\!R^2$, die genau diese Distanzmatrix besitzt.

Beispiel 28 (Fortsetzung) Für die Distanzmatrix

$$\mathbf{D} = \begin{pmatrix} 0 & 4 & 3 \\ 4 & 0 & 5 \\ 3 & 5 & 0 \end{pmatrix} \qquad (6.1)$$

kennen wir eine Lösung. $\qquad \square$

Die im Beispiel gewonnene Lösung ist aber nicht eindeutig. Die Konfiguration kann verschoben oder um den Nullpunkt gedreht werden, ohne dass sich die Distanzen zwischen den Punkten ändern. Schauen wir uns dies für das Beispiel an.

Beispiel 28 (Fortsetzung) Gegeben seien folgende Punkte:

$$y_1 = \begin{pmatrix} 2 \\ 2 \end{pmatrix}, \quad y_2 = \begin{pmatrix} 6 \\ 2 \end{pmatrix}, \quad y_3 = \begin{pmatrix} 2 \\ 5 \end{pmatrix}.$$

Es gilt

$$d_{12} = 4\,, \qquad d_{13} = 3\,, \qquad d_{23} = 5\,.$$

Abb. 6.3 Graphische
Darstellung von drei Punkten

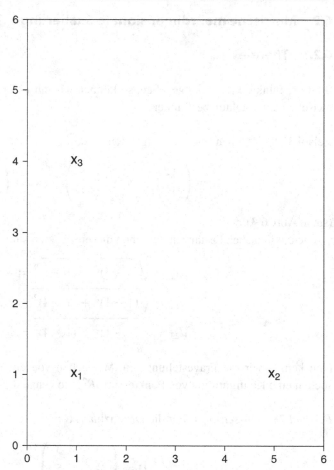

Diese Distanzen sind identisch mit den Distanzen in der Matrix **D** in (6.1). Abb. 6.4 zeigt, dass die Konfiguration der Punkte y_1, y_2 und y_3 durch Verschieben aus der Konfiguration der Punkte x_1, x_2 und x_3 gewonnen wurde.   □

Beispiel 28 (Fortsetzung) Gegeben sei folgende Konfiguration:

$$\mathbf{z}_1 = \begin{pmatrix} -1 \\ 1 \end{pmatrix}, \quad \mathbf{z}_2 = \begin{pmatrix} -1 \\ 5 \end{pmatrix}, \quad \mathbf{z}_3 = \begin{pmatrix} -4 \\ 1 \end{pmatrix}.$$

Es gilt

$$d_{12} = 4 , \qquad d_{13} = 3 , \qquad d_{23} = 5 .$$

Die Distanzen zwischen diesen Punkten sind also auch in der Matrix **D** in (6.1) gegeben. Abb. 6.5 zeigt, dass die Konfiguration der Punkte z_1, z_2 und z_3 durch Drehung gegen den Uhrzeigersinn um den Nullpunkt um 90 Grad aus der Konfiguration der Punkte x_1, x_2 und x_3 gewonnen wurde.   □

Abb. 6.4 Graphische
Darstellung von drei Punkten

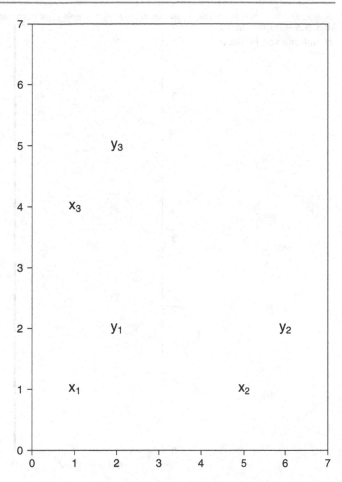

Wir wollen uns nun anschauen, wie man aus einer $(3, 3)$-Distanzmatrix eine Konfiguration im IR^2 grafisch konstruieren kann. Wir wählen hierzu die Distanz d_{12} aus der Distanzmatrix aus und zeichnen zwei Punkte $\mathbf{x}_1$ und $\mathbf{x}_2$, deren Abstand gleich d_{12} ist. Den Punkt $\mathbf{x}_3$ erhalten wir dadurch, dass wir einen Kreis mit Mittelpunkt $\mathbf{x}_1$ und Radius d_{13} und einen Kreis mit Mittelpunkt $\mathbf{x}_2$ und Radius d_{23} zeichnen. Schneiden sich die beiden Kreise in zwei Punkten, so gibt es zwei Lösungen.

Beispiel 28 (Fortsetzung) Wir gehen also aus von

$$\mathbf{D} = \begin{pmatrix} 0 & 4 & 3 \\ 4 & 0 & 5 \\ 3 & 5 & 0 \end{pmatrix}.$$

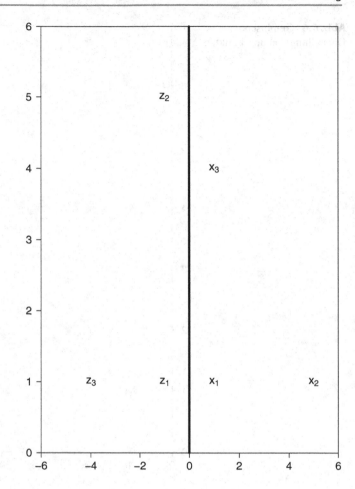

Abb. 6.5 Graphische
Darstellung von Punkten

Die Distanz der Punkte

$$\mathbf{x}_1 = \begin{pmatrix} 4 \\ 0 \end{pmatrix} \tag{6.2}$$

und

$$\mathbf{x}_2 = \begin{pmatrix} 0 \\ 0 \end{pmatrix} \tag{6.3}$$

beträgt 4. Abb. 6.6 zeigt die Konstruktion des dritten Punktes.   □

Es kann aber auch passieren, dass sich die beiden Kreise in genau einem Punkt schneiden.
In diesem Fall können wir die Punkte im $I\!R^1$ darstellen, und die Lösung ist eindeutig.

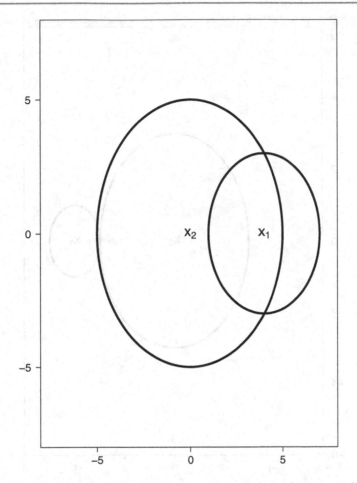

Abb. 6.6 Konstruktion einer Grafik aus der Distanzmatrix, wobei zwei Lösungen existieren

Beispiel 29 Wir betrachten die Distanzmatrix

$$\mathbf{D} = \begin{pmatrix} 0 & 4 & 1 \\ 4 & 0 & 3 \\ 1 & 3 & 0 \end{pmatrix}. \tag{6.4}$$

Wir wählen wieder die Punkte x_1 und x_2 in (6.2) und (6.3) und erhalten Abb. 6.7.   □

Möglich ist aber auch, dass die beiden Kreise sich gar nicht schneiden. In diesem Fall gibt es keine Konfiguration von Punkten im $I\!R^2$, deren Distanzen mit denen in der Distanzmatrix übereinstimmen.

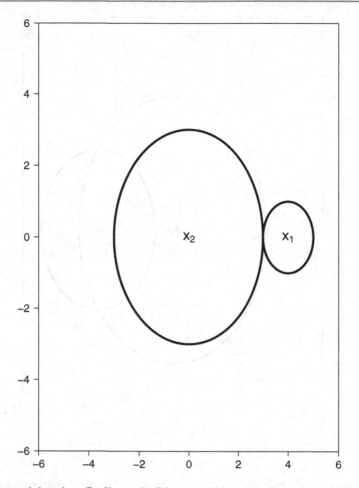

Abb. 6.7 Konstruktion einer Grafik aus der Distanzmatrix, wobei genau eine Lösung existiert

Beispiel 30 Sei

$$\mathbf{D} = \begin{pmatrix} 0 & 4 & 1 \\ 4 & 0 & 2 \\ 1 & 2 & 0 \end{pmatrix} . \tag{6.5}$$

Es gilt

$$d_{12} > d_{13} + d_{23} .$$

Somit ist die Dreiecksungleichung verletzt, und es gibt keine Konfiguration im $I\!R^2$, die die Distanzen reproduziert. Wir wählen wieder die Punkte $\mathbf{x}_1$ und $\mathbf{x}_2$ in (6.2) und (6.3) und erhalten Abb. 6.8.   □

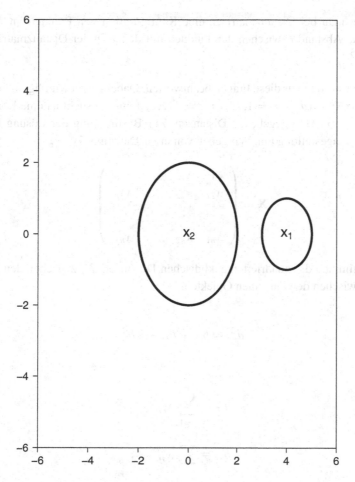

Abb. 6.8 Konstruktion einer Grafik aus der Distanzmatrix, wobei keine Lösung existiert

Bei einer $(3, 3)$-Distanzmatrix gibt es also drei Möglichkeiten:

1. Es können drei Punkte im $I\!R^2$ gefunden werden, sodass die euklidischen Distanzen zwischen diesen Punkten mit denen in der Distanzmatrix übereinstimmen.
2. Es können drei Punkte im $I\!R^1$ gefunden werden, sodass die Abstände dieser Punkte mit denen in der Distanzmatrix übereinstimmen.
3. Es kann keine Konfiguration im $I\!R^2$ oder $I\!R^1$ gefunden werden.

Es stellen sich zwei Fragen:

1. Wie kann man herausfinden, ob und, wenn ja, in welchem Raum eine Darstellung der Distanzen durch eine Punktekonfiguration möglich ist?

2. Wie kann man bei Distanzmatrizen eine Konfiguration von Punkten im $I\!R^k$ finden, sodass die Abstände zwischen den Punkten mit denen in der Distanzmatrix übereinstimmen?

Im Folgenden werden wir diese Fragen beantworten. Dabei gehen wir allgemein von einer Distanzmatrix $\mathbf{D} = (d_{rs})$, $r = 1, \ldots, n$, $s = 1, \ldots, n$ aus. Gesucht ist eine Konfiguration im $I\!R^k$ mit den in $\mathbf{D}$ angegebenen Distanzen. Zur Bestimmung der Lösung kehren wir zunächst die Fragestellung um. Wir gehen von einer Datenmatrix

$$\mathbf{X} = \begin{pmatrix} x_{11} & x_{12} & \cdots & x_{1p} \\ x_{21} & x_{22} & \cdots & x_{2p} \\ \vdots & \vdots & \cdots & \vdots \\ x_{n1} & x_{n2} & \cdots & x_{np} \end{pmatrix}$$

aus und bestimmen die quadrierten euklidischen Distanzen d_{rs}^2 zwischen den Zeilenvektoren, d.h. zwischen den einzelnen Objekten.

Es gilt

$$d_{rs}^2 = b_{rr} + b_{ss} - 2\,b_{rs} \tag{6.6}$$

mit

$$b_{rr} = \sum_{j=1}^{p} x_{rj}^2 \, , \tag{6.7}$$

$$b_{ss} = \sum_{j=1}^{p} x_{sj}^2 \, , \tag{6.8}$$

$$b_{rs} = \sum_{j=1}^{p} x_{rj} x_{sj} \, . \tag{6.9}$$

Dies sieht man folgendermaßen:

$$d_{rs}^2 = \sum_{j=1}^{p} \left(x_{rj} - x_{sj} \right)^2 = \sum_{j=1}^{p} x_{rj}^2 + \sum_{j=1}^{p} x_{sj}^2 - 2 \sum_{j=1}^{p} x_{rj} x_{sj}$$

$$= b_{rr} + b_{ss} - 2 b_{rs} \, .$$

Mit

$$\mathbf{x}_r = \begin{pmatrix} x_{r1} \\ \vdots \\ x_{rp} \end{pmatrix}$$

und

$$\mathbf{x}_s = \begin{pmatrix} x_{s1} \\ \vdots \\ x_{sp} \end{pmatrix}$$

können wir dies auch folgendermaßen mit Vektoren darstellen:

$$b_{rr} = \mathbf{x}'_r \mathbf{x}_r ,$$
$$b_{ss} = \mathbf{x}'_s \mathbf{x}_s ,$$
$$b_{rs} = \mathbf{x}'_r \mathbf{x}_s .$$

In matrizieller Form können wir die Matrix $\mathbf{B} = (b_{rs})$ folgendermaßen schreiben:

$$\mathbf{B} = \mathbf{X}\mathbf{X}' = \begin{pmatrix} \mathbf{x}'_1 \\ \vdots \\ \mathbf{x}'_n \end{pmatrix} \begin{pmatrix} \mathbf{x}_1 & \mathbf{x}_2 & \dots & \mathbf{x}_n \end{pmatrix} = \begin{pmatrix} \mathbf{x}'_1\mathbf{x}_1 & \dots & \mathbf{x}'_1\mathbf{x}_n \\ \vdots & \ddots & \vdots \\ \mathbf{x}'_n\mathbf{x}_1 & \dots & \mathbf{x}'_n\mathbf{x}_n \end{pmatrix} .$$

Beispiel 31 Wir schauen uns dies für die Punkte

$$\mathbf{x}_1 = \begin{pmatrix} 1 \\ 1 \end{pmatrix} , \quad \mathbf{x}_2 = \begin{pmatrix} 5 \\ 1 \end{pmatrix} , \quad \mathbf{x}_3 = \begin{pmatrix} 1 \\ 4 \end{pmatrix}$$

aus dem Beispiel an. Die Datenmatrix lautet

$$\mathbf{X} = \begin{pmatrix} 1 & 1 \\ 5 & 1 \\ 1 & 4 \end{pmatrix} .$$

Wir bestimmen die Matrix $\mathbf{B}$. Es gilt

$$\mathbf{B} = \mathbf{X}\mathbf{X}' = \begin{pmatrix} 2 & 6 & 5 \\ 6 & 26 & 9 \\ 5 & 9 & 17 \end{pmatrix} . \tag{6.10}$$

Mit (6.6) folgt

$$\mathbf{D} = \begin{pmatrix} 0 & 4 & 3 \\ 4 & 0 & 5 \\ 3 & 5 & 0 \end{pmatrix} .$$

Schauen wir uns dies exemplarisch für d_{12} an. Es gilt

$$d_{12}^2 = b_{11} + b_{22} - 2\,b_{12} = 2 + 26 - 2 \cdot 6 = 16 \ .$$

Also gilt

$$d_{12} = 4 \ . \hspace{4cm} \Box$$

Ist $\mathbf{B}$ bekannt, so lässt sich $\mathbf{D}$ also bestimmen. Könnte man aber von $\mathbf{D}$ auf $\mathbf{B}$ schließen, so könnte man die Konfiguration $\mathbf{X}$ folgendermaßen ermitteln:
  Man führt eine Spektralzerlegung von $\mathbf{B}$ durch und erhält

$$\mathbf{B} = \mathbf{U}\boldsymbol{\Lambda}\mathbf{U}' \ , \hspace{3cm} (6.11)$$

wobei die Matrix $\mathbf{U}$ eine orthogonale Matrix ist, deren Spaltenvektoren die Eigenvektoren $\mathbf{u}_1, \ldots, \mathbf{u}_n$ von $\mathbf{B}$ sind. Außerdem ist $\boldsymbol{\Lambda}$ eine Diagonalmatrix, deren Hauptdiagonalelemente $\lambda_1, \ldots, \lambda_n$ die Eigenwerte von $\mathbf{B}$ sind, siehe dazu Abschn. A.1.9. Sind die Eigenwerte von $\mathbf{B}$ alle nichtnegativ, so können wir die Diagonalmatrix $\boldsymbol{\Lambda}^{0.5}$ mit

$$\boldsymbol{\Lambda}^{0.5} = \begin{pmatrix} \sqrt{\lambda_1} & 0 & \cdots & 0 \\ 0 & \sqrt{\lambda_2} & \cdots & 0 \\ \vdots & \vdots & \ddots & \vdots \\ 0 & 0 & \cdots & \sqrt{\lambda_n} \end{pmatrix}$$

bilden. Es gilt

$$\boldsymbol{\Lambda}^{0.5}\boldsymbol{\Lambda}^{0.5} = \boldsymbol{\Lambda} \ . \hspace{3cm} (6.12)$$

Mit (6.12) können wir (6.11) folgendermaßen umformen:

$$\mathbf{B} = \mathbf{U}\boldsymbol{\Lambda}\mathbf{U}' = \mathbf{U}\boldsymbol{\Lambda}^{0.5}\boldsymbol{\Lambda}^{0.5}\mathbf{U}' = \mathbf{U}\boldsymbol{\Lambda}^{0.5}(\mathbf{U}\boldsymbol{\Lambda}^{0.5})' \ .$$

Mit

$$\mathbf{X} = \mathbf{U}\boldsymbol{\Lambda}^{0.5} \hspace{3cm} (6.13)$$

gilt also

$$\mathbf{B} = \mathbf{X}\mathbf{X}' \ . \hspace{3cm} (6.14)$$

Wir können also aus $\mathbf{B}$ die Matrix $\mathbf{X}$ der Konfiguration bestimmen. Notwendig hierfür ist jedoch, dass alle Eigenwerte von $\mathbf{B}$ nichtnegativ sind. Sind in diesem Fall einige Eigenwerte gleich 0, so ist eine Darstellung in einem Raum niedriger Dimension möglich. Sind Eigenwerte negativ, so ist die Zerlegung (6.14) mit (6.13) nicht möglich. Hier kann man aber die Eigenvektoren zu positiven Eigenwerten auswählen, um eine Konfiguration von Punkten zu finden. Diese wird die Abstände nur approximativ wiedergeben.

Beispiel 31 (Fortsetzung) Die Eigenwerte der Matrix **B** sind $\lambda_1 = 33.47$, $\lambda_2 = 11.53$ und $\lambda_3 = 0$. Die Eigenvektoren lauten

$$\mathbf{u}_1 = \begin{pmatrix} 0.239 \\ 0.820 \\ 0.521 \end{pmatrix}, \quad \mathbf{u}_2 = \begin{pmatrix} 0.087 \\ -0.552 \\ 0.829 \end{pmatrix}, \quad \mathbf{u}_3 = \begin{pmatrix} 0.967 \\ -0.153 \\ -0.204 \end{pmatrix}.$$

Es gilt also

$$\mathbf{U} = \begin{pmatrix} 0.239 & 0.087 & 0.967 \\ 0.820 & -0.552 & -0.153 \\ 0.521 & 0.829 & -0.204 \end{pmatrix}$$

und

$$\boldsymbol{\Lambda} = \begin{pmatrix} 33.47 & 0 & 0 \\ 0 & 11.53 & 0 \\ 0 & 0 & 0 \end{pmatrix}.$$

Somit gilt

$$\mathbf{X} = \mathbf{U}\boldsymbol{\Lambda}^{0.5} = \begin{pmatrix} 1.383 & 0.297 & 0 \\ 4.742 & -1.875 & 0 \\ 3.012 & 2.816 & 0 \end{pmatrix}.$$

Abb. 6.9 zeigt die Konfiguration der Punkte im $I\!R^2$.   □

Nun müssen wir nur noch einen Weg finden, um **B** aus **D** zu gewinnen. Wir haben in (6.6) gesehen, dass gilt

$$d_{rs}^2 = b_{rr} + b_{ss} - 2b_{rs} .$$

Wir lösen diese Gleichung nach b_{rs} auf und erhalten

$$b_{rs} = -0.5 \left(d_{rs}^2 - b_{rr} - b_{ss} \right) . \tag{6.15}$$

Nun müssen wir noch b_{ss} und b_{rr} in Abhängigkeit von d_{rs}^2 darstellen. Da die Konfiguration bezüglich der Lage nicht eindeutig ist, legen wir ihren Schwerpunkt in den Ursprung. Wir nehmen also an

$$\sum_{r=1}^{n} x_{rj} = 0 \quad \text{für} \quad j = 1, \ldots, p .$$

Abb. 6.9 Graphische
Darstellung von drei Punkten

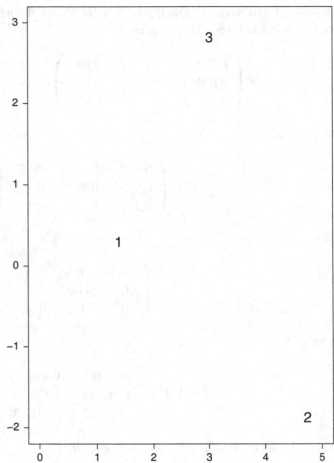

Hieraus folgt

$$\sum_{r=1}^{n} b_{rs} = 0 \quad \text{für} \quad s = 1, \ldots, n \,. \tag{6.16}$$

Mit (6.9) sieht man dies folgendermaßen:

$$\sum_{r=1}^{n} b_{rs} = \sum_{r=1}^{n} \sum_{j=1}^{p} x_{rj}\, x_{sj} = \sum_{j=1}^{p} \sum_{r=1}^{n} x_{sj}\, x_{rj} = \sum_{j=1}^{p} x_{sj} \sum_{r=1}^{n} x_{rj} = 0 \,.$$

Analog erhalten wir

$$\sum_{s=1}^{n} b_{rs} = 0 \quad \text{für} \quad r = 1, \ldots, n \,. \tag{6.17}$$

Summieren wir (6.6) über r, so folgt mit (6.16)

$$\sum_{r=1}^{n} d_{rs}^2 = \sum_{r=1}^{n} b_{rr} + \sum_{r=1}^{n} b_{ss} - 2 \sum_{r=1}^{n} b_{rs} = \sum_{r=1}^{n} b_{rr} + n\, b_{ss} \,.$$

Mit

$$T = \sum_{r=1}^{n} b_{rr} \tag{6.18}$$

gilt also

$$\sum_{r=1}^{n} d_{rs}^2 = T + n\, b_{ss} \,. \tag{6.19}$$

Somit gilt

$$b_{ss} = \frac{1}{n} \sum_{r=1}^{n} d_{rs}^2 - \frac{T}{n} \,. \tag{6.20}$$

Analog erhalten wir

$$b_{rr} = \frac{1}{n} \sum_{s=1}^{n} d_{rs}^2 - \frac{T}{n} \,. \tag{6.21}$$

Setzen wir in (6.15) für b_{ss} die rechte Seite von (6.20) und für b_{rr} die rechte Seite von (6.21) ein, so erhalten wir

$$b_{rs} = -0.5 \left(d_{rs}^2 - \frac{1}{n} \sum_{r=1}^{n} d_{rs}^2 + \frac{T}{n} - \frac{1}{n} \sum_{s=1}^{n} d_{rs}^2 + \frac{T}{n} \right)$$

$$= -0.5 \left(d_{rs}^2 - \frac{1}{n} \sum_{r=1}^{n} d_{rs}^2 - \frac{1}{n} \sum_{s=1}^{n} d_{rs}^2 + \frac{2T}{n} \right) \,. \tag{6.22}$$

Nun müssen wir nur noch T in Abhängigkeit von d_{rs} darstellen. Summiert man (6.19) über s und berücksichtigt (6.18), so gilt:

$$\sum_{r=1}^{n} \sum_{s=1}^{n} d_{rs}^2 = \sum_{s=1}^{n} T + \sum_{s=1}^{n} n\, b_{ss} = n\, T + n\, T = 2\, n\, T \,. \tag{6.23}$$

Aus (6.23) folgt

$$T = \frac{1}{2n} \sum_{r=1}^{n} \sum_{s=1}^{n} d_{rs}^2 \,. \tag{6.24}$$

Setzen wir für T in (6.22) die rechte Seite von (6.24) ein, so erhalten wir

$$b_{rs} = -0.5 \left(d_{rs}^2 - \frac{1}{n} \sum_{r=1}^{n} d_{rs}^2 - \frac{1}{n} \sum_{s=1}^{n} d_{rs}^2 + \frac{1}{n^2} \sum_{r=1}^{n} \sum_{s=1}^{n} d_{rs}^2 \right)$$

$$= -0.5\, d_{rs}^2 + \frac{1}{n} \sum_{r=1}^{n} 0.5\, d_{rs}^2 + \frac{1}{n} \sum_{s=1}^{n} 0.5\, d_{rs}^2 - \frac{1}{n^2} \sum_{r=1}^{n} \sum_{s=1}^{n} 0.5\, d_{rs}^2 \ .$$

Wir haben also eine Möglichkeit gefunden, die Matrix $\mathbf{B}$ aus der Matrix $\mathbf{D}$ zu gewinnen. Wir können diese Beziehung noch übersichtlicher gestalten. Mit

$$a_{rs} = -0.5\, d_{rs}^2$$

erhalten wir

$$b_{rs} = a_{rs} - \frac{1}{n} \sum_{r=1}^{n} a_{rs} - \frac{1}{n} \sum_{s=1}^{n} a_{rs} + \frac{1}{n^2} \sum_{r=1}^{n} \sum_{s=1}^{n} a_{rs} \ .$$

Mit

$$\bar{a}_{r.} = \frac{1}{n} \sum_{s=1}^{n} a_{rs} \ ,$$

$$\bar{a}_{.s} = \frac{1}{n} \sum_{r=1}^{n} a_{rs} \ ,$$

$$\bar{a}_{..} = \frac{1}{n^2} \sum_{r=1}^{n} \sum_{s=1}^{n} a_{rs}$$

gilt also

$$b_{rs} = a_{rs} - \bar{a}_{r.} - \bar{a}_{.s} + \bar{a}_{..} \ . \tag{6.25}$$

Im Folgenden ist $\mathbf{A} = (a_{rs})$ mit

$$a_{rs} = -0.5\, d_{rs}^2 \ .$$

Die Transformation

$$b_{rs} = a_{rs} - \bar{a}_{r.} - \bar{a}_{.s} + \bar{a}_{..}$$

beinhaltet eine doppelte Zentrierung der Matrix $\mathbf{A}$ in dem Sinne, dass zuerst die Spalten der Matrix $\mathbf{A}$ und anschließend in dieser Matrix die Zeilen zentriert werden. Denn zentrieren wir zuerst die Spalten von $\mathbf{A}$, so erhalten wir die Matrix $\tilde{\mathbf{A}} = (\tilde{a}_{rs})$ mit

$$\tilde{a}_{rs} = a_{rs} - \bar{a}_{.s} \ .$$

Es gilt

$$\bar{\tilde{a}}_{r.} = \bar{a}_{r.} - \bar{a}_{..} \,.$$

Dies sieht man folgendermaßen:

$$\bar{\tilde{a}}_{r.} = \frac{1}{n} \sum_{s=1}^{n} \tilde{a}_{rs} = \frac{1}{n} \sum_{s=1}^{n} (a_{rs} - \bar{a}_{.s})$$

$$= \frac{1}{n} \sum_{s=1}^{n} a_{rs} - \frac{1}{n} \sum_{s=1}^{n} \frac{1}{n} \sum_{r=1}^{n} a_{rs} = \bar{a}_{r.} - \bar{a}_{..} \,.$$

Zentrieren wir nun die Zeilen der Matrix $\tilde{\mathbf{A}}$, so erhalten wir

$$\tilde{a}_{rs} - \bar{\tilde{a}}_{r.} = a_{rs} - \bar{a}_{.s} - (\bar{a}_{r.} - \bar{a}_{..}) = a_{rs} - \bar{a}_{r.} - \bar{a}_{.s} + \bar{a}_{..} \,.$$

Somit ist gezeigt, dass die Matrix $\mathbf{B}$ aus der Matrix $\mathbf{A}$ durch doppelte Zentrierung hervorgeht.

Wir haben in (2.13) die Zentrierungsmatrix $\mathbf{M}$ betrachtet:

$$\mathbf{M} = \mathbf{I}_n - \frac{1}{n} \mathbf{1}\mathbf{1}' \,.$$

Es gilt also

$$\mathbf{B} = \mathbf{MAM} \,. \tag{6.26}$$

Mithilfe von (6.26) können wir zeigen, dass die Dimension des Raumes, in dem eine exakte Darstellung einer (n, n)-Distanzmatrix möglich ist, höchstens $n-1$ ist. Mindestens einer der Eigenwerte von $\mathbf{B}$ ist 0. Wegen

$$\mathbf{M1} = \left(\mathbf{I}_n - \frac{1}{n}\mathbf{1}\mathbf{1}' \right) \mathbf{1} = \mathbf{I}_n \mathbf{1} - \frac{1}{n}\mathbf{1}\mathbf{1}'\mathbf{1} = \mathbf{1} - \frac{1}{n}\mathbf{1}n = \mathbf{0}$$

gilt

$$\mathbf{B1} = \mathbf{MAM1} = \mathbf{0} = 0\,\mathbf{1} \,. \tag{6.27}$$

(6.27) zeigt, dass $\mathbf{1}$ ein Eigenvektor von $\mathbf{B}$ zum Eigenwert 0 ist.

Fassen wir das Vorgehen zusammen: Will man aus einer Distanzmatrix $\mathbf{D}$ eine Konfiguration von Punkten im $I\!R^2$ bestimmen, deren Abstände die Distanzmatrix gut approximieren, so sollte man folgendermaßen vorgehen:

1. Bilde die Matrix $\mathbf{A} = (a_{rs})$ mit

$$a_{rs} = -0.5\, d_{rs}^2 \ .$$

2. Bilde die Matrix $\mathbf{B} = (b_{rs})$ mit

$$b_{rs} = a_{rs} - \bar{a}_{r.} - \bar{a}_{.s} + \bar{a}_{..} \ .$$

3. Führe eine Spektralzerlegung von $\mathbf{B}$ durch:

$$\mathbf{B} = \mathbf{U}\boldsymbol{\varLambda}\mathbf{U}' \ .$$

4. Bilde die Diagonalmatrix $\boldsymbol{\varLambda}_1$ mit den beiden größten Eigenwerten λ_1 und λ_2 von $\mathbf{B}$ und die Matrix $\mathbf{U}_1$ mit den zu λ_1 und λ_2 gehörenden normierten Eigenvektoren. Die Konfiguration bilden dann die Zeilenvektoren von

$$\mathbf{X}_1 = \mathbf{U}_1\, \boldsymbol{\varLambda}_1^{0.5} \ .$$

Sind die beiden größten Eigenwerte positiv und alle anderen Eigenwerte gleich 0, so ist die Darstellung im $I\!R^2$ exakt.

Schauen wir uns die drei Beispiele vom Anfang dieses Abschnitts an.

Beispiel 28 (Fortsetzung) Es gilt

$$\mathbf{D} = \begin{pmatrix} 0 & 4 & 3 \\ 4 & 0 & 5 \\ 3 & 5 & 0 \end{pmatrix} \ .$$

Hieraus folgt

$$\mathbf{A} = \begin{pmatrix} 0 & -8 & -4.5 \\ -8 & 0 & -12.5 \\ -4.5 & -12.5 & 0 \end{pmatrix}$$

und

$$\mathbf{B} = \begin{pmatrix} 2.78 & -2.56 & -0.22 \\ -2.56 & 8.11 & -5.56 \\ -0.22 & -5.56 & 5.78 \end{pmatrix} \ .$$

Die Eigenwerte der Matrix $\mathbf{B}$ lauten $\lambda_1 = 12.9$, $\lambda_2 = 3.7$ und $\lambda_3 = 0$. Da genau zwei Eigenwerte von $\mathbf{B}$ positiv sind, existiert eine exakte Darstellung im $I\!R^2$. $\qquad\square$

Beispiel 29 (Fortsetzung) Es gilt

$$D = \begin{pmatrix} 0 & 4 & 1 \\ 4 & 0 & 3 \\ 1 & 3 & 0 \end{pmatrix}.$$

Hieraus folgt

$$A = \begin{pmatrix} 0 & -8 & -0.5 \\ -8 & 0 & -4.5 \\ -0.5 & -4.5 & 0 \end{pmatrix}$$

und

$$B = \begin{pmatrix} 2.78 & -3.89 & 1.11 \\ -3.89 & 5.44 & -1.56 \\ 1.11 & -1.56 & 0.44 \end{pmatrix}.$$

Die Eigenwerte der Matrix B lauten $\lambda_1 = 8.67$, $\lambda_2 = 0$ und $\lambda_3 = 0$. Da genau ein Eigenwert von B positiv ist, gibt es eine exakte Darstellung im $I\!R^1$. □

Beispiel 30 (Fortsetzung) Es gilt

$$D = \begin{pmatrix} 0 & 4 & 1 \\ 4 & 0 & 2 \\ 1 & 2 & 0 \end{pmatrix}.$$

Es gilt

$$A = \begin{pmatrix} 0 & -8 & -0.5 \\ -8 & 0 & -2 \\ -0.5 & -2 & 0 \end{pmatrix}$$

und

$$B = \begin{pmatrix} 3.33 & -4.17 & 0.83 \\ -4.17 & 4.33 & -0.17 \\ 0.83 & -0.17 & -0.67 \end{pmatrix}.$$

Die Eigenwerte der Matrix B lauten $\lambda_1 = 8.0826$, $\lambda_2 = 0$ und $\lambda_3 = -1.0826$. Da einer der Eigenwerte negativ ist, ist keine exakte Darstellung im $I\!R^1$ oder $I\!R^2$ möglich. □

6.2.2 Praktische Aspekte

Wahl der Dimension

Wir haben bisher immer eine Darstellung der Distanzmatrix im IR^2 gesucht. Es stellt sich natürlich die Frage, wie gut die Darstellung im IR^2 die Distanzen reproduziert. Wie schon bei der Hauptkomponentenanalyse können wir diese Frage mithilfe von Eigenwerten beantworten. Es liegt nahe, die Summe der Distanzen als Ausgangspunkt zu wählen, aus technischen Gründen ist es aber sinnvoller, die Summe der quadrierten Distanzen zu betrachten. Mit (6.18) und (6.23) gilt

$$\sum_{r=1}^{n} \sum_{s=1}^{n} d_{rs}^2 = 2n \sum_{r=1}^{n} b_{rr} \ .$$

Es gilt

$$\sum_{r}^{n} b_{rr} = tr(\mathbf{B}) \ .$$

Da die Spur einer Matrix gleich der Summe der Eigenwerte und einer der Eigenwerte von $\mathbf{B}$ gleich 0 ist, gilt

$$\sum_{r=1}^{n} \sum_{s=1}^{n} d_{rs}^2 = 2n \sum_{i=1}^{n-1} \lambda_i \ .$$

Wir können auch hier die bei der Hauptkomponentenanalyse betrachteten Kriterien verwenden, müssen aber berücksichtigen, dass Eigenwerte negativ sein können. Mardia (1978) hat folgende Größen für die Wahl der Dimension vorgeschlagen:

$$\frac{\sum_{i=1}^{k} \lambda_i}{\sum_{i=1}^{n-1} |\lambda_i|} \tag{6.28}$$

und

$$\frac{\sum_{i=1}^{k} \lambda_i^2}{\sum_{i=1}^{n-1} \lambda_i^2} \ . \tag{6.29}$$

Dabei sollten die ersten k Eigenwerte natürlich positiv sein. Man gibt einen Wert α vor und wählt für die Dimension den kleinsten Wert k, für den (6.28) beziehungsweise (6.29) größer oder gleich α sind. Typische Werte für α sind 0.75, 0.8 und 0.85.

Problem der additiven Konstanten

Wir haben gesehen, dass es Distanzmatrizen gibt, bei denen eine exakte Darstellung in einem Raum nicht möglich ist. Dies zeigt sich daran, dass einer oder mehrere Eigenwerte der Matrix **B** negativ sind. In Beispiel 30 haben wir die Matrix

$$\mathbf{D} = \begin{pmatrix} 0 & 4 & 1 \\ 4 & 0 & 2 \\ 1 & 2 & 0 \end{pmatrix}$$

betrachtet. Bei dieser ist die Dreiecksungleichung verletzt. Es gilt

$$d_{12} > d_{13} + d_{23}. \tag{6.30}$$

Addiert man zu allen Elementen von **D** außerhalb der Hauptdiagonalen die gleiche Zahl c, so erhöht sich die rechte Seite von (6.30) um $2c$ und die linke Seite um c. Wählt man c geeignet, so wird aus der Ungleichung eine Gleichung. Im Beispiel ist dies für $c = 1$ der Fall. Es gilt

$$d_{12} + 1 = d_{13} + 1 + d_{32} + 1.$$

In diesem Fall existiert eine exakte Darstellung im $I\!R^1$. Für jeden größeren Wert von c erhalten wir eine exakte Darstellung im $I\!R^2$. Man kann zeigen, dass diese Vorgehensweise immer möglich ist. Die Herleitung ist zum Beispiel in Cox & Cox (1994) gegeben. Die Addition einer Konstanten ist auf jeden Fall dann sinnvoll, wenn die Daten quantitativ sind.

Zusammenhang zwischen der metrischen mehrdimensionalen Skalierung und der Hauptkomponentenanalyse

Sowohl mit der Hauptkomponentenanalyse als auch mit der metrischen mehrdimensionalen Skalierung kann man eine Darstellung von Objekten in einem zweidimensionalen Raum gewinnen. Ausgangspunkt der Hauptkomponentenanalyse ist meistens eine Datenmatrix quantitativer Merkmale, während die mehrdimensionale Skalierung auf einer Distanzmatrix basiert. Nun können wir zunächst auf der Basis einer Datenmatrix zunächst eine Distanzmatrix bestimmen und für diese eine metrische mehrdimensionale Skalierung durchführen. So gewinnen wir eine Darstellung der Objekte. Wurden beim Übergang von der Datenmatrix zur Distanzmatrix euklidische Distanzen bestimmt, so liefert die metrische mehrdimensionale Skalierung auf Basis der euklidischen Distanzen und die Hauptkomponentenanalyse auf Basis der Datenmatrix die gleiche Konfiguration. Ein Beweis dafür ist bei Mardia et al. (1980) gegeben. Wir wollen dies für das Datenbeispiel 4 illustrieren. Abb. 6.10 vergleicht die Darstellungen, die mithilfe der Hauptkomponentenanalyse und der metrischen mehrdimensionale Skalierung gewonnen wurde. Spiegelt man die mit der metrischen mehrdimensionalen Skalierung gewonnene Konfiguration um die

Ordinate, so sehen wir, dass die beiden Verfahren identische Konfigurationen liefern. Eine solche Spiegelung entspricht einer Drehung um 180 Grad um die Spiegelachse. In Kap. 7 werden wir mit der *Procrustes-Analyse* ein Verfahren kennenlernen, mit dem man systematisch zwei Konfigurationen so verschieben, stauchen oder strecken, drehen und spiegeln kann, dass sie sich möglichst ähnlich sind.

6.2.3 Metrische mehrdimensionale Skalierung der Rangreihung von Politikerpaaren

Wir wollen nun die Vorgehensweise der metrischen mehrdimensionalen Skalierung veranschaulichen. In Abschn. 4.4 haben wir ein Beispiel betrachtet, bei dem eine Person gebeten wurde, alle Paare von fünf Politikern der Ähnlichkeit nach zu ordnen. Man spricht von Rangreihung. Die Daten sind in Tab. 4.10 zu sehen. Wir fassen die Ränge als Distanzen auf und versuchen, eine Darstellung der Politiker zu finden. Hierzu erstellen wir zunächst die Distanzmatrix $\mathbf{D}$ aus den Rängen:

$$\mathbf{D} = \begin{pmatrix} 0 & 1 & 5 & 6 & 10 \\ 1 & 0 & 9 & 7 & 8 \\ 5 & 9 & 0 & 3 & 4 \\ 6 & 7 & 3 & 0 & 2 \\ 10 & 8 & 4 & 2 & 0 \end{pmatrix}. \tag{6.31}$$

Dann führen wir eine metrische mehrdimensionale Skalierung durch. Die Matrix $\mathbf{A}$ lautet

$$\mathbf{A} = \begin{pmatrix} 0 & -0.5 & -12.5 & -18 & -50 \\ -0.5 & 0 & -40.5 & -24.5 & -32 \\ -12.5 & -40.5 & 0 & -4.5 & -8.0 \\ -18 & -24.5 & -4.5 & 0 & -2.0 \\ -50 & -32 & -8 & -2 & 0 \end{pmatrix}.$$

Wir zentrieren diese doppelt und erhalten die Matrix $\mathbf{B}$:

$$\mathbf{B} = \begin{pmatrix} 17.0 & 19.8 & -1.4 & -7.4 & -30.8 \\ 19.8 & 23.6 & -23.3 & -10.6 & -9.5 \\ 1.4 & -23.3 & 10.8 & 3 & 8.1 \\ -7.4 & -10.6 & 3.0 & 4.2 & 10.8 \\ -30.8 & -9.5 & 8.1 & 10.8 & 21.4 \end{pmatrix}.$$

Die Eigenwerte der Matrix $\mathbf{B}$ lauten

$$\lambda_1 = 70.40, \quad \lambda_2 = 26.76, \quad \lambda_3 = 0.64, \quad \lambda_4 = -20.81.$$

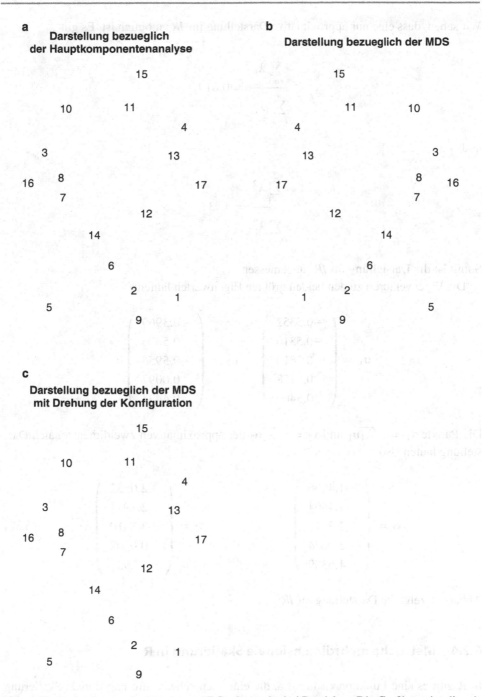

Abb. 6.10 Darstellungen der Noten von 17 Studenten in drei Bereichen. Die Grafik **a** zeigt die mit der Hauptkomponentenanalyse gewonnene Darstellung. Die Grafik **b** zeigt die Darstellung, die man mithilfe der metrischen mehrdimensionalen Skalierung auf Basis einer durch Berechnung euklidischer Distanzen aus der Datenmatrix der Noten bestimmten Distanzmatrix erhält. Die Grafik **c** zeigt die zweite Darstellung nach einer Spiegelung an der Ordinate

Wir sehen, dass eine nur approximative Darstellung im IR^2 möglich ist. Es gilt

$$\frac{\sum\limits_{i=1}^{2} \lambda_i}{\sum\limits_{i=1}^{4} |\lambda_i|} = 0.819$$

und

$$\frac{\sum\limits_{i=1}^{2} \lambda_i^2}{\sum\limits_{i=1}^{4} \lambda_i^2} = 0.93 .$$

Somit ist die Darstellung im IR^2 angemessen.

Die Eigenvektoren zu den beiden größten Eigenwerten lauten

$$\mathbf{u}_1 = \begin{pmatrix} -0.5352 \\ -0.5316 \\ 0.2810 \\ 0.2458 \\ 0.5400 \end{pmatrix}, \quad \mathbf{u}_2 = \begin{pmatrix} -0.3969 \\ 0.5396 \\ -0.5956 \\ 0.0097 \\ 0.4433 \end{pmatrix} .$$

Die Punkte $\mathbf{x}_1 = \sqrt{\lambda_1}\mathbf{u}_1$ und $\mathbf{x}_2 = \sqrt{\lambda_2}\mathbf{u}_2$ der approximativen zweidimensionalen Darstellung lauten also

$$\mathbf{x}_1 = \begin{pmatrix} -4.4906 \\ -4.4604 \\ 2.3577 \\ 2.0624 \\ 4.5309 \end{pmatrix}, \quad \mathbf{x}_2 = \begin{pmatrix} -2.0532 \\ 2.7914 \\ -3.0810 \\ 0.0502 \\ 2.2932 \end{pmatrix} . \tag{6.32}$$

Abb. 6.11 zeigt die Darstellung im IR^2.

6.2.4 Metrische mehrdimensionale Skalierung in R

In R gibt es eine Funktion cmdscale, die eine metrische mehrdimensionale Skalierung durchführt. Der Aufruf von cmdscale ist

```
cmdscale(d, k = 2, eig = FALSE, add = FALSE, x.ret = FALSE,
         list. = eig || add || x.ret)
```

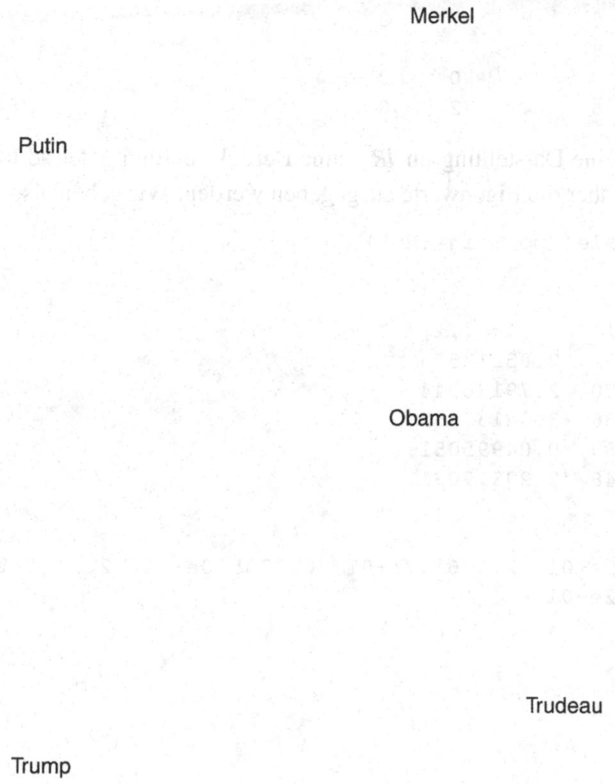

Merkel

Putin

Obama

Trudeau

Trump

Abb. 6.11 Graphische Darstellung von fünf Politikern mit einer metrischen mehrdimensionalen Skalierung auf der Basis einer Distanzmatrix, die mit der Rangreihung gewonnen wurde

Dabei ist d die Distanzmatrix, wie wir sie beispielsweise durch Aufruf der Funktion dist erhalten. Die Dimension des Raumes, in dem die Distanzen dargestellt werden sollen, legt man durch das Argument k fest. Standardmäßig wird $k = 2$ gewählt. Durch das Argument eig kann man festlegen, ob die Eigenwerte ausgegeben werden sollen. Eine additive Konstante kann berücksichtigt werden, wenn das Argument add auf das TRUE gesetzt wird. Sollen keine Eigenwerte ausgegeben auch keine additive Konstante berücksichtigt werden, so liefert die Funktion cmdscale die Koordinaten der Punkte als Ergebnis. Setzt man das Argument x.ret auf TRUE, wird die doppelt zentrierte Distanzmatrix mit zurückgegeben. Betrachten wir das Datenbeispiel aus Abschn. 6.2.3 in R. Die Distanzmatrix zeigt (6.31):

```
dpol <- matrix(c(0,1,5,6,10,1,0,9,7,8,5,9,0,3,4,6,7,3,
+                 0,2,10,8,4,2,0),ncol=5)
> dpol
     [,1] [,2] [,3] [,4] [,5]
[1,]    0    1    5    6   10
```

```
[2,]    1     0     9     7     8
[3,]    5     9     0     3     4
[4,]    6     7     3     0     2
[5,]   10     8     4     2     0
```

Wir wollen nun eine Darstellung im $I\!R^2$ ohne Berücksichtigung der additiven Konstante erhalten, bei der aber die Eigenwerte ausgegeben werden. Wir geben also ein:

```
> e <- cmdscale(dpol,eig=TRUE)
> e
$points
            [,1]          [,2]
[1,]   4.490892  -2.05312536
[2,]   4.460170   2.79136044
[3,]  -2.357606  -3.08137651
[4,]  -2.062109   0.04995051
[5,]  -4.531348   2.29319091


$eig
[1]   7.040495e+01   2.676312e+01   6.398580e-01  -2.842171e-14
     -2.080792e+01


$x
NULL


$ac
[1] 0


$GOF
[1] 0.8191828 0.9934580
```

Die Vorzeichen der Eigenvektoren sind dabei willkürlich. Um die Abb. 6.11 zu erhalten, erzeugen wir einen Vektor mit den Namen der Politiker:

```
> polnamen <- c('Putin','Trump','Merkel','Obama','Trudeau')
```

und rufen die Funktion `plot` auf:

```
> plot(e,axes=F,xlab="",ylab="",type="n")
> text(e,polnamen)
```

Da wir keine Achsenbeschriftung wünschen, setzen wir `xlab` und `ylab` auf `""`. Das Argument `axes` gibt an, ob die Koordinatenachsen gezeichnet werden sollen, während das Argument `type` angibt, wie die Punkte verbunden werden sollen. Der Wert `"n"` stellt sicher, dass keine Punkte gezeichnet werden. Mit dem zweiten Befehl tragen wir die Namen der Politiker in die Grafik ein.

6.3 Nichtmetrische mehrdimensionale Skalierung

6.3.1 Theorie

Bei der metrischen mehrdimensionalen Skalierung wird eine Konfiguration von Punkten so bestimmt, dass die Distanzen zwischen den Punkten der Konfiguration die entsprechenden Elemente der Distanzmatrix approximieren. Bei vielen Anwendungen ist man aber nicht an den Distanzen, sondern an der Ordnung der Distanzen interessiert. Sehr oft ist sogar nur die Ordnung der Distanzen vorgegeben.

Beispiel 32 Wir betrachten Tab. 4.10. Wir haben die Merkmale bisher wie quantitative Merkmale behandelt, obwohl sie ordinalskaliert sind. Denn der Befragte hat keine Distanzen angegeben, sondern nur mitgeteilt, dass das Paar Putin-Trump das ähnlichste Paar, das Paar Obama-Trudeau das zweitähnlichste Paar ist usw. Die Zahlen 1 bis 10 sind dabei willkürlich. Man hätte auch andere Zahlen vergeben können. Es muss nur sichergestellt sein, dass das ähnlichste Paar die kleinste Zahl, das zweitähnlichste Paar die zweitkleinste Zahl usw. erhält. □

Um zu verdeutlichen, dass wir nicht an den Distanzen selbst, sondern an der Ordnung der Distanzen interessiert sind, bezeichnen wir die Distanzmatrix im Folgenden mit Δ. Es gilt also

$$\Delta = \begin{pmatrix} \delta_{11} & \cdots & \delta_{1n} \\ \vdots & \ddots & \vdots \\ \delta_{n1} & \cdots & \delta_{nn} \end{pmatrix}.$$

Beispiel 32 (Fortsetzung) Es gilt

$$\Delta = \begin{pmatrix} 0 & 1 & 5 & 6 & 10 \\ 1 & 0 & 9 & 7 & 8 \\ 5 & 9 & 0 & 3 & 4 \\ 6 & 7 & 3 & 0 & 2 \\ 10 & 8 & 4 & 2 & 0 \end{pmatrix}.$$ □

Von Kruskal (1964) wurde ein Verfahren vorgeschlagen, bei dem man eine Konfiguration von Punkten im IR^k so bestimmt, dass die euklidischen Distanzen zwischen den Punkten die gleiche Ordnung wie in der Matrix Δ besitzen. Die Ordnung der Elemente unterhalb der Hauptdiagonalen in der Matrix Δ bezeichnen wir als *Monotoniebedingung*.

Beispiel 32 (Fortsetzung) Die Monotoniebedingung lautet

$$\delta_{21} < \delta_{54} < \delta_{43} < \delta_{53} < \delta_{31} < \delta_{41} < \delta_{42} < \delta_{52} < \delta_{32} < \delta_{51} . \tag{6.33}$$

Die kleinste Distanz soll also zwischen den Punkten 2 und 1 sein, die zweitkleinste Distanz zwischen den Punkten 5 und 4 usw. $\square$

Das Verfahren von Kruskal (1964) beginnt mit einer *Startkonfiguration*. In der Regel wählt man das Ergebnis der metrischen mehrdimensionalen Skalierung als Startkonfiguration $\mathbf{X}$.

Beispiel 32 (Fortsetzung) Die Konfiguration der metrischen mehrdimensionalen Skalierung ist in (6.32) angegeben. Wir betrachten aus Gründen der Übersichtlichkeit die auf zwei Stellen nach dem Komma gerundeten Werte:

$$\mathbf{X} = \begin{pmatrix} -4.49 & -2.05 \\ -4.46 & 2.79 \\ 2.36 & -3.08 \\ 2.06 & 0.05 \\ 4.53 & 2.29 \end{pmatrix}. \tag{6.34}$$

$\square$

Um zu sehen, wie gut die Monotoniebedingung durch die Punkte der Startkonfiguration erfüllt ist, bestimmt man die euklidischen Distanzen d_{ij} zwischen den Punkten der Startkonfiguration und bringt sie in die Reihenfolge, in der die δ_{ij} sind. Wir wollen die aus der Konfiguration gewonnene Distanzmatrix der euklidischen Distanzen mit $\mathbf{D}$ bezeichnen.

Beispiel 32 (Fortsetzung) Es gilt

$$\mathbf{D} = \begin{pmatrix} 0 & 4.84 & 6.93 & 6.88 & 10.01 \\ 4.84 & 0 & 9.00 & 7.07 & 9.00 \\ 6.93 & 9.00 & 0 & 3.14 & 5.79 \\ 6.88 & 7.07 & 3.14 & 0 & 3.33 \\ 10.01 & 9.00 & 5.79 & 3.33 & 0 \end{pmatrix}.$$

Auch hier haben wir die Werte aus Gründen der Übersichtlichkeit auf zwei Stellen nach dem Komma gerundet. Wir ordnen die d_{ij} so an, wie die δ_{ij} in (6.33) angeordnet sind:

$$4.84 \quad 3.33 \quad 3.14 \quad 5.79 \quad 6.93 \quad 6.88 \quad 7.07 \quad 9.00 \quad 9.00 \quad 10.01 \,.$$

Wir sehen, dass die euklidischen Distanzen d_{ij} die Monotoniebedingung nicht erfüllen. $\square$

Dass die Distanzen d_{ij} die Monotoniebedingung nicht erfüllen, ist der Regelfall. Dies bedeutet, dass einige oder sogar alle Punkte verschoben werden müssen. Wie weit die Punkte verschoben werden sollen, sollte davon abhängen, wie stark die Monotoniebedingung verletzt ist. Um das herauszufinden, führen wir eine *monotone Regression* durch.

Wir bestimmen sogenannte *Disparitäten* $\hat{d}_{ij}$, die möglichst nahe an den d_{ij} liegen und die Monotoniebedingung erfüllen.

Beispiel 32 (Fortsetzung) Es muss also gelten

$$\hat{d}_{21} \leq \hat{d}_{54} \leq \hat{d}_{43} \leq \hat{d}_{53} \leq \hat{d}_{31} \leq \hat{d}_{41} \leq \hat{d}_{42} \leq \hat{d}_{52} \leq \hat{d}_{32} \leq \hat{d}_{51} \, . \qquad \square$$

Minimiert man

$$\sum_{i<j} (d_{ij} - \hat{d}_{ij})^2$$

unter der Nebenbedingung, dass die $\hat{d}_{ij}$ die Monotoniebedingung erfüllen, so kann man die $\hat{d}_{ij}$ mit Hilfe des *PAV-Algorithmus* (Pool Adjacent Violators-Algorithmus) bestimmen. Bei diesem durchwandern wir die Sequenz von links nach rechts, bis wir einen Block aufeinanderfolgender Distanzen finden, in dem die Monotoniebedingung verletzt ist. Die Beobachtungen in diesem Block ersetzen wir dann durch ihren Mittelwert. Danach gehen wir wieder an den Anfang und suchen wieder einen Block aufeinanderfolgender Beobachtungen, in dem die Monotoniebedingung verletzt ist, und ersetzen die Beobachtungen dieses Blocks durch deren Mittelwert. Dies machen wir so lange, bis alle Distanzen die Monotoniebedingung erfüllen. Die Disparitäten bilden die Elemente der *Disparitätenmatrix* $\widehat{D}$:

$$\widehat{D} = \begin{pmatrix} \hat{d}_{11} & \hat{d}_{12} & \dots & \hat{d}_{1n} \\ \vdots & \vdots & \ddots & \vdots \\ \hat{d}_{n1} & \hat{d}_{n2} & \dots & \hat{d}_{nn} \end{pmatrix} \, .$$

Beispiel 32 (Fortsetzung) Wir beginnen mit

$$4.84 \quad 3.33 \quad 3.14 \quad 5.79 \quad 6.93 \quad 6.88 \quad 7.07 \quad 9.00 \quad 9.00 \quad 10.01 \, .$$

Im Block

$$4.84 \quad 3.33 \quad 3.14$$

ist die Monotoniebedingung verletzt. Wir ersetzen diese Zahlen jeweils durch ihren Mittelwert 3.77 und erhalten nachstehende Folge:

$$3.77 \quad 3.77 \quad 3.77 \quad 5.79 \quad 6.93 \quad 6.88 \quad 7.07 \quad 9.00 \quad 9.00 \quad 10.01 \, .$$

Wenn wir wieder von links die Monotoniebedingung überprüfen, erkennen wir, dass im Block

$$6.93 \quad 6.88$$

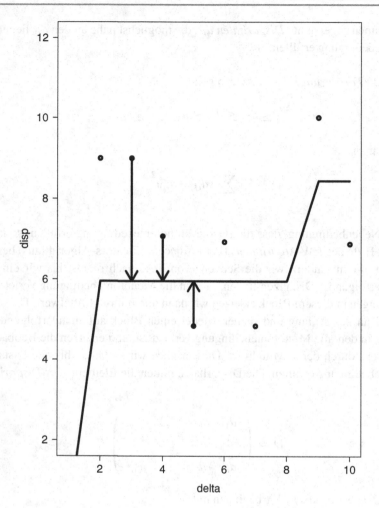

Abb. 6.12 Veranschaulichung der Vorgehensweise der monotonen Regression

die Monotoniebedingung verletzt ist. Wir ersetzen diese Zahlen jeweils durch ihren Mittelwert 6.91 und erhalten nachstehende Folge, die nun die Monotoniebedingung erfüllt:

$$3.77 \quad 3.77 \quad 3.77 \quad 5.79 \quad 6.91 \quad 6.91 \quad 7.07 \quad 9.00 \quad 9.00 \quad 10.01\,.$$

Abb. 6.12 veranschaulicht die Vorgehensweise.

Wir erhalten die Disparitätenmatrix

$$\hat{D} = \begin{pmatrix} 0 & 3.77 & 6.91 & 6.91 & 10.01 \\ 3.77 & 0 & 9.00 & 7.07 & 9.00 \\ 6.91 & 9.00 & 0 & 3.77 & 5.79 \\ 6.91 & 7.07 & 3.77 & 0 & 3.77 \\ 10.01 & 9.00 & 5.79 & 3.77 & 0 \end{pmatrix}. \qquad \square$$

Nun stellt sich die Frage, wie stark die Monotoniebedingung verletzt ist. Es liegt nahe, als Maß

$$\sum_{i<j} (d_{ij} - \hat{d}_{ij})^2 \qquad (6.35)$$

zu wählen.

Beispiel 32 (Fortsetzung) Es gilt

$$\sum_{i<j} (d_{ij} - \hat{d}_{ij})^2 = 1.7367. \qquad \square$$

Da (6.35) nicht normiert ist, sagt der Wert wenig aus. Kruskal (1964) hat folgende Größe vorgeschlagen:

$$\text{STRESS1} = \sqrt{\frac{\sum_{i<j} (d_{ij} - \hat{d}_{ij})^2}{\sum_{i<j} d_{ij}^2}}. \qquad (6.36)$$

Tab. 6.1 zeigt, wie eine Konfiguration in Abhängigkeit von STRESS1 bewertet werden sollte.

Beispiel 32 (Fortsetzung) Es gilt STRESS1 $= 0.0598$. Also wurde eine gute Konfiguration gefunden. $\qquad \square$

Ist man mit dem Wert von STRESS1 nicht zufrieden, so sollte man die Konfiguration verbessern. Schauen wir uns dies für zwei Punkte x_i und x_j an. Es möge gelten $d_{ij} > \hat{d}_{ij}$.

Tab. 6.1 Bewertung einer Konfiguration anhand von STRESS1

Wert von STRESS1	Güte der Konfiguration
$0.00 \leq \text{STRESS1} < 0.05$	hervorragend
$0.05 \leq \text{STRESS1} < 0.10$	gut
$0.10 \leq \text{STRESS1} < 0.15$	zufriedenstellend
$0.15 \leq \text{STRESS1}$	nicht gut

Der beobachtete Abstand d_{ij} ist also zu groß. Die beiden Punkte müssen näher beieinander liegen. Um das zu erreichen, müssen wir sie verschieben. Betrachten wir dies aus Sicht des Punktes $\mathbf{x}_j$. Wir müssen den Punkt $\mathbf{x}_j$ zum Punkt $\mathbf{x}_i$ hinbewegen.

Beispiel 33 Wir betrachten die Punkte

$$\mathbf{x}_2 = \begin{pmatrix} -4.46 \\ 2.79 \end{pmatrix}, \qquad \mathbf{x}_1 = \begin{pmatrix} -4.49 \\ -2.05 \end{pmatrix}.$$

Es gilt $d_{21} = 4.84$ und $\hat{d}_{21} = 3.77$. Wir müssen den Punkt $\mathbf{x}_2$ zum Punkt $\mathbf{x}_1$ hinbewegen. Abb. 6.13 veranschaulicht diese Verschiebung.   □

Wie weit soll man $\mathbf{x}_j$ in Richtung $\mathbf{x}_i$ verschieben? Es liegt nahe, $\mathbf{x}_j$ so weit in Richtung $\mathbf{x}_i$ zu verschieben, bis der Abstand zwischen beiden Punkten genau $\hat{d}_{ij}$ beträgt. Bezeichnen

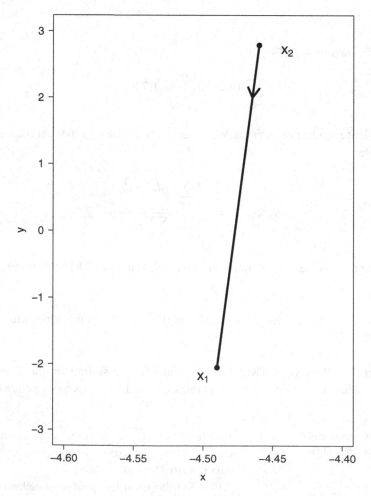

Abb. 6.13 Verschiebung von Punkt $\mathbf{x}_2$ in Richtung Punkt $\mathbf{x}_1$

wir mit $\mathbf{x}_{j(i)}^{*}$ die neuen Koordinaten des Punkts $\mathbf{x}_j$ bezüglich $\mathbf{x}_i$, so muss für die erste Koordinate $x_{j1(i)}^{*}$ gelten:

$$x_{j1(i)}^{*} = x_{j1} + \frac{d_{ij} - \hat{d}_{ij}}{d_{ij}} \, (x_{i1} - x_{j1}) \, .$$

Aufgrund des Strahlensatzes gilt nämlich

$$\frac{x_{j1(i)}^{*} - x_{j1}}{x_{i1} - x_{j1}} = \frac{d_{ij} - \hat{d}_{ij}}{d_{ij}} \, ,$$

wie es in Abb. 6.14 veranschaulicht ist.

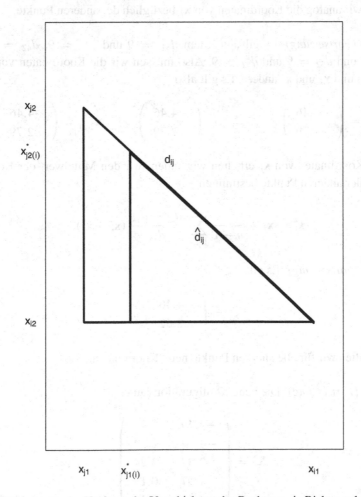

Abb. 6.14 Bestimmung des Umfangs der Verschiebung des Punktes $\mathbf{x}_j$ in Richtung des Punktes $\mathbf{x}_i$

Eine analoge Beziehung gilt für die zweite Koordinate. Die neuen Koordinaten von $\mathbf{x}_j$ sind somit

$$\mathbf{x}^*_{j(i)} = \mathbf{x}_j + \frac{d_{ij} - \hat{d}_{ij}}{d_{ij}} (\mathbf{x}_i - \mathbf{x}_j) .\tag{6.37}$$

Beispiel 33 (Fortsetzung) Es gilt

$$\mathbf{x}^*_{2(1)} = \begin{pmatrix} -4.46 \\ 2.79 \end{pmatrix} + \frac{4.84 - 3.77}{4.84} \left(\begin{pmatrix} -4.49 \\ -2.05 \end{pmatrix} - \begin{pmatrix} -4.46 \\ 2.79 \end{pmatrix} \right) = \begin{pmatrix} -4.46 \\ 1.72 \end{pmatrix} .$$

$\square$

Nachdem wir wissen, wie wir den Punkt $\mathbf{x}_j$ bezüglich des Punktes $\mathbf{x}_i$ verschieben müssen, bestimmen wir analog die Koordinaten von $\mathbf{x}_j$ bezüglich der anderen Punkte.

Beispiel 33 (Fortsetzung) Es gilt außerdem $d_{32} = 9$ und $\hat{d}_{32} = 9$, $d_{42} = 7.07$ und $\hat{d}_{42} = 7.07$ und $d_{52} = 9$ und $\hat{d}_{52} = 9$. Also müssen wir die Koordinaten von $\mathbf{x}_2$ nicht bezüglich $\mathbf{x}_3$ und $\mathbf{x}_4$ und $\mathbf{x}_5$ ändern. Es gilt also

$$\mathbf{x}^*_{2(3)} = \begin{pmatrix} -4.46 \\ 2.79 \end{pmatrix}, \quad \mathbf{x}^*_{2(4)} = \begin{pmatrix} -4.46 \\ 2.79 \end{pmatrix}, \quad \mathbf{x}^*_{2(5)} = \begin{pmatrix} -4.46 \\ 2.79 \end{pmatrix} . \quad \square$$

Die neuen Koordinaten von $\mathbf{x}_j$ erhalten wir, indem wir den Mittelwert der Koordinaten bezüglich aller anderen Punkte bestimmen:

$$\mathbf{x}^*_j = \mathbf{x}_j + \frac{1}{n-1} \sum_{k \neq j} \frac{d_{jk} - \hat{d}_{jk}}{d_{jk}} (\mathbf{x}_k - \mathbf{x}_j) .$$

Beispiel 33 (Fortsetzung) Es gilt

$$\mathbf{x}^*_3 = \begin{pmatrix} -4.46 \\ 2.52 \end{pmatrix} . \qquad\qquad \square$$

Analog erhalten wir für alle anderen Punkte neue Koordinaten.

Beispiel 33 (Fortsetzung) Die neue Konfiguration lautet

$$\mathbf{X}^* = \begin{pmatrix} -4.49 & -1.79 \\ -4.46 & 2.52 \\ 2.37 & -3.24 \\ 1.97 & 0.13 \\ 4.61 & 2.36 \end{pmatrix} .$$

Abb. 6.15 Startkonfiguration
und die sich nach der ersten
Iteration ergebende Konfiguration

a

n

$\overset{n}{a}$

$\overset{n}{a}$

n
a

a
n

Abb. 6.15 zeigt die Startkonfiguration und die Konfiguration, die sich nach der ersten
Iteration ergibt. Dabei steht ein a für einen Punkt der alten Konfiguration. Der daneben
mit n bezeichnete Punkt gehört zur neuen Konfiguration.   □

Für die entstandene Konfiguration können wir den Wert von STRESS1 berechnen. Sind
wir mit diesem noch nicht zufrieden, so bestimmen wir eine neue Konfiguration. Diese
Schritte wiederholen wir so lange, bis wir eine Konfiguration gefunden haben, die einen
akzeptablen Wert von STRESS1 besitzt. Man kann diesen Algorithmus noch modifizieren.
Betrachten wir dazu noch einmal (6.37):

$$\mathbf{x}^*_{j(i)} = \mathbf{x}_j + \frac{d_{ij} - \hat{d}_{ij}}{d_{ij}} (\mathbf{x}_i - \mathbf{x}_j) \,.$$

Wir können diese Formel auch so interpretieren, dass wir von $\mathbf{x}_j$ in Richtung $\mathbf{x}_i$ gehen,
wobei die Schrittweite vom Unterschied zwischen beobachteter und gewünschter Distanz
abhängt. In (6.37) ist die Schrittweite so gewählt, dass die gewünschte Distanz genau
erreicht wird. Die Modifikation besteht nun darin, nicht diese Schrittweite zu wählen,
sondern ein Vielfaches dieser Schrittweite.

Man bildet also

$$\mathbf{x}^*_{j(i)} = \mathbf{x}_j + \alpha \, \frac{d_{ij} - \hat{d}_{ij}}{d_{ij}} \, (\mathbf{x}_i - \mathbf{x}_j) \,,$$

wobei α eine positive reelle Zahl ist. Die neuen Koordinaten eines Punktes erhält man also durch

$$\mathbf{x}^*_i = \mathbf{x}_i + \alpha \, \frac{1}{n-1} \sum_{j \neq i} \frac{d_{ij} - \hat{d}_{ij}}{d_{ij}} \, (\mathbf{x}_j - \mathbf{x}_i) \,. \tag{6.38}$$

Es gibt noch eine Reihe weiterer Algorithmen zur Bestimmung der Konfiguration. Der *SMACOF-Algorithmus* ist bei Borg & Groenen (2005) und Cox & Cox (1994) detailliert beschrieben. Kearsley et al. (1998) untersuchen das *Newton-Verfahren*.

6.3.2   Nichtmetrische mehrdimensionale Skalierung in R

Bei der nichtmetrischen mehrdimensionalen Skalierung gibt es in R eine Reihe von Funktionen. Sie stehen alle im Paket MASS von Venables & Ripley (2002). Das Paket gehört zur Standardinstallation von R:

```
> library(MASS)
```

Eine nichtmetrische MDS nach Kruskal ermöglicht die Funktion isoMDS. Diese wird folgendermaßen aufgerufen

```
isoMDS(d, y = cmdscale(d, k), k = 2, maxit = 50,
       trace = TRUE,tol = 1e-3, p = 2)
```

Dabei ist d die Distanzmatrix und y die Startkonfiguration, wobei standardmäßig das Ergebnis der metrischen MDS gewählt wird. Das Argument k gibt die Dimension der Konfiguration an, wobei standardmäßig eine Darstellung im zweidimensionalen Raum gewählt wird. Mit dem Argument maxit kann die maximale Anzahl an Iterationen festgelegt werden. Das Ergebnis der Funktion ist eine Liste, deren erste Komponente die Konfiguration ist. Die zweite Komponente enthält den Wert von STRESS in Prozent. Betrachten wir die Daten in Tab. 4.10. Wir haben in Abschn. 6.2.4 die Distanzmatrix dpol in R erzeugt. Durch den Aufruf von

```
> e <- isoMDS(dpol)
> e
$points
           [,1]        [,2]
[1,]   4.437929  -0.8442359
[2,]   4.846589   1.8762068
[3,]  -2.153100  -4.2475656
```

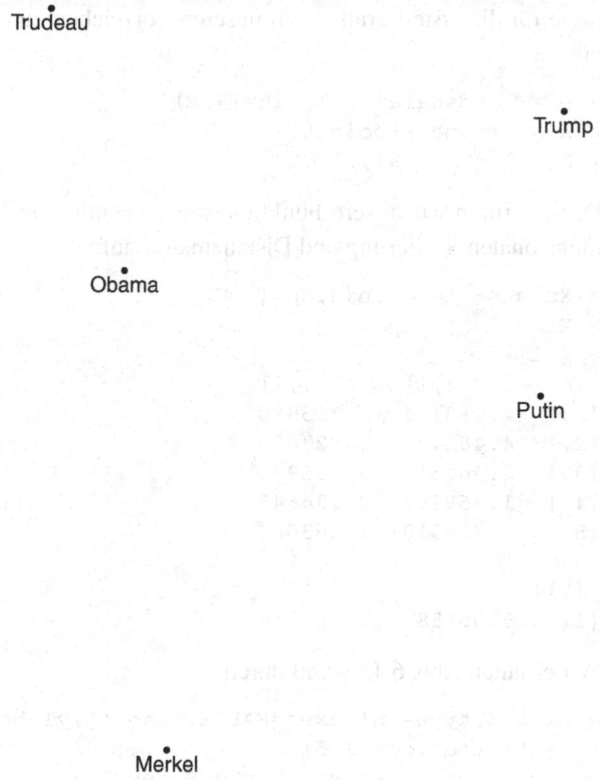

Abb. 6.16 Endkonfigurati-
on der Darstellung von fünf
Politikern mit einer nichtmetrischen mehrdimensionalen
Skalierung

Trudeau

Trump

Obama

Putin

Merkel

```
[4,]  -2.913723   0.3524139
[5,]  -4.217695   2.8631808
```

```
$stress
[1] 1.940977e-14
```

erhalten wir die gefundene Konfiguration und den dazugehörenden STRESS-Wert. Die
Konfiguration zeichnen wir mit

```
> plot(e$points,axes=FALSE,xlab='',ylab='',pch=16)
> text(e$points,labels=polnamen,pos=1,xpd=TRUE,cex=1.5)
```

und erhalten Abb. 6.16. Mit dem Argument xpd=TRUE können wir auch in den Rand der
Abbildung schreiben, falls der Platz für die Beschriftung der Punkte nicht ganz ausreicht.
Das Argument cex mit dem Wert 1.5 sorgt dafür, dass der Text 1.5-mal so groß wie die
Standardgröße der Schrift geschrieben wird.

Die Funktion isoMDS liefert als Ergebnis die letzte Konfiguration. Um eine neue Konfiguration in Abhängigkeit von einer Startkonfiguration zu bestimmen, benötigen wie die
Funktion Neuekon aus Abschn. B.4. Das Ergebnis ist eine Liste. Das erste Element enthält
die neue Konfiguration, das zweite Element gibt den STRESS1-Wert aus. Um die Ergeb-

nisse für die erste Iteration mit unseren Vorzeichen zu erhalten, geben wir also zunächst ein:

```
> e <- cmdscale(dpol,eig=TRUE)
> X <- round(e$points,2)
> X[,1] <- -1*X[,1]
```

Danach rufen wir unsere Funktion Neuekon mit dem Ergebnis der metrischen mehrdimensionalen Skalierung und Distanzmatrix auf:

```
> Xneu <- Neuekon(X,dpol)
> Xneu
> [[1]]
           [,1]        [,2]
[1,] -4.488124 -1.785980
[2,] -4.461485  2.523639
[3,]  2.369517 -3.235990
[4,]  1.969582  0.134645
[5,]  4.610510  2.363685

[[2]]
[1] 0.5158158
```

Wir erhalten Abb. 6.15 somit durch

```
> plot(X,type='n',axes=FALSE,xlab='',ylab='')
> text(X,'a',cex=1.5)
> text(Xneu[[1]],'n',xpd=TRUE,cex=1.5)
```

6.4 Ergänzungen und weiterführende Literatur

Wir haben in diesem Kapitel beschrieben, wie man die Distanzen einer Distanzmatrix in einem niedrigdimensionalen Raum darstellt. Oft werden mehrere Personen gebeten, die Distanzen zwischen mehreren Objekten anzugeben. Gesucht ist in diesem Fall ebenfalls eine Darstellung der Objekte in einem niedrigdimensionalen Raum. Um diese zu erreichen, kann man die mittlere Distanz jedes Objektpaars bestimmen und eine mehrdimensionale Skalierung dieser mittleren Distanzen durchführen. Hierbei werden aber die Unterschiede zwischen den einzelnen Personen, die die Bewertung abgeben, nicht in Betracht gezogen. Das Verfahren INDSCAL von Carroll & Chang (1970) berücksichtigt diesen Aspekt. Es ist bei Borg & Groenen (2005), Cox & Cox (1994) und Davison (1992) detailliert beschrieben. Auch Härdle & Simar (2012) befassen sich mit der MDS. Weitere Details zu Anwendungen in R geben Everitt & Hothorn (2011).

6.5 Übungen

6.1 In Beispiel 6 wurden Reisezeiten verglichen, die mit unterschiedlichen Verkehrsmitteln innerhalb Deutschlands benötigt werden. Führen Sie für die Reisezeiten der Pkw und für die Reisezeiten der Bahn jeweils eine metrische und eine nichtmetrische mehrdimensionale Skalierung durch.

6.2 Führen Sie für die Beispiele 28, 29 und 30 jeweils eine metrische mehrdimensionale Skalierung in R durch.

6.3 Ein Student wurde gebeten, zehn Paare von Lebensmittelmärkten der Ähnlichkeit nach zu ordnen, sodass das ähnlichste Paar den Wert 1, das zweitähnlichste den Wert 2 usw. erhält. Tab. 6.2 zeigt die Ergebnisse.

Der Student will eine zweidimensionale Darstellung mit Hilfe einer metrischen mehrdimensionalen Skalierung gewinnen.

1. Führen Sie eine metrische mehrdimensionale Skalierung der Daten durch.
2. Die Koordinaten der Punkte der metrischen mehrdimensionalen Skalierung zeigt Tab. 6.3.

Tab. 6.2 Vergleich aller Paare aus einer Menge von fünf Lebensmittelmärkten mit dem Verfahren der Rangreihung

1. Lebensmittelmarkt	2. Lebensmittelmarkt	Rang
ALDI	LIDL	1
ALDI	MARKTKAUF	6
ALDI	REAL	8
ALDI	EDEKA	10
LIDL	MARKTKAUF	5
LIDL	REAL	9
LIDL	EDEKA	7
MARKTKAUF	REAL	2
MARKTKAUF	EDEKA	4
REAL	EDEKA	3

Tab. 6.3 Koordinaten von fünf Punkten

Geschäft	1. Koordinate	2. Koordinate
ALDI	5.0	−1.7
LIDL	3.9	2.3
MARKTKAUF	−1.1	−0.6
REAL	−3.8	−2.3
EDEKA	−4.1	2.4

Die Matrix der euklidischen Distanzen zwischen den Punkten lautet

$$
\mathbf{D} = \begin{pmatrix}
0.0 & 4.1 & 6.2 & 8.8 & 10.0 \\
4.1 & 0.0 & 5.8 & 9.0 & 8.0 \\
6.2 & 5.8 & 0.0 & 3.2 & 4.2 \\
8.8 & 9.0 & 3.2 & 0.0 & 4.7 \\
10.0 & 8.0 & 4.2 & 4.7 & 0.0
\end{pmatrix}.
$$

Wir wollen diese Konfiguration als Ausgangspunkt für eine nichtmetrische mehrdimensionale Skalierung wählen.

(a) Führen Sie eine monotone Regression durch.

(b) Bestimmen Sie den Wert von STRESS1.

(c) Bestimmen Sie die neuen Koordinaten aller Punkte.

6.4 Führen Sie für Beispiel 28 eine metrische mehrdimensionale Skalierung in R durch, wobei Sie nicht die Funktion `cmdscale` anwenden, sondern die einzelnen Schritte aus Abschn. 6.2.1 in R nachvollziehen sollten.

Procrustes-Analyse

7

Inhaltsverzeichnis

7.1   Problemstellung und Grundlagen 199
7.2   Illustration der Vorgehensweise 202
7.3   Theorie 208
7.4   Procrustes-Analyse der Reisezeiten 210
7.5   Procrustes-Analyse in R 212
7.6   Ergänzungen und weiterführende Literatur 215
7.7   Übungen 215

7.1   Problemstellung und Grundlagen

Da das Ergebnis einer mehrdimensionalen Skalierung nicht eindeutig ist, sind unterschiedliche Konfigurationen nicht leicht zu vergleichen. Wir haben das beim Vergleich der durch eine Hauptkomponentenanalyse und metrische mehrdimensionale Skalierung gewonnenen Konfigurationen in Abb. 6.10 gesehen. Erst nachdem man eine Konfiguration gedreht hatte, konnte man erkennen, dass die beiden Konfigurationen identisch sind. Oft reicht eine Drehung aber nicht aus. Man muss auch verschieben und strecken oder stauchen. Bei der direkten Bestimmung der Distanzen in Abschn. 4.4 haben wir zwei unterschiedliche Methoden betrachtet, die Ähnlichkeit zwischen Objekten zu bestimmen. Bei beiden Methoden wurden alle Paare von n Personen untersucht. Beim Ratingverfahren wurde eine Person gebeten, die Ähnlichkeit jedes Paares auf einer Skala von 1 bis 7 zu bewerten, wobei das Paar den Wert 1 erhält, wenn sich die beiden Personen sehr ähnlich sind, und den Wert 7, wenn sich die Personen sehr unähnlich sind. Die Rangreihung hingegen besteht darin, die zehn Paarvergleiche zwischen fünf Personen nach Ähnlichkeit der Größe nach zu ordnen. Dabei erhält das ähnlichste Paar eine 1 und das unähnlichste eine 10. Hier darf also jede Zahl von 1 bis 10 nur einmal vergeben werden.

Beispiel 34   Bei beiden Verfahren wurden die fünf internationalen Politiker Wladimir Putin, Donald Trump, Angela Merkel, Barack Obama und Justin Trudeau betrachtet. Die

© Springer-Verlag GmbH Deutschland 2017   199
A. Handl, T. Kuhlenkasper, *Multivariate Analysemethoden*, Statistik und ihre Anwendungen,
DOI 10.1007/978-3-662-54754-0_7

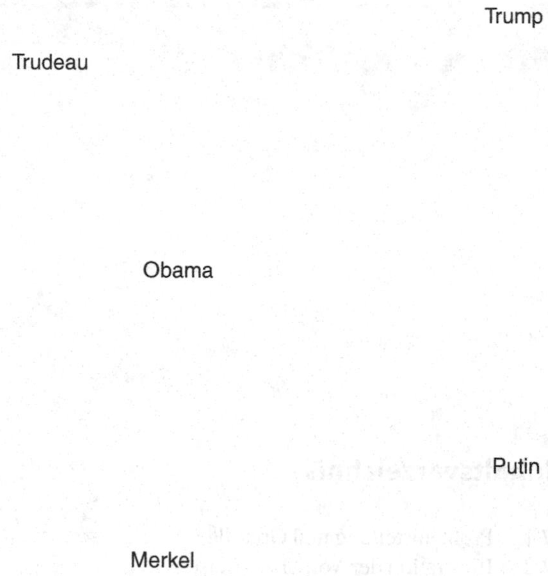

Abb. 7.1 Graphische Darstellung von fünf Politikern mit einer metrischen mehrdimensionalen Skalierung auf der Basis einer Distanzmatrix, die mit der Rangreihung gewonnen wurde

Bewertung dieser Politiker mit dem Ratingverfahren ist in Tab. 4.9 und die Bewertung mit der Rangreihung in Tab. 4.10 gegeben. Für beide Situationen wurde eine metrische mehrdimensionale Skalierung durchgeführt (siehe Abb. 7.1 und 7.2). Auf den ersten Blick sehen die Abbildungen ähnlich aus. Sie sind aber nicht gleich. Das sieht man beispielsweise bei der Position von Barack Obama. Außerdem scheint die Darstellung auf Basis des Ratingverfahrens im Vergleich zur Darstellung auf Basis der Rangreihung gestaucht und somit kompakter.

Wir wollen nun die beiden Konfigurationen miteinander vergleichen, um zu sehen, wie konsistent die Person bei der Bewertung ist. Da die Konfigurationen beliebig verschoben, gedreht und gestreckt oder gestaucht werden können, sollte man vor dem Vergleich eine von beiden so verschieben, drehen und strecken oder stauchen, dass sie der anderen ähnelt. Man spricht von der *Procrustes-Analyse*. So heißt in der griechischen Sage ein Dieb, der Reisenden sein Bett anbot. Waren sie zu klein, so wurden sie gestreckt, waren sie zu groß, so wurden sie gekürzt. In der römischen Mythologie trägt er den Namen Damas-

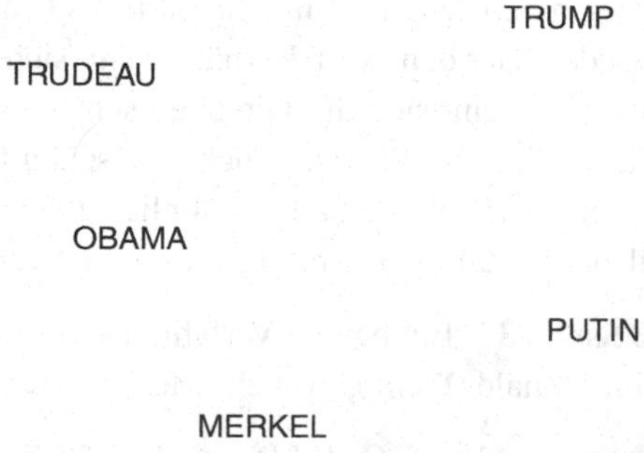

Abb. 7.2 Graphische Darstellung von fünf Politikern mit einer metrischen mehrdimensionalen Skalierung auf der Basis einer Distanzmatrix, die mit dem Ratingverfahren gewonnen wurde

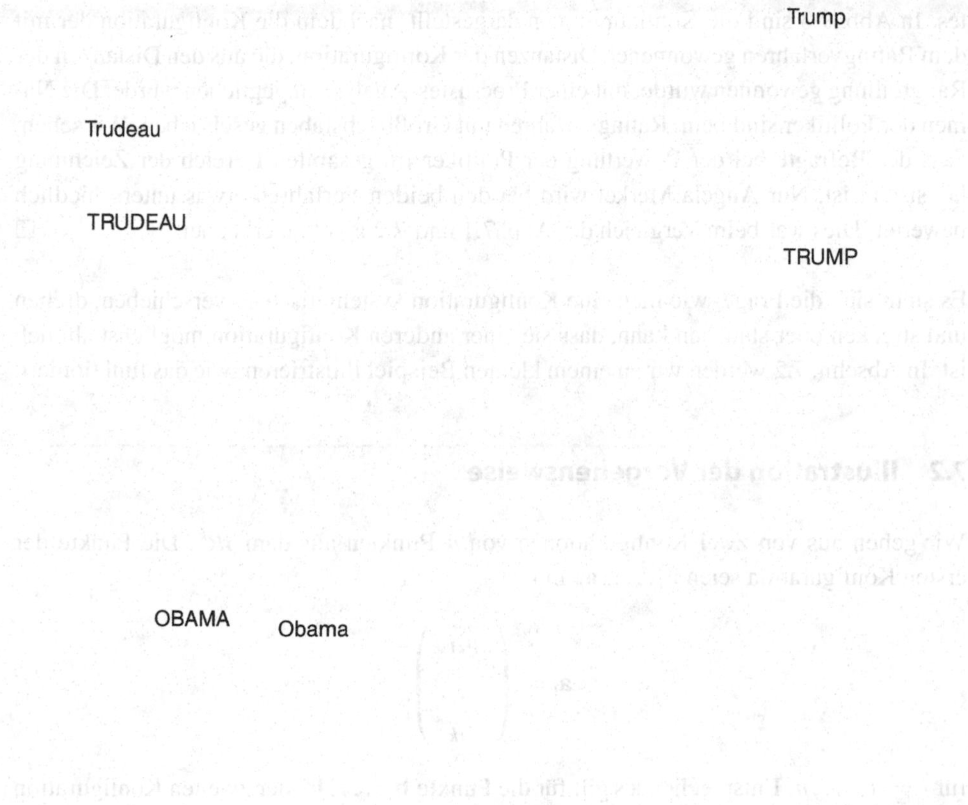

Trump

Trudeau

TRUDEAU

TRUMP

OBAMA Obama

PUTIN

MERKEL Putin

Merkel

Abb. 7.3 Graphische Darstellung von fünf Politikern mit einer metrischen mehrdimensionalen Skalierung auf der Basis einer Distanzmatrix, die mit dem Verfahren der Rangreihung gewonnen wurde, nach Durchführung einer Procrustes-Analyse

tes. In Abb. 7.3 sind die Konfigurationen dargestellt, nachdem die Konfiguration der mit dem Ratingverfahren gewonnenen Distanzen der Konfiguration, die aus den Distanzen der Rangreihung gewonnen wurde, mit einer Procrustes-Analyse angeglichen wurde. Die Namen der Politiker sind beim Ratingverfahren mit Großbuchstaben geschrieben. Wir sehen, dass der Befragte bei der Bewertung der Politiker im gesamten Bereich der Zeichnung konsistent ist. Nur Angela Merkel wird bei den beiden Verfahren etwas unterschiedlich bewertet. Dies war beim Vergleich der Abb. 7.1 und 7.2 nicht zu erkennen.   □

Es stellt sich die Frage, wie man eine Konfiguration systematisch so verschieben, drehen und strecken oder stauchen kann, dass sie einer anderen Konfiguration möglichst ähnlich ist. In Abschn. 7.2 werden wir an einem kleinen Beispiel illustrieren, wie das funktioniert.

7.2 Illustration der Vorgehensweise

Wir gehen aus von zwei Konfigurationen von n Punkten aus dem IR^k. Die Punkte der ersten Konfiguration seien $\mathbf{a}_1, \ldots, \mathbf{a}_n$ mit

$$\mathbf{a}_i = \begin{pmatrix} a_{i1} \\ \vdots \\ a_{ik} \end{pmatrix}$$

für $i = 1, \ldots, n$. Entsprechendes gilt für die Punkte $\mathbf{b}_1, \ldots, \mathbf{b}_n$ der zweiten Konfiguration

$$\mathbf{b}_i = \begin{pmatrix} b_{i1} \\ \vdots \\ b_{ik} \end{pmatrix}$$

für $i = 1, \ldots, n$. Die Zeilenvektoren $\mathbf{a}'_1, \ldots, \mathbf{a}'_n$ bilden die Zeilen der Matrix $\mathbf{A}$ und die Zeilenvektoren $\mathbf{b}'_1, \ldots, \mathbf{b}'_n$ die Zeilen der Matrix $\mathbf{B}$.

Beispiel 35 Wir gehen aus von zwei Konfigurationen, die aus jeweils drei Punkten im IR^2 bestehen.

Die erste Konfiguration besteht aus den Punkten

$$\mathbf{a}_1 = \begin{pmatrix} 10 \\ 2 \end{pmatrix}, \qquad \mathbf{a}_2 = \begin{pmatrix} 10 \\ 8 \end{pmatrix}, \qquad \mathbf{a}_3 = \begin{pmatrix} 4 \\ 8 \end{pmatrix}.$$

Die zweite Konfiguration setzt sich zusammen aus den Punkten

$$\mathbf{b}_1 = \begin{pmatrix} 2 \\ 4 \end{pmatrix}, \qquad \mathbf{b}_2 = \begin{pmatrix} 2 \\ 1 \end{pmatrix}, \qquad \mathbf{b}_3 = \begin{pmatrix} 5 \\ 1 \end{pmatrix}.$$

Es gilt

$$A = \begin{pmatrix} 10 & 2 \\ 10 & 8 \\ 4 & 8 \end{pmatrix}$$

und

$$B = \begin{pmatrix} 2 & 4 \\ 2 & 1 \\ 5 & 1 \end{pmatrix}.$$

Abb. 7.4 zeigt die beiden Konfigurationen, wobei wir die Zusammengehörigkeit der Punkte einer Konfiguration dadurch hervorheben, dass wir die Punkte durch Strecken miteinander verbinden.

Abb. 7.4 Zwei Konfigurationen, die aus jeweils drei Punkten bestehen

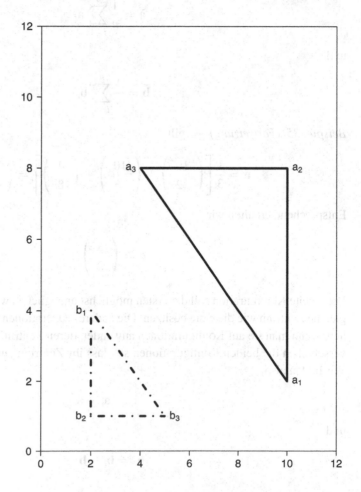

Wir sehen, dass die beiden Konfigurationen ähnlich sind. Beide bilden rechtwinklige Dreiecke. Wir sehen auch, dass die Katheten bei jedem der beiden Dreiecke gleichlang sind.   □

Die beiden Konfigurationen unterscheiden sich durch ihre Lage im Koordinatensystem, ihre Größe und ihre Ausrichtung. Alle drei Aspekte sind aber irrelevant, wenn man an der Lage der Punkte einer Konfiguration zueinander interessiert ist. Wir können eine Konfiguration von Punkten also verschieben, strecken oder stauchen und drehen, ohne dass relevante Information verlorengeht. Wir wollen nun die zweite Konfiguration so verschieben, strecken oder stauchen und drehen, dass sie hinsichtlich Lage, Größe und Ausrichtung der ersten Konfiguration so ähnlich wie möglich ist.

Beginnen wir mit der Verschiebung. Wir betrachten hierzu die Zentren der beiden Konfigurationen. Es liegt nahe, die Mittelwerte der beiden Koordinaten zu bilden. Wir bilden also

$$\bar{\mathbf{a}} = \frac{1}{n} \sum_{i=1}^{n} \mathbf{a}_i \tag{7.1}$$

und

$$\bar{\mathbf{b}} = \frac{1}{n} \sum_{i=1}^{n} \mathbf{b}_i . \tag{7.2}$$

Beispiel 35 (Fortsetzung) Es gilt

$$\bar{\mathbf{a}} = \frac{1}{3} \left[\begin{pmatrix} 10 \\ 2 \end{pmatrix} + \begin{pmatrix} 10 \\ 8 \end{pmatrix} + \begin{pmatrix} 4 \\ 8 \end{pmatrix} \right] = \begin{pmatrix} 8 \\ 6 \end{pmatrix} .$$

Entsprechend erhalten wir

$$\bar{\mathbf{b}} = \begin{pmatrix} 3 \\ 2 \end{pmatrix} .$$ □

Die zweite Konfiguration soll der ersten möglichst angeglichen werden. Sie sollte also das gleiche Zentrum wie die erste besitzen. Die anderen Operationen sind einfacher zu verstehen, wenn man sie auf Konfigurationen anwendet, deren Zentrum im Nullpunkt liegt. Wir verschieben die beiden Konfigurationen so, dass ihr Zentrum jeweils im Nullpunkt liegt. Wir bilden also

$$\tilde{\mathbf{a}}_i = \mathbf{a}_i - \bar{\mathbf{a}}$$

und

$$\tilde{\mathbf{b}}_i = \mathbf{b}_i - \bar{\mathbf{b}} .$$

Die Koordinaten der zentrierten Punkte mögen die Zeilenvektoren der Matrizen $\tilde{\mathbf{A}}$ und $\tilde{\mathbf{B}}$ bilden.

Beispiel 35 (Fortsetzung) Es gilt

$$\tilde{\mathbf{a}}_1 = \begin{pmatrix} 2 \\ -4 \end{pmatrix}, \qquad \tilde{\mathbf{a}}_2 = \begin{pmatrix} 2 \\ 2 \end{pmatrix}, \qquad \tilde{\mathbf{a}}_3 = \begin{pmatrix} -4 \\ 2 \end{pmatrix}$$

und

$$\tilde{\mathbf{b}}_1 = \begin{pmatrix} -1 \\ 2 \end{pmatrix}, \qquad \tilde{\mathbf{b}}_2 = \begin{pmatrix} -1 \\ -1 \end{pmatrix}, \qquad \tilde{\mathbf{b}}_3 = \begin{pmatrix} 2 \\ -1 \end{pmatrix}.$$

Somit erhalten wir

$$\tilde{\mathbf{A}} = \begin{pmatrix} 2 & -4 \\ 2 & 2 \\ -4 & 2 \end{pmatrix}, \qquad \tilde{\mathbf{B}} = \begin{pmatrix} -1 & 2 \\ -1 & -1 \\ 2 & -1 \end{pmatrix}.$$

Abb. 7.5 zeigt die beiden verschobenen Konfigurationen.   □

Wenden wir uns den Drehungen zu.

Beispiel 35 (Fortsetzung) In Abb. 7.5 handelt es sich bei beiden Konfigurationen um rechtwinklige Dreiecke. Wir sehen, dass die rechten Winkel sich genau gegenüberliegen, wenn man den Nullpunkt als Bezugspunkt nimmt. Es liegt nahe, die zweite Konfiguration um 180 Grad gegen den Uhrzeigersinn zu drehen. Abb. 7.6 zeigt, dass dieses Vorgehen richtig ist.   □

Eine Konfiguration von Punkten im $I\!R^2$, die die Zeilenvektoren der Matrix $\mathbf{C}$ bilden, dreht man um den Winkel α gegen den Uhrzeigersinn, indem man sie von rechts mit der *Rotationsmatrix*

$$\mathbf{T} = \begin{pmatrix} \cos\alpha & \sin\alpha \\ -\sin\alpha & \cos\alpha \end{pmatrix}$$

multipliziert. Man bildet also

$$\mathbf{C\,T}.$$

Eine Begründung dieses Sachverhalts ist bei Zurmühl & Falk (2011) gegeben.

Abb. 7.5 Zwei Konfigurationen, deren Zentrum der
Nullpunkt ist

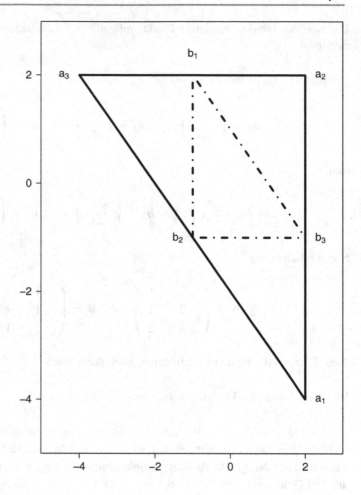

Beispiel 35 (Fortsetzung) Im Beispiel ist α gleich π. Wegen $\cos \pi = -1$ und $\sin \pi = 0$
gilt also

$$T = \begin{pmatrix} -1 & 0 \\ 0 & -1 \end{pmatrix}.$$

Wir wenden die Matrix T auf die Matrix $\tilde{B}$ an und erhalten:

$$\tilde{B}_d = \tilde{B}\, T = \begin{pmatrix} 1 & -2 \\ 1 & 1 \\ -2 & 1 \end{pmatrix}. \qquad \square$$

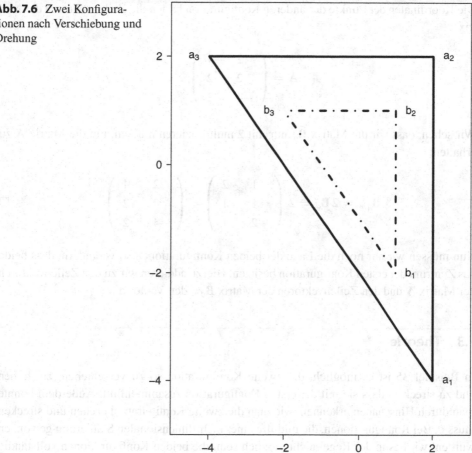

Abb. 7.6 Zwei Konfigurationen nach Verschiebung und Drehung

Jetzt müssen wir nur noch die Größe der Konfiguration verändern. Hierzu multiplizieren wir alle Punkte mit der Zahl c und erhalten die Matrix

$$\tilde{\mathbf{B}}_{dm} = c\,\tilde{\mathbf{B}}_d.$$

Beispiel 35 (Fortsetzung) Betrachten wir die Koordinaten aller Punkte aus Abb. 7.6. Die Koordinaten der Punkte der zu verändernden Konfiguration sind die Zeilenvektoren der Matrix

$$\tilde{\mathbf{B}}_d = \begin{pmatrix} 1 & -2 \\ 1 & 1 \\ -2 & 1 \end{pmatrix}.$$

Die Koordinaten der Punkte der anderen Konfiguration bilden die Zeilenvektoren der Matrix

$$\tilde{\mathbf{A}} = \begin{pmatrix} 2 & -4 \\ 2 & 2 \\ -4 & 2 \end{pmatrix}.$$

Wir sehen, dass wir die Matrix $\tilde{\mathbf{B}}_d$ nur mit 2 multiplizieren müssen, um die Matrix $\tilde{\mathbf{A}}$ zu erhalten:

$$\tilde{\mathbf{B}}_{dm} = 2\,\tilde{\mathbf{B}}_d = 2 \begin{pmatrix} 1 & -2 \\ 1 & 1 \\ -2 & 1 \end{pmatrix} = \begin{pmatrix} 2 & -4 \\ 2 & 2 \\ -4 & 2 \end{pmatrix}. \qquad \square$$

Nun müssen wir nur noch die Lage der beiden Konfigurationen so verändern, dass beide das Zentrum der ersten Konfiguration besitzen. Hierzu addieren wir zu den Zeilenvektoren der Matrix $\tilde{\mathbf{A}}$ und den Zeilenvektoren der Matrix $\tilde{\mathbf{B}}_{dm}$ den Vektor $\bar{\mathbf{a}}'$.

7.3 Theorie

In Beispiel 35 ist es möglich, die zweite Konfiguration so zu verschieben, zu drehen und zu strecken, dass sie mit der ersten Konfiguration zusammenfällt. Außerdem konnte man durch Hinschauen erkennen, wie man die zweite Konfiguration drehen und strecken musste. Bei Konfigurationen, die mithilfe einer mehrdimensionalen Skalierung gewonnen wurden, wird es in der Regel nicht möglich sein, die beiden Konfigurationen vollständig zur Deckung zu bringen. In diesem Fall wird man fordern, dass sie sich sehr ähnlich sein sollen. Ein Maß für die Ähnlichkeit von zwei Konfigurationen im $I\!R^k$, die aus jeweils n Punkten bestehen und die die Zeilenvektoren der Matrizen $\mathbf{A}$ und $\mathbf{B}$ bilden, ist

$$\sum_{i=1}^{n} \sum_{j=1}^{k} (a_{ij} - b_{ij})^2.$$

In Seber (1984) wird hergeleitet, wie man eine Konfiguration verschieben, drehen und strecken oder stauchen muss, um sie einer anderen Konfiguration hinsichtlich dieses Kriteriums möglichst anzugleichen. Wir wollen auf die Herleitung der zugrunde liegenden Beziehungen nicht eingehen, sondern nur zeigen, wie man vorgehen muss.

   Ausgangspunkt sind die (n, k)-Matrizen $\mathbf{A}$ und $\mathbf{B}$. Die Zeilenvektoren dieser Matrizen bilden Konfigurationen im $I\!R^k$. Die Konfiguration in $\mathbf{B}$ soll der Konfiguration in $\mathbf{A}$ möglichst angeglichen werden.

Beispiel 36 Wir gehen wieder aus von den Matrizen

$$\mathbf{A} = \begin{pmatrix} 10 & 2 \\ 10 & 8 \\ 4 & 8 \end{pmatrix}, \qquad \mathbf{B} = \begin{pmatrix} 2 & 4 \\ 2 & 1 \\ 5 & 1 \end{pmatrix}. \qquad \square$$

Um die Konfigurationen bezüglich der Lage möglichst anzugleichen, legt man das Zentrum jeder Konfiguration in den Nullpunkt. Man bildet also entsprechend (2.12) die zentrierten Matrizen $\tilde{\mathbf{A}}$ und $\tilde{\mathbf{B}}$.

Beispiel 36 (Fortsetzung) Es gilt

$$\tilde{\mathbf{A}} = \begin{pmatrix} 2 & -4 \\ 2 & 2 \\ -4 & 2 \end{pmatrix}, \qquad \tilde{\mathbf{B}} = \begin{pmatrix} -1 & 2 \\ -1 & -1 \\ 2 & -1 \end{pmatrix}. \qquad \square$$

Die Rotationsmatrix $\mathbf{T}$ und den Streckungs- beziehungsweise Stauchungsfaktor c erhält man durch eine Singulärwertzerlegung der Matrix $\tilde{\mathbf{A}}'\tilde{\mathbf{B}}$. Man bildet also folgende Zerlegung:

$$\tilde{\mathbf{A}}'\tilde{\mathbf{B}} = \mathbf{U}\mathbf{D}\mathbf{V}'. \tag{7.3}$$

Die Singulärwertzerlegung wird in Abschn. A.1.10 besprochen.

Die Rotationsmatrix $\mathbf{T}$ erhält man durch

$$\mathbf{T} = \mathbf{V}\mathbf{U}'$$

und den Streckungs- beziehungsweise Stauchungsfaktor c durch

$$c = \frac{tr(\mathbf{D})}{tr(\tilde{\mathbf{B}}\tilde{\mathbf{B}}')}.$$

Dabei ist $tr(\mathbf{X})$ die Spur der Matrix $\mathbf{X}$.

Beispiel 36 (Fortsetzung) Es gilt

$$\tilde{\mathbf{A}}'\tilde{\mathbf{B}} = \mathbf{U}\mathbf{D}\mathbf{V}$$

mit

$$\mathbf{U} = \frac{1}{2}\begin{pmatrix} -\sqrt{2} & \sqrt{2} \\ \sqrt{2} & \sqrt{2} \end{pmatrix}, \quad \mathbf{V} = \frac{1}{2}\begin{pmatrix} \sqrt{2} & -\sqrt{2} \\ -\sqrt{2} & -\sqrt{2} \end{pmatrix}$$

und

$$\mathbf{D} = \begin{pmatrix} 18 & 0 \\ 0 & 6 \end{pmatrix}.$$

Es gilt

$$\mathbf{T} = \mathbf{VU}' = \begin{pmatrix} -1 & 0 \\ 0 & -1 \end{pmatrix}.$$

Mit

$$\tilde{\mathbf{B}}\tilde{\mathbf{B}}' = \begin{pmatrix} 5 & -1 & -4 \\ -1 & 2 & -1 \\ -4 & -1 & 5 \end{pmatrix}$$

folgt

$$c = \frac{tr(\mathbf{D})}{tr(\tilde{\mathbf{B}}\tilde{\mathbf{B}}')} = \frac{24}{12} = 2. \qquad \square$$

7.4 Procrustes-Analyse der Reisezeiten

Wir wollen eine Procrustes-Analyse der Daten in Beispiel 6 durchführen. Hierzu führen wir zuerst eine metrische mehrdimensionale Skalierung der Reisezeiten mit dem Pkw durch. Die Daten sind in Tab. 1.6 gegeben. Abb. 7.7 zeigt die Darstellung der Städte, die man mit der metrischen mehrdimensionalen Skalierung erhält.

Nun schauen wir uns die Darstellung an, die man für die Reisezeiten mit der Bahn mit der metrischen mehrdimensionalen Skalierung gewinnt. Die Daten sind in Tab. 1.7

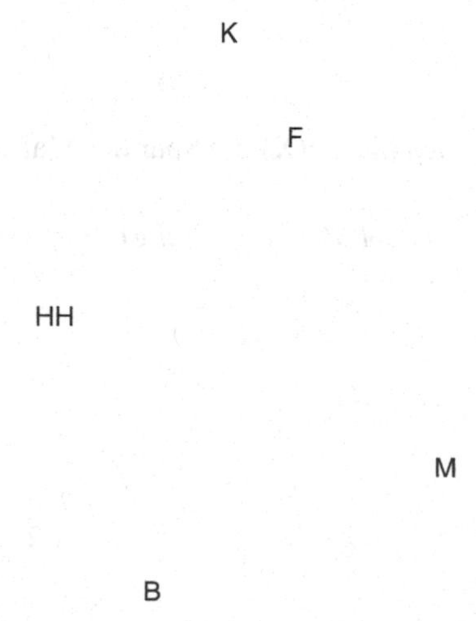

Abb. 7.7 Graphische Darstellung von fünf deutschen Städten mit einer metrischen mehrdimensionalen Skalierung auf der Basis einer Distanzmatrix, die aus den Reisezeiten mit dem Pkw gewonnen wurde

K

F

HH

M

B

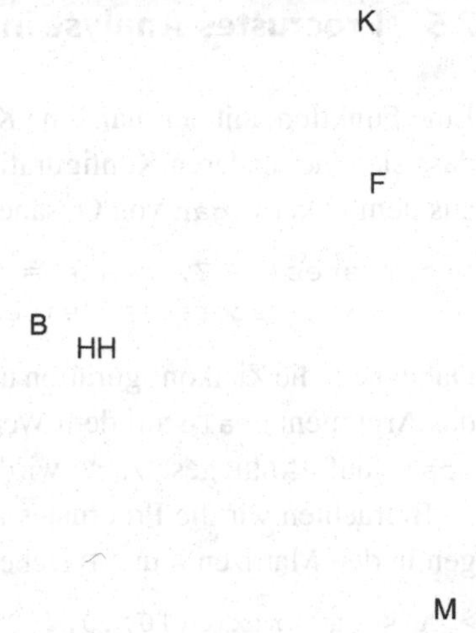

Abb. 7.8 Graphische Darstellung von fünf deutschen
Städten mit einer metrischen
mehrdimensionalen Skalierung
auf der Basis einer Distanzmatrix, die aus den Reisezeiten
mit der Bahn gewonnen wurde

K

F

B
HH

M

gegeben. Abb. 7.8 zeigt die Darstellung der Städte, die man mit der metrischen mehrdimensionalen Skalierung erhält.

Nun führen wir eine Procrustes-Analyse durch, wobei wir die Darstellung der Reisezeiten mit der Bahn der Darstellung der Reisezeiten mit dem Pkw angleichen. Das Ergebnis
zeigt Abb. 7.9. Dabei wurden Großbuchstaben für die Städte beim Pkw und Kleinbuch-
staben bei der Bahn gewählt. Wir sehen, dass die Reise zwischen Hamburg und Berlin mit
dem Zug viel schneller geht, während eine Fahrt von Hamburg nach Köln mit der Bahn
etwas länger dauert als mit dem Pkw. Zwischen Köln und Frankfurt ist hingegen kaum ein
Unterschied festzustellen.

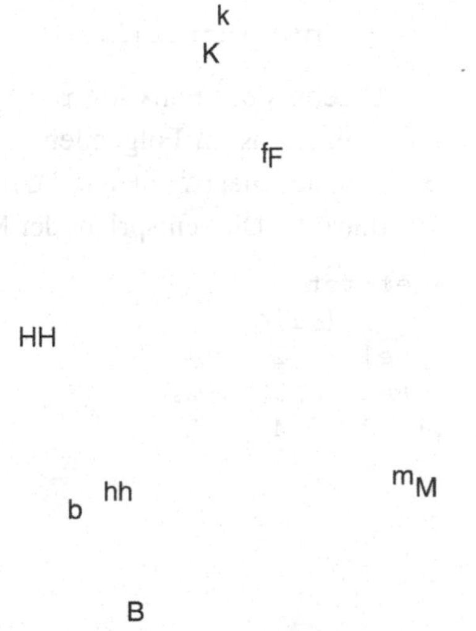

Abb. 7.9 Graphische Darstellung von fünf deutschen
Städten mit einer metrischen
mehrdimensionalen Skalierung
auf der Basis von Distanzmatrizen, die aus den Reisezeiten
mit dem Pkw und mit der Bahn
gewonnen wurden, nach einer
Procrustes-Analyse

k
K

fF

HH

b hh ^{m}M

B

7.5 Procrustes-Analyse in R

Eine Funktion, mit der man eine Konfiguration so verschieben, drehen und strecken kann, dass sie einer anderen Konfiguration möglichst ähnlich ist, ist die Funktion `procrustes` aus dem Paket `vegan` von Oksanen et al. (2016). Sie wird aufgerufen durch

```
procrustes(X, Y, scale = TRUE, symmetric = FALSE,
           scores = "sites", ...)
```

Dabei ist `X` die Zielkonfiguration und `Y` die Konfiguration, die angepasst werden soll. Steht das Argument `scale` auf dem Wert `TRUE`, so wird die Konfiguration auch gestreckt. Wird `scale` auf `FALSE` gesetzt, so wird sie nur gedreht.

Betrachten wir die Procrustes-Analyse in R für Beispiel 35. Die Konfigurationen mögen in den Matrizen `A` und `B` stehen:

```
> A <- matrix(c(10,10,4,2,8,8),ncol=2)
> A
     [,1] [,2]
[1,]   10    2
[2,]   10    8
[3,]    4    8

> B <- matrix(c(2,2,5,4,1,1),ncol=2)
> B
     [,1] [,2]
[1,]    2    4
[2,]    2    1
[3,]    5    1
```

Die Zielkonfiguration steht in der Matrix `A`, die zu ändernde Konfiguration in der Matrix `B`. Wir wollen also die Konfiguration in `B` der Konfiguration in `A` angleichen. Wir rufen dazu die Funktion `procrustes` auf:

```
> e <- procrustes(A, B)
```

Das Ergebnis der Funktion `procrustes` ist eine Liste mit insgesamt zehn Elementen. Wir wollen uns im Folgenden die für uns wichtigen Ergebnisse der Funktion ansehen. Das Listenelement `Yrot` hat die rotierte Matrix der zu ändernden Konfiguration, also von der Matrix `B`. Dies entspricht der Matrix $\tilde{\mathbf{B}}_{dm}$:

```
> e$Yrot
       [,1] [,2]
site1     2   -4
site2     2    2
site3    -4    2
```

Unsere Zielmatrix $\tilde{A}$ finden wir unter dem Element X:

```
> e$X
      Dim1 Dim2
site1    2   -4
site2    2    2
site3   -4    2
attr(,"scaled:center")
Dim1 Dim2
   8    6
```

Die verwendete Rotationsmatrix **T** finden wir unter rotation:

```
> e$rotation
                [,1]          [,2]
[1,] -1.000000e+00  1.110223e-16
[2,] -2.220446e-16 -1.000000e+00
```

Wenn beim Aufruf der Funktion procrustes die Standardeinstellung des Arguments scale=TRUE verwendet wurde, erhalten wir mit dem Listenelement scale den Streckungs- beziehungsweise Stauchungsfaktor c:

```
> e$scale
[1] 2
```

Wurde beim Aufruf das Argument scale auf den Wert FALSE gesetzt, nimmt c den Wert 1 an. Wir können noch überprüfen, wie gut die Anpassung ist. Dafür finden wir unter dem Element ss die Summe der quadrierten Differenzen zwischen der Matrix X und Yrot:

```
> e$ss
[1] 1.421085e-14
```

Da wir die Konfiguration von Matrix B genau in die Konfiguration von A überführen konnten, ist die Summe der quadrierten Abweichungen gleich null.

Wir können eine Procrustes-Analyse auch ohne die Funktion procrustes durchführen. Zunächst zentrieren wir dazu die beiden Matrizen:

```
> Az <- scale(A,scale=FALSE)
> Az
     [,1] [,2]
[1,]    2   -4
[2,]    2    2
[3,]   -4    2
attr(,"scaled:center")
[1] 8 6

> Bz <- scale(B,scale=FALSE)
> Bz
     [,1] [,2]
[1,]   -1    2
[2,]   -1   -1
[3,]    2   -1
```

```
attr(,"scaled:center")
[1] 3 2
```

Dann führen wir eine Singulärwertzerlegung der Matrix $\tilde{\mathbf{A}}'\tilde{\mathbf{B}}$ mit der Funktion svd durch:

```
> e <- svd(t(Az)%*%Bz)
> e
$d
[1] 18  6

$u
           [,1]       [,2]
[1,] -0.7071068 0.7071068
[2,]  0.7071068 0.7071068

$v
           [,1]        [,2]
[1,]  0.7071068 -0.7071068
[2,] -0.7071068 -0.7071068
```

Die Rotationsmatrix $\mathbf{T}$ erhält man durch

```
> e$v%*%t(e$u)
                [,1]          [,2]
[1,] -1.000000e+00  1.110223e-16
[2,] -2.220446e-16 -1.000000e+00
```

und den Streckungs- beziehungsweise Stauchungsfaktor c durch

```
> sum(e$d)/sum(diag(Bz%*%t(Bz)))
[1] 2
```

Wir wollen nun noch die Procrustes-Analyse der Reisezeiten aus Abschn. 7.4 in R nachvollziehen. Die Distanzen mögen in den Variablen

```
> reisezeitenpkw
     HH   B   K   F   M
HH    0 170 248 285 449
B   170   0 322 303 332
K   248 322   0 124 342
F   285 303 124   0 251
M   449 332 342 251   0
```

und

```
> reisezeitenbahn
     HH   B   K   F   M
HH    0 149 273 244 304
B   149   0 297 275 340
K   273 297   0 109 295
F   244 275 109   0 221
M   304 340 295 221   0
```

stehen. Wir führen jeweils eine metrische mehrdimensionale Skalierung:

```
> epkw <- cmdscale(reisezeitenpkw)
> ebahn <- cmdscale(reisezeitenbahn)
```

und anschließend die Procrustes-Analyse durch. Dabei wollen wir die Reisezeiten mit der Bahn den Reisezeiten mit dem Pkw angleichen:

```
> e <- procrustes(epkw,ebahn)
```

Abb. 7.9 erhalten wir durch folgende Befehle:

```
> plot(epkw$points,axes=FALSE,xlab="",ylab="",type="n")
> text(epkw$points,rownames(epkw$points),cex=2.5,xpd=TRUE)
> text(erg$Yrot,labels = c('hh','b','k','f','m'),cex=2.5,
+       xpd=TRUE)
```

7.6 Ergänzungen und weiterführende Literatur

Wir haben hier gezeigt, wie man vorzugehen hat, wenn eine von zwei Konfigurationen der anderen durch Verschieben, Drehen, Strecken oder Stauchen angeglichen werden soll. Gower (1975) beschreibt, wie man mehr als zwei Konfigurationen simultan angleichen kann. Weitere Aspekte der Procrustes-Analyse geben Cox & Cox (1994).

7.7 Übungen

7.1 Beispiel 34 zeigt die Ergebnisse einer Procrustes-Analyse. Vollziehen Sie diese Ergebnisse in R nach.

7.2 In Tab. 1.5 sind die Luftlinienentfernungen zwischen deutschen Städten in Kilometern angegeben.

1. Führen Sie eine metrische mehrdimensionale Skalierung dieser Daten durch.
2. Tab. 1.6 zeigt die Reisezeiten, die zwischen fünf Städten mit dem Pkw benötigt werden. Führen Sie eine metrische mehrdimensionale Skalierung durch und vergleichen Sie die Ergebnisse mit den unter 1. gewonnenen mit Hilfe einer Procrustes-Analyse.
3. Tab. 1.7 zeigt die Reisezeiten, die zwischen fünf Städten mit der Bahn benötigt werden. Führen Sie eine metrische mehrdimensionale Skalierung durch und vergleichen Sie die Ergebnisse mit den unter 1. gewonnenen mit Hilfe einer Procrustes-Analyse.

7.3 In Übung 5.5 wurde eine Hauptkomponentenanalyse der 0.95-Quantile der Punktezahlen in den Bereichen Lesekompetenz, Mathematische Grundbildung und Naturwissenschaftliche Grundbildung durchgeführt. Vergleichen Sie das Ergebnis der durch die Hauptkomponentenanalyse gewonnenen zweidimensionalen Darstellung

mit der durch die Hauptkomponentenanalyse in Kap. 5 gewonnenen zweidimensionalen
Darstellung der Mittelwerte.

Teil III
Abhängigkeitsstrukturen

Lineare Regression

8

Inhaltsverzeichnis

8.1 Problemstellung und Modell 219
8.2 Schätzung der Parameter 222
8.3 Praktische Aspekte 230
8.4 Lineare Regression in R 243
8.5 Ergänzungen und weiterführende Literatur 246
8.6 Übungen 246

8.1 Problemstellung und Modell

Oft ist man daran interessiert, die Abhängigkeit einer Variablen Y von einer anderen Variablen x_1 oder mehreren anderen Variablen $x_1, \ldots, x_p$ zu modellieren. Dabei bezeichnen wir Y als *zu erklärende Variable* und $x_1, \ldots, x_p$ als *erklärende Variablen*.

Beispiel 37 Im Oktober 2016 möchte ein Dozent gerne seinen VW Golf VI verkaufen, der 100 000 Kilometer gefahren wurde. Er fragt sich, zu welchem Preis y er ihn anbieten soll. Um dies entscheiden zu können, möchte er wissen, wie der Preis von den gefahrenen Kilometern x_1 abhängt. □

Wir wollen den Zusammenhang zwischen Y und $x_1, \ldots, x_p$ durch eine Funktion beschreiben. In der Regel wird Y noch von anderen Variablen abhängen, sodass der Zusammenhang zwischen Y und $x_1, \ldots, x_p$ nicht exakt ist. Wir nehmen aber an, dass der Einfluss der anderen Variablen gering ist. Wir fassen die anderen Variablen zur *Störgröße* ϵ zusammen. Dabei ist ϵ eine Zufallsvariable. Wir unterstellen außerdem, dass die Störgröße ϵ additiv wirkt. Somit gehen wir von folgendem Modell aus:

$$Y = f(x_1, \ldots, x_p) + \epsilon \, . \tag{8.1}$$

© Springer-Verlag GmbH Deutschland 2017
A. Handl, T. Kuhlenkasper, *Multivariate Analysemethoden*, Statistik und ihre Anwendungen,
DOI 10.1007/978-3-662-54754-0_8

Man nennt (8.1) ein *Regressionsmodell*. Wird $f(x_1, \ldots, x_p)$ nicht näher spezifiziert, so ist (8.1) ein *nichtparametrisches Regressionsmodell*. Meist unterstellt man, dass $f(x_1, \ldots, x_p)$ linear in den Parametern $\beta_0, \beta_1, \ldots, \beta_p$ ist. Es gilt also

$$f(x_1, \ldots, x_p) = \beta_0 + \beta_1 x_1 + \ldots + \beta_p x_p \, .$$

Der *Parameter* β_k gibt also die Richtung und die Stärke an, mit der die Variable x_k auf die zu erklärende Variable Y wirkt. Im Normalfall sind die Parameter $\beta_0, \beta_1, \ldots, \beta_p$ vor der Analyse unbekannt. Um sie zu schätzen, werden die Daten $x_{i1}, \ldots, x_{ip}, y_i$ für die Merkmalsträger oder Zeitpunkte $i = 1, \ldots, n$ erhoben.

Beispiel 37 (Fortsetzung) Der Dozent studiert auf www.mobile.de die Angebote am 09.10.2016 im Umkreis von 20 Kilometern um Bad Essen. Er findet 39 VW Golf VI. In Tab. 1.8 sind die Merkmale `Alter`, `Gefahrene Kilometer` und `Angebotspreis` der Autos angegeben.   □

Wird nur eine erklärende Variable betrachtet, so spricht man von *Einfachregression*, ansonsten von *multipler Regression*. Bei Einfachregression gibt ein Streudiagramm Hinweise auf den Zusammenhang zwischen den beiden Variablen.

Beispiel 37 (Fortsetzung) Abb. 8.1 zeigt das Streudiagramm der Daten.
   Wie wir erwartet haben, nimmt der Angebotspreis mit zunehmender Anzahl gefahrener Kilometer ab. Wir sehen auch, dass der Zusammenhang tendenziell linear, aber nicht exakt linear ist.   □

Wir werden uns im Folgenden mit linearer Regression beschäftigen. Ausgangspunkt ist hier für $i = 1, \ldots, n$ das Modell

$$Y_i = \beta_0 + \beta_1 x_{i1} + \ldots + \beta_p x_{ip} + \epsilon_i \, . \tag{8.2}$$

Dabei wird β_0 auch als Absolutglied bezeichnet. Man nimmt außerdem an, dass gilt

$$E(\epsilon_i) = 0 \tag{8.3}$$

und

$$\text{Var}(\epsilon_i) = \sigma^2 \tag{8.4}$$

für $i = 1, \ldots, n$. Annahme (8.3) besagt, dass sich der Einfluss der Störgrößen im Mittel aufhebt. Alle anderen Variablen üben also keinen systematischen Einfluss auf Y aus. Wenn die Annahme (8.4) erfüllt ist, so ist die Varianz der Störgrößen konstant. Man spricht von *Homoskedastie*. Ist die Varianz der Störgrößen nicht konstant, so liegt *Heteroskedastie* vor.

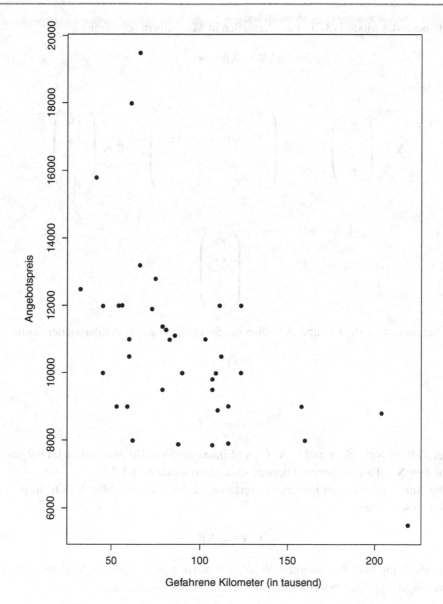

Abb. 8.1 Streudiagramm der Merkmale Gefahrene Kilometer (in tausend) und Angebotspreis (in EUR)

Neben (8.3) und (8.4) wird unterstellt, dass die Störgrößen unkorreliert sind. Für $i \neq j$ muss also gelten

$$\text{Cov}(\epsilon_i, \epsilon_j) = 0 . \tag{8.5}$$

Wir können das Modell (8.2) folgendermaßen in Matrixform schreiben:

$$\mathbf{Y} = \mathbf{X}\boldsymbol{\beta} + \boldsymbol{\epsilon} \ . \tag{8.6}$$

Dabei sind

$$\mathbf{Y} = \begin{pmatrix} Y_1 \\ \vdots \\ Y_n \end{pmatrix}, \quad \mathbf{X} = \begin{pmatrix} 1 & x_{11} & \cdots & x_{1p} \\ 1 & x_{21} & \cdots & x_{2p} \\ \vdots & \vdots & \ddots & \vdots \\ 1 & x_{n1} & \cdots & x_{np} \end{pmatrix}, \quad \boldsymbol{\beta} = \begin{pmatrix} \beta_0 \\ \beta_1 \\ \vdots \\ \beta_p \end{pmatrix}$$

und

$$\boldsymbol{\epsilon} = \begin{pmatrix} \epsilon_1 \\ \epsilon_2 \\ \vdots \\ \epsilon_n \end{pmatrix} \ .$$

Die Annahmen (8.3), (8.4) und (8.5) über die Störgrößen lauten in matrizieller Form

$$E(\boldsymbol{\epsilon}) = \mathbf{0} \tag{8.7}$$

und

$$\mathrm{Var}(\boldsymbol{\epsilon}) = \sigma^2 \mathbf{I}_n \ . \tag{8.8}$$

Dabei ist $\mathbf{0}$ der Nullvektor und $\mathbf{I}_n$ die (n, n)-Einheitsmatrix. Wir unterstellen im Folgenden noch, dass $\mathbf{X}$ vollen Spaltenrang besitzt, siehe dazu Abschn. A.1.7.

Die Annahme über den Erwartungswert von $\boldsymbol{\epsilon}$ erlaubt es, das Modell (8.6) folgendermaßen zu schreiben:

$$E(\mathbf{Y}) = \mathbf{X}\boldsymbol{\beta} \ . \tag{8.9}$$

Die Darstellung in (8.9) ermöglicht Verallgemeinerungen des linearen Modells. Eine dieser Verallgemeinerungen werden wir in Abschn. 12.4 kennenlernen.

8.2 Schätzung der Parameter

Da die Parameter $\beta_0, \beta_1, \ldots, \beta_p$ in der Regel unbekannt sind, müssen sie mithilfe der Daten geschätzt werden. Schauen wir uns die Schätzproblematik zunächst anhand der Regression mit nur einer erklärenden Variablen an. Das Modell lautet

$$Y_i = \beta_0 + \beta_1 x_{i1} + \epsilon_i$$

Abb. 8.2 Veranschaulichung der Kleinste-Quadrate-Methode

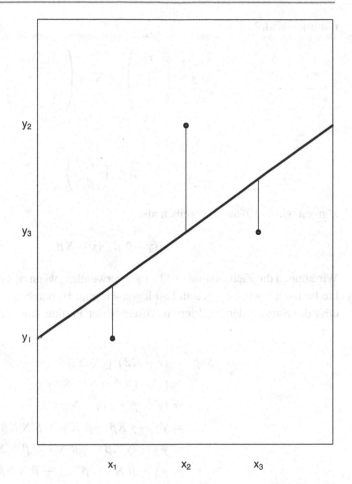

für $i = 1, \ldots, n$. Um die Parameter β_0 und β_1 zu schätzen, werden in $x_{11}, \ldots, x_{n1}$ Realisationen $y_1, \ldots, y_n$ von $Y_1, \ldots, Y_n$ beobachtet. Diese Punkte stellt man in einem Streudiagramm dar. Schätzung der Parameter β_0 und β_1 bedeutet, eine Gerade durch die Punktewolke zu legen. Gauß hat vorgeschlagen, die Gerade so durch die Punktewolke zu legen, dass die Summe der quadrierten senkrechten Abstände der Punkte von der Geraden minimal ist. Man nennt diese Vorgehensweise die *Kleinste-Quadrate-Methode*. Abb. 8.2 veranschaulicht sie für drei Punkte.

Gesucht sind also Werte von β_0 und β_1, sodass

$$\sum_{i=1}^{n} (y_i - \beta_0 - \beta_1 x_{i1})^2 \tag{8.10}$$

minimal wird. Mit

$$\mathbf{y} = \begin{pmatrix} y_1 \\ \vdots \\ y_n \end{pmatrix}, \quad \mathbf{X} = \begin{pmatrix} 1 & x_{11} \\ \vdots & \vdots \\ 1 & x_{n1} \end{pmatrix}$$

und

$$\boldsymbol{\beta} = \begin{pmatrix} \beta_0 \\ \beta_1 \end{pmatrix}.$$

können wir (8.10) auch schreiben als

$$(\mathbf{y} - \mathbf{X}\boldsymbol{\beta})' \, (\mathbf{y} - \mathbf{X}\boldsymbol{\beta}) \, . \tag{8.11}$$

Wir können die Zielfunktion (8.11) auch verwenden, wenn mehr als eine erklärende Variable betrachtet wird. In diesem Fall legen wir eine Hyperebene so durch die Punktewolke,
dass die Summe der quadrierten Abstände der Punkte von der Hyperebene minimal ist.
Sei

$$\begin{aligned}
S(\boldsymbol{\beta}) &= (\mathbf{y} - \mathbf{X}\boldsymbol{\beta})' \, (\mathbf{y} - \mathbf{X}\boldsymbol{\beta}) \\
&= (\mathbf{y}' - (\mathbf{X}\boldsymbol{\beta})') \, (\mathbf{y} - \mathbf{X}\boldsymbol{\beta}) \\
&= (\mathbf{y}' - \boldsymbol{\beta}'\mathbf{X}') \, (\mathbf{y} - \mathbf{X}\boldsymbol{\beta}) \\
&= \mathbf{y}'\mathbf{y} - \mathbf{y}'\mathbf{X}\boldsymbol{\beta} - \boldsymbol{\beta}'\mathbf{X}'\mathbf{y} + \boldsymbol{\beta}'\mathbf{X}'\mathbf{X}\boldsymbol{\beta} \\
&= \mathbf{y}'\mathbf{y} - (\mathbf{y}'\mathbf{X}\boldsymbol{\beta})' - \boldsymbol{\beta}'\mathbf{X}'\mathbf{y} + \boldsymbol{\beta}'\mathbf{X}'\mathbf{X}\boldsymbol{\beta} \\
&= \mathbf{y}'\mathbf{y} - \boldsymbol{\beta}'\mathbf{X}'\mathbf{y} - \boldsymbol{\beta}'\mathbf{X}'\mathbf{y} + \boldsymbol{\beta}'\mathbf{X}'\mathbf{X}\boldsymbol{\beta} \\
&= \mathbf{y}'\mathbf{y} - 2\boldsymbol{\beta}'\mathbf{X}'\mathbf{y} + \boldsymbol{\beta}'\mathbf{X}'\mathbf{X}\boldsymbol{\beta}.
\end{aligned} \tag{8.12}$$

Gesucht ist der Wert $\hat{\boldsymbol{\beta}}$, für den (8.12) minimal wird. Wir bezeichnen diesen als Kleinste-
Quadrate-Schätzer von $\hat{\boldsymbol{\beta}}$. Wir bestimmen den Gradienten

$$\frac{\partial}{\partial \boldsymbol{\beta}} \, S(\boldsymbol{\beta}) = -2\mathbf{X}'\mathbf{y} + 2\,\mathbf{X}'\mathbf{X}\boldsymbol{\beta} \, ,$$

siehe dazu Abschn. A.2.1. Der Kleinste-Quadrate-Schätzer $\hat{\boldsymbol{\beta}}$ erfüllt also die Gleichungen

$$\mathbf{X}'\mathbf{X}\hat{\boldsymbol{\beta}} = \mathbf{X}'\mathbf{y} \, . \tag{8.13}$$

Man nennt (8.13) auch *Normalgleichung*. Da $\mathbf{X}$ vollen Spaltenrang besitzt, existiert
$(\mathbf{X}'\mathbf{X})^{-1}$. Ein Beweis hierfür ist in Abschn. A.1.7 gegeben. Somit gilt

$$\hat{\boldsymbol{\beta}} = (\mathbf{X}'\mathbf{X})^{-1}\mathbf{X}'\mathbf{y} \, . \tag{8.14}$$

Um zu überprüfen, ob es sich um ein Minimum handelt, müssen wir die Hesse-Matrix bestimmen, wie dies in Abschn. A.2.1 beschrieben ist. Es gilt

$$\frac{\partial}{\partial \boldsymbol{\beta} \, \partial \boldsymbol{\beta}'} S(\boldsymbol{\beta}) = 2\,\mathbf{X}'\mathbf{X} \,.$$

Wir haben zu zeigen, dass $\mathbf{X}'\mathbf{X}$ positiv definit ist. Für jeden Vektor $\mathbf{z} \neq \mathbf{0}$ muss also gelten

$$\mathbf{z}'\mathbf{X}'\mathbf{X}\mathbf{z} > 0 \,. \tag{8.15}$$

Diese Bedingung ist erfüllt. Es gilt nämlich

$$\mathbf{z}'\mathbf{X}'\mathbf{X}\mathbf{z} = (\mathbf{X}\mathbf{z})'\,\mathbf{X}\mathbf{z} = \mathbf{v}\mathbf{v} = \sum_{i=1}^{n} v_i^2 \geq 0$$

mit

$$\mathbf{v} = \mathbf{X}\mathbf{z} \,.$$

Da $\mathbf{X}$ vollen Spaltenrang besitzt, ist $\mathbf{v}$ genau dann gleich dem Nullvektor, wenn $\mathbf{z}$ gleich dem Nullvektor ist.

Man kann zeigen, dass der Kleinste-Quadrate-Schätzer erwartungstreu ist. Unter allen linearen und erwartungstreuen Schätzern von $\boldsymbol{\beta}$ hat er die kleinste Varianz, wenn die Annahmen des Modells erfüllt sind. Ein Beweis ist bei Seber (1977) gegeben.

Beispiel 37 (Fortsetzung) Sei Y_i die Variable Angebotspreis und x_{i1} die Variable Gefahrene Kilometer des i-ten VW Golfs, $i = 1, \ldots, n$. Wir unterstellen folgendes Modell:

$$Y_i = \beta_0 + \beta_1 x_{i1} + \epsilon_i \tag{8.16}$$

für $i = 1, \ldots, n$. Dabei erfüllen die Störgrößen die Annahmen (8.3), (8.4) und (8.5).
Es gilt

$$\mathbf{X}'\mathbf{X} = \begin{pmatrix} 39 & 3579 \\ 3579 & 393\,813 \end{pmatrix} \,.$$

Die Inverse von $\mathbf{X}'\mathbf{X}$ ist

$$(\mathbf{X}'\mathbf{X})^{-1} = \begin{pmatrix} 0.154469 & -0.001404 \\ -0.001404 & 0.000015 \end{pmatrix} \,.$$

Mit

$$X'y = \begin{pmatrix} 418\,688 \\ 36\,210\,148 \end{pmatrix}$$

gilt also

$$\hat{\beta} = (X'X)^{-1}X'y = \begin{pmatrix} 13\,841.59 \\ -33.85 \end{pmatrix}.$$

Der geschätzte Angebotspreis eines neuen Golfs beträgt somit $13\,841.59$ EUR. Diesen Wert erhalten wir, wenn wir x_1 gleich 0 setzen. Der Angebotspreis vermindert sich für 1000 gefahrene Kilometer um 33.85 EUR. Da die Funktion linear ist, ist dieser Wert unabhängig davon, wie viele Kilometer bereits gefahren wurden. Abb. 8.3 zeigt das Streudiagramm der Daten mit der geschätzten Regressionsgeraden. □

Neben dem Parametervektor β ist auch die Varianz σ^2 der Störgrößen ϵ_i, $i = 1,\ldots,n$ unbekannt. Die Schätzung der Varianz σ^2 beruht auf den Komponenten des Vektors

$$e = \begin{pmatrix} e_1 \\ \vdots \\ e_n \end{pmatrix}$$

der *Residuen*. Dieser ist definiert durch

$$e = y - X\hat{\beta} \tag{8.17}$$

und gibt die Abweichungen zwischen den beobachteten Punkten und der geschätzten Geraden an.

Beispiel 37 (Fortsetzung) Die geschätzten Angebotspreise $\hat{y} = X\hat{\beta}$ erhalten wir durch Einsetzen der Werte aus Tab. 1.8 in die Geradengleichung. Dabei gilt in dem Beispiel $\hat{\beta}_0 = 13\,841.59$ und $\hat{\beta}_1 = -33.85$. Tab. 8.1 zeigt die beobachteten Werte y_i, die geschätzten Werte $\hat{y}_i$ und die Residuen e_i. Wir sehen also, dass wir bei der ersten Beobachtung den gefundenen Angebotspreis um 311.44 EUR zu gering schätzen. Bei der zweiten Beobachtung überschätzen wir den Angebotspreis um 2328.53 EUR. □

Wegen

$$\epsilon = Y - X\beta$$

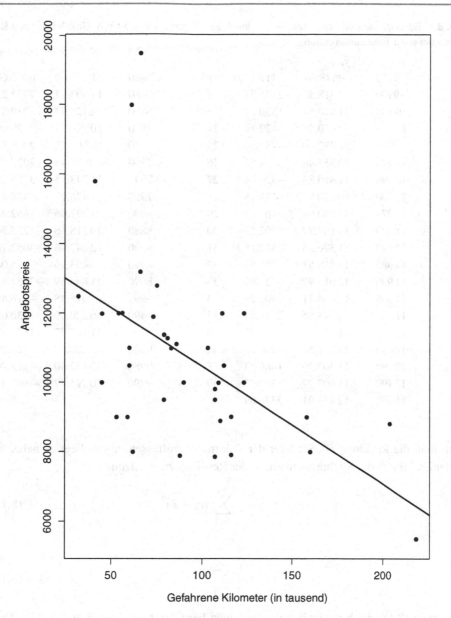

Abb. 8.3 Streudiagramm der Merkmale Gefahrene Kilometer und Angebotspreis (in EUR) mit geschätzter Gerade

Tab. 8.1 Beobachtete und geschätzte Werte des Angebotspreises von 39 VW Golf VI mit den Residuen bei einer Einfachregression

i	y_i	$\hat{y}_i$	e_i	i	y_i	$\hat{y}_i$	e_i
1	9990	9678.56	311.44	21	17 980	11 777.00	6203.00
2	9990	12 318.53	−2328.53	22	19 480	11 607.77	7872.23
3	10 480	11 810.84	−1330.84	23	5490	6429.37	−939.37
4	10 480	10 050.86	429.14	24	7850	10 220.09	−2370.09
5	10 980	11 032.39	−52.39	25	7880	10 863.16	−2983.16
6	10 990	10 355.48	634.52	26	7900	9915.48	−2015.48
7	10 990	11 810.84	−820.84	27	7990	11 743.15	−3753.15
8	11 100	10 930.85	169.15	28	7990	8426.27	−436.27
9	11 270	11 100.08	169.92	29	8800	6937.06	1862.94
10	11 370	11 167.77	202.23	30	8880	10 118.56	−1238.56
11	11 890	11 370.85	519.15	31	8990	12 047.76	−3057.76
12	11 980	12 318.53	−338.53	32	8990	8493.96	496.04
13	11 990	12 013.92	−23.92	33	8990	11 844.69	−2854.69
14	11 990	10 084.71	1905.29	34	8999	9915.48	−916.48
15	11 990	9678.56	2311.44	35	9490	10 220.09	−730.09
16	11 999	11 946.23	52.77	36	9490	11 167.77	−1677.77
17	12 480	12 758.52	−278.52	37	9800	10 220.09	−420.09
18	12 790	11 303.16	1486.84	38	9980	10 152.40	−172.40
19	13 190	11 607.77	1582.23	39	9990	10 795.47	−805.47
20	15 790	12 453.91	3336.09				

kann man die Residuen als Schätzer der Störgrößen auffassen. Somit liegt es nahe, die Varianz σ^2 durch die Stichprobenvarianz der Residuen zu schätzen:

$$s_e^2 = \frac{1}{n-1} \sum_{i=1}^{n} (e_i - \bar{e})^2 \tag{8.18}$$

mit

$$\bar{e} = \frac{1}{n} \sum_{i=1}^{n} e_i . \tag{8.19}$$

Man kann (8.18) noch vereinfachen, wenn man berücksichtigt, dass $\bar{e}$ gleich 0 ist. Dies folgt sofort, wenn man die Normalgleichungen (8.13) folgendermaßen schreibt:

$$\mathbf{X}'(\mathbf{y} - \mathbf{X}\hat{\boldsymbol{\beta}}) = \mathbf{X}'\mathbf{e} = \mathbf{0} . \tag{8.20}$$

Da die erste Spalte von $\mathbf{X}$ der Einservektor ist, folgt aus (8.20)

$$\sum_{i=1}^{n} e_i = 0 \tag{8.21}$$

und somit auch $\bar{e} = 0$.

s_e^2 ist kein erwartungstreuer Schätzer für σ^2. Eine kleine Modifikation von s_e^2 liefert einen erwartungstreuen Schätzer für σ^2:

$$\hat{\sigma}^2 = \frac{1}{n - p - 1} \sum_{i=1}^{n} e_i^2 . \tag{8.22}$$

Ein Beweis der Erwartungstreue von $\hat{\sigma}^2$ ist bei Seber (1977) gegeben.

Beispiel 37 (Fortsetzung) Mit $n = 39$ und $p = 1$ erhalten wir $\hat{\sigma}^2 = 5\,294\,947$. □

Für Tests benötigt man die Varianz-Kovarianz-Matrix von $\hat{\boldsymbol{\beta}}$. Es gilt

$$\text{Var}(\hat{\boldsymbol{\beta}}) = \sigma^2 (\mathbf{X}'\mathbf{X})^{-1} . \tag{8.23}$$

Mit (3.31) und (A.43) gilt nämlich:

$$\begin{aligned}
\text{Var}(\hat{\boldsymbol{\beta}}) &= \text{Var}\left((\mathbf{X}'\mathbf{X})^{-1}\mathbf{X}'\mathbf{Y}\right) \\
&= (\mathbf{X}'\mathbf{X})^{-1}\mathbf{X}'\,\text{Var}(\mathbf{Y})\left((\mathbf{X}'\mathbf{X})^{-1}\mathbf{X}'\right)' \\
&= (\mathbf{X}'\mathbf{X})^{-1}\mathbf{X}'\,\text{Var}(\mathbf{X}\boldsymbol{\beta} + \boldsymbol{\epsilon})\mathbf{X}\left((\mathbf{X}'\mathbf{X})^{-1}\right)' \\
&= (\mathbf{X}'\mathbf{X})^{-1}\mathbf{X}'\,\text{Var}(\boldsymbol{\epsilon})\mathbf{X}(\mathbf{X}'\mathbf{X})^{-1} \\
&= (\mathbf{X}'\mathbf{X})^{-1}\mathbf{X}'\sigma^2\mathbf{I}_n\mathbf{X}(\mathbf{X}'\mathbf{X})^{-1} \\
&= \sigma^2(\mathbf{X}'\mathbf{X})^{-1}\mathbf{X}'\mathbf{X}(\mathbf{X}'\mathbf{X})^{-1} \\
&= \sigma^2(\mathbf{X}'\mathbf{X})^{-1}.
\end{aligned}$$

Die unbekannte Varianz σ^2 schätzen wir durch $\hat{\sigma}^2$ und erhalten folgenden Schätzer von $\text{Var}(\hat{\boldsymbol{\beta}})$:

$$\widehat{\text{Var}}(\hat{\boldsymbol{\beta}}) = \hat{\sigma}^2 (\mathbf{X}'\mathbf{X})^{-1} . \tag{8.24}$$

Beispiel 37 (Fortsetzung) Es gilt

$$\widehat{\text{Var}}(\hat{\boldsymbol{\beta}}) = \begin{pmatrix} 817\,904.3 & -7433.2 \\ -7433.2 & 81 \end{pmatrix} .$$

Es gilt also speziell $\widehat{\text{Var}}(\hat{\beta}_1) = 81$. □

8.3   Praktische Aspekte

8.3.1   Interpretation der Parameter bei mehreren erklärenden Variablen

Beispiel 37 (Fortsetzung) Wir berücksichtigen ab jetzt auch noch das Merkmal `Alter` und gehen vom erweiterten Modell

$$Y_i = \beta_0 + \beta_1 x_{i1} + \beta_2 x_{i2} + \epsilon_i \qquad (8.25)$$

für $i = 1, \ldots, n$ aus. Dabei sind Y_i der Angebotspreis, x_{i1} die gefahrenen Kilometer und x_{i2} das Alter des i-ten VW Golf. Wir bestimmen die Kleinste-Quadrate-Schätzer. Es gilt

$$\hat{\beta}_0 = 19\,426.32, \quad \hat{\beta}_1 = -27.23, \quad \hat{\beta}_2 = -1128.46 \,.$$

Die geschätzten Angebotspreise $\hat{\mathbf{y}} = \mathbf{X}\hat{\boldsymbol{\beta}}$ erhalten wir durch Einsetzen der Werte aus Tab. 1.8 in (8.25). Dabei gilt in dem Beispiel $\hat{\beta}_0 = 19\,426.32$, $\hat{\beta}_1 = -27.23$ und $\hat{\beta}_2 = -1128.46$. Tab. 8.2 zeigt die beobachteten Werte y_i, die geschätzten Werte $\hat{y}_i$ und die Residuen e_i. Wir sehen, dass sich die Werte in Tab. 8.2 bei einer multiplen Regression von den Werten in Tab. 8.1 bei einer Einfachregression unterscheiden.

Im Modell

$$Y_i = \beta_0 + \beta_1 x_{i1} + \epsilon_i$$

gilt

$$\hat{\beta}_0 = 13\,841.59, \quad \hat{\beta}_1 = -33.85 \,. \qquad \square$$

Wir sehen, dass sich die Schätzer in beiden Modellen unterscheiden. Es stellen sich zwei Fragen:

1. Woran liegt es, dass sich die Schätzwerte von β_1 in den Modellen

$$Y_i = \beta_0 + \beta_1 x_{i1} + \beta_2 x_{i2} + \epsilon_i$$

und

$$Y_i = \beta_0 + \beta_1 x_{i1} + \epsilon_i$$

unterscheiden?

2. Wie hat man den Schätzwert $\hat{\beta}_1$ im Modell

$$Y_i = \beta_0 + \beta_1 x_{i1} + \beta_2 x_{i2} + \epsilon_i$$

zu interpretieren?

Tab. 8.2 Beobachtete und geschätzte Werte des Angebotspreises von 39 VW Golf VI mit den Residuen bei einer multiplen Regression

i	y_i	$\hat{y}_i$	e_i	i	y_i	$\hat{y}_i$	e_i
1	9990	11 563.48	−1573.48	21	17 980	13 251.59	4728.41
2	9990	11 430.31	−1440.31	22	19 480	13 115.45	6364.55
3	10 480	11 021.89	−541.89	23	5490	4435.78	1054.22
4	10 480	10 734.52	−254.52	24	7850	9742.19	−1892.19
5	10 980	11 524.12	−544.12	25	7880	9131.06	−1251.06
6	10 990	12 108.03	−1118.03	26	7900	8368.68	−468.68
7	10 990	11 021.89	−31.89	27	7990	9838.97	−1848.97
8	11 100	11 442.44	−342.44	28	7990	9427.59	−1437.59
9	11 270	11 578.57	−308.57	29	8800	7101.12	1698.88
10	11 370	12 761.49	−1391.49	30	8880	8532.05	347.95
11	11 890	12 924.86	−1034.86	31	8990	12 340.95	−3350.95
12	11 980	11 430.31	549.69	32	8990	8353.59	636.41
13	11 990	11 185.26	804.74	33	8990	9920.66	−930.66
14	11 990	11 890.21	99.79	34	8999	9497.15	−498.15
15	11 990	11 563.48	426.52	35	9490	7485.27	2004.73
16	11 999	13 387.72	−1388.72	36	9490	10 504.57	−1014.57
17	12 480	12 912.73	−432.73	37	9800	10 870.66	−1070.66
18	12 790	10 613.48	2176.52	38	9980	11 944.66	−1964.66
19	13 190	11 986.99	1203.01	39	9990	9076.60	913.40
20	15 790	12 667.68	3122.32				

Wir wollen die zweite Frage zuerst beantworten. Dafür benötigen wir die sogenannte *Hat-Matrix*. Sei

$$\hat{\mathbf{y}} = \mathbf{X}\hat{\boldsymbol{\beta}} \ . \tag{8.26}$$

Setzen wir (8.14) in (8.26) ein, so gilt

$$\hat{\mathbf{y}} = \mathbf{H_X}\mathbf{y} \tag{8.27}$$

mit

$$\mathbf{H_X} = \mathbf{X}(\mathbf{X'X})^{-1}\mathbf{X'} \ . \tag{8.28}$$

Tukey bezeichnet $\mathbf{H_X}$ als Hat-Matrix, da sie dem $\mathbf{y}$ den Hut aufsetzt und zu den geschätzten Werten $\hat{\mathbf{y}}$ führt. Die Hat-Matrix besitzt zwei wichtige Eigenschaften. Sie ist symmetrisch und idempotent. Es gilt also

$$\mathbf{H_X} = \mathbf{H_X'} \tag{8.29}$$

und

$$H_X = H_X^2 \ . \tag{8.30}$$

(8.29) ist erfüllt wegen

$$H_X' = \left(X(X'X)^{-1}X'\right)' = X\left((X'X)^{-1}\right)'X' = X(X'X)^{-1}X' = H_X \ .$$

(8.30) gilt wegen

$$H_X^2 = X(X'X)^{-1}X'X(X'X)^{-1}X' = X(X'X)^{-1}X' = H_X \ .$$

Wir können auch den Vektor der Residuen über die Hat-Matrix ausdrücken. Es gilt

$$e = (I - H_X)y \ . \tag{8.31}$$

Dies sieht man folgendermaßen:

$$e = y - \hat{y} = y - H_X y = (I - H_X)y \ .$$

Mit

$$M_X = I_n - H_X \tag{8.32}$$

gilt dann

$$e = M_X y \ . \tag{8.33}$$

Die Matrix M_X ist auch symmetrisch und idempotent, denn es gilt

$$M_X' = (I_n - H_X)' = I_n - H_X' = I_n - H_X = M_X$$

und

$$M_X^2 = M_X M_X = (I_n - H_X)(I_n - H_X) = I_n - H_X - H_X + H_X^2$$
$$= I_n - H_X - H_X + H_X = I_n - H_X = M_X \ .$$

(8.33) zeigt, dass die Multiplikation der Matrix M_X mit dem Vektor y die Residuen einer linearen Regression von y auf X liefert. Wir werden diese Beziehung gleich benötigen.

Wenden wir uns nun der zweiten Frage zu. Um sie zu beantworten, zerlegen wir die Matrix der erklärenden Variablen in zwei Teilmatrizen $X_{(1)}$ und $X_{(2)}$. Dabei enthält $X_{(1)}$ k erklärende Variablen und $X_{(2)}$ die restlichen erklärenden Variablen. Es gilt also

$$X = \left(X_{(1)}, X_{(2)}\right) \ .$$

Entsprechend zerlegen wir den Parametervektor $\boldsymbol{\beta}$ in die Teilvektoren $\boldsymbol{\beta}_{(1)}$ und $\boldsymbol{\beta}_{(2)}$:

$$\boldsymbol{\beta} = \begin{pmatrix} \boldsymbol{\beta}_{(1)} \\ \boldsymbol{\beta}_{(2)} \end{pmatrix} .$$

Das Modell (8.6) lautet also:

$$\mathbf{Y} = \mathbf{X}_{(1)}\boldsymbol{\beta}_{(1)} + \mathbf{X}_{(2)}\boldsymbol{\beta}_{(2)} + \boldsymbol{\epsilon} . \tag{8.34}$$

Wir zerlegen den Kleinste-Quadrate-Schätzer entsprechend:

$$\hat{\boldsymbol{\beta}} = \begin{pmatrix} \hat{\boldsymbol{\beta}}_{(1)} \\ \hat{\boldsymbol{\beta}}_{(2)} \end{pmatrix} .$$

Wir zeigen im Folgenden, wie $\hat{\boldsymbol{\beta}}_{(1)}$ von $\mathbf{X}_{(1)}$, $\mathbf{X}_{(2)}$ und $\mathbf{Y}$ abhängt. Schreiben wir die Normalgleichungen (8.13) mit der partitionierten Matrix $\mathbf{X}$ und dem partitionierten Kleinste-Quadrate-Schätzer $\hat{\boldsymbol{\beta}}$, so gilt

$$\begin{pmatrix} \mathbf{X}'_{(1)} \\ \mathbf{X}'_{(2)} \end{pmatrix} \begin{pmatrix} \mathbf{X}_{(1)}\mathbf{X}_{(2)} \end{pmatrix} \begin{pmatrix} \hat{\boldsymbol{\beta}}_{(1)} \\ \hat{\boldsymbol{\beta}}_{(2)} \end{pmatrix} = \begin{pmatrix} \mathbf{X}'_{(1)} \\ \mathbf{X}'_{(2)} \end{pmatrix} \mathbf{Y} . \tag{8.35}$$

Hieraus folgt:

$$\mathbf{X}'_{(1)}\,\mathbf{X}_{(1)}\,\hat{\boldsymbol{\beta}}_{(1)} + \mathbf{X}'_{(1)}\,\mathbf{X}_{(2)}\,\hat{\boldsymbol{\beta}}_{(2)} = \mathbf{X}'_{(1)}\,\mathbf{Y} , \tag{8.36}$$

$$\mathbf{X}'_{(2)}\,\mathbf{X}_{(1)}\,\hat{\boldsymbol{\beta}}_{(1)} + \mathbf{X}'_{(2)}\,\mathbf{X}_{(2)}\,\hat{\boldsymbol{\beta}}_{(2)} = \mathbf{X}'_{(2)}\,\mathbf{Y} . \tag{8.37}$$

Wir lösen (8.37) nach $\hat{\boldsymbol{\beta}}_{(2)}$ auf und erhalten

$$\hat{\boldsymbol{\beta}}_{(2)} = \left(\mathbf{X}'_{(2)}\mathbf{X}_{(2)}\right)^{-1} \mathbf{X}'_{(2)}\mathbf{Y} - \left(\mathbf{X}'_{(2)}\mathbf{X}_{(2)}\right)^{-1}\mathbf{X}'_{(2)}\mathbf{X}_{(1)}\hat{\boldsymbol{\beta}}_{(1)} ,$$

$$= \left(\mathbf{X}'_{(2)}\mathbf{X}_{(2)}\right)^{-1} \mathbf{X}'_{(2)} \left(\mathbf{Y} - \mathbf{X}_{(1)}\hat{\boldsymbol{\beta}}_{(1)}\right) . \tag{8.38}$$

Setzen wir (8.38) für $\hat{\boldsymbol{\beta}}_{(2)}$ in (8.36) ein, so ergibt sich

$$\mathbf{X}'_{(1)}\mathbf{X}_{(1)}\hat{\boldsymbol{\beta}}_{(1)} + \mathbf{X}'_{(1)}\,\mathbf{H}_{X_{(2)}} \left(\mathbf{Y} - \mathbf{X}_{(1)}\hat{\boldsymbol{\beta}}_{(1)}\right) = \mathbf{X}'_{(1)}\mathbf{Y} . \tag{8.39}$$

Dabei ist

$$\mathbf{H}_{\mathbf{X}_{(2)}} = \mathbf{X}_{(2)}\left(\mathbf{X}'_{(2)}\mathbf{X}_{(2)}\right)^{-1}\mathbf{X}'_{(2)} .$$

Aus (8.39) folgt

$$\mathbf{X}'_{(1)}\mathbf{X}_{(1)}\hat{\boldsymbol{\beta}}_{(1)} - \mathbf{X}'_{(1)}\,\mathbf{H}_{X_{(2)}}\mathbf{X}_{(1)}\hat{\boldsymbol{\beta}}_{(1)} = \mathbf{X}'_{(1)}\mathbf{Y} - \mathbf{X}'_{(1)}\mathbf{H}_{X_{(2)}}\mathbf{Y} .$$

Dies können wir umformen zu

$$\mathbf{X}'_{(1)} \left(\mathbf{I}_n - \mathbf{H}_{\mathbf{X}_{(2)}} \right) \mathbf{X}_{(1)} \hat{\boldsymbol{\beta}}_{(1)} = \mathbf{X}'_{(1)} \left(\mathbf{I}_n - \mathbf{H}_{\mathbf{X}_{(2)}} \right) \mathbf{Y} \; . \tag{8.40}$$

Wir setzen

$$\mathbf{M}_{\mathbf{X}_{(2)}} = \mathbf{I}_n - \mathbf{H}_{\mathbf{X}_{(2)}} \tag{8.41}$$

und lösen (8.40) nach $\hat{\boldsymbol{\beta}}_{(1)}$ auf:

$$\hat{\boldsymbol{\beta}}_{(1)} = \left(\mathbf{X}'_{(1)} \mathbf{M}_{\mathbf{X}_{(2)}} \mathbf{X}_{(1)} \right)^{-1} \mathbf{X}'_{(1)} \mathbf{M}_{\mathbf{X}_{(2)}} \mathbf{Y} \; .$$

Wenn wir noch berücksichtigen, dass $\mathbf{M}_{X_{(2)}}$ idempotent und symmetrisch ist, gilt

$$\hat{\boldsymbol{\beta}}_{(1)} = \left((\mathbf{M}_{\mathbf{X}_{(2)}} \mathbf{X}_{(1)})' \, \mathbf{M}_{\mathbf{X}_{(2)}} \mathbf{X}_{(1)} \right)^{-1} (\mathbf{M}_{\mathbf{X}_{(2)}} \mathbf{X}_{(1)})' \mathbf{M}_{\mathbf{X}_{(2)}} \mathbf{Y} \; . \tag{8.42}$$

Der Vergleich von (8.42) mit (8.14) zeigt, dass $\hat{\boldsymbol{\beta}}_{(1)}$ der Kleinste-Quadrate-Schätzer einer Regression von $\mathbf{M}_{X_{(2)}} \mathbf{Y}$ auf $\mathbf{M}_{X_{(2)}} \mathbf{X}_{(1)}$ ist. Dabei ist $\mathbf{M}_{X_{(2)}} \mathbf{Y}$ der Vektor der Residuen einer Regression von $\mathbf{Y}$ auf $\mathbf{X}_{(2)}$, und die Spalten von $\mathbf{M}_{X_{(2)}} \mathbf{X}_{(1)}$ sind die Vektoren der Residuen von Regressionen der Spalten von $\mathbf{X}_{(1)}$ auf $\mathbf{X}_{(2)}$. Der Schätzer von $\boldsymbol{\beta}_{(1)}$ im Modell (8.35) ist somit der Kleinste-Quadrate-Schätzer einer Regression von Residuen einer Regression von $\mathbf{Y}$ auf $\mathbf{X}_{(2)}$ auf Residuen einer Regression von $\mathbf{X}_{(1)}$ auf $\mathbf{X}_{(2)}$. Wir bereinigen also $\mathbf{Y}$ und $\mathbf{X}_{(1)}$ um den linearen Effekt von $\mathbf{X}_{(2)}$. Hierdurch halten wir $\mathbf{X}_{(2)}$ künstlich konstant. Besteht $\hat{\boldsymbol{\beta}}_{(1)}$ nur aus einer Komponente, so gibt $\hat{\boldsymbol{\beta}}_{(1)}$ an, wie sich $\mathbf{Y}$ ändert, wenn sich die zu $\hat{\boldsymbol{\beta}}_{(1)}$ gehörende Variable um eine Einheit erhöht und alle anderen Variablen konstant sind. Man spricht auch von dem *marginalen Effekt* der erklärenden Variablen auf die zu erklärende Variable.

Wenden wir uns der ersten Frage zu. Wir fragen uns, wann der Kleinste-Quadrate-Schätzer von $\boldsymbol{\beta}_{(1)}$ in den Modellen

$$\mathbf{Y} = \mathbf{X}_{(1)} \boldsymbol{\beta}_{(1)} + \boldsymbol{\epsilon} \tag{8.43}$$

und

$$\mathbf{Y} = \mathbf{X}_{(1)} \boldsymbol{\beta}_{(1)} + \mathbf{X}_{(2)} \boldsymbol{\beta}_{(2)} + \boldsymbol{\epsilon} \tag{8.44}$$

identisch ist. Im Modell (8.43) gilt

$$\hat{\boldsymbol{\beta}}_{(1)} = \left(\mathbf{X}'_{(1)} \mathbf{X}_{(1)} \right)^{-1} \mathbf{X}'_{(1)} \mathbf{Y} \; . \tag{8.45}$$

Den Kleinste-Quadrate-Schätzer $\hat{\boldsymbol{\beta}}_{(1)}$ im Modell (8.44) erhalten wir, indem wir (8.36) nach $\hat{\boldsymbol{\beta}}_{(1)}$ auflösen:

$$\hat{\boldsymbol{\beta}}_{(1)} = \left(\mathbf{X}'_{(1)} \mathbf{X}_{(1)} \right)^{-1} \mathbf{X}'_{(1)} \mathbf{Y} - \left(\mathbf{X}'_{(1)} \mathbf{X}_{(1)} \right)^{-1} \mathbf{X}'_{(1)} \mathbf{X}_{(2)} \hat{\boldsymbol{\beta}}_{(2)} \; .$$

Wir sehen, dass $\hat{\beta}_{(1)}$ in den Modellen (8.43) und (8.44) identisch ist, wenn gilt

$$\mathbf{X}'_{(1)}\mathbf{X}_{(2)} = \mathbf{0} \,.$$

8.3.2 Güte der Anpassung

Bestimmtheitsmaß

Nachdem wir eine Gerade bei einer erklärenden Variablen beziehungsweise eine Hyperebene bei mehr als einer erklärenden Variablen geschätzt haben, wollen wir die Frage beantworten, wie gut unsere geschätzten Werte $\hat{\mathbf{y}}$ zu den beobachteten Werten $\mathbf{y}$ passen. Um ein Maß für die Güte der Anpassung zu erhalten, betrachten wir die Summe $\mathbf{y}'\,\mathbf{y}$ der quadrierten y_i, $i = 1,\ldots,n$. Aus (8.17) folgt mit (8.26)

$$\mathbf{y} = \hat{\mathbf{y}} + \mathbf{e} \,.$$

Somit gilt

$$\begin{aligned}
\mathbf{y}'\,\mathbf{y} &= (\hat{\mathbf{y}} + \mathbf{e})'\,(\hat{\mathbf{y}} + \mathbf{e}) = (\hat{\mathbf{y}}' + \mathbf{e}')\,(\hat{\mathbf{y}} + \mathbf{e}) \\
&= \hat{\mathbf{y}}'\,\hat{\mathbf{y}} + \mathbf{e}'\,\hat{\mathbf{y}} + \hat{\mathbf{y}}'\,\mathbf{e} + \mathbf{e}'\,\mathbf{e} \,.
\end{aligned}$$

Mit (8.20) gilt

$$\hat{\mathbf{y}}'\mathbf{e} = (\mathbf{X}\hat{\boldsymbol{\beta}})'\mathbf{e} = \hat{\boldsymbol{\beta}}'\mathbf{X}'\mathbf{e} = \hat{\boldsymbol{\beta}}'\mathbf{0} = 0 \,.$$

Außerdem gilt

$$\mathbf{e}'\hat{\mathbf{y}} = (\mathbf{e}'\hat{\mathbf{y}})' = \hat{\mathbf{y}}'\mathbf{e} = 0 \,. \tag{8.46}$$

Also gilt

$$\mathbf{y}'\,\mathbf{y} = \mathbf{e}'\,\mathbf{e} + \hat{\mathbf{y}}'\,\hat{\mathbf{y}} \,. \tag{8.47}$$

Wir subtrahieren $n\,\bar{y}^2$ von beiden Seiten von (8.47) und erhalten

$$\mathbf{y}'\,\mathbf{y} - n\,\bar{y}^2 = \mathbf{e}'\,\mathbf{e} + \hat{\mathbf{y}}'\,\hat{\mathbf{y}} - n\,\bar{y}^2 \,. \tag{8.48}$$

Es gilt

$$\sum_{i=1}^{n} (y_i - \bar{y})^2 = \sum_{i=1}^{n} y_i^2 - n\,\bar{y}^2 \,.$$

Dies sieht man folgendermaßen:

$$\sum_{i=1}^{n} (y_i - \bar{y})^2 = \sum_{i=1}^{n} y_i^2 - 2 \sum_{i=1}^{n} y_i \, \bar{y} + \sum_{i=1}^{n} \bar{y}^2$$

$$= \sum_{i=1}^{n} y_i^2 - 2n\bar{y}^2 + n\,\bar{y}^2 = \sum_{i=1}^{n} y_i^2 - n\,\bar{y}^2 \,.$$

Also steht auf der linken Seite von (8.48)

$$\sum_{i=1}^{n} (y_i - \bar{y})^2 \,.$$

Mit (8.26) lauten die Normalgleichungen (8.13):

$$\mathbf{X}' \hat{\mathbf{y}} = \mathbf{X}' \mathbf{y} \,.$$

Da die erste Spalte von $\mathbf{X}$ nur aus Einsen besteht, gilt

$$\sum_{i=1}^{n} y_i = \sum_{i=1}^{n} \hat{y}_i$$

und somit

$$\bar{y} = \bar{\hat{y}} \,.$$

Also können wir (8.48) schreiben als

$$\sum_{i=1}^{n} (y_i - \bar{y})^2 = \sum_{i=1}^{n} \left(\hat{y}_i - \bar{\hat{y}} \right)^2 + \sum_{i=1}^{n} e_i^2 \,. \tag{8.49}$$

Auf der linken Seite von (8.49) steht die Streuung der y_i. Diese Streuung zerlegen wir gemäß (8.49) in zwei Summanden. Der erste Summand

$$\sum_{i=1}^{n} \left(\hat{y}_i - \bar{\hat{y}} \right)^2$$

ist die Streuung der $\hat{y}_i$, während der zweite Summand

$$\sum_{i=1}^{n} e_i^2$$

die Streuung der Residuen angibt. Die gesamte Streuung der beobachteten Werte in **y** können wir somit in zwei Teile zerlegen: Zum einen haben wir einen Teil der Streuung, den wir durch unser Modell erklären können. Zum anderen gibt es einen Teil der Streuung durch die Residuen, die wir nicht im Modell durch einen systematischen Einfluss erfasst haben und somit nicht erklären können. Je größer also der erste Summand in (8.49) im Vergleich zum zweiten Summanden ist, desto besser ist das geschätzte Modell an die beobachteten Daten angepasst. Das i-te Residuum e_i ist gleich der Differenz aus y_i und $\hat{y}_i$. Je kleiner also die Residuen sind, umso besser ist die Anpassung. Umso größer ist dann aber auch der erste Summand auf der rechten Seite in (8.49).

Setzen wir also

$$\sum_{i=1}^{n} \left(\hat{y}_i - \bar{\hat{y}} \right)^2$$

ins Verhältnis zu

$$\sum_{i=1}^{n} (y_i - \bar{y})^2 \, ,$$

so erhalten wir ein Maß für die Güte der Anpassung:

$$R^2 = \frac{\sum_{i=1}^{n} \left(\hat{y}_i - \bar{\hat{y}} \right)^2}{\sum_{i=1}^{n} (y_i - \bar{y})^2} \, . \tag{8.50}$$

Man nennt R^2 auch das *Bestimmtheitsmaß*. Offensichtlich gilt

$$0 \leq R^2 \leq 1 \, .$$

Aufgrund von (8.49) gilt

$$R^2 = 1 - \frac{\sum_{i=1}^{n} e_i^2}{\sum_{i=1}^{n} (y_i - \bar{y})^2} \, .$$

Ist R^2 gleich 1, so gilt

$$\sum_{i=1}^{n} e_i^2 = 0 \, .$$

Die Anpassung ist perfekt.

Ist R^2 hingegen gleich 0, so gilt

$$\sum_{i=1}^{n} (y_i - \bar{y})^2 = \sum_{i=1}^{n} e_i^2 \, .$$

Beispiel 37 (Fortsetzung) Es gilt $R^2 = 0.519$. Wir können somit 51.9% der Streuung des Angebotspreises durch die gefahrenen Kilometer und das Alter des Pkw erklären. □

Residuenplot

Neben dem Bestimmtheitsmaß zeigt sich die Güte der Anpassung in den Plots der Residuen e_i, $i = 1, \ldots, n$. Es liegt nahe, eine Grafik der Residuen zu erstellen. Sind die Daten zeitlich erhoben worden, so liefert ein Plot der Residuen gegen die Zeit Informationen über Modellverletzungen. Ansonsten sollte man ein Streudiagramm der $\hat{y}_i$ und der Residuen e_i, $i = 1, \ldots, n$ erstellen, da $\mathbf{e}$ und $\hat{\mathbf{y}}$ unkorreliert sind. Wegen (8.21) und (8.46) gilt

$$\sum_{i=1}^{n} (e_i - \bar{e}) \left(\hat{y}_i - \bar{\hat{y}} \right) = \sum_{i=1}^{n} e_i \left(\hat{y}_i - \bar{\hat{y}} \right) = \sum_{i=1}^{n} e_i \, \hat{y}_i - \sum_{i=1}^{n} e_i \, \bar{\hat{y}}$$

$$= \mathbf{e}' \hat{\mathbf{y}} - \bar{\hat{y}} \sum_{i=1}^{n} e_i = 0.$$

Eventuell vorhandene Muster im Residuenplot werden nicht durch eine Korrelation zwischen den e_i und $\hat{y}_i$, $i = 1, \ldots, n$ überlagert. Man kann sich also auf das Wesentliche konzentrieren. Schauen wir uns ein typisches Muster in einem Residuenplot an.

Abb. 8.4 zeigt einen keilförmigen Residuenplot. Wie können wir diesen interpretieren? Da wir die Residuen als Schätzer der Störgrößen und $\hat{y}_i$ für $i = 1, \ldots, n$ als Schätzer von $E(Y_i)$ auffassen können, deutet der Residuenplot darauf hin, dass die Annahme der Homoskedastie verletzt ist. Die Varianz der Störgrößen hängt vom Erwartungswert der zu erklärenden Variablen ab. Im Beispiel wächst die Varianz. Ist die Annahme der Homoskedastie verletzt, so besitzt der Kleinste-Quadrate-Schätzer nicht mehr die kleinste Varianz in der Klasse der erwartungstreuen Schätzer. In diesem Fall sollte man entweder eine gewichtete Regression durchführen oder geeignete Transformationen der Variablen oder des Modells suchen. Eine detaillierte Beschreibung der Verfahren geben Carroll & Ruppert (1988).

Beispiel 37 (Fortsetzung) Abb. 8.5 zeigt den Residuenplot im Modell

$$Y_i = \beta_0 + \beta_1 \, x_{i1} + \beta_2 \, x_{i2} + \epsilon_i \ .$$

Er deutet auf Heteroskedastie hin. □

8.3.3 Tests

Mithilfe von Tests wollen wir die geschätzten Modelle überprüfen. Dabei interessieren uns zwei Fragen:

Abb. 8.4 Residuenplot
bei Heteroskedastie

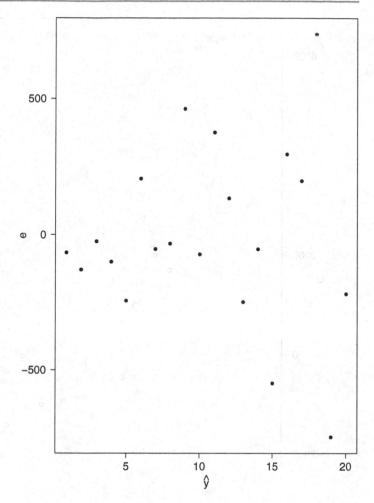

1. Kann unser Modell ingesamt genug von der beobachteten Streuung erklären?
2. Benötigen wir die i-te erklärende Variable in dem Modell?

Um solche Tests durchführen zu können, müssen wir annehmen, dass die Störgrößen ϵ_i, $i = 1, \ldots, n$ normalverteilt sind. Wir wollen zunächst Frage 1 nachgehen und überprüfen, ob wir alle erklärenden Variablen gemeinsam benötigen. Wir betrachten also folgende Hypothese:

$$H_0: \quad \beta_1 = \ldots = \beta_p = 0,$$
$$H_1: \quad \text{Mindestens ein } \beta_i \text{ ist ungleich } 0, \ i = 1, \ldots, p \,. \tag{8.51}$$

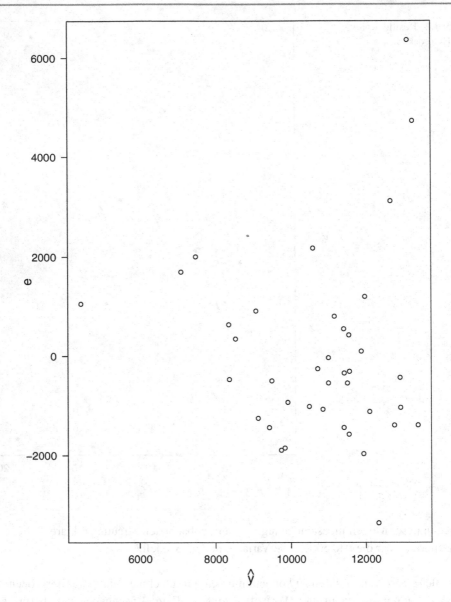

Abb. 8.5 Residuenplot bei der Regression von Angebotspreis auf Gefahrene Kilometer und Alter

Diese Hypothese wird mit folgender Teststatistik überprüft:

$$F = \frac{R^2}{1 - R^2} \frac{n - p - 1}{p} \,.$$ (8.52)

Wenn (8.51) zutrifft, ist diese Teststatistik F-verteilt mit p und $n - p - 1$ Freiheitsgraden, siehe dazu Seber (1977). Wir lehnen (8.51) ab, wenn gilt

$$F > F_{p,n-p-1,1-\alpha} \, .$$

Dabei ist $F_{p,n-p-1,1-\alpha}$ das $1 - \alpha$-Quantil der F-Verteilung mit p und $n - p - 1$ Freiheitsgraden.

Beispiel 37 (Fortsetzung) Wir gehen aus vom Modell

$$Y_i = \beta_0 + \beta_1 \, x_{i1} + \beta_2 \, x_{i2} + \epsilon_i$$

für $i = 1, \ldots, n$.

Es soll getestet werden:

$$H_0 : \quad \beta_1 = \beta_2 = 0,$$
$$H_1 : \quad \text{Mindestens ein } \beta_i \text{ ist ungleich } 0, \ i = 1, 2 \, .$$

Es gilt $R^2 = 0.519$, $n = 39$ und $p = 2$. Somit ergibt sich $F = 19.42$. Der Tab. C.5 entnehmen wir $F_{2,36,0.95} = 3.26$. Wir lehnen H_0 zum Niveau 0.05 also ab und gehen davon aus, dass mindestens ein β_i ungleich 0 ist. Wir können uns also weiter mit dem gefundenen Modell beschäftigen. ☐

Kommt der F-Test zu dem Ergebnis, dass H_0 nicht abgelehnt werden kann, bedeutet das nicht unbedingt, dass kein Zusammenhang zwischen den erklärenden und der zu erklärenden Variablen besteht. Der Zusammenhang kann durch andere Effekte überlagert sein. Es kann auch sein, dass wichtige erklärende Variablen fehlen oder dass der Zusammenhang komplizierter, zum Beispiel nicht linear ist. Wenn der F-Test zu dem Ergebnis kommt, dass der Ansatz in unserem Modell insgesamt genug von der beobachteten Streuung erklärt, ist es sinnvoll, die einzelnen erklärenden Variablen zu überprüfen. Wir wollen daher testen, ob die i-te erklärende Variable im Modell benötigt wird. Wir gehen in diesem Fall aus von den Hypothesen

$$H_0 : \quad \beta_i = 0,$$
$$H_1 : \quad \beta_i \neq 0 \, . \tag{8.53}$$

Um die Hypothese (8.53) zu überprüfen, bestimmt man die Teststatistik

$$t = \frac{\hat{\beta}_i}{\sqrt{\widehat{\text{Var}}(\hat{\beta}_i)}} \, . \tag{8.54}$$

Die Teststatistik t ist t-verteilt mit $n - p - 1$ Freiheitsgraden, wenn (8.53) zutrifft. Der Beweis ist bei Seber (1977) gegeben. Wir lehnen (8.53) ab, wenn $|t|$ größer als der kritische Wert $t_{n-p-1;1-\alpha/2}$ ist, wobei $t_{n-p-1;1-\alpha/2}$ das $1 - \alpha/2$-Quantil der t-Verteilung mit $n - p - 1$ Freiheitsgraden ist.

Beispiel 37 (Fortsetzung) Wir gehen aus vom Modell

$$Y_i = \beta_0 + \beta_1 x_{i1} + \beta_2 x_{i2} + \epsilon_i$$

für $i = 1, \ldots, n$. Es gilt

$$\hat{\beta}_0 = 19\,426.32, \quad \hat{\beta}_1 = -27.23, \quad \hat{\beta}_2 = -1128.46$$

und

$$\widehat{\mathrm{Var}}(\hat{\boldsymbol{\beta}}) = \begin{pmatrix} 2\,281\,251.08 & -3041.89 & -347\,950.28 \\ -3041.89 & 57.80 & -412.34 \\ -347\,950.28 & -412.34 & 70\,307.54 \end{pmatrix}.$$

Wir testen

$$H_0: \quad \beta_1 = 0, \tag{8.55}$$
$$H_1: \quad \beta_1 \neq 0. \tag{8.56}$$

Es gilt

$$t = \frac{-27.23}{\sqrt{57.8}} = -3.581\,.$$

Tab. C.4 entnehmen wir $t_{36,0.975} = 2.0281$. Wir lehnen (8.55) also ab und gehen von einem Einfluss der gefahrenen Kilometer auf den Angebotspreis aus. Als Nächstes testen wir

$$H_0: \quad \beta_2 = 0, \tag{8.57}$$
$$H_1: \quad \beta_2 \neq 0. \tag{8.58}$$

Dabei gilt

$$t = \frac{-1128.46}{\sqrt{70\,307.54}} = -4.256\,.$$

Tab. C.4 entnehmen wir erneut $t_{36,0.975} = 2.0281$. Wir lehnen (8.57) also auch hier ab und gehen ebenfalls von einem Einfluss der Alters auf den Angebotspreis aus.   □

Viele Programmpakete geben die *Überschreitungswahrscheinlichkeit* aus. Diese ist die Wahrscheinlichkeit für das Auftreten von Werten der Teststatistik, die noch extremer sind als der beobachtete Wert und somit stärker gegen H_0 sprechen.

Beispiel 37 (Fortsetzung) Die Überschreitungswahrscheinlichkeit beträgt für die gefahrenen Kilometer

$$P(|t| > 3.581) = P(t < -3.581) + P(t > 3.581) = 0.0005 + 0.0005 = 0.001 . \quad \square$$

Wir lehnen eine Nullhypothese ab, wenn die Überschreitungswahrscheinlichkeit kleiner als das vorgegebene Signifikanzniveau α ist. Die Wahrscheinlichkeit, extremere Werte als den kritischen Wert zu beobachten, beträgt α. Ist die Überschreitungswahrscheinlichkeit also kleiner als α, so muss der beobachtete Wert der Teststatistik extremer sein als der kritische Wert.

8.4 Lineare Regression in R

Wir wollen Beispiel 37 in R nachvollziehen. Die Variablen `Alter`, `Gefahrene Kilometer` und `Angebotspreis` mögen in R in den Variablen `Alter`, `Kilometer` und `Angebotspreis` stehen.

In R gibt es eine Funktion `lm`, mit der man unter anderem eine lineare Regression durchführen kann. Sie wird aufgerufen durch

```
lm(formula, data, subset, weights, na.action,
   method = "qr", model = TRUE, x = FALSE,
   y = FALSE, qr = TRUE, singular.ok = TRUE,
   contrasts = NULL, offset, ...)
```

Mit dem Argument `formula` können wir das Modell durch eine Formel spezifizieren. Das Argument `weights` bietet die Möglichkeit, eine gewichtete Regression durchzuführen. Durch `subset` kann man den Teil der Beobachtungen spezifizieren, die bei der Regression berücksichtigt werden sollen. Auf die anderen Argumente wollen wir hier nicht eingehen. Schauen wir uns die Vorgehensweise für ein Beispiel an. Wir wollen das Modell

$$Y_i = \beta_0 + \beta_1 x_{i1} + \beta_2 x_{i2} + \epsilon_i, \quad i = 1, \ldots, n$$

schätzen. Dabei stehen $y_1, \ldots, y_n$ in R in der Variablen `y`, $x_{11}, \ldots, x_{n1}$ in `x1` und $x_{12}, \ldots, x_{n2}$ in `x2`. Wir spezifizieren die Formel durch

```
y ~ x1 + x2.
```

Auf der linken Seite der Formel steht die zu erklärende Variable. Das Zeichen ˜ liest man als "wird modelliert durch". Auf der rechten Seite stehen die erklärenden Variablen getrennt durch das Zeichen +. Wollen wir also die Variable `Angebotspreis` auf die Variablen `Kilometer` und `Alter` regressieren, so geben wir ein:

```
> e <- lm(Angebotspreis~KM+Alter).
```

Schauen wir uns noch die anderen Argumente von `lm` an, bevor wir auf `e` eingehen. Das Argument `data` erlaubt es, die Daten in Form eines Dataframe zu übergeben. Existieren nur der Dataframe `Golf` und nicht die Variablen `Angebotspreis`, `KM` und `Alter` im Workspace von R, so rufen wir die Funktion `lm` auf durch

```
> e <- lm(Angebotspreis~KM+Alter,data=Golf)
```

Betrachten wir das Ergebnis der Funktion `lm`. Der Aufruf

```
> summary(e)
```

liefert alle Informationen, die wir kennengelernt haben. Schauen wir uns diese an:

```
Call:
lm(formula = Angebotspreis ~ KM + Alter, data = Golf)


Residuals:
    Min      1Q  Median      3Q     Max
-3350.9 -1184.5  -432.7   720.6  6364.6


Coefficients:
              Estimate Std. Error t value Pr(>|t|)
(Intercept) 19426.315   1510.381  12.862 5.02e-15 ***
KM            -27.228      7.603  -3.581 0.001002 **
Alter      -1128.461    265.156  -4.256 0.000142 ***
---
Signif. codes:  0 '***' 0.001 '**' 0.01 '*' 0.05 '.' 0.1 ' ' 1


Residual standard error: 1903 on 36 degrees of freedom
Multiple R-squared:  0.5187,     Adjusted R-squared:  0.4919
F-statistic:   19.4 on 2 and 36 DF,  p-value: 1.922e-06
```

Als Erstes wird der Aufruf der Funktion wiedergegeben. Es folgt Information über die Residuen in Form der Fünf-Zahlen-Zusammenfassung, die in Abschn. 2.1.2 dargestellt wird.

Unter der Überschrift `Coefficients` schließen sich Angaben über die Kleinste-Quadrate-Schätzer $\hat{\beta}_i$, $i = 0, 1, \ldots, p$ an. Die Schätzwerte stehen unter `Estimate` und die Quadratwurzeln aus den Varianzen der Schätzer, die auch Standardfehler genannt werden, unter `Std. Error`. Die Werte des t-Tests auf $H_0 : \beta_i = 0$ kann man der Spalte mit der Überschrift `t value` entnehmen. Die Überschreitungswahrscheinlichkeit steht in der letzten Spalte.

Im unteren Teil des Outputs findet man den Schätzer $\hat{\sigma}$ unter `Residual standard error` und den Wert des Bestimmtheitsmaßes R^2 unter `Multiple R-Squared`. Es folgt der Test von $H_0 : \beta_1 = \beta_2 = 0$. Hier wird der Wert der F-Statistik und die Überschreitungswahrscheinlichkeit ausgegeben.

Abb. 8.3 erzeugt man mit folgender Befehlsfolge:

```
> plot(Golf$KM,Golf$Angebotspreis)
> e <- lm(Angebotspreis~KM,data=Golf)
> abline(e)
```

Dabei zeichnet die Funktion `abline` eine Gerade. Ihr Argument kann das ganze geschätzte lineare Modell sein.

Um den Residuenplot in Abb. 8.5 zu erstellen, benötigt man die Residuen e_i und die geschätzten Werte $\hat{y}_i$ für $i = 1, \ldots, n$. Diese erhält man mit den Funktionen `residuals` und `fitted`. Wir erhalten also die auf zwei Nachkommastellen gerundeten geschätzten Werte in Tab. 8.1 mit

```
> round(fitted(e),2)
        1         2         3         4         5         6
  9678.56  12318.53  11810.84  10050.86  11032.39  10355.48
        7         8         9        10        11        12
 11810.84  10930.85  11100.08  11167.77  11370.85  12318.53
       13        14        15        16        17        18
 12013.92  10084.71   9678.56  11946.23  12758.52  11303.16
       19        20        21        22        23        24
 11607.77  12453.91  11777.00  11607.77   6429.37  10220.09
       25        26        27        28        29        30
 10863.16   9915.48  11743.15   8426.27   6937.06  10118.56
       31        32        33        34        35        36
 12047.76   8493.96  11844.69   9915.48  10220.09  11167.77
       37        38        39
 10220.09  10152.40  10795.47
```

Die entsprechenden Residuen aus Tab. 8.1 erhält man mit

```
> round(residuals(e),2)
        1         2         3         4         5         6
   311.44  -2328.53  -1330.84    429.14    -52.39    634.52
        7         8         9        10        11        12
  -820.84    169.15    169.92    202.23    519.15   -338.53
       13        14        15        16        17        18
   -23.92   1905.29   2311.44     52.77   -278.52   1486.84
       19        20        21        22        23        24
  1582.23   3336.09   6203.00   7872.23   -939.37  -2370.09
       25        26        27        28        29        30
 -2983.16  -2015.48  -3753.15   -436.27   1862.94  -1238.56
       31        32        33        34        35        36
 -3057.76    496.04  -2854.69   -916.48   -730.09  -1677.77
       37        38        39
  -420.09   -172.40   -805.47
```

Abb. 8.5 erhalten wir mit folgender Befehlsfolge:

```
> e <- lm(Angebotspreis~KM+Alter,data=Golf)
> plot(fitted(e),residuals(e),ylab="e",
+       xlab=expression(hat(y)))
```

Für das Argument `xlab` rufen wir hier die Funktion `expression` auf. Diese erlaubt eine mathematische Beschriftung in Grafiken. Hier zeichnet sie $\hat{y}$. Eine Übersicht ist unter `?plotmath` in R gegeben. Weitere Residuenplots erhält man mit `plot(e)`.

8.5 Ergänzungen und weiterführende Literatur

Wir haben hier nur einen kleinen Einblick in die lineare Regressionsanalyse gegeben. Nahezu alle theoretischen Aspekte enthält Seber (1977). Einen umfassenden Überblick aus der Sicht des Anwenders unter Berücksichtigung theoretischer Konzepte geben Draper & Smith (1998). Unterschiedliche Schätzverfahren werden von Birkes & Dodge (1993) behandelt, die die Algorithmen sehr detailliert beschreiben. Wie man einflussreiche Beobachtungen entdecken kann, zeigen Cook & Weisberg (1982). Nichtparametrische Verfahren der Regressionsanalyse werden umfassend von Härdle (1990a), Hastie & Tibshirani (1991) und Fahrmeir et al. (2009) beschrieben.

8.6 Übungen

8.1 Stellen Sie sich vor, Sie haben einen Studienplatz in Pforzheim gefunden und suchen eine geeignete Wohnung. Sie schlagen eine Zeitung auf und suchen alle Einzimmerwohnungen heraus, die explizit in Uninähe liegen. Es sind acht. Tab. 8.3 zeigt die Flächen (in m^2) und Kaltmieten (in EUR) der Wohnungen.

Sei x_i die Fläche und Y_i die Kaltmiete der i-ten Wohnung. Wir unterstellen folgendes Modell:

$$Y_i = \beta_0 + \beta_1 x_i + \epsilon_i \tag{8.59}$$

mit den üblichen Annahmen.

1. Erstellen Sie das Streudiagramm der Daten.
2. Bestimmen Sie die Kleinste-Quadrate-Schätzer von β_0 und β_1.
3. Zeichnen Sie die Regressionsgerade in das Streudiagramm.
4. Bestimmen Sie $\widehat{\text{Var}}(\beta_0)$ und $\widehat{\text{Var}}(\beta_1)$.
5. Testen Sie zum Niveau 0.05, ob x_i im Modell benötigt wird.
6. Bestimmen Sie R^2.

Tab. 8.3 Fläche und Kaltmiete von acht Einzimmerwohnungen

Wohnung	Fläche	Kaltmiete
1	20	270
2	26	460
3	32	512
4	48	550
5	26	360
6	30	399
7	30	419
8	40	390

7. Erstellen Sie den Residuenplot. Deutet dieser auf Verletzungen der Annahmen des Modells hin?

8. Welche Miete erwarten Sie für eine Wohnung mit einer Fläche von 28 m^2?

8.2 In R gibt es einen Datensatz `air`. Mit `help(air)` können Sie Näheres über diesen Datensatz erfahren. Wir betrachten aus diesem Datensatz die Variablen `ozone`, `temperature` und `wind`.

Führen Sie in R eine lineare Regression von `ozone` auf `temperature` und `wind` durch. Interpretieren Sie jede Zahl des Ergebnisses dieser Regression. Worauf deutet der Residuenplot hin?

Explorative Faktorenanalyse

9

Inhaltsverzeichnis

9.1 Problemstellung und Grundlagen 249
9.2 Theorie 257
9.3 Praktische Aspekte 270
9.4 Faktorenanalyse in R 272
9.5 Ergänzungen und weiterführende Literatur 275
9.6 Übungen 275

9.1 Problemstellung und Grundlagen

Beispiel 38 Bei einer Befragung von Studenten im ersten Semester wurden unter anderem die Merkmale Körpergröße y_1, Körpergewicht y_2 und Schuhgröße y_3 erhoben. Die Körpergröße sollte in Zentimeter und das Körpergewicht in Kilogramm angegeben werden. Die Werte von 20 Studenten zeigt Tab. 9.1.

Wir bestimmen die empirische Korrelationsmatrix und erhalten

$$\mathbf{R} = \begin{pmatrix} 1.000 & 0.882 & 0.796 \\ 0.882 & 1.000 & 0.712 \\ 0.796 & 0.712 & 1.000 \end{pmatrix}. \tag{9.1}$$

□

Zwischen allen Merkmalen in Beispiel 38 besteht eine hohe positive Korrelation. Bei der Korrelation zwischen den Merkmalen Körpergröße und Körpergewicht wundert uns das nicht. Je größer eine Person ist, umso mehr wird sie auch wiegen. Die starke positive Korrelation zwischen den Merkmalen Körpergröße und Schuhgröße haben wir auch erwartet. Größere Menschen haben auch größere Füße. Dass aber die Merkmale Körpergewicht und Schuhgröße eine starke positive Korrelation aufweisen, ist verwunderlich. Warum sollten schwerere Personen größere Füße haben? Wir hätten hier eher

© Springer-Verlag GmbH Deutschland 2017   249
A. Handl, T. Kuhlenkasper, *Multivariate Analysemethoden*, Statistik und ihre Anwendungen,
DOI 10.1007/978-3-662-54754-0_9

Tab. 9.1 Körpergröße, Körpergewicht und Schuhgröße von 20 Studenten

Student	Körper-größe	Körper-gewicht	Schuh-größe	Student	Körper-größe	Körper-gewicht	Schuh-größe
1	171	58	40	11	201	93	48
2	180	80	44	12	180	67	42
3	178	80	42	13	183	73	42
4	171	60	41	14	176	65	42
5	182	73	44	15	170	65	41
6	180	70	41	16	182	85	40
7	180	77	43	17	180	80	41
8	170	55	42	18	190	83	44
9	163	50	37	19	180	67	39
10	169	51	38	20	183	75	45

einen Wert des empirischen Korrelationskoeffizienten in der Nähe von 0 erwartet. Woher kommt dieser hohe positive Wert? Der Zusammenhang zwischen den Merkmalen Körpergewicht und Schuhgröße kann am Merkmal Körpergröße liegen, denn das Merkmal Körpergröße bedingt im Regelfall sowohl das Merkmal Körpergewicht als auch das Merkmal Schuhgröße. Um zu überprüfen, ob das Merkmal Körpergröße den Zusammenhang zwischen den Merkmalen Körpergewicht und Schuhgröße bedingt, müssen wir es kontrollieren. Hierzu haben wir zwei Möglichkeiten:

- Wir betrachten nur Personen, die die gleiche Ausprägung des Merkmals Körpergröße besitzen, und bestimmen bei diesen den Zusammenhang zwischen den Merkmalen Körpergewicht und Schuhgröße. Besteht bei Personen, die die gleiche Ausprägung des Merkmals Körpergröße besitzen, kein Zusammenhang zwischen den Merkmalen Körpergewicht und Schuhgröße, so sollte der Wert des empirischen Korrelationskoeffizienten gleich 0 sein.
- Wir können den Effekt des Merkmals Körpergröße auf die Merkmale Körpergewicht und Schuhgröße statistisch bereinigen und den Zusammenhang zwischen den bereinigten Merkmalen bestimmen.

Die erste Vorgehensweise ist aufgrund der Datenlage nicht möglich, also schauen wir uns die zweite an. Um die Merkmale Körpergewicht und Schuhgröße um den Effekt des Merkmals Körpergröße zu bereinigen, regressieren wir das Merkmal Körpergewicht y_2 auf das Merkmal Körpergröße y_1. Die Residuen e_{21t} dieser Regression können wir auffassen als das um den linearen Effekt des Merkmals Körpergröße bereinigte Merkmal Körpergewicht. Entsprechend regressieren wir das Merkmal Schuhgröße y_3 auf das Merkmal Körpergröße y_1. Die Residuen e_{31t} dieser Regression können wir auffassen als das um den linearen Effekt des Merkmals Körpergröße bereinigte Merkmal Schuhgröße. Der Wert des empirischen Korrelationskoeffizienten zwischen

Abb. 9.1 Streudiagramm
von e_{31t} gegen e_{21t}

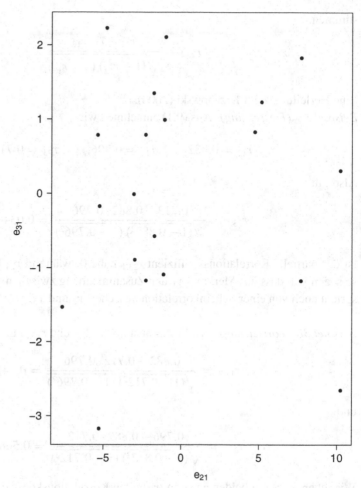

e_{21t} und e_{31t} ist ein Maß für die Stärke des Zusammenhangs zwischen den Merkmalen Körpergewicht und Schuhgröße, wenn man beide um den Effekt des Merkmals Körpergröße bereinigt hat.

Beispiel 38 (Fortsetzung) Abb. 9.1 zeigt das Streudiagramm von e_{31t} gegen e_{21t}. Dieses deutet auf keinen linearen Zusammenhang zwischen e_{31t} und e_{21t} hin. Der Wert des empirischen Korrelationskoeffizienten zwischen e_{21t} und e_{31t} ist gleich 0.0348. Wir sehen, dass der Wert des empirischen Korrelationskoeffizienten nahe 0 ist.   □

Man nennt den Korrelationskoeffizienten zwischen e_{21t} und e_{31t} auch den *partiellen Korrelationskoeffizienten* $r_{23.1}$. Die Notation macht deutlich, dass man die Korrelation zwischen y_2 und y_3 betrachtet, wobei beide um y_1 bereinigt sind. Man kann den partiellen Korrelationskoeffizienten $r_{23.1}$ folgendermaßen aus den Korrelationen r_{12}, r_{13} und r_{23} bestimmen:

$$r_{23.1} = \frac{r_{23} - r_{12}\, r_{13}}{\sqrt{\left(1 - r_{12}^2\right)\left(1 - r_{13}^2\right)}} \; . \tag{9.2}$$

Eine Herleitung zeigt Krzanowski (2000).

Beispiel 38 (Fortsetzung) Aus (9.1) entnehmen wir

$$r_{12} = 0.882, \qquad r_{13} = 0.796, \qquad r_{23} = 0.712 \; .$$

Also gilt

$$r_{23.1} = \frac{0.712 - 0.882 \cdot 0.796}{\sqrt{(1 - 0.882^2)(1 - 0.796^2)}} = 0.0348 \; . \qquad \square$$

Ist der partielle Korrelationskoeffizient $r_{23.1}$ nahe 0, während r_{23} betragsmäßig groß ist, so sagen wir, dass das Merkmal y_1 den Zusammenhang zwischen y_2 und y_3 erklärt. Man spricht auch von einer Scheinkorrelation zwischen y_2 und y_3.

Beispiel 38 (Fortsetzung) Wir bestimmen noch $r_{12.3}$ und $r_{13.2}$. Es gilt

$$r_{12.3} = \frac{0.882 - 0.712 \cdot 0.796}{\sqrt{(1 - 0.712^2)(1 - 0.796^2)}} = 0.742$$

und

$$r_{13.2} = \frac{0.796 - 0.882 \cdot 0.712}{\sqrt{(1 - 0.882^2)(1 - 0.712^2)}} = 0.508 \; .$$

Wir sehen, dass die beiden anderen partiellen Korrelationskoeffizienten nicht verschwinden. $\qquad \square$

Im Beispiel wird die Korrelation zwischen zwei Merkmalen durch ein drittes beobachtbares Merkmal erklärt. Das erklärende Merkmal muss aber nicht immer beobachtbar sein. Schauen wir uns auch hier ein Beispiel an.

Beispiel 39 In der PISA-Studie aus dem Jahr 2012 wurden die Punktezahlen von 60 Ländern für die Fächer Mathematik, Lesekompetenz und Naturwissenschaftliche Grundbildung vergeben. Die Korrelationsmatrix für diese drei Variablen sieht folgendermaßen aus:

$$\mathbf{R} = \begin{pmatrix} 1.000 & 0.959 & 0.976 \\ 0.959 & 1.000 & 0.976 \\ 0.976 & 0.976 & 1.000 \end{pmatrix} \; .$$

Es fällt auf, dass alle Merkmale sehr stark positiv miteinander korreliert sind. Ist ein Land also überdurchschnittlich gut in einem Bereich, so ist es auch überdurchschnittlich gut in jedem der anderen Bereiche. Das haben wir bereits in Abb. 2.8 gesehen. □

Die hohen Korrelationen im Beispiel können an einer Variablen liegen, die mit allen drei Merkmalen positiv korreliert ist und die positive Korrelation zwischen diesen bewirkt. Dies ist eine Variable, die wir nicht messen können oder für die zumindest keine Daten vorliegen. Wir nennen diese unbeobachtbare Variable *Faktor F*. Wir wollen nun ein Modell entwickeln, bei dem die Korrelationen zwischen den Variablen $Y_1, \ldots, Y_p$ durch einen Faktor erklärt werden. Hierzu vollziehen wir noch einmal nach, wie wir vorgegangen sind, um zwei Variablen um den linearen Effekt einer dritten Variablen zu bereinigen. Schauen wir uns dazu zunächst die Variablen Y_1 und Y_2 an. Wenn der Faktor F die Korrelation zwischen den Variablen Y_1 und Y_2 erklärt, dann sollten die Variablen Y_1 und Y_2 linear vom Faktor F abhängen. Wir unterstellen also

$$Y_1 = \mu_1 + l_1 F + \epsilon_1 \,,$$
$$Y_2 = \mu_2 + l_2 F + \epsilon_2 \,.$$

Dabei sind ϵ_1 und ϵ_2 Zufallsvariablen und μ_1, l_1, μ_2 und l_2 Parameter. Die Gleichungen allein reichen aber nicht aus, um den Tatbestand zu beschreiben, dass der Faktor F den Zusammenhang zwischen Y_1 und Y_2 erklärt. Der partielle Korrelationskoeffizient $r_{12.F}$ muss gleich 0 sein. Das heißt aber, dass die Korrelation und damit auch die Kovarianz zwischen ϵ_1 und ϵ_2 gleich 0 sein müssen:

$$\mathrm{Cov}(\epsilon_1, \epsilon_2) = 0 \,. \tag{9.3}$$

Allgemein unterstellen wir also folgendes Modell:

$$Y_i = \mu_i + l_i \, F + \epsilon_i \tag{9.4}$$

für $i = 1, \ldots, p$. Dabei heißt l_i *Faktorladung*. Den i-ten Zufallsfehler ϵ_i nennt man auch *spezifischen Faktor*. Für den Faktor F unterstellen wir

$$E(F) = 0 \tag{9.5}$$

und

$$\mathrm{Var}(F) = 1 \,. \tag{9.6}$$

Für die Zufallsfehler unterstellen wir in Anlehnung an (9.3)

$$\mathrm{Cov}(\epsilon_i, \epsilon_j) = 0 \qquad \text{für } i \neq j \,. \tag{9.7}$$

Außerdem nehmen wir an:

$$E(\epsilon_i) = 0 \tag{9.8}$$

und

$$\text{Var}(\epsilon_i) = \psi_i \tag{9.9}$$

für $i = 1, \ldots, p$. Wir unterstellen außerdem, dass die Zufallsfehler und der Faktor unkorreliert sind:

$$\text{Cov}(\epsilon_i, F) = 0 \tag{9.10}$$

für $i = 1, \ldots, p$. Aus den Annahmen folgt eine spezielle Gestalt der Varianz-Kovarianz-Matrix der Y_i, die wir jetzt herleiten wollen. Beginnen wir mit den Varianzen der Y_i. Es gilt

$$\text{Var}(Y_i) = l_i^2 + \psi_i \tag{9.11}$$

für $i = 1, \ldots, p$. Dies sieht man mit (3.14), (3.15), (9.6), (9.9) und (9.10) folgendermaßen:

$$
\begin{aligned}
\text{Var}(Y_i) &= \text{Cov}(Y_i, Y_i) = \text{Cov}(\mu_i + l_i\,F + \epsilon_i, \mu_i + l_i\,F + \epsilon_i)\\
&= \text{Cov}(l_i\,F + \epsilon_i, l_i\,F + \epsilon_i)\\
&= \text{Cov}(l_i\,F, l_i\,F) + \text{Cov}(l_i\,F, \epsilon_i) + \text{Cov}(\epsilon_i, l_i\,F) + \text{Cov}(\epsilon_i, \epsilon_i)\\
&= l_i\,l_i\,\text{Cov}(F, F) + l_i\,\text{Cov}(F, \epsilon_i) + l_i\,\text{Cov}(\epsilon_i, F) + \text{Var}(\epsilon_i)\\
&= l_i^2\,\text{Var}(F) + \text{Var}(\epsilon_i) = l_i^2 + \psi_i\,.
\end{aligned}
$$

Die Varianz von Y_i setzt sich also aus zwei Summanden zusammen. Der Summand l_i^2 wird *Kommunalität* des Faktors F genannt. Dies ist der Anteil des Faktors an der Varianz von Y_i. Der Summand ψ_i heißt *spezifische Varianz*.

Schauen wir uns die Kovarianz zwischen Y_i und Y_j für $i \neq j$ an. Es gilt

$$\text{Cov}(Y_i, Y_j) = l_i\,l_j\,. \tag{9.12}$$

Dies sieht man mit (3.14), (3.15), (9.6), (9.7) und (9.10) folgendermaßen:

$$
\begin{aligned}
\text{Cov}(Y_i, Y_j) &= \text{Cov}(\mu_i + l_i\,F + \epsilon_i, \mu_j + l_j\,F + \epsilon_j)\\
&= \text{Cov}(l_i\,F + \epsilon_i, l_j\,F + \epsilon_j)\\
&= \text{Cov}(l_i\,F, l_j\,F) + \text{Cov}(l_i\,F, \epsilon_j) + \text{Cov}(\epsilon_i, l_j\,F) + \text{Cov}(\epsilon_i, \epsilon_j)\\
&= l_i\,l_j\,\text{Cov}(F, F) + l_i\,\text{Cov}(F, \epsilon_j) + l_j\,\text{Cov}(\epsilon_i, F)\\
&= l_i\,l_j\,\text{Var}(F)\\
&= l_i\,l_j\,.
\end{aligned}
$$

Schauen wir uns nun die Struktur der Varianz-Kovarianz-Matrix Σ der Y_i an, die aus den Annahmen des Modells folgt. Wegen (9.11) und (9.12) gilt

$$\Sigma = \begin{pmatrix} l_1^2 + \psi_1 & l_1 l_2 & \cdots & l_1 l_p \\ l_2 l_1 & l_2^2 + \psi_2 & \cdots & l_2 l_p \\ \vdots & \vdots & \ddots & \vdots \\ l_p l_1 & l_p l_2 & \cdots & l_p^2 + \psi_p \end{pmatrix}. \tag{9.13}$$

Wir formen (9.13) um:

$$\Sigma = \begin{pmatrix} l_1^2 & l_1 l_2 & \cdots & l_1 l_p \\ l_2 l_1 & l_2^2 & \cdots & l_2 l_p \\ \vdots & \vdots & \ddots & \vdots \\ l_p l_1 & l_p l_2 & \cdots & l_p^2 \end{pmatrix} + \begin{pmatrix} \psi_1 & 0 & \cdots & 0 \\ 0 & \psi_2 & \cdots & 0 \\ \vdots & \vdots & \ddots & \vdots \\ 0 & 0 & \cdots & \psi_p \end{pmatrix}$$

$$= \begin{pmatrix} l_1 \\ l_2 \\ \vdots \\ l_p \end{pmatrix} \begin{pmatrix} l_1 & l_2 & \cdots & l_p \end{pmatrix} + \begin{pmatrix} \psi_1 & 0 & \cdots & 0 \\ 0 & \psi_2 & \cdots & 0 \\ \vdots & \vdots & \ddots & \vdots \\ 0 & 0 & \cdots & \psi_p \end{pmatrix}.$$

Mit

$$\mathbf{l} = \begin{pmatrix} l_1 \\ l_2 \\ \vdots \\ l_p \end{pmatrix}$$

und

$$\boldsymbol{\Psi} = \begin{pmatrix} \psi_1 & 0 & \cdots & 0 \\ 0 & \psi_2 & \cdots & 0 \\ \vdots & \vdots & \ddots & \vdots \\ 0 & 0 & \cdots & \psi_p \end{pmatrix}$$

können wir (9.13) auch folgendermaßen schreiben:

$$\Sigma = \mathbf{l}\mathbf{l}' + \boldsymbol{\Psi}. \tag{9.14}$$

Ziel der Faktorenanalyse ist es, die l_i und ψ_i aus der empirischen Varianz-Kovarianz-Matrix $\mathbf{S}$ zu schätzen. Wir suchen also im Modell mit einem Faktor einen Vektor $\hat{\mathbf{l}}$ und eine Matrix $\hat{\boldsymbol{\Psi}}$, sodass gilt

$$\mathbf{S} = \hat{\mathbf{l}}\hat{\mathbf{l}}' + \hat{\boldsymbol{\Psi}}.$$

Beispiel 39 (Fortsetzung) Es gilt

$$\mathbf{S} = \begin{pmatrix} 2629.061 & 2241.414 & 2455.845 \\ 2241.414 & 2077.732 & 2182.833 \\ 2455.845 & 2182.833 & 2407.192 \end{pmatrix} .$$

Bei einem Faktor und drei Variablen erhält man folgende sechs Gleichungen:

$$s_1^2 = \hat{l}_1^2 + \hat{\psi}_1, \tag{9.15}$$
$$s_2^2 = \hat{l}_2^2 + \hat{\psi}_2, \tag{9.16}$$
$$s_3^2 = \hat{l}_3^2 + \hat{\psi}_3, \tag{9.17}$$
$$s_{12} = \hat{l}_1 \hat{l}_2, \tag{9.18}$$
$$s_{13} = \hat{l}_1 \hat{l}_3, \tag{9.19}$$
$$s_{23} = \hat{l}_2 \hat{l}_3 . \tag{9.20}$$

Wir lösen (9.18) nach $\hat{l}_2$ und (9.19) nach $\hat{l}_3$ auf und setzen die neu gewonnenen Gleichungen in (9.20) ein:

$$s_{23} = \frac{s_{12} \cdot s_{13}}{\hat{l}_1^2} .$$

Also gilt

$$\hat{l}_1 = \sqrt{\frac{s_{12} \cdot s_{13}}{s_{23}}} = \sqrt{\frac{2241.414 \cdot 2455.845}{2182.833}} = 50.21706 .$$

Entsprechend erhalten wir

$$\hat{l}_2 = \sqrt{\frac{s_{12} \cdot s_{23}}{s_{13}}} = \sqrt{\frac{2241.414 \cdot 2182.833}{2455.845}} = 44.63451$$

und

$$\hat{l}_3 = \sqrt{\frac{s_{13} \cdot s_{23}}{s_{12}}} = \sqrt{\frac{2455.845 \cdot 2182.833}{2241.414}} = 48.9046 .$$

Aus (9.15), (9.16) und (9.17) folgt

$$\hat{\psi}_1 = s_1^2 - \hat{l}_1^2 = 2629.061 - 2521.753 = 107.308,$$
$$\hat{\psi}_2 = s_2^2 - \hat{l}_2^2 = 2077.732 - 1992.239 = 85.493,$$
$$\hat{\psi}_3 = s_3^2 - \hat{l}_3^2 = 2407.192 - 2391.660 = 15.532 .$$

Es gilt

$$\mathbf{S} = \hat{\mathbf{l}}\hat{\mathbf{l}}' + \hat{\mathbf{\Psi}}$$

mit

$$\hat{\mathbf{l}} = \begin{pmatrix} 50.21706 \\ 44.63451 \\ 48.90460 \end{pmatrix}$$

und

$$\hat{\mathbf{\Psi}} = \begin{pmatrix} 107.308 & 0 & 0 \\ 0 & 85.493 & 0 \\ 0 & 0 & 15.532 \end{pmatrix}. \qquad\qquad \square$$

Wir haben bisher nur einen Faktor betrachtet. In diesem Fall kann man die Schätzer mit dem im Beispiel beschriebenen Verfahren bestimmen. Bei mehr als einem Faktor muss man andere Schätzverfahren anwenden. Mit diesen werden wir uns beschäftigen, nachdem wir das allgemeine Modell dargestellt haben.

9.2 Theorie

9.2.1 Allgemeines Modell

Ausgangspunkt ist die p-dimensionale Zufallsvariable $\mathbf{Y} = (Y_1, \ldots, Y_p)'$ mit der Varianz-Kovarianz-Matrix $\mathbf{\Sigma}$. Wir wollen die Kovarianzen zwischen den Zufallsvariablen $Y_1, \ldots,$ Y_p durch k Faktoren $F_1, \ldots, F_k$ erklären. Wir stellen folgendes Modell für $i = 1, \ldots, p$ auf:

$$Y_i = \mu_i + l_{i1}F_1 + l_{i2}F_2 + \ldots + l_{ik}F_k + \epsilon_i. \qquad\qquad (9.21)$$

Mit

$$\mathbf{Y} = \begin{pmatrix} Y_1 \\ \vdots \\ Y_p \end{pmatrix}, \quad \mu = \begin{pmatrix} \mu_1 \\ \vdots \\ \mu_p \end{pmatrix}, \quad \mathbf{F} = \begin{pmatrix} F_1 \\ \vdots \\ F_k \end{pmatrix}, \quad \epsilon = \begin{pmatrix} \epsilon_1 \\ \vdots \\ \epsilon_p \end{pmatrix}$$

und

$$\mathbf{L} = \begin{pmatrix} l_{11} & l_{12} & \ldots & l_{1k} \\ l_{21} & l_{22} & \ldots & l_{2k} \\ \vdots & \vdots & \ddots & \vdots \\ l_{p1} & l_{p2} & \ldots & l_{pk} \end{pmatrix}$$

können wir (9.21) schreiben als

$$Y = \mu + LF + \epsilon \ . \tag{9.22}$$

Die Annahmen des Modells lauten:

1. $E(F) = 0$,
2. $\text{Var}(F) = I_k$,
3. $E(\epsilon) = 0$,
4. $\text{Var}(\epsilon) = \Psi$,
5. $\text{Cov}(\epsilon, F) = 0$

mit

$$\Psi = \begin{pmatrix} \psi_1 & 0 & \cdots & 0 \\ 0 & \psi_2 & \cdots & 0 \\ \vdots & \vdots & \ddots & \vdots \\ 0 & 0 & \cdots & \psi_p \end{pmatrix} .$$

Unter diesen Annahmen gilt folgende Beziehung für die Varianz-Kovarianz-Matrix Σ von Y:

$$\Sigma = LL' + \Psi \ . \tag{9.23}$$

Dies sieht man unter Berücksichtigung von (3.27) und (3.28) folgendermaßen:

$$\begin{aligned} \Sigma &= \text{Var}(Y) = \text{Cov}(Y, Y) = \text{Cov}(\mu + LF + \epsilon, \mu + LF + \epsilon) \\ &= \text{Cov}(LF + \epsilon, LF + \epsilon) \\ &= \text{Cov}(LF, LF) + \text{Cov}(LF, \epsilon) + \text{Cov}(\epsilon, LF) + \text{Cov}(\epsilon, \epsilon) \\ &= L\,\text{Cov}(F, F)\,L' + L\,\text{Cov}(F, \epsilon) + \text{Cov}(\epsilon, F)\,L' + \Psi \\ &= L\,\text{Var}(F)\,L' + \Psi \\ &= LL' + \Psi \ . \end{aligned}$$

Die Beziehung (9.23) wird das *Fundamentaltheorem der Faktorenanalyse* genannt. Schauen wir uns diese Beziehung genauer an. Es gilt

$$\sigma_i^2 = \sum_{j=1}^{k} l_{ij}^2 + \psi_i \ , \tag{9.24}$$

wobei σ_i^2, $i = 1, \ldots, p$ die Elemente auf der Hauptdiagonalen von Σ sind.

Wie das einfaktorielle Modell postuliert das allgemeine Modell eine Zerlegung der Varianz der i-ten Variablen in zwei Summanden. Der erste Summand heißt *Kommunalität*

$$h_i^2 = \sum_{j=1}^{k} l_{ij}^2 \, y. \tag{9.25}$$

Dies ist der Teil der Varianz von Y_i, der über die Faktoren mit den anderen Variablen geteilt wird. Der zweite Summand ψ_i ist der Teil der Varianz, der spezifisch für die Variable Y_i ist. Er wird deshalb spezifische Varianz genannt. Dies ist der Teil der Varianz von Y_i, der nicht mit den anderen Variablen geteilt wird.

Bisher haben wir nur die Varianz-Kovarianz-Matrix betrachtet. Es stellt sich die Frage, welche Konsequenzen es hat, wenn man statt der Varianz-Kovarianz-Matrix die Korrelationsmatrix betrachtet. Um diese Frage zu beantworten, betrachten wir (9.22), wobei wir μ auf die linke Seite bringen:

$$\mathbf{Y} - \mu = \mathbf{L}\mathbf{F} + \epsilon. \tag{9.26}$$

Sei

$$\mathbf{D} = \begin{pmatrix} \sigma_1 & 0 & \dots & 0 \\ 0 & \sigma_2 & \dots & 0 \\ \vdots & \vdots & \ddots & \vdots \\ 0 & 0 & \dots & \sigma_p \end{pmatrix}.$$

Multiplizieren wir $\mathbf{Y} - \mu$ von links mit $\mathbf{D}^{-1}$, so erhalten wir die standardisierte Zufallsvariable $\mathbf{Y}^*$. Wir haben in (3.36) gezeigt, dass die Varianz-Kovarianz-Matrix von $\mathbf{Y}^*$ gleich der Korrelationsmatrix $\mathbf{P}$ von $\mathbf{Y}$ ist. Also gilt

$$\begin{aligned}
\mathbf{P} &= \text{Var}(\mathbf{D}^{-1}(\mathbf{Y} - \mu)) = \mathbf{D}^{-1}\text{Var}(\mathbf{Y} - \mu)(\mathbf{D}^{-1})' \\
&= \mathbf{D}^{-1}\text{Var}(\mathbf{Y})(\mathbf{D}^{-1})' = \mathbf{D}^{-1}(\mathbf{L}\mathbf{L}' + \boldsymbol{\Psi})(\mathbf{D}^{-1})' \\
&= \mathbf{D}^{-1}\mathbf{L}\mathbf{L}'(\mathbf{D}^{-1})' + \mathbf{D}^{-1}\boldsymbol{\Psi}(\mathbf{D}^{-1})' \\
&= \mathbf{D}^{-1}\mathbf{L}(\mathbf{D}^{-1}\mathbf{L})' + \mathbf{D}^{-1}\boldsymbol{\Psi}(\mathbf{D}^{-1})' = \tilde{\mathbf{L}}\tilde{\mathbf{L}}' + \tilde{\boldsymbol{\Psi}}
\end{aligned}$$

mit

$$\tilde{\mathbf{L}} = \mathbf{D}^{-1}\mathbf{L}$$

und

$$\tilde{\boldsymbol{\Psi}} = \mathbf{D}^{-1}\boldsymbol{\Psi}(\mathbf{D}^{-1})'.$$

Das faktoranalytische Modell gilt also auch für die standardisierten Variablen, wobei man die Ladungsmatrix $\tilde{\mathbf{L}}$ der standardisierten Variablen durch Skalierung der Ladungsmatrix $\mathbf{L}$ der ursprünglichen Variablen erhält. Das Gleiche gilt für die spezifischen Varianzen.

Beispiel 39 (Fortsetzung) Wir wollen exemplarisch zeigen, dass die obigen Aussagen gelten. Die Analyse auf Basis der empirischen Varianz-Kovarianz-Matrix haben wir bereits durchgeführt. Wir betrachten nun das Modell

$$\mathbf{P} = \tilde{\mathbf{l}}\tilde{\mathbf{l}}' + \tilde{\boldsymbol{\Psi}} .$$

Wir suchen einen Vektor $\hat{\tilde{\mathbf{l}}}$ und eine Matrix $\hat{\tilde{\boldsymbol{\Psi}}}$, sodass gilt

$$\mathbf{R} = \hat{\tilde{\mathbf{l}}}\hat{\tilde{\mathbf{l}}}' + \hat{\tilde{\boldsymbol{\Psi}}} .$$

Dabei ist $\mathbf{R}$ die empirische Korrelationsmatrix. Es müssen folgende Gleichungen erfüllt sein:

$$1 = \hat{\tilde{l}}_1^2 + \hat{\tilde{\psi}}_1 , \quad 1 = \hat{\tilde{l}}_2^2 + \hat{\tilde{\psi}}_2 , \quad 1 = \hat{\tilde{l}}_3^2 + \hat{\tilde{\psi}}_3 ,$$

$$r_{12} = \hat{\tilde{l}}_1\hat{\tilde{l}}_2 , \quad r_{13} = \hat{\tilde{l}}_1\hat{\tilde{l}}_3 , \quad r_{23} = \hat{\tilde{l}}_2\hat{\tilde{l}}_3 .$$

Setzen wir die Werte von $\mathbf{R}$ aus (9.1) ein und lösen die Gleichungen, so ergibt sich

$$\hat{\tilde{l}}_1 = 0.979, \quad \hat{\tilde{l}}_2 = 0.979, \quad \hat{\tilde{l}}_3 = 0.997$$

und

$$\hat{\tilde{\psi}}_1 = 0.041, \quad \hat{\tilde{\psi}}_2 = 0.041, \quad \hat{\tilde{\psi}}_3 = 0.006 .$$

Bei der Faktorenanalyse auf Basis der empirischen Varianz-Kovarianz-Matrix $\mathbf{S}$ ist $\hat{l}_1 = 50.21706$. Mit $s_1 = 51.27437$ folgt

$$\frac{\hat{l}_1}{s_1} = 0.979 = \hat{\tilde{l}}_1 . \qquad \qquad \square$$

Wir können also auch die Korrelationsmatrix als Ausgangspunkt einer Faktorenanalyse nehmen. Wir bezeichnen die Ladungsmatrix im Folgenden mit $\mathbf{L}$ und die Matrix der spezifischen Varianzen mit $\boldsymbol{\Psi}$. Wir gehen also aus vom Modell

$$\mathbf{P} = \mathbf{L}\mathbf{L}' + \boldsymbol{\Psi} . \qquad\qquad (9.27)$$

9.2.2 Nichteindeutigkeit der Lösung

Gegeben sei folgende Korrelationsmatrix:

$$\mathbf{P} = \begin{pmatrix} 1.00 & 0.58 & 0.66 & 0.22 & 0.16 \\ 0.58 & 1.00 & 0.78 & 0.32 & 0.26 \\ 0.66 & 0.78 & 1.00 & 0.42 & 0.36 \\ 0.22 & 0.32 & 0.42 & 1.00 & 0.74 \\ 0.16 & 0.26 & 0.36 & 0.74 & 1.00 \end{pmatrix}.$$

Es gilt

$$\mathbf{P} = \mathbf{L}_1 \mathbf{L}_1' + \boldsymbol{\Psi} \tag{9.28}$$

mit

$$\mathbf{L}_1 = \begin{pmatrix} 0.7 & -0.1 \\ 0.8 & -0.2 \\ 0.9 & -0.3 \\ 0.2 & -0.8 \\ 0.1 & -0.9 \end{pmatrix}$$

und

$$\boldsymbol{\Psi} = \begin{pmatrix} 0.50 & 0 & 0 & 0 & 0 \\ 0 & 0.32 & 0 & 0 & 0 \\ 0 & 0 & 0.10 & 0 & 0 \\ 0 & 0 & 0 & 0.32 & 0 \\ 0 & 0 & 0 & 0 & 0.18 \end{pmatrix}.$$

Mit

$$\mathbf{L}_2 = \begin{pmatrix} 0.1 & 0.7 \\ 0.2 & 0.8 \\ 0.3 & 0.9 \\ 0.8 & 0.2 \\ 0.9 & 0.1 \end{pmatrix}$$

gilt aber auch

$$\mathbf{P} = \mathbf{L}_2 \mathbf{L}_2' + \boldsymbol{\Psi}.$$

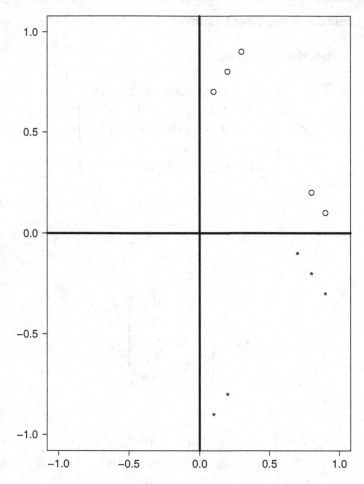

Abb. 9.2 Streudiagramm von zwei Lösungen der Fundamentalgleichung der Faktorenanalyse

Bei festem k und $\boldsymbol{\Psi}$ gibt es also mindestens zwei unterschiedliche Ladungsmatrizen $\mathbf{L}_1$ und $\mathbf{L}_2$, die die (9.27) erfüllen. Wie hängen die beiden Lösungen zusammen? In Abb. 9.2 sind die Zeilenvektoren der Matrizen $\mathbf{L}_1$ und $\mathbf{L}_2$ eingezeichnet, wobei die Zeilenvektoren von $\mathbf{L}_1$ durch einen Stern und die Zeilenvektoren von $\mathbf{L}_2$ durch einen Kreis gekennzeichnet sind.

Wir sehen, dass die gesamte erste Konfiguration durch eine Drehung um 90 Grad im Uhrzeigersinn in die zweite Konfiguration übergeht. Drehungen im $I\!R^2$ um den Winkel α werden bewirkt durch Multiplikation von rechts mit einer Matrix $\mathbf{T}$, für die gilt

$$\mathbf{T} = \begin{pmatrix} \cos\alpha & \sin\alpha \\ -\sin\alpha & \cos\alpha \end{pmatrix}.$$

Im Beispiel ist die Matrix $\mathbf{T}$ gegeben durch

$$\mathbf{T} = \begin{pmatrix} 0 & 1 \\ -1 & 0 \end{pmatrix}.$$

Es gilt also

$$\mathbf{L}_2 = \mathbf{L}_1 \mathbf{T}.$$

Die Matrix $\mathbf{T}$ ist orthogonal. Es gilt also

$$\mathbf{T}\mathbf{T}' = \mathbf{I}_2. \tag{9.29}$$

Wegen der Orthogonalität von $\mathbf{T}$ gilt

$$\mathbf{P} = \mathbf{L}\mathbf{L}' + \mathbf{\Psi} = \mathbf{L}\mathbf{T}\mathbf{T}'\mathbf{L}' + \mathbf{\Psi} = \mathbf{L}\mathbf{T}(\mathbf{L}\mathbf{T})' + \mathbf{\Psi}.$$

Die Fundamentalgleichung ändert sich nicht, wenn wir die Faktorladungsmatrix $\mathbf{L}$ mit einer orthogonalen Matrix multiplizieren. In diesem Fall ändert sich das Modell (9.22) zu

$$\mathbf{Y} = \boldsymbol{\mu} + \mathbf{L}\mathbf{T}\mathbf{T}'\mathbf{F} + \boldsymbol{\epsilon}. \tag{9.30}$$

Die transformierten Faktoren $\mathbf{T}'\mathbf{F}$ erfüllen die Bedingungen des faktoranalytischen Modells. Es gilt

$$E(\mathbf{T}'\mathbf{F}) = \mathbf{T}' E(\mathbf{F}) = \mathbf{0}$$

und

$$\text{Var}(\mathbf{T}'\mathbf{F}) = \mathbf{T}'\text{Var}(\mathbf{F})\mathbf{T} = \mathbf{T}'\mathbf{T} = \mathbf{I}_k.$$

Die Faktorladungen sind also bis auf orthogonale Transformationen eindeutig. Durch eine Forderung an die Faktorladungsmatrix wird die Lösung eindeutig. Die übliche Forderung ist

$$\mathbf{L}'\mathbf{\Psi}^{-1}\mathbf{L} = \boldsymbol{\Delta}, \tag{9.31}$$

wobei $\boldsymbol{\Delta}$ eine Diagonalmatrix ist. Eine Begründung für diese Forderung geben Fahrmeir et al. (1996).

9.2.3 Schätzung von L und Ψ

Wir wollen uns in diesem Abschnitt damit beschäftigen, wie man im Modell (9.22) die unbekannten μ, L, Ψ und k schätzen kann. Wir werden zwei Schätzverfahren betrachten. Beim *Maximum-Likelihood-Verfahren* unterstellt man, dass Y multivariat normalverteilt ist, und bestimmt für festes k die Maximum-Likelihood-Schätzer der Parameter. Bei der *Hauptfaktorenanalyse* geht man auch von einem festen Wert von k aus und schätzt μ durch $\bar{y}$. Die Schätzung von L und Ψ geht aus von der (9.23). Es liegt nahe, in dieser Gleichung Σ durch die empirische Varianz-Kovarianz-Matrix S beziehungsweise durch die empirische Korrelationsmatrix R zu ersetzen. Dann erhält man folgende Schätzgleichung:

$$\mathbf{R} = \hat{\mathbf{L}}\hat{\mathbf{L}}' + \hat{\Psi} \ . \tag{9.32}$$

Aus dieser bestimmt man dann die Schätzer $\hat{\mathbf{L}}$ und $\hat{\Psi}$. Wie man dabei vorgeht, wollen wir später betrachten. Vorher wollen wir uns überlegen, wie viele Faktoren man höchstens verwenden darf, wenn p Variablen vorliegen. Wir betrachten dies für die empirische Varianz-Kovarianz-Matrix S. Für die empirische Korrelationsmatrix ergibt sich das gleiche Ergebnis, wie Mardia et al. (1980) zeigen.

Da die empirische Varianz-Kovarianz-Matrix S symmetrisch ist, enthält sie $0.5\,p\,(p+1)$ Größen, die zur Schätzung verwendet werden. In der Matrix $\hat{\mathbf{L}}$ gibt es pk und in der Matrix $\hat{\Psi}$ p unbekannte Parameter. Die $pk + p$ Parameter unterliegen aber den Restriktionen in (9.31), sodass nur $pk + p - 0.5k(k-1)$ frei gewählt werden können. Da die Anzahl der Größen, die zur Schätzung verwendet werden, mindestens genau so groß sein sollte wie die Anzahl der geschätzten Parameter, muss also gelten:

$$0.5p(p+1) \geq pk + p - 0.5k(k-1) \ . \tag{9.33}$$

Dies können wir vereinfachen zu

$$(p-k)^2 \geq p + k \ . \tag{9.34}$$

Tab. 9.2 gibt die maximale Anzahl k von Faktoren in Abhängigkeit von der Anzahl p der Variablen an.

Betrachten wir nun die beiden Schätzverfahren auf Basis des folgenden Beispiels.

Beispiel 40 In Beispiel 8 wurden Unternehmen gebeten, den Nutzen anzugeben, den sie von einem Virtual-Reality-System erwarten. Auf einer Skala von 1 bis 5 sollte dabei angegeben werden, wie wichtig die Merkmale Veranschaulichung von Fehlfunktionen, Qualitätsverbesserung, Entwicklungszeitverkürzung, Ermittlung von Kundenanforderungen, Angebotserstellung und Kostenreduktion sind.

Tab. 9.2 Maximale Anzahl von Faktoren in Abhängigkeit von der Anzahl p der Variablen

Anzahl Variablen	Maximalzahl Faktoren
3	1
4	1
5	2
6	3
7	3
8	4
9	5

Es ergab sich folgende empirische Korrelationsmatrix:

$$\mathbf{R} = \begin{pmatrix} 1.000 & 0.223 & 0.133 & 0.625 & 0.506 & 0.500 \\ 0.223 & 1.000 & 0.544 & 0.365 & 0.320 & 0.361 \\ 0.133 & 0.544 & 1.000 & 0.248 & 0.179 & 0.288 \\ 0.625 & 0.365 & 0.248 & 1.000 & 0.624 & 0.630 \\ 0.506 & 0.320 & 0.179 & 0.624 & 1.000 & 0.625 \\ 0.500 & 0.361 & 0.288 & 0.630 & 0.625 & 1.000 \end{pmatrix}.$$

Wir wollen die Korrelationen durch zwei Faktoren erklären. Wir suchen also eine $(5, 2)$-Matrix $\hat{\mathbf{L}}$ und eine $(5, 5)$-Matrix $\hat{\boldsymbol{\Psi}}$, die

$$\mathbf{R} = \hat{\mathbf{L}}\hat{\mathbf{L}}' + \hat{\boldsymbol{\Psi}} \tag{9.35}$$

erfüllen, und suchen für $k = 2$ die Schätzer $\hat{\mathbf{L}}$ und $\hat{\boldsymbol{\Psi}}$. $\quad\square$

Hauptfaktorenanalyse

Die Hauptfaktorenanalyse beruht auf der Spektralzerlegung (A.52) einer symmetrischen Matrix. Wir gehen aus von (9.35) und bilden

$$\mathbf{R} - \hat{\boldsymbol{\Psi}} = \hat{\mathbf{L}}\hat{\mathbf{L}}' . \tag{9.36}$$

Da wir von der Matrix $\mathbf{R}$ die Diagonalmatrix $\hat{\boldsymbol{\Psi}}$ subtrahieren, unterscheiden sich nur die Hauptdiagonalelemente von $\mathbf{R}$ und $\mathbf{R} - \hat{\boldsymbol{\Psi}}$. Auf der Hauptdiagonale von $\mathbf{R} - \hat{\boldsymbol{\Psi}}$ stehen die Kommunalitäten h_i^2, $i = 1, \ldots, p$. Die i-te Kommunalität ist der Teil der Varianz von Y_i, den Y_i mit den anderen Variablen über die gemeinsamen Faktoren teilt. Einen Schätzer der Kommunalität von Y_i erhält man, indem man Y_i auf alle anderen Variablen regressiert. Das Bestimmtheitsmaß R_i^2 dieser Regression ist der Anteil der Varianz von Y_i, der durch die Regression von Y_i auf die anderen Variablen erklärt wird. Dies ist ein Schätzer von h_i^2. Das Bestimmtheitsmaß R_i^2 kann folgendermaßen auf Basis der empirischen Korrelationsmatrix ermittelt werden:

$$R_i^2 = 1 - \frac{1}{r^{ii}} . \tag{9.37}$$

Dabei ist r^{ii} das i-te Hauptdiagonalelement von $\mathbf{R}^{-1}$. Ein Beweis hierfür ist bei Seber (1977) gegeben. Ist die empirische Varianz-Kovarianz-Matrix $\mathbf{S}$ Ausgangspunkt der Schätzung, so gilt

$$R_i^2 = 1 - \frac{1}{s_{ii}\, s^{ii}} \, . \tag{9.38}$$

Dabei ist s^{ii} das i-te Hauptdiagonalelement von $\mathbf{S}^{-1}$ und s_{ii} das i-te Hauptdiagonalelement von $\mathbf{S}$.

Beispiel 40 (Fortsetzung) Wir bestimmen zunächst die Schätzer $\hat{h}_i^2$ der Kommunalitäten h_i^2. Es gilt

$$\mathbf{R}^{-1} = \begin{pmatrix} 1.733 & 0.040 & 0.061 & -0.811 & -0.250 & -0.231 \\ 0.040 & 1.576 & -0.738 & -0.235 & -0.169 & -0.122 \\ 0.061 & -0.738 & 1.450 & -0.070 & 0.123 & -0.214 \\ -0.811 & -0.235 & -0.07 & 2.366 & -0.599 & -0.606 \\ -0.250 & -0.169 & 0.123 & -0.599 & 1.972 & -0.703 \\ -0.231 & -0.122 & -0.214 & -0.606 & -0.703 & 2.043 \end{pmatrix} .$$

Also erhalten wir

$$\hat{h}_1^2 = 0.422,\ \hat{h}_2^2 = 0.366,\ \hat{h}_3^2 = 0.311,\ \hat{h}_4^2 = 0.577,\ \hat{h}_5^2 = 0.493,\ \hat{h}_6^2 = 0.511 \, .$$

Mit diesen Schätzern gilt dann

$$\mathbf{R} - \hat{\boldsymbol{\Psi}} = \begin{pmatrix} 0.422 & 0.223 & 0.133 & 0.625 & 0.506 & 0.500 \\ 0.223 & 0.366 & 0.544 & 0.365 & 0.320 & 0.361 \\ 0.133 & 0.544 & 0.311 & 0.248 & 0.179 & 0.288 \\ 0.625 & 0.365 & 0.248 & 0.577 & 0.624 & 0.630 \\ 0.506 & 0.320 & 0.179 & 0.624 & 0.493 & 0.625 \\ 0.500 & 0.361 & 0.288 & 0.630 & 0.625 & 0.511 \end{pmatrix} . \tag{9.39}$$

$\square$

Kehren wir wieder zur (9.36) zurück, deren linke Seite jetzt bekannt ist. Da die Matrix $\mathbf{R} - \hat{\boldsymbol{\Psi}}$ symmetrisch ist, gilt wegen (A.52)

$$\mathbf{R} - \hat{\boldsymbol{\Psi}} = \mathbf{U}\boldsymbol{\Lambda}\mathbf{U}' \, . \tag{9.40}$$

Wir betrachten zunächst den Fall, dass alle Eigenwerte λ_i von $\mathbf{R} - \hat{\boldsymbol{\Psi}}$ nichtnegativ sind. In diesem Fall können wir eine Diagonalmatrix $\boldsymbol{\Lambda}^{0.5}$ bilden, auf deren Hauptdiagonale die $\sqrt{\lambda_i}$ stehen. Es gilt

$$\boldsymbol{\Lambda} = \boldsymbol{\Lambda}^{0.5}\boldsymbol{\Lambda}^{0.5} \, .$$

Wir können die (9.40) umformen zu

$$\mathbf{R} - \hat{\boldsymbol{\Psi}} = \mathbf{U}\boldsymbol{\Lambda}\mathbf{U}' = \mathbf{U}\boldsymbol{\Lambda}^{0.5}\boldsymbol{\Lambda}^{0.5}\mathbf{U}' = \mathbf{U}\boldsymbol{\Lambda}^{0.5}(\mathbf{U}\boldsymbol{\Lambda}^{0.5})'.$$

Mit

$$\hat{\mathbf{L}} = \mathbf{U}\boldsymbol{\Lambda}^{0.5}$$

ist also (9.36) erfüllt.

Sind aber Eigenwerte von $\mathbf{R} - \hat{\boldsymbol{\Psi}}$ negativ, so können wir $\mathbf{R} - \hat{\boldsymbol{\Psi}}$ nur approximativ in der Form (9.36) darstellen. Hierzu bilden wir aus den Spalten von $\mathbf{U}$, die zu positiven Eigenwerten gehören, die Matrix $\mathbf{U}_1$. Entsprechend bilden wir die Diagonalmatrix $\boldsymbol{\Lambda}_1$ mit den positiven Eigenwerten von $\mathbf{R} - \hat{\boldsymbol{\Psi}}$ auf der Hauptdiagonalen. Wir erhalten hierdurch eine Approximation von $\mathbf{R} - \hat{\boldsymbol{\Psi}}$:

$$\mathbf{R} - \hat{\boldsymbol{\Psi}} \doteq \mathbf{U}_1\boldsymbol{\Lambda}_1^{0.5}(\mathbf{U}_1\boldsymbol{\Lambda}_1^{0.5})'. \qquad (9.41)$$

Mit

$$\hat{\mathbf{L}}_1 = \mathbf{U}_1\boldsymbol{\Lambda}_1^{0.5}$$

können wir dies auch schreiben als

$$\mathbf{R} - \hat{\boldsymbol{\Psi}} \doteq \hat{\mathbf{L}}_1\hat{\mathbf{L}}_1'.$$

Meist wollen wir die Korrelationen in $\mathbf{R}$ durch k Faktoren erklären. In diesem Fall wählen wir für die Spalten von $\mathbf{U}_1$ in (9.41) die normierten Eigenvektoren, die zu den k größten Eigenwerten gehören, und für die Hauptdiagonalelemente von $\boldsymbol{\Lambda}_1$ die k größten Eigenwerte. Dabei kann die Anzahl der Faktoren natürlich nicht größer werden als die Anzahl der positiven Eigenwerte.

Beispiel 40 (Fortsetzung) Wir führen eine Spektralzerlegung der Matrix in (9.39) durch. Nur die beiden größten Eigenwerte sind nichtnegativ. Sie sind $\lambda_1 = 2.606$ und $\lambda_2 = 0.573$. Die zugehörigen Eigenvektoren sind

$$\mathbf{u}_1 = \begin{pmatrix} 0.403 \\ 0.322 \\ 0.248 \\ 0.497 \\ 0.452 \\ 0.470 \end{pmatrix}, \quad \mathbf{u}_2 = \begin{pmatrix} 0.315 \\ -0.602 \\ -0.669 \\ 0.191 \\ 0.219 \\ 0.081 \end{pmatrix}.$$

Multiplizieren wir $\mathbf{u}_1$ mit $\sqrt{\lambda_1} = 1.614$ und $\mathbf{u}_2$ mit $\sqrt{\lambda_2} = 0.757$, so erhalten wir die Spalten der Matrix $\hat{\mathbf{L}}_1$:

$$
\hat{\mathbf{L}}_1 = \begin{pmatrix} 0.650 & 0.238 \\ 0.520 & -0.456 \\ 0.400 & -0.506 \\ 0.802 & 0.145 \\ 0.730 & 0.166 \\ 0.759 & 0.061 \end{pmatrix}.
$$

Es liegt nahe, diese Faktorladungen wie bei der Hauptkomponentenanalyse zu interpretieren. Wir werden aber in Abschn. 9.3.2 durch Rotation eine einfache Interpretation erhalten.   □

Nachdem wir nun den Schätzer $\mathbf{L}$ gewonnen haben, können wir diesen in die (9.35) einsetzen und so einen neuen Schätzer für $\boldsymbol{\Psi}$ bestimmen.

Beispiel 40 (Fortsetzung) Es gilt

$$
\hat{\mathbf{L}}_1\hat{\mathbf{L}}_1' = \begin{pmatrix} 0.479 & 0.229 & 0.140 & 0.556 & 0.514 & 0.508 \\ 0.229 & 0.478 & 0.439 & 0.351 & 0.304 & 0.367 \\ 0.140 & 0.439 & 0.416 & 0.247 & 0.208 & 0.273 \\ 0.556 & 0.351 & 0.247 & 0.664 & 0.610 & 0.618 \\ 0.514 & 0.304 & 0.208 & 0.610 & 0.560 & 0.564 \\ 0.508 & 0.367 & 0.273 & 0.618 & 0.564 & 0.580 \end{pmatrix}.
$$

Also gilt

$$
\begin{aligned}
\hat{\psi}_1 &= 0.521, & \hat{\psi}_2 &= 0.522, \\
\hat{\psi}_3 &= 0.584, & \hat{\psi}_4 &= 0.336, \\
\hat{\psi}_5 &= 0.440, & \hat{\psi}_6 &= 0.420.
\end{aligned}
$$ □

Nun können wir die neue Matrix $\hat{\boldsymbol{\Psi}}$ verwenden, um einen neuen Schätzer $\hat{\mathbf{L}}$ zu bestimmen. Der folgende Algorithmus bestimmt die Schätzer einer Hauptfaktorenanalyse:

1. Bestimme für $i = 1, \ldots, p$ den Schätzer $\hat{\psi}_i$ der i-ten spezifischen Varianz durch $1 - R_i^2$. Dabei ist R_i^2 das Bestimmtheitsmaß einer Regression von Y_i auf die restlichen Variablen.
2. Stelle die Diagonalmatrix $\hat{\boldsymbol{\Psi}}$ mit den $\hat{\psi}_i$ auf der Hauptdiagonalen auf.
3. Berechne $\mathbf{R} - \hat{\boldsymbol{\Psi}}$.
4. Bestimme den Schätzer $\hat{\mathbf{L}}$ durch eine Spektralzerlegung von $\mathbf{R} - \hat{\boldsymbol{\Psi}}$.

5. Stelle die Diagonalmatrix $\hat{\boldsymbol{\Psi}}$ auf mit den Hauptdiagonalelementen von $\mathbf{R} - \hat{\mathbf{L}}\hat{\mathbf{L}}'$ auf der Hauptdiagonalen.

6. Wiederhole die Schritte 3., 4. und 5. so lange, bis aufeinander folgende Paare von $\hat{\boldsymbol{\Psi}}$ und $\hat{\mathbf{L}}$ in einer vorgegebenen Genauigkeit identisch sind.

Maximum-Likelihood-Faktorenanalyse

Es wird unterstellt, dass $\mathbf{Y}$ multivariat normalverteilt ist mit Erwartungswert μ und Varianz-Kovarianz-Matrix $\boldsymbol{\Sigma}$. Die Herleitung der Log-Likelihood-Funktion zeigen Mardia et al. (1980). Die Log-Likelihood-Funktion lautet

$$l(\mu, \boldsymbol{\Sigma}) = -\frac{n}{2}\ln|2\pi\boldsymbol{\Sigma}| - \frac{n}{2}tr\boldsymbol{\Sigma}^{-1}\mathbf{S} - \frac{n}{2}(\bar{\mathbf{y}} - \mu)'\boldsymbol{\Sigma}^{-1}(\bar{\mathbf{y}} - \mu)\,.$$

Offensichtlich ist $\bar{\mathbf{y}}$ der Maximum-Likelihood-Schätzer von μ. Ersetzen wir μ in der Log-Likelihood-Funktion durch $\bar{\mathbf{y}}$, so gilt

$$l(\boldsymbol{\Sigma}) = -\frac{n}{2}\ln|2\pi\boldsymbol{\Sigma}| - \frac{n}{2}tr\boldsymbol{\Sigma}^{-1}\mathbf{S}\,. \tag{9.42}$$

Ersetzen wir $\boldsymbol{\Sigma}$ in (9.42) durch $\mathbf{LL}' + \boldsymbol{\Psi}$, so hängt die Log-Likelihood-Funktion von $\mathbf{L}$ und $\boldsymbol{\Psi}$ ab. Ein Algorithmus zur Maximierung der Log-Likelihood-Funktion unter der Nebenbedingung (9.31) ist bei Mardia et al. (1980) gegeben.

Beispiel 40 (Fortsetzung) Wir werden in Abschn. 9.4 sehen, wie man den Maximum-Likelihood-Schätzer mit R bestimmt. Schauen wir uns aber hier schon die Ergebnisse für $k = 2$ an. Es gilt

$$\hat{\mathbf{L}} = \begin{pmatrix} 0.659 & -0.255 \\ 0.537 & 0.446 \\ 0.450 & 0.678 \\ 0.822 & -0.182 \\ 0.734 & -0.201 \\ 0.764 & -0.089 \end{pmatrix}.$$

Die Schätzwerte der spezifischen Varianzen sind

$$\hat{\psi}_1 = 0.501, \qquad\qquad \hat{\psi}_2 = 0.513\,,$$
$$\hat{\psi}_3 = 0.338, \qquad\qquad \hat{\psi}_4 = 0.290\,,$$
$$\hat{\psi}_5 = 0.421, \qquad\qquad \hat{\psi}_6 = 0.408\,. \qquad\qquad \square$$

9.3 Praktische Aspekte

9.3.1 Bestimmung der Anzahl der Faktoren

Wie auch bei der Hauptkomponentenanalyse basiert die Bestimmung der Anzahl der Faktoren auf Eigenwerten von speziellen Matrizen. Diese Verfahren beruhen auf Guttman (1954), der eine untere Schranke für die Anzahl der Faktoren angegeben hat. Diese untere Schranke wird in der Praxis als Wert für die Anzahl der Faktoren gewählt. Wir wollen uns drei Kriterien anschauen.

Das erste Kriterium beruht auf der empirischen Korrelationsmatrix $\mathbf{R}$. Hier ist die untere Schranke für die Anzahl der Faktoren die Anzahl der Eigenwerte von $\mathbf{R}$, die größer als 1 sind. Nimmt man diesen Wert, so erhält man das im Abschn. 5.4.1 beschriebene Kriterium von Kaiser.

Das zweite Kriterium basiert auf der Matrix $\mathbf{R} - \hat{\mathbf{\Psi}}$. Das i-te Hauptdiagonalelement von $\mathbf{R} - \hat{\mathbf{\Psi}}$ ist dabei das Bestimmtheitsmaß einer Regression von Y_i auf die restlichen Variablen. Eine untere Schranke für die Anzahl der Faktoren ist hier die Anzahl der positiven Eigenwerte von $\mathbf{R} - \hat{\mathbf{\Psi}}$.

Auf den Eigenwerten von $\mathbf{R} - \hat{\mathbf{\Psi}}$ beruht ein weiteres Kriterium, das bei Krzanowski (2000) beschrieben ist. Hier wird für die Anzahl der Faktoren der Wert k gewählt, bei dem die Summe der k größten Eigenwerte zum ersten Mal die Summe aller Eigenwerte übertrifft.

Beispiel 40 (Fortsetzung) Die Eigenwerte der Matrix $\mathbf{R}$ sind:

$$\lambda_1 = 3.13, \quad \lambda_2 = 1.21, \quad \lambda_3 = 0.53, \quad \lambda_4 = 0.45, \quad \lambda_5 = 0.36, \quad \lambda_6 = 0.32 \, .$$

Da zwei der Eigenwerte größer als 1 sind, entscheiden wir uns für zwei Faktoren. Zur gleichen Entscheidung gelangen wir bei den beiden anderen Kriterien. Die Eigenwerte der Matrix $\mathbf{R} - \hat{\mathbf{\Psi}}$ lauten:

$$\lambda_1 = 2.61, \, \lambda_2 = 0.57, \, \lambda_3 = -0.006, \, \lambda_4 = -0.12, \, \lambda_5 = -0.15, \, \lambda_6 = -0.23 \, .$$

Zwei der Eigenwerte sind größer als 0. Die Summe aller Eigenwerte beträgt 2.68. Somit würden wir uns auch nach dem dritten Kriterium für zwei Faktoren entscheiden, da die Summe der ersten beiden Eigenwerte 3.1786 und der erste Eigenwert 2.6056 beträgt. □

9.3.2 Rotation

Wir haben gesehen, dass die Faktorladungsmatrix bis auf eine Multiplikation mit einer orthogonalen Matrix eindeutig ist. Multipliziert man die Faktorladungsmatrix von rechts mit einer orthogonalen Matrix $\mathbf{T}$, so wird die Konfiguration der Punkte um den Nullpunkt gedreht. Man nennt die Matrix $\mathbf{T}$ auch *Rotationsmatrix*. Ein Ziel der Rotation ist es, Faktorladungen zu finden, die eine sogenannte *Einfachstruktur* besitzen. Bei dieser haben die

Faktoren bei einigen Variablen eine sehr hohe Ladung, bei den anderen Variablen hingegen eine sehr niedrige.

Beispiel 40 (Fortsetzung) Betrachten wir noch einmal die Ladungsmatrix $\hat{\mathbf{L}}$, die wir durch die Maximum-Likelihood-Faktorenanalyse gewonnen haben:

$$
\hat{\mathbf{L}} = \begin{pmatrix} 0.659 & -0.255 \\ 0.537 & 0.446 \\ 0.450 & 0.678 \\ 0.822 & -0.182 \\ 0.734 & -0.201 \\ 0.764 & -0.089 \end{pmatrix}.
$$

Diese weist offensichtlich keine Einfachstruktur auf. Die folgende, durch Rotation aus $\hat{\mathbf{L}}$ gewonnene Ladungsmatrix $\check{\mathbf{L}}$ hingegen weist Einfachstruktur auf:

$$
\check{\mathbf{L}} = \begin{pmatrix} 0.702 & 0.079 \\ 0.270 & 0.643 \\ 0.085 & 0.810 \\ 0.813 & 0.219 \\ 0.744 & 0.161 \\ 0.718 & 0.275 \end{pmatrix}. \tag{9.43}
$$

Der erste Faktor hat hohe Ladungen bei den Merkmalen Veranschaulichung von Fehlfunktionen, Qualitätsverbesserung, Entwicklungszeitverkürzung und Kostenreduktion, während die Ladungen bei den beiden anderen Merkmalen niedrig sind. Aus Sicht von Bödeker & Franke (2001) bezieht sich dieser Faktor auf den Produktionsbereich. Der zweite Faktor hingegen hat hohe Ladungen bei den Merkmalen Ermittlung von Kundenanforderungen und Angebotserstellung, während die Ladungen der anderen Merkmale niedrig sind. Bödeker & Franke (2001) ordnen diesen Faktor dem Verkauf zu. □

Das Beispiel zeigt, wie leicht eine Einfachstruktur interpretiert werden kann. Wie kann man eine Einfachstruktur finden? Im Folgenden sei $\hat{\mathbf{L}}$ die Ladungsmatrix und $\mathbf{T}$ die Rotationsmatrix. Für die rotierte Ladungsmatrix gilt

$$
\check{\mathbf{L}} = \hat{\mathbf{L}}\mathbf{T}.
$$

Die Einfachstruktur sollte sich in der Matrix $\check{\mathbf{L}}$ zeigen. Seien $\check{l}_{ij}$ die Elemente von $\check{\mathbf{L}}$. Kaiser (1958) hat vorgeschlagen, die $\check{l}_{ij}$ so zu bestimmen, dass

$$
\sum_{j=1}^{k} \sum_{i=1}^{p} \left(\check{l}_{ij}^2 - \overline{\check{l}_{.j}^2} \right)^2
$$

mit

$$\overline{\check{l}_{\cdot j}^2} = \frac{1}{p} \sum_{i=1}^{p} \check{l}_{ij}^2$$

maximal wird. Man spricht auch vom *Varimax-Kriterium*, da die Varianz der Ladungs-quadrate eines Faktors maximiert wird. Bei einem Faktor wird die Varianz der quadrierten Ladungen maximal, wenn ein Teil der quadrierten Ladungen groß und der andere Teil klein wird. Dies wird dann über alle Faktoren ausbalanciert. Neuhaus & Wrigley (1954) haben das *Quartimax-Kriterium* vorgeschlagen. Bei diesem wird die Varianz der Ladungs-quadrate einer Variablen maximiert. Es wird also folgender Ausdruck maximiert:

$$\sum_{i=1}^{p} \sum_{j=1}^{k} \left(\check{l}_{ij}^2 - \overline{\check{l}_{i\cdot}^2} \right)^2$$

mit

$$\overline{\check{l}_{i\cdot}^2} = \frac{1}{k} \sum_{j=1}^{k} \check{l}_{ij}^2 \ .$$

Hierdurch soll erreicht werden, dass die Ladungen bei einigen Faktoren groß und bei den anderen klein sind.

Beispiel 40 (Fortsetzung) Die sich nach dem Varimax-Kriterium ergebende Faktorla-dungsmatrix ist in (9.43) gezeigt. Die nach dem Quartimax-Kriterium gewonnene Fak-torladungsmatrix sieht folgendermaßen aus:

$$\check{\mathbf{L}} = \begin{pmatrix} 0.706 & -0.008 \\ 0.347 & 0.605 \\ 0.184 & 0.793 \\ 0.834 & 0.117 \\ 0.758 & 0.069 \\ 0.747 & 0.185 \end{pmatrix} . \tag{9.44}$$

Wir sehen, dass beide Verfahren die gleiche Interpretation liefern.   □

9.4 Faktorenanalyse in R

Wir wollen die Daten in Tab. 1.9 mit der Faktorenanalyse in R analysieren. Die Korrelati-onsmatrix möge in der Variablen `rnutzen` stehen:

```
> rnutzen
          Fehler Kunden Angebot Qualitaet  Zeit Kosten
Fehler     1.000  0.223   0.133    0.625 0.506  0.500
Kunden     0.223  1.000   0.544    0.365 0.320  0.361
Angebot    0.133  0.544   1.000    0.248 0.179  0.288
Qualitaet  0.625  0.365   0.248    1.000 0.624  0.630
Zeit       0.506  0.320   0.179    0.624 1.000  0.625
Kosten     0.500  0.361   0.288    0.630 0.625  1.000
```

In R gibt es eine Funktion `factanal`, mit der man eine Faktorenanalyse durchführen kann. Bevor wir diese aber näher untersuchen, wollen wir die Anzahl der Faktoren mit den drei Verfahren aus Abschn. 9.3.1 ermitteln. Wir bestimmen zuerst mit der Funktion `eigen` die Eigenwerte der empirischen Korrelationsmatrix:

```
> eigen(rnutzen)[[1]]
[1] 3.1263542 1.2113205 0.5297228 0.4524461 0.3587030
[6] 0.3214533
```

Zwei der Eigenwerte sind größer als 1. Für die beiden anderen Kriterien benötigen wir $R - \hat{\Psi}$. Wir wollen diese Matrix rh nennen und initialisieren rh mit rnutzen:

```
> rh <- rnutzen
```

Dann bestimmen wir die Bestimmtheitsmaße der Regressionen der einzelnen Variablen auf alle anderen Variablen:

```
> rquadrat <- 1-(1/diag(solve(rnutzen)))
> rquadrat
    Fehler    Kunden   Angebot Qualitaet      Zeit    Kosten
 0.4224050 0.3661302 0.3109569 0.5771386 0.4933030 0.5106351
```

Wir ersetzen die Hauptdiagonalelemente von **R** durch die Komponenten von rquadrat:

```
> diag(rh) <- rquadrat
```

Dann betrachten wir die Eigenwerte dieser Matrix:

```
> ew <- eigen(rh)[[1]]
> ew
[1]  2.605660078  0.573116835 -0.005630934 -0.118488447
[5] -0.147746771 -0.226342075
```

Zwei Eigenwerte sind größer als 0.

Nun bestimmen wir noch den Index von ew, bei dem die kumulierte Summe der Eigenwerte größer als die Summe aller Eigenwerte ist:

```
> min((1:length(ew))[cumsum(ew)>sum(ew)])
[1] 2
```

Dabei bildet die Funktion `cumsum` die kumulierte Summe der Komponenten eines Vektors.

Schauen wir uns nun die Funktion `factanal` an. Der Aufruf von `factanal` ist

```
factanal(x, factors, data = NULL, covmat = NULL, n.obs = NA,
         subset, na.action, start = NULL,
         scores = c("none", "regression", "Bartlett"),
         rotation = "varimax", control = NULL, ...)
```

Wir betrachten die Argumente, die sich auf Charakteristika beziehen, mit denen wir uns befasst haben. Liegen die Daten in Form einer Datenmatrix vor, so weist man diese beim Aufruf dem Argument x zu. In diesem Fall ist es wie auch bei der Hauptkomponentenanalyse möglich, Scores zu bestimmen. Da wir uns hiermit nicht beschäftigt haben, gehen wir auch nicht auf das Argument scores ein, das die Berechnung der Scores ermöglicht. Liegen die Daten in Form einer empirischen Varianz-Kovarianz-Matrix oder empirischen Korrelationsmatrix vor, so verwendet man das Argument covmat. Hier geht man genauso wie bei der Hauptkomponentenanalyse vor. Wir schauen uns dies gleich am Beispiel an. Durch das Argument factors wird die Anzahl der Faktoren bestimmt. Die Schätzmethode ist auf das Maximum-Likelihood-Verfahren festgelegt. Man kann auch schon beim Schätzen das Verfahren der Rotation mit dem Argument "rotation" wählen. Standardmäßig wird Varimax angewendet. Soll nicht rotiert werden, setzt man rotation auf "none". Es sind noch eine Reihe anderer Verfahren der Rotation möglich. Wir führen eine Maximum-Likelihood-Faktorenanalyse mit zwei Faktoren und keiner Rotation auf Basis der empirischen Korrelationsmatrix durch. Dazu rufen wir die Funktion factanal auf:

```
e <- factanal(covmat=rnutzen,factors = 2,rotation = 'none')
```

Das Ergebnis der Funktion factanal ist eine Liste. Schauen wir uns die relevanten Komponenten am Beispiel an. Die Faktorladungsmatrix erhalten wir durch

```
> e$loadings

Loadings:
          Factor1 Factor2
Fehler     0.658  -0.255
Kunden     0.537   0.445
Angebot    0.451   0.679
Qualitaet  0.822  -0.183
Zeit       0.734  -0.203
Kosten     0.764

                Factor1 Factor2
SS loadings       2.724   0.806
Proportion Var    0.454   0.134
Cumulative Var    0.454   0.588
```

Die spezifischen Varianzen finden wir durch

```
> e$uniquenesses
   Fehler    Kunden   Angebot Qualitaet      Zeit    Kosten
0.5014290 0.5133416 0.3363207 0.2906111 0.4205397 0.4079044
```

Nun wollen wir noch die Faktorladungsmatrix rotieren. Dazu rufen wir die Funktion factanal erneut auf. Die folgenden Befehle liefert die mit Varimax rotierte Faktorladungsmatrix:

```
> e <- factanal(covmat=rnutzen,factors = 2,
+                  rotation = 'varimax')
> e$loadings
```

```
Loadings:
          Factor1 Factor2
Fehler     0.702
Kunden     0.272   0.642
Angebot            0.810
Qualitaet  0.814   0.216
Zeit       0.745   0.158
Kosten     0.719   0.273

               Factor1 Factor2
SS loadings      2.309   1.221
Proportion Var   0.385   0.203
Cumulative Var   0.385   0.588
```

Wir sehen, dass die Faktoren nun einfach interpretiert werden können.

9.5 Ergänzungen und weiterführende Literatur

Viele weitere Aspekte der explorativen Faktorenanalyse gegen Basilevsky (1994) und Jackson (2003). Im Gegensatz zur explorativen Faktorenanalyse geht man bei der konfirmatorischen Faktorenanalyse von einem Modell aus, das den Zusammenhang zwischen den Variablen beschreibt. In diesem wird auch die Anzahl der latenten Variablen vorgegeben. Die Parameter des Modells werden geschätzt und die Angemessenheit des Modells überprüft. Weitere Beispiele geben Härdle & Simar (2012). Eine hervorragende Einführung in die konfirmatorische Faktorenanalyse gibt Bollen (1989). Weitere Details zu Anwendung in R sind bei Everitt & Hothorn (2011) gezeigt.

9.6 Übungen

9.1 Die Korrelationen zwischen den Variablen Y_1, Y_2, Y_3, Y_4 und Y_5 sollen durch einen Faktor F erklärt werden. Es gilt

$$Y_1 = 0.65\,F + \epsilon_1\,,$$
$$Y_2 = 0.84\,F + \epsilon_2\,,$$
$$Y_3 = 0.70\,F + \epsilon_3\,,$$

$$Y_4 = 0.32\,F + \epsilon_4\,,$$
$$Y_5 = 0.28\,F + \epsilon_5\,.$$

Es sollen die üblichen Annahmen der Faktorenanalyse gelten.

1. Geben Sie diese Annahmen an und interpretieren Sie sie.
2. Bestimmen Sie die Kommunalitäten des Faktors F mit den einzelnen Variablen.
3. Bestimmen Sie die spezifischen Varianzen der einzelnen Variablen.
4. Bestimmen Sie die Korrelationen zwischen den Variablen.

9.2 Die Korrelationen zwischen den Variablen Y_1, Y_2 und Y_3 zeigt die folgende Korrelationsmatrix

$$\mathbf{P} = \begin{pmatrix} 1 & 0.63 & 0.45 \\ 0.63 & 1 & 0.35 \\ 0.45 & 0.35 & 1 \end{pmatrix}.$$

Zeigen Sie, dass die Korrelationsmatrix durch das folgende Modell erzeugt werden kann:

$$Y_1 = 0.9\,F + \epsilon_1$$
$$Y_2 = 0.7\,F + \epsilon_2$$
$$Y_3 = 0.5\,F + \epsilon_3$$

mit

$$\mathrm{Var}(F) = 1$$

und

$$\mathrm{Cov}(\epsilon_i, F) = 0 \quad \text{für} \quad i = 1, 2, 3\,.$$

Wie groß sind die Kommunalitäten und die spezifischen Varianzen?

9.3 Die Korrelationen zwischen den Variablen Y_1, Y_2 und Y_3 sind in der folgenden Korrelationsmatrix gegeben:

$$\mathbf{P} = \begin{pmatrix} 1 & 0.4 & 0.9 \\ 0.4 & 1 & 0.7 \\ 0.9 & 0.7 & 1 \end{pmatrix}.$$

Zeigen Sie, dass es eine eindeutige Lösung von

$$\mathbf{P} = \begin{pmatrix} \lambda_1^2 + \psi_1 & \lambda_1\lambda_2 & \lambda_1\lambda_3 \\ \lambda_2\lambda_1 & \lambda_2^2 + \psi_2 & \lambda_2\lambda_3 \\ \lambda_3\lambda_1 & \lambda_3\lambda_2 & \lambda_3^2 + \psi_3 \end{pmatrix}$$

gibt, die aber nicht zulässig ist, da $\psi_3 < 0$ gilt. Man nennt dies den Heywood-Fall.

Tab. 9.3 Korrelationen
zwischen Merkmalen

	Simulation	Audio	Internet	Detail	Real
Simulation	1	0.354	0.314	0.231	0.333
Audio	0.354	1	0.437	0.156	0.271
Internet	0.314	0.437	1	0.139	0.303
Detail	0.231	0.156	0.139	1	0.622
Real	0.333	0.271	0.303	0.622	1

9.4 Bödeker & Franke (2001) beschäftigen sich in ihrer Diplomarbeit mit den Möglichkeiten und Grenzen von Virtual-Reality-Technologien auf industriellen Anwendermärkten. Hierbei führten sie eine Befragung bei Unternehmen durch, in der sie unter anderem
die Anforderungen ermittelten, die Unternehmen an ein Virtual-Reality-System stellen.
Auf einer Skala von 1 bis 5 sollte dabei angegeben werden, wie wichtig die Merkmale Simulation, Audiounterstützung, Internetfähigkeit, Detailtreue und Realitätsnähe sind. In Tab. 9.3 sind die empirischen Korrelationen zwischen den Merkmalen
enthalten.

Dabei kürzen wir Audiounterstützung durch Audio, Internetfähigkeit durch
Internet, Detailtreue durch Detail und Realitätsnähe durch Real ab. Es soll
eine Faktorenanalyse durchgeführt werden.

1. Betrachten Sie zunächst die Merkmale Simulation, Audiounterstützung und
   Internetfähigkeit. Die empirischen Korrelationen zwischen diesen Merkmalen
   sollen durch einen Faktor F erklärt werden. Es sollen die üblichen Annahmen der
   Faktorenanalyse gelten.
   (a) Geben Sie das Modell und die Annahmen an.
   (b) Interpretieren Sie die Annahmen.
   (c) Bestimmen Sie die Kommunalitäten des Faktors F mit den einzelnen Variablen.
   (d) Bestimmen Sie die spezifischen Varianzen der einzelnen Variablen.
2. Nun soll die gesamte empirische Korrelationsmatrix durch zwei Faktoren erklärt werden.
   (a) Die Hauptfaktorenanalyse liefert folgende Ladungsmatrix:

$$
\hat{\mathbf{L}} = \begin{pmatrix}
0.50 & 0.19 \\
0.53 & 0.42 \\
0.51 & 0.38 \\
0.65 & -0.47 \\
0.76 & -0.27
\end{pmatrix}.
$$

Wie groß sind die spezifischen Varianzen der Variablen?

(b) Nach der Rotation der Ladungsmatrix mit Varimax erhält man folgende Ladungsmatrix:

$$
\check{L} = \begin{pmatrix}
0.24 & 0.47 \\
0.10 & 0.67 \\
0.12 & 0.63 \\
0.79 & 0.09 \\
0.75 & 0.31
\end{pmatrix}.
$$

Interpretieren Sie die beiden Faktoren.

3. Führen Sie mit R eine Maximum-Likelihood-Faktorenanalyse für die Korrelationsmatrix in Tab. 9.3 durch.

Hierarchische loglineare Modelle

10

Inhaltsverzeichnis

10.1 Problemstellung und Grundlagen 279
10.2 Zweidimensionale Kontingenztabellen 289
10.3 Dreidimensionale Kontingenztabellen 302
10.4 Loglineare Modelle in R 317
10.5 Ergänzungen und weiterführende Literatur 323
10.6 Übungen 323

10.1 Problemstellung und Grundlagen

In Abschn. 2.2.2 haben wir uns mit der Darstellung von Datensätzen beschäftigt, die qualitative Merkmale enthalten. Dabei haben wir die Häufigkeitsverteilung von mehreren qualitativen Merkmalen in einer Kontingenztabelle zusammengestellt. Wir wollen uns nun mit Modellen beschäftigen, die die Abhängigkeitsstruktur zwischen den Merkmalen beschreiben, und zeigen, wie man ein geeignetes Modell auswählen kann. Wir betrachten zunächst eine Grundgesamtheit, in der bei jedem Merkmalsträger zwei qualitative Merkmale A und B mit den Merkmalsausprägungen $A_1, \ldots, A_I$ und $B_1, \ldots, B_J$ von Interesse sind. Sei $P(A_i, B_j)$ die Wahrscheinlichkeit, dass ein zufällig aus der Grundgesamtheit ausgewähltes Objekt die Merkmalsausprägung A_i beim Merkmal A und die Merkmalsausprägung B_j beim Merkmal B aufweist.

Für $i = 1, \ldots, I$ gilt

$$P(A_i) = \sum_{j=1}^{J} P(A_i, B_j).$$

Für $j = 1, \ldots, J$ gilt

$$P(B_j) = \sum_{i=1}^{I} P(A_i, B_j).$$

© Springer-Verlag GmbH Deutschland 2017

A. Handl, T. Kuhlenkasper, *Multivariate Analysemethoden*, Statistik und ihre Anwendungen,
DOI 10.1007/978-3-662-54754-0_10

Beispiel 41 Wir betrachten die Merkmale Geschlecht A und Interesse an Fußball B in einer Population von 100 Personen. Von diesen sind 45 weiblich. 15 Frauen und 45 Männer sind an Fußball interessiert. Bezeichnen wir weiblich mit A_1, männlich mit A_2, interessiert an Fußball mit B_1 und nicht interessiert an Fußball mit B_2, so gilt

$$P(A_1, B_1) = 0.15, \qquad\qquad P(A_1, B_2) = 0.30,$$
$$P(A_2, B_1) = 0.45, \qquad\qquad P(A_2, B_2) = 0.10.$$

Somit gilt

$$P(A_1) = 0.45, \quad P(A_2) = 0.55, \quad P(B_1) = 0.60, \quad P(B_2) = 0.40. \qquad \square$$

Wir wollen nun die Abhängigkeitsstruktur zwischen A und B modellieren. Hierzu schauen wir uns die Verteilung des Merkmals B für die Ausprägungen $A_1, \ldots, A_I$ des Merkmals A an.

Definition 10.17 *Seien A und B Merkmale mit den Merkmalsausprägungen $A_1, \ldots, A_I$ und $B_1, \ldots, B_J$. Die bedingte Wahrscheinlichkeit von B_j, gegeben A_i, ist für $i = 1, \ldots, I$, $j = 1, \ldots, J$ definiert durch*

$$P(B_j | A_i) = \frac{P(A_i, B_j)}{P(A_i)}, \tag{10.1}$$

falls $P(A_i) > 0$ gilt. Ansonsten ist $P(B_j | A_i)$ gleich 0.

Beispiel 41 (Fortsetzung) Es gilt

$$P(B_1 | A_1) = \frac{1}{3}, \qquad\qquad P(B_2 | A_1) = \frac{2}{3},$$
$$P(B_1 | A_2) = \frac{9}{11}, \qquad\qquad P(B_2 | A_2) = \frac{2}{11}. \qquad \square$$

Definition 10.18 *Die Merkmale A und B mit den Merkmalsausprägungen $A_1, \ldots, A_I$ und $B_1, \ldots, B_J$ heißen unabhängig, wenn für $i = 1, \ldots, I$, $j = 1, \ldots, J$ gilt*

$$P(B_j | A_i) = P(B_j). \tag{10.2}$$

Aus (10.1) und (10.2) folgt, dass die Merkmale A und B genau dann unabhängig sind, wenn für $i = 1, \ldots, I$, $j = 1, \ldots, J$

$$P(A_i, B_j) = P(A_i) P(B_j) \tag{10.3}$$

gilt. Wir wollen nun die Abhängigkeitsstruktur zwischen A und B durch eine Maßzahl beschreiben, die die Interpretation bestimmter loglinearer Modelle später erleichtert. Hierzu betrachten wir den Fall $I = 2$ und $J = 2$. Schauen wir uns zunächst nur ein Merkmal an.

Definition 10.19 *Sei A ein Merkmal mit den Merkmalsausprägungen A_1 und A_2. Das Verhältnis*

$$\frac{P(A_1)}{P(A_2)} \tag{10.4}$$

nennt man Wettchance 1. Ordnung (vgl. Fahrmeir et al. (1996)).

Über Wettchancen 1. Ordnung werden bei Sportwetten die Quoten festgelegt.

Beispiel 41 (Fortsetzung) Es gilt

$$\frac{P(A_1)}{P(A_2)} = \frac{0.45}{0.55} = \frac{9}{11}$$

und

$$\frac{P(B_1)}{P(B_2)} = \frac{0.6}{0.4} = 1.5 \,. \qquad \square$$

Mit (10.4) können wir eine Maßzahl gewinnen, die den Zusammenhang zwischen zwei Merkmalen beschreibt. Man bestimmt die Wettchance 1. Ordnung von B, wenn die Merkmalsausprägung A_1 von A vorliegt:

$$\frac{P(B_1|A_1)}{P(B_2|A_1)} \,, \tag{10.5}$$

und die Wettchance 1. Ordnung von B, wenn die Merkmalsausprägung A_2 von A vorliegt:

$$\frac{P(B_1|A_2)}{P(B_2|A_2)} \,. \tag{10.6}$$

Beispiel 41 (Fortsetzung) Es gilt

$$\frac{P(B_1|A_1)}{P(B_2|A_1)} = \frac{\frac{1}{3}}{\frac{2}{3}} = 0.5$$

und

$$\frac{P(B_1|A_2)}{P(B_2|A_2)} = \frac{\frac{9}{11}}{\frac{2}{11}} = 4.5 \,.$$

Wir sehen, dass die Wettchancen des Merkmals Interesse an Fußball sich bei den Frauen und Männern beträchtlich unterscheiden. $\qquad \square$

Unterscheiden sich (10.5) und (10.6), so unterscheidet sich die Verteilung des Merkmals B für die beiden Kategorien des Merkmals A.

Definition 10.20 *Sei A ein Merkmal mit den Merkmalsausprägungen A_1 und A_2 und B ein Merkmal mit den Merkmalsausprägungen B_1 und B_2. Das Verhältnis*

$$\theta = \frac{P(B_1|A_1)/P(B_2|A_1)}{P(B_1|A_2)/P(B_2|A_2)} \tag{10.7}$$

heißt Kreuzproduktverhältnis θ.

Beispiel 41 (Fortsetzung) Es gilt

$$\theta = \frac{0.5}{4.5} = \frac{1}{9}. \qquad\qquad \square$$

Es gilt

$$\theta = \frac{P(A_1, B_1) \cdot P(A_2, B_2)}{P(A_1, B_2) \cdot P(A_2, B_1)}. \tag{10.8}$$

Dies sieht man folgendermaßen:

$$\theta = \frac{P(B_1|A_1)/P(B_2|A_1)}{P(B_1|A_2)/P(B_2|A_2)} = \frac{P(B_1|A_1) \cdot P(B_2|A_2)}{P(B_1|A_2) \cdot P(B_2|A_1)}$$

$$= \frac{\frac{P(A_1,B_1)}{P(A_1)} \frac{P(A_2,B_2)}{P(A_2)}}{\frac{P(A_1,B_2)}{P(A_1)} \frac{P(A_2,B_1)}{P(A_2)}} = \frac{P(A_1, B_1) \cdot P(A_2, B_2)}{P(A_1, B_2) \cdot P(A_2, B_1)}.$$

Das folgende Theorem zeigt, dass man am Kreuzproduktverhältnis erkennen kann, ob zwei Merkmale unabhängig sind.

Theorem 10.1 *Seien A und B zwei Merkmale mit Merkmalsausprägungen A_1 und A_2 beziehungsweise B_1 und B_2 und zugehörigen Wahrscheinlichkeiten $P(A_i, B_j)$ für $i = 1, 2$ und $j = 1, 2$. Das Kreuzproduktverhältnis θ ist genau dann gleich 1, wenn A und B unabhängig sind.*

Beweis:
Aus Gründen der Übersichtlichkeit setzen wir für $i = 1, 2$ und $j = 1, 2$:

$$p_{ij} = P(A_i, B_j), \quad p_{i.} = P(A_i), \quad p_{.j} = P(B_j).$$

Sind A und B unabhängig, so gilt (10.3), also

$$p_{ij} = p_{i.} p_{.j}.$$

Somit gilt

$$\theta = \frac{p_{11} p_{22}}{p_{12} p_{21}} = \frac{p_{1.} p_{.1} p_{2.} p_{.2}}{p_{1.} p_{.2} p_{2.} p_{.1}} = 1.$$

Sei $\theta = 1$. Es gilt also

$$p_{11}p_{22} = p_{12}p_{21}.$$ (10.9)

Wir addieren auf beiden Seiten von (10.9) den Ausdruck

$$p_{11}(p_{11} + p_{12} + p_{21}) = p_{11}^2 + p_{11}p_{12} + p_{11}p_{21}$$

und erhalten folgende Gleichung

$$p_{11}^2 + p_{11}p_{12} + p_{11}p_{21} + p_{11}p_{22} = p_{11}^2 + p_{11}p_{12} + p_{11}p_{21} + p_{12}p_{21}.$$

Diese können wir umformen zu

$$p_{11}(p_{11} + p_{12} + p_{21} + p_{22}) = p_{11}(p_{11} + p_{21}) + p_{12}(p_{11} + p_{21}).$$

Mit

$$p_{11} + p_{12} + p_{12} + p_{22} = 1$$

gilt also

$$p_{11} = (p_{11} + p_{12})(p_{11} + p_{21}) = p_{1.}p_{.1}.$$

Entsprechend können wir zeigen

$$p_{12} = p_{1.}p_{.2},$$
$$p_{21} = p_{2.}p_{.1},$$
$$p_{22} = p_{2.}p_{.2}.$$

Also sind A und B unabhängig.

Ist das Kreuzproduktverhältnis also 1, so sind die Merkmale A und B unabhängig. Ist es aber ungleich 1, so sind sie abhängig. Wir haben das Kreuzproduktverhältnis nur für $I = 2$ und $J = 2$ betrachtet. Agresti (2013) beschreibt, wie man es für Merkmale mit mehr als zwei Merkmalsausprägungen erweitern kann.

Bisher haben wir die Abhängigkeitsstruktur unter der Annahme betrachtet, dass alle Informationen über die Grundgesamtheit vorliegen. Normalerweise ist dies nicht der Fall, und man wird eine Zufallsstichprobe vom Umfang n aus der Grundgesamtheit ziehen und die Daten in einer Kontingenztabelle zusammenstellen. Wir bezeichnen die absolute

Häufigkeit für das gleichzeitige Auftreten der Merkmalsausprägungen A_i und B_j mit n_{ij}, $i = 1, \ldots, I$, $j = 1, \ldots, J$. Außerdem ist

$$n_{i.} = \sum_{j=1}^{J} n_{ij}$$

für $i = 1, \ldots, I$, und

$$n_{.j} = \sum_{i=1}^{I} n_{ij}$$

für $j = 1, \ldots, J$.

Beispiel 42 Beispiel 9 zeigt das Ergebnis einer Befragung von Studenten. Diese wurden unter anderem danach gefragt, ob sie das Buch *Der Medicus* von Noah Gordon gelesen haben. Außerdem wurden sie gefragt, ob sie den Film *Der Medicus* gesehen haben. Schauen wir uns zunächst die Merkmale Buch A und Film B an. Im Folgenden entspricht Buch gelesen A_1, Buch nicht gelesen A_2, Film gesehen B_1 und Film nicht gesehen B_2. Tab. 10.1 zeigt die Kontingenztabelle.

Es gilt

$$n_{11} = 7, \qquad n_{12} = 13, \qquad n_{21} = 56, \qquad n_{22} = 108$$

und

$$n_{1.} = 20, \qquad n_{2.} = 164, \qquad n_{.1} = 63, \qquad n_{.2} = 121 \, . \qquad \square$$

Die unbekannten Wahrscheinlichkeiten $P(A_i, B_j)$ schätzen wir durch die relativen Häufigkeiten:

$$\hat{P}(A_i, B_j) = \frac{n_{ij}}{n} . \tag{10.10}$$

Beispiel 42 (Fortsetzung) Es gilt

$$\hat{P}(A_1, B_1) = 0.04, \qquad\qquad \hat{P}(A_1, B_2) = 0.07 \, ,$$
$$\hat{P}(A_2, B_1) = 0.30, \qquad\qquad \hat{P}(A_2, B_2) = 0.59 \, . \qquad \square$$

Tab. 10.1 Buch und Film *Der Medicus*

	Film gesehen	
Buch gelesen	ja	nein
ja	7	13
nein	56	108

Wir schätzen das Kreuzproduktverhältnis durch

$$\hat{\theta} = \frac{\hat{P}(A_1, B_1) \cdot \hat{P}(A_2, B_2)}{\hat{P}(A_1, B_2) \cdot \hat{P}(A_2, B_1)} .$$ (10.11)

Beispiel 42 (Fortsetzung) Es gilt

$$\hat{\theta} = \frac{0.04 \cdot 0.59}{0.07 \cdot 0.30} = 1.12 .$$ $\square$

Es stellt sich die Frage, ob $\hat{\theta}$ signifikant von 1 verschieden ist, die Merkmale also abhängig sind. Das Testproblem lautet

H_0: Die Merkmale A und B sind unabhängig,
H_1: Die Merkmale A und B sind nicht unabhängig.

Tests, die auf dem Kreuzproduktverhältnis beruhen, sind bei Agresti (2013) zu finden. Wir verwenden das Kreuzproduktverhältnis nur zur Beschreibung der Abhängigkeitsstruktur und betrachten den χ^2-Unabhängigkeitstest, um H_0 zu überprüfen. Bei diesem werden die beobachteten Häufigkeiten n_{ij}, $i = 1, \dots, I$, $j = 1, \dots, J$ mit den Häufigkeiten verglichen, die man für das gleichzeitige Auftreten von A_i und B_j erwartet, wenn H_0 zutrifft. Trifft H_0 zu, so gilt

$$P(A_i, B_j) = P(A_i) P(B_j)$$

für $i = 1, \dots, I$ und $j = 1, \dots, J$. Multiplizieren wir diesen Ausdruck mit n, so erhalten wir die *erwarteten absoluten Häufigkeiten*

$$n P(A_i, B_j) = n P(A_i) P(B_j) .$$ (10.12)

Die Wahrscheinlichkeiten $P(A_i)$ und $P(B_j)$ sind unbekannt. Wir schätzen sie durch die entsprechenden relativen Häufigkeiten. Wir schätzen $P(A_i)$ durch $n_{i.}/n$ und $P(B_j)$ durch $n_{.j}/n$. Setzen wir diese Schätzer in (10.12) ein, so erhalten wir die folgenden *geschätzten erwarteten Häufigkeiten*, die wir mit $\hat{n}_{ij}$ bezeichnen:

$$\hat{n}_{ij} = n \cdot \frac{n_{i.}}{n} \cdot \frac{n_{.j}}{n} .$$

Dies können wir vereinfachen zu

$$\hat{n}_{ij} = \frac{n_{i.} n_{.j}}{n} .$$ (10.13)

Beispiel 42 (Fortsetzung) Die geschätzten erwarteten Häufigkeiten sind also

$$\hat{n}_{11} = \frac{20 \cdot 63}{184} = 6.85\,,$$

$$\hat{n}_{12} = \frac{20 \cdot 121}{184} = 13.15\,,$$

$$\hat{n}_{21} = \frac{164 \cdot 63}{184} = 56.15\,,$$

$$\hat{n}_{22} = \frac{164 \cdot 121}{184} = 107.85\,. \qquad \Box$$

Die Teststatistik des χ^2-Unabhängigkeitstests lautet

$$X^2 = \sum_{i=1}^{I} \sum_{j=1}^{J} \frac{\left(n_{ij} - \hat{n}_{ij}\right)^2}{\hat{n}_{ij}}\,. \qquad (10.14)$$

Beispiel 42 (Fortsetzung) Es gilt

$$\begin{aligned} X^2 &= \frac{(7 - 6.85)^2}{6.85} + \frac{(13 - 13.15)^2}{13.15} + \frac{(56 - 56.15)^2}{56.15} + \frac{(108 - 107.85)^2}{107.85} \\ &= 0.00021\,. \qquad \Box \end{aligned}$$

Trifft H_0 zu, so ist X^2 approximativ χ^2-verteilt mit $(I-1)(J-1)$ Freiheitsgraden. Wir lehnen H_0 zum Signifikanzniveau α ab, wenn gilt $X^2 \geq \chi^2_{(I-1)(J-1);1-\alpha}$, wobei $\chi^2_{(I-1)(J-1);1-\alpha}$ das $1 - \alpha$-Quantil der χ^2-Verteilung mit $(I - 1)(J - 1)$ Freiheitsgraden ist.

Beispiel 42 (Fortsetzung) Sei $\alpha = 0.05$. Der Tab. C.3 entnehmen wir $\chi^2_{1;0.95} = 3.84$. Wir lehnen H_0 also nicht ab und gehen davon aus, dass die Merkmale unabhängig voneinander sind. $\qquad \Box$

Zwei Merkmale sind entweder unabhängig oder abhängig. Bei drei Merkmalen wird es komplizierter. Wir betrachten eine Grundgesamtheit, in der bei jedem Objekt drei Merkmale A, B und C mit den Merkmalsausprägungen $A_1, \ldots, A_I$, $B_1, \ldots, B_J$ und $C_1, \ldots, C_K$ von Interesse sind. Sei $P(A_i, B_j, C_k)$ die Wahrscheinlichkeit, dass ein zufällig aus der Grundgesamtheit ausgewähltes Objekt die Merkmalsausprägung A_i beim Merkmal A, die Merkmalsausprägung B_j beim Merkmal B und die Merkmalsausprägung C_k beim Merkmal C aufweist.

Beispiel 43 Wir schauen uns wieder das Beispiel 9 an und berücksichtigen jetzt alle drei Merkmale. Das Merkmal A sei Buch gelesen, das Merkmal B Film gesehen und das Merkmal C das Geschlecht. $\qquad \Box$

Eine Möglichkeit, die Abhängigkeitsstruktur zwischen drei Merkmalen A, B und C herauszufinden, besteht darin, die Abhängigkeitsstruktur zwischen jeweils zwei Merkmalen zu untersuchen. Man überprüft also, ob die Merkmale paarweise unabhängig sind. Liegt eine Zufallsstichprobe aus der Grundgesamtheit vor, so kann man die Hypothesen mit dem χ^2-Unabhängigkeitstest überprüfen. Bei drei Merkmalen gibt es drei Paare von Merkmalen, sodass man drei Tests durchführen muss.

Beispiel 43 (Fortsetzung) Wir fassen die Beobachtungen als Zufallsstichprobe auf. Die Merkmale Buch gelesen und Film gesehen haben wir bereits untersucht. Bei den Merkmalen Geschlecht und Buch gelesen gilt $X^2 = 0.00012$. Bei den Merkmalen Geschlecht und Film gesehen gilt $X^2 = 13.454$. □

Alle Paare von Merkmalen zu untersuchen, ist aus einer Reihe von Gründen problematisch. Im Beispiel führen wir drei Tests am gleichen Datensatz durch. Man spricht von einem *multiplen Testproblem*. Dabei begeht man einen Fehler 1. Art, wenn mindestens eine der wahren Nullhypothesen fälschlicherweise abgelehnt wird. Führen wir jeden Test zum Niveau α durch, so wird die Wahrscheinlichkeit für den Fehler 1. Art im multiplen Testproblem größer als α sein. Bei k Tests wird das vorgegebene multiple Niveau α nicht überschritten, wenn man jeden der Tests zum Niveau α/k durchführt. Ein Beweis dieser Tatsache ist bei Schlittgen (1995) zu finden. Man spricht vom *Bonferroni-Test*. Die Verkleinerung des Signifikanzniveaus der Einzeltests vermindert jedoch die Güte der Tests.

Beispiel 43 (Fortsetzung) Es gilt $0.05/3 = 0.0167$. Der Tab. C.3 entnehmen wir $\chi^2_{1;0.983} = 5.73$. Wir lehnen also die Hypothesen, dass Buch gelesen und Film gesehen und dass Geschlecht und Buch gelesen unabhängig sind, nicht ab. Die Hypothese, dass Geschlecht und Film gesehen unabhängig sind, lehnen wir hingegen ab. □

Kann man das multiple Testproblem noch in den Griff bekommen, so wird die ausschließliche Betrachtung der paarweisen Zusammenhänge in vielen Fällen der Abhängigkeitsstruktur nicht gerecht, da viele Abhängigkeitsstrukturen durch sie nicht erfasst werden. So folgt aus der paarweisen Unabhängigkeit der Ereignisse A, B und C nicht die vollständige Unabhängigkeit. Bei dieser gilt

$$P(A_i, B_j, C_k) = P(A_i)\, P(B_j)\, P(C_k)$$

für $i = 1, \ldots, I$, $j = 1, \ldots, J$ und $k = 1, \ldots, K$. Ein Beispiel hierfür ist bei Schlittgen (2012) gezeigt. Es gibt noch weitere Abhängigkeitsstrukturen, die man in Betracht ziehen muss. Betrachten wir hierfür ein weiteres Beispiel.

Beispiel 44 In einer Vorlesung zur deskriptiven Statistik wurden die Studenten unter anderem gefragt, ob sie den Film *Pulp Fiction* gesehen haben. Wir bezeichnen dieses

Tab. 10.2 Kontingenztabelle
der Merkmale Geschlecht,
Pulp Fiction und Satz

		Satz	
Geschlecht	Pulp Fiction	richtig	falsch
m	ja	12	75
	nein	5	19
w	ja	32	44
	nein	101	104

Tab. 10.3 Werte des χ^2-
Unabhängigkeitstests

Merkmale	X^2
Geschlecht - Satz	33.18
Geschlecht - Pulp Fiction	84.21
Pulp Fiction - Satz	14.2

Merkmal mit `Pulp Fiction`. Außerdem wurden sie gebeten, den nachfolgenden Satz aus der Fernsehwerbung richtig zu vervollständigen:

Zu Risiken und Nebenwirkungen ...

Dieses Merkmal bezeichnen wir mit `Satz`. Außerdem sollten die Studenten ihr Geschlecht angeben. In Tab. 10.2 ist die Kontingenztabelle der drei Merkmale gegeben.

Führen wir für alle Paare von Merkmalen einen χ^2-Unabhängigkeitstest durch, so erhalten wir die Werte der Teststatistik in Tab. 10.3.

Berücksichtigt man, dass es sich um ein multiples Testproblem handelt, so ist der kritische Wert gleich 5.73. Somit sind alle Paare von Merkmalen voneinander abhängig. Bei den Paaren `Geschlecht` und `Satz` und `Geschlecht` und `Pulp Fiction` ist dies nicht verwunderlich, aber woher kommt die Abhängigkeit zwischen den Merkmalen `Pulp Fiction` und `Satz`? Haben die Personen, die den Film *Pulp Fiction* gesehen haben, ein schlechteres Gedächtnis? Eine Antwort auf diese Frage erhalten wir, wenn wir die gemeinsame Verteilung der drei Merkmale aus einem anderen Blickwinkel betrachten. Wir betrachten die Merkmale `Satz` und `Pulp Fiction` zum einen bei den Studentinnen und zum anderen bei den Studenten. Der Wert von X^2 bei den Studentinnen ist gleich 0.87. Bei den Studenten beträgt er 0.28. Bei den Studentinnen und bei den Studenten besteht also kein Zusammenhang zwischen den Merkmalen `Pulp Fiction` und `Satz`. Aggregiert man über alle Personen, so sind die beiden Merkmale abhängig. Woran liegt die Abhängigkeit in der aggregierten Tabelle? Wir haben gesehen, dass die Merkmale `Geschlecht` und `Satz` und die Merkmale `Geschlecht` und `Pulp Fiction` abhängig sind. Schaut man sich die bedingten relativen Häufigkeiten an, so stellt man fest, dass die Chance, sich den Film *Pulp Fiction* anzusehen, bei den Studentinnen kleiner ist als bei den Studenten. Die Chance, den Satz richtig zu vollenden, ist hingegen bei den Studentinnen größer als bei den Studenten. Dies führt bei der Betrachtung der Merkmale `Pulp Fiction` und `Satz` dazu, dass die Personen, die *Pulp Fiction* nicht gesehen haben, auch häufiger den Satz richtig vollenden können.   □

Das Beispiel zeigt, dass die Merkmale A und B unter der Bedingung, dass die Merkmalsausprägungen von C festgehalten werden, unabhängig sein können, aber aggregiert abhängig sind. Man sagt, dass das Merkmal C den Zusammenhang zwischen den Merkmalen A und B erklärt. Sind die Merkmale A und B für die Ausprägungen des Merkmals C unabhängig, so liegt das Modell der bedingten Unabhängigkeit vor. In diesem gilt:

$$P(A_i, B_j \mid C_k) = P(A_i \mid C_k) \, P(B_j \mid C_k) \tag{10.15}$$

für $i = 1, \ldots, I$, $j = 1, \ldots, J$ und $k = 1, \ldots, K$.

Wir haben eine Reihe von Modellen zur Beschreibung der Abhängigkeitsstruktur in einer dreidimensionalen Kontingenztabelle kennengelernt. Loglineare Modelle bieten die Möglichkeit, systematisch ein geeignetes Modell zu finden. Mit diesen werden wir uns im Folgenden beschäftigen. Da die Theorie loglinearer Modelle an einer zweidimensionalen Kontingenztabelle am einfachsten veranschaulicht werden kann, beginnen wir mit diesem Fall.

10.2 Zweidimensionale Kontingenztabellen

Wir gehen davon aus, dass eine Zufallsstichprobe vom Umfang n aus einer Grundgesamtheit vorliegt, in der die Merkmale A und B von Interesse sind. Das Merkmal A besitze die Ausprägungen $A_1, \ldots, A_I$ und das Merkmal B die Ausprägungen $B_1, \ldots, B_J$. Die Wahrscheinlichkeit, dass ein zufällig aus der Grundgesamtheit ausgewähltes Objekt die Merkmalsausprägung A_i beim Merkmal A und die Merkmalsausprägung B_j beim Merkmal B aufweist, bezeichnen wir mit $P(A_i, B_j)$. Die Anzahl der Objekte mit Merkmalsausprägungen A_i und B_j in der Stichprobe bezeichnen wir mit n_{ij}. Wir stellen die Häufigkeiten in einer Kontingenztabelle zusammen.

Beispiel 45 Wir betrachten wieder die Merkmale Buch gelesen und Film gesehen im Rahmen des Beispiels 9. Tab. 10.4 zeigt die Kontingenztabelle. □

Ziel ist es, ein Modell zu finden, das die Abhängigkeitsstruktur zwischen den beiden Merkmalen gut beschreibt. Wir betrachten eine Reihe von Modellen.

Tab. 10.4 Buch und Film *Der Medicus*

	Film gesehen	
Buch gelesen	ja	nein
ja	7	13
nein	56	108

10.2.1 Modell 0

Das Modell 0 beruht auf folgenden Annahmen:

1. Das Merkmal A ist gleichverteilt:

$$P(A_i) = \frac{1}{I} \qquad \text{für } i = 1, \ldots, I.$$

2. Das Merkmal B ist gleichverteilt:

$$P(B_j) = \frac{1}{J} \qquad \text{für } j = 1, \ldots, J.$$

3. Die Merkmale A und B sind unabhängig:

$$P(A_i, B_j) = P(A_i)\, P(B_j) \qquad \text{für } i = 1, \ldots, I, \quad j = 1, \ldots, J.$$

Unter diesen Annahmen gilt

$$P(A_i, B_j) = \frac{1}{IJ} \,. \tag{10.16}$$

Dies sieht man folgendermaßen:

$$P(A_i, B_j) = P(A_i)\, P(B_j) = \frac{1}{IJ} \,.$$

Wenn das Modell 0 zutrifft, erwarten wir für das gleichzeitige Auftreten von A_i und B_j für $i = 1, \ldots, I$, $j = 1, \ldots, J$:

$$n\, P(A_i, B_j) = \frac{n}{IJ} \,.$$

Im Modell 0 müssen wir die erwarteten Häufigkeiten nicht schätzen. Wir bezeichnen sie aber trotzdem mit $\hat{n}_{ij}$.

Beispiel 45 (Fortsetzung) Tab. 10.5 enthält die $\hat{n}_{ij}$. □

Vergleichen wir die beobachteten Häufigkeiten mit den geschätzten Häufigkeiten, so sehen wir, dass die beobachteten Häufigkeiten n_{ij} nicht gut mit den geschätzten Häufigkeiten $\hat{n}_{ij}$ übereinstimmen. Zur Messung der Übereinstimmung kann man die Teststatistik des χ^2-Unabhängigkeitstests in (10.14) verwenden.

Tab. 10.5 Geschätzte absolute Häufigkeiten im Modell 0

Buch gelesen	Film gesehen	
	ja	nein
ja	46	46
nein	46	46

Beispiel 45 (Fortsetzung) Es gilt

$$X^2 = 142.48 . \qquad\qquad \square$$

Wir werden im Folgenden eine andere Teststatistik verwenden, da diese, wie wir später sehen werden, bessere Eigenschaften bei der Modellwahl besitzt. Die *Likelihood-Quotienten-Teststatistik* zur Überprüfung eines Modells M ist definiert durch

$$G(M) = 2 \sum_{i=1}^{I} \sum_{j=1}^{J} n_{ij} \ln \frac{n_{ij}}{\hat{n}_{ij}} . \qquad (10.17)$$

Dabei sind $\hat{n}_{ij}$ die erwarteten beziehungsweise geschätzten erwarteten Häufigkeiten des Auftretens von A_i und B_j unter der Annahme, dass das Modell M zutrifft.

Beispiel 45 (Fortsetzung) Es gilt

$$G(0) = 2 \left[7 \ln \frac{7}{46} + 13 \ln \frac{13}{46} + 56 \ln \frac{56}{46} + 108 \ln \frac{108}{46} \right] = 147.17 . \qquad \square$$

Man kann zeigen, dass G approximativ χ^2-verteilt ist mit $IJ - 1$ Freiheitsgraden, wenn das Modell 0 zutrifft. Wir können also testen:

H_0: Das Modell 0 trifft zu,
H_1: Das Modell 0 trifft nicht zu.

Beispiel 45 (Fortsetzung) Im Beispiel gilt $IJ - 1 = 3$. Der Tab. C.3 entnehmen wir $\chi^2_{3;0.95} = 7.82$. Wir lehnen das Modell 0 zum Signifikanzniveau 0.05 ab. $\qquad \square$

Das Modell 0 liefert keine adäquate Beschreibung des Zusammenhangs zwischen den beiden Merkmalen. Schauen wir uns andere Modelle an, die wir erhalten, indem wir eine oder mehrere Forderungen fallenlassen, die das Modell 0 an den datengenerierenden Prozess stellt.

10.2.2 Modell A

Als Erstes lassen wir die Annahme der Gleichverteilung von A fallen. Wir unterstellen also:

1. Das Merkmal B ist gleichverteilt:

$$P(B_j) = \frac{1}{J} \qquad \text{für } j = 1, \dots, J.$$

2. Die Merkmale A und B sind unabhängig:

$$P(A_i, B_j) = P(A_i)\, P(B_j) \qquad \text{für } i = 1, \ldots, I, \quad j = 1, \ldots, J.$$

Unter diesen Annahmen gilt

$$P(A_i, B_j) = \frac{1}{J}\, P(A_i)\,. \qquad (10.18)$$

Dies sieht man folgendermaßen:

$$P(A_i, B_j) = P(A_i)\, P(B_j) = \frac{1}{J}\, P(A_i)\,.$$

Wir schätzen $P(A_i)$ durch die relative Häufigkeit $n_{i.}/n$ der i-ten Kategorie von A. Ersetzen wir $P(A_i)$ in

$$P(A_i, B_j) = \frac{1}{J}\, P(A_i)$$

durch $n_{i.}/n$, so erhalten wir die geschätzten Wahrscheinlichkeiten

$$\hat{P}(A_i, B_j) = \frac{n_{i.}}{n\,J}\,.$$

Wir erhalten somit als Schätzer für die erwartete Häufigkeit des gleichzeitigen Auftretens von A_i und B_j:

$$\hat{n}_{ij} = \frac{n_{i.}}{J}\,. \qquad (10.19)$$

Beispiel 45 (Fortsetzung) Tab. 10.6 enthält die geschätzten Häufigkeiten.
Der Wert der Likelihood-Quotienten-Teststatistik lautet:

$$G(A) = 2 \left[7 \ln \frac{7}{10} + 13 \ln \frac{13}{10} + 56 \ln \frac{56}{82} + 108 \ln \frac{108}{82} \right] = 18.6\,. \qquad \square$$

Im Modell A ist $G(A)$ approximativ χ^2-verteilt mit $(J-1)I$ Freiheitsgraden.

Tab. 10.6 Geschätzte absolute Häufigkeiten im Modell A

	Film gesehen	
Buch gelesen	ja	nein
ja	10	10
nein	82	82

Beispiel 45 (Fortsetzung) Tab. C.3 entnehmen wir $\chi^2_{2;0.95} = 5.99$. Wir lehnen das Modell A zum Niveau 0.05 ab. $\qquad\qquad\qquad\qquad\qquad\qquad\square$

10.2.3 IPF-Algorithmus

Beispiel 45 (Fortsetzung) Die Tabellen 10.7 und 10.8 zeigen die Tabellen 10.4 und 10.6, wobei in beiden Fällen die Randverteilungen angegeben sind.

Wir sehen, dass die geschätzte Randverteilung von A mit der beobachteten Randverteilung von A übereinstimmt. $\qquad\qquad\qquad\qquad\qquad\qquad\square$

Der im Beispiel beobachtete Sachverhalt gilt generell im Modell A. Aus (10.19) folgt nämlich

$$\hat{n}_{i.} = \sum_{j=1}^{J} \hat{n}_{ij} = \sum_{j=1}^{J} \frac{n_{i.}}{J} = n_{i.} \sum_{j=1}^{J} \frac{1}{J} = n_{i.} J \frac{1}{J} = n_{i.} \, .$$

Man spricht deshalb vom Modell A. Ein Modell erhält immer den Namen der Randverteilungen, die festgehalten werden. Man sagt auch, dass die Verteilung von A angepasst wird. Im Modell A muss also gelten

$$\hat{n}_{i.} = n_{i.} \, .$$

Diese Forderung nimmt man als Ausgangspunkt für die Anpassung mit dem IPF-Algorithmus (Iteratively Proportional Fitting-Algorithmus). Betrachten wir diesen für das Modell A.

Wir gehen aus von

$$\hat{n}_{i.} = n_{i.} \, ,$$

Tab. 10.7 Buch und Film *Der Medicus* mit Randverteilung

Buch gelesen	Film gesehen		
	ja	nein	
ja	7	13	20
nein	56	108	164
	63	121	184

Tab. 10.8 Geschätzte absolute Häufigkeiten im Modell A mit Randverteilung

Buch gelesen	Film gesehen		
	ja	nein	
ja	10	10	20
nein	82	82	164
	92	92	184

multiplizieren diese Gleichung mit $\hat{n}_{ij}$ und erhalten

$$\hat{n}_{ij}\,\hat{n}_{i.} = \hat{n}_{ij}\,n_{i.}\,.$$

Hieraus folgt die Identität

$$\hat{n}_{ij} = \frac{n_{i.}}{\hat{n}_{i.}}\,\hat{n}_{ij}\,,$$

auf der der Algorithmus beruht. Man geht aus von den Startwerten $\hat{n}_{ij}^{(0)}$. Dann werden die geschätzten Häufigkeiten folgendermaßen iterativ bestimmt:

$$\hat{n}_{ij}^{(1)} = \frac{n_{i.}}{\hat{n}_{i.}^{(0)}}\hat{n}_{ij}^{(0)}\,.$$

In der Regel setzt man

$$\hat{n}_{ij}^{(0)} = 1 \qquad \text{für } i = 1,\dots,I, j = 1,\dots,J\,.$$

Schauen wir uns dies für die Anpassung von Modell A an. Wir setzen

$$\hat{n}_{ij}^{(0)} = 1\,.$$

Hieraus folgt

$$\hat{n}_{i.}^{(0)} = \sum_{j=1}^{J} \hat{n}_{ij}^{(0)} = \sum_{j=1}^{J} 1 = J\,.$$

Also gilt

$$\hat{n}_{ij}^{(1)} = \frac{n_{i.}}{\hat{n}_{i.}^{(0)}}\hat{n}_{ij}^{(0)} = \frac{n_{i.}}{J}\,.$$

Dies sind die Bedingungen, die wir bereits kennen. Wir lassen den Index (1) weg und erhalten

$$\hat{n}_{ij} = \frac{n_{i.}}{J}\,.$$

Das Ergebnis stimmt mit dem überein, das wir weiter oben bereits entwickelt haben. Jedes loglineare Modell ist charakterisiert durch die Randverteilungen, die angepasst werden. Die Anpassung erfolgt mit dem IPF-Algorithmus, wobei dieser gegebenenfalls iteriert werden muss. Wir werden bei den einzelnen Modellen den IPF-Algorithmus anwenden.

10.2.4 Modell B

Anstatt der Randverteilung von A können wir auch die Randverteilung von B festhalten. Man spricht dann vom Modell B. Wir unterstellen also:

1. Das Merkmal A ist gleichverteilt:

$$P(A_i) = \frac{1}{I} \qquad \text{für } i = 1, \ldots, I.$$

2. Die Merkmale A und B sind unabhängig:

$$P(A_i, B_j) = P(A_i)\,P(B_j) \qquad \text{für } i = 1, \ldots, I, \quad j = 1, \ldots, J.$$

Unter diesen Annahmen gilt

$$P(A_i, B_j) = \frac{1}{I}\,P(B_j).$$

Dies sieht man folgendermaßen:

$$P(A_i, B_j) = P(A_i)\,P(B_j) = \frac{1}{I}\,P(B_j).$$

Wir schätzen $P(B_j)$ durch die relative Häufigkeit der $n_{.j}/n$ der j-ten Kategorie von B. Ersetzen wir $P(B_j)$ in

$$P(A_i, B_j) = \frac{1}{I}\,P(B_j)$$

durch $n_{.j}/n$, so erhalten wir folgende geschätzte Zellwahrscheinlichkeiten:

$$\hat{P}(A_i, B_j) = \frac{n_{.j}}{n\,I}.$$

Wir erhalten somit folgende Schätzer:

$$\hat{n}_{ij} = \frac{n_{.j}}{I}.$$

Beispiel 45 (Fortsetzung) Tab. 10.9 enthält die geschätzten Häufigkeiten. Der Wert der Likelihood-Quotienten-Teststatistik $G(B)$ ist

$$G(B) = 2 \left[7 \ln \frac{7}{31.5} + 13 \ln \frac{13}{60.5} + 56 \ln \frac{56}{31.5} + 108 \ln \frac{108}{60.5} \right] = 128.57 \,. \qquad \square$$

Im Modell B ist $G(B)$ approximativ χ^2-verteilt mit $(I-1)J$ Freiheitsgraden.

Tab. 10.9 Geschätzte absolute Häufigkeiten im Modell B	Film gesehen	
Buch gelesen	ja	nein
ja	31.5	60.5
nein	31.5	60.5

Beispiel 45 (Fortsetzung) Tab. C.3 entnehmen wir $\chi^2_{2;0.95} = 5.99$. Wir lehnen das Modell B zum Niveau 0.05 ab.   □

Schauen wir uns den IPF-Algorithmus an. Es muss gelten

$$\hat{n}_{.j} = n_{.j} .$$

Wir setzen

$$\hat{n}_{ij}^{(0)} = 1 \qquad \text{für } i = 1, \dots, I, j = 1, \dots, J$$

und passen die Randverteilung von B an. Es gilt

$$\hat{n}_{ij}^{(1)} = \frac{n_{.j}}{\hat{n}_{.j}^{(0)}} \, \hat{n}_{ij}^{(0)} = \frac{n_{.j}}{I}$$

wegen

$$\hat{n}_{.j}^{(0)} = \sum_{i=1}^{I} \hat{n}_{ij}^{(0)} = \sum_{i=1}^{I} 1 = I .$$

10.2.5   Modell A, B

Bevor wir das nächste Modell betrachten, wollen wir uns kurz überlegen, wodurch sich die bisher untersuchten Modelle unterscheiden. Modell 0 fordert die Gleichverteilung von A, die Gleichverteilung von B und die Unabhängigkeit zwischen A und B. Modell A verzichtet im Vergleich zu Modell 0 auf die Gleichverteilung von A, während Modell B im Vergleich zu Modell 0 auf die Gleichverteilung von B verzichtet. Es liegt nun nahe, auch die Gleichverteilung des jeweils anderen Merkmals fallenzulassen. Es wird also nur die Unabhängigkeit zwischen A und B gefordert. Es muss also gelten

$$P(A_i, B_j) = P(A_i)P(B_j) \qquad (10.20)$$

für $i = 1, \dots, I$, $j = 1, \dots, J$.

Tab. 10.10 Geschätzte erwartete Häufigkeiten im Modell A, B

| | Film gesehen | |
Buch gelesen	ja	nein
ja	6.85	13.15
nein	56.15	107.85

Wir schätzen die Wahrscheinlichkeit $P(A_i, B_j)$, indem wir $P(A_i)$ durch $n_{i.}/n$ und $P(B_j)$ durch $n_{.j}/n$ schätzen und dann in (10.20) einsetzen. Wir erhalten also als Schätzer für die erwarteten Häufigkeiten

$$\hat{n}_{ij} = n \, \frac{n_{i.}}{n} \, \frac{n_{.j}}{n} = \frac{n_{i.} \, n_{.j}}{n} \,.$$

Beispiel 45 (Fortsetzung) Tab. 10.10 enthält die geschätzten erwarteten Häufigkeiten. Wir sehen, dass die beobachteten Häufigkeiten n_{ij} sehr gut mit den geschätzten Häufigkeiten $\hat{n}_{ij}$ übereinstimmen. Der Wert der Likelihood-Quotienten-Teststatistik lautet

$$G(A, B) = 2 \left[7 \ln \frac{7}{6.85} + 13 \ln \frac{13}{13.15} + 56 \ln \frac{56}{56.15} + 108 \ln \frac{108}{107.85} \right] = 0.0056 \,.$$

$\square$

Im Modell A, B ist $G(A, B)$ approximativ χ^2-verteilt mit $(I - 1)(J - 1)$ Freiheitsgraden.

Beispiel 45 (Fortsetzung) Tab. C.3 entnehmen wir $\chi^2_{1;0.95} = 3.84$. Wir lehnen das Modell A, B zum Niveau 0.05 also nicht ab. $\square$

Warum haben wir das Modell eigentlich mit A, B bezeichnet? Die Notation deutet darauf hin, dass sowohl die Randverteilung von A als auch die Randverteilung von B angepasst wird.

Es muss also gelten

$$\hat{n}_{i.} = n_{i.} \tag{10.21}$$

und

$$\hat{n}_{.j} = n_{.j} \,. \tag{10.22}$$

Für die Schätzer der absoluten Häufigkeiten gilt

$$\hat{n}_{ij} = \frac{n_{.j} \, n_{i.}}{n} \,.$$

Hieraus folgt

$$\hat{n}_{i.} = \sum_{j=1}^{J} \frac{n_{i.}\,n_{.j}}{n} = \frac{n_{i.}}{n} \sum_{j=1}^{J} n_{.j} = \frac{n_{i.}}{n}\,n = n_{i.}$$

und

$$\hat{n}_{.j} = \sum_{i=1}^{I} \frac{n_{i.}\,n_{.j}}{n} = \frac{n_{.j}}{n} \sum_{i=1}^{I} n_{i.} = \frac{n_{.j}}{n}\,n = n_{.j}\;.$$

Wir sehen, dass die Bezeichnung des Modells gerechtfertigt ist. Wir können aber auch diese Bedingungen als Ausgangspunkt nehmen und den IPF-Algorithmus anwenden. Die (10.21) und (10.22) müssen erfüllt sein. Wir passen zuerst die Randverteilung von A an und erhalten

$$\hat{n}_{ij}^{(1)} = \frac{n_{i.}}{J}\;.$$

Nun müssen wir noch die Randverteilung von B anpassen. Wir erhalten

$$\hat{n}_{ij}^{(2)} = \frac{n_{.j}}{\hat{n}_{.j}^{(1)}}\,\hat{n}_{ij}^{(1)} = \frac{n_{.j}}{\frac{n}{J}}\,\frac{n_{i.}}{J} = \frac{n_{i.}\,n_{.j}}{n}\;,$$

da gilt

$$\hat{n}_{.j}^{(1)} = \sum_{i=1}^{I} \hat{n}_{ij}^{(1)} = \sum_{i=1}^{I} \frac{n_{i.}}{J} = \frac{n}{J}\;.$$

Wir sehen also, dass beim Unabhängigkeitsmodell A, B die Randverteilung von A und die Randverteilung von B angepasst wird. Wir sehen aber auch, dass wir durch die Anpassung der Randverteilung von B nicht die Anpassung der Randverteilung von A zerstört haben. Wäre durch die Anpassung der Randverteilung von B die Anpassung der Randverteilung von A zerstört worden, so hätten wir wieder die Randverteilung von A anpassen müssen.

10.2.6 Modell AB

Das Unabhängigkeitsmodell war das bisher schwächste Modell. Ein noch schwächeres Modell ist das Modell AB. Bei diesem wird die gemeinsame Verteilung von A und B angepasst. Dies liefert die perfekte Anpassung an die Daten.

Die geschätzten absoluten Häufigkeiten sind

$$\hat{n}_{ij} = n_{ij}\;.$$

Tab. 10.11 Geschätzte absolute Häufigkeiten im Modell A, B

	Film gesehen	
Buch gelesen	ja	nein
ja	7	13
nein	56	108

Beispiel 45 (Fortsetzung) Tab. 10.11 enthält die geschätzten Häufigkeiten. Der Wert der Likelihood-Quotienten-Teststatistik ist

$$G(AB) = 0 \,.$$

Die Anzahl der Freiheitsgrade ist 0. Die Angemessenheit des Modells müssen wir nicht testen. □

10.2.7 Modellselektion

Wir haben in den Abschn. 10.2.1–10.2.6 eine Reihe von Modellen zur Beschreibung einer zweidimensionalen Kontingenztabelle kennengelernt. Wir wollen nun das Modell wählen, bei dem die geschätzten erwarteten Häufigkeiten mit den beobachteten Häufigkeiten übereinstimmen. Wäre dies das einzige Kriterium der Modellwahl, so würden wir immer das Modell AB wählen. Das Modell sollte aber nicht nur gut angepasst sein, es sollte auch einfach zu interpretieren sein. Bei der Beschreibung der Modelle haben wir mit dem Modell 0 begonnen. Bei diesem werden die meisten Annahmen getroffen. Es ist einfach zu interpretieren, denn jede Merkmalskombination besitzt in diesem Modell die gleiche Wahrscheinlichkeit. Beim Übergang zu den Modellen A und B haben wir jeweils eine der Annahmen des Modells 0 fallengelassen. Dies hat zur Konsequenz, dass diese Modelle nicht mehr so einfach zu interpretieren sind. Außerdem sind die Annahmen der Modelle A beziehungsweise B erfüllt, wenn die Annahmen des Modells 0 erfüllt sind. In diesem Sinne bilden die betrachteten Modelle eine Hierarchie, bei der das Modell 0 auf der höchsten Stufe steht und die Modelle A und B gemeinsam die nächste Stufe bilden. Lässt man bei den Modellen A beziehungsweise B jeweils eine der Annahmen fallen, so landet man beim Modell A, B. Im letzten Schritt gelangt man zum Modell AB. Abb. 10.1 zeigt die Hierarchie der Modelle.

Es gibt eine Reihe von Suchverfahren in loglinearen Modellen. Wir betrachten hier ein Verfahren von Goodman (1971). Dieses beruht auf einer wichtigen Eigenschaft der Likelihood-Quotienten-Teststatistik. Von zwei Modellen, die auf unterschiedlichen Hierarchiestufen stehen, bezeichnen wir das Modell, das auf der höheren Hierarchiestufe steht, als stärkeres Modell S und das Modell, das auf der niedrigeren Hierarchiestufe steht, als schwächeres Modell W. $G(S)$ ist der Wert der Likelihood-Quotienten-Teststatistik des stärkeren Modells, und $G(W)$ ist der Wert der Likelihood-Quotienten-Teststatistik des schwächeren Modells. Ist das stärkere Modell das wahre Modell, so ist die Differenz $G(S) - G(W)$ approximativ χ^2-verteilt mit der Differenz aus der Anzahl der Freiheitsgrade des Modells S und der Anzahl der Freiheitsgrade des Modells W. Der Beweis ist

Abb. 10.1 Hierarchie eines
loglinearen Modells mit zwei
Merkmalen

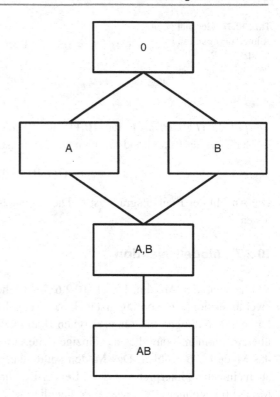

bei Andersen (1994) gegeben. Testen wir also

$$H_0 : \text{Modell S trifft zu}$$

gegen

$$H_1 : \text{Modell W trifft zu,}$$

so lehnen wir H_0 ab, wenn gilt

$$G(S) - G(W) > \chi^2_{df;1-\alpha} \, ,$$

wobei $\chi^2_{df;1-\alpha}$ das $1 - \alpha$-Quantil der χ^2-Verteilung ist. df ist die Differenz der Freiheitsgrade des Modells S und der Freiheitsgrade des Modells W.

Goodman (1971) schlägt vor, mit dem stärksten Modell zu beginnen. In unserem Fall
ist dies das Modell 0. Lehnen wir das Modell 0 nicht ab, so beenden wir die Suche und
wählen Modell 0 zur Beschreibung der Abhängigkeitsstruktur zwischen den Merkmalen.

Beispiel 45 (Fortsetzung) Tab. 10.12 zeigt die Werte von $G(M)$ und die Freiheitsgrade
der einzelnen Modelle.

Modell M	$G(M)$	df
0	147.17	3
A	18.6	2
B	128.57	2
A, B	0.0056	1
AB	0	0

Tab. 10.12 Werte von $G(M)$ und Freiheitsgrade df loglinearer Modelle

Tab. C.3 entnehmen wir $\chi^2_{3,0.95} = 7.81$. Wir lehnen das Modell 0 zum Niveau 0.05 also ab. □

Lehnen wir das Modell 0 jedoch ab, suchen wir nach einem besseren Modell. Dabei betrachten wir alle Modelle, die in der Hierarchie auf der Stufe unterhalb des Modells 0 stehen. Im Beispiel sind das die Modelle A und B. Wir fragen uns, ob die Anpassung bedeutend verbessert wird, wenn wir eines dieser Modelle betrachten. Hierbei benutzen wir die oben beschriebene Eigenschaft der Likelihood-Quotienten-Teststatistik. Wir bestimmen $G(0) - G(A)$ und $G(0) - G(B)$ und wählen unter den signifikanten Übergängen den mit der größten Verbesserung. Dann testen wir, ob das so gefundene Modell abgelehnt wird. Wird es nicht abgelehnt, so wird es zur Beschreibung des Zusammenhangs gewählt. Wird es abgelehnt, gehen wir zur nächsten Stufe in der Hierarchie. Der Prozess wird so lange fortgesetzt, bis ein geeignetes Modell gefunden wurde.

Beispiel 45 (Fortsetzung) Beim Übergang vom Modell 0 zum Modell A gilt

$$G(0) - G(A) = 147.17 - 18.60 = 128.57.$$

Die Differenz der Freiheitsgrade ist 1. Der Übergang ist signifikant, da $\chi^2_{1,0.95} = 3.84$ gilt. Beim Übergang vom Modell 0 zum Modell B gilt:

$$G(0) - G(B) = 147.17 - 128.57 = 18.6.$$

Die Differenz der Freiheitsgrade ist 1. Der Übergang ist ebenfalls signifikant, da $\chi^2_{1,0.95} = 3.84$ gilt. Von den beiden Übergängen ist der von Modell 0 zu Modell A am größten.

Wir gehen also vom Modell 0 zum Modell A. Im Modell A gilt $G(A)=18.6$. Da im Modell A die Anzahl der Freiheitsgrade gleich 2 ist, lehnen wir wegen $\chi^2_{2,0.95} = 5.99$ das Modell A ab. Wir gehen also zur nächsten Hierarchiestufe und vergleichen den Übergang von Modell A zu Modell A, B. Beim Übergang von Modell A zu Modell A, B gilt:

$$G(A) - G(A, B) = 18.6 - 0.0056 = 18.5944.$$

Die Differenz der Freiheitsgrade ist 1. Der Übergang ist somit signifikant, da $\chi^2_{1,0.95} = 3.84$. Im Modell A, B ist die Anzahl der Freiheitsgrade gleich 1. Wegen $\chi^2_{1,0.95} = 3.84$ lehnen wir das Modell nicht ab. Wir haben mit dem Modell A, B ein Modell zur Beschreibung der Abhängigkeitsstruktur gefunden. Die Merkmale `Buch gelesen` und `Film gesehen` sind unabhängig.   □

10.3   Dreidimensionale Kontingenztabellen

Wir haben in Abschn. 10.1 gesehen, dass es zwischen drei qualitativen Merkmalen eine Reihe von Abhängigkeitsstrukturen geben kann. Wir wollen diese mithilfe von loglinearen Modellen erarbeiten. Dabei gehen wir davon aus, dass eine Zufallsstichprobe vom Umfang n aus einer Grundgesamtheit vorliegt, in der die Merkmale A, B und C von Interesse sind. Das Merkmal A besitze die Ausprägungen $A_1, \ldots, A_I$, das Merkmal B die Ausprägungen $B_1, \ldots, B_J$ und das Merkmal C die Ausprägungen $C_1, \ldots, C_K$. Die Wahrscheinlichkeit, aus der Grundgesamtheit ein Objekt mit den Merkmalsausprägungen A_i, B_j und C_k zufällig auszuwählen, bezeichnen wir mit $P(A_i, B_j, C_k)$. Die Anzahl der Objekte mit den Merkmalsausprägungen A_i, B_j und C_k in der Stichprobe bezeichnen wir mit n_{ijk}. Wir stellen die Häufigkeiten in einer Kontingenztabelle zusammen.

Beispiel 46 Wir greifen Beispiel 44 auf. Dabei bezeichnen wir das Merkmal `Pulp Fiction` mit A, das Merkmal `Satz` mit B und das Merkmal `Geschlecht` mit C. Die Daten sind in Tab. 10.2 enthalten.   □

Damit unsere Ausführungen nicht ausufern, betrachten wir nur Modelle, bei denen in der Definition des Modells alle drei Merkmale auftauchen. Wir werden also nicht im Detail auf Modelle wie das Modell 0 oder das Modell AC eingehen. Eine Beschreibung dieser Modelle geben Fahrmeir et al. (1996). Wir starten mit dem Modell der totalen Unabhängigkeit.

10.3.1   Modell der totalen Unabhängigkeit

Im Modell A, B, C der totalen Unabhängigkeit unterstellen wir, dass alle Merkmale unabhängig sind. Es gilt somit

$$P(A_i, B_j, C_k) = P(A_i) P(B_j) P(C_k)$$

für $i = 1, \ldots, I$, $j = 1, \ldots, J$ und $k = 1, \ldots, K$. Aus dem Modell der totalen Unabhängigkeit folgt die paarweise Unabhängigkeit:

1. Die Merkmale A und B sind unabhängig:

$$P(A_i, B_j) = P(A_i)\, P(B_j) \qquad \text{für } i = 1, \ldots, I, \quad j = 1, \ldots, J.$$

2. Die Merkmale A und C sind unabhängig:

$$P(A_i, C_k) = P(A_i)\,P(C_k) \qquad \text{für } i = 1, \ldots, I, \quad k = 1, \ldots, K.$$

3. Die Merkmale B und C sind unabhängig:

$$P(B_j, C_k) = P(B_j)\,P(C_k) \qquad \text{für } j = 1, \ldots, J, \quad k = 1, \ldots, K.$$

Wir zeigen die erste Behauptung. Die anderen ergeben sich analog.

$$P(A_i, B_j) = \sum_{k=1}^{K} P(A_i, B_j, C_k) = \sum_{k=1}^{K} P(A_i)P(B_j)P(C_k)$$

$$= P(A_i)P(B_j) \sum_{k=1}^{K} P(C_k) = P(A_i)P(B_j) \,.$$

Die erwartete Häufigkeit des gemeinsamen Auftretens von A_i, B_j und C_k im Modell A, B, C ist

$$n\,P(A_i, B_j, C_k) = n\,P(A_i)P(B_j)P(C_k) \,.$$

Wir schätzen $P(A_i)$ durch $n_{i..}/n$, $P(B_j)$ durch $n_{.j.}/n$ und $P(C_k)$ durch $n_{..k}/n$ mit

$$n_{i..} = \sum_{j=1}^{J} \sum_{k=1}^{K} n_{ijk},$$

$$n_{.j.} = \sum_{i=1}^{I} \sum_{k=1}^{K} n_{ijk},$$

$$n_{..k} = \sum_{i=1}^{I} \sum_{j=1}^{J} n_{ijk}$$

für $i = 1, \ldots, I$, $j = 1, \ldots, J$ und $k = 1, \ldots, K$. Wir erhalten als geschätzte erwartete Häufigkeiten

$$\hat{n}_{ijk} = n\,\frac{n_{i..}}{n}\,\frac{n_{.j.}}{n}\,\frac{n_{..k}}{n} \,.$$

Dies kann man vereinfachen zu

$$\hat{n}_{ijk} = \frac{n_{i..}n_{.j.}n_{..k}}{n^2} \,.$$

Beispiel 46 (Fortsetzung) Es gilt

$$n_{1..} = 163, \qquad n_{2..} = 229,$$
$$n_{.1.} = 150, \qquad n_{.2.} = 242,$$
$$n_{..1} = 111, \qquad n_{..2} = 281 .$$

Also erhalten wir folgende geschätzte erwartete Häufigkeiten:

$$\hat{n}_{111} = \frac{n_{1..}n_{.1.}n_{..1}}{n^2} = \frac{163 \cdot 150 \cdot 111}{392^2} = 17.66,$$

$$\hat{n}_{121} = \frac{n_{1..}n_{.2.}n_{..1}}{n^2} = \frac{163 \cdot 242 \cdot 111}{392^2} = 28.49,$$

$$\hat{n}_{211} = \frac{n_{2..}n_{.1.}n_{..1}}{n^2} = \frac{229 \cdot 150 \cdot 111}{392^2} = 24.81,$$

$$\hat{n}_{221} = \frac{n_{2..}n_{.2.}n_{..1}}{n^2} = \frac{229 \cdot 242 \cdot 111}{392^2} = 40.03,$$

$$\hat{n}_{112} = \frac{n_{1..}n_{.1.}n_{..2}}{n^2} = \frac{163 \cdot 150 \cdot 281}{392^2} = 44.71,$$

$$\hat{n}_{122} = \frac{n_{1..}n_{.2.}n_{..2}}{n^2} = \frac{163 \cdot 242 \cdot 281}{392^2} = 72.14,$$

$$\hat{n}_{212} = \frac{n_{2..}n_{.1.}n_{..2}}{n^2} = \frac{229 \cdot 150 \cdot 281}{392^2} = 62.81,$$

$$\hat{n}_{222} = \frac{n_{2..}n_{.2.}n_{..2}}{n^2} = \frac{229 \cdot 242 \cdot 281}{392^2} = 101.35.$$

Tab. 10.13 zeigt die dreidimensionale Kontingenztabelle mit den geschätzten erwarteten Häufigkeiten. □

Zur Überprüfung der Güte eines Modells M bestimmen wir die Likelihood-Quotienten-Teststatistik

$$G(M) = 2 \sum_{i=1}^{I} \sum_{j=1}^{J} \sum_{k=1}^{K} n_{ijk} \ln \frac{n_{ijk}}{\hat{n}_{ijk}} .$$

Im Modell A, B, C ist $G(A, B, C)$ approximativ χ^2-verteilt mit $IJK - I - J - K + 2$ Freiheitsgraden.

Tab. 10.13 Geschätzte erwartete Häufigkeiten des Modells A, B, C

		Satz	
Geschlecht	Pulp Fiction	richtig	falsch
m	ja	17.66	28.49
	nein	24.81	40.03
w	ja	44.71	72.14
	nein	62.81	101.35

Beispiel 46 (Fortsetzung) Es gilt $G(A, B, C) = 127.9713$. Die Anzahl der Freiheitsgrade ist 4. Wir sehen, dass das Modell nicht gut passt. ☐

Schauen wir uns den IPF-Algorithmus für das Modell A, B, C an. Es muss gelten

$$\hat{n}_{i..} = n_{i..},$$

$$\hat{n}_{.j.} = n_{.j.},$$

$$\hat{n}_{..k} = n_{..k}.$$

Ausgehend von Startwerten $\hat{n}_{ijk}^{(0)} = 1$ passen wir zunächst die Randverteilung von A an. Es gilt

$$\hat{n}_{ijk}^{(1)} = \frac{n_{i..}}{\hat{n}_{i..}^{(0)}} \hat{n}_{ijk}^{(0)} = \frac{n_{i..}}{JK},$$

da gilt

$$\hat{n}_{i..}^{(0)} = \sum_{j=1}^{J} \sum_{k=1}^{K} \hat{n}_{ijk}^{(0)} = \sum_{j=1}^{J} \sum_{k=1}^{K} 1 = JK.$$

Anschließend passen wir die Randverteilung von B an:

$$\hat{n}_{ijk}^{(2)} = \frac{n_{.j.}}{\hat{n}_{.j.}^{(1)}} \hat{n}_{ijk}^{(1)} = \frac{n_{.j.}}{\frac{n}{J}} \frac{n_{i..}}{JK} = \frac{n_{i..} n_{.j.}}{nK}.$$

Dabei haben wir zugrunde gelegt, dass gilt:

$$\hat{n}_{.j.}^{(1)} = \sum_{i=1}^{I} \sum_{k=1}^{K} \frac{n_{i..}}{JK} = \sum_{i=1}^{I} n_{i..} \sum_{k=1}^{K} \frac{1}{JK} = nK \frac{1}{JK} = \frac{n}{J}.$$

Nun passen wir noch die Randverteilung von C an:

$$\hat{n}_{ijk}^{(3)} = \frac{n_{..k}}{\hat{n}_{..k}^{(2)}} \hat{n}_{ijk}^{(2)} = \frac{n_{..k}}{\frac{n}{K}} \frac{n_{i..} n_{.j.}}{nK} = \frac{n_{i..} n_{.j.} n_{..k}}{n^2}.$$

Dies gilt wegen

$$\hat{n}_{..k}^{(2)} = \sum_{i=1}^{I} \sum_{j=1}^{J} \frac{n_{i..} n_{.j.}}{nK} = \frac{1}{nK} \sum_{i=1}^{I} n_{i..} \sum_{j=1}^{J} n_{.j.} = \frac{1}{nK} n n = \frac{n}{K}.$$

Wie man leicht erkennt, wurde auch hier durch die Anpassung der Randverteilung von C nicht die Anpassung der Randverteilungen von A und B zerstört.

10.3.2 Modell der Unabhängigkeit einer Variablen

Im Modell A, B, C sind alle drei Merkmale vollständig voneinander unabhängig. Hieraus folgt die Unabhängigkeit aller Paare. Gegenüber dem Modell A, B, C lassen wir im Modell AB, C die Annahme der Unabhängigkeit von A und B fallen. Im Modell AB, C gilt

$$P(A_i, B_j, C_k) = P(A_i, B_j)P(C_k) \tag{10.23}$$

für $i = 1, \ldots, I$, $j = 1, \ldots, J$ und $k = 1, \ldots, K$. Aus (10.23) folgt:

1. Die Merkmale A und C sind unabhängig:

$$P(A_i, C_k) = P(A_i) P(C_k) \quad \text{für } i = 1, \ldots, I, \quad k = 1, \ldots, K.$$

2. Die Merkmale B und C sind unabhängig:

$$P(B_j, C_k) = P(B_j) P(C_k) \quad \text{für } j = 1, \ldots, J, \quad k = 1, \ldots, K.$$

Wir zeigen die erste Behauptung. Die andere folgt analog:

$$P(A_i, C_k) = \sum_{j=1}^{J} P(A_i, B_j, C_k) = \sum_{j=1}^{J} P(A_i, B_j)P(C_k)$$

$$= P(C_k) \sum_{j=1}^{J} P(A_i, B_j) = P(A_i)P(C_k).$$

Die erwartete Häufigkeit des gemeinsamen Auftretens von A_i, B_j und C_k im Modell AB, C ist

$$n\, P(A_i, B_j, C_k) = n\, P(A_i, B_j)P(C_k) .$$

Wir schätzen $P(A_i, B_j)$ durch $n_{ij.}/n$ und $P(C_k)$ durch $n_{..k}/n$ und erhalten folgende Schätzer der erwarteten Häufigkeiten:

$$\hat{n}_{ijk} = n\, \frac{n_{ij.}}{n}\, \frac{n_{..k}}{n} . \tag{10.24}$$

Dabei gilt für $i = 1, \ldots, I$, $j = 1, \ldots, J$:

$$n_{ij.} = \sum_{k=1}^{K} n_{ijk} .$$

(10.24) kann man vereinfachen zu

$$\hat{n}_{ijk} = \frac{n_{ij.}n_{..k}}{n} . \tag{10.25}$$

Beispiel 46 (Fortsetzung) Es gilt

$$n_{11.} = 44, \qquad n_{12.} = 119,$$
$$n_{21.} = 106, \qquad n_{22.} = 123,$$
$$n_{..1} = 111, \qquad n_{..2} = 281 .$$

Also erhalten wir folgende geschätzte erwartete Häufigkeiten:

$$\hat{n}_{111} = \frac{n_{11.}n_{..1}}{n} = \frac{44 \cdot 111}{392} = 12.46,$$

$$\hat{n}_{121} = \frac{n_{12.}n_{..1}}{n} = \frac{119 \cdot 111}{392} = 33.70,$$

$$\hat{n}_{211} = \frac{n_{21.}n_{..1}}{n} = \frac{106 \cdot 111}{392} = 30.02,$$

$$\hat{n}_{221} = \frac{n_{22.}n_{..1}}{n} = \frac{123 \cdot 111}{392} = 34.83,$$

$$\hat{n}_{112} = \frac{n_{11.}n_{..2}}{n} = \frac{44 \cdot 281}{392} = 31.54,$$

$$\hat{n}_{122} = \frac{n_{12.}n_{..2}}{n} = \frac{119 \cdot 281}{392} = 85.30,$$

$$\hat{n}_{212} = \frac{n_{21.}n_{..2}}{n} = \frac{106 \cdot 281}{392} = 75.98,$$

$$\hat{n}_{222} = \frac{n_{22.}n_{..2}}{n} = \frac{123 \cdot 281}{392} = 88.17 .$$

Tab. 10.14 zeigt die dreidimensionale Kontingenztabelle mit den geschätzten Häufig-keiten. □

Im Modell AB, C ist $G(AB, C)$ approximativ χ^2-verteilt mit $(K - 1)(IJ - 1)$ Freiheits-graden.

Beispiel 46 (Fortsetzung) Es gilt $G(AB, C) = 112.6592$. Die Anzahl der Freiheitsgrade ist 3. Wir sehen, dass auch dieses Modell nicht gut passt. □

Tab. 10.14 Geschätzte erwartete Häufigkeiten des Modells AB, C

Geschlecht	Pulp Fiction	Satz	
		richtig	falsch
m	ja	12.46	33.70
	nein	30.02	34.83
w	ja	31.54	85.30
	nein	75.98	88.17

Betrachten wir den IPF-Algorithmus für das Modell AB, C. Es muss gelten

$$\hat{n}_{ij.} = n_{ij.},$$
$$\hat{n}_{..k} = n_{..k}.$$

Ausgehend von den Startwerten $\hat{n}_{ijk}^{(0)} = 1$ passen wir zunächst die Randverteilung von AB an. Es gilt

$$\hat{n}_{ijk}^{(1)} = \frac{n_{ij.}}{\hat{n}_{ij.}^{(0)}} \, \hat{n}_{ijk}^{(0)} = \frac{n_{ij.}}{K},$$

da gilt

$$\hat{n}_{ij.}^{(0)} = \sum_{k=1}^{K} \hat{n}_{ijk}^{(0)} = \sum_{k=1}^{K} 1 = K.$$

Dann passen wir die Randverteilung von C an. Es gilt

$$\hat{n}_{ijk}^{(2)} = \frac{n_{..k}}{\hat{n}_{..k}^{(1)}} \, \hat{n}_{ijk}^{(1)} = \frac{n_{..k}}{\frac{n}{K}} \, \frac{n_{ij.}}{K} = \frac{n_{ij.} n_{..k}}{n}.$$

Dabei haben wir zugrunde gelegt:

$$\hat{n}_{..k}^{(1)} = \sum_{i=1}^{I} \sum_{j=1}^{J} \hat{n}_{ijk}^{(1)} = \sum_{i=1}^{I} \sum_{j=1}^{J} \frac{n_{ij.}}{K} = \frac{n}{K}.$$

Beim Modell AB, C fordern wir gegenüber dem Modell A, B, C nicht mehr, dass A und B unabhängig sind. Wir können aber ausgehend vom Modell A, B, C auch auf die Forderung nach der Unabhängigkeit zwischen A und C beziehungsweise zwischen B und C verzichten. Dann erhalten wir die Modelle AC, B beziehungsweise BC, A. Schauen wir uns diese kurz an. Im Modell AC, B bestimmen wir die geschätzten Häufigkeiten durch

$$\hat{n}_{ijk} = \frac{n_{i.k} n_{.j.}}{n} \tag{10.26}$$

und im Modell BC, A durch

$$\hat{n}_{ijk} = \frac{n_{.jk} n_{i..}}{n}. \tag{10.27}$$

Dabei ist für $i = 1, \ldots, I$, $j = 1, \ldots, J$ und $k = 1, \ldots, K$:

$$n_{i.k} = \sum_{j=1}^{J} n_{ijk},$$

$$n_{.jk} = \sum_{i=1}^{I} n_{ijk}.$$

Tab. 10.15 Geschätzte erwartete Häufigkeiten des Modells AC, B

		Satz	
Geschlecht	Pulp Fiction	richtig	falsch
m	ja	33.29	53.71
	nein	9.18	14.82
w	ja	29.08	46.92
	nein	78.44	126.56

Tab. 10.16 Geschätzte erwartete Häufigkeiten des Modells BC, A

		Satz	
Geschlecht	Pulp Fiction	richtig	falsch
m	ja	7.07	39.09
	nein	9.93	54.91
w	ja	55.30	61.54
	nein	77.70	86.60

Beispiel 46 (Fortsetzung) Tab. 10.15 zeigt die dreidimensionale Tabelle mit den geschätzten Häufigkeiten des Modells AC, B und Tab. 10.16 die dreidimensionale Tabelle mit den geschätzten Häufigkeiten des Modells BC, A. □

Im Modell AC, B ist $G(AC, B)$ approximativ χ^2-verteilt mit $(J-1)(IK-1)$ Freiheitsgraden, und im Modell BC, A ist $G(BC, A)$ approximativ χ^2-verteilt mit $(I-1)(JK-1)$ Freiheitsgraden.

Beispiel 46 (Fortsetzung) Es gilt $G(AC, B) = 39.66015$ und $G(BC, A) = 90.13314$. Die Anzahl der Freiheitsgrade ist 3. Wir lehnen somit beide Modelle ab. □

10.3.3 Modell der bedingten Unabhängigkeit

Wir haben im Beispiel 44 das Modell der bedingten Unabhängigkeit kennengelernt. Die Merkmale A und B sind für jede Ausprägung des Merkmals C unabhängig. Es gilt also für $i = 1, \ldots, I$, $j = 1, \ldots, J$ und $k = 1, \ldots, K$:

$$P(A_i, B_j | C_k) = P(A_i | C_k) \, P(B_j | C_k) . \tag{10.28}$$

Aus dieser Gleichung folgt

$$P(A_i, B_j, C_k) = \frac{P(A_i, C_k) P(B_j, C_k)}{P(C_k)} . \tag{10.29}$$

Dies sieht man folgendermaßen:

$$P(A_i, B_j, C_k) = P(A_i, B_j | C_k) \, P(C_k) = P(A_i | C_k) \, P(B_j | C_k) \, P(C_k)$$
$$= \frac{P(A_i, C_k)}{P(C_k)} \frac{P(B_j, C_k)}{P(C_k)} P(C_k) = \frac{P(A_i, C_k) P(B_j, C_k)}{P(C_k)} .$$

Wir bezeichnen das Modell mit AC, BC.

Die erwartete Häufigkeit des gemeinsamen Auftretens von A_i, B_j und C_k im Modell AC, BC ist

$$n\, P(A_i, B_j, C_k) = n\, \frac{P(A_i, C_k) P(B_j, C_k)}{P(C_k)}\,.$$

Wir schätzen $P(A_i, C_k)$ durch $n_{i.k}/n$, $P(B_j, C_k)$ durch $n_{.jk}/n$ und $P(C_k)$ durch $n_{..k}/n$ und erhalten folgende Schätzungen:

$$\hat{n}_{ijk} = n\, \frac{\frac{n_{i.k}}{n}\frac{n_{.jk}}{n}}{\frac{n_{..k}}{n}}\,.$$

Dies kann man vereinfachen zu:

$$\hat{n}_{ijk} = \frac{n_{i.k}\, n_{.jk}}{n_{..k}}\,. \tag{10.30}$$

Beispiel 46 (Fortsetzung) Es gilt

$$
\begin{aligned}
n_{1.1} &= 87, & n_{1.2} &= 76,\\
n_{2.1} &= 24, & n_{2.2} &= 205,\\
n_{.11} &= 17, & n_{.12} &= 133,\\
n_{.21} &= 94, & n_{.22} &= 148,\\
n_{..1} &= 111, & n_{..2} &= 281.
\end{aligned}
$$

Also erhalten wir folgende geschätzte erwartete Häufigkeiten:

$$\hat{n}_{111} = \frac{n_{1.1} n_{.11}}{n_{..1}} = \frac{87 \cdot 17}{111} = 13.32,$$

$$\hat{n}_{121} = \frac{n_{1.1} n_{.21}}{n_{..1}} = \frac{87 \cdot 94}{111} = 73.68,$$

$$\hat{n}_{211} = \frac{n_{2.1} n_{.11}}{n_{..1}} = \frac{24 \cdot 17}{111} = 3.68,$$

$$\hat{n}_{221} = \frac{n_{2.1} n_{.21}}{n_{..1}} = \frac{24 \cdot 94}{111} = 20.32,$$

$$\hat{n}_{112} = \frac{n_{1.2} n_{.12}}{n_{..2}} = \frac{76 \cdot 133}{281} = 35.97,$$

$$\hat{n}_{122} = \frac{n_{1.2} n_{.22}}{n_{..2}} = \frac{76 \cdot 148}{281} = 40.03,$$

$$\hat{n}_{212} = \frac{n_{2.2} n_{.12}}{n_{..2}} = \frac{205 \cdot 133}{281} = 97.03,$$

$$\hat{n}_{222} = \frac{n_{2.2} n_{.22}}{n_{..2}} = \frac{205 \cdot 148}{281} = 107.97\,.$$

		Satz	
Geschlecht	Pulp Fiction	richtig	falsch
m	ja	13.32	73.68
	nein	3.68	20.32
w	ja	35.97	40.03
	nein	97.03	107.97

Tab. 10.17 Geschätzte erwartete Häufigkeiten des Modells AC, BC

Tab. 10.17 zeigt die dreidimensionale Tabelle mit den geschätzten Häufigkeiten. □

Im Modell AC, BC ist $G(AC, BC)$ approximativ χ^2-verteilt mit $K(I-1)(J-1)$ Freiheitsgraden.

Beispiel 46 (Fortsetzung) Es gilt $G(AC, BC) = 1.82$. Die Anzahl der Freiheitsgrade ist 2. Wir sehen, dass dieses Modell sehr gut passt. □

Schauen wir uns den IPF-Algorithmus für das Modell AC, BC an. Es muss gelten

$$\hat{n}_{i.k} = n_{i.k},$$

$$\hat{n}_{.jk} = n_{.jk}.$$

Ausgehend von den Startwerten $\hat{n}_{ijk}^{(0)} = 1$ passen wir zunächst die Randverteilung von AC an:

$$\hat{n}_{ijk}^{(1)} = \frac{n_{i.k}}{\hat{n}_{i.k}^{(0)}} \hat{n}_{ijk}^{(0)} = \frac{n_{i.k}}{J},$$

da gilt

$$\hat{n}_{i.k}^{(0)} = \sum_{j=1}^{J} \hat{n}_{ijk}^{(0)} = \sum_{j=1}^{J} 1 = J.$$

Dann passen wir die Randverteilung von BC an:

$$\hat{n}_{ijk}^{(2)} = \frac{n_{.jk}}{\hat{n}_{.jk}^{(1)}} \hat{n}_{ijk}^{(1)} = \frac{n_{.jk}}{\frac{n_{..k}}{J}} \frac{n_{i.k}}{J} = \frac{n_{.jk} n_{i.k}}{n_{..k}},$$

da gilt

$$\hat{n}_{.jk}^{(1)} = \sum_{i=1}^{I} \hat{n}_{ijk}^{(1)} = \sum_{i=1}^{I} \frac{n_{i.k}}{J} = \frac{n_{..k}}{J}.$$

Wie beim Modell der Unabhängigkeit einer Variablen gibt es auch beim Modell der bedingten Unabhängigkeit drei Fälle. Wir betrachten hier kurz die Modelle AB, AC und AB, BC. Im Modell AB, AC bestimmen wir die geschätzten Häufigkeiten durch

$$\hat{n}_{ijk} = \frac{n_{ij.} n_{i.k}}{n_{i..}} \tag{10.31}$$

Tab. 10.18 Geschätzte erwartete Häufigkeiten des Modells AB, AC

Geschlecht	Pulp Fiction	Satz richtig	falsch
m	ja	23.48	63.52
	nein	11.11	12.89
w	ja	20.51	55.48
	nein	94.89	110.11

Tab. 10.19 Geschätzte erwartete Häufigkeiten des Modells AB, BC

Geschlecht	Pulp Fiction	Satz richtig	falsch
m	ja	4.99	46.22
	nein	12.01	47.78
w	ja	39.01	72.78
	nein	93.99	75.22

und im Modell AB, BC durch

$$\hat{n}_{ijk} = \frac{n_{ij.} n_{.jk}}{n_{.j.}} \,. \tag{10.32}$$

Beispiel 46 (Fortsetzung) Tab. 10.18 zeigt die dreidimensionale Tabelle mit den geschätzten Häufigkeiten des Modells AB, AC und Tab. 10.19 die dreidimensionale Tabelle mit den geschätzten Häufigkeiten des Modells AB, BC. □

Im Modell AB, AC ist $G(AB, AC)$ approximativ χ^2-verteilt mit $I(J - 1)(K - 1)$ Freiheitsgraden, und im Modell AB, BC ist $G(AB, BC)$ approximativ χ^2-verteilt mit $J(I - 1)(K - 1)$ Freiheitsgraden.

Beispiel 46 (Fortsetzung) Es gilt $G(AB, AC) = 24.34804$ und $G(AB, BC) = 74.82$. Die Anpassung von beiden Modellen ist schlecht. □

10.3.4 Modell ohne Drei-Faktor-Interaktion

Im Modell AC, BC der bedingten Unabhängigkeit sind die Merkmale A und B unabhängig, wenn man die einzelnen Ausprägungen des Merkmals C betrachtet. Wir können dieses Modell auch über das Kreuzproduktverhältnis charakterisieren. Das Kreuzproduktverhältnis von A und B muss gleich 1 sein, falls C die Merkmalsausprägung C_k, $k = 1, \ldots, K$ aufweist. Für $k = 1, \ldots, K$ muss also gelten

$$\frac{P(A_1, B_1, C_k) P(A_2, B_2, C_k)}{P(A_1, B_2, C_k) P(A_2, B_1, C_k)} = 1 \,.$$

Wir betrachten nun den Fall $K = 2$. Für diesen gilt im Modell AC, BC:

$$\frac{P(A_1, B_1, C_1) P(A_2, B_2, C_1)}{P(A_1, B_2, C_1) P(A_2, B_1, C_1)} = \frac{P(A_1, B_1, C_2) P(A_2, B_2, C_2)}{P(A_1, B_2, C_2) P(A_2, B_1, C_2)} = 1 \,.$$

Fordert man, dass das Kreuzproduktverhältnis von A und B für die einzelnen Merkmalsausprägungen von C gleich ist, so erhält man das Modell AB, AC, BC. Es muss also gelten

$$\frac{P(A_1, B_1, C_1) P(A_2, B_2, C_1)}{P(A_1, B_2, C_1) P(A_2, B_1, C_1)} = \frac{P(A_1, B_1, C_2) P(A_2, B_2, C_2)}{P(A_1, B_2, C_2) P(A_2, B_1, C_2)} . \tag{10.33}$$

Fahrmeir et al. (1996) zeigen, wie man diese Forderung auf Zusammenhänge zwischen drei Merkmalen mit mehr als zwei Merkmalsausprägungen übertragen kann. Die (10.33) beinhaltet aber nicht nur, dass das Kreuzproduktverhältnis von A und B für die einzelnen Merkmalsausprägungen von C gleich ist. Wir können die (10.33) umformen zu

$$\frac{P(A_1, B_1, C_1) P(A_1, B_2, C_2)}{P(A_1, B_1, C_2) P(A_1, B_2, C_1)} = \frac{P(A_2, B_1, C_1) P(A_2, B_2, C_2)}{P(A_2, B_1, C_2) P(A_2, B_2, C_1)} . \tag{10.34}$$

Auf der linken Seite von (10.34) ist A_1 und auf der rechten Seite A_2 konstant. Außerdem steht auf der linken Seite das Kreuzproduktverhältnis von B und C für festes A_1 und auf der rechten das Kreuzproduktverhältnis von B und C für festes A_2. Eine analoge Beziehung erhält man für das Kreuzproduktverhältnis von A und C für die einzelnen Merkmalsausprägungen von B. Im Modell AB, AC, BC ist der Zusammenhang zwischen zwei Merkmalen für jede Ausprägung des dritten Merkmals gleich. Man spricht deshalb auch vom Modell ohne Drei-Faktor-Interaktion. In diesem Modell können die $\hat{n}_{ijk}$ nicht explizit angegeben werden. Man muss in diesem Fall den IPF-Algorithmus anwenden. Bei diesem passt man zunächst das Modell AB, dann das Modell AC und dann das Modell BC an. Diesen Zyklus wiederholt man so lange, bis sich die $\hat{n}_{ijk}$ stabilisieren.

Beispiel 46 (Fortsetzung) In Abschn. 10.3.3 haben wir bereits das Modell AC, BC angepasst. Die geschätzten Häufigkeiten $\hat{n}_{ijk}^{(2)}$ dieses Modells zeigt Tab. 10.17. Wir passen mit dem IPF-Algorithmus noch AB an. Die geschätzten Häufigkeiten $\hat{n}_{ijk}^{(3)}$ erhalten wir durch

$$\hat{n}_{ijk}^{(3)} = \frac{n_{ij.}}{\hat{n}_{ij.}^{(2)}} \hat{n}_{ijk}^{(2)} .$$

Es gilt

$$n_{11.} = 44, \quad n_{12.} = 119, \quad n_{21.} = 106, \quad n_{22.} = 123$$

und

$$\hat{n}_{11.}^{(2)} = 49.29, \quad \hat{n}_{12.}^{(2)} = 113.71, \quad \hat{n}_{21.}^{(2)} = 100.71, \quad \hat{n}_{22.}^{(2)} = 128.29 .$$

Tab. 10.20 Geschätzte Häufigkeiten des Modells AB, AC, BC

		Satz	
Geschlecht	Pulp Fiction	richtig	falsch
m	ja	12.48	74.52
	nein	4.52	19.48
w	ja	31.51	44.49
	nein	101.49	103.51

Mit den Werten in Tab. 10.17 folgt

$$\hat{n}_{111}^{(3)} = \frac{44}{49.29} \, 13.32 = 11.89 \,,$$

$$\hat{n}_{121}^{(3)} = \frac{119}{113.71} \, 73.68 = 77.11 \,,$$

$$\hat{n}_{211}^{(3)} = \frac{106}{100.71} \, 3.68 = 3.87 \,,$$

$$\hat{n}_{221}^{(3)} = \frac{123}{128.29} \, 20.32 = 19.48 \,,$$

$$\hat{n}_{112}^{(3)} = \frac{44}{49.29} \, 35.97 = 32.11 \,,$$

$$\hat{n}_{122}^{(3)} = \frac{119}{113.71} \, 40.03 = 41.89 \,,$$

$$\hat{n}_{212}^{(3)} = \frac{106}{100.71} \, 97.03 = 102.13 \,,$$

$$\hat{n}_{222}^{(3)} = \frac{123}{128.29} \, 107.97 = 103.52 \,.$$

Durch die Anpassung von AB haben wir uns aber die Anpassung von AC und BC zerstört. So gilt zum Beispiel

$$n_{1.1} = n_{111} + n_{121} = 87$$

und

$$\hat{n}_{1.1}^{(3)} = \hat{n}_{111}^{(3)} + \hat{n}_{121}^{(3)} = 11.89 + 77.11 = 89 \,.$$

Wir müssen also AC wieder anpassen. Tab. 10.20 zeigt die geschätzten Häufigkeiten, die sich ergeben, wenn man die Anpassung so lange iteriert, bis sich die relativen Häufigkeiten stabilisiert haben.   □

Im Modell AB, AC, BC ist die Likelihood-Ratio-Statistik $G(AB, AC, BC)$ approximativ χ^2-verteilt mit $(I - 1)(J - 1)(K - 1)$ Freiheitsgraden.

Beispiel 46 (Fortsetzung) Es gilt $G(AB, AC, BC) = 0.1014366$. Die Anpassung des Modells AB, AC, BC ist hervorragend. ☐

10.3.5 Saturiertes Modell

Wir betrachten wie bei einer zweidimensionalen Kontingenztabelle das Modell, bei dem die Kontingenztabelle perfekt angepasst ist. Wir bezeichnen dies als Modell ABC oder saturiertes Modell. Der Wert der Likelihood-Quotienten-Teststatistik ist beim saturierten Modell gleich 0.

10.3.6 Modellselektion

Beispiel 46 (Fortsetzung) Tab. 10.21 zeigt die Werte von $G(M)$ und die Freiheitsgrade der einzelnen Modelle. ☐

Wir werden wieder das von Goodman (1971) vorgeschlagene Modellselektionsverfahren verwenden. Abb. 10.2 zeigt die Modellhierarchie des loglinearen Modells mit drei Merkmalen.

Beispiel 46 (Fortsetzung) Wir starten mit dem Modell A, B, C. In diesem Modell gilt $G(A, B, C) = 127.9713$. Tab. C.3 entnehmen wir $\chi^2_{4,0.95} = 9.49$. Wir verwerfen das Modell. Wir suchen unter den Modellen AB, C, AC, B und BC, A das beste. Es gilt

$$G(A, B, C) - G(AB, C) = 127.9713 - 112.6592 = 15.3121\,,$$

$$G(A, B, C) - G(AC, B) = 127.9713 - 39.66015 = 88.31115$$

und

$$G(A, B, C) - G(BC, A) = 127.9713 - 90.13314 = 37.83816\,.$$

	Modell M	$G(M)$	df
Tab. 10.21 Werte von $G(M)$ und Freiheitsgrade df loglinearer Modelle	A, B, C	127.9713	4
	BC, A	90.13314	3
	AC, B	39.66015	3
	AB, C	112.6592	3
	AB, AC	24.34804	2
	AB, BC	74.82	2
	AC, BC	1.82	2
	AB, AC, BC	0.1014366	1
	ABC	0	0

Abb. 10.2 Hierarchie eines
loglinearen Modells mit drei
Merkmalen

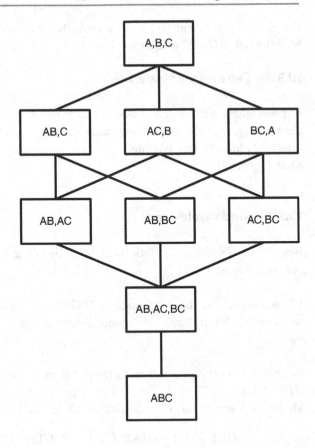

Die größte Verbesserung tritt beim Übergang zum Modell AC, B auf. Es gilt $G(AC, B) =$ 39.66015. Tab. C.3 entnehmen wir $\chi^2_{3,0.95} = 7.81$. Wir verwerfen dieses Modell und gehen weiter zu den Modellen AC, BC und AB, AC. Es gilt

$$G(AC, B) - G(AC, BC) = 39.66015 - 1.82 = 37.84015$$

und

$$G(AC, B) - G(AB, AC) = 39.66015 - 24.34804 = 15.31211 .$$

Die größte Verbesserung tritt beim Übergang zum Modell AC, BC auf. Es gilt $G(AC, BC) = 1.82$. Tab. C.3 entnehmen wir $\chi^2_{2,0.95} = 5.99$. Wir verwerfen dieses Modell nicht. Das Modell AC, BC beschreibt den Zusammenhang zwischen den drei Merkmalen am besten. Wir gehen also davon aus, dass die Merkmale Pulp Fiction und Satz unabhängig sind, wenn man die einzelnen Ausprägungen von Geschlecht betrachtet. □

10.4   Loglineare Modelle in R

Bevor wir uns anschauen, wie man loglineare Modelle in R schätzt, wollen wir zeigen, wie man den χ^2-Unabhängigkeitstest durchführt. Hierzu betrachten wir die Daten in Tab. 10.1. Wir geben diese in R als Matrix `medicus` ein:

```
> medicus <- matrix(c(7,56,13,108),ncol=2)
> medicus
      [,1] [,2]
[1,]    7   13
[2,]   56  108
```

Mit der Funktion `chisq.test` kann man in R einen χ^2-Unabhängigkeitstest durchführen. Wir geben ein:

```
> chisq.test(medicus,correct=FALSE)
```

und erhalten folgendes Ergebnis:

```
        Pearson's Chi-squared test

data:  medicus
X-squared = 0.0057694, df = 1, p-value = 0.9395
```

Wir haben das Argument `correct` auf `FALSE` gesetzt, da in der Teststatistik keine Stetigkeitskorrektur berücksichtigt werden soll. Wir sehen, dass der Wert der Teststatistik gleich 0.0057694 ist. Die Anzahl der Freiheitsgrade ist gleich 1. Die Überschreitungswahrscheinlichkeit beträgt 0.9395. Wir lehnen zum Niveau $\alpha = 0.05$ die Nullhypothese der Unabhängigkeit also nicht ab.

Für hierarchische loglineare Modelle gibt es in R eine Funktion `loglin`, mit der man solche Modelle an eine Tabelle anpassen kann. Die Funktion `loglin` wird aufgerufen durch

```
loglin(table, margin, start = rep(1, length(table)),
       fit = FALSE, eps = 0.1, iter = 20, param = FALSE,
       print = TRUE)
```

Die Kontingenztabelle wird dem Argument `table` übergeben. Mit dem Argument `margin` legt man die Randverteilungen fest, die angepasst werden sollen, wobei `margin` eine Liste ist. Jede Komponente enthält eine Randverteilung als Vektor, wobei die Komponenten des Vektors die Dimensionen der Randverteilung sind. Tab. 10.22 zeigt die Möglichkeiten, die wir bei einer zweidimensionalen Kontingenztabelle für `margin` eingeben können. Tab. 10.23 zeigt die Möglichkeiten für eine dreidimensionale Tabelle, wobei wir wieder nur Modelle betrachten, bei denen in der Definition des Modells alle drei Merkmale auftauchen.

Setzt man in der Funktion `loglin` das Argument `fit` auf `TRUE`, so wird die angepasste Tabelle als Ergebnis zurückgegeben. Durch die Argumente `eps` und `iter` steuert

Tab. 10.22 Werte für `margin` bei loglinearen Modellen mit zweidimensionalen Kontingenztabellen

Modell M	margin
0	margin=NULL
A	margin=list(1)
B	margin=list(2)
A, B	margin=list(1,2)
AB	margin=list(c(1,2,3))

Tab. 10.23 Werte für `margin` bei loglinearen Modellen mit dreidimensionalen Kontingenztabellen

Modell M	margin
0	margin=NULL
A, B, C	margin=list(1,2,3)
AB, C	margin=list(c(1,2),3)
AC, B	margin=list(c(1,3),2)
BC, A	margin=list(c(2,3),1)
AB, AC	margin=list(c(1,2),c(1,3))
AB, BC	margin=list(c(1,2),c(2,3))
AC, BC	margin=list(c(1,3),c(2,3))
AB, AC, BC	margin=list(c(1,2),c(1,3),c(2,3))
ABC	margin=list(c(1,2,3))

man das Ende des IPF-Algorithmus. Setzt man das Argument `print` auf `FALSE`, so ist die Anzahl der Iterationen am Ende nicht ausgegeben. Mit dem Argument `param` kann man die Parameterschätzer des loglinearen Modells anzeigen. Da wir uns mit diesen nicht beschäftigt haben, lassen wir dieses Argument auf dem Wert `FALSE`. Schauen wir uns das Ergebnis der Funktion `loglin` am Beispiel 43 an. Wir erzeugen die dreidimensionale Tabelle mit der Funktion `array` wie es auf in Abschn. 2.3.3 beschrieben wird. Alternativ können wir mit der Funktion `table` direkt eine dreidimensionale Kontingenztabelle aus dem Rohdatensatz erstellen:

```
> m3 <- table(frabo$Pulp_Fiction,frabo$Satz,frabo$Geschlecht)
> m3
, ,  = m


      falsch richtig
 ja       75      12
 nein     19       5

, ,  = w



      falsch richtig
 ja       44      32
 nein    104     101
```

Dabei ist das erste Argument von `table` unser Merkmal A, das zweite unser Merkmal B und das dritte unser Merkmal C. Wir passen das Modell AC, BC an:

```
> e <- loglin(m3,list(c(1,3),c(2,3)),print=FALSE,fit=TRUE)
```

und betrachten das Ergebnis:

```
> e
$lrt
[1] 1.821973

$pearson
[1] 1.860049

$df
[1] 2

$margin
$margin[[1]]
[1] 1 3

$margin[[2]]
[1] 2 3


$fit
, , = m


            falsch     richtig
    ja    73.675676   13.324324
    nein  20.324324    3.675676

, , = w


            falsch     richtig
    ja     40.028470   35.971530
    nein  107.971530   97.028470
```

Das Ergebnis ist eine Liste. Sehen wir uns jede Komponente dieser Liste an. Der Wert der Likelihood-Quotienten-Teststatistik steht in `lrt`, während die Komponente `pearson` den Wert der Teststatistik des χ^2-Unabhängigkeitstests enthält. Die Anzahl der Freiheitsgrade des Modells steht in `df`. Die geschätzten Häufigkeiten finden wir in `fit`. Wenn wir nur die Güte dieses Modells testen wollen, können wir die Argumente verwenden benutzen. Den kritischen Wert des Tests der Hypothesen

H_0: Das Modell AC, BC ist das wahre Modell,
H_1: Das Modell AC, BC ist nicht das wahre Modell

zum Signifikanzniveau $\alpha = 0.05$ liefert der Aufruf

```
> qchisq(0.95,e$df)
[1] 5.991465
```

Dabei bestimmt die Funktion `qchisq` das 0.95-Quantil der χ^2-Verteilung mit `e$df` Freiheitsgraden. Der Aufruf

```
> e$lrt > qchisq(0.95,e$df)
[1] FALSE
```

liefert die Entscheidung. Ist das Ergebnis TRUE, so wird die Nullhypothese abgelehnt. Im Beispiel wird sie also nicht abgelehnt. Um die Überschreitungswahrscheinlichkeit zu bestimmen, benötigen wir den Wert der Verteilungsfunktion der χ^2-Verteilung mit `e$df` Freiheitsgraden an der Stelle `e$lrt`. Diesen erhalten wir durch

```
> pchisq(e$lrt,e$df)
[1] 0.5978727
```

Die Überschreitungswahrscheinlichkeit liefert dann folgender Aufruf:

```
> 1-pchisq(e$lrt,e$df)
[1] 0.4021273
```

Betrachten wir die Modellselektion in R. Wir beginnen mit dem Modell A, B, C:

```
> e <- loglin(m3,list(1,2,3),print=FALSE)
```

Wir weisen der Variablen `e.a.b.c` den Wert der Likelihood-Quotienten-Teststatistik und die Anzahl der Freiheitsgrade zu:

```
> e.a.b.c <- c(e$lrt,e$df)
> e.a.b.c
[1] 127.9713    4.0000
```

Wenden wir uns den Modellen BC, A, AC, B und AB, C zu. Wir wollen auch bei diesen den Wert der Likelihood-Quotienten-Teststatistik und die Anzahl der Freiheitsgrade speichern. Hierzu erzeugen wir eine Matrix `modelle1`. Jeder Zeile dieser Matrix weisen wir die Charakteristika eines Modells zu:

```
> modelle1 <- matrix(0,3,2)
```

Die folgende Befehlsfolge erzeugt die Charakteristika der Modelle und weist sie der Matrix `modelle1` zu:

```
> ind <- 1:3
> for(i in 1:3){
+                  m1 <- ind[-i]
+                  m2 <- i
+                  e <- loglin(loglinbsp,list(m1,m2),print=FALSE)
+                  modelle1[i,] <- c(e$lrt,e$df)
+ }
```

Wir schauen uns `modelle1` an:

```
> modelle1
            [,1] [,2]
[1,]   90.13314    3
[2,]   39.66015    3
[3,]  112.65921    3
```

Wir vergleichen zunächst das Modell A, B, C mit den Modellen BC, A, AC, B und AB, C. Hierzu bestimmen wir zunächst die Differenzen in den Werten der Teststatistiken:

```
> dt <- e.a.b.c[1]-modelle1[1:3,1]
> dt
[1] 37.83818 88.31117 15.31211
```

und die Differenzen der Freiheitsgrade:

```
> ddf <- e.a.b.c[2]-modelle1[1:3,2]
> ddf
[1] 1 1 1
```

Die Überschreitungswahrscheinlichkeiten der Übergänge sind:

```
> pvalue <- 1-pchisq(dt,ddf)
> pvalue
[1] 7.686268e-10 0.000000e+00 9.113043e-05
```

Wir sehen, dass alle Übergänge signifikant sind:

```
> pvalue < 0.05
[1] TRUE TRUE TRUE
```

Die Nummer des bei diesem Übergang besten Modells lautet

```
> nbest <- (1:3)[dt==max(dt)]
> nbest
[1] 2
```

Es ist das Modell

```
> abc <- c("A","B","C")
> cat(c(abc[ind[-nbest]],",",abc[nbest]))
A C , B
```

Wir überprüfen, ob dieses Modell geeignet ist:

```
> 1-pchisq(modelle1[nbest,1],modelle1[nbest,2])
[1] 1.257731e-08
```

Wir verwerfen dieses Modell und gehen weiter zu den Modellen AB, AC und AC, BC.
   Mit der folgenden Befehlsfolge passt man die Modelle AB, AC und AC, BC an:

```
> modelle2 <- matrix(0,2,2)
> for(i in 1:2){
+                 m1 <- ind[-nbest]
```

```
+                        m2 <- c(nbest,ind[-nbest][i])
+                        e <- loglin(loglinbsp,list(m1,m2),print=FALSE)
+                        modelle2[i,] <- c(e$lrt,e$df)
+ }
> modelle2
            [,1] [,2]
[1,] 24.348043    2
[2,]  1.821973    2
```

Wir vergleichen die Modelle AB, AC und AC, BC mit dem Modell AC, B. Hierzu bestimmen wir zunächst die Differenzen in den Werten der Teststatistiken:

```
> dt <- modelle1[nbest,1]-modelle2[1:2,1]
> dt
[1] 15.31211 37.83818
```

und die Differenzen der Freiheitsgrade:

```
> ddf <- modelle1[nbest,2]-modelle2[1:2,2]
> ddf
[1] 1 1
```

Die Überschreitungswahrscheinlichkeiten der Übergänge sind

```
> pvalue <- 1-pchisq(dt,ddf)
> pvalue
[1] 9.113043e-05 7.686268e-10
```

Beide Übergänge sind signifikant:

```
> pvalue < 0.05
[1] TRUE TRUE
```

Die Nummer des bei diesem Übergang besten Modells ist

```
> nbestneu <- (1:2)[dt==max(dt)]
> nbestneu
[1] 2
```

Es ist das Modell

```
> cat(c(abc[ind[-nbest]],",",
+ abc[c(nbest,ind[-nbest][nbestneu])])))
A C , B C
```

Wir überprüfen, ob dieses Modell geeignet ist:

```
> 1-pchisq(modelle2[nbestneu,1],modelle2[nbestneu,2])
[1] 0.4021273
```

Wir akzeptieren das Modell A C , B C.

10.5 Ergänzungen und weiterführende Literatur

Wir haben uns mit loglinearen Modellen für zwei- und dreidimensionale Tabellen beschäftigt. Die beschriebene Vorgehensweise kann auf Modelle für mehr als drei Merkmale
übertragen werden. Beispiele hierfür gibt es bei Agresti (2013), Andersen (1994), Christensen (1997) und Fahrmeir et al. (1996). Auch Härdle & Simar (2012) beschäftigen sich
mit loglinearen Modellen. Die Interpretation der Modelle wird mit wachsender Dimension
jedoch immer schwieriger. Es gibt eine Vielzahl unterschiedlicher Modellselektionsverfahren für loglineare Modelle. Diese sind in den oben genannten Quellen zu finden. Bei
unserer Darstellung ist klar geworden, warum der Begriff "hierarchisch" bei hierarchischen loglinearen Modellen verwendet wird. Wir sind aber nicht darauf eingegangen,
warum der Begriff "loglinear" eingesetzt wird. Der Grund ist ganz einfach. Man benötigt hierfür Kenntnisse über die mehrfaktorielle Varianzanalyse. Da wir in diesem Buch
aber nur die einfaktorielle Varianzanalyse betrachten, haben wir einen anderen Zugang zu
hierarchischen loglinearen Modellen gewählt. Die Formulierung als varianzanalytisches
Modell ist in den oben genannten Quellen enthalten.

10.6 Übungen

10.1 Schreiben Sie in R eine Funktion, die das beste loglineare Modell für eine dreidimensionale Kontingenztabelle liefert.

10.2 In einem Wintersemester wurden an der Fakultät für Wirtschaftswissenschaften der
Universität Bielefeld 299 Studenten befragt. Unter anderem wurde nach dem Merkmal
Geschlecht gefragt und ob die Studierenden bei den Eltern wohnen. Wir bezeichnen dieses Merkmal mit Eltern. Außerdem sollten die Studierenden angeben, ob sie in Bielefeld
studieren wollten. Wir bezeichnen dieses Merkmal mit Bielefeld. Die Tabellen 10.24
und 10.25 zeigen die Kontingenztabellen der Merkmale Eltern und Bielefeld bei den
Männern und Frauen.

Der Zusammenhang zwischen den Variablen soll mithilfe eines loglinearen Modells
bestimmt werden. Im Folgenden entspricht A dem Merkmal Eltern, B dem Merkmal
Ausbildung und C dem Merkmal Geschlecht.

Tab. 10.24 Kontingenztabelle
der Merkmale Eltern und
Bielefeld bei den Männern

	Bielefeld	
	nein	ja
Eltern		
nein	35	67
ja	13	71

Tab. 10.25 Kontingenztabelle der Merkmale Eltern und Bielefeld bei den Frauen

		Bielefeld	
		nein	ja
Eltern			
nein		27	37
ja		9	40

1. Interpretieren Sie die folgenden Modelle:
   (a) A, B, C,
   (b) AB, C,
   (c) AC, BC.
2. Passen Sie die folgenden Modelle an:
   (a) A, B, C,
   (b) AB, C,
   (c) AC, BC.
3. Tab. 10.26 zeigt die Werte von $G(M)$ und die Freiheitsgrade der einzelnen Modelle. Welches Modell beschreibt den Zusammenhang am besten?

10.3 Im einem Wintersemester wurden im Rahmen einer Befragung der Hörer der Vorlesung Einführung in die Ökonometrie die Merkmale Haarfarbe und Augenfarbe der Teilnehmer erhoben. Die Ergebnisse der Befragung enthält Tab. 10.27.

Tab. 10.26 Werte von $G(M)$ und Freiheitsgrade df loglinearer Modelle

Modell M	$G(M)$	df
A, B, C	17.73	4
BC, A	16.47	3
AC, B	17.64	3
AB, C	1.314	3
AB, AC	1.222	2
AB, BC	0.051	2
AC, BC	16.379	2
AB, AC, BC	0.0492	1
ABC	0	0

Tab. 10.27 Haarfarbe und Augenfarbe von Studenten

Haarfarbe	Augenfarbe			
	blau	graublau	grün	braun
Blond	21	2	14	3
Dunkelblond	10	5	6	6
Braun	7	3	19	26
Rot	0	3	0	3
Schwarz	0	0	2	21

Das Merkmal Haarfarbe wird mit A und das Merkmal Augenfarbe mit B bezeichnet. Es soll ein geeignetes loglineares Modell gefunden werden, das den Zusammenhang zwischen den beiden Merkmalen beschreibt.

1. Interpretieren Sie die folgenden Modelle:
   (a) 0,
   (b) A,
   (c) B,
   (d) A, B,
   (e) AB.
2. Passen Sie die folgenden Modelle an:
   (a) 0,
   (b) A,
   (c) B,
   (d) A, B,
   (e) AB.
3. Welches Modell beschreibt den Sachverhalt am besten?

Teil IV
Gruppenstrukturen

Einfaktorielle Varianzanalyse

11

Inhaltsverzeichnis

11.1 Problemstellung 329
11.2 Univariate einfaktorielle Varianzanalyse 330
11.3 Multivariate einfaktorielle Varianzanalyse 345
11.4 Jonckheere-Test 348
11.5 Einfaktorielle Varianzanalyse in R 354
11.6 Ergänzungen und weiterführende Literatur 360
11.7 Übungen 360

11.1 Problemstellung

Bisher sind wir davon ausgegangen, dass alle Objekte aus einer Grundgesamtheit stammen. Jetzt wollen wir die Grundgesamtheit hinsichtlich eines Merkmals in unterschiedliche Teilgesamtheiten zerlegen. Von Interesse ist dann, ob sich die Verteilung eines oder mehrerer Merkmale in diesen Teilgesamtheiten unterscheidet. Wir suchen also nach Unterschieden zwischen Gruppen von Merkmalsträgern.

Beispiel 47 Im Rahmen der PISA-Studie wurden die teilnehmenden Schüler in den Ländern auch gefragt, ob sie Schulstunden oder Schultage geschwänzt haben (vgl. OECD (2013, S. 19)). Der Anteil der Schüler, die geschwänzt haben, wird dabei von uns in drei Gruppen zusammengefasst: Die Gruppe der Länder mit wenig Fehlzeiten nennen wir im Folgenden Gruppe 1. In dieser Gruppe haben weniger als 17% der Schüler angegeben, Schulstunden geschwänzt zu haben. Die Ländern mit einem mittleren Anteil an Fehlzeiten nennen wir im Folgenden Gruppe 2. Länder, in denen mehr als 38% der Schüler angegeben haben, die Schule geschwänzt zu haben, bilden unsere Gruppe 3. Die Werte 17% und 38% entsprechen dabei etwa dem 1. und 3. Quartil der angegebenen Prozentzahlen aller Länder. Wir wollen vergleichen, ob sich die Verteilung des Merkmals Mathematische Grund-

A. Handl, T. Kuhlenkasper, *Multivariate Analysemethoden*, Statistik und ihre Anwendungen,
DOI 10.1007/978-3-662-54754-0_11

bildung in den drei Gruppen unterscheidet. Wir könnten aber auch daran interessiert sein, ob sich die drei Merkmale Lesekompetenz, Mathematische Grundbildung und Naturwissenschaftliche Grundbildung in den drei Gruppen unterscheidet. □

Wird nur untersucht, ob sich die Verteilung eines Merkmals in mehreren Gruppen unterscheidet, so spricht man von *univariater Varianzanalyse*. Suchen wir hingegen bei mehreren Merkmalen gleichzeitig nach Unterschieden, so haben wir es mit *multivariater Varianzanalyse* zu tun.

11.2 Univariate einfaktorielle Varianzanalyse

11.2.1 Theorie

Es soll untersucht werden, ob die Verteilung einer Zufallsvariablen Y in mehreren Gruppen identisch ist. Ausgangspunkt sind die Realisationen y_{ij} der unabhängigen Zufallsvariablen Y_{ij}, $i = 1, \ldots, I$, $j = 1, \ldots, n_i$. Dabei bezieht sich der Index i auf die i-te Gruppe, während der Index j sich auf die j-te Beobachtung in der Gruppe bezieht. In der i-ten Gruppe liegen also n_i Beobachtungen vor. Die einzelnen Gruppen können unterschiedlich groß sein. Die Gesamtzahl aller Beobachtungen bezeichnen wir wie bisher mit n.

Beispiel 47 (Fortsetzung) Tab. 11.1 zeigt die Werte des Merkmals Mathematische Grundbildung in unseren drei Gruppen. □

Wir unterstellen im Folgenden, dass die Y_{ij} normalverteilt sind mit Erwartungswert μ_i, $i = 1, \ldots, I$ und Varianz σ^2. Die Erwartungswerte der Gruppen können sich also unterscheiden, während die Varianz identisch sein muss. Man spricht auch von *Varianzhomogenität* in den Gruppen. Es ist zu testen:

$$H_0 : \mu_1 = \ldots = \mu_I \tag{11.1}$$

gegen

$$H_1 : \mu_i \neq \mu_j \quad \text{für mind. ein Paar } (i, j) \text{ mit } i \neq j .$$

Es liegt nahe, zur Überprüfung von (11.1) die Mittelwerte

$$\bar{y}_i = \frac{1}{n_i} \sum_{j=1}^{n_i} y_{ij} \tag{11.2}$$

der einzelnen Gruppen zu bestimmen und zu vergleichen.

Tab. 11.1 Merkmal Mathematische Grundbildung in den Gruppen

Gruppe 1		Gruppe 2		Gruppe 3	
Land	Punkte	Land	Punkte	Land	Punkte
ROK	554	SGP	573	LV	491
J	536	EST	521	I	485
FL	535	FIN	519	E	484
CH	531	CDN	518	LT	479
NL	523	PL	518	IL	466
B	515	VN	511	GR	453
D	514	A	506	TR	448
IRL	501	AUS	504	RO	445
CZ	499	SLO	501	BG	439
IS	493	DK	500	MAL	421
L	490	NZ	500	MNE	410
N	489	F	495	RDU	409
SK	482	GB	494	CR	407
H	477	P	487	RA	388
T	427	RUS	482	JOR	386
		USA	481		
		S	478		
		HR	471		
		SRB	449		
		UAE	434		
		KZ	432		
		RCH	423		
		MEX	413		
		AL	394		
		BR	391		
		TN	388		
		CO	376		
		Q	376		
		RI	375		
		PE	368		

Beispiel 47 (Fortsetzung) Es gilt $\bar{y}_1 = 504.4$, $\bar{y}_2 = 462.6$ und $\bar{y}_3 = 440.7$. Die Mittelwerte unterscheiden sich voneinander. □

Der Vergleich von zwei Mittelwerten $\bar{y}_1$ und $\bar{y}_2$ ist einfach. Wir bilden die Differenz $\bar{y}_1 - \bar{y}_2$ der beiden Mittelwerte. Bei mehr als zwei Gruppen können wir alle Paare von Gruppen betrachten und $\bar{y}_i$ mit $\bar{y}_j$ für $i < j$ vergleichen. Hierdurch erhalten wir aber kein globales Maß für den Vergleich aller Gruppen. Um dieses zu erhalten, fassen wir die Mittelwerte $\bar{y}_i, i = 1, \ldots, I$ als eine Stichprobe auf und bestimmen, wie stark sie um den

Gesamtmittelwert

$$\bar{y} = \frac{1}{n} \sum_{i=1}^{I} \sum_{j=1}^{n_i} y_{ij} \tag{11.3}$$

aller Beobachtungen streuen.

Beispiel 47 (Fortsetzung) Es gilt $\bar{y} = 467.5833$.   □

Es liegt nahe, die Streuung der Mittelwerte $\bar{y}_i$ um das Gesamtmittel $\bar{y}$ folgendermaßen zu bestimmen:

$$\sum_{i=1}^{I} (\bar{y}_i - \bar{y})^2 \, .$$

Hierbei wird aber nicht berücksichtigt, dass die Gruppen unterschiedlich groß sein können. Eine große Gruppe sollte ein stärkeres Gewicht erhalten als eine kleine Gruppe. Es liegt nahe, die Gruppengrößen n_i als Gewichte zu nehmen. Wir bilden also

$$SS_B = \sum_{i=1}^{I} n_i (\bar{y}_i - \bar{y})^2 \, . \tag{11.4}$$

Man bezeichnet SS_B als *Streuung zwischen den Gruppen*.

Beispiel 47 (Fortsetzung) Es gilt

$$SS_B = 15(504.4 - 467.5833)^2 + 30(462.6 - 467.5833)^2$$
$$+ 15(440.73 - 467.5833)^2 = 31893.54 \, .$$ □

Wie das folgende Beispiel zeigt, ist die Größe SS_B allein aber keine geeignete Teststatistik zur Überprüfung der Hypothese (11.1).

Beispiel 48 Tab. 11.2 zeigt die Werte eines Merkmals in drei Gruppen.
Es gilt

$$\bar{y}_1 = 49, \quad \bar{y}_2 = 56, \quad \bar{y}_3 = 51, \quad \bar{y} = 52 \, .$$

Tab. 11.2 Werte eines Merkmals in drei Gruppen mit kleiner Streuung innerhalb der Gruppen

Gruppe	Werte				
1	47	53	49	50	46
2	55	54	58	61	52
3	53	50	51	52	49

Tab. 11.3 Werte eines Merkmals in drei Gruppen mit großer Streuung innerhalb der Gruppen

Gruppe	Werte				
1	50	42	53	45	55
2	48	57	65	59	51
3	57	59	48	46	45

Tab. 11.3 zeigt die Werte eines Merkmals in drei Gruppen. Auch dort gilt

$$\bar{y}_1 = 49, \quad \bar{y}_2 = 56, \quad \bar{y}_3 = 51, \quad \bar{y} = 52 \,.$$

Also ist auch in beiden Tabellen der Wert von SS_B identisch. Wie die Abb. 11.1 und 11.2 zeigen, unterscheiden sich die beiden Situationen beträchtlich. Die Boxplots in Abb. 11.1 verdeutlichen, dass die Streuung innerhalb der Gruppen klein ist, während in Abb. 11.2 die Streuung innerhalb der Gruppen groß ist. Abb. 11.1 spricht für einen Lageunterschied zwischen den Gruppen, während die unterschiedlichen Mittelwerte in 11.2 eher durch die hohen Streuungen erklärt werden können.

Die Stichprobenvarianzen in den Gruppen für die Beobachtungen in Tab. 11.2 sind

$$s_1^2 = 7.5, \quad s_2^2 = 12.5, \quad s_3^2 = 2.5 \,.$$

Für die Gruppen in Tab. 11.3 erhält man folgende Stichprobenvarianzen:

$$s_1^2 = 29.5, \quad s_2^2 = 45.0, \quad s_3^2 = 42.5 \,. \qquad \square$$

Wir müssen also neben der Streuung zwischen den Gruppen auch die Streuung innerhalb der Gruppen berücksichtigen. Die Streuung innerhalb der i-ten Gruppe messen wir durch

$$\sum_{j=1}^{n_i} (y_{ij} - \bar{y}_i)^2 \,. \tag{11.5}$$

Summieren wir (11.5) über alle Gruppen, so erhalten wir

$$SS_W = \sum_{i=1}^{I} \sum_{j=1}^{n_i} (y_{ij} - \bar{y}_i)^2 \,. \tag{11.6}$$

Wir nennen SS_W auch *Streuung innerhalb der Gruppen*.

Beispiel 47 (Fortsetzung) Es gilt

$$\begin{aligned}
SS_W = {}& (554 - 504.4)^2 + (536 - 504.4)^2 + \ldots + (427 - 504.4)^2 \\
&+ (573 - 462.6)^2 + (521 - 462.6)^2 + \ldots + (368 - 462.6)^2 \\
&+ (491 - 440.7333)^2 + (485 - 440.7333)^2 + \ldots + (388 - 440.7333)^2 \\
&+ (386 - 440.7333)^2 = 123224 \,. \qquad \square
\end{aligned}$$

Abb. 11.1 Boxplot von drei
Gruppen mit kleiner Streuung
innerhalb der Gruppen

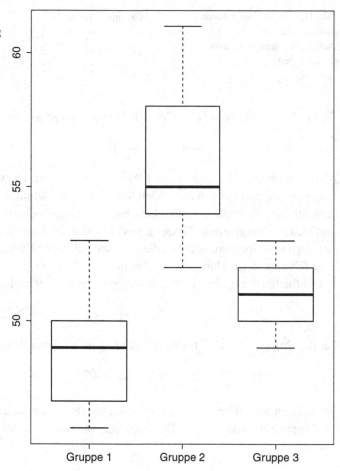

Die Gesamtstreuung messen wir durch:

$$S S_{\text{T}} = \sum_{i=1}^{I} \sum_{j=1}^{n_i} (y_{ij} - \bar{y})^2 . \tag{11.7}$$

Beispiel 47 (Fortsetzung) Es gilt $S S_{\text{T}} = 155117.5$.   □

Im Beispiel gilt

$$S S_{\text{T}} = S S_{\text{B}} + S S_{\text{W}} . \tag{11.8}$$

Abb. 11.2 Boxplot von drei Gruppen mit großer Streuung innerhalb der Gruppen

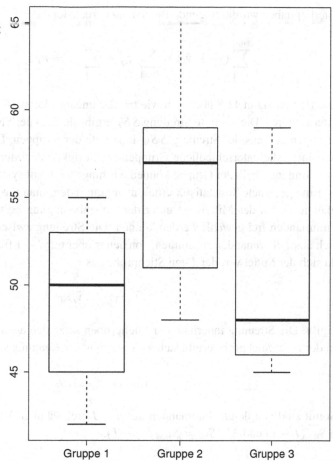

Dies ist kein Zufall. Diese Beziehung gilt allgemein, wie man folgendermaßen sieht:

$$
SS_T = \sum_{i=1}^{I} \sum_{j=1}^{n_i} (y_{ij} - \bar{y})^2 = \sum_{i=1}^{I} \sum_{j=1}^{n_i} (y_{ij} - \bar{y}_i + \bar{y}_i - \bar{y})^2
$$

$$
= \sum_{i=1}^{I} \sum_{j=1}^{n_i} (y_{ij} - \bar{y}_i)^2 + \sum_{i=1}^{I} \sum_{j=1}^{n_i} (\bar{y}_i - \bar{y})^2 + 2 \sum_{i=1}^{I} \sum_{j=1}^{n_i} (y_{ij} - \bar{y}_i)(\bar{y}_i - \bar{y})
$$

$$
= \sum_{i=1}^{I} \sum_{j=1}^{n_i} (y_{ij} - \bar{y}_i)^2 + \sum_{i=1}^{I} n_i (\bar{y}_i - \bar{y})^2 + 2 \sum_{i=1}^{I} (\bar{y}_i - \bar{y}) \sum_{j=1}^{n_i} (y_{ij} - \bar{y}_i)
$$

$$
= \sum_{i=1}^{I} \sum_{j=1}^{n_i} (y_{ij} - \bar{y}_i)^2 + \sum_{i=1}^{I} n_i (\bar{y}_i - \bar{y})^2
$$

$$
= SS_B + SS_W .
$$

Hierbei haben wir die folgende Beziehung berücksichtigt:

$$\sum_{j=1}^{n_i}(y_{ij}-\bar{y}_i)=\sum_{j=1}^{n_i}y_{ij}-\sum_{j=1}^{n_i}\bar{y}_i=n_i\,\bar{y}_i-n_i\,\bar{y}_i=0\,.$$

Die Beziehung in 11.8 lässt sich wie bei der linearen Regression als Streuungszerlegung interpretieren. Die gesamte Streuung SS_T ergibt sich aus der Streuung SS_B zwischen den Gruppen und aus der Streuung SS_W innerhalb der Gruppen. Die Streuung SS_B können wir durch die unterschiedliche Gruppenzugehörigkeit der Merkmalsträger erklären. Die Streuung innerhalb der Gruppe können wir hingegen nicht systematisch erklären.

Eine geeignete Teststatistik erhält man nun, indem man die mittleren Streuungen vergleicht, wobei der Mittelwert unter der Nebenbedingung bestimmt wird, wie viele der Summanden frei gewählt werden können. Die Streuung zwischen den Stichproben setzt sich aus I Summanden zusammen, von denen aber nur $I-1$ frei gewählt werden können, da sich der Mittelwert der I-ten Stichprobe aus

$$\bar{y},\bar{y}_1,\ldots,\bar{y}_{I-1}$$

ergibt. Die Streuung innerhalb der Stichproben setzt sich aus n Summanden zusammen. In der i-ten Stichprobe ergibt sich aber y_{in_i} aus der Kenntnis von

$$y_{i1},\ldots,y_{in_i-1},\bar{y}_i\,.$$

Somit sind von den n Summanden nur $n-I$ frei wählbar. Wir erhalten also $MSS_B = SS_B/(I-1)$ und $MSS_W=SS_W/(n-I)$.

Beispiel 47 (Fortsetzung) Es gilt $MSS_B=15945$ und $MSS_W=2162$.   □

Die Teststatistik ist das Verhältnis dieser beiden mittleren Streuungen:

$$F=\frac{MSS_B}{MSS_W}=\frac{\dfrac{1}{I-1}\sum_{i=1}^{I}n_i\,(\bar{Y}_i-\bar{Y})^2}{\dfrac{1}{n-I}\sum_{i=1}^{I}\sum_{j=1}^{n_i}(Y_{ij}-\bar{Y}_i)^2}\,.\qquad(11.9)$$

Ist die mittlere Streuung zwischen den Stichproben groß im Verhältnis zur mittleren Streuung innerhalb der Stichproben, so wird die Nullhypothese identischer Erwartungswerte abgelehnt. Unter der Nullhypothese ist die Teststatistik in (11.9) F-verteilt mit $I-1$ und $n-I$ Freiheitsgraden. Der Beweis ist bei Seber (1977) gegeben.

Wir lehnen die Hypothese (11.1) zum Niveau α ab, wenn gilt $F>F_{I-1,n-I;1-\alpha}$, wobei $F_{I-1,n-I;1-\alpha}$ das $1-\alpha$-Quantil der F-Verteilung mit $I-1$ und $n-I$ Freiheitsgraden ist.

Tab. 11.4 Allgemeiner Aufbau einer ANOVA-Tabelle

Quelle der Variation	Quadratsummen	Freiheitsgrade	Mittlere Quadrat-summen	F
Zwischen den Gruppen	SS_B	$I-1$	MSS_B	$\frac{MSS_B}{MSS_W}$
Innerhalb der Gruppen	SS_W	$n-I$	MSS_W	
Gesamt	SS_T	$n-1$		

Beispiel 47 (Fortsetzung) Es gilt

$$F = \frac{15945}{2162} = 7.376 .$$

Tab. C.6 entnehmen wir $F_{2,57;0.95} = 3.16$. Wir lehnen die Hypothese (11.1) also ab und gehen von signifikanten Unterschieden zwischen den Gruppen in Bezug auf die Mathematische Grundbildung aus. Wir haben die Gruppen hinsichtlich des Anteils von Schülern gebildet, die den Unterricht geschwänzt haben. Wir können also davon ausgehen, dass der Anteil von Schülern, die den Schulunterricht schwänzen, einen signifikanten Einfluss auf die Punktezahl bei der Mathematischen Grundbildung hat. □

Man spricht auch vom F-Test. Da die Teststatistik das Verhältnis von zwei Schätzern der Varianz σ^2 ist, spricht man von *Varianzanalyse*. Die Ergebnisse einer Varianzanalyse werden in einer ANOVA-Tabelle zusammengestellt. Dabei steht ANOVA für Analysis Of Variance. Tab. 11.4 zeigt den allgemeinen Aufbau einer ANOVA-Tabelle.

Beispiel 47 (Fortsetzung) Tab. 11.5 gibt die ANOVA-Tabelle wieder. □

Wir wollen nun noch den Fall $I = 2$ betrachten. Man spricht auch vom *unverbundenen Zweistichprobenproblem*. Wir gehen aus von den Realisationen y_{ij} der unabhängigen Zufallsvariablen Y_{ij}, wobei wir unterstellen, dass Y_{ij} normalverteilt ist mit Erwartungswert μ_i und Varianz σ^2 für $i = 1, 2$, $j = 1, \ldots, n_i$. Es soll getestet werden:

$$H_0 : \mu_1 = \mu_2 \tag{11.10}$$

Tab. 11.5 ANOVA-Tabelle für den Vergleich des Merkmals Mathematische Grundbildung in den drei Gruppen

Quelle der Variation	Quadratsummen	Freiheitsgrade	Mittlere Quadrat-summen	F
Zwischen den Gruppen	31 891	2	15 945	7.376
Innerhalb der Gruppen	123 224	57	2162	
Gesamt	65 786.2	30		

gegen

$$H_1 : \mu_1 \neq \mu_2 .$$

Unter der Annahme der Normalverteilung sollte man den t-Test anwenden. Dessen Teststatistik lautet

$$t = \frac{\bar{Y}_1 - \bar{Y}_2}{\hat{\sigma} \sqrt{\frac{1}{n_1} + \frac{1}{n_2}}} \tag{11.11}$$

mit

$$\hat{\sigma}^2 = \frac{1}{n_1 + n_2 - 2} \sum_{i=1}^{2} \sum_{j=1}^{n_i} (Y_{ij} - \bar{Y}_i)^2 .$$

Wenn die Hypothese (11.10) zutrifft, ist die Teststatistik in (11.11) t-verteilt mit $n_1 + n_2 - 2$ Freiheitsgraden. Wir lehnen H_0 zum Signifikanzniveau α ab, wenn gilt

$$|t| > t_{1-\alpha/2;n_1+n_2-2} .$$

Dabei ist $t_{1-\alpha/2;n_1+n_2-2}$ das $1-\alpha$-Quantil der t-Verteilung mit $n_1 + n_2 - 2$ Freiheitsgraden.

Beispiel 47 (Fortsetzung) Wir vergleichen Gruppe 1 mit Gruppe 2.
Das Testproblem lautet:

$$H_0 : \mu_1 = \mu_2$$

gegen

$$H_1 : \mu_1 \neq \mu_2 .$$

Es gilt

$$t = 2.6714 .$$

Tab. C.4 entnehmen wir $t_{43;0.975} = 2.0167$. Wir lehnen H_0 also ab und gehen von einem Unterschied zwischen Gruppe 1 und Gruppe 2 aus.
Vergleichen wir Gruppe 1 mit Gruppe 3, ergibt sich:

$$t = 5.2023 .$$

Da $t_{0.975;28} = 2.048$, lehnen wir H_0 erneut ab und gehen auch von einem Unterschied zwischen Gruppe 1 und Gruppe 3 aus. Zum Schluss vergleichen wir noch Gruppe 2 mit Gruppe 3. Hier gilt

$$t = 1.369 .$$

Mit $t_{0.975;43} = 2.0167$ lehnen wir H_0 nicht ab. Gruppe 2 unterscheidet sich also nicht von Gruppe 3 bei der Mathematischen Grundbildung. Wir haben somit gesehen, dass sich bei einer einfaktoriellen Varianzanalyse nicht alle Gruppen voneinander unterscheiden müssen. Lediglich mindestens ein Unterschied zwischen zwei Gruppen muss vorhanden sein, um bei der ANOVA H_0 abzulehnen.　　　　　　　　　　　　　　　　　　　□

11.2.2 Praktische Aspekte

Überprüfung der Normalverteilungsannahme

Der F-Test beruht auf der Annahme der Normalverteilung. Es gibt eine Reihe von Möglichkeiten, die Gültigkeit dieser Annahme zu überprüfen. Man kann einen Test auf Normalverteilung wie den *Kolmogorow-Smirnow-Test* durchführen. Dieser und viele andere Tests auf Normalverteilung sind bei Büning & Trenkler (1994) gegeben. Wir wollen eine grafische Darstellung betrachten, mit der man die Annahme der Normalverteilung überprüfen kann. Bei einem *Normal-Quantil-Plot* zeichnet man die geordneten Beobachtungen $y_{(1)}, \ldots, y_{(n)}$ gegen Quantile der Normalverteilung. Bei der Wahl der Quantile gibt es mehrere Möglichkeiten. Die empirische Verteilungsfunktion $\hat{F}(y)$ ist der Anteil der Beobachtungen, die kleiner oder gleich y sind. Sind keine identischen Beobachtungen in der Stichprobe, so gilt $\hat{F}(y_{(i)}) = i/n$. Somit wird $y_{(i)}$ über die empirische Verteilungsfunktion das i/n-Quantil zugeordnet. Diese Vorgehensweise hat aber den Nachteil, dass die beiden Ränder der Verteilung nicht gleich behandelt werden. Dieses Problem kann man dadurch umgehen, dass man $y_{(i)}$ das $(i-0.5)/n$-Quantil zuordnet. Bei einem Normal-Quantil-Plot zeichnet man also die geordneten Beobachtungen $y_{(1)}, \ldots, y_{(n)}$ gegen die Quantile $\Phi^{-1}((1-0.5)/n), \ldots, \Phi^{-1}((n-0.5)/n)$ der Standardnormalverteilung. Liegt Normalverteilung vor, so sollten die Punkte eng um eine Gerade streuen. Bei der einfaktoriellen Varianzanalyse werden die Residuen innerhalb der Gruppen $e_{ij} = y_{ij} - \bar{y}_i$, $i = 1, \ldots, I, j = 1, \ldots, n_i$ gegen die Quantile der Standardnormalverteilung gezeichnet.

Beispiel 47 (Fortsetzung) Abb. 11.3 zeigt den Normal-Quantil-Plot der Residuen. Der Plot deutet darauf hin, dass die Normalverteilungsannahme nicht gerechtfertigt ist.　　□

Kruskal-Wallis-Test

Ist die Annahme der Normalverteilung nicht gerechtfertigt, so sollte man einen nichtparametrischen Test als Alternative zur ANOVA durchführen. Am bekanntesten ist der *Kruskal-Wallis-Test*. Dieser beruht auf der Annahme, dass die Beobachtungen y_{ij}, $i = 1, \ldots, I, j = 1, \ldots, n_i$ Realisationen von unabhängigen Zufallsvariablen Y_{ij}, $i = 1, \ldots, I, j = 1, \ldots, n_i$ mit stetiger Verteilungsfunktion sind. Es ist zu testen

$$H_0 : \text{Die Verteilungen in allen Gruppen sind identisch} \tag{11.12}$$

gegen

$$H_1 : \text{Mindestens zwei Gruppen unterscheiden sich hinsichtlich der Lage.}$$

Abb. 11.3 Normal-Quantil-Plot bei einfaktorieller
Varianzanalyse

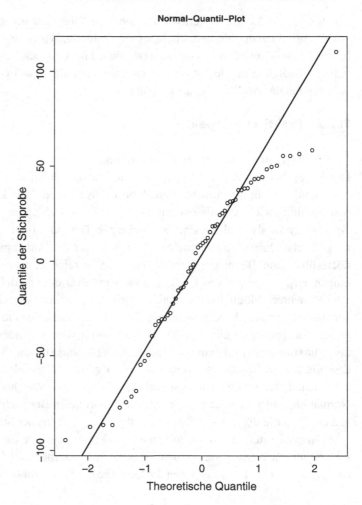

Der Kruskal-Wallis-Test beruht auf den *Rängen* R_{ij} der Beobachtungen y_{ij}, $i = 1, \dots, I$, $j = 1 \dots, n_i$, unter allen Beobachtungen. Dabei ist der Rang R_{ij} gleich der Anzahl der Beobachtungen, die kleiner oder gleich y_{ij} sind. Sind Beobachtungen identisch, so spricht man von *Bindungen*. In diesem Fall vergibt man für die gebundenen Werte *Durchschnittsränge*.

Beispiel 47 (Fortsetzung) Tab. 11.6 zeigt die Länder mit den zugehörigen Rängen. Wir sehen beispielsweise, dass Irland aus Gruppe 1 und Slowenien aus Gruppe 2 jeweils 501 Punkte haben. Wir vergeben daher für diese gebundenen Werte den Durchschnittsrang der Ränge 44 und 45.   □

Tab. 11.6 Ränge des Merkmals Mathematische Grundbildung

Gruppe 1		Gruppe 2		Gruppe 3	
Land	Punkte	Land	Punkte	Land	Punkte
ROK	59	SGP	60	LV	37
J	58	EST	54	I	33
FL	57	FIN	53	E	32
CH	56	CDN	51.5	LT	28
NL	55	PL	51.5	IL	24
B	50	VN	48	GR	23
D	49	A	47	TR	21
IRL	44.5	AUS	46	RO	20
CZ	41	SLO	44.5	BG	19
IS	38	DK	42.5	MAL	14
L	36	NZ	42.5	MNE	12
N	35	F	40	RDU	11
SK	30.5	GB	39	CR	10
H	26	P	34	RA	6.5
T	16	RUS	30.5	JOR	5
		USA	29		
		S	27		
		HR	25		
		SRB	22		
		UAE	18		
		KZ	17		
		RCH	15		
		MEX	13		
		AL	9		
		BR	8		
		TN	6.5		
		CO	3.5		
		Q	3.5		
		RI	2		
		PE	1		

Beim Kruskal-Wallis-Test werden nun für $i = 1, \ldots, I$ die Rangsummen R_i in den einzelnen Gruppen bestimmt:

$$R_i = \sum_{j=1}^{n_i} R_{ij} \ .$$

Beispiel 47 (Fortsetzung) Es gilt

$$R_1 = 651, \quad R_2 = 883.5, \quad R_3 = 295.5 \ . \qquad \square$$

Diese Rangsummen werden mit ihren Erwartungswerten $E(R_i)$ unter (11.12) verglichen. Wenn keine Bindungen vorliegen, so werden bei n Beobachtungen die Ränge $1, \dots, n$ vergeben. Trifft (11.12) zu, so ist für eine Beobachtung jeder Rang gleich wahrscheinlich. Es gilt also

$$P(R_{ij} = k) = \frac{1}{n}$$

für $k = 1, \dots, n$, $i = 1, \dots, I$ und $j = 1, \dots, n_i$. Der erwartete Rang $E(R_{ij})$ von Y_{ij} ist dann

$$E(R_{ij}) = \sum_{k=1}^{n} k \frac{1}{n} = \frac{n(n+1)}{2n} = \frac{n+1}{2}.$$

Die erwartete Rangsumme der i-ten Gruppe lautet somit

$$E(R_i) = E\left(\sum_{j=1}^{n_i} R_{ij}\right) = \sum_{j=1}^{n_i} E(R_{ij}) = \sum_{j=1}^{n_i} \frac{n+1}{2} = \frac{n_i(n+1)}{2}.$$

Beispiel 47 (Fortsetzung) Mit $n = 60$, $n_1 = 15$, $n_2 = 30$ und $n_3 = 15$ gilt

$$E(R_1) = 457.5, \quad E(R_2) = 915, \quad E(R_3) = 457.5. \qquad \square$$

Die Teststatistik des Kruskal-Wallis-Tests vergleicht die Rangsummen R_i mit ihren Erwartungswerten $E(R_i)$. Sie lautet:

$$H = \frac{12}{n(n+1)} \sum_{i=1}^{I} \frac{1}{n_i}\left(R_i - \frac{n_i(n+1)}{2}\right)^2. \tag{11.13}$$

Beispiel 47 (Fortsetzung) Es gilt

$$H = \frac{12}{60 \cdot 61}\left[\frac{(651 - 457.5)^2}{15} + \frac{(883.5 - 915)^2}{30} + \frac{(295.5 - 457.5)^2}{15}\right]$$

$$= 14.02893. \qquad \square$$

Wir lehnen die Hypothese (11.12) ab, wenn gilt $H \geq h_{1-\alpha}$. Dabei ist $h_{1-\alpha}$ das $1-\alpha$-Quantil der Verteilung von H. Die Verteilung von H ist für kleine Werte von n bei Büning & Trenkler (1994) tabelliert.

Für große Stichprobenumfänge ist H approximativ χ^2-verteilt mit $I - 1$ Freiheitsgraden. Wir lehnen (11.12) ab, wenn gilt $H \geq \chi^2_{I-1,1-\alpha}$. Dabei ist $\chi^2_{I-1,1-\alpha}$ das $1-\alpha$-Quantil der χ^2-Verteilung mit $I - 1$ Freiheitsgraden.

Im Beispiel liegen Bindungen vor. In diesem Fall wird H modifiziert zu

$$H^* = \frac{H}{1 - \dfrac{1}{n^3 - n} \displaystyle\sum_{l=1}^{r} (b_l^3 - b_l)} .$$ (11.14)

Dabei ist r die Anzahl der Gruppen mit identischen Beobachtungen und b_l die Anzahl der Beobachtungen in der l-ten Bindungsgruppe. Wir lehnen (11.12) im Fall von Bindungen ab, wenn gilt $H^* \geq \chi^2_{I-1,1-\alpha}$.

Beispiel 47 (Fortsetzung) Die Werte 376 und 388 und 482 und 500 und 501 und 518 kommen jeweils zweimal vor. Somit gibt es 6 Bindungsgruppen mit je zwei Beobachtungen. Hieraus folgt

$$1 - \frac{1}{n^3 - n} \sum_{l=1}^{r} (b_l^3 - b_l) = 0.9998333 .$$

Also ist $H^* = 14.03127$. Der Tab. C.3 entnehmen wir $\chi^2_{2,0.95} = 5.99$. Wir lehnen die Hypothese (11.12) zum Niveau 0.05 also ab. □

Im Beispiel wurde die Nullhypothese sowohl beim F-Test als auch beim Kruskal-Wallis-Test abgelehnt. Wir können aber auch zu unterschiedliche Entscheidungen kommen. Welcher Testentscheidung kann man dann trauen? Da der Normal-Quantil-Plot darauf hindeutet, dass die Annahme der Normalverteilung nicht gerechtfertigt ist, ist hier der Kruskal-Wallis-Test für die Daten besser geeignet, sodass man dessen Entscheidung berücksichtigen sollte. Wir haben hier nur deshalb beide Tests auf den gleichen Datensatz angewendet, um die Vorgehensweise beider Tests zu illustrieren. In der Praxis muss man sich vor der Durchführung für einen Test entscheiden. Es besteht die Möglichkeit, datengestützt einen Test auszuwählen. Man spricht dann von einem *adaptiven Test*. Bei Büning (1996) werden adaptive Tests für die univariate einfaktorielle Varianzanalyse beschrieben.

Sollen nur zwei Gruppen hinsichtlich der Lage miteinander verglichen werden, so sollte man den *Wilcoxon-Test* als nichtparametrische Alternative zum t-Test anwenden. Das Testproblem lautet

H_0 : Die Verteilungen in beiden Gruppen sind identisch , (11.15)

H_1 : Die beiden Gruppen unterscheiden sich hinsichtlich der Lage .

Beim Wilcoxon-Test werden wie beim Kruskal-Wallis-Test die Ränge R_{ij}, $i = 1, 2$, $j = 1, \ldots, n_i$ der Beobachtungen in den beiden Stichproben bestimmt, die miteinander verglichen werden sollen. Die Teststatistik ist die Summe der Ränge der ersten Stichprobe:

$$W = \sum_{j=1}^{n_1} R_{1j} .$$ (11.16)

Die Hypothese (11.15) wird zum Signifikanzniveau α abgelehnt, wenn gilt

$$W \le w_{\alpha/2}$$

oder

$$W \ge w_{1-\alpha/2} \; .$$

Dabei ist $w_{\alpha/2}$ das $\alpha/2$-Quantil und $w_{1-\alpha/2}$ das $1 - \alpha/2$-Quantil der Teststatistik des Wilcoxon-Tests. Die Verteilung von W ist in Büning & Trenkler (1994) tabelliert. Für große Stichprobenumfänge kann die Verteilung von W durch die Normalverteilung approximiert werden. Wir bilden die Teststatistik

$$Z = \frac{W - 0.5\, n_1\,(N + 1)}{\sqrt{n_1\, n_2\,(N + 1)/12}} \tag{11.17}$$

mit $N = n_1 + n_2$. Wir lehnen die Hypothese (11.15) zum Signifikanzniveau α ab, wenn gilt $|Z| \ge z_{1-\alpha/2}$. Dabei ist $z_{1-\alpha/2}$ das $1-\alpha/2$-Quantil der Standardnormalverteilung. Die Approximation durch die Normalverteilung ist auch für kleinere Stichprobenumfänge gut, wenn man in der Teststatistik berücksichtigt, dass die Verteilung der diskreten Zufallsvariablen W durch die stetige Normalverteilung approximiert wird. Man bildet

$$Z = \frac{W - 0.5 - 0.5\, n_1\,(N + 1)}{\sqrt{n_1\, n_2\,(N + 1)/12}} \; . \tag{11.18}$$

Eine Begründung für eine derartige *Stetigkeitskorrektur* gibt Schlittgen (2012).

Liegen Bindungen vor, so muss man den Nenner in (11.17) beziehungsweise (11.18) modifizieren. Man ersetzt ihn durch

$$\sqrt{\frac{n_1\, n_2}{12} \left[N + 1 - \frac{1}{N^2 - N} \sum_{l=1}^{r} \left(b_l^3 - b_l \right) \right]} \; .$$

Dabei ist r die Anzahl der Gruppen mit identischen Beobachtungen und b_l die Anzahl der Beobachtungen in der l-ten Bindungsgruppe. Wir bezeichnen die modifizierte Teststatistik mit Z^* und lehnen die Hypothese (11.15) zum Signifikanzniveau α ab, wenn gilt $|Z^*| \ge z_{1-\alpha/2}$.

Beispiel 47 (Fortsetzung) Wir vergleichen Gruppe 1 mit Gruppe 2. Die Beobachtungen in der ersten Stichprobe sind

```
554 536 535 531 523 515 514 501 499 493 490 489 482 477 427
```

Die Beobachtungen in der zweiten Stichprobe sind

```
573 521 519 518 518 511 506 504 501 500 500 495 494 487 482
481 478 471 449 434 432 423 413 394 391 388 376 376 375 368
```

Wir gehen zunächst davon aus, dass alle Beobachtungen aus einer Grundgesamtheit kommen. Die Ränge der Beobachtungen in der ersten Stichprobe sind dann

```
44.0 43.0 42.0 41.0 40.0 35.0 34.0 29.5 26.0 23.0 22.0 21.0
18.5 15.0 10.0
```

Die Ränge der Beobachtungen in der zweiten Stichprobe sind

```
45.0 39.0 38.0 36.5 36.5 33.0 32.0 31.0 29.5 27.5 27.5 25.0
24.0 20.0 18.5 17.0 16.0 14.0 13.0 12.0 11.0  9.0  8.0  7.0
 6.0  5.0  3.5  3.5  2.0  1.0
```

Somit gilt

$$W = 44 + 43 + 42 + 41 + 40 + 35 + 34 + 29.5 + 26 + 23 + 22 + 21 + 18.5$$
$$+ 15 + 10 = 444 \ .$$

Die Werte 376 und 482 und 500 und 501 und 518 kommen jeweils zweimal vor. Somit gibt es fünf Bindungsgruppen mit je zwei Beobachtungen. Es gilt

$$\frac{1}{N^2 - N} \sum_{l=1}^{r} \left(b_l^3 - b_l \right) = 0.01515 \ .$$

Wenn wir die Stetigkeitskorrektur verwenden, erhalten wir folgenden Wert der Teststatistik:

$$Z^* = \frac{44 - 0.5 - 0.5 \cdot 15 \cdot 46}{\sqrt{\frac{15 \cdot 30}{12} \left[46 - 0.01515 \right]}} = 2.371992 \ .$$

Wegen $z_{0.975} = 1.96$ lehnen wir die Nullhypothese (11.15) zum Signifikanzniveau 0.05 ab. Wir sehen, dass der Wilcoxon-Test zum gleichen Ergebnis wie der t-Test kommt. Für den Vergleich von Gruppe 1 und Gruppe 3 ergibt sich $W = 327$. Da hier keine Bindungsgruppen vorliegen, ergibt sich mit (11.18) $Z = 3.898938$. Wegen $z_{0.975} = 1.96$ lehnen wir die Nullhypothese (11.15) zum Signifikanzniveau 0.05 ab. Für den Vergleich von Gruppe 2 und Gruppe 3 ergibt sich $W = 757.5$ und $Z^* = 1.613383$. Wegen $z_{0.975} = 1.96$ lehnen wir die Nullhypothese (11.15) zum Signifikanzniveau 0.05 hier nicht ab.   □

11.3 Multivariate einfaktorielle Varianzanalyse

Bisher haben wir beim Vergleich der Gruppen nur ein Merkmal betrachtet. Oft werden an jedem Objekt p quantitative Merkmale erhoben. Es liegen also die Realisationen $\mathbf{y}_{ij}$ der unabhängigen Zufallsvariablen $\mathbf{Y}_{ij}$ für $i = 1, \ldots, I$ und $j = 1, \ldots, n_i$ vor. Dabei bezieht sich der Index i wieder auf die Gruppe und der Index j auf die j-te Beobachtung in der jeweiligen Gruppe. Es gilt

$$\mathbf{Y}_{ij} = \begin{pmatrix} Y_{ij1} \\ \vdots \\ Y_{ijp} \end{pmatrix}.$$

Wir unterstellen, dass $\mathbf{Y}_{ij}$ für $i = 1, \ldots, I$ und $j = 1, \ldots, n_i$ multivariat normalverteilt ist mit Erwartungswert $\boldsymbol{\mu}_i$ und Varianz-Kovarianz-Matrix $\boldsymbol{\Sigma}$. Wir gehen also wie bei der univariaten einfaktoriellen Varianzanalyse davon aus, dass die Gruppen unterschiedliche Erwartungswerte haben können, die Varianz-Kovarianz-Matrizen aber identisch sind.

Es ist zu testen:

$$H_0 : \boldsymbol{\mu}_1 = \ldots = \boldsymbol{\mu}_I \tag{11.19}$$

gegen

$$H_1 : \boldsymbol{\mu}_i \neq \boldsymbol{\mu}_j \quad \text{für mind. ein Paar } (i, j) \text{ mit } i \neq j.$$

Wir bestimmen wie bei der einfaktoriellen Varianzanalyse das Gesamtmittel

$$\bar{\mathbf{y}} = \frac{1}{n} \sum_{i=1}^{I} \sum_{j=1}^{n_i} \mathbf{y}_{ij}$$

und die Mittelwerte der Gruppen

$$\bar{\mathbf{y}}_i = \frac{1}{n_i} \sum_{j=1}^{n_i} \mathbf{y}_{ij}$$

für $i = 1, \ldots, I$.

Beispiel 47 (Fortsetzung) Wir betrachten die Merkmale Lesekompetenz, Mathematische Grundbildung und Naturwissenschaftliche Grundbildung. Es gilt

$$\bar{\mathbf{y}} = \begin{pmatrix} 467.583 \\ 470.217 \\ 474.833 \end{pmatrix}, \qquad \bar{\mathbf{y}}_1 = \begin{pmatrix} 523.000 \\ 517.133 \\ 527.267 \end{pmatrix},$$

$$\bar{\mathbf{y}}_2 = \begin{pmatrix} 495.900 \\ 494.100 \\ 501.433 \end{pmatrix}, \qquad \bar{\mathbf{y}}_3 = \begin{pmatrix} 483.533 \\ 485.267 \\ 490.600 \end{pmatrix}. \qquad \Box$$

Wir ermitteln die Streuung innerhalb sowie zwischen den Stichproben. Wir bestimmen also die *Zwischen-Gruppen-Streumatrix*

$$\mathbf{B} = \sum_{i=1}^{I} n_i \, (\bar{\mathbf{y}}_i - \bar{\mathbf{y}})(\bar{\mathbf{y}}_i - \bar{\mathbf{y}})' \tag{11.20}$$

und die *Inner-Gruppen-Streumatrix*

$$\mathbf{W} = \sum_{i=1}^{I} \sum_{j=1}^{n_i} (\mathbf{y}_{ij} - \bar{\mathbf{y}}_i)'(\mathbf{y}_{ij} - \bar{\mathbf{y}}_i) . \tag{11.21}$$

Beispiel 47 (Fortsetzung) Es gilt

$$\mathbf{B} = \begin{pmatrix} 73936.15 & 62889.08 & 69954.08 \\ 62889.08 & 53527.55 & 59518.18 \\ 69954.08 & 59518.18 & 66194.43 \end{pmatrix},$$

$$\mathbf{W} = \begin{pmatrix} 197842.6 & 173305.3 & 176168.1 \\ 173305.3 & 162398.0 & 159539.8 \\ 176168.1 & 159539.8 & 164996.6 \end{pmatrix}. \qquad \square$$

Es gibt eine Reihe von Vorschlägen für Teststatistiken, die auf **B** und **W** beruhen. Wir betrachten hier nur Wilks' Λ:

$$\Lambda = \frac{|\mathbf{W}|}{|\mathbf{B} + \mathbf{W}|} . \tag{11.22}$$

Beispiel 47 (Fortsetzung) Es gilt $\Lambda = 0.73229$. $\qquad \square$

Die Nullhypothese (11.19) wird abgelehnt, wenn $\Lambda \leq \Lambda_{p,n-I,I-1;\alpha}$. Dabei ist $\Lambda_{p,n-I,I-1;\alpha}$ das α-Quantil der Λ-Verteilung mit den Parametern p, $n-I$ und $I-1$. Für bestimmte Parameterkonstellationen besteht ein Zusammenhang zwischen der Λ-Verteilung und der F-Verteilung. Diese Konstellationen geben Johnson & Wichern (2013). Ist speziell $I = 3$, so ist

$$\Lambda^* = \frac{n-p-2}{p} \frac{1-\sqrt{\Lambda}}{\sqrt{\Lambda}} \tag{11.23}$$

F-verteilt mit $2p$ und $2(n-p-2)$ Freiheitsgraden. Wir lehnen die Nullhypothese (11.19) ab, wenn $\Lambda^* > F_{2p,2(n-p-2);1-\alpha}$. Dabei ist $F_{2p,2(n-p-2);1-\alpha}$ das $1-\alpha$-Quantil der F-Verteilung mit $2p$ und $2(n-p-2)$ Freiheitsgraden.

Beispiel 47 (Fortsetzung) Es gilt

$$\Lambda^* = \frac{60-3-2}{3} \frac{1-\sqrt{0.73229}}{\sqrt{0.73229}} = 3.0906 .$$

Der Tab. C.6 entnehmen wir $F_{6,110;0.95} = 2.18$. Wir lehnen (11.19) also ab. $\qquad \square$

Für große Werte von n ist $-(n-1-0.5(p+I)) \ln \Lambda$ approximativ χ^2-verteilt mit $p(I-1)$ Freiheitsgraden.

Beispiel 47 (Fortsetzung) Wir schauen uns auch hier den Test an. Mit $n = 60$, $p = 3$ und $I = 3$ gilt

$$-(n - 1 - 0.5(p + I)) \ln \Lambda = 17.44841 .$$

Tab. C.3 entnehmen wir $\chi^2_{6;0.95} = 12.59$. Wir lehnen die Nullhypothese (11.19) zum Niveau 0.05 daher ab. Wir gehen also davon aus, dass sich die drei Gruppen hinsichtlich aller drei PISA-Fächer voneinander unterscheiden. □

11.4 Jonckheere-Test

Die ANOVA und der Kruskal-Wallis-Test überprüfen, ob die Verteilungen der Grundgesamtheiten sich bezüglich der Lage unterscheiden und ob sich somit die Gruppen voneinander unterscheiden. Sehr oft hat man aber vor der Analyse eine Vorstellung über die Beziehung der Lageparameter unter der Alternativhypothese. Das folgende Beispiel macht dies deutlich.

Beispiel 48 Es soll untersucht werden, ob Koffein einen Einfluss auf die Konzentrationsfähigkeit hat. Dazu werden 30 Studenten zufällig auf drei gleichgroße Gruppen aufgeteilt. Die zehn Studenten der ersten Gruppe erhalten ein Getränk ohne Koffein, die der zweiten Gruppe eines mit 100 mg Koffein und die der dritten Gruppe eines mit 200 mg Koffein. Danach müssen die Studenten eine Minute mit dem Zeigefinger auf den Tisch klopfen. Es wird die Anzahl der Schläge bestimmt.
    Es ergaben sich folgende Werte:

```
  0 mg:   242 245 244 248 247 248 242 244 246 242
100 mg:   248 246 245 247 248 250 247 246 243 244
200 mg:   246 248 250 252 248 250 246 248 245 250
```

In diesem Datensatz liegt eine Reihe von Bindungen vor. Da wir zunächst den Fall ohne Bindungen betrachten wollen, wählen wir aus jeder Gruppe drei Beobachtungen aus:

```
  0 mg: 242 245 244
100 mg: 248 247 243
200 mg: 246 250 252
```

Es soll hier nicht nur überprüft werden, ob die Konzentrationsfähigkeit von der Dosis Koffein abhängt, sondern sogar, ob sie mit wachsender Dosis zunimmt. Wir testen

$$H_0 : \mu_1 = \mu_2 = \mu_3 \tag{11.24}$$

gegen

$$H_1 : \mu_1 < \mu_2 < \mu_3 .$$

Wir wollen also überprüfen, ob mit wachsendem Koffeingehalt die Anzahl der Schläge pro Minute zunimmt. □

Hierzu vergleichen wir zuerst die erste Stichprobe mit der zweiten, dann die erste Stichprobe mit der dritten und dann die zweite Stichprobe mit der dritten. Beginnen wir mit dem Vergleich der ersten mit der zweiten Stichprobe. Kommt die zweite Stichprobe aus einer Grundgesamtheit, deren Verteilung bezüglich der Lage größer ist als die Verteilung, aus der die erste Stichprobe gezogen wurde, so wird man erwarten, dass die meisten Beobachtungen der zweiten Stichprobe größer sind als die Beobachtungen der ersten Stichprobe. Wir vergleichen also jeden Wert der zweiten Stichprobe mit jedem Wert der ersten Stichprobe und zählen, wie oft ein Wert der zweiten Stichprobe größer ist als ein Wert der ersten Stichprobe. Dies ist die Teststatistik des Vergleichs der ersten mit der zweiten Stichprobe.

Beispiel 48 (Fortsetzung) Betrachten wir für das Beispiel den Vergleich von zwei Gruppen. Die Daten sind

```
  0 mg: 242 245 244
100 mg: 248 247 243
```

Die erste Beobachtung 248 der zweiten Stichprobe ist größer als alle drei Beobachtungen der ersten Stichprobe. Also trägt diese Beobachtung den Wert 3 zur Teststatistik bei. Die zweite Beobachtung 247 der zweiten Stichprobe ist ebenfalls größer als alle drei Beobachtungen der ersten Stichprobe. Also trägt diese Beobachtung auch den Wert 3 zur Teststatistik bei. Die dritte Beobachtung 244 der zweiten Stichprobe ist größer als eine Beobachtung der ersten Stichprobe. Also trägt diese Beobachtung den Wert 1 zur Teststatistik bei. Die Teststatistik nimmt also den Wert

$$3 + 3 + 1 = 7$$

an. Der Vergleich der ersten mit der dritten Stichprobe liefert den Wert 9 und der Vergleich der zweiten mit der dritten Stichprobe den Wert 7. Um alle drei zu vergleichen, addiert man die Werte der drei Vergleiche und erhält den Wert 23. Spricht dieser Wert für die Gegenhypothese? □

Schauen wir uns die Vorgehensweise allgemein an. Um die i-te mit der j-ten Stichprobe zu vergleichen, bilden wir die Teststatistik

$$U_{ij} = \sum_{t=1}^{n_j} \sum_{s=1}^{n_i} D_{st} \tag{11.25}$$

mit

$$D_{st} = \begin{cases} 1 & \text{für} \quad X_{is} < X_{jt}, \\ 0 & \text{sonst.} \end{cases} \tag{11.26}$$

Es wird also für jede Beobachtung der j-ten Stichprobe bestimmt, wie viele der Beobachtungen in der i-ten Stichprobe kleiner sind.

Vergleicht man allgemein c Stichproben unter der Alternative, dass die Lageparameter mit wachsender Stichprobennummer immer größer werden, so bildet man die Teststatistik

$$V = \sum_{i<j} U_{ij} \ . \tag{11.27}$$

Der zugehörige Test wird Jonckheere-Test genannt. Die Nullhypothese geht von identischen Verteilungen aus. Dabei gilt:

$$E(V) = \frac{1}{4} \left(N^2 - \sum_{i=1}^{c} n_i^2 \right)$$

und

$$\text{Var}(V) = \frac{1}{72} \left(N^2 (2N+3) - \sum_{i=1}^{c} n_i^2 (2n_i + 3) \right) \ .$$

Dabei ist n_i der Stichprobenumfang der i-ten Stichprobe. Außerdem ist

$$N = n_1 + \ldots + n_c \ .$$

Für große Stichprobenumfänge ist

$$J = \frac{V - E(V)}{\sqrt{\text{Var}(V)}} \tag{11.28}$$

approximativ standardnormalverteilt. Wir lehnen also H_0 ab, wenn gilt

$$J \geq z_{1-\alpha} \ ,$$

wobei $z_{1-\alpha}$ das $1 - \alpha$–Quantil der Standardnormalverteilung ist.

Beispiel 48 (Fortsetzung) Für das Datenbeispiel gilt

$$n_1 = n_2 = n_3 = 3 \ .$$

Also gilt $N = 9$. Wir erhalten

$$E(V) = \frac{1}{4} \left(9^2 - (3^2 + 3^2 + 3^2) \right)$$

$$= 13.5$$

und

$$\begin{aligned}
\mathrm{Var}(V) &= \frac{1}{72} \left(N^2 \left(2N + 3 \right) - \sum_{i=1}^{c} n_i^2 \left(2n_i + 3 \right) \right) \\
&= \frac{1}{72} \left(9^2 \left(2 \cdot 9 + 3 \right) - 3 \cdot 3^2 \left(2 \cdot 3 + 3 \right) \right) \\
&= 20.25 \ .
\end{aligned}$$

Es gilt also

$$\begin{aligned}
J &= \frac{23 - 13.5}{\sqrt{20.25}} \\
&= 2.11 \ .
\end{aligned}$$

Wegen $z_{0.95} = 1.645$ lehnen wir H_0 ab. Wir gehen also davon aus, dass in diesem kleinen Beispiel die Konzentrationsfähigkeit mit der Menge an Koffein zunimmt. $\Box$

Der Datensatz mit zehn Beobachtungen je Gruppe enthält viele Bindungen. Diese können wir in der Teststatistik dadurch berücksichtigen, dass die Funktion D_{st} aus (11.26) den Wert 0.5 annimmt, wenn beim Vergleich zwei Werte identisch sind:

$$D_{st} = \begin{cases} 1 & \text{für} \quad X_{is} < X_{jt} \\ 0.5 & \text{für} \quad X_{is} = X_{jt} \\ 0 & \text{sonst.} \end{cases} \tag{11.29}$$

Die Teststatistik für den Vergleich der i-ten mit der j-ten Gruppe ist dann wieder

$$U_{ij} = \sum_{t=1}^{n_j} \sum_{s=1}^{n_i} D_{st} \ ,$$

und als Teststatistik des Jonckheere-Tests erhalten wir wieder:

$$V = \sum_{i<j} U_{ij} \ .$$

Der Erwartungswert ändert sich nicht, die Varianz aber schon. Es gilt

$$\mathrm{Var}(V) = \frac{U_1}{72} + \frac{U_2}{36 \, N \, (N-1) \, (N-2)} + \frac{U_3}{8 \, N \, (N-1)}$$

mit

$$U_1 = N\,(N-1)\,(2\cdot N + 5) - \sum_{i=1}^{c} n_i\,(n_i - 1)\,(2n_i + 5) - \sum_{j=1}^{r} b_j\,(b_j - 1)\,(2b_j + 5)$$

$$U_2 = \left(\sum_{i=1}^{c} n_i\,(n_i - 1)\,(n_i - 2)\right)\left(\sum_{j=1}^{r} b_j\,(b_j - 1)\,(b_j - 2)\right)$$

$$U_3 = \left(\sum_{i=1}^{c} n_i\,(n_i - 1)\right)\left(\sum_{j=1}^{r} b_j\,(b_j - 1)\right)\,.$$

Dabei gibt b_j die Anzahl der Beobachtungen in der j-ten Bindungsgruppe für $j = 1,\dots,r$ an.

Beispiel 48 (Fortsetzung) Für den Vergleich der ersten mit der zweiten Gruppe erhalten wir für den Wert Teststatistik

$$U_{12} = 9 + 6.5 + 5.5 + 7.5 + 9 + 10 + 7.5 + 6.5 + 3 + 4 = 68.5\,.$$

Für den Vergleich der ersten mit der dritten Gruppe erhalten wir für den Wert der Teststatistik

$$U_{13} = 6.5 + 9 + 10 + 10 + 9 + 10 + 6.5 + 9 + 5.5 + 10 = 85.5\,.$$

Für den Vergleich der zweiten mit der dritten Gruppe erhalten wir schließlich den Wert

$$U_{23} = 4 + 8 + 9.5 + 10 + 8 + 9.5 + 4 + 8 + 2.5 + 9.5 = 73$$

für die Teststatistik. Somit erhalten wir als Teststatistik des Jonckheere-Tests

$$V = 68.5 + 85.5 + 73 = 227\,.$$

Mit $n_1 = n_2 = n_3 = 10$ und somit $N = 30$ erhalten wir für den Erwartungswert

$$E(V) = \frac{1}{4}\,\left(30^2 - (10^2 + 10^2 + 10^2)\right) = 150\,.$$

In dem Datensatz kommt siebenmal der Wert 248 vor, fünfmal der Wert 246 und viermal der Wert 250 vor. Außerdem kommen jeweils dreimal die Werte 242, 244, 245 und 247 vor. Somit gibt es vier Bindungsgruppen mit je drei Beobachtungen sowie eine Bindungsgruppe mit vier Beobachtungen und eine Bindungsgruppe mit fünf Beobachtungen sowie eine Bindungsgruppe mit sieben Beobachtungen. Wir erhalten somit

$$
\begin{aligned}
U_1 = {}& 30(30-1)(2 \cdot 30+5) - 3\,(10(10-1)(2 \cdot 10+5)) \\
& - 4\,(3(3-1)(2 \cdot 3+5)) - 4(4-1)(2 \cdot 4+5) \\
& - 5(5-1)(2 \cdot 5+5) - 7(7-1)(2 \cdot 7+5) \\
= {}& 48282\,, \\
U_2 = {}& 3\,(10(10-2)(10-2)) \cdot (4\,(3(3-1)(3-2)) \\
& + 4(4-1)(4-2) + 5(5-1)(5-2) + 7(7-1)(7-2)) \\
= {}& 686880\,, \\
U_3 = {}& 3(10(10-1)) \cdot (4\,(3(3-1)) + 4(4-1) \\
& + 5(5-1) + 7(7-1)) \\
= {}& 32940\,.
\end{aligned}
$$

Daraus ergibt sich für das Beispiel eine Varianz von

$$
\begin{aligned}
\mathrm{Var}(V) &= \frac{48282}{72} + \frac{686880}{36 \cdot 30 \cdot 29 \cdot 28} + \frac{32940}{8 \cdot 30 \cdot 29} \\
&= 675.1683\,.
\end{aligned}
$$

Somit erhalten wir

$$
J = \frac{227-150}{\sqrt{675.1683}} = 2.963362\,.
$$

Wegen $z_{0.95} = 1.645$ lehnen wir H_0 ab. Der Test kommt zu dem Ergebnis, dass die Konzentrationsfähigkeit mit wachsendem Koffeingehalt zunimmt. $\square$

Bei einigen Anwendungen treten sehr viele Bindungen auf. Wir wollen uns im Folgenden ansehen, wie der Jonckheere-Test als Alternative zum χ^2-Unabhängigkeitstest verwendet werden kann.

Beispiel 49 901 Personen wurden nach ihrem monatlichen Bruttoeinkommen befragt. Außerdem sollten sie angeben, wie zufrieden sie sind. Die Häufigkeiten zeigt Tab. 11.7.

Wir können auf diesen Datensatz den χ^2-Unabhängigkeitstest anwenden. Wir erhalten als Wert der Teststatistik $X^2 = 10.262$. Mit $(3-1) \cdot (4-1) = 6$ Freiheitsgraden entnehmen wir aus Tab. C.3 $\chi^2_{6;0.95} = 12.592$. Die Hypothese, dass die Zufriedenheit vom Einkommen unabhängig ist, wird auf dem Niveau $\alpha = 0.05$ nicht abgelehnt.

Bei diesem Datensatz sind beide Variablen geordnet. Es stellt sich die Frage, ob die Zufriedenheit mit wachsendem Einkommen zunimmt. Wir kodieren sehr unzufrieden mit 1, unzufrieden mit 2, zufrieden mit 3 und sehr zufrieden mit 4. Personen mit einem Einkommen < 3000 EUR bilden unsere Gruppe 1. Personen mit einem Einkommen

Tab. 11.7 Kontingenztabelle
der Merkmale Einkommen und
Zufriedenheit

	Sehr unzu-frieden	Unzufrie-den	Zufrieden	Sehr zufrieden
Bis 3000 EUR	20	24	80	82
3000 bis 6000 EUR	35	66	185	238
Über 6000 EUR	7	18	54	92

zwischen 3000 und 6000 EUR bilden unsere Gruppe 2, und Gruppe 3 enthält Personen
mit einem Einkommen > 6000 EUR. In Gruppe 1 sind $n_1 = 20 + 24 + 80 + 82 = 206$
Personen. Von diesen 206 Personen in Gruppe 1 haben 20 Personen den Wert 1, den Wert
2 haben 24 Personen, 80 Personen haben den Wert 3 und die restlichen 82 Personen haben
den Wert 4. Von den $n_2 = 524$ Personen in Gruppe 2 haben 35 Personen den Wert 1, 66
Personen den Wert 2, 185 Personen den Wert 3 und 238 Personen den Wert 4. Gruppe 3
enthält $n_3 = 171$ Personen. Davon haben sieben Personen den Wert 1, 18 Personen den
Wert 2, 54 Personen den Wert 3 und 92 Personen den Wert 4.

In diesem Beispiel erhalten wir $V = 126690$. Für den Erwartungswert gilt $E(V) =
116387$. Außerdem gilt $U_1 = 940377156$, $U_2 = 0$ und $U_3 = 98809351424$. Daraus ergibt
sich $\text{Var}(V) = 13690777$. Mit $J = 2.784516$ und $z_{0.95} = 1.645$ lehnen wir H_0 bei
Anwendung des Jonckheere-Tests ab und gehen davon aus, dass die Personen zufriedener
sind, je höher ihr Einkommen ist. □

In dem Beispiel kommen der χ^2-Unabhängigkeitstest und der Jonckheere-Test zu unter-
schiedlichen Ergebnissen. Für welchen Test sollte man sich nun entscheiden? Wenn die
Merkmale wie im Beispiel eine natürliche Ordnung haben, kann der Jonckheere-Test diese
Ordnung mit berücksichtigen und nutzt dabei mehr Informationen aus den Daten. Der χ^2-
Unabhängigkeitstest kann das nicht und behandelt alle Merkmale gleich. In einem solchen
Beispiel können wir somit dem Jonckheere-Test vertrauen.

11.5   Einfaktorielle Varianzanalyse in R

Wir wollen das Beispiel 47 in R betrachten. Die Daten stehen in der Matrix PISA. Wir
benötigen noch einen Vektor, der für jedes Land angibt, zu welcher der drei Gruppen es
gehört. Hierzu wandeln wir zunächst die Matrix in einen Dataframe um und übernehmen
die Zeilennamen mit rownames:

```
> PISA <- as.data.frame(PISA,row.names = rownames(PISA))
```

Die angegebenen Fehlzeiten sind als Prozentangaben bei OECD (2013, S. 19) gegeben.
Wir geben sie in der Reihenfolge der Länder in unserem Datensatz ein. Dazu erzeugen
wir eine neue Variable im Dataframe:

```
PISA$Fehlprozent <- c(23,4,4,5,13,12,36,20,35,27,11,
+ 12,34,17,38,14,30,21,26,11,21,25,12,67,11,15,36,61,
+ 44,38,16,28,39,23,12,29,47,48,30,65,58,39,34,27,
+ 11,20,43,33,39,50,57,25,30,66,33,57,18,29,30,20)
```

Wir wollen die drei Gruppen mithilfe der Quartile bestimmen. Mit der summary-Funktion

```
> summary(PISA$Fehlprozent)
   Min. 1st Qu.  Median    Mean 3rd Qu.    Max.
   4.00   16.75   28.50   29.65   38.25   67.00
```

sehen wir, dass 25% der Länder einen Wert kleiner als 17 haben und 25% der Länder einen Wert größer als 38. Mit

```
> w.wenig <- which(PISA$Fehlprozent < 17)
> w.viel <- which(PISA$Fehlprozent > 38)
```

```
> PISA$Fehlgruppe <- 'normal'
> PISA[w.wenig,'Fehlgruppe'] <- 'wenig'
> PISA[w.viel,'Fehlgruppe'] <- 'viel'
```

```
> PISA$Fehlgruppe <- as.factor(PISA$Fehlgruppe)
```

haben wir in der Spalte Fehlgruppe nun einen Faktor mit den drei Ausprägungen wenig, normal und viel. Dieser definiert unsere drei Gruppen.

Nach diesen Vorbereitungen können wir mit der eigentlichen Analyse beginnen. Wir betrachten zuerst die univariate einfaktorielle Varianzanalyse und wollen das Merkmal Mathematische Grundbildung analysieren. In R gibt es eine Funktion aov, die folgendermaßen aufgerufen wird:

```
aov(formula, data = NULL, projections = FALSE, qr = TRUE,
contrasts = NULL, ...)
```

Man gibt, wie bei der Regressionsanalyse, die Beziehung als Formel ein. Für das Beispiel heißt dies:

```
> e <- aov(Mathematik~Fehlgruppe,data=PISA)
```

Die ANOVA-Tabelle erhält man mit der Funktion summary:

```
> summary(e)
            Df Sum Sq Mean Sq F value  Pr(>F)
Fehlgruppe   2  31891   15945   7.376 0.00142 **
Residuals   57 123224    2162
---
Signif. codes:  0 '***' 0.001 '**' 0.01 '*' 0.05 '.' 0.1 ' ' 1
```

In der ersten Spalte stehen die Quellen der Variation. Dabei steht Residuals für "innerhalb der Gruppen". In der zweiten Spalte stehen die Freiheitsgrade. Es folgen in der dritten und vierten Spalte die Quadratsummen und die mittleren Quadratsummen. Neben dem Wert der Teststatistik des F-Tests gibt R noch den Wert der Überschreitungswahrscheinlichkeit aus. Sie beträgt 0.00142. Wir lehnen also zum Signifikanzniveau $\alpha = 0.05$ die Nullhypothese (11.1) ab.

Den Normal-Quantil-Plot in Abb. 11.3 erhält man durch

```
> qqnorm(residuals(e))
> qqline(residuals(e))
```

Wir wollen die Gruppen 1 und 2 mit dem t-Test vergleichen. Wir erzeugen zunächst die Vektoren mit den Indizes der Länder in den Gruppen. Hierzu verwenden wir erneut die Funktion which:

```
> w.wenig <- which(PISA$Fehlgruppe=='wenig')
> w.normal <- which(PISA$Fehlgruppe=='normal')
> w.viel <- which(PISA$Fehlgruppe=='viel')
```

Mit der Funktion t.test kann man den t-Test durchführen. Der Aufruf

```
> t.test(PISA[w.wenig,'Mathematik'],PISA[w.normal,'Mathematik'],
+        var.equal = TRUE)
```

liefert folgendes Ergebnis:

```
        Two Sample t-test

data: PISA[w.wenig, "Mathematik"] and PISA[w.normal, "Mathematik"]
t = 2.6714, df = 43, p-value = 0.01063
alternative hypothesis: true difference in means is not equal to 0
95 percent confidence interval:
 10.24384 73.35616
sample estimates:
mean of x mean of y
   504.4     462.6
```

Das Argument var.equal setzen wir auf TRUE. Wenn wir von stark unterschiedlichen Varianzen in den beiden Gruppen ausgehen, müssen wir das Argument auf FALSE setzen. Dann wird der sogenannte Welch-Test durchgeführt. In diesem Fall ist aber dann auch die Annahme der Varianzhomogenität für die ANOVA verletzt. Der Wert der Teststatistik t in (11.11) beträgt 2.6714, die Anzahl der Freiheitsgrade 43 und die Überschreitungswahrscheinlichkeit 0.01063. Somit wird die Nullhypothese (11.10) zum Signifikanzniveau 0.05 abgelehnt.

Für den Kruskal-Wallis-Test gibt es die Funktion kruskal.test. Als erstes Argument wird der Funktion der Vektor mit den Daten übergeben. Das zweite Argument enthält die Gruppenzugehörigkeit. Die i-te Komponente dieses Vektors gibt an, zu welcher Gruppe die i-te Beobachtung gehört. Wir geben also ein:

```
> kruskal.test(PISA$Mathematik,PISA$Fehlgruppe)
```

und erhalten folgendes Ergebnis:

```
        Kruskal-Wallis rank sum test

data:  PISA$Mathematik and PISA$Fehlgruppe
Kruskal-Wallis chi-squared = 14.031, df = 2, p-value = 0.0008977
```

R berücksichtigt das Vorhandensein von Bindungen und bestimmt die Teststatistik H^* in (11.14). Die Überschreitungswahrscheinlichkeit beträgt 0.0008977. Somit wird die Nullhypothese (11.12) zum Signifikanzniveau $\alpha = 0.05$ abgelehnt.

Um die Gruppen 1 und 2 mit dem Wilcoxon-Test zu vergleichen, ruft man die Funktion wilcox.test folgendermaßen auf:

```
> wilcox.test(PISA[w.wenig,'Mathematik'],
+            PISA[w.normal,'Mathematik'])
```

Man erhält folgendes Ergebnis:

```
        Wilcoxon rank sum test with continuity correction

data: PISA[w.wenig, "Mathematik"] and PISA[w.normal, "Mathematik"]
W = 324, p-value = 0.01769
alternative hypothesis: true location shift is not equal to 0

Warnmeldung:
In wilcox.test.default(PISA[w.wenig, "Mathematik"], PISA[w.normal,
:
  kann bei Bindungen keinen exakten p-Wert Berechnen
```

R berücksichtigt die Bindungen und arbeitet mit der Stetigkeitskorrektur. Wir hatten im Beispiel einen Wert von 444 für W bestimmt. R gibt hier den Wert 324 an. Die Diskrepanz zwischen den Werten liegt daran, dass in R die Teststatistik

$$W - \frac{m(m+1)}{2}$$

verwendet wird. Dabei ist im Beispiel $m = 15$ der Stichprobenumfang der ersten Gruppe und somit $m(m+1)/2 = 120$. Die Wahl von R führt dazu, dass der kleinste Wert der Teststatistik gleich 0 ist. Die Überschreitungswahrscheinlichkeit beträgt 0.01769. Somit wird die Nullhypothese (11.15) zum Signifikanzniveau $\alpha = 0.05$ abgelehnt.

Für die multivariate einfaktorielle Varianzanalyse gibt es in R die Funktion manova. Sie wird wie die Funktion aov für die univariate einfaktorielle Varianzanalyse aufgerufen. Hierzu schreiben wir zunächst die ersten drei Spalten mit den PISA-Ergebnissen in eine Matrix. Hierfür verwenden wir die Funktion cbind, die Vektoren spaltenweise zusammenfügt.

```
> m <- cbind(PISA$Mathematik,PISA$Lesekompetenz,
+            PISA$Naturwissenschaft)
```

Danach geben wir ein:

```
e <- manova(m~PISA$Fehlgruppe)
```

Wilks' Λ erhalten wir mit dem Argument test='Wilks':

```
> summary(e,test='Wilks')
                Df   Wilks approx F num Df den Df   Pr(>F)
PISA$Fehlgruppe  2 0.73229   3.0906      6    110 0.007787 **
Residuals       57
---
Signif. codes:  0 '***' 0.001 '**' 0.01 '*' 0.05 '.' 0.1 ' ' 1
```

R gibt den transformierten Wert in (11.23) aus, der einer F-Verteilung folgt. Die Überschreitungswahrscheinlichkeit beträgt 0.007787. Somit wird die Nullhypothese (11.19) zum Signifikanzniveau $\alpha = 0.05$ abgelehnt.

Für den Jonckheere-Test gibt es die Funktion jonckheere.test aus dem Paket clinfun von Seshan (2016). Die Funktion wird folgendermaßen aufgerufen:

```
jonckheere.test(x, g, alternative = c("two.sided",
                "increasing","decreasing"), nperm=NULL)
```

Als erstes Argument wird der Funktion der Vektor mit den Daten übergeben. Das zweite Argument enthält die Gruppenzugehörigkeit. Die i-te Komponente dieses Vektors gibt an, zu welcher Gruppe die i-te Beobachtung gehört. Mit dem Argument alternative geben wir die vermutete Richtung der Lageparameter in der Alternativhypothese ein. Wir geben zunächst die Daten ein:

```
> koffein <- c(242,245,244,248,247,248,242,244,246,242,
+               248,246,245,247,248,250,247,246,243,244,
+               246,248,250,252,248,250,246,248,245,250)
> gruppe <- rep(1:3,each=10)
```

Wir rufen danach die Funktion mit

```
> library(clinfun)
> jonckheere.test(koffein,gruppe,alternative = 'increasing')
```

auf und erhalten folgendes Ergebnis:

```
        Jonckheere-Terpstra test

data:
JT = 227, p-value = 0.001707
alternative hypothesis: increasing


Warnmeldung:
In jonckheere.test(koffein, gruppe, alternative = "increasing"):
  Sample size > 100 or data with ties
 p-value based on normal approximation.
 Specify nperm for permutation p-value
```

Die Funktion berücksichtigt hier das Vorhandensein von Bindungen und gibt die Test-statistik V aus (11.27) unter JT aus. Die Überschreitungswahrscheinlichkeit beträgt 0.0017078. Somit lehnen wir zum Signifikanzniveau $\alpha = 0.05$ die Nullhypothese ab. Wir wollen zum Schluss das Beispiel aus Tab. 11.7 für die Merkmale Einkommen und Zufriedenheit betrachten. Hier liegen die Daten in Form einer Kontingenztabelle vor. Wir geben daher zunächst ein:

```
> m <- matrix(c(20,35,7,24,66,18,80,185,54,82,238,92),
              ncol=4,byrow=FALSE)
> m
     [,1] [,2] [,3] [,4]
[1,]   20   24   80   82
[2,]   35   66  185  238
[3,]    7   18   54   92
```

Als Nächstes müssen wir die Daten in einen Dataframe überführen. Für den Fall, dass die beiden Merkmale in den Zeilen von oben nach unten und in den Spalten von links nach rechts aufsteigend geordnet sind, schreiben wir eine Funktion, die aus der Kontingenzta-belle einen geeigneten Dataframe mit zwei Spalten erstellt. In der ersten Spalte soll der Vektor der Daten und in der zweiten Spalte der Vektor der Gruppenzugehörigkeit stehen:

```
> kont.gruppe <- function(m) {
+ # m ist eine Kontingenztabelle in Matrixform
+ # Die Zeilen von m bilden die geordneten Gruppen von oben
    nach unten
+ # Die Spalten von m sind von links nach rechts
+ # aufsteigend geordnet
+ i <- dim(m)[1]
+ j <- dim(m)[2]
+ daten <- rep(rep(1:j,i),as.vector(t(m)))
+ gruppe <- rep(1:i,apply(m,1,sum))
+ return(as.data.frame(cbind(daten,gruppe)))
}
```

Nun rufen wir nacheinander die beiden Funktionen auf:

```
> tab <- kont.gruppe(m)
> jonckheere.test(tab$daten,tab$gruppe,alternative='increasing')
```

und erhalten folgendes Ergebnis:

```
        Jonckheere-Terpstra test

data:
JT = 126690, p-value = 0.004955
alternative hypothesis: increasing

Warnmeldung:
In jonckheere.test(tab$daten, tab$gruppe,
```

```
   alternative = "increasing") :
 Sample size > 100 or data with ties
p-value based on normal approximation.
Specify nperm for permutation p-value
```

Die Überschreitungswahrscheinlichkeit beträgt 0.004955. Somit lehnen wir zum Signifikanzniveau $\alpha = 0.05$ die Nullhypothese ab und gehen davon aus, dass mit steigendem
Einkommen auch die Zufriedenheit zunimmt.

11.6   Ergänzungen und weiterführende Literatur

Wir haben uns bei der einfaktoriellen Varianzanalyse auf die klassischen parametrischen
und nichtparametrischen Verfahren beschränkt. Weitere nichtparametrische Tests für die
univariate einfaktorielle Varianzanalyse gibt es bei Büning & Trenkler (1994). Diese beschreiben auch Tests zur Überprüfung der Annahme identischer Varianzen. Verfahren der
univariaten und multivariaten mehrfaktoriellen Varianzanalyse sind bei Fahrmeir et al.
(1996), Mardia et al. (1980) und Johnson & Wichern (2013) gegeben.

Wird die Hypothese abgelehnt, dass alle I Erwartungswerte identisch sind, so stellt sich
die Frage, welche Gruppen sich unterscheiden. Wie man hierbei vorzugehen hat, wird bei
Miller (1981) ausführlich dargestellt.

11.7   Übungen

11.1 Betrachten Sie das Merkmal Lesekompetenz in Tab. 1.1 und die Gruppen in
Tab. 11.1.

1. Führen Sie eine univariate einfaktorielle Varianzanalyse durch.
2. Führen Sie den Kruskal-Wallis-Test durch.
3. Welchen Test halten Sie für besser geeignet?

11.2 Betrachten Sie die Merkmale Ermitteln von Informationen, Textbezogenes Interpretieren und Reflektieren und Bewerten in Tab. 2.12 und die Gruppen in Tab. 11.1.

1. Führen Sie eine multivariate einfaktorielle Varianzanalyse durch.
2. Betrachten Sie jedes einzelne Merkmal.
   (a) Führen Sie eine univariate einfaktorielle Varianzanalyse durch.
   (b) Führen Sie den Kruskal-Wallis-Test durch.

11.3 In der PISA-Studie aus dem Jahr 2001 wurde die durchschnittliche Klassengröße in den einzelnen Ländern bestimmt (vgl. Deutsches PISA-Konsortium (Hrsg.) (2001,

S. 422)). Wir bilden drei Gruppen. Die erste Gruppe umfasst die Länder, in denen in einer Klasse weniger als 22 Kinder unterrichtet werden. Das sind die folgenden Länder:

    B DK FIN IS LV FL L S CH.

Die zweite Gruppe bilden die Länder, in denen die durchschnittliche Klassengröße mindestens 22, aber weniger als 25 Kinder beträgt:

    AUS D GR GB IRL I N A P RUS E CZ USA.

Die letzte Gruppe besteht aus den Ländern mit einer Klassengröße von mindestens 25 Kindern:

    BR F J CDN ROK MEX NZ PL H.

Betrachten Sie das Merkmal Lesekompetenz in Tab. 5.7.

1. Führen Sie eine univariate einfaktorielle Varianzanalyse durch.
2. Führen Sie den Kruskal-Wallis-Test durch.
3. Welchen Test halten Sie für besser geeignet?

Diskriminanzanalyse 12

Inhaltsverzeichnis

12.1 Problemstellung und theoretische Grundlagen 363
12.2 Diskriminanzanalyse bei normalverteilten Grundgesamtheiten 372
12.3 Fishers lineare Diskriminanzanalyse 383
12.4 Logistische Diskriminanzanalyse 388
12.5 Klassifikationsbäume 391
12.6 Praktische Aspekte 399
12.7 Diskriminanzanalyse in R 405
12.8 Ergänzungen und weiterführende Literatur 411
12.9 Übungen 412

12.1 Problemstellung und theoretische Grundlagen

In diesem Kapitel gehen wir wie bei der Varianzanalyse davon aus, dass die Gruppen von Merkmalsträgern bekannt sind. Im Gegensatz zur Varianzanalyse weiß man aber nicht, zu welcher Gruppe ein Objekt gehört. Gesucht ist eine Entscheidungsregel, die es erlaubt, ein Objekt einer der Gruppen zuzuordnen. Man spricht in diesem Fall von *Diskriminanzanalyse*. Ein klassisches Beispiel ist die Einschätzung der Kreditwürdigkeit eines Kunden. Bei der Vergabe des Kredites ist nicht bekannt, ob der Kunde die Verpflichtungen einhalten wird. Man kennt aber eine Reihe von Merkmalen wie Alter, Einkommen und Vermögen. Auf Basis dieser Informationen ordnet man die Person entweder der Gruppe der Kunden zu, die kreditwürdig sind, oder der Gruppe der Kunden, die nicht kreditwürdig sind. Auch Ärzte klassifizieren Patienten anhand einer Reihe von Symptomen als krank oder gesund.

Bei einer Varianzanalyse untersuchen wir anhand der Gruppenzugehörigkeit Unterschiede bei einem quantitativen Merkmal. Bei einer Diskriminanzanalyse untersuchen wir anhand quantitativer und qualitativer Merkmale, zu welcher Gruppe ein Merkmalsträger gehört. Wir wollen uns damit beschäftigen, wie man datengestützt eine Entscheidungsregel finden kann, die ein Objekt mit dem p-dimensionalen Merkmalsvektor $\mathbf{x}$ genau einer

A. Handl, T. Kuhlenkasper, *Multivariate Analysemethoden*, Statistik und ihre Anwendungen,
DOI 10.1007/978-3-662-54754-0_12

der Gruppen zuordnet. Dabei werden wir ausschließlich den Fall betrachten, dass ein Objekt einer von zwei Gruppen zugeordnet werden soll.

Beispiel 51 Beispiel 2 zeigt das Ergebnis eines Tests, der vor einem Brückenkurs in Mathematik vor Studienbeginn am Fachbereich Wirtschaftswissenschaft der FU Berlin durchgeführt wurde. Bei dem Test mussten 26 Aufgaben bearbeitet werden. Wir kodieren das Merkmal `Geschlecht` mit dem Wert 1, falls die Person weiblich ist, und mit dem Wert 0, falls die Person männlich ist. Bei den Merkmalen `MatheLK` und `Abitur` kodieren wir jeweils die Ausprägung `ja` mit dem Wert 1 und die Ausprägung `nein` mit dem Wert 0. Mithilfe des Merkmals `Punkte` bilden wir zwei Gruppen von Studenten. Die Gruppe 1 besteht aus den Studenten, die mindestens 14 Punkte erreicht und damit den Test bestanden haben. In Gruppe 2 sind die Studenten, die den Test nicht bestanden haben. Tab. 12.1 zeigt die Daten mit der Kodierung.

Wir gehen im Folgenden davon aus, dass wir nur an diesen Studenten interessiert sind. Wir fassen sie also als eine Grundgesamtheit auf. In Gruppe 1 sind neun und in Gruppe 2 sind elf Studierende. Wir wollen nun einen Studierenden der Gruppe zuordnen, zu der er gehört, ohne zu wissen, um welche Gruppe es sich handelt. Wir gehen zunächst davon aus, dass nur eines der Merkmale bekannt ist. Stellen wir uns vor, die ausgewählte Person ist weiblich, das Merkmal `Geschlecht` nimmt also den Wert 1 an. Welcher der beiden Gruppen sollen wir sie zuordnen? Um diese Frage zu beantworten, schauen wir uns die Kontingenztabelle der Merkmale `Geschlecht` und `Gruppe` an (siehe Tab. 12.2).

Tab. 12.1 Ergebnisse von Studienanfängern bei einem Mathematik-Test

Geschlecht	MatheLK	MatheNote	Abitur	Gruppe
0	0	3	0	2
0	0	4	0	2
0	0	4	0	2
0	0	4	0	2
0	0	3	0	2
1	0	3	0	2
1	0	4	1	2
1	0	3	1	2
1	0	4	1	1
0	1	3	0	1
0	1	3	0	1
0	1	2	0	1
0	1	3	0	2
1	1	3	0	1
1	1	2	0	1
1	1	2	0	1
0	1	1	1	1
1	1	2	1	2
1	1	2	1	2
1	1	4	1	1

Tab. 12.2 Kontingenztabelle der Merkmale Geschlecht und Gruppe

Geschlecht	Gruppe	
	1	2
0	4	6
1	5	5

Tab. 12.3 Verteilung des Merkmals Geschlecht in den Gruppen 1 und 2

Geschlecht	Gruppe	
	1	2
0	0.44	0.55
1	0.56	0.45

Wir können die Information in Tab. 12.2 auf zwei Arten zur Beantwortung der Frage verwenden: Zum einen können wir die Verteilung des Merkmals Geschlecht in den beiden Gruppen betrachten. Wir können aber auch die Verteilung des Merkmals Gruppe bei den Frauen und bei den Männern betrachten. Auf den ersten Blick sieht es so aus, als ob nur die zweite Vorgehensweise sinnvoll ist. Wir kennen die Ausprägung des Merkmals Geschlecht und fragen nach dem Merkmal Gruppe. In der Praxis ist man bei der Datenerhebung aber mit der ersten Situation konfrontiert. Es werden in der Regel zuerst die beiden Gruppen gebildet und dann in diesen die Merkmale bestimmt, auf deren Basis die Entscheidungsregel angegeben werden soll. Schauen wir uns also deshalb zunächst die erste Situation an. Tab. 12.3 zeigt die Verteilung des Merkmals Geschlecht in den beiden Gruppen.

Liegt die Gruppe 1 vor, so beträgt die Wahrscheinlichkeit, eine Person auszuwählen, die weiblich ist, $5/9 = 0.56$. Liegt hingegen die Gruppe 2 vor, so beträgt die Wahrscheinlichkeit, eine Person auszuwählen, die weiblich ist, $5/11 = 0.45$. Es ist also wahrscheinlicher, aus der Gruppe 1 eine weibliche Person auszuwählen als aus der Gruppe 2. Wurde also eine weibliche Person ausgewählt, so ist es plausibler, dass sie aus der Gruppe 1 kommt. Wir entscheiden uns damit für die Gruppe, bei der die Merkmalsausprägung weiblich wahrscheinlicher ist. □

Die Entscheidung in Beispiel 51 beruht auf dem *Likelihood-Prinzip*. Wir nennen sie deshalb die *Maximum-Likelihood-Entscheidungsregel*. Schauen wir uns diese formal an.

Eine Population bestehe aus den Gruppen 1 und 2. Anhand der Ausprägung **x** der p-dimensionalen Zufallsvariablen **X** soll ein Objekt einer der beiden Gruppen zugeordnet werden. Wir gehen im Folgenden davon aus, dass die p-dimensionale Zufallsvariable **X** die Wahrscheinlichkeits- bzw. Dichtefunktion $f_i(\mathbf{x})$ besitzt, wenn **X** zur i-ten Gruppe gehört, $i = 1, 2$.

Beispiel 51 (Fortsetzung) Sei X die Anzahl der Frauen in einer Stichprobe vom Umfang 1. Die Zufallsvariable X kann daher die Werte 0 und 1 annehmen. Die Wahrscheinlichkeitsverteilung von X hängt davon ab, aus welcher Gruppe die Person kommt. Sei

$$f_i(x) = P(X = x | \text{Person kommt aus Gruppe } i) \, .$$

Es gilt

$$f_1(0) = \frac{4}{9} = 0.44, \quad f_1(1) = \frac{5}{9} = 0.56$$

und

$$f_2(0) = \frac{6}{11} = 0.55, \quad f_2(1) = \frac{5}{11} = 0.45 \, . \qquad \Box$$

Definition 12.21 *Ein Objekt mit Merkmalsausprägung* **x** *wird nach der Maximum-Likelihood-Entscheidungsregel der Gruppe 1 zugeordnet, wenn gilt*

$$\frac{f_1(\mathbf{x})}{f_2(\mathbf{x})} > 1 \, . \tag{12.1}$$

Es wird der Gruppe 2 zugeordnet, wenn gilt

$$\frac{f_1(\mathbf{x})}{f_2(\mathbf{x})} < 1 \, . \tag{12.2}$$

Gilt

$$\frac{f_1(\mathbf{x})}{f_2(\mathbf{x})} = 1 \, , \tag{12.3}$$

so kann man es willkürlich einer der beiden Gruppen zuordnen.

Beispiel 51 (Fortsetzung) Wählt man also das Geschlecht als Entscheidungsvariable, so ordnet man eine Person der Gruppe 1 zu, wenn sie weiblich ist. Man ordnet sie der Gruppe 2 zu, wenn sie männlich ist. $\qquad \Box$

Die Entscheidungsregel ist fehlerbehaftet. Es gibt zwei Fehlentscheidungen:

Man kann ein Objekt der Gruppe 1 zuordnen, obwohl es zur Gruppe 2 gehört, und man kann ein Objekt der Gruppe 2 zuordnen, obwohl es zur Gruppe 1 gehört. Die Wahrscheinlichkeiten dieser Fehlentscheidungen heißen *individuelle Fehlerraten* oder *Verwechslungswahrscheinlichkeiten*. Die Summe der beiden individuellen Fehlerraten nennt man *Fehlerrate*.

Beispiel 51 (Fortsetzung) Wir ordnen eine Person der Gruppe 2 zu, wenn sie männlich ist. Wird also ein Mann aus Gruppe 1 beobachtet, so ordnen wir diesen fälschlicherweise Gruppe 2 zu. Die Wahrscheinlichkeit, eine Person aus Gruppe 1 irrtümlich der Gruppe 2 zuzuordnen, beträgt also $4/9 = 0.44$. Entsprechend beträgt die Wahrscheinlichkeit, eine Person aus Gruppe 2 irrtümlich der Gruppe 1 zuzuordnen, $5/11 = 0.45$. Die individuellen Fehlerraten betragen also 0.44 und 0.45. Die Fehlerrate ist gleich 0.89, also sehr hoch. Das

Tab. 12.4 Kontingenztabelle
der Merkmale MatheLK und
Gruppe

MatheLK	Gruppe	
	1	2
0	1	8
1	8	3

Tab. 12.5 Verteilung des Merkmals MatheLK in der Gruppe der Teilnehmer, die den Test bestanden haben, und in der Gruppe der Teilnehmer, die den Test nicht bestanden haben

MatheLK	Gruppe	
	1	2
0	0.11	0.73
1	0.89	0.27

Merkmal Geschlecht diskriminiert daher sehr schlecht zwischen den beiden Gruppen. Man sagt auch, das Merkmal Geschlecht besitzt eine geringe Trennkraft. Wählt man hingegen als Kriterium, ob jemand den Leistungskurs Mathematik besucht hat oder nicht, kann man viel besser zwischen den beiden Gruppen diskriminieren. Tab. 12.4 zeigt die Kontingenztabelle der Merkmale MatheLK und Gruppe.

Tab. 12.5 enthält die Verteilung des Merkmals MatheLK in den beiden Gruppen.

Aufgrund der Maximum-Likelihood-Entscheidungsregel ordnen wir einen Studierenden der Gruppe 1 zu, wenn er den Mathematik-Leistungskurs besucht hat. Hat er den Mathematik-Leistungskurs hingegen nicht besucht, so ordnen wir die Person der Gruppe 2 zu. Unter den Personen, die den Test bestanden haben, beträgt der Anteil derjenigen, die keinen Leistungskurs Mathematik besucht haben, 0.11. Unter den Personen, die den Test nicht bestanden haben, beträgt der Anteil derjenigen, die den Leistungskurs Mathematik besucht haben, 0.27. Somit betragen die individuellen Fehlerraten 0.11 und 0.27. Die Fehlerrate beträgt also 0.38. Wir sehen, dass diese Fehlerrate beträchtlich niedriger als beim Merkmal Geschlecht ist. Die Trennkraft des Merkmals MatheLK ist also deutlich höher. □

Wir haben die Maximum-Likelihood-Entscheidungsregel für p Merkmale definiert, im Beispiel aber nur ein Merkmal berücksichtigt. Schauen wir uns exemplarisch zwei Merkmale an.

Beispiel 51 (Fortsetzung) Wir betrachten die Merkmale Geschlecht und MatheLK gleichzeitig. Bei jedem Studierenden beobachten wir also ein Merkmalspaar (x_1, x_2), wobei x_1 das Merkmal Geschlecht und x_2 das Merkmal MatheLK ist. Tab. 12.6 zeigt alle Merkmalsausprägungen mit den absoluten Häufigkeiten in den beiden Gruppen. Tab. 12.7 gibt die Wahrscheinlichkeitsverteilung der beiden Merkmale in den beiden Gruppen wieder.

Auf Grund der Maximum-Likelihood-Entscheidungsregel ordnen wir einen Studierenden der Gruppe 1 zu, wenn er die Merkmalsausprägungen $(0, 1)$ oder $(1, 1)$ besitzt. Wir

Tab. 12.6 Absolute Häufigkeiten der Merkmale Geschlecht und MatheLK in den beiden Gruppen

(x_1, x_2)	Gruppe	
	1	2
$(0, 0)$	0	5
$(0, 1)$	4	1
$(1, 0)$	1	3
$(1, 1)$	4	2

Tab. 12.7 Wahrscheinlichkeitsverteilung der Merkmale Geschlecht und MatheLK in den beiden Gruppen

(x_1, x_2)	Gruppe	
	1	2
$(0, 0)$	0.00	0.45
$(0, 1)$	0.44	0.09
$(1, 0)$	0.11	0.27
$(1, 1)$	0.44	0.18

ordnen ihn der Gruppe 2 zu, wenn er die Merkmalsausprägungen $(0, 0)$ oder $(1, 0)$ besitzt. Wir sehen, dass die Entscheidungsregel im Beispiel nur vom Merkmal `MatheLK` abhängt. Die Fehlerrate beträgt 0.38. ☐

Die Maximum-Likelihood-Entscheidungsregel berücksichtigt nicht, dass die beiden Populationen unterschiedlich groß sein können. Ist die eine Population größer als die andere, so sollte auch die Chance größer sein, dass wir ein Objekt der größeren Population zuordnen. Schauen wir uns an, wie wir die Größe der Populationen berücksichtigen können.

Wir betrachten eine Zufallsvariable Y, die den Wert 1 annimmt, wenn ein Objekt aus Gruppe 1 kommt, und den Wert 0 annimmt, wenn ein Objekt aus Gruppe 2 kommt. Sei $P(Y = 1) = \pi_1$ die Wahrscheinlichkeit, dass ein Objekt aus Population 1, und $P(Y = 0) = \pi_2$ die Wahrscheinlichkeit, dass ein Objekt aus Population 2 kommt. Man nennt π_1 und π_2 auch *A-priori-Wahrscheinlichkeiten*. Um den Umfang der Populationen bei der Entscheidungsregel zu berücksichtigen, multiplizieren wir die Likelihood-Funktionen mit den Wahrscheinlichkeiten der Populationen. Je größer ein π_i, $i = 1, 2$ ist, umso größer wird auch die Chance, dass ein Objekt dieser Population zugeordnet wird. Wir erhalten die sogenannte *Bayes-Entscheidungsregel*.

Definition 12.22 *Ein Objekt mit Merkmalsausprägung* **x** *wird nach der Bayes-Entscheidungsregel der Gruppe 1 zugeordnet, wenn gilt*

$$\pi_1 \, f_1(\mathbf{x}) > \pi_2 \, f_2(\mathbf{x}) \, . \tag{12.4}$$

Es wird der Gruppe 2 zugeordnet, wenn gilt

$$\pi_1 \, f_1(\mathbf{x}) < \pi_2 \, f_2(\mathbf{x}) \, . \tag{12.5}$$

Gilt

$$\pi_1 f_1(\mathbf{x}) = \pi_2 f_2(\mathbf{x}) , \qquad (12.6)$$

so kann man es willkürlich einer der beiden Gruppen zuordnen.

Beispiel 51 (Fortsetzung) Es gilt $\pi_1 = 0.45$ und $\pi_2 = 0.55$. Wählen wir das Merkmal Geschlecht als Entscheidungsvariable, so gilt

$$\pi_1 f_1(0) = 0.45 \cdot \frac{4}{9} = 0.2 ,$$

$$\pi_2 f_2(0) = 0.55 \cdot \frac{6}{11} = 0.3 ,$$

$$\pi_1 f_1(1) = 0.45 \cdot \frac{5}{9} = 0.25 ,$$

$$\pi_2 f_2(1) = 0.55 \cdot \frac{5}{11} = 0.25 .$$

Wir ordnen also nach der Bayes-Entscheidungsregel eine Person der Gruppe 2 zu, wenn sie männlich ist. Ist sie weiblich, können wir sie willkürlich einer der beiden Gruppen zuordnen. Die Bayes-Entscheidungsregel kommt also im Beispiel zu einer anderen Entscheidung als die Maximum-Likelihood-Entscheidungsregel. □

Wir können die (12.4), (12.5) und (12.6) so umformen, dass man sie einfacher mit der Maximum-Likelihood-Entscheidungsregel vergleichen kann. Hierzu schauen wir uns nur (12.4) an. Die beiden anderen Entscheidungen ändern sich analog.

Ein Objekt mit Merkmalsausprägung $\mathbf{x}$ wird nach der Bayes-Entscheidungsregel der Gruppe 1 zugeordnet, wenn gilt

$$\frac{f_1(\mathbf{x})}{f_2(\mathbf{x})} > \frac{\pi_2}{\pi_1} . \qquad (12.7)$$

Wir sehen, dass sich bei der Bayes-Entscheidungsregel gegenüber der Maximum-Likelihood-Entscheidungsregel nur die Grenze ändert, auf der die Entscheidung basiert.

Die Bayes-Entscheidungsregel besitzt unter allen Entscheidungsregeln die kleinste Fehlerrate. Einen Beweis dieser Tatsache geben Fahrmeir et al. (1996).

Man kann die Bayes-Entscheidungsregel in einer Form darstellen, durch die ihr Name verdeutlicht wird. Wir betrachten die *A-posteriori-Wahrscheinlichkeiten* $P(Y = 1|\mathbf{x})$ und $P(Y = 0|\mathbf{x})$. Es liegt nahe, ein Objekt der Gruppe 1 zuzuordnen, wenn $P(Y = 1|\mathbf{x})$ größer ist als $P(Y = 0|\mathbf{x})$. Diese Vorschrift entspricht der Bayes-Entscheidungsregel. Aufgrund des Satzes von Bayes gilt

$$P(Y = 1|\mathbf{x}) = \frac{\pi_1 f_1(\mathbf{x})}{f(\mathbf{x})} \qquad (12.8)$$

und

$$P(Y = 0|\mathbf{x}) = \frac{\pi_2 \, f_2(\mathbf{x})}{f(\mathbf{x})} \qquad (12.9)$$

mit

$$f(\mathbf{x}) = \pi_1 \, f_1(\mathbf{x}) + \pi_2 \, f_2(\mathbf{x}) \, .$$

Aus (12.8) und (12.9) folgt

$$\pi_1 \, f_1(\mathbf{x}) = P(Y = 1|\mathbf{x}) \, f(\mathbf{x}) \qquad (12.10)$$

und

$$\pi_2 \, f_2(\mathbf{x}) = P(Y = 0|\mathbf{x}) \, f(\mathbf{x}) \, . \qquad (12.11)$$

Setzen wir (12.10) und (12.11) in (12.4) ein, so folgt:

Ein Objekt mit Merkmalsausprägung $\mathbf{x}$ wird nach der Bayes-Entscheidungsregel der Gruppe 1 zugeordnet, wenn gilt

$$P(Y = 1|\mathbf{x}) > P(Y = 0|\mathbf{x}) \, . \qquad (12.12)$$

Beispiel 51 (Fortsetzung) Wählen wir das Merkmal `Geschlecht` als Entscheidungsvariable, so können wir die Bayes-Entscheidungsregel mit Tab. 12.2 problemlos über (12.12) bestimmen. Es gilt

$$P(Y = 0|0) = 0.6 \, ,$$
$$P(Y = 1|0) = 0.4$$

und

$$P(Y = 0|1) = 0.5 \, ,$$
$$P(Y = 1|1) = 0.5 \, . \qquad \square$$

Bei der Diskriminanzanalyse gibt es im Zweigruppenfall zwei Fehlentscheidungen. Man kann ein Objekt irrtümlich der Gruppe 1 oder irrtümlich der Gruppe 2 zuordnen. Bisher sind wir davon ausgegangen, dass diese beiden Fehlklassifikationen gleichgewichtig sind. Dies ist aber nicht immer der Fall. So ist es in der Regel sicherlich schlimmer, einen Kranken als gesund einzustufen als einen Gesunden als krank. Wir wollen also die Entscheidungsregel noch um Kosten erweitern. Diese Kosten gewichten also die Fehlentscheidungen bei der Diskriminanzanalyse.

Definition 12.23 *Seien $C(1|2)$ die Kosten, die entstehen, wenn man ein Objekt, das in Gruppe 2 gehört, irrtümlich in Gruppe 1 einstuft, und $C(2|1)$ die Kosten, die entstehen, wenn man ein Objekt, das in Gruppe 1 gehört, irrtümlich in Gruppe 2 einstuft. Ein Objekt mit Merkmalsausprägung $\mathbf{x}$ wird nach der kostenminimalen Entscheidungsregel der Gruppe 1 zugeordnet, wenn gilt*

$$\pi_1\, C(2|1)\, f_1(\mathbf{x}) > \pi_2\, C(1|2)\, f_2(\mathbf{x}) \ . \tag{12.13}$$

Es wird der Gruppe 2 zugeordnet, wenn gilt

$$\pi_1\, C(2|1)\, f_1(\mathbf{x}) < \pi_2\, C(1|2)\, f_2(\mathbf{x}) \ . \tag{12.14}$$

Gilt

$$\pi_1\, C(2|1)\, f_1(\mathbf{x}) = \pi_2\, C(1|2)\, f_2(\mathbf{x}) \ , \tag{12.15}$$

so kann man es willkürlich einer der beiden Gruppen zuordnen.

Ein Beweis der Kostenoptimalität ist bei Krzanowski (2000) gegeben. Wir formen (12.13), (12.14) und (12.15) so um, dass wir sie einfacher mit der Maximum-Likelihood-Entscheidungsregel und der Bayes-Entscheidungsregel vergleichen können. Wir beschränken uns auch hier auf (12.13).

Ein Objekt mit Merkmalsausprägung $\mathbf{x}$ wird nach der kostenminimalen Entscheidungsregel der Gruppe 1 zugeordnet, wenn gilt

$$\frac{f_1(\mathbf{x})}{f_2(\mathbf{x})} > \frac{\pi_2\, C(1|2)}{\pi_1\, C(2|1)} \ . \tag{12.16}$$

Wir sehen, dass die kostenminimale Entscheidungsregel mit der Bayes-Entscheidungsregel zusammenfällt, wenn $C(1|2) = C(2|1)$ gilt.

Wir verwenden bei der Formulierung der Entscheidungsregel die Maximum-Likelihood-Entscheidungsregel. Bei den beiden anderen Regeln muss man nur die rechte Seite der Ungleichung entsprechend modifizieren. Außerdem geben wir bei der Entscheidungsregel nur den Teil an, der beschreibt, wann man eine Beobachtung der ersten Gruppe zuordnen soll.

Bisher sind wir davon ausgegangen, dass die Verteilung der Grundgesamtheit bekannt ist. Ist sie nicht bekannt, so fassen wir die Beobachtungen als Stichprobe auf und schätzen die jeweiligen Parameter. So schätzen wir zum Beispiel die A-priori-Wahrscheinlichkeiten über die Anteile der beiden Gruppen an der Stichprobe. Ein solcher Schätzer setzt natürlich voraus, dass eine Zufallsstichprobe aus der Grundgesamtheit vorliegt.

12.2   Diskriminanzanalyse bei normalverteilten Grundgesamtheiten

In der Einleitung dieses Kapitels haben wir die Grundprinzipien der Diskriminanzanalyse am Beispiel eines qualitativen Merkmals klargemacht. Oft werden quantitative Merkmale erhoben. In diesem Fall nimmt man an, dass das Merkmal aus einer normalverteilten Grundgesamtheit stammt.

12.2.1   Diskriminanzanalyse bei Normalverteilung mit bekannten Parametern

Betrachten wir zunächst den univariaten Fall. Wir gehen von einer Zufallsvariablen X aus, die in Gruppe 1 normalverteilt ist mit den Parametern μ_1 und σ_1^2 und die in Gruppe 2 normalverteilt ist mit den Parametern μ_2 und σ_2^2. Für $i = 1, 2$ gilt also

$$f_i(x) = \frac{1}{\sigma_i \sqrt{2\pi}} \exp\left\{-\frac{(x - \mu_i)^2}{2\sigma_i^2}\right\} \quad \text{für} \quad x \in I\!R .$$

Theorem 12.1 gibt die Entscheidungsregel bei univariater Normalverteilung an.

Theorem 12.1 *Die Zufallsvariable X sei in Gruppe 1 normalverteilt mit den Parametern μ_1 und σ_1^2 und in Gruppe 2 normalverteilt mit den Parametern μ_2 und σ_2^2. Dann lautet die Maximum-Likelihood-Entscheidungsregel:*

Ordne das Objekt mit Merkmalsausprägung x der Gruppe 1 zu, wenn gilt

$$x^2 \left(\frac{1}{\sigma_2^2} - \frac{1}{\sigma_1^2}\right) - 2x \left(\frac{\mu_2}{\sigma_2^2} - \frac{\mu_1}{\sigma_1^2}\right) + \left(\frac{\mu_2^2}{\sigma_2^2} - \frac{\mu_1^2}{\sigma_1^2}\right) > 2 \ln \frac{\sigma_1}{\sigma_2} . \tag{12.17}$$

Beweis:
(12.1) ist äquivalent zu

$$\ln f_1(\mathbf{x}) - \ln f_2(\mathbf{x}) > 0 .$$

Es gilt

$$\ln f_i(x) = -0.5 \ln \sigma_i^2 - 0.5 \ln 2\pi - \frac{(x - \mu_i)^2}{2\sigma_i^2} .$$

Hieraus folgt

$$\ln f_1(x) - \ln f_2(x) = -0.5 \ln \sigma_1^2 - 0.5 \ln 2\pi - \frac{(x - \mu_1)^2}{2\sigma_1^2}$$

$$+ 0.5 \ln \sigma_2^2 + 0.5 \ln 2\pi + \frac{(x - \mu_2)^2}{2\sigma_2^2}$$

$$= 0.5 \ln \sigma_2^2 - 0.5 \ln \sigma_1^2$$
$$+ \frac{x^2 - 2x\mu_2 + \mu_2^2}{2\sigma_2^2} - \frac{x^2 - 2x\mu_1 + \mu_1^2}{2\sigma_1^2}$$
$$= 0.5 x^2 \left(\frac{1}{\sigma_2^2} - \frac{1}{\sigma_1^2} \right) - x \left(\frac{\mu_2}{\sigma_2^2} - \frac{\mu_1}{\sigma_1^2} \right)$$
$$+ 0.5 \left(\frac{\mu_2^2}{\sigma_2^2} - \frac{\mu_1^2}{\sigma_1^2} \right) - \ln \frac{\sigma_1}{\sigma_2} .$$

Hieraus folgt (12.17).

Man sieht, dass die Entscheidungsregel auf einer in x quadratischen Funktion basiert.

Beispiel 52 In Gruppe 1 liege Normalverteilung mit $\mu_1 = 3$ und $\sigma_1 = 1$ und in Gruppe 2 Normalverteilung mit $\mu_2 = 4$ und $\sigma_2 = 2$ vor. Die Entscheidungsregel lautet also:
  Ordne ein Objekt der Gruppe 1 zu, wenn gilt

$$1.152 \leq x \leq 4.181 .$$

Ordne ein Objekt der Gruppe 2 zu, wenn gilt

$$x < 1.152$$

oder

$$x > 4.181 .$$

Abb. 12.1 zeigt die Dichtefunktion $f_1(x)$ einer Normalverteilung mit $\mu = 3$ und $\sigma = 1$ (durchgezogene Linie) und die Dichtefunktion $f_2(x)$ einer Normalverteilung mit $\mu = 4$ und $\sigma = 2$ (gestrichelte Linie). Der Wertebereich von x, bei dem wir ein Objekt der Gruppe 1 zuordnen, ist fett dargestellt. Wir sehen, dass wir im Fall ungleicher Varianzen drei Bereiche erhalten. □

Ein wichtiger Spezialfall liegt vor, wenn die beiden Varianzen gleich sind. Wir betrachten den Fall $\mu_1 > \mu_2$. In diesem Fall erhalten wir folgende Entscheidungsregel:
  Ordne das Objekt mit Merkmalsausprägung x der Gruppe 1 zu, wenn gilt

$$x > \frac{\mu_1 + \mu_2}{2} .$$

Setzen wir nämlich in (12.17) $\sigma_1 = \sigma_2 = \sigma$, so ergibt sich

$$x^2 \left(\frac{1}{\sigma^2} - \frac{1}{\sigma^2} \right) - 2x \left(\frac{\mu_2}{\sigma^2} - \frac{\mu_1}{\sigma^2} \right) + \left(\frac{\mu_2^2}{\sigma^2} - \frac{\mu_1^2}{\sigma^2} \right) > 2 \ln \frac{\sigma}{\sigma} .$$

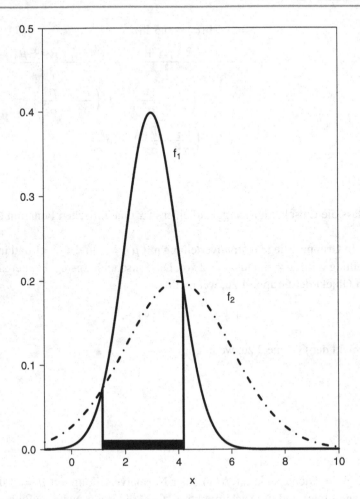

Abb. 12.1 Veranschaulichung der Maximum-Likelihood-Entscheidungsregel bei univariater Normalverteilung mit ungleichen Varianzen

Dies ist äquivalent zu

$$-2x\left(\frac{\mu_2}{\sigma^2} - \frac{\mu_1}{\sigma^2}\right) + \left(\frac{\mu_2^2}{\sigma^2} - \frac{\mu_1^2}{\sigma^2}\right) > 0 . \tag{12.18}$$

Multiplizieren wir beide Seiten von (12.18) mit σ^2, so erhalten wir

$$-2x(\mu_2 - \mu_1) + \left(\mu_2^2 - \mu_1^2\right) > 0 .$$

Wegen

$$\mu_1^2 - \mu_2^2 = (\mu_1 - \mu_2)(\mu_1 + \mu_2)$$

und

$$\mu_1 > \mu_2$$

folgt

$$x > \frac{\mu_1 + \mu_2}{2} \ .$$

Im Fall gleicher Varianzen erhält man also eine in x lineare Entscheidungsregel.

Beispiel 53 In Gruppe 1 liege Normalverteilung mit $\mu = 5$ und $\sigma = 1$ und in Gruppe 2 Normalverteilung mit $\mu = 3$ und $\sigma = 1$ vor. Wir erhalten also folgende Entscheidungsregel:

Ordne das Objekt mit Merkmalsausprägung x der Gruppe 1 zu, wenn gilt

$$x > 4 \ .$$

Ordne das Objekt mit Merkmalsausprägung x der Gruppe 2 zu, wenn gilt

$$x < 4 \ .$$

Ein Objekt mit Merkmalsausprägung 4 ordnen wir zufällig einer der beiden Gruppen zu. Abb. 12.2 zeigt die Dichtefunktion $f_1(x)$ einer Normalverteilung mit $\mu = 5$ und $\sigma = 1$ (durchgezogene Linie) und die Dichtefunktion $f_2(x)$ einer Normalverteilung mit $\mu = 3$ und $\sigma = 1$ (gestrichelte Linie). Der Wertebereich von x, bei dem wir ein Objekt der Gruppe 1 zuordnen, ist fett dargestellt. Wir sehen, dass wir im Fall gleicher Varianzen zwei Bereiche erhalten. □

Betrachten wir nun den multivariaten Fall. Wir gehen davon aus, dass die p-dimensionale Zufallsvariable $\mathbf{X}$ in der i-ten Gruppe multivariat normalverteilt ist mit Parametern $\boldsymbol{\mu}_i$ und $\boldsymbol{\Sigma}_i, i = 1, 2$. In der i-ten Gruppe liegt also folgende Dichtefunktion vor:

$$f_i(\mathbf{x}) = (2\pi)^{-p/2} |\boldsymbol{\Sigma}_i|^{-0.5} \exp\left\{-0.5(\mathbf{x} - \boldsymbol{\mu}_i)' \boldsymbol{\Sigma}_i^{-1}(\mathbf{x} - \boldsymbol{\mu}_i)\right\} \ .$$

Theorem 12.2 *Die p-dimensionale Zufallsvariable* $\mathbf{X}$ *sei in der i-ten Gruppe multivariat normalverteilt mit Parametern* $\boldsymbol{\mu}_i$ *und* $\boldsymbol{\Sigma}_i, i = 1, 2.$ *Dann lautet die Maximum-Likelihood-Entscheidungsregel:*
Ordne das Objekt mit Merkmalsausprägung x der Gruppe 1 zu, wenn gilt

$$-0.5\,\mathbf{x}'\left(\boldsymbol{\Sigma}_1^{-1} - \boldsymbol{\Sigma}_2^{-1}\right)\mathbf{x} + \left(\boldsymbol{\mu}_1'\,\boldsymbol{\Sigma}_1^{-1} - \boldsymbol{\mu}_2'\,\boldsymbol{\Sigma}_2^{-1}\right)\mathbf{x} > k \ . \tag{12.19}$$

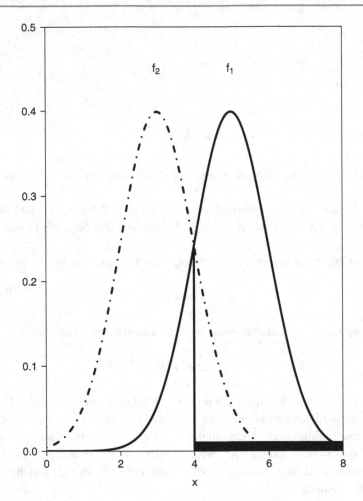

Abb. 12.2 Veranschaulichung der Maximum-Likelihood-Entscheidungsregel bei univariater Normalverteilung mit gleichen Varianzen

Dabei ist

$$k = 0.5 \ln \frac{|\boldsymbol{\Sigma}_1|}{|\boldsymbol{\Sigma}_2|} + 0.5 \left(\boldsymbol{\mu}_1' \, \boldsymbol{\Sigma}_1^{-1} \, \boldsymbol{\mu}_1 - \boldsymbol{\mu}_2' \, \boldsymbol{\Sigma}_2^{-1} \, \boldsymbol{\mu}_2 \right) .$$

Beweis:
(12.1) ist äquivalent zu

$$\ln f_1(\mathbf{x}) - \ln f_2(\mathbf{x}) > 0 .$$

Es gilt

$$\ln f_i(\mathbf{x}) = -\ln(2\pi)^{p/2} - 0.5 \ln |\boldsymbol{\Sigma}_i| - 0.5 (\mathbf{x} - \boldsymbol{\mu}_i)' \boldsymbol{\Sigma}_i^{-1} (\mathbf{x} - \boldsymbol{\mu}_i).$$

Hieraus folgt:

$$\begin{aligned}
\ln f_1(\mathbf{x}) - \ln f_2(\mathbf{x}) &= -0.5 \ln |\boldsymbol{\Sigma}_1| - 0.5 (\mathbf{x} - \boldsymbol{\mu}_1)' \boldsymbol{\Sigma}_1^{-1} (\mathbf{x} - \boldsymbol{\mu}_1) \\
&\quad + 0.5 \ln |\boldsymbol{\Sigma}_2| + 0.5 (\mathbf{x} - \boldsymbol{\mu}_2)' \boldsymbol{\Sigma}_2^{-1} (\mathbf{x} - \boldsymbol{\mu}_2) \\
&= -0.5 \left(\mathbf{x}' \boldsymbol{\Sigma}_1^{-1} \mathbf{x} - \mathbf{x}' \boldsymbol{\Sigma}_1^{-1} \boldsymbol{\mu}_1 - \boldsymbol{\mu}_1' \boldsymbol{\Sigma}_1^{-1} \mathbf{x} \right. \\
&\quad \left. + \boldsymbol{\mu}_1' \boldsymbol{\Sigma}_1^{-1} \boldsymbol{\mu}_1 \right) + 0.5 \left(\mathbf{x}' \boldsymbol{\Sigma}_2^{-1} \mathbf{x} - \mathbf{x}' \boldsymbol{\Sigma}_2^{-1} \boldsymbol{\mu}_2 \right. \\
&\quad \left. - \boldsymbol{\mu}_2' \boldsymbol{\Sigma}_2^{-1} \mathbf{x} + \boldsymbol{\mu}_2' \boldsymbol{\Sigma}_2^{-1} \boldsymbol{\mu}_2 \right) - 0.5 \ln \frac{|\boldsymbol{\Sigma}_1|}{|\boldsymbol{\Sigma}_2|} \\
&= -0.5 \left(\mathbf{x}' \boldsymbol{\Sigma}_1^{-1} \mathbf{x} - 2 \boldsymbol{\mu}_1' \boldsymbol{\Sigma}_1^{-1} \mathbf{x} + \boldsymbol{\mu}_1' \boldsymbol{\Sigma}_1^{-1} \boldsymbol{\mu}_1 \right) \\
&\quad + 0.5 \left(\mathbf{x}' \boldsymbol{\Sigma}_2^{-1} \mathbf{x} - 2 \boldsymbol{\mu}_2' \boldsymbol{\Sigma}_2^{-1} \mathbf{x} + \boldsymbol{\mu}_2' \boldsymbol{\Sigma}_2^{-1} \boldsymbol{\mu}_2 \right) \\
&\quad - 0.5 \ln \frac{|\boldsymbol{\Sigma}_1|}{|\boldsymbol{\Sigma}_2|} \\
&= -0.5 \mathbf{x}' \left(\boldsymbol{\Sigma}_1^{-1} - \boldsymbol{\Sigma}_2^{-1} \right) \mathbf{x} + \left(\boldsymbol{\mu}_1' \boldsymbol{\Sigma}_1^{-1} - \boldsymbol{\mu}_2' \boldsymbol{\Sigma}_2^{-1} \right) \mathbf{x} \\
&\quad - 0.5 \ln \frac{|\boldsymbol{\Sigma}_1|}{|\boldsymbol{\Sigma}_2|} - 0.5 \left(\boldsymbol{\mu}_1' \boldsymbol{\Sigma}_1^{-1} \boldsymbol{\mu}_1 - \boldsymbol{\mu}_2' \boldsymbol{\Sigma}_2^{-1} \boldsymbol{\mu}_2 \right).
\end{aligned}$$

Wir sehen, dass die Entscheidungsregel wie im univariaten Fall quadratisch in $\mathbf{x}$ ist. Man spricht auch von *quadratischer Diskriminanzanalyse*. Sind die beiden Varianz-Kovarianz-Matrizen identisch, gilt also $\boldsymbol{\Sigma}_1 = \boldsymbol{\Sigma}_2 = \boldsymbol{\Sigma}$, so ordnen wir eine Beobachtung $\mathbf{x}$ der ersten Gruppe zu, falls gilt

$$(\boldsymbol{\mu}_1' - \boldsymbol{\mu}_2') \boldsymbol{\Sigma}^{-1} \mathbf{x} - 0.5 \left(\boldsymbol{\mu}_1' \boldsymbol{\Sigma}^{-1} \boldsymbol{\mu}_1 - \boldsymbol{\mu}_2' \boldsymbol{\Sigma}^{-1} \boldsymbol{\mu}_2 \right) > 0. \tag{12.20}$$

Dies ergibt sich sofort aus (12.19), wenn man $\boldsymbol{\Sigma}_1 = \boldsymbol{\Sigma}_2 = \boldsymbol{\Sigma}$ setzt.

Wir sehen, dass die Entscheidungsregel linear in $\mathbf{x}$ ist. Man spricht auch von der *linearen Diskriminanzanalyse*. Man kann diese Entscheidungsregel auch folgendermaßen darstellen:

Ordne eine Beobachtung $\mathbf{x}$ der ersten Gruppe zu, falls gilt

$$\mathbf{a}' \mathbf{x} > 0.5 \, \mathbf{a}' (\boldsymbol{\mu}_1 + \boldsymbol{\mu}_2). \tag{12.21}$$

Dabei ist

$$\mathbf{a} = \boldsymbol{\Sigma}^{-1} (\boldsymbol{\mu}_1 - \boldsymbol{\mu}_2). \tag{12.22}$$

Es gilt nämlich

$$\mu_1' \, \Sigma_1^{-1} \, \mu_1 - \mu_2' \, \Sigma_2^{-1} \, \mu_2 = (\mu_1 - \mu_2)' \, \Sigma^{-1} \, (\mu_1 + \mu_2) \, . \tag{12.23}$$

Dies sieht man folgendermaßen:

$$
\begin{aligned}
\mu_1' \, \Sigma_1^{-1} \, \mu_1 - \mu_2' \, \Sigma_2^{-1} \, \mu_2 &= \mu_1' \, \Sigma_1^{-1} \, \mu_1 - \mu_2' \, \Sigma_2^{-1} \, \mu_2 \\
&\quad + \mu_1' \, \Sigma_1^{-1} \, \mu_2 - \mu_1' \, \Sigma_2^{-1} \, \mu_2 \\
&= \mu_1' \, \Sigma_1^{-1} \, \mu_1 - \mu_2' \, \Sigma_2^{-1} \, \mu_2 \\
&\quad + \mu_1' \, \Sigma_1^{-1} \, \mu_2 - \mu_2' \, \Sigma_2^{-1} \, \mu_1 \\
&= \mu_1' \, \Sigma_1^{-1} \, (\mu_1 + \mu_2) - \mu_2' \, \Sigma_2^{-1} \, (\mu_1 + \mu_2) \\
&= (\mu_1 - \mu_2)' \, \Sigma^{-1} \, (\mu_1 + \mu_2) \, .
\end{aligned}
$$

Setzt man (12.23) in die linke Seite von (12.20) ein, so ergibt sich:

$$
\begin{aligned}
(\mu_1' - \mu_2') \, \Sigma^{-1} \, \mathbf{x} - 0.5 \, &\left(\mu_1' \, \Sigma_1^{-1} \, \mu_1 - \mu_2' \, \Sigma_2^{-1} \, \mu_2 \right) \\
&= (\mu_1 - \mu_2)' \, \Sigma^{-1} \, \mathbf{x} - 0.5 \, (\mu_1 - \mu_2)' \, \Sigma^{-1} \, (\mu_1 + \mu_2) \\
&= (\mu_1 - \mu_2)' \, \Sigma^{-1} \, (\mathbf{x} - 0.5 \, (\mu_1 + \mu_2)) \, .
\end{aligned}
$$

Setzt man

$$\mathbf{a} = \Sigma^{-1} \, (\mu_1 - \mu_2) \, , \tag{12.24}$$

so erhält man Beziehung (12.21).

12.2.2 Diskriminanzanalyse bei Normalverteilung mit unbekannten Parametern

Bisher sind wir davon ausgegangen, dass alle Parameter der zugrunde liegenden Normalverteilung bekannt sind. Dies ist in der Praxis meist nicht der Fall. Wir müssen die Parameter also schätzen. Hierbei unterstellen wir, dass die Varianz-Kovarianz-Matrizen in den beiden Gruppen identisch sind. Ausgangspunkt sind also im Folgenden eine Stichprobe $\mathbf{x}_{11}, \mathbf{x}_{12}, \ldots, \mathbf{x}_{1n_1}$ aus Gruppe 1 und eine Stichprobe $\mathbf{x}_{21}, \mathbf{x}_{22}, \ldots, \mathbf{x}_{2n_2}$ aus Gruppe 2.

Beispiel 54 In Beispiel 12 haben wir 20 Zweigstellen eines Kreditinstituts in Baden-Württemberg betrachtet. Die Filialen können in zwei Gruppen eingeteilt werden. Die Filialen der ersten Gruppe haben einen hohen Marktanteil und ein überdurchschnittliches Darlehens- und Kreditgeschäft. Es sind die ersten 14 Zweigstellen in Tab. 1.13. Die restlichen sechs Filialen sind technisch gut ausgestattet, besitzen ein überdurchschnittliches Einlage- und Kreditgeschäft und eine hohe Mitarbeiterzahl. Sie bilden die zweite Gruppe.

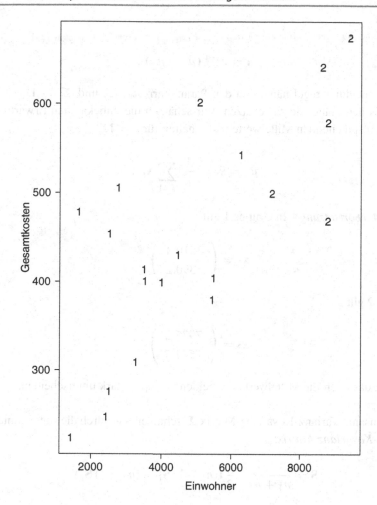

Abb. 12.3 Streudiagramm der Merkmale Einwohner und Gesamtkosten bei 20 Zweigstellen eines Kreditinstituts

Wir wollen auf der Basis der Merkmale Einwohnerzahl und Gesamtkosten eine Entscheidungsregel angeben. Abb. 12.3 zeigt das Streudiagramm der beiden Merkmale. Jede Beobachtung wird durch das Symbol ihrer Gruppe dargestellt.

Man kann die beiden Gruppen sehr gut erkennen. ☐

In (12.21) haben wir gesehen, dass wir eine Beobachtung der ersten Gruppe zuordnen, wenn gilt

$$\mathbf{a}'\mathbf{x} > 0.5\,\mathbf{a}'\left(\boldsymbol{\mu}_1 + \boldsymbol{\mu}_2\right).$$

Dabei ist

$$\mathbf{a} = \boldsymbol{\Sigma}^{-1} (\boldsymbol{\mu}_1 - \boldsymbol{\mu}_2) .$$

Diese Entscheidungsregel hängt von den Parametern $\boldsymbol{\mu}_1$, $\boldsymbol{\mu}_2$ und $\boldsymbol{\Sigma}$ ab. Diese sind unbekannt. Es liegt nahe, sie zu schätzen. Wir schätzen die unbekannten Erwartungswerte durch die entsprechenden Mittelwerte und erhalten für $i = 1, 2$

$$\hat{\boldsymbol{\mu}}_i = \bar{\mathbf{x}}_i = \frac{1}{n_i} \sum_{j=1}^{n_i} \mathbf{x}_{ij} .$$

Beispiel 54 (Fortsetzung) In Gruppe 1 gilt

$$\bar{\mathbf{x}}_1 = \begin{pmatrix} 3510.4 \\ 390.2 \end{pmatrix} .$$

In Gruppe 2 gilt

$$\bar{\mathbf{x}}_2 = \begin{pmatrix} 7975.2 \\ 577.5 \end{pmatrix} .$$

Wir sehen, dass sich die Mittelwerte der beiden Gruppen stark unterscheiden.   □

Die gemeinsame Varianz-Kovarianz-Matrix $\boldsymbol{\Sigma}$ schätzen wir durch die sogenannte *gepoolte Varianz-Kovarianz-Matrix*:

$$\mathbf{S} = \frac{1}{n_1 + n_2 - 2} ((n_1 - 1) \mathbf{S}_1 + (n_2 - 1) \mathbf{S}_2) . \qquad (12.25)$$

Dabei gilt für $i = 1, 2$:

$$\mathbf{S}_i = \frac{1}{n_i - 1} \sum_{j=1}^{n_i} (\mathbf{x}_{ij} - \bar{\mathbf{x}}_i) (\mathbf{x}_{ij} - \bar{\mathbf{x}}_i)' .$$

Beispiel 54 (Fortsetzung) In Gruppe 1 gilt

$$\mathbf{S}_1 = \begin{pmatrix} 2147306.26 & 61126.41 \\ 61126.41 & 9134.82 \end{pmatrix} .$$

In Gruppe 2 gilt

$$\mathbf{S}_2 = \begin{pmatrix} 2578808.97 & 17788.39 \\ 17788.39 & 6423.85 \end{pmatrix} .$$

Hieraus ergibt sich

$$S = \begin{pmatrix} 2267168.12 & 49088.07 \\ 49088.07 & 8381.77 \end{pmatrix}.$$ □

Wir ordnen eine Beobachtung $\mathbf{x}$ der ersten Gruppe zu, falls gilt

$$\mathbf{a}'\,\mathbf{x} > 0.5\,\mathbf{a}'\,(\bar{\mathbf{x}}_1 + \bar{\mathbf{x}}_2) \tag{12.26}$$

mit

$$\mathbf{a} = \mathbf{S}^{-1}\,(\bar{\mathbf{x}}_1 - \bar{\mathbf{x}}_2)\,. \tag{12.27}$$

Beispiel 54 (Fortsetzung) Es gilt

$$\mathbf{S}^{-1} = \begin{pmatrix} 0.00000051 & -0.00000296 \\ -0.00000296 & 0.00013663 \end{pmatrix}.$$

Mit

$$\bar{\mathbf{x}}_1 - \bar{\mathbf{x}}_2 = \begin{pmatrix} -4464.8 \\ -187.2 \end{pmatrix}$$

gilt

$$\mathbf{a} = \begin{pmatrix} -0.00170 \\ -0.01237 \end{pmatrix}.$$

Wir klassifizieren eine Zweigstelle mit dem Merkmalsvektor

$$\mathbf{x} = \begin{pmatrix} x_1 \\ x_2 \end{pmatrix}$$

zur Gruppe 1, falls gilt

$$(\,-0.0017 \quad -0.01237\,)\begin{pmatrix} x_1 \\ x_2 \end{pmatrix} > (\,-0.0017 \quad -0.01237\,)\begin{pmatrix} 5742.8 \\ 483.8 \end{pmatrix}.$$

Dies können wir noch vereinfachen zu

$$0.0017\,x_1 + 0.01237\,x_2 < 15.747\,. \tag{12.28}$$

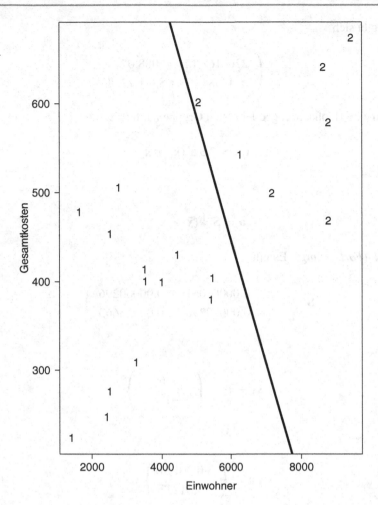

Abb. 12.4 Streudiagramm der Merkmale Einwohner und Gesamtkosten bei 20 Zweigstellen eines Kreditinstituts mit der Gerade, die die Gruppen trennt

Wir können diese Entscheidungsregel zusammen mit den Daten auf zweierlei Arten visualisieren. Wir zeichnen in das Streudiagramm die Gerade, die sich aufgrund der Linearkombination ergibt (siehe Abb. 12.4). Wir sehen, dass die Zweigstellen durch die Gerade gut getrennt werden. Wir können aber auch für jede der 20 Zweigstellen den Wert abtragen, der sich aufgrund der Linearkombination ergibt. Dies zeigt folgende Darstellung:

   2   2 2   2   2   1   2   11   1   1 11   11 1   1 1   1   □

12.3   Fishers lineare Diskriminanzanalyse

Die bisher betrachteten Verfahren beruhen auf der Annahme der Normalverteilung. Von Fisher wurde eine Vorgehensweise vorgeschlagen, die ohne diese Annahme auskommt.

Beispiel 54 (Fortsetzung) Wir wollen möglichst gut zwischen den beiden Arten von Zweigstellen unterscheiden. Die Annahmen der Normalverteilung und gleicher Varianz-Kovarianz-Matrizen liefern eine lineare Entscheidungsregel. Wodurch zeichnet sich diese Entscheidungsregel aus? Schauen wir uns dazu noch einmal an, wie sich die 20 Beobachtungen verteilen, wenn man die Linearkombination der beiden Merkmale bildet, wobei die Mittelwerte fett ausgezeichnet sind:

$$2 \quad 2\,2 \quad \mathbf{2} \quad\quad 2 \quad 1 \quad 2 \quad\quad 11 \quad 1 \quad 1\,\mathbf{11} \quad 11 \quad 1 \quad 1\,1 \quad\quad 1$$

Die beiden Gruppen sind nahezu perfekt getrennt. Dies zeigt sich dadurch, dass zum einen die Mittelwerte der beiden Gruppen weit voneinander entfernt sind und zum anderen die Streuung in den Gruppen klein ist.   □

Fishers Ziel ist es, eine lineare Entscheidungsregel zu finden, bei der die Gruppen die eben beschriebenen Eigenschaften besitzen. Er geht aus von den Beobachtungen $\mathbf{x}_{11}, \ldots, \mathbf{x}_{1n_1}, \mathbf{x}_{21}, \ldots, \mathbf{x}_{2n_2}$ und sucht eine Linearkombination

$$\mathbf{y}_{ij} = \mathbf{d}'\mathbf{x}_{ij}$$

der Beobachtungen, sodass die dadurch gewonnenen eindimensionalen Beobachtungen $y_{11}, \ldots, y_{1n_1}, y_{21}, \ldots, y_{2n_2}$ die Gruppenstruktur möglichst gut wiedergeben. Dies beinhaltet, dass die Streuung zwischen den Gruppen

$$(\bar{y}_1 - \bar{y}_2)^2 \tag{12.29}$$

möglichst groß ist. Außerdem sollte die Streuung innerhalb der Gruppen

$$\sum_{i=1}^{2} \sum_{j=1}^{n_i} \left(y_{ij} - \bar{y}_i\right)^2 \tag{12.30}$$

möglichst klein sein. Dabei ist

$$\bar{y}_i = \frac{1}{n_i} \sum_{j=1}^{n_i} y_{ij}$$

für $i = 1, 2$. Die Idee bei diesem Vorgehen ist ähnlich dem Vorgehen bei der Varianzanalyse.

Hat man den Vektor **d** gefunden, so bildet man für eine Beobachtung **x** den Wert

$$y = \mathbf{d}' \mathbf{x}$$

und ordnet die Beobachtung y der ersten Gruppe zu, wenn y näher an $\bar{y}_1$ liegt. Liegt y näher an $\bar{y}_2$, so ordnet man die Beobachtung der zweiten Gruppe zu. Wir ordnen eine Beobachtung y also der ersten Gruppe zu, falls gilt

$$|y - \bar{y}_1| < |y - \bar{y}_2| . \qquad (12.31)$$

Wie findet man den Gewichtungsvektor **d**? Da die Streuung zwischen den Gruppen möglichst groß und innerhalb der Gruppen möglichst klein sein soll, bildet man den Quotienten aus (12.29) und (12.30):

$$F = \frac{(\bar{y}_1 - \bar{y}_2)^2}{\sum\limits_{i=1}^{2} \sum\limits_{j=1}^{n_i} (y_{ij} - \bar{y}_i)^2}$$

und sucht den Vektor **d**, für den F maximal wird. Mit

$$\mathbf{W} = \sum_{i=1}^{2} \sum_{j=1}^{n_i} (\mathbf{x}_{ij} - \bar{\mathbf{x}}_i)(\mathbf{x}_{ij} - \bar{\mathbf{x}}_i)'$$

gilt

$$F = \frac{(\mathbf{d}'\bar{\mathbf{x}}_1 - \mathbf{d}'\bar{\mathbf{x}}_2)^2}{\mathbf{d}'\mathbf{W}\mathbf{d}} .$$

Dies sieht man folgendermaßen:

$$F = \frac{(\bar{y}_1 - \bar{y}_2)^2}{\sum\limits_{i=1}^{2} \sum\limits_{j=1}^{n_i} (y_{ij} - \bar{y}_i)^2} = \frac{(\mathbf{d}'\bar{\mathbf{x}}_1 - \mathbf{d}'\bar{\mathbf{x}}_2)^2}{\sum\limits_{i=1}^{2} \sum\limits_{j=1}^{n_i} (\mathbf{d}'\mathbf{x}_{ij} - \mathbf{d}'\bar{\mathbf{x}}_i)^2}$$

$$= \frac{(\mathbf{d}'\bar{\mathbf{x}}_1 - \mathbf{d}'\bar{\mathbf{x}}_2)^2}{\sum\limits_{i=1}^{2} \sum\limits_{j=1}^{n_i} (\mathbf{d}'\mathbf{x}_{ij} - \mathbf{d}'\bar{\mathbf{x}}_i)(\mathbf{d}'\mathbf{x}_{ij} - \mathbf{d}'\bar{\mathbf{x}}_i)}$$

$$= \frac{(\mathbf{d}'\bar{\mathbf{x}}_1 - \mathbf{d}'\bar{\mathbf{x}}_2)^2}{\sum\limits_{i=2}^{c} \sum\limits_{j=1}^{n_i} (\mathbf{d}'\mathbf{x}_{ij} - \mathbf{d}'\bar{\mathbf{x}}_i)(\mathbf{d}'\mathbf{x}_{ij} - \mathbf{d}'\bar{\mathbf{x}}_i)'}$$

$$= \frac{(\mathbf{d}' \, \bar{\mathbf{x}}_1 - \mathbf{d}' \, \bar{\mathbf{x}}_2)^2}{\sum\limits_{i=2}^{c} \sum\limits_{j=1}^{n_i} \mathbf{d}' \, (\mathbf{x}_{ij} - \bar{\mathbf{x}}_i) \, (\mathbf{x}_{ij} - \bar{\mathbf{x}}_i)' \, \mathbf{d}}$$

$$= \frac{(\mathbf{d}' \, \bar{\mathbf{x}}_1 - \mathbf{d}' \, \bar{\mathbf{x}}_2)^2}{\mathbf{d}' \, \left(\sum\limits_{i=2}^{c} \sum\limits_{j=1}^{n_i} (\mathbf{x}_{ij} - \bar{\mathbf{x}}_i) \, (\mathbf{x}_{ij} - \bar{\mathbf{x}}_i)' \right) \mathbf{d}}$$

$$= \frac{(\mathbf{d}' \, \bar{\mathbf{x}}_1 - \mathbf{d}' \, \bar{\mathbf{x}}_2)^2}{\mathbf{d}' \, \mathbf{W} \, \mathbf{d}} \, .$$

Hierbei wurde folgende Beziehung berücksichtigt:

$$\bar{y}_i = \mathbf{d}' \, \bar{\mathbf{x}}_i \, .$$

Wir bilden die partielle Ableitung von F nach $\mathbf{d}$:

$$\frac{\partial}{\partial \mathbf{d}} \, F = \frac{2 \, (\mathbf{d}' \, \bar{\mathbf{x}}_1 - \mathbf{d}' \, \bar{\mathbf{x}}_2) \, (\bar{\mathbf{x}}_1 - \bar{\mathbf{x}}_2) \, \mathbf{d}' \, \mathbf{W} \, \mathbf{d} - 2 \, \mathbf{W} \, \mathbf{d} \, (\mathbf{d}' \, \bar{\mathbf{x}}_1 - \mathbf{d}' \, \bar{\mathbf{x}}_2)^2}{(\mathbf{d}' \, \mathbf{W} \, \mathbf{d})^2} \, .$$

Die notwendigen Bedingungen für einen Extremwert lauten also

$$\frac{2 \, (\mathbf{d}' \, \bar{\mathbf{x}}_1 - \mathbf{d}' \, \bar{\mathbf{x}}_2) \, (\bar{\mathbf{x}}_1 - \bar{\mathbf{x}}_2) \, \mathbf{d}' \, \mathbf{W} \, \mathbf{d} - 2 \, \mathbf{W} \, \mathbf{d} \, (\mathbf{d}' \, \bar{\mathbf{x}}_1 - \mathbf{d}' \, \bar{\mathbf{x}}_2)^2}{(\mathbf{d}' \, \mathbf{W} \, \mathbf{d})^2} = 0 \, .$$

Wir multiplizieren diese Gleichung mit

$$\frac{(\mathbf{d}' \, \mathbf{W} \, \mathbf{d})^2}{2 \, (\mathbf{d}' \, \bar{\mathbf{x}}_1 - \mathbf{d}' \, \bar{\mathbf{x}}_2)}$$

und erhalten

$$(\bar{\mathbf{x}}_1 - \bar{\mathbf{x}}_2) \, \mathbf{d}' \mathbf{W} \mathbf{d} - \mathbf{W} \mathbf{d} (\mathbf{d}' \bar{\mathbf{x}}_1 - \mathbf{d}' \bar{\mathbf{x}}_2) = 0 \, .$$

Es muss also gelten

$$\mathbf{W} \mathbf{d} \left(\frac{\mathbf{d}' \, \bar{\mathbf{x}}_1 - \mathbf{d}' \, \bar{\mathbf{x}}_2}{\mathbf{d}' \, \mathbf{W} \, \mathbf{d}} \right) = \bar{\mathbf{x}}_1 - \bar{\mathbf{x}}_2 \, .$$

Dabei ist der Ausdruck

$$\frac{\mathbf{d}' \, \bar{\mathbf{x}}_1 - \mathbf{d}' \, \bar{\mathbf{x}}_2}{\mathbf{d}' \mathbf{W} \mathbf{d}}$$

für gegebenes $\mathbf{d}$ eine Konstante, die die Richtung von $\mathbf{d}$ nicht beeinflusst. Somit ist $\mathbf{d}$ proportional zu

$$\mathbf{W}^{-1}\,(\bar{\mathbf{x}}_1 - \bar{\mathbf{x}}_2)\;.$$

Wir wählen

$$\mathbf{d} = \mathbf{W}^{-1}\,(\bar{\mathbf{x}}_1 - \bar{\mathbf{x}}_2)\;. \tag{12.32}$$

Dieser Ausdruck weist die gleiche Struktur wie (12.27) auf. Schauen wir uns $\mathbf{W}$ an. Es gilt

$$\mathbf{W} = \sum_{j=1}^{n_1} (\mathbf{x}_{1j} - \bar{\mathbf{x}}_1)\,(\mathbf{x}_{1j} - \bar{\mathbf{x}}_1)' + \sum_{j=1}^{n_2} (\mathbf{x}_{2j} - \bar{\mathbf{x}}_2)\,(\mathbf{x}_{2j} - \bar{\mathbf{x}}_2)'\;.$$

Mit (2.18) gilt

$$\mathbf{W} = (n_1 - 1)\,\mathbf{S}_1 + (n_2 - 1)\,\mathbf{S}_2\;.$$

Mit (12.25) gilt also

$$\mathbf{W} = (n_1 + n_2 - 2)\,\mathbf{S}\;.$$

Bis auf eine multiplikative Konstante ist $\mathbf{d}$ in (12.32) gleich $\mathbf{a}$ in (12.27). Also liefert der Ansatz von Fisher die gleiche Entscheidungsregel wie bei Normalverteilung mit gleichen Varianz-Kovarianz-Matrizen. Der Ansatz von Fisher kommt ohne die Annahme der Normalverteilung und identischer Varianzen aus, wobei er ein sinnvolles Zielkriterium verwendet. Dies deutet darauf hin, dass man die lineare Diskriminanzanalyse in vielen Situationen anwenden kann.

Beispiel 55 Wir betrachten die Daten in Tab. 12.1 und verwenden alle vier Merkmale zur Klassifikation.

In Gruppe 1 gilt

$$\bar{\mathbf{x}}_1 = \begin{pmatrix} 0.556 \\ 0.889 \\ 2.667 \\ 0.333 \end{pmatrix}\;.$$

In Gruppe 2 gilt

$$\bar{\mathbf{x}}_2 = \begin{pmatrix} 0.455 \\ 0.273 \\ 3.182 \\ 0.364 \end{pmatrix}\;.$$

Die Mittelwerte der binären Merkmale können wir sehr schön interpretieren, da wir diese Merkmale mit 0 und 1 kodiert haben. In diesem Fall ist der Mittelwert gleich dem Anteil der Personen, die die Eigenschaft besitzen, die wir mit 1 kodiert haben. So sind also 55.6% in der ersten Gruppe und 45.5% in der zweiten Gruppe weiblich. Dies haben wir bereits in Tab. 12.3 gesehen. Nun benötigen wir noch die gepoolte Varianz-Kovarianz-Matrix.

In Gruppe 1 gilt

$$S_1 = \begin{pmatrix} 0.278 & -0.056 & 0.208 & 0.042 \\ -0.056 & 0.111 & -0.167 & -0.083 \\ 0.208 & -0.167 & 1.000 & 0.125 \\ 0.042 & -0.083 & 0.125 & 0.250 \end{pmatrix}.$$

In Gruppe 2 gilt

$$S_2 = \begin{pmatrix} 0.273 & 0.064 & -0.191 & 0.218 \\ 0.064 & 0.218 & -0.255 & 0.091 \\ -0.191 & -0.255 & 0.564 & -0.173 \\ 0.218 & 0.091 & -0.173 & 0.255 \end{pmatrix}.$$

Hieraus ergibt sich

$$W = \begin{pmatrix} 4.954 & 0.192 & -0.246 & 2.516 \\ 0.192 & 3.068 & -3.886 & 0.246 \\ -0.246 & -3.886 & 13.640 & -0.730 \\ 2.516 & 0.246 & -0.730 & 4.550 \end{pmatrix}.$$

Es gilt

$$W^{-1} = \begin{pmatrix} 0.2812 & -0.0145 & -0.0074 & -0.1559 \\ -0.0145 & 0.5108 & 0.1455 & 0.0037 \\ -0.0074 & 0.1455 & 0.1154 & 0.0147 \\ -0.1559 & 0.0037 & 0.0147 & 0.3082 \end{pmatrix}.$$

Mit

$$\bar{x}_1 - \bar{x}_2 = \begin{pmatrix} 0.101 \\ 0.616 \\ -0.515 \\ -0.031 \end{pmatrix}$$

gilt

$$d = \begin{pmatrix} 0.028 \\ 0.238 \\ 0.029 \\ -0.030 \end{pmatrix}.$$

Somit gilt $\bar{y}_1 = d'\bar{x}_1 = 0.295$ und $\bar{y}_2 = d'\bar{x}_2 = 0.159$. Eine Beobachtung mit Merkmalsvektor x ordnen wir also Gruppe 1 zu, wenn gilt

$$|d'x - \bar{y}_1| < |d'x - \bar{y}_2| \,. \tag{12.33}$$

Der erste Student hat den Merkmalsvektor

$$x = \begin{pmatrix} 1 \\ 0 \\ 4 \\ 1 \end{pmatrix}.$$

Es gilt $d'x = 0.114$. Wir ordnen ihn also Gruppe 2 zu.   □

12.4   Logistische Diskriminanzanalyse

Die Bayes-Entscheidungsregel hängt ab von $P(Y = 1|x)$ und $P(Y = 0|x)$. Es liegt nahe, diese Wahrscheinlichkeiten zu schätzen und ein Objekt der Gruppe 1 zuzuordnen, wenn gilt

$$\hat{P}(Y = 1|x) > 0.5 \,.$$

Wie soll man die Wahrscheinlichkeit $P(Y = 1|x)$ schätzen? Der einfachste Ansatz besteht darin, $\hat{P}(Y = 1|x)$ als Linearkombination der Komponenten $x_1, \ldots, x_p$ von x darzustellen:

$$P(Y = 1|x) = \beta_0 + \beta_1 x_1 + \ldots + \beta_p x_p \,. \tag{12.34}$$

Es gilt

$$E(Y|x) = 1 \cdot P(Y = 1|x) + 0 \cdot (1 - P(Y = 1|x)) = P(Y = 1|x) \,.$$

Wir können also (12.34) als lineares Regressionsmodell auffassen und die Kleinste-Quadrate-Schätzer der Parameter $\beta_0, \beta_1, \ldots, \beta_p$ bestimmen.

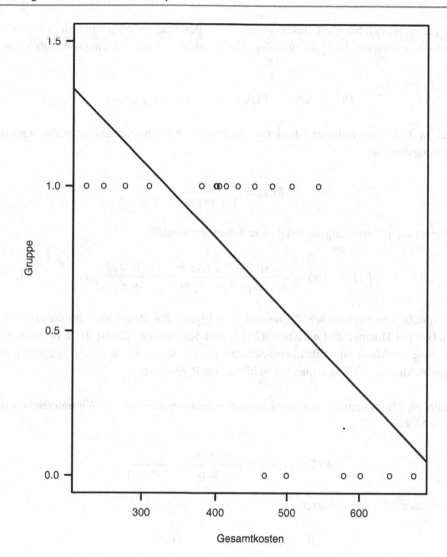

Abb. 12.5 Streudiagramm des Merkmals Gesamtkosten und der Gruppenvariablen

Beispiel 56 Wir betrachten das Beispiel 12. Wir wollen den Typ der Filiale auf der Basis des Merkmals Gesamtkosten klassifizieren. Wir kodieren die Zweigstellen, die einen hohen Marktanteil und ein überdurchschnittliches Darlehens- und Kreditgeschäft besitzen, mit dem Wert 1, die restlichen mit dem Wert 0. Abb. 12.5 zeigt das Streudiagramm der Gruppenvariablen Y und des Merkmals Gesamtkosten. Außerdem ist noch die Kleinste-Quadrate-Gerade eingezeichnet. □

Abb. 12.5 zeigt den Nachteil dieses Ansatzes. Die geschätzten Wahrscheinlichkeiten können aus dem Intervall [0, 1] herausfallen. Das kann man durch folgenden Ansatz verhindern:

$$P(Y = 1|\mathbf{x}) = F(\beta_0 + \beta_1 x_1 + \ldots + \beta_p x_p) \, .$$

Dabei ist $F(x)$ die Verteilungsfunktion einer stetigen Zufallsvariablen. Wählt man die Verteilungsfunktion

$$F(x) = \frac{\exp(x)}{1 + \exp(x)}$$

der logistischen Verteilung, so erhält man folgendes Modell:

$$P(Y = 1|\mathbf{x}) = \frac{\exp\left(\beta_0 + \beta_1 x_1 + \ldots + \beta_p x_p\right)}{1 + \exp\left(\beta_0 + \beta_1 x_1 + \ldots + \beta_p x_p\right)} \, . \tag{12.35}$$

Man spricht von *logistischer Regression*. Die logistische Regression ist detailliert beschrieben bei Hosmer & Lemeshow (2013) und Kleinbaum (2010). Hier ist auch eine Herleitung der Maximum-Likelihood-Schätzer der Parameter $\beta_0, \beta_1, \ldots, \beta_p$ gegeben. Wir zeigen in Abschn. 12.7, wie man die Schätzer mit R gewinnt.

Beispiel 56 (Fortsetzung) Wir bezeichnen die Gesamtkosten mit x_1. Wir unterstellen folgendes Modell:

$$P(Y = 1|x_1) = \frac{\exp\left(\beta_0 + \beta_1 x_1\right)}{1 + \exp\left(\beta_0 + \beta_1 x_1\right)}$$

und erhalten folgende Schätzer:

$$\hat{\beta}_0 = 15.2, \qquad \hat{\beta}_1 = -0.0294 \, .$$

Abb. 12.6 zeigt die Funktion $\hat{P}(Y = 1|x_1)$.

Hier ist an der Stelle, an der die geschätzte Wahrscheinlichkeit gleich 0 ist, eine senkrechte Linie eingetragen. Alle Punkte links von der Linie werden der ersten Gruppe zugeordnet. □

Ein großer Vorteil der logistischen Diskriminanzanalyse ist, dass sie auch angewendet werden kann, wenn die Merkmale qualitatives Messniveau aufweisen. Wir haben Fishers lineare Diskriminanzanalyse auf Beispiel 2 angewendet. Hierbei haben wir die binären Merkmale mit den Werten 0 und 1 kodiert. Die logistische Diskriminanzanalyse kann man auf diese Daten anwenden, ohne sie vorher zu transformieren.

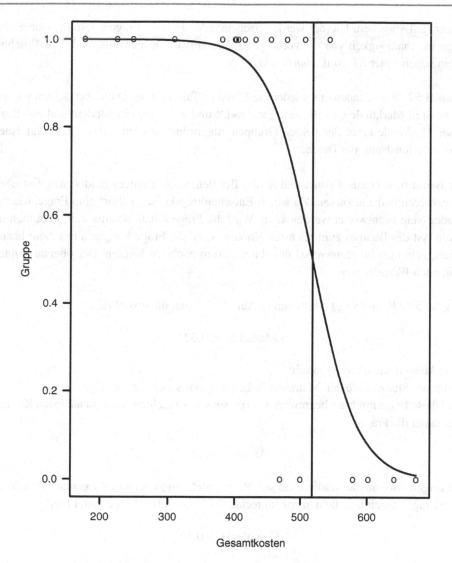

Abb. 12.6 Streudiagramm des Merkmals Gesamtkosten und der Gruppenvariablen mit geschätzter logistischer Funktion

12.5 Klassifikationsbäume

Wir betrachten wieder das Problem, ein Objekt entweder der Gruppe 1 oder der Gruppe 2 zuzuordnen. Um dieses Ziel zu erreichen, wird eine Reihe von Merkmalen erhoben. Bei den klassischen Verfahren der Diskriminanzanalyse werden alle Merkmale gleichzeitig zur Entscheidungsfindung verwendet. Man kann bei der Entscheidungsfindung aber auch sequenziell vorgehen. Hierbei werden nacheinander Ja-Nein-Fragen gestellt, wobei eine Frage in Abhängigkeit von der vorhergehenden Antwort ausgewählt wird. Das Ergebnis ist ein sogenannter *Klassifikationsbaum*.

Beispiel 57 Wir schauen uns wieder die Daten in Tab. 12.1 an. Dabei betrachten wir nur die binären Merkmale `Geschlecht`, `MatheLK` und `Abitur`. Ein Student soll auf Basis dieser Merkmale einer der beiden Gruppen zugeordnet werden. Abb. 12.7 zeigt einen Klassifikationsbaum der Daten.   □

Der Baum besteht aus *Knoten* und *Ästen*. Bei den Knoten unterscheidet man *Entscheidungsknoten* und *Endknoten*. Zu jedem Entscheidungsknoten gehört eine Frage, die mit Ja oder Nein beantwortet werden kann. Wird die Frage mit Ja beantwortet, geht man im linken Ast des Baumes zum nächsten Knoten. Wird die Frage hingegen mit Nein beantwortet, geht man im rechten Ast des Baumes zum nächsten Knoten. Der oberste Knoten heißt auch *Wurzelknoten*.

Beispiel 57 (Fortsetzung) Im Baum in Abb. 12.7 lautet die erste Frage:

$$\text{MatheLK} < 0.5?$$

Diese können wie übersetzen mit:
    Hat der Studierende den Mathematik-Leistungskurs nicht besucht?
Wird diese Frage mit Nein beantwortet, so gehen wir im rechten Ast zum nächsten Knoten. Hier lautet die Frage:

$$\text{Abitur} < 0.5?$$

Wir fragen also, ob der Studierende sein Abitur nicht im gleichen Jahr gemacht hat. Wird diese Frage verneint, so landen wir im rechten Ast. Die letzte Frage lautet hier:

$$\text{Geschlecht} < 0.5?$$

Wir fragen also, ob der Studierende männlich ist. Wird die Frage mit Ja beantwortet, so landen wir im linken Ast in einem Endknoten. Diesem ist die Zahl 1 zugeordnet. Dies bedeutet, dass wir den Studierenden der Gruppe 1 zuordnen. Ein männlicher Studierender, der den Mathematik-Leistungskurs besucht und sein Abitur im gleichen Jahr gemacht hat, wird also der Gruppe zugeordnet, die den Test besteht.   □

Beginnend beim Wurzelknoten werden also so lange Ja-Nein-Fragen gestellt, bis man in einem Endknoten landet, dem eine der beiden Gruppen zugeordnet ist. Wie konstruiert man einen Klassifikationsbaum? Zur Beantwortung dieser Frage bezeichnen wir in Anlehnung an Breiman et al. (1984) den i-ten Knoten mit t_i, wobei wir die Knoten einer Hierarchiestufe von links nach rechts durchnummerieren.

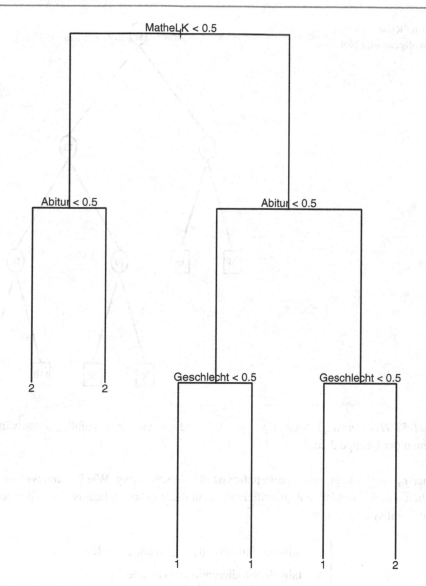

Abb. 12.7 Klassifikationsbaum der Daten des Mathematik-Tests

Beispiel 57 (Fortsetzung) Abb. 12.8 zeigt den obigen Baum in dieser Notation. □

Der Konstruktionsprozess beginnt beim Wurzelknoten. Diesem ist die gesamte Population zugeordnet. Sei p_{t_1} die Wahrscheinlichkeit, dass ein Objekt im Wurzelknoten zur Gruppe 1 gehört. Ist p_{t_1} größer als 0.5, so ordnen wir das Objekt der Gruppe 1 zu, ist p_{t_1} hingegen kleiner als 0.5, so ordnen wir es der Gruppe 2 zu. Ist p_{t_1} gleich 0.5, so ordnen wir es zufällig einer der beiden Gruppen zu.

Abb. 12.8 Klassifikationsbaum in allgemeiner Notation

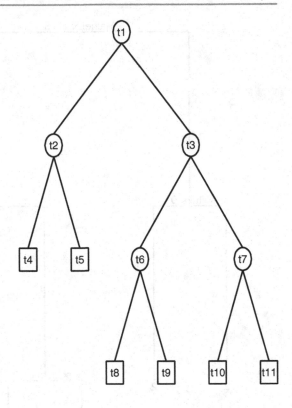

Beispiel 57 (Fortsetzung) Wegen $p_{t_1} = 0.45$ ordnen wir einen zufällig ausgewählten Studenten der Gruppe 2 zu.   □

Je näher p_{t_1} an 0.5 liegt, umso fehlerhafter ist die Entscheidung. Wie können wir die Unsicherheit durch eine Maßzahl quantifizieren? Um diese Frage zu beantworten, betrachten wir die Zufallsvariable Y mit

$$Y = \begin{cases} 1, & \text{falls der Studierende zur Gruppe 1 gehört}, \\ 0, & \text{falls der Studierende zur Gruppe 2 gehört}. \end{cases}$$

Die Zufallsvariable Y ist Bernoulli-verteilt mit Parameter p_{t_1}. Die Varianz von Y ist $p_{t_1}(1 - p_{t_1})$. Dies wird in Abschn. 3.2 bewiesen. Je näher p_{t_1} an 0.5 liegt, umso größer ist die Varianz. Die Varianz ist minimal, wenn p_{t_1} gleich 0 oder 1 ist. Die Varianz ist also geeignet, die Unsicherheit eines Knotens zu quantifizieren. Breiman et al. (1984) verwenden sie als *Unreinheitsmaß* eines Knotens t und bezeichnen dieses mit $i(t)$. Es gilt also

$$i(t) = p_t(1 - p_t).$$

Dabei ist p_t die Wahrscheinlichkeit, dass sich ein Objekt im Knoten t in Gruppe 1 befindet. Breiman et al. (1984) betrachten noch folgendes Maß für die Unreinheit eines Knotens t:

$$-p_t \ln p_t - (1 - p_t) \ln (1 - p_t) \,. \tag{12.36}$$

Man nennt (12.36) auch *Entropie*. Wir wollen im Folgenden $i(t) = p_t (1 - p_t)$ betrachten.

Beispiel 57 (Fortsetzung) Im Wurzelknoten t_1 gilt

$$i(t_1) = 0.45 \cdot 0.55 = 0.2475 \,. \qquad \square$$

Im Beispiel ist die Unreinheit des Wurzelknotens t_1 sehr groß. Das liegt daran, dass beide Gruppen nahezu gleich häufig in der Population vertreten sind. Die Population ist also sehr heterogen bezüglich des Merkmals, das die Gruppen definiert. Wir wollen die Population in zwei Teilpopulationen zerlegen, die homogener sind. Hierzu verwenden wir Informationen über die Objekte. Die erste Frage liefert die erste Information. Hinter dieser Frage steht eine Regel, die die Population in zwei Teilpopulationen t_2 und t_3 zerlegt. Wir bezeichnen im Folgenden eine Regel, die eine Population zerlegt, mit dem Symbol s. Dabei steht s für *split*. Im allgemeinen Fall zerlegen wir einen Knoten t in einen linken Knoten t_L und einen rechten Knoten t_R.

Beispiel 57 (Fortsetzung) Die erste Teilpopulation besteht aus den Studierenden, die keinen Mathematik-Leistungskurs besucht haben, und ist dem Knoten t_2 zugeordnet. Die zweite Teilpopulation besteht aus den Studierenden, die den Mathematik-Leistungskurs besucht haben, und ist dem Knoten t_3 zugeordnet. In Tab. 12.1 gehören die ersten neun Studierenden zum Knoten t_2, während die restlichen elf Studierenden dem Knoten t_3 zugeordnet sind. $\square$

Um zu entscheiden, ob wir durch die Zerlegung der Population eines Knotens t in die Knoten t_L und t_R besser zwischen den Gruppen diskriminieren können, bestimmen wir zuerst die Unreinheiten $i(t_L)$ und $i(t_R)$.

Beispiel 57 (Fortsetzung) Schauen wir uns den Knoten t_2 an. Wir sehen, dass einer der ersten neun Studenten in Tab. 12.1 in Gruppe 1 ist. Somit ist $p_{t_2} = \frac{1}{9}$. Es gilt also

$$i(t_2) = p_{t_2}(1 - p_{t_2}) = \frac{1}{9}\frac{8}{9} = 0.09877 \,.$$

Die Unreinheit dieses Knotens ist viel kleiner als die Unreinheit des Wurzelknotens. Im Knoten t_3 sind acht von elf Studierenden in Gruppe 1. Somit ist $p_{t_3} = \frac{8}{11}$. Es gilt also

$$i(t_3) = p_{t_3}(1 - p_{t_3}) = \frac{8}{11}\frac{3}{11} = 0.1983 \,.$$

Tab. 12.8 Werte von $\Delta(s, t_1)$
für die Merkmale Geschlecht,
MatheLK und Abitur

Merkmal	$\Delta(s, t_1)$
Geschlecht	0.00250
MatheLK	0.09399
Abitur	0.00025

Die Unreinheit des Knotens t_3 ist kleiner als die Unreinheit des Wurzelknotens. Wir haben die Population in zwei Teilpopulationen aufgeteilt, die hinsichtlich des Merkmals Bestanden homogener sind. □

Sei p_{t_L} die Wahrscheinlichkeit, vom Knoten t aus im linken Knoten zu landen, und p_{t_R} die Wahrscheinlichkeit, vom Knoten t_1 im rechten Knoten zu landen.

Beispiel 57 (Fortsetzung) Es gilt $p_{t_2} = 0.45$ und $p_{t_3} = 0.55$ □

Breiman et al. (1984) definieren die Verminderung $\Delta(s, t)$ der Unreinheit, die sich durch Zerlegung s eines Knotens t in den linken Knoten t_L und den rechten Knoten t_R ergibt, durch

$$\Delta(s, t) = i(t) - p(t_L)\, i(t_L) - p(t_R)\, i(t_R) .$$

Beispiel 57 (Fortsetzung) Es gilt

$$\Delta(s, t_1) = 0.2475 - 0.45 \cdot 0.09877 - 0.55 \cdot 0.1983$$
$$= 0.2475 - 0.1535115 = 0.0939885 .$$ □

Welches der Merkmale soll man wählen, um einen Knoten zu zerlegen? Breiman et al. (1984) schlagen vor, die Zerlegung auf Basis des Merkmals durchzuführen, bei dem die Verminderung der Unreinheit am größten ist.

Beispiel 57 (Fortsetzung) Tab. 12.8 zeigt die Werte von $\Delta(s, t_1)$ für die Merkmale Geschlecht, MatheLK und Abitur.
    Wir sehen, dass das Merkmal MatheLK die größte Verbesserung bewirkt. □

Die eben beschriebene Vorgehensweise können wir auf jeden Knoten t anwenden. Wann endet dieser Prozess? Breiman et al. (1984) schlagen vor, einen Knoten t nicht weiter zu zerlegen, wenn $i(t)$ gleich 0 ist. In einem Endknoten wird dann ein Objekt der Gruppe zugeordnet, die am häufigsten in diesem Knoten vertreten ist.
    Wodurch zeichnet sich diese Regel aus? Sei $\tilde{T}$ die Menge der Endknoten und $\tilde{p}(t)$ die Wahrscheinlichkeit, dass ein Objekt im Endknoten t landet. Breiman et al. (1984) definieren die Unreinheit $I(T)$ des Baumes durch

$$I(T) = \sum_{t \in \tilde{T}} i(t)\, \tilde{p}(t) . \tag{12.37}$$

Breiman et al. (1984) zeigen, dass $I(T)$ minimiert wird, wenn die Zerlegung s jedes Knotens t so gewählt wird, dass $\Delta(s, t)$ minimal ist.

Wir haben die Klassifikationsbäume bisher nur für den Fall betrachtet, dass zwei Gruppen vorliegen, alle Merkmale binär sind und es sich um eine Vollerhebung handelt. Liegen mehr als zwei Gruppen vor, so ergeben sich zwei Modifikationen. Wir ordnen in einem Endknoten ein Objekt der Gruppe zu, die im Endknoten am häufigsten vertreten ist. Außerdem ändert sich die Bestimmung des Unreinheitsmaßes in einem Knoten. Seien p_{it} für $i = 1, \ldots, k$ die Wahrscheinlichkeiten, dass ein Objekt im Knoten t zur i-ten Gruppe gehört. Es liegt nahe, $i(t) = p_t (1 - p_t)$ folgendermaßen zu verallgemeinern:

$$i(t) = \sum_{i=1}^{k} p_{it} (1 - p_{it}) = \sum_{i=1}^{k} p_{it} - \sum_{i=1}^{k} p_{it}^2 = 1 - \sum_{i=1}^{k} p_{it}^2 . \qquad (12.38)$$

Man nennt (12.38) den *Gini-Index*. Als Verallgemeinerung der Entropie erhält man

$$i(t) = - \sum_{i=1}^{k} p_{it} \ln p_{it} . \qquad (12.39)$$

Bei einem binären Merkmal ist eine Verzweigung eindeutig definiert. Bei einem qualitativen Merkmal mit mehr als zwei Ausprägungen gibt es mehr Möglichkeiten. Sei $A = \{a_1, \ldots, a_k\}$ die Menge der Ausprägungsmöglichkeiten. Dann werden alle Zerlegungen in S und $\bar{S}$ mit $S \subset A$ betrachtet. Sind die Merkmalsausprägungen eines Merkmals X geordnet, so betrachtet man alle Zerlegungen der Form $X \leq c$ und $X > c$ mit $c \in I\!R$.

Bisher haben wir die Konstruktion eines Klassifikationsbaums für den Fall betrachtet, dass die Grundgesamtheit vollständig bekannt ist. Handelt es sich um eine Stichprobe, so schätzen wir die Wahrscheinlichkeiten durch die entsprechenden relativen Häufigkeiten.

Liegen die Daten in Form einer Stichprobe vor, so muss man sich Gedanken über die Größe des Baumes machen. Ist der Baum zu groß, so werden Objekte, die nicht zur Stichprobe gehören, unter Umständen falsch klassifiziert, da die Struktur des Baumes sehr stark von der Stichprobe abhängt. Ist der Baum hingegen zu klein, so wird vielleicht nicht die ganze Struktur der Grundgesamtheit abgebildet. Man muss also einen Mittelweg finden. Von Breiman et al. (1984) wurde vorgeschlagen, zunächst den vollständigen Baum zu konstruieren und ihn dann geeignet zu beschneiden. Ist $\tilde{T}$ die Menge aller Endknoten eines Baumes, so betrachten Breiman et al. (1984) eine Schätzung $R(\tilde{T})$ der Fehlerrate. Es wird der Baum ausgewählt, bei dem

$$R(\tilde{T}) + \alpha \, |\tilde{T}|$$

minimal ist. Dabei ist $|\tilde{T}|$ die Anzahl der Endknoten des Baumes und α eine Konstante. Details zu dieser Vorgehensweise geben Breiman et al. (1984).

Bei einigen Verfahren zur Konstruktion von Klassifikationsbäumen beruht die Entscheidung, durch welches Merkmal ein Knoten zerlegt werden soll, auf Teststatistiken.

Schauen wir uns die Vorgehensweise von Clark & Pregibon (1992) für die Zerlegung eines Knotens t in die Knoten t_L und t_R an. Sei n_t die Anzahl der Beobachtungen im Knoten t und n_{1t} die Anzahl der Beobachtungen im Knoten t, die zur Gruppe 1 gehören. Außerdem sei p_{1t} die Wahrscheinlichkeit, dass eine Beobachtung im Knoten t zur Gruppe 1 gehört. Die *Devianz* des Knotens t lautet

$$D_t = -2\left[n_{1t}\ln p_{1t} + (n - n_{1t})\ln(1 - p_{1t})\right] . \tag{12.40}$$

Die unbekannte Wahrscheinlichkeit p_{1t} wird geschätzt durch n_{1t}/n_t. Setzen wir dies ein in 12.40, so erhalten wir die geschätzte Devianz

$$\hat{D}_t = -2\left[n_{1t}\ln n_{1t}/n_t + (n - n_{1t})\ln(1 - n_{1t}/n_t)\right] . \tag{12.41}$$

Beispiel 57 (Fortsetzung) Im Wurzelknoten t gilt $n_t = 20$ und $n_{1t} = 9$. Somit gilt

$$\hat{D}_t = -2\left[9\ln 9/20 + (20 - 9)\ln(1 - 9/20)\right] = 27.53 . \qquad \Box$$

Man kann mit der Devianz die Entscheidung fällen, auf Basis welchen Merkmals ein Knoten t in zwei Knoten t_L und t_R verzweigt werden soll. Hierzu bestimmt man die Devianzen $\hat{D}_t$, $\hat{D}_{t_L}$ und $\hat{D}_{t_R}$ der Knoten t, t_L und t_R für jedes der Merkmale und wählt das Merkmal, bei dem die Verminderung der Devianz

$$\hat{D}_t - \hat{D}_{t_L} - \hat{D}_{t_R}$$

am größten ist.

Beispiel 57 (Fortsetzung) Betrachten wir das Merkmal MatheLK als Kriterium. Im linken Ast sind die Studenten, die keinen Mathematik-Leistungskurs besucht haben. Dies sind neun. Von diesen gehört einer zur Gruppe 1 der Studierenden, die den Test bestehen. Somit gilt

$$\hat{D}_{t_L} = -2\left[1\ln 1/9 + (9 - 1)\ln(1 - 1/9)\right] = 6.28 .$$

Im rechten Ast sind die Studenten, die einen Mathematik-Leistungskurs besucht haben. Dies sind elf. Von diesen gehören acht zur Gruppe 1. Somit gilt

$$\hat{D}_{t_R} = -2\left[8\ln 8/11 + (11 - 8)\ln(1 - 8/11)\right] = 12.89 .$$

Die Verminderung der Devianz beträgt

$$\hat{D}_t - \hat{D}_{t_L} - \hat{D}_{t_R} = 27.53 - 6.28 - 12.89 = 8.36 .$$

Beim Merkmal Geschlecht beträgt die Verminderung der Devianz 0.21 und beim Merkmal Abitur 0.03. Es wird also das Merkmal MatheLK für die erste Zerlegung gewählt. $\Box$

Auf Basis der Devianz kann man ein Kriterium angeben, wann ein Baum nicht weiter verzweigt werden soll. Ist die Devianz eines Knotens kleiner als 1% der Devianz des Wurzelknotens, so wird dieser Knoten nicht weiter verzweigt.

12.6   Praktische Aspekte

Schätzung der Fehlerrate

Die Güte eines Verfahrens der Diskriminanzanalyse beurteilt man anhand der Fehlerrate, die man auf Basis der Daten schätzen muss.

Beispiel 58   Wir betrachten Beispiel 54. Wir unterstellen Normalverteilung und identische Varianzen. Die Entscheidungsregel ist in (12.28) dargestellt.   □

Das einfachste Verfahren zur Schätzung der Fehlerrate besteht darin, mit der geschätzten Entscheidungsregel jede der Beobachtungen zu klassifizieren. Als Schätzwert der Fehlerrate dient der Anteil der fehlklassifizierten Beobachtungen. Man spricht auch von der *Resubstitutionsfehlerrate*.

Beispiel 58 (Fortsetzung)   Es werden zwei quantitative Merkmale verwendet, sodass man die Fehlerrate schätzen kann, indem man die Punkte zählt, die auf der falschen Seite der Geraden liegen. Abb. 12.4 zeigt, dass nur eine Beobachtung fehlklassifiziert wird. Die geschätzte Fehlerrate beträgt somit 0.05.   □

Durch diese Schätzung wird die Fehlerrate meist unterschätzt. Das liegt daran, dass die Entscheidungsregel aus den gleichen Daten geschätzt wurde, die zur Schätzung der Fehlerrate benutzt werden. Die Daten, die man zur Schätzung der Entscheidungsregel verwendet, sollten aber unabhängig von den Daten sein, mit denen man die Fehlerrate schätzt. Ist der Stichprobenumfang groß, so kann man die Stichprobe in eine *Lernstichprobe* und eine *Teststichprobe* aufteilen. Mit den Beobachtungen der Lernstichprobe wird die Entscheidungsregel geschätzt. Die Beobachtungen der Teststichprobe werden mit dieser Entscheidungsregel klassifiziert. Der Anteil der fehlklassifizierten Beobachtungen dient als Schätzung der Fehlerrate.

Beispiel 58 (Fortsetzung)   Wir wählen aus den 20 Filialen zehn Filialen zufällig für die Lernstichprobe aus. Es sind dies die folgenden Filialen:

```
1   6   8 10 11 15 16 17 19 20  .
```

Die restlichen Filialen bilden die Teststichprobe. Klassifizieren wir die Beobachtungen der Teststichprobe, so werden zwei Beobachtungen fehlklassifiziert. Die geschätzte Fehlerrate beträgt somit 0.2.   □

Wir haben im Beispiel die Beobachtungen in eine Lern- und eine Teststichprobe aufgeteilt, um die Schätzung der Fehlerrate über die Resubstitutionsfehlerrate zu illustrieren. Eigentlich ist aber die Anzahl der Beobachtungen viel zu klein, um den Datensatz in eine Lern- und Teststichprobe aufzuteilen. Lachenbruch & Mickey (1968) haben eine Vorgehensweise zur Schätzung der Fehlerrate vorgeschlagen, bei der die Fehlerrate auch für

kleine Datensätze geschätzt werden kann. Die Entscheidungsregel wird dabei ohne die
i-te Beobachtung geschätzt. Anschließend wird die i-te Beobachtung auf Basis der Entscheidungsregel klassifiziert. Dies geschieht für alle Beobachtungen. Als Schätzer der
Fehlerrate dient die Anzahl der fehlklassifizierten Beobachtungen. Man bezeichnet das
Verfahren als *Leaving-one-out-Methode*.

Beispiel 58 (Fortsetzung) Wir entfernen also jeweils eine Beobachtung aus der Stichprobe, schätzen die Entscheidungsregel und klassifizieren die weggelassene Bobachtung. Die
7-te und die 18-te Beobachtung werden falsch klassifiziert. Somit beträgt die geschätzte
Fehlerrate 0.1.   □

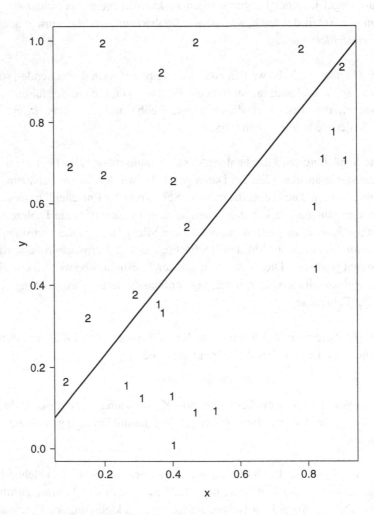

Abb. 12.9 Streudiagramm von 25 artifiziellen Beobachtungen mit der Geraden, die man durch Fishers lineare Diskriminanzanalyse erhält

Vergleich der linearen Diskriminanzanalyse mit Klassifikationsbäumen
Wir wollen in diesem Abschnitt die lineare Diskriminanzanalyse und Klassifikationsbäume betrachten und anhand von zwei artifiziellen Beispielen Konstellationen aufzeigen, in denen eines der beiden Verfahren dem anderen überlegen ist.

Beispiel 59 Wir betrachten ein Beispiel aus Breiman et al. (1984). Abb. 12.9 zeigt das Streudiagramm von zwei Merkmalen.

Die Beobachtungen stammen aus den Gruppen 1 und 2. Die Gruppenzugehörigkeit jeder Beobachtung ist im Streudiagramm markiert. Außerdem ist die Gerade eingezeichnet,

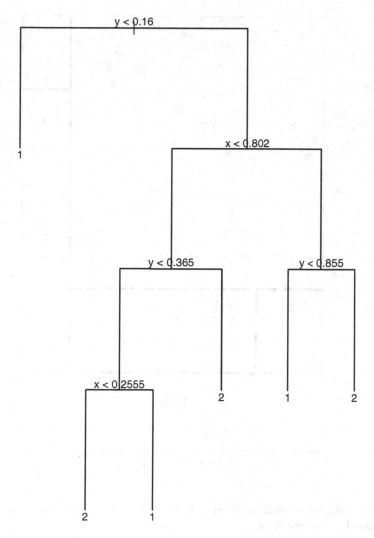

Abb. 12.10 Klassifikationsbaum von 25 artifiziellen Beobachtungen in zwei Gruppen

die man erhält, wenn man Fishers lineare Diskriminanzanalyse anwendet. Wir sehen, dass die lineare Diskriminanzanalyse die Gruppen sehr gut trennt. Abb. 12.10 zeigt den vollständigen Klassifikationsbaum. Wir sehen, dass sehr viele Fragen notwendig sind, um ein Objekt zu klassifizieren.

Abb. 12.11 zeigt die Zerlegung der (x, y)-Ebene, die sich aus dem Klassifikationsbaum ergibt.

Die zugrunde liegende Struktur kann durch den Klassifikationsbaum nur durch eine Vielzahl von Fragen ermittelt werden. Beschneidet man den Baum, so wird die Fehlerrate hoch sein. Breiman et al. (1984) schlagen vor, die Entscheidungen im Klassifikations-

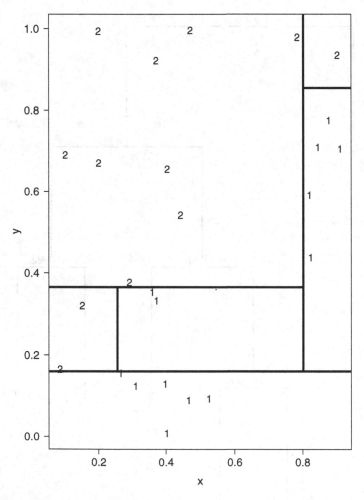

Abb. 12.11 Streudiagramm von 25 artifiziellen Beobachtungen mit Zerlegung der Ebene, die sich aus dem Klassifikationsbaum ergibt

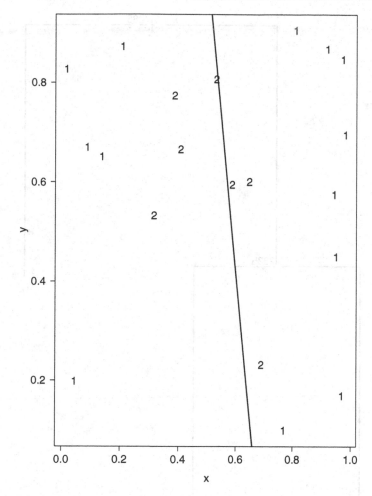

Abb. 12.12 Streudiagramm von 20 artifiziellen Beobachtungen mit der Geraden, die man durch Fishers lineare Diskriminanzanalyse erhält

baum auf der Basis von Linearkombinationen der Merkmale zu fällen. Von Loh & Shih (1997) wurde dieser Ansatz weiterentwickelt und im Programm QUEST implementiert. Ein Nachteil dieses Ansatzes ist die Interpretierbarkeit der Entscheidungen, da diese auf Linearkombinationen der Merkmale beruhen.   □

Beispiel 60 Abb. 12.12 zeigt das Streudiagramm von zwei Merkmalen, wobei die Beobachtungen aus zwei Gruppen stammen. Auch hier ist die Gerade eingezeichnet, die aufgrund von Fishers linearer Diskriminanzanalyse die Gruppen trennt.

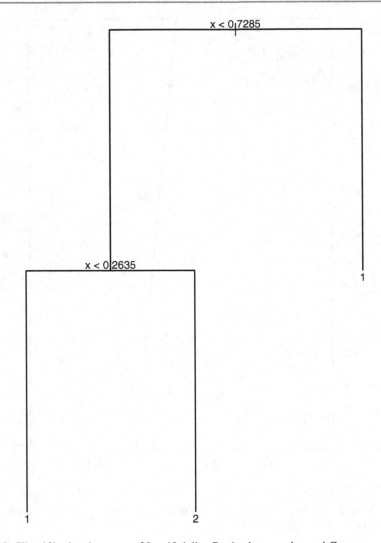

Abb. 12.13 Klassifikationsbaum von 20 artifiziellen Beobachtungen in zwei Gruppen

Wir sehen, dass die Resubstitutionsfehlerrate sehr hoch ist. Die lineare Diskriminanzanalyse ist für diese Konstellation nicht geeignet. Abb. 12.13 zeigt den vollständigen Klassifikationsbaum.

Berücksichtigt man die Entscheidungsregeln des Klassifikationsbaums im Streudiagramm, so erkennt man, dass die beiden Gruppen durch den Klassifikationsbaum nahezu perfekt getrennt werden (siehe Abb. 12.14).   □

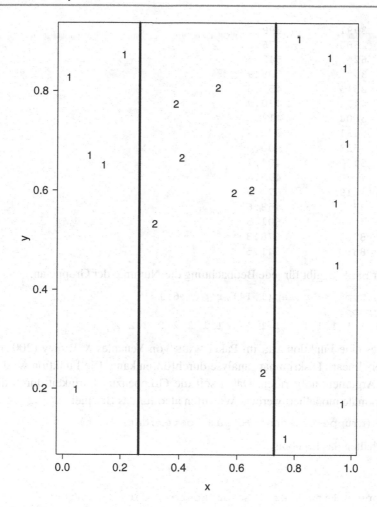

Abb. 12.14 Streudiagramm von 20 artifiziellen Beobachtungen mit Zerlegung der Ebene, die sich aus dem Klassifikationsbaum ergibt

12.7 Diskriminanzanalyse in R

Wir wollen Fishers lineare Diskriminanzanalyse auf Beispiel 12 anwenden. Die Daten mögen in dem Dataframe bank stehen:

```
> bank
    Einwohner Gesamtkosten
1      1642        478.2
2      2418        247.3
3      1417        223.6
4      2761        505.6
```

```
 5      3991      399.3
 6      2500      276.0
 7      6261      542.5
 8      3260      308.9
 9      2516      453.6
10      4451      430.2
11      3504      413.8
12      5431      379.7
13      3523      400.5
14      5471      404.1
15      7172      499.4
16      9419      674.9
17      8780      468.6
18      5070      601.5
19      8780      578.8
20      8630      641.5
```

Der Vektor `bankgr` gibt für jede Beobachtung die Nummer der Gruppe an:

```
> bank$gruppe <- c(rep(1,14),rep(2,6))
> bank$gruppe
 [1] 1 1 1 1 1 1 1 1 1 1 1 1 1 1 2 2 2 2 2 2
```

In R gibt es eine Funktion `lda` im Paket `MASS` von Venables & Ripley (2002), mit der man Fishers lineare Diskriminanzanalyse durchführen kann. Die Funktion wird über das `formula`-Argument aufgerufen. Dabei soll die Gruppenzugehörigkeit durch die metrischen Merkmale modelliert werden. Wir rufen also für das Beispiel

```
e <- lda(gruppe~Einwohner+Gesamtkosten,data=bank)
```

auf und erhalten das Ergebnis

```
> e
Call:
lda(gruppe ~ Einwohner + Gesamtkosten, data = bank)

Prior probabilities of groups:
  1   2
0.7 0.3

Group means:
  Einwohner Gesamtkosten
1 3510.429    390.2357
2 7975.167    577.4500

Coefficients of linear discriminants:
                     LD1
Einwohner    0.0005404101
Gesamtkosten 0.0039293782
```

Der Output zeigt neben den Gruppenmittelwerten einen Vektor, der proportional zum Vektor **d** in (12.32) ist. Er ist im Listenelement `scaling` gegeben.

```
> e$scaling
                          LD1
bank$Einwohner      0.0005404101
bank$Gesamtkosten   0.0039293782
```

Um ein Objekt klassifizieren zu können, verwenden wir die Funktion predict. Wenn wir diese nur mit dem Ergebnis der linearen Diskriminanzanalyse aufrufen, erhalten wir für jede Beobachtung die geschätzte Gruppenzugehörigkeit:

```
> ggruppe <- predict(e)$class
> ggruppe
 [1] 1 1 1 1 1 1 2 1 1 1 1 1 1 1 1 2 2 2 1 2 2
Levels: 1 2
```

Wir erhalten die Resubstitutionsfehlerrate durch

```
> mean(gruppe!=ggruppe)
[1] 0.1
```

Wir wollen uns nun anschauen, wie man die Fehlerrate schätzt, wenn man die Daten in eine Lern- und eine Teststichprobe aufteilt. Wir wählen zunächst aus den natürlichen Zahlen $1, \ldots, 20$ zehn Zahlen zufällig ohne Zurücklegen aus. Dies leistet die Funktion sample:

```
> ilern <- sample(20,10,replace=FALSE)
> ilern
 [1]  2 16 17  5  3  1 19  9 15 12
```

Wir sortieren diese Werte noch:

```
> ilern <- sort(ilern)
> ilern
 [1]  1  2  3  5  9 12 15 16 17 19
```

Die Indizes der Teststichprobe erhalten wir durch

```
> itest <- (1:20)[-ilern]
> itest
 [1]  4  6  7  8 10 11 13 14 18 20
```

Wir verwenden erneut die Funktion lda und nutzen das Argument subset. Hier können wir angeben, für welche Zeilen des Datensatzes die Analyse durchgeführt werden soll:

```
> e <- lda(gruppe~Einwohner+Gesamtkosten,data=bank,
+           subset=ilern)
```

Die Funktion predict hat das optionale Argument newdata. Hier können wir die Indizes der Teststichprobe übergeben, um die Gruppenzugehörigkeit vorherzusagen. Wir rufen also

```
> ggruppe <- predict(e,newdata=bank[itest,])$class
```

auf und erhalten für die Schätzung der Fehlerrate

```
> mean(bank[itest,'gruppe']!=ggruppe)
[1] 0.2
```

Um die Leaving-one-out-Methode anzuwenden, muss man die Funktion lda auf den Datensatz ohne die *i*-te Beobachtung einsetzen. Danach wird die *i*-te Beobachtung mit der Funktion predict klassifiziert. Die folgende Befehlsfolge bestimmt die Schätzung der Fehlerrate mit der Leaving-one-out-Methode.

```
> g <- rep(0,20)
> for(i in 1:20){
+                 e <- lda(gruppe~Einwohner+Gesamtkosten,
+                         data=bank,subset=(1:20)[-i])
+                 g[i] <- predict(e,newdata = bank[i,])$class
+                 }
> mean(g!=bank$gruppe)
[1] 0.1
```

Die Indizes der Filialen, die falsch klassifiziert werden, erhalten wir durch

```
> (1:20)[g!=bank$gruppe]
[1]   7 18
```

Betrachten wir die logistische Diskriminanzanalyse in R. Da die logistische Regression ein spezielles verallgemeinertes lineares Modell ist, verwendet man die Funktion glm. Wir wollen hier nicht auf alle Aspekte der sehr umfangreichen Funktion glm eingehen, sondern nur zeigen, wie man mit ihr eine logistische Regression durchführt. Hierzu gibt man ein:

```
    glm(formula,family=binomial)
```

Man gibt, wie bei der Regressionsanalyse und der Funktion lda beschrieben wird, die Beziehung als Formel ein. Wir wollen in Beispiel 12 den Typ der Filiale auf Basis der Gesamtkosten klassifizieren. Wir erzeugen einen Vektor typ, der den Wert 1 annimmt, wenn die erste Gruppe vorliegt. Ansonsten ist er 0:

```
> bank$typ <- (bank$gruppe==1)+0
```

Wir rufen dann die Funktion glm auf und weisen das Ergebnis der Variablen e zu:

```
e <- glm(typ~Gesamtkosten,data=bank,family=binomial)
```

Die Koeffizienten des Regressionsmodells (12.35) liefert die Funktion coefficients:

```
> coefficients(e)
 (Intercept) Gesamtkosten
 15.21896870  -0.02940732
```

Die Resubstitutionsfehlerrate können wir mithilfe der Funktion `fitted` bestimmen. Diese liefert die geschätzten Wahrscheinlichkeiten. Ist eine geschätzte Wahrscheinlichkeit größer als 0.5, so ordnen wir die Beobachtung der Gruppe 1 zu, ansonsten der Gruppe 2. Der Befehl

```
> g <- 2-(fitted(e)>0.5)
```

liefert die geschätzte Gruppenzugehörigkeit:

```
> g
  1  2  3  4  5  6  7  8  9 10 11 12 13 14 15 16 17 18 19 20
  1  1  1  1  1  1  2  1  1  1  1  1  1  1  1  2  1  2  2  2
```

Die Resubstitutionsfehlerrate erhalten wir durch

```
> mean(g!=bank$gruppe)
[1] 0.15
```

Dies ist im Einklang mit Abb. 12.6. Dort sind drei Beobachtungen fehlklassifiziert. Schauen wir uns noch die Leaving-one-out-Methode an:

```
> g <- rep(0,20)
> for (i in 1:20){
+              e <- glm(typ~Gesamtkosten,data=bank,
                        family=binomial,subset=-i)
+              g[i] <- ((predict(e,newdata=bank[i,],
                        type='response'))>0.5)+1
+ }
```

Wir verwenden erneut das Argument `subset`, um die i-te Beobachtung in jedem Schritt wegzulassen. Mit der Funktion `predict` klassifizieren wir dann die i-te Beobachtung. Das Argument `type` wird hier gleich `'response'` gesetzt, um die geschätzten Wahrscheinlichkeiten für die i-te Beobachtung zu bekommen. Wir erhalten für die Resubstitutionsfehlerrate:

```
mean(g!=bank$gruppe)
> mean(g!=bankgr)
[1] 0.15
```

Nun wollen wir für die binären Merkmale in Beispiel 12.1 einen Klassifikationsbaum erstellen. Die Daten mögen in dem Dataframe `mathetest` stehen:

```
> mathetest$Geschlecht
 [1] 0 0 0 0 0 1 1 1 0 0 0 0 1 1 1 0 1 1 1
> mathetest$MatheLK
 [1] 0 0 0 0 0 0 0 0 0 1 1 1 1 1 1 1 1 1 1
> mathetest$Abitur
 [1] 0 0 0 0 0 0 1 1 1 0 0 0 0 0 0 0 1 1 1
```

Die Gruppenzugehörigkeit möge im Vektor `Gruppe` stehen:

```
> mathetest$Gruppe
 [1] 2 2 2 2 2 2 2 2 1 1 1 1 2 1 1 1 1 2 2 1
Levels: 1 2
```

In R gibt es die Funktion `tree` im Paket `tree` von Ripley (2016), mit der man einen Klassifikationsbaum erstellen kann. Die Entscheidungen beruhen in dieser Funktion auf der Devianz. Vor dem Aufruf von `tree` müssen wir darauf achten, dass die Variable `Gruppe` ein Faktor ist. Die Funktion `tree` wird folgendermaßen aufgerufen:

```
tree(formula, data, weights, subset,
     na.action = na.pass, control = tree.control(nobs, ...),
     method = "recursive.partition",
     split = c("deviance", "gini"),
     model = FALSE, x = FALSE, y = TRUE, wts = TRUE, ...)
```

Für uns sind die Argumente `formula` und `control` wichtig. Man gibt wie bei der Regressionsanalyse oder der Funktion `lda` die Beziehung als Formel ein. Für das Beispiel heißt dies:

```
> e <- tree(Gruppe~Geschlecht+MatheLK+Abitur,data=mathetest)
```

Betrachten wir `e`:

```
> e
node), split, n, deviance, yval, (yprob)
      * denotes terminal node

1) root 20 27.530 2 ( 0.4500 0.5500 )
  2) MatheLK < 0.5 9  6.279 2 ( 0.1111 0.8889 ) *
  3) MatheLK > 0.5 11 12.890 1 ( 0.7273 0.2727 ) *
```

Jede Zeile enthält Informationen über einen Knoten. Nach dem Namen des Knotens folgen die Anzahl der Beobachtungen im Knoten, der Wert der Devianz und die Gruppe, der ein Objekt zugeordnet wird, wenn dieser Knoten ein Endknoten ist oder wäre. Als letzte Informationen stehen in runden Klammern die geschätzten Wahrscheinlichkeiten der beiden Gruppen in diesem Knoten. So ist der erste Knoten der Wurzelknoten. Er enthält 20 Beobachtungen, und die Devianz beträgt 27.53. Ein Objekt würde der Gruppe 2 zugeordnet. Die geschätzte Wahrscheinlichkeit von Gruppe 1 beträgt in diesem Knoten 0.45. Die geschätzte Wahrscheinlichkeit von Gruppe 2 beträgt in diesem Knoten 0.55. Die folgende Befehlsfolge zeichnet den Baum, den Abb. 12.15 zeigt:

```
> plot(e,type='u')
> text(e)
```

Um den vollständigen Klassifikationsbaum in Abb. 12.7 zu erstellen, benötigen wir das Argument `control`. Der Aufruf

```
> e <- tree(gruppe~Geschlecht+MatheLK+Abitur,
            control=tree.control(nobs=20,minsize=1))
> plot(e,type="u")
> text(e)
```

erstellt diesen Baum.

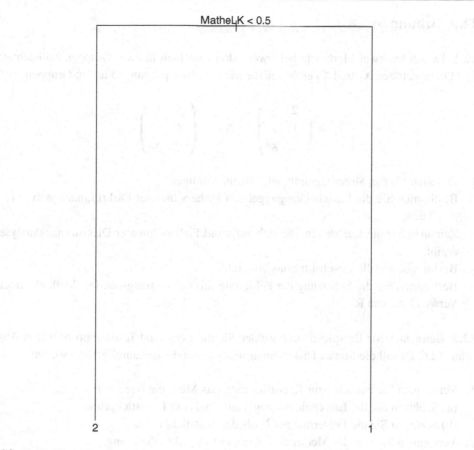

Abb. 12.15 Klassifikationsbaum

12.8 Ergänzungen und weiterführende Literatur

Wir haben in diesem Kapitel nur den Fall betrachtet, dass ein Objekt einer von zwei Gruppen zugeordnet werden soll. Die Vorgehensweise ist nahezu identisch, wenn mehr als zwei Gruppen betrachtet werden. Die Details werden bei Fahrmeir et al. (1996), Huberty & Olejnik (2006) und McLachlan (1992) gezeigt. Die beiden letztgenannten Bücher beschäftigen sich ausschließlich mit der Diskriminanzanalyse. Hier werden auch andere Verfahren zur Schätzung der Fehlerrate gezeigt. Einen hervorragenden Überblick über die Schätzung der Fehlerrate liefert Hand (1997). Härdle & Simar (2012) beschäftigen sich auch mit Details zur Bayes-Entscheidungsregel. Neben den hier betrachteten Verfahren werden neuronale Netze zur Klassifikation verwendet. Smith (1993) gibt eine einfache Einführung in die Theorie und Praxis neuronaler Netze. Umfassende Einführungen in die Diskriminanzanalyse unter Berücksichtigung moderner Verfahren liefern Ripley (2008) und Hastie et al. (2011).

12.9 Übungen

12.1 Es werden zwei Merkmale bei jeweils drei Objekten in zwei Gruppen beobachtet. Die Datenmatrizen $\mathbf{X}_1$ und $\mathbf{X}_2$ enthalten die Merkmalsausprägungen in den Gruppen:

$$\mathbf{X}_1 = \begin{pmatrix} 2 & 5 \\ 1 & 7 \\ 3 & 6 \end{pmatrix}, \quad \mathbf{X}_2 = \begin{pmatrix} 5 & 1 \\ 6 & 3 \\ 7 & 2 \end{pmatrix}.$$

1. Erstellen Sie das Streudiagramm aller Beobachtungen.
2. Bestimmen Sie die Entscheidungsregel von Fishers linearer Diskriminanzanalyse für die Daten.
3. Zeichnen Sie die Gerade ein, die sich aufgrund Fishers linearer Diskriminanzanalyse ergibt.
4. Bestimmen Sie die Resubstitutionsfehlerrate.
5. Bestimmen Sie die Schätzung der Fehlerrate mit der Leaving-one-out-Methode unter Verwendung von R.

12.2 Betrachten Sie Beispiel 58 und wählen Sie die Lern- und Teststichprobe wie in Abschn. 12.6. Es soll die lineare Diskriminanzanalyse von Fisher durchgeführt werden.

1. Verwenden Sie zunächst zur Klassifizierung das Merkmal `Gesamtkosten`.
   (a) Schätzen Sie die Entscheidungsregel auf Basis der Lernstichprobe.
   (b) Schätzen Sie die Fehlerrate auf Basis der Teststichprobe.
2. Verwenden Sie nun das Merkmal `Einwohner` zur Klassifizierung.
   (a) Schätzen Sie die Entscheidungsregel auf Basis der Lernstichprobe.
   (b) Schätzen Sie die Fehlerrate auf Basis der Teststichprobe.
3. Verwenden Sie beide Merkmale zur Klassifizierung.
   (a) Schätzen Sie die Entscheidungsregel auf Basis der Lernstichprobe.
   (b) Schätzen Sie die Fehlerrate auf Basis der Teststichprobe.

12.3 Betrachten Sie Beispiel 51. Ein Student soll der Gruppe, die den Test besteht, oder der Gruppe, die den Test nicht besteht, zugeordnet werden.

1. Verwenden Sie zunächst nur das Merkmal `MatheNote`.
   (a) Geben Sie die Klassifikationsregel von Fisher für dieses Beispiel an.
   (b) Bestimmen Sie die Klassifikationsregel der logistischen Diskriminanzanalyse mit R.
   (c) Bestimmen Sie die Fehlerrate mit der Resubstitutionsmethode und der Leaving-one-out-Methode.
2. Verwenden Sie nun die Merkmale `Geschlecht`, `MatheLK`, `MatheNote` und `Abitur`. Führen Sie die folgenden Aufgaben in R durch.

(a) Geben Sie die Klassifikationsregel von Fisher für dieses Beispiel an.

(b) Bestimmen Sie die Klassifikationsregel der logistischen Diskriminanzanalyse.

(c) Bestimmen Sie die Fehlerrate mit der Resubstitutionsmethode und der Leaving-one-out-Methode.

12.4 In einem Wintersemester wurden Studienanfänger unter anderem danach gefragt, ob sie noch bei den Eltern wohnen. Wir bezeichnen dieses Merkmal mit Eltern. Außerdem wurden die Merkmale Geschlecht, Studienfach und Berufsausbildung erhoben. Beim Merkmal Studienfach wurden sie gefragt, ob sie BWL studieren. Beim Merkmal Berufsausbildung wurde gefragt, ob sie nach dem Abitur eine Berufsausbildung gemacht haben.

Tab. 12.9 zeigt die Ergebnisse der Befragung von 20 zufällig ausgewählten Studenten.

Es soll eine Regel angegeben werden, die einen Studierenden auf Basis der Merkmale Geschlecht, Studienfach und Berufsausbildung einer der beiden Kategorien des Merkmals Eltern zuordnet.

1. Bestimmen Sie die Regel, die sich aufgrund Fishers linearer Diskriminanzanalyse ergibt. Bestimmen Sie die Resubstitutionsfehlerrate.
2. Erstellen Sie den Klassifikationsbaum.
3. Führen Sie mit R eine logistische Diskriminanzanalyse durch.

Tab. 12.9 Ergebnisse einer Befragung von 20 Studenten

Geschlecht	Studienfach	Berufsausbildung	Eltern
w	j	n	n
m	n	n	j
m	j	n	j
m	j	n	n
w	j	n	n
w	j	j	n
w	n	n	n
m	j	j	n
m	j	n	j
m	n	n	n
w	j	n	n
m	n	n	n
m	j	n	j
m	j	n	n
w	n	n	j
w	j	n	j
m	j	j	j
m	j	n	j
w	j	j	j
w	j	j	j

Clusteranalyse

13

Inhaltsverzeichnis

13.1 Problemstellung 415
13.2 Hierarchische Clusteranalyse 416
13.3 Partitionierende Verfahren 457
13.4 Clusteranalyse von Daten der Regionen 471
13.5 Ergänzungen und weiterführende Literatur 474
13.6 Übungen 474

13.1 Problemstellung

In den letzten beiden Kapiteln haben wir Gesamtheiten betrachtet, die aus Gruppen bestehen. Dabei war die Gruppenstruktur bekannt und sollte analysiert werden. In diesem Kapitel werden wir uns mit Verfahren beschäftigen, bei denen die Gruppenstruktur zu Beginn der Analyse nicht bekannt ist und mit denen man in einem Datensatz Gruppen von Beobachtungen finden kann. Dieses Verfahren gehört zu den explorativen Methoden. Ausgangspunkt sind die Ausprägungen quantitativer Merkmale bei den Objekten $O = \{O_1, \dots, O_n\}$ oder eine Distanzmatrix der Objekte. Gesucht ist eine *Partition* dieser Objekte. Unter einer Partition einer Menge $O = \{O_1, \dots, O_n\}$ versteht man eine Zerlegung in Teilmengen $C_1, \dots, C_k$, sodass jedes Element von O zu genau einer Teilmenge C_i für $i = 1, \dots, k$ gehört. Diese Teilmengen bezeichnet man auch als *Klassen* oder *Cluster*.

Beispiel 61 Sei $O = \{1, 2, 3, 4, 5, 6\}$. Dann ist

$$C_1 = \{1, 2, 4, 5\},$$
$$C_2 = \{3, 6\}$$

eine Partition von O mit den Clustern C_1 und C_2. □

© Springer-Verlag GmbH Deutschland 2017
A. Handl, T. Kuhlenkasper, *Multivariate Analysemethoden*, Statistik und ihre Anwendungen,
DOI 10.1007/978-3-662-54754-0_13

Die Objekte innerhalb einer Klasse sollen dabei ähnlich sein, während die Klassen sich unterscheiden. Man spricht davon, dass die Klassen intern kohärent, aber extern isoliert sind. Liegt nur ein quantitatives Merkmal vor, so kann man mithilfe einer Abbildung leicht feststellen, ob man die Menge der Objekte in Klassen zerlegen kann.

Beispiel 62 Das Alter von sechs Personen beträgt

43 38   6 47 37   9 .

Stellen wir die Werte auf dem Zahlenstrahl dar, so können wir zwei Klassen erkennen, die isoliert und kohärent sind:

X X   XX   X   X

Für die Gruppenstruktur gibt es eine einfache Erklärung. Es handelt sich um zwei Ehepaare, die jeweils ein Kind haben. □

Wurden mehrere quantitative Merkmale erhoben oder liegt eine Distanzmatrix vor, ist es nicht so einfach zu erkennen, ob es Klassen gibt.

Beispiel 62 (Fortsetzung) Wir bestimmen die euklidische Distanz zwischen jeweils zwei Personen und stellen die Distanzen in einer Distanzmatrix dar. Diese lautet

$$\mathbf{D} = \begin{pmatrix} 0 & 5 & 37 & 4 & 6 & 34 \\ 5 & 0 & 32 & 9 & 1 & 29 \\ 37 & 32 & 0 & 41 & 31 & 3 \\ 4 & 9 & 41 & 0 & 10 & 38 \\ 6 & 1 & 31 & 10 & 0 & 28 \\ 34 & 29 & 3 & 38 & 28 & 0 \end{pmatrix}. \tag{13.1}$$

□

Wir werden im Folgenden Verfahren kennenlernen, mit denen man Klassen entdecken kann.

13.2 Hierarchische Clusteranalyse

13.2.1 Theorie

Wir werden uns in diesem Abschnitt mit *hierarchischen Clusterverfahren* beschäftigen. Diese erzeugen eine Folge $P_n, P_{n-1}, \ldots, P_2, P_1$ bzw. eine Folge $P_1, P_2, \ldots, P_{n-1}, P_n$ von Partitionen der Menge $O = \{O_1, \ldots, O_n\}$, wobei die Partition P_i aus i Klassen besteht. Die Partitionen P_g und P_{g+1} haben $g-1$ Klassen gemeinsam. Beginnt man mit n Klassen, so spricht man von einem *agglomerativen* Verfahren. Hier bildet zu Beginn der Analyse

Tab. 13.1 Partitionen und zugehörige Distanzen

Partition	Distanz
$\{\{1\}, \{2\}, \{3\}, \{4\}, \{5\}, \{6\}\}$	0
$\{\{1\}, \{3\}, \{4\}, \{6\}, \{2, 5\}\}$	1
$\{\{1\}, \{4\}, \{3, 6\}, \{2, 5\}\}$	3
$\{\{1, 4\}, \{3, 6\}, \{2, 5\}\}$	4
$\{\{1, 2, 4, 5\}, \{3, 6\}, \}$	10
$\{1, 2, 3, 4, 5, 6\}$	41

jedes Objekt eine eigene Klasse. Es handelt sich um ein *divisives* Verfahren, wenn man mit einer Klasse beginnt, in der zunächst alle Objekte zusammengefasst sind.

Beispiel 63 Sei $O = \{1, 2, 3, 4, 5, 6\}$. Dann bildet

$$P_6 = \{\{1\}, \{2\}, \{3\}, \{4\}, \{5\}, \{6\}\},$$

$$P_5 = \{\{1\}, \{3\}, \{4\}, \{6\}, \{2, 5\}\},$$

$$P_4 = \{\{1\}, \{4\}, \{3, 6\}, \{2, 5\}\},$$

$$P_3 = \{\{1, 4\}, \{3, 6\}, \{2, 5\}\},$$

$$P_2 = \{\{1, 2, 4, 5\}, \{3, 6\}\},$$

$$P_1 = \{1, 2, 3, 4, 5, 6\}$$

eine Folge von Partitionen, die durch ein agglomeratives Verfahren entstehen kann. Die Partitionen P_3 und P_4 haben die Klassen $\{3, 6\}$ und $\{2, 5\}$ gemeinsam. □

Zu jeder Partition gehört eine Distanz, bei der die Partition gebildet wurde. Diese Distanz hängt von dem Verfahren ab, das bei der Bildung der Partitionen verwendet wurde.

Beispiel 63 (Fortsetzung) Tab. 13.1 gibt zu jeder Partition die Distanz an. Wir werden später sehen, wie die Distanzen gewonnen wurden. □

Die Partitionen und zugehörigen Distanzen stellt man in einem *Dendrogramm* dar. In einem rechtwinkligen Koordinatensystem werden auf der Ordinate die Distanzen abgetragen. Zu jedem Objekt gehört eine senkrechte Linie, die von unten nach oben so weit abgetragen wird, bis das Objekt zum ersten Mal mit mindestens einem anderen Objekt in einer Klasse verschmolzen ist. Die Linien der Objekte werden durch eine waagerechte Linie verbunden und durch eine senkrechte Linie ersetzt. Diese wird so lange nach oben verlängert, bis die Klasse der Objekte zum ersten Mal mit einem anderen Objekt oder einer anderen Klasse verschmolzen wird. Dieser Prozess wird so lange fortgesetzt, bis alle Objekte in einer Klasse sind.

Abb. 13.1 Dendrogramm

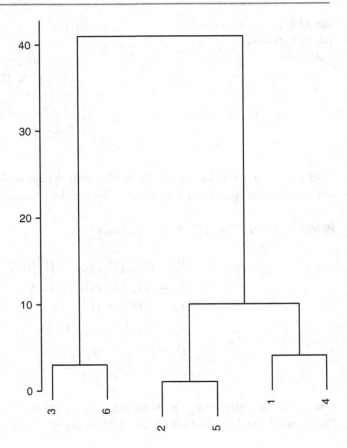

Beispiel 63 (Fortsetzung) Am Dendrogramm in Abb. 13.1 kann man den Prozess der Klassenbildung erkennen. So werden zunächst die Objekte 2 und 5 beim Abstand 1 zu einer Klasse $\{2, 5\}$ verschmolzen. Dann werden beim Abstand 3 die Objekte 3 und 6 zur Klasse $\{3, 6\}$ verschmolzen. Als Nächstes werden beim Abstand 4 die Objekte 1 und 4 zur Klasse $\{1, 4\}$ verschmolzen. Dann werden beim Abstand 10 die Klassen $\{1, 4\}$ und $\{2, 5\}$ zur Klasse $\{1, 2, 4, 5\}$ verschmolzen. Im letzten Schritt werden beim Abstand 41 die Klassen $\{1, 2, 4, 5\}$ und $\{3, 6\}$ zur Klasse $\{1, 2, 3, 4, 5, 6\}$ verschmolzen. In Abhängigkeit vom Abstand d erhalten wir somit folgende Partitionen:

$$
\begin{aligned}
0 \leq d < 1 \qquad & \{\{1\}, \{2\}, \{3\}, \{4\}, \{5\}, \{6\}\}\,, \\
1 \leq d < 3 \qquad & \{\{1\}, \{3\}, \{4\}, \{6\}, \{2, 5\}\}\,, \\
3 \leq d < 4 \qquad & \{\{1\}, \{4\}, \{3, 6\}, \{2, 5\}\}\,, \\
4 \leq d < 10 \qquad & \{\{1, 4\}, \{3, 6\}, \{2, 5\}\}\,, \\
10 \leq d < 41 \qquad & \{\{1, 2, 4, 5\}, \{3, 6\},\}\,, \\
41 \leq d \qquad & \{1, 2, 3, 4, 5, 6\}\,. \qquad\qquad \square
\end{aligned}
$$

Man erhält aus dem Dendrogramm eine aus k Klassen bestehende Partition, indem man das Dendrogramm horizontal in einer Höhe durchschneidet, in der k senkrechte Linien verlaufen.

Zu jedem Dendrogramm gehört eine Abstandsmatrix D^*, bei der der Abstand zwischen zwei Objekten i und j durch die Höhe im Dendrogramm gegeben ist, auf der diese beiden Objekte zum ersten Mal in einer Klasse liegen.

Beispiel 63 (Fortsetzung) So ist der kleinste Abstand, bei dem die Objekte 1 und 2 in einer Klasse sind, gleich 10. Bestimmt man diesen Abstand für alle Paare von Objekten, so erhält man folgende Distanzmatrix:

$$\mathbf{D}^* = \begin{pmatrix} 0 & 10 & 41 & 4 & 10 & 41 \\ 10 & 0 & 41 & 10 & 1 & 41 \\ 41 & 41 & 0 & 41 & 41 & 3 \\ 4 & 10 & 41 & 0 & 10 & 41 \\ 10 & 1 & 41 & 10 & 0 & 41 \\ 41 & 41 & 3 & 41 & 41 & 0 \end{pmatrix}.$$ □

Man nennt die aus dem Dendrogramm gewonnene Distanzmatrix auch *kophenetische Matrix*.

Wie kann man aus einer Distanzmatrix ein Dendrogramm gewinnen? Um diese Frage zu beantworten, betrachten wir die agglomerative Vorgehensweise. Schauen wir uns zunächst den Fall an, dass die Distanzmatrix aus dem Dendrogramm abgeleitet wurde. Wir gehen also von der Matrix D^* aus. Wir betrachten nur den Teil der Distanzmatrix, der unterhalb der Hauptdiagonalen liegt.

Beispiel 63 (Fortsetzung) Wir betrachten also

$$\mathbf{D}^* = \begin{pmatrix} 10 & & & & \\ 41 & 41 & & & \\ 4 & 10 & 41 & & \\ 10 & 1 & 41 & 10 & \\ 41 & 41 & 3 & 41 & 41 \end{pmatrix}.$$ □

Bei n Objekten liegen auf der ersten Stufe n Klassen vor. Es liegt nahe, die beiden Objekte zu einer Klasse zu verschmelzen, deren Abstand am kleinsten ist. Wir wählen aus der Distanzmatrix die kleinste Zahl aus und verschmelzen die beiden zugehörigen Objekte.

Beispiel 63 (Fortsetzung) Im Beispiel ist der kleinste Abstand die 1. Zu ihm gehören die Objekte 2 und 5, sodass beim Abstand 1 die Objekte 2 und 5 verschmolzen werden. Nun

Tab. 13.2 Vorläufiges Ergebnis des ersten Schritts eines agglomerativen Verfahrens

{2, 5}	{2, 5}	1	3	4	6
1					
3		41			
4		4	41		
6		41	3	41	

haben wir es nicht mehr mit den ursprünglichen Objekten zu tun, sondern mit den einzelnen Objekten 1, 3, 4, 6 und der Klasse $\{2, 5\}$. Wir stellen diese in Tab. 13.2 zusammen.

In dieser Tabelle fehlen einige Zahlen, da zunächst offen ist, wie groß der Abstand zwischen den Objekten 1, 3, 4, 6 und der Klasse $\{2, 5\}$ ist. Es ist naheliegend, diesen Abstand auf Basis der Abstände der Elemente der Klasse $\{2, 5\}$ zu den restlichen Objekten zu ermitteln. Der Abstand der Klasse $\{2, 5\}$ zum Objekt 1 sollte also auf dem Abstand zwischen den Objekten 2 und 1 und dem Abstand zwischen den Objekten 5 und 1 beruhen. Dieser beträgt in beiden Fällen 10. Somit wählen wir als Abstand zwischen der Klasse $\{2, 5\}$ und dem Objekt 1 den Wert 10. Als Abstand zwischen der Klasse $\{2, 5\}$ und dem Objekt 3 erhalten wir den Wert 41. Als Abstand zwischen der Klasse $\{2, 5\}$ und dem Objekt 4 erhalten wir den Wert 10. Als Abstand zwischen der Klasse $\{2, 5\}$ und dem Objekt 6 erhalten wir den Wert 41. Das Ergebnis zeigt Tab. 13.3.   □

Nachdem wir die erste Klasse gebildet haben, gehen wir genauso wie oben vor, suchen das kleinste Element der Tabelle und verschmelzen die beiden Klassen. Diesen Prozess führen wir so lange durch, bis alle Objekte in einer Klasse sind.

Beispiel 63 (Fortsetzung) Die kleinste Zahl in Tab. 13.3 ist die 3. Wir verschmelzen somit die Objekte 3 und 6 zur Klasse $\{3, 6\}$ und erhalten Tab. 13.4.

Die kleinste Zahl in Tab. 13.4 ist die 4. Somit verschmelzen wir die Objekte 1 und 4 zur Klasse $\{1, 4\}$ und erhalten Tab. 13.5.

Die kleinste Zahl in Tab. 13.5 ist die 10. Somit verschmelzen wir die Klassen $\{1, 4\}$ und $\{2, 5\}$ zur Klasse $\{1, 2, 4, 5\}$ und erhalten Tab. 13.6.

Im letzten Schritt werden die Klassen $\{2, 4\}$ und $\{1, 3, 5\}$ verschmolzen. Stellt man den Verschmelzungsvorgang grafisch dar, so erhält man das Dendrogramm aus Abb. 13.1.   □

Ist d_{ij} die Distanz zwischen den Objekten i und j und $D_{i.j}$ die Distanz zwischen der i-ten und j-ten Klasse, dann kann man die obige Vorgehensweise folgendermaßen beschreiben:

Tab. 13.3 Ergebnis des ersten Schritts eines agglomerativen Verfahrens

{2, 5}	{2, 5}	1	3	4	6
1	10				
3	41	41			
4	10	4	41		
6	41	41	3	41	

Tab. 13.4 Ergebnis des zweiten Schritts eines agglomerativen Verfahrens

{2, 5}	{2, 5}	1	{3, 6}	4
1	10			
{3, 6}	41	41		
4	10	4	41	

Tab. 13.5 Ergebnis des dritten Schritts eines agglomerativen Verfahrens

{2, 5}	{2, 5}	{1, 4}	{3, 6}
{1, 4}	10		
{3, 6}	41	41	

Tab. 13.6 Ergebnis des vierten Schritts eines agglomerativen Verfahrens

{1, 2, 4, 5}	{1, 2, 4, 5}	{3, 6}
{3, 6}	41	

1. Definiere jedes Objekt als eigene Klasse, d.h. setze $D_{i.j} = d_{ij}$.
2. Bestimme

$$\min \{D_{i.j} | D_{i.j} > 0\}.$$

Wähle einen Wert zufällig aus, falls mehrere Werte gleich sind. Sei $D_{k.m}$ das kleinste Element. Verschmelze die Klassen k und m.

3. Bestimme den Abstand zwischen der neu gewonnenen Klasse und den restlichen Klassen. Ersetze die k-te und m-te Zeile und Spalte von D durch diese Zahlen.
4. Wiederhole die Schritte 2 und 3, bis nur noch eine Klasse vorliegt.

Der dritte Schritt ist nicht für jede Distanzmatrix eindeutig definiert. Werden zwei Klassen C_i und C_j zu einer Klasse verschmolzen, so kann die Distanz einer anderen Klasse C_k zu den beiden Klassen C_i und C_j unterschiedlich sein. In diesem Fall ist nicht klar, was die Distanz der aus C_i und C_j gebildeten Klasse zur Klasse C_k ist.

Beispiel 63 (Fortsetzung) Wir betrachten die Distanzmatrix des Alters der sechs Personen in (13.1). Die kleinste Zahl unterhalb der Hauptdiagonalen ist die 1. Im ersten Schritt verschmelzen wir die Klassen {2} und {5}. Nun gilt $D_{\{1\}.\{2\}} = 5$ und $D_{\{1\}.\{5\}} = 6$. □

Die einzelnen hierarchischen Clusteranalyseverfahren unterscheiden sich nun dadurch, wie dieser Abstand definiert ist. Beim *Single-Linkage-Verfahren* nimmt man die kleinere, beim *Complete-Linkage-Verfahren* die größere der beiden Zahlen, während man beim *Average-Linkage-Verfahren* den Mittelwert der beiden Zahlen wählt. Formal können wir dies folgendermaßen beschreiben:

Wir betrachten die i-te, j-te und k-te Klasse. Seien $D_{i.j}$, $D_{i.k}$ und $D_{j.k}$ gegeben. Sei $D_{i.j}$ der kleinste Wert in der Distanzmatrix. Also werden die Klassen i und j verschmolzen. Gesucht ist $D_{ij.k}$. Die drei Verfahren gehen folgendermaßen vor:

1. Single-Linkage-Verfahren mit $D_{ij,k} = \min\{D_{i,k}, D_{j,k}\}$,
2. Complete-Linkage-Verfahren mit $D_{ij,k} = \max\{D_{i,k}, D_{j,k}\}$,
3. Average-Linkage-Verfahren mit dem Mittelwert der Distanzen zwischen allen Elementen der beiden Klassen.

Die Verfahren unterscheiden sich dadurch, wie sie den Abstand zwischen zwei Klassen bestimmen. Beim Single-Linkage-Verfahren ist der Abstand zwischen den Klassen A und B der kleinste Abstand zwischen Punkten der einen und Punkten der anderen Klasse. Das folgende Bild verdeutlicht dies:

A ——————— B

A   B

Beim Complete-Linkage-Verfahren ist der Abstand zwischen den Klassen A und B der größte Abstand zwischen Punkten der einen und Punkten der anderen Klasse. Das folgende Bild verdeutlicht dies:

A   B

A ———————————— B

Beim Average-Linkage-Verfahren ist der Abstand zwischen den Klassen A und B der Mittelwert aller Abstände zwischen Punkten der einen und Punkten der anderen Klasse. Das folgende Bild verdeutlicht dies:

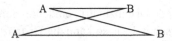

In Abschnitt 13.2.2 illustrieren wir die Vorgehensweise der Verfahren am Beispiel der Distanzmatrix in (13.1).

13.2.2   Verfahren der hierarchischen Clusterbildung

Single-Linkage-Verfahren
Beim Single-Linkage-Verfahren wird als Distanz von zwei zu verschmelzenden Klassen die kleinste Distanz zwischen Elementen der einen Klasse und Elementen der anderen Klasse gewählt.

Tab. 13.7 Ergebnis des ersten Schritts des Single-Linkage-Verfahrens

	{2, 5}	{1}	{3}	{4}	{6}
{1}	5				
{3}	31	37			
{4}	9	4	41		
{6}	28	34	3	38	

Beispiel 63 (Fortsetzung) Wir führen eine hierarchische Clusteranalyse mit dem Single-Linkage-Verfahren auf Basis der Distanzmatrix in (13.1) durch. Die Distanzmatrix lautet

$$\mathbf{D} = \begin{pmatrix} 0 & 5 & 37 & 4 & 6 & 34 \\ 5 & 0 & 32 & 9 & 1 & 29 \\ 37 & 32 & 0 & 41 & 31 & 3 \\ 4 & 9 & 41 & 0 & 10 & 38 \\ 6 & 1 & 31 & 10 & 0 & 28 \\ 34 & 29 & 3 & 38 & 28 & 0 \end{pmatrix}.$$

Die kleinste Distanz ist 1. Im ersten Schritt verschmelzen wir die Klassen {2} und {5}. Es gilt

$$D_{\{2,5\}.\{1\}} = \min\{D_{\{2\}.\{1\}}, D_{\{5\}.\{1\}}\} = \min\{5, 6\} = 5,$$
$$D_{\{2,5\}.\{3\}} = \min\{D_{\{2\}.\{3\}}, D_{\{5\}.\{3\}}\} = \min\{32, 31\} = 31,$$
$$D_{\{2,5\}.\{4\}} = \min\{D_{\{2\}.\{4\}}, D_{\{5\}.\{4\}}\} = \min\{9, 10\} = 9,$$
$$D_{\{2,5\}.\{6\}} = \min\{D_{\{2\}.\{6\}}, D_{\{5\}.\{6\}}\} = \min\{29, 28\} = 28.$$

Wir erhalten somit Tab. 13.7.

Die kleinste Zahl ist die 3, sodass die Klassen {3} und {6} verschmolzen werden. Es gilt

$$D_{\{3,6\}.\{2,5\}} = \min\{D_{\{3\}.\{2,5\}}, D_{\{6\}.\{2,5\}}\} = \min\{31, 28\} = 28,$$
$$D_{\{3,6\}.\{1\}} = \min\{D_{\{3\}.\{1\}}, D_{\{6\}.\{1\}}\} = \min\{37, 34\} = 34,$$
$$D_{\{3,6\}.\{4\}} = \min\{D_{\{3\}.\{4\}}, D_{\{6\}.\{4\}}\} = \min\{41, 38\} = 38.$$

Somit ergibt sich Tab. 13.8.

Tab. 13.8 Ergebnis des zweiten Schritts des Single-Linkage-Verfahrens

	{2, 5}	{1}	{3, 6}	{4}
{1}	5			
{3, 6}	28	34		
{4}	9	4	38	

	{2, 5}	{2, 5}	{1, 4}	{3, 6}
Tab. 13.9 Ergebnis des dritten Schritts des Single-Linkage-Verfahrens	{1, 4}	5		
	{3, 6}	28	34	

Die kleinste Zahl ist die 4, sodass die Klassen $\{1\}$ und $\{4\}$ verschmolzen werden. Es gilt

$$D_{\{1,4\}.\{2,5\}} = \min\{D_{\{1\}.\{2,5\}}, D_{\{4\}.\{2,5\}}\} = \min\{5, 9\} = 5 \,,$$
$$D_{\{1,4\}.\{3,6\}} = \min\{D_{\{1\}.\{3,6\}}, D_{\{4\}.\{3,6\}}\} = \min\{34, 38\} = 34 \,.$$

Somit ergibt sich Tab. 13.9.

Die kleinste Zahl ist die 5, sodass die Klassen $\{1, 4\}$ und $\{2, 5\}$ verschmolzen werden. Es gilt

$$D_{\{1,2,4,5\}.\{3,6\}} = \min\{D_{\{1,4\}.\{3,6\}}, D_{\{2,5\}.\{3,6\}}\} = \min\{34, 28\} = 28 \,.$$

Somit ergibt sich Tab. 13.10.

Somit werden beim Abstand 28 die Klassen $\{1, 2, 4, 5\}$ und $\{3, 6\}$ verschmolzen.

Wir erhalten das Dendrogramm in Abb. 13.2.

Die kophenetische Matrix lautet

$$\mathbf{D}^* = \begin{pmatrix} 0 & 5 & 28 & 4 & 5 & 28 \\ 5 & 0 & 28 & 5 & 1 & 28 \\ 28 & 28 & 0 & 28 & 28 & 3 \\ 4 & 5 & 28 & 0 & 5 & 28 \\ 5 & 1 & 28 & 5 & 0 & 28 \\ 28 & 28 & 3 & 28 & 28 & 0 \end{pmatrix} \,. \tag{13.2}$$

$\square$

Complete-Linkage-Verfahren

Als Distanz von zwei zu verschmelzenden Klassen wird beim Complete-Linkage-Verfahren die größte Distanz zwischen Elementen der einen Klasse und Elementen der anderen Klasse gewählt.

Beispiel 63 (Fortsetzung) Wir führen eine hierarchische Clusteranalyse mit dem Complete-Linkage-Verfahren auf Basis der Distanzmatrix in (13.1) durch. Das kleinste Element ist die 1.

	{1, 2, 4, 5}	{1, 2, 4, 5}	{3, 6}
Tab. 13.10 Ergebnis des vierten Schritts des Single-Linkage-Verfahrens	{3, 6}	28	

Abb. 13.2 Dendrogramm des
Single-Linkage-Verfahrens

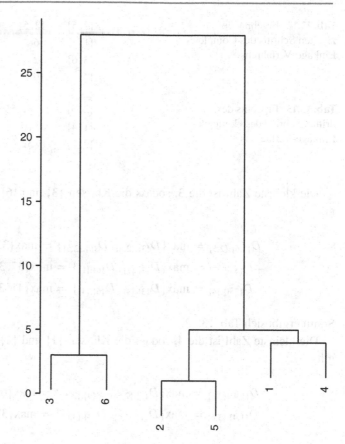

Im ersten Schritt verschmelzen wir die Klassen $\{2\}$ und $\{5\}$. Es gilt

$$D_{\{2,5\}.\{1\}} = \max\{D_{\{2\}.\{1\}}, D_{\{5\}.\{1\}}\} = \max\{5, 6\} = 6\,,$$

$$D_{\{2,5\}.\{3\}} = \max\{D_{\{2\}.\{3\}}, D_{\{5\}.\{3\}}\} = \max\{32, 31\} = 32\,,$$

$$D_{\{2,5\}.\{4\}} = \max\{D_{\{2\}.\{4\}}, D_{\{5\}.\{4\}}\} = \max\{9, 10\} = 10\,,$$

$$D_{\{2,5\}.\{6\}} = \max\{D_{\{2\}.\{6\}}, D_{\{5\}.\{6\}}\} = \max\{29, 28\} = 29\,.$$

Wir erhalten somit Tab. 13.11.

Tab. 13.11 Ergebnis des
ersten Schritts des Complete-
Linkage-Verfahrens

$\{2, 5\}$	$\{2, 5\}$	$\{1\}$	$\{3\}$	$\{4\}$	$\{6\}$
$\{1\}$	6				
$\{3\}$	32	37			
$\{4\}$	10	4	41		
$\{6\}$	29	34	3	38	

Tab. 13.12 Ergebnis des
zweiten Schritts des Complete-
Linkage-Verfahrens

	{2, 5}	{2, 5}	{1}	{3, 6}	{4}
{1}	6				
{3, 6}	32	37			
{4}	10	4	41		

Tab. 13.13 Ergebnis des
dritten Schritts des Complete-
Linkage-Verfahrens

	{2, 5}	{2, 5}	{1, 4}	{3, 6}
{1, 4}	10			
{3, 6}	32	41		

Die kleinste Zahl ist die 3, sodass die Klassen {3} und {6} verschmolzen werden. Es gilt

$$D_{\{3,6\}.\{2,5\}} = \max\{D_{\{3\}.\{2,5\}}, D_{\{6\}.\{2,5\}}\} = \max\{32, 29\} = 32 \,,$$

$$D_{\{3,6\}.\{1\}} = \max\{D_{\{3\}.\{1\}}, D_{\{6\}.\{1\}}\} = \max\{37, 34\} = 37 \,,$$

$$D_{\{3,6\}.\{4\}} = \max\{D_{\{3\}.\{4\}}, D_{\{6\}.\{4\}}\} = \max\{41, 38\} = 41 \,.$$

Somit ergibt sich Tab. 13.12.

Die kleinste Zahl ist die 4, sodass die Klassen {1} und {4} verschmolzen werden. Es gilt

$$D_{\{1,4\}.\{2,5\}} = \max\{D_{\{1\}.\{2,5\}}, D_{\{4\}.\{2,5\}}\} = \max\{6, 10\} = 10 \,,$$

$$D_{\{1,4\}.\{3,6\}} = \max\{D_{\{1\}.\{3,6\}}, D_{\{4\}.\{3,6\}}\} = \max\{37, 41\} = 41 \,.$$

Somit ergibt sich Tab. 13.13.

Die kleinste Zahl ist die 10, sodass die Klassen {1, 4} und {2, 5} verschmolzen werden. Es gilt

$$D_{\{1,2,4,5\}.\{3,6\}} = \max\{D_{\{1,4\}.\{3,6\}}, D_{\{2,5\}.\{3,6\}}\} = \max\{41, 32\} = 41 \,.$$

Somit ergibt sich Tab. 13.14.

Tab. 13.14 Ergebnis des
vierten Schritts des Complete-
Linkage-Verfahrens

	{1, 2, 4, 5}	{1, 2, 4, 5}	{3, 6}
{3, 6}	41		

Beim Abstand 41 werden die Klassen $\{1, 2, 4, 5\}$ und $\{3, 6\}$ verschmolzen. Wir erhalten das Dendrogramm in Abb. 13.1. Die kophenetische Matrix lautet

$$
\mathbf{D}^* = \begin{pmatrix}
0 & 10 & 41 & 4 & 10 & 41 \\
10 & 0 & 41 & 10 & 1 & 41 \\
41 & 41 & 0 & 41 & 41 & 3 \\
4 & 10 & 41 & 0 & 10 & 41 \\
10 & 1 & 41 & 10 & 0 & 41 \\
41 & 41 & 3 & 41 & 41 & 0
\end{pmatrix}.
\tag{13.3}
$$

Wir sehen, dass Beispiel 63 von dieser kophenetischen Matrix ausging. □

Average-Linkage-Verfahren

Beim Average-Linkage-Verfahren wird als Distanz von zwei zu verschmelzenden Klassen der Mittelwert aller Distanzen zwischen Elementen der einen Klasse und Elementen der anderen Klasse gewählt.

Beispiel 63 (Fortsetzung) Wir gehen wieder von der Distanzmatrix in (13.1) aus. Das kleinste Element ist die 1. Im ersten Schritt verschmelzen wir die Klassen $\{2\}$ und $\{5\}$. Es gilt

$$
D_{\{2,5\}.\{1\}} = \frac{d_{21} + d_{51}}{2} = \frac{5 + 6}{2} = 5.5 ,
$$

$$
D_{\{2,5\}.\{3\}} = \frac{d_{23} + d_{53}}{2} = \frac{32 + 31}{2} = 31.5 ,
$$

$$
D_{\{2,5\}.\{4\}} = \frac{d_{24} + d_{54}}{2} = \frac{9 + 10}{2} = 9.5 ,
$$

$$
D_{\{2,5\}.\{6\}} = \frac{d_{26} + d_{56}}{2} = \frac{29 + 28}{2} = 28.5 .
$$

Wir erhalten somit Tab. 13.15.

Tab. 13.15 Ergebnis des ersten Schritts des Average-Linkage-Verfahrens

	$\{2,5\}$	$\{1\}$	$\{3\}$	$\{4\}$	$\{6\}$
$\{1\}$	5.5				
$\{3\}$	31.5	37			
$\{4\}$	9.5	4	41		
$\{6\}$	28.5	34	3	38	

Tab. 13.16 Ergebnis des
zweiten Schritts des Average-
Linkage-Verfahrens

	$\{2,5\}$	$\{2,5\}$	$\{1\}$	$\{3,6\}$	$\{4\}$
$\{1\}$	5.5				
$\{3,6\}$	30	35.5			
$\{4\}$	9.5	4	39.5		

Die kleinste Zahl ist die 3, sodass die Klassen $\{3\}$ und $\{6\}$ verschmolzen werden. Es gilt

$$D_{\{3,6\}.\{2,5\}} = \frac{d_{32} + d_{35} + d_{62} + d_{65}}{4} = \frac{32 + 31 + 29 + 28}{4} = 30 \,,$$

$$D_{\{3,6\}.\{1\}} = \frac{d_{31} + d_{61}}{2} = \frac{37 + 34}{2} = 35.5 \,,$$

$$D_{\{3,6\}.\{4\}} = \frac{d_{34} + d_{64}}{2} = \frac{41 + 38}{2} = 39.5 \,.$$

Somit ergibt sich Tab. 13.16.

Die kleinste Zahl ist die 4, sodass die Klassen $\{1\}$ und $\{4\}$ verschmolzen werden. Es gilt

$$D_{\{1,4\}.\{2,5\}} = \frac{d_{12} + d_{15} + d_{42} + d_{45}}{4} = \frac{5 + 6 + 9 + 10}{4} = 7.5 \,,$$

$$D_{\{1,4\}.\{3,6\}} = \frac{d_{13} + d_{16} + d_{43} + d_{46}}{4} = \frac{37 + 34 + 41 + 38}{4} = 37.5 \,.$$

Somit ergibt sich Tab. 13.17.

Die kleinste Zahl ist die 7.5, sodass die Klassen $\{1,4\}$ und $\{2,5\}$ verschmolzen werden. Es gilt

$$D_{\{1,2,4,5\}.\{3,6\}} = \frac{d_{13} + d_{16} + d_{43} + d_{46} + d_{23} + d_{26} + d_{53} + d_{56}}{8}$$

$$= \frac{37 + 34 + 41 + 38 + 32 + 29 + 31 + 28}{8}$$

$$= 33.75 \,.$$

Somit ergibt sich Tab. 13.18.

Somit werden beim Abstand 33.75 die Klassen $\{1,2,4,5\}$ und $\{3,6\}$ verschmolzen. Wir erhalten das Dendrogramm in Abb. 13.3.

Tab. 13.17 Ergebnis des
dritten Schritts des Average-
Linkage-Verfahrens

	$\{2,5\}$	$\{2,5\}$	$\{1,4\}$	$\{3,6\}$
$\{1,4\}$	7.5			
$\{3,6\}$	30	37.5		

Tab. 13.18 Ergebnis des vierten Schritts des Average-Linkage-Verfahrens

	$\{1, 2, 4, 5\}$	$\{3, 6\}$
$\{1, 2, 4, 5\}$		
$\{3, 6\}$	33.75	

Abb. 13.3 Dendrogramm des Average-Linkage-Verfahrens

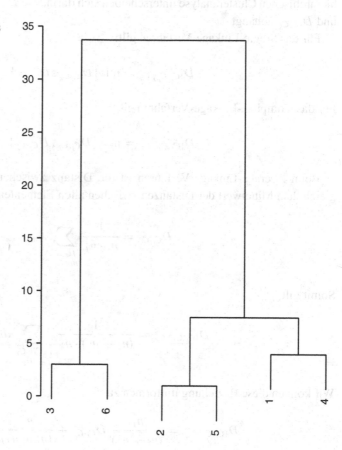

Die kophenetische Matrix lautet

$$D^* = \begin{pmatrix} 0 & 7.5 & 33.75 & 4 & 7.5 & 33.75 \\ 7.5 & 0 & 33.75 & 7.5 & 1 & 33.75 \\ 33.75 & 33.75 & 0 & 33.75 & 33.75 & 3 \\ 4 & 7.5 & 33.75 & 0 & 7.5 & 33.75 \\ 7.5 & 1 & 33.75 & 7.5 & 0 & 33.75 \\ 33.75 & 33.75 & 3 & 33.75 & 33.75 & 0 \end{pmatrix} . \qquad (13.4)$$

□

Rekursionsbeziehung von Lance und Williams

Wir betrachten im Folgenden einen Schritt bei der agglomerativen Clusteranalyse. Dafür liegen die Klassen $C_1, C_2, \ldots, C_n$ vor. Wir bezeichnen die Anzahl der Objekte in der

Klasse C_i mit n_i. Die Distanz zwischen der i-ten und j-ten Klasse sei $D_{C_i \cdot C_j}$. Nun werden die Klassen C_i und C_j zur Klasse $\{C_i, C_j\}$ verbunden. Die Verfahren der agglomerativen hierarchischen Clusteranalyse unterscheiden sich darin, wie $D_{\{C_i,C_j\}\cdot C_k}$ von $D_{C_i \cdot C_j}$, $D_{C_i \cdot C_k}$ und $D_{C_j \cdot C_k}$ abhängt.

Für das Single-Linkage-Verfahren gilt:

$$D_{\{C_i,C_j\}\cdot C_k} = \min\{D_{C_i \cdot C_k}, D_{C_j \cdot C_k}\} \ . \tag{13.5}$$

Für das Complete-Linkage-Verfahren gilt:

$$D_{\{C_i,C_j\}\cdot C_k} = \max\{D_{C_i \cdot C_k}, D_{C_j \cdot C_k}\} \ . \tag{13.6}$$

Beim Average-Linkage-Verfahren ist die Distanz zwischen den Klassen C_i und C_j gleich dem Mittelwert der Distanzen zwischen allen Elementen aus C_i und C_j:

$$D_{C_i \cdot C_j} = \frac{1}{n_i \cdot n_j} \sum_{\substack{l \in C_i \\ m \in C_j}} d_{lm} \ . \tag{13.7}$$

Somit gilt

$$D_{\{C_i,C_j\}\cdot C_k} = \frac{1}{(n_i + n_j) \cdot n_k} \sum_{\substack{l \in C_i \cup C_j \\ m \in C_k}} d_{lm} \ . \tag{13.8}$$

Wir können diese Beziehung umformen zu

$$D_{\{C_i,C_j\}\cdot C_k} = \frac{n_i}{(n_i + n_j)} D_{C_i \cdot C_k} + \frac{n_j}{(n_i + n_j)} D_{C_j \cdot C_k} \ . \tag{13.9}$$

Die Gültigkeit von Beziehung (13.9) sehen wir folgendermaßen:

$$
\begin{aligned}
D_{\{C_i,C_j\}\cdot C_k} &= \frac{1}{(n_i + n_j) \cdot n_k} \sum_{\substack{l \in C_i \cup C_j \\ m \in C_k}} d_{lm} \\
&= \frac{1}{(n_i + n_j) \cdot n_k} \sum_{\substack{l \in C_i \\ m \in C_k}} d_{lm} + \frac{1}{(n_i + n_j) \cdot n_k} \sum_{\substack{l \in C_j \\ m \in C_k}} d_{lm} \\
&= \frac{n_i}{(n_i + n_j)} \underbrace{\left(\frac{1}{n_i \cdot n_k} \sum_{\substack{l \in C_i \\ m \in C_k}} d_{lm} \right)}_{D_{C_i \cdot C_k}}
\end{aligned}
$$

$$+ \frac{n_j}{(n_i + n_j)} \underbrace{\left(\frac{1}{n_j \cdot n_k} \sum_{\substack{l \in C_j \\ m \in C_k}} d_{lm} \right)}_{D_{C_j \cdot C_k}}$$

$$= \frac{n_i}{(n_i + n_j)} D_{C_i \cdot C_k} + \frac{n_j}{(n_i + n_j)} D_{C_j \cdot C_k}.$$

Somit hängt $D_{\{C_i, C_j\} \cdot C_k}$ auch beim Average-Linkage-Verfahren von $D_{C_i \cdot C_k}$ und $D_{C_j \cdot C_k}$ ab. Lance & Williams (1967) betrachten folgende allgemeine Rekursionsbeziehung:

$$D_{\{C_i, C_j\} \cdot C_k} = \alpha_i \, D_{C_i \cdot C_k} + \alpha_j \, D_{C_j \cdot C_k} + \beta \, D_{C_i \cdot C_j}$$
$$+ \gamma |D_{C_i \cdot C_k} - D_{C_j \cdot C_k}| \, . \tag{13.10}$$

Durch geeignete Wahl von α_i, α_j, β und γ erhält man die unterschiedlichen Verfahren der hierarchischen Clusteranalyse.

Wie Beziehung (13.9) zeigt, ist das Average-Linkage-Verfahren ein Spezialfall von (13.10) mit

$$\alpha_i = \frac{n_i}{n_i + n_j}, \quad \alpha_j = \frac{n_j}{n_i + n_j}, \quad \beta = 0, \quad \gamma = 0 \, .$$

Auch das Single-Linkage-Verfahren gehört zu der von Lance und Williams vorgeschlagenen Klasse. Dies sehen wir, wenn wir das Minimum aus zwei reellen Zahlen a und b darstellen als $\min\{a, b\} = 0.5(a + b) - 0.5|a - b|$. Auf Grund dieser Beziehung gilt für das Single-Linkage-Verfahren

$$D_{\{C_i, C_j\} \cdot C_k} = 0.5 D_{C_i \cdot C_k} + 0.5 D_{C_j \cdot C_k} - 0.5 |D_{C_i \cdot C_k} - 0.5 D_{C_j \cdot C_k}| \, . \tag{13.11}$$

Also ist das Single-Linkage-Verfahren ein Spezialfall von (13.10) mit

$$\alpha_i = 0.5, \quad \alpha_j = 0.5, \quad \beta = 0, \quad \gamma = -0.5 \, .$$

Das Maximum aus zwei reellen Zahlen a und b ist darstellbar als $\max\{a, b\} = 0.5(a + b) + 0.5|a - b|$. Auf Grund dieser Beziehung gilt für das Complete-Linkage-Verfahren

$$D_{\{C_i, C_j\} \cdot C_k} = 0.5 D_{C_i \cdot C_k} + 0.5 D_{C_j \cdot C_k} + 0.5 |D_{C_i \cdot C_k} - 0.5 D_{C_j \cdot C_k}| \, . \tag{13.12}$$

Somit ist also auch das Complete-Linkage-Verfahren ein Spezialfall von (13.10) mit

$$\alpha_i = 0.5, \quad \alpha_j = 0.5, \quad \beta = 0, \quad \gamma = 0.5 \, .$$

Eine Reihe von Verfahren der hierarchischen Clusteranalyse sind Spezialfälle der Rekursionsbeziehung von Lance und Williams. Neben dem Single-Linkage-Verfahren, dem Complete-Linkage-Verfahren und dem Average-Linkage-Verfahren gibt es noch

- das *Median-Verfahren* mit

$$\alpha_i = \frac{1}{2}, \quad \alpha_j = \frac{1}{2}, \quad \beta = -\frac{1}{4}, \quad \gamma = 0 , \tag{13.13}$$

- das *Zentroid-Verfahren* mit

$$\alpha_i = \frac{n_i}{n_i + n_j}, \quad \alpha_j = \frac{n_j}{n_i + n_j}, \quad \beta = -\frac{n_i \cdot n_j}{(n_i + n_j)^2}, \quad \gamma = 0 , \tag{13.14}$$

- und das *Ward-Verfahren* mit

$$\alpha_i = \frac{n_i + n_k}{n_i + n_j + n_k}, \alpha_j = \frac{n_j + n_k}{n_i + n_j + n_k}, \tag{13.15}$$

$$\beta = -\frac{n_k}{n_i + n_j + n_k}, \gamma = 0 .$$

Das Zentroid-Verfahren und das Ward-Verfahren basieren auf quadrierten euklidischen Distanzen.

Ward-Verfahren

Wir haben das Verfahren von Ward (1963) als Spezialfall der Rekursionsbeziehung von Lance-Williams kennengelernt (siehe dazu (13.10) und (13.15). Ward hatte für dieses aber ursprünglich einen anderen Zugang gewählt. Schauen wir uns diesen an.

Ward geht davon aus, dass bei jedem Objekt p metrische Merkmale erhoben wurden. Er will diese Objekte agglomerativ so verschmelzen, dass die Klassen kohärent sind. Als Maß für die Homogenität einer Klasse wählt er die Summe der quadrierten euklidischen Distanzen der Merkmalsvektoren der Objekte der Klasse vom Mittelwert der Merkmalsvektoren.

Ist $\mathbf{x}_j$ der Merkmalsvektor des j-ten Objektes aus der i-ten Klasse C_i, so wird zunächst der Mittelwertvektor der i-ten Klasse bestimmt:

$$\bar{\mathbf{x}}_i = \frac{1}{n_i} \sum_{j \in C_i} \mathbf{x}_j .$$

Das Maß für die Homogenität der i-ten Klasse ist

$$E_i = \sum_{j \in C_i} \left(\mathbf{x}_j - \bar{\mathbf{x}}_i \right)' \left(\mathbf{x}_j - \bar{\mathbf{x}}_i \right) . \tag{13.16}$$

Als Maß für die Güte der Clusterlösung dient die Summe der Maße für die Homogenität der Klassen:

$$E = \sum_i E_i . \tag{13.17}$$

Auf der ersten Stufe des agglomerativen Prozesses bildet jedes Objekt eine eigene Klasse. In diesem Fall ist E gleich 0. Auf jeder weiteren Stufe werden die zwei Klassen verschmolzen, deren Verschmelzung zur kleinsten Veränderung von E in (13.17) führt. Auf der letzten Stufe sind alle Objekte in einer Klasse.

Beispiel 64 Wir betrachten das Alter von vier Personen:

19   25   20   23

Wir wenden das Verfahren von Ward an. Zu Beginn bildet jedes Objekt eine Klasse, und es gilt $E = 0$.

Nun betrachten wir alle Möglichkeiten, zwei der Objekte zu einer Klasse zu verschmelzen, und bestimmen den zugehörigen Wert von E:

$$P = \{\{1,2\},\{3\},\{4\}\} :$$
$$E = (19-22)^2 + (25-22)^2 + (20-20)^2 + (23-23)^2 = 18 ,$$
$$P = \{\{1,3\},\{2\},\{4\}\} :$$
$$E = (19-19.5)^2 + (25-25)^2 + (20-19.5)^2 + (23-23)^2 = 0.5 ,$$
$$P = \{\{1,4\},\{2\},\{3\}\} :$$
$$E = (19-21)^2 + (25-25)^2 + (20-20)^2 + (23-21)^2 = 8 ,$$
$$P = \{\{2,3\},\{1\},\{4\}\} :$$
$$E = (19-19)^2 + (25-22.5)^2 + (20-22.5)^2 + (23-23)^2 = 12.5 ,$$
$$P = \{\{2,4\},\{1\},\{3\}\} :$$
$$E = (19-19)^2 + (25-24)^2 + (20-20)^2 + (23-24)^2 = 2 ,$$
$$P = \{\{3,4\},\{1\},\{2\}\} :$$
$$E = (19-19)^2 + (25-25)^2 + (20-21.5)^2 + (23-21.5)^2 = 4.5 .$$

Bei der Verschmelzung von $\{1\}$ und $\{3\}$ ist die Veränderung am kleinsten. Beim nächsten Schritt gehen wir also von $P = \{\{1,3\},\{2\},\{4\}\}$ aus. Wir betrachten wieder alle Möglichkeiten, alle Objekte zu verschmelzen:

$$P = \{\{1,2,3\},\{4\}\} :$$
$$E = (19-21.33)^2 + (25-21.33)^2 + (20-21.33)^2 + (23-23)^2 = 20.67 ,$$
$$P = \{\{1,3,4\},\{2\}\} :$$
$$E = (19-20.67)^2 + (25-25)^2 + (20-20.67)^2 + (23-20.67)^2 = 8.67 ,$$
$$P = \{\{1,3\},\{2,4\}\} :$$
$$E = (19-19.5)^2 + (25-24)^2 + (20-19.5)^2 + (23-24)^2 = 2.5 .$$

Bei der Verschmelzung von $\{2\}$ und $\{4\}$ ist die Veränderung am kleinsten. Beim nächsten Schritt wir gehen also von $P = \{\{1,3\},\{2,4\}\}$ aus. Es gibt nur eine Möglichkeit. Für diese gilt

$$E = (19-21.75)^2 + (25-21.75)^2 + (20-21.75)^2 + (23-21.75)^2 = 22.75 . \quad \square$$

Wishart (1969) hat gezeigt, dass für das Verfahren von Ward die Rekursionsbeziehung von Lance-Williams in (13.10) mit

$$\alpha_i = \frac{n_i + n_k}{n_i + n_j + n_k} \quad \alpha_j = \frac{n_j + n_k}{n_i + n_j + n_k} \quad \beta = -\frac{n_k}{n_i + n_j + n_k}$$

gilt, wenn die Distanzmatrix quadrierte euklidische Distanzen enthält.

Beispiel 64 (Fortsetzung) Wir führen das Verfahren von Ward mithilfe der Rekursionsbeziehung von Lance-Williams durch. Wir betrachten die quadrierten euklidischen Distanzen, sodass die Distanzmatrix folgendermaßen aussieht:

$$\mathbf{D} = \begin{pmatrix} 0 & 36 & 1 & 16 \\ 36 & 0 & 25 & 4 \\ 1 & 25 & 0 & 9 \\ 16 & 4 & 9 & 0 \end{pmatrix}.$$

Das kleinste Element ist die 1, sodass die Klassen $\{1\}$ und $\{3\}$ verschmolzen werden. Wir müssen nun $D_{\{1,3\}\cdot\{2\}}$ und $D_{\{1,3\}\cdot\{4\}}$ bestimmen. Es gilt

$$\begin{aligned} D_{\{1,3\}\cdot\{2\}} &= \frac{2}{3}D_{\{1\}\cdot\{2\}} + \frac{2}{3}D_{\{3\}\cdot\{2\}} - \frac{1}{3}D_{\{1\}\cdot\{3\}} \\ &= \frac{2}{3}\cdot 36 + \frac{2}{3}\cdot 25 - \frac{1}{3}\cdot 1 \\ &= \frac{121}{3} \end{aligned}$$

und

$$\begin{aligned} D_{\{1,3\}\cdot\{4\}} &= \frac{2}{3}D_{\{1\}\cdot\{4\}} + \frac{2}{3}D_{\{3\}\cdot\{4\}} - \frac{1}{3}D_{\{1\}\cdot\{3\}} \\ &= \frac{2}{3}\cdot 16 + \frac{2}{3}\cdot 9 - \frac{1}{3}\cdot 1 \\ &= \frac{49}{3}\,. \end{aligned}$$

Wir erhalten folgende Distanzmatrix der Tab. 13.19:

Tab. 13.19 Ergebnis des ersten Schritts des Ward-Verfahrens

$\{1,3\}$	$\{1,3\}$	$\{2\}$	$\{4\}$
$\{2\}$	121/3		
$\{4\}$	49/3	4	

Das kleinste Element ist die 4, sodass die Klassen $\{2\}$ und $\{4\}$ verschmolzen werden. Wir müssen nun $D_{\{2,4\}\cdot\{1,3\}}$ bestimmen. Es gilt

$$D_{\{2,4\}\cdot\{1,3\}} = \frac{3}{4}D_{\{2\}\cdot\{1,3\}} + \frac{3}{4}D_{\{4\}\cdot\{1,3\}} - \frac{2}{4}D_{\{2\}\cdot\{4\}}$$

$$= \frac{3}{4}\cdot\frac{121}{3} + \frac{3}{4}\cdot\frac{49}{3} - \frac{2}{4}\cdot 4$$

$$= \frac{162}{4} = 40.5 \,.$$

Wir erhalten folgende Distanzmatrix der Tab. 13.20:

Beim letzten Schritt werden die Klassen $\{1, 3\}$ und $\{2, 4\}$ verschmolzen.

Abb. 13.4 zeigt das entsprechende Dendrogramm. $\qquad\square$

Tab. 13.20 Ergebnis des zweiten Schritts des Ward-Verfahrens

	$\{1,3\}$	$\{2,4\}$
$\{1,3\}$		
$\{2,4\}$	40.5	

Abb. 13.4 Dendrogramm des Ward-Verfahrens

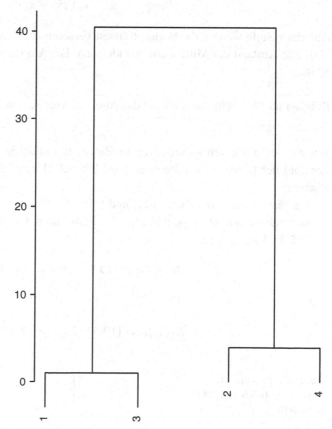

Zentroid-Verfahren

Wir haben das Zentroid-Verfahren als Spezialfall der Rekursionsbeziehung von Lance-Williams kennengelernt (siehe dazu (13.10) und (13.14). Sokal & Michener (1958) hatten dieses aber ursprünglich auf eine andere Art und Weise gewonnen. Schauen wir uns diese an.

Sie gehen davon aus, dass bei jedem Objekt p metrische Merkmale erhoben wurden, und wollen diese Objekte agglomerativ verschmelzen. Dabei bestimmen sie in jeder Klasse den Mittelwert der Beobachtungen. Ist also $\mathbf{x}_j$ der Merkmalsvektor des j-ten Objektes aus der i-ten Klasse C_i, so ist der Mittelwert der i-ten Klasse:

$$\bar{\mathbf{x}}_i = \frac{1}{n_i} \sum_{j \in C_i} \mathbf{x}_j \ .$$

Das Verfahren geht agglomerativ vor. Auf jeder Stufe wird der quadrierte euklidische Abstand der Mittelwerte von jeweils zwei Klassen bestimmt. Die Distanz zwischen den Klassen C_i und C_j ist also gleich

$$D_{C_i \cdot C_k} = (\bar{\mathbf{x}}_i - \bar{\mathbf{x}}_k)'(\bar{\mathbf{x}}_i - \bar{\mathbf{x}}_k) \ . \tag{13.18}$$

Auf einer Stufe werden die beiden Klassen verschmolzen, bei denen der quadrierte euklidische Abstand der Mittelwerte am kleinsten ist. Am Ende sind alle Objekte in einer Klasse.

Beispiel 65 Wir betrachten wieder das Alter der vier Personen:

    19   25   20   23

Wir wenden das Zentroid-Verfahren an. Zu Beginn bildet jedes Objekt eine Klasse. Das Zentroid der Klasse ist die Beobachtung. Tab. 13.21 zeigt die Distanzen zwischen den Klassen:

Wir verschmelzen die Klassen $\{1\}$ und $\{3\}$.

Nun müssen wir $D_{\{1,3\} \cdot \{2\}}$ und $D_{\{1,3\} \cdot \{4\}}$ bestimmen. Der Mittelwert der Klasse $\{1, 3\}$ ist 19.5, und wir erhalten

$$D_{\{1,3\} \cdot \{2\}} = (19.5 - 25)^2 = 30.25$$

und

$$D_{\{1,3\} \cdot \{4\}} = (19.5 - 23)^2 = 12.25 \ .$$

Tab. 13.21 Ergebnis des ersten Schritts des Zentroid-Verfahrens

	{1}	{2}	{3}	{4}
{2}	36			
{3}	1	25		
{4}	16	4	9	

Tab. 13.22 Ergebnis des zweiten Schritts des Zentroid-Verfahrens

{1, 3}	{1, 3}	{2}	{4}
{2}	30.25		
{4}	12.25	4	

Wir stellen die Distanzen in Tab. 13.22 zusammen:

Wir verschmelzen {2} und {4}.

Nun müssen wir $D_{\{1,3\}\cdot\{2,4\}}$ bestimmen. Der Mittelwert der Klasse $\{2, 4\}$ ist 24. Wir erhalten

$$D_{\{1,3\}\cdot\{2,4\}} = (19.5 - 24)^2 = 20.25 \, .$$

Wir stellen die Distanzen in Tab. 13.23 zusammen. □

Kaufman & Rousseeuw (1990) zeigen, dass für das Zentroid-Verfahren die Rekursionsbeziehung von Lance-Williams mit

$$\alpha_i = \frac{n_i}{n_i + n_j}, \quad \alpha_j = \frac{n_j}{n_i + n_j} \quad \text{und} \quad \beta = -\frac{n_i \cdot n_j}{(n_i + n_j)^2}$$

gilt, wenn die Distanzmatrix quadrierte euklidische Distanzen enthält.

Beispiel 65 (Fortsetzung) Wir führen das Zentroid-Verfahren mithilfe der Rekursionsbeziehung von Lance-Williams durch. Wir betrachten die quadrierten euklidischen Distanzen, sodass die Distanzmatrix erneut folgendermaßen aussieht:

$$\mathbf{D} = \begin{pmatrix} 0 & 36 & 1 & 16 \\ 36 & 0 & 25 & 4 \\ 1 & 25 & 0 & 9 \\ 16 & 4 & 9 & 0 \end{pmatrix} .$$

Das kleinste Element ist die 1, sodass die Klassen {1} und {3} verschmolzen werden. Wir müssen nun $D_{\{1,3\}\cdot\{2\}}$ und $D_{\{1,3\}\cdot\{4\}}$ bestimmen. Es gilt

$$\begin{aligned} D_{\{1,3\}\cdot\{2\}} &= \frac{1}{2} D_{\{1\}\cdot\{2\}} + \frac{1}{2} D_{\{3\}\cdot\{2\}} - \frac{1}{4} D_{\{1\}\cdot\{3\}} \\ &= \frac{1}{2} \cdot 36 + \frac{1}{2} \cdot 25 - \frac{1}{4} \cdot 1 \\ &= 30.25 \end{aligned}$$

Tab. 13.23 Ergebnis des dritten Schritts des Zentroid-Verfahrens

{1, 3}	{1, 3}	{2, 4}
{2, 4}	20.25	

Tab. 13.24 Ergebnis des	{1, 3}	{1, 3}	{2}	{4}
ersten Schritts des Zentroid-	{2}	30.25		
Verfahrens	{4}	12.25	4	

Tab. 13.25 Ergebnis des	{1, 3}	{1, 3}	{2, 4}
zweiten Schritts des Zentroid-	{2, 4}	20.25	
Verfahrens			

und

$$D_{\{1,3\}\cdot\{4\}} = \frac{1}{2}D_{\{1\}\cdot\{4\}} + \frac{1}{2}D_{\{3\}\cdot\{4\}} - \frac{1}{4}D_{\{1\}\cdot\{3\}}$$
$$= \frac{1}{2}\cdot 16 + \frac{1}{2}\cdot 9 - \frac{1}{4}\cdot 1$$
$$= 12.25 \,.$$

Wir erhalten die Distanzmatrix in Tab. 13.24:

Das kleinste Element ist die 4, sodass die Klassen {2} und {4} verschmolzen werden. Wir müssen nun $D_{\{2,4\}\cdot\{1,3\}}$ bestimmen. Es gilt

$$D_{\{2,4\}\cdot\{1,3\}} = \frac{1}{2}D_{\{2\}\cdot\{1,3\}} + \frac{1}{2}D_{\{4\}\cdot\{1,3\}} - \frac{1}{4}D_{\{2\}\cdot\{4\}}$$
$$= \frac{1}{2}\cdot 30.25 + \frac{1}{2}\cdot 12.25 - \frac{1}{4}\cdot 4$$
$$= \frac{162}{4} = 20.25 \,.$$

Wir erhalten die Distanzmatrix in Tab. 13.25:

Beim letzten Schritt werden die Klassen {1, 3} und {2, 4} verschmolzen.

Abb. 13.5 zeigt das entsprechende Dendrogramm.   □

Kohärenz und Isoliertheit

Wir betrachten zunächst, welche Dendrogramme das Single-Linkage-, das Complete-Linkage- und das Average-Linkage-Verfahren liefern, wenn sie in speziellen Situationen angewendet werden. Wir in Abschnitt 13.1 davon gesprochen, dass die Klassen kohärent und isoliert sein sollen. Wir untersuchen drei Fälle.

Beispiel 66 In Abb. 13.6 ist eine Konfiguration zu sehen, in der die Klassen kohärent und isoliert sind. Die Dendrogramme der drei Verfahren zeigen, dass durch jedes der Verfahren die drei Klassen gut entdeckt werden.   □

Beispiel 67 In Abb. 13.7 ist eine Konfiguration zu sehen, in der die Klassen kohärent, aber nicht isoliert sind. Hier sind in den Dendrogrammen des Complete-Linkage-Verfahrens

Abb. 13.5 Dendrogramm des Zentroid-Verfahrens

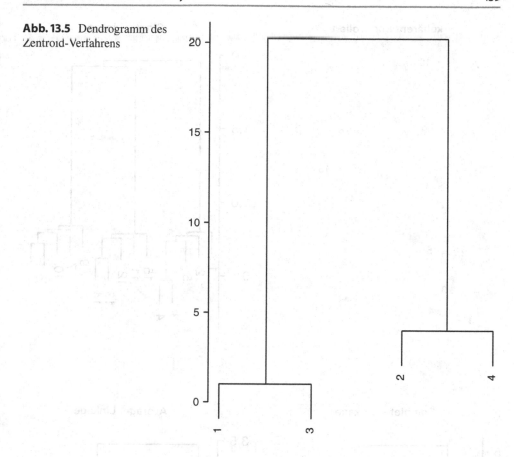

und des Average-Linkage-Verfahrens die zwei Klassen sehr gut zu erkennen, während das Single-Linkage-Verfahren keine Klassen erkennen lässt. Bei nicht isolierten Klassen bildet das Single-Linkage-Verfahren eine Kettenstruktur, da der Algorithmus den minimalen Abstand wählt.   □

Beispiel 68 In Abb. 13.8 ist eine Konfiguration zu sehen, in der die Klassen isoliert, aber nicht kohärent sind. Hier sind im Dendrogramm des Single-Linkage-Verfahrens die beiden Klassen gut zu erkennen, während die beiden anderen Verfahren einen Teil der Punkte der falschen Klasse zuordnen. In einer solchen Situation erweist es sich als vorteilhaft, dass das Single-Linkage-Verfahren auf dem kleinsten Abstand beruht.   □

Invarianz der Klassenbildung gegenüber monotonen Transformationen
Johnson (1967) fordert, dass die Klassenbildung sich nicht ändert, wenn man die Distanz monoton transformiert. Betrachtet man also zum Beispiel anstatt der euklidischen Distanzen die quadrierten euklidischen Distanzen, so sollte die Klassenbildung auf jeder Stufe identisch sein. Die Verschmelzungsniveaus werden sich natürlich ändern.

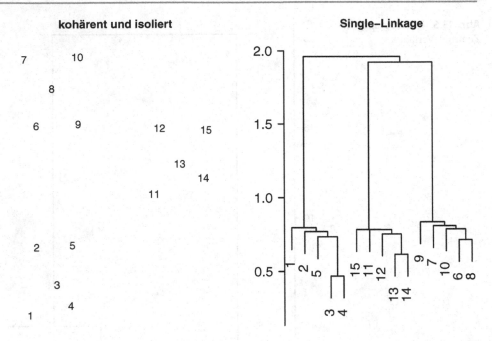

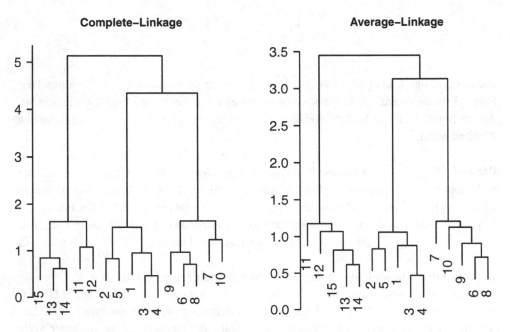

Abb. 13.6 Drei Verfahren bei kohärenten und isolierten Klassen

kohärent, nicht isoliert

Single–Linkage

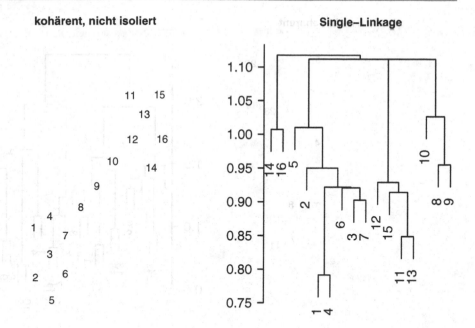

Complete–Linkage

Average–Linkage

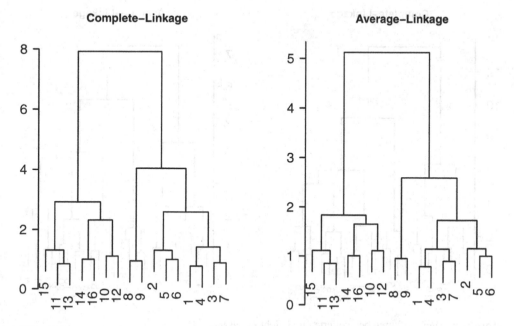

Abb. 13.7 Drei Verfahren bei kohärenten und nicht isolierten Klassen

isoliert, nicht kohärent

Single–Linkage

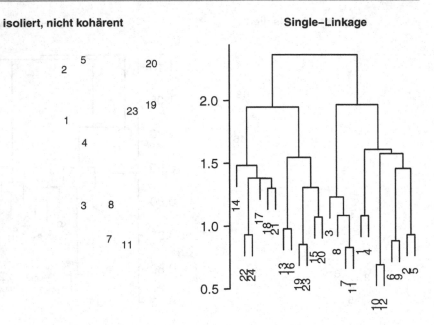

Complete–Linkage

Average–Linkage

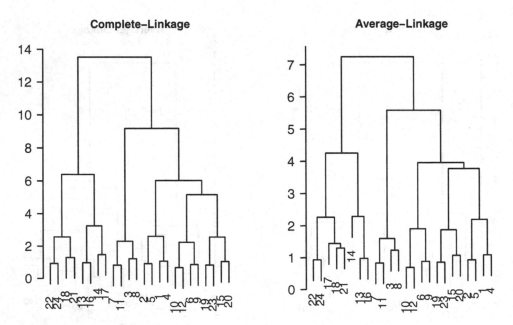

Abb. 13.8 Drei Verfahren bei isolierten und nicht kohärenten Klassen

Johnson (1967) zeigt, dass die Klassenbildung beim Single-Linkage-Verfahren und Complete-Linkage-Verfahren invariant gegenüber monotonen Transformationen der Distanzen ist. Dies liegt daran, dass das Entscheidungskriterium nur von der Rängen der Distanzen abhängt und diese invariant gegenüber monotonen Transformationen der Distanzen sind.

Monotonie der Verschmelzungsniveaus

Das Kriterium bezieht sich auf die Verschmelzungsniveaus $\alpha_1, \ldots, \alpha_{n-1}$. Sind diese monoton wachsend, so können wir das Dendrogramm problemlos zeichnen. Dies muss aber nicht immer der Fall sein, wie das folgende Beispiel zeigt.

Beispiel 69 Wir betrachten die folgenden fünf Punkte aus dem $I\!R^2$:

$$
\mathbf{x}_1 = \begin{pmatrix} 1 \\ 0 \end{pmatrix}, \qquad
\mathbf{x}_2 = \begin{pmatrix} 2 \\ 0 \end{pmatrix}, \qquad
\mathbf{x}_3 = \begin{pmatrix} 5 \\ 0 \end{pmatrix}, \qquad
\mathbf{x}_4 = \begin{pmatrix} 7 \\ 0 \end{pmatrix}, \qquad
\mathbf{x}_5 = \begin{pmatrix} 4 \\ 4 \end{pmatrix}.
$$

Die Matrix der quadrierten euklidischen Distanzen lautet:

$$
\mathbf{D} = \begin{pmatrix}
0 & 1 & 16 & 36 & 25 \\
1 & 0 & 9 & 25 & 20 \\
16 & 9 & 0 & 4 & 17 \\
36 & 25 & 4 & 0 & 25 \\
25 & 20 & 17 & 25 & 0
\end{pmatrix}.
$$

Wir wenden das Zentroid-Verfahren an.

Die kleinste Distanz ist 1, sodass wir auf der ersten Stufe die Klassen $\{1\}$ und $\{2\}$ verschmelzen. Es gilt

$$
D_{\{1,2\}\cdot\{3\}} = \frac{1}{2} \cdot 16 + \frac{1}{2} \cdot 9 - \frac{1}{4} \cdot 1 = 12.25 \,,
$$

$$
D_{\{1,2\}\cdot\{4\}} = \frac{1}{2} \cdot 36 + \frac{1}{2} \cdot 25 - \frac{1}{4} \cdot 1 = 30.25 \,,
$$

$$
D_{\{1,2\}\cdot\{5\}} = \frac{1}{2} \cdot 25 + \frac{1}{2} \cdot 20 - \frac{1}{4} \cdot 1 = 22.25 \,.
$$

Wir erhalten folgende Distanzmatrix in Tab. 13.26:

Tab. 13.26 Ergebnis des ersten Schritts des Zentroid-Verfahrens

$\{1,2\}$	$\{1,2\}$	$\{3\}$	$\{4\}$	$\{5\}$
$\{3\}$	12.25			
$\{4\}$	30.25	4		
$\{5\}$	22.25	17	25	

Die kleinste Distanz ist 4, sodass wir auf der zweiten Stufe die Klassen $\{3\}$ und $\{4\}$ verschmelzen. Es gilt

$$D_{\{3,4\}\cdot\{1,2\}} = \frac{1}{2} \cdot 12.25 + \frac{1}{2} \cdot 30.25 - \frac{1}{4} \cdot 4$$

$$= 20.25 ,$$

$$D_{\{3,4\}\cdot\{5\}} = \frac{1}{2} \cdot 17 + \frac{1}{2} \cdot 25 - \frac{1}{4} \cdot 4$$

$$= 20 .$$

Wir erhalten folgende Distanzmatrix in Tab. 13.27:

Die kleinste Distanz ist 20, sodass wir auf der dritten Stufe die Klassen $\{3, 4\}$ und $\{5\}$ verschmelzen. Es gilt

$$D_{\{3,4,5\}\cdot\{1,2\}} = \frac{2}{3} \cdot 20.25 + \frac{1}{3} \cdot 22.25 - \frac{2}{9} \cdot 20 = 16.47 .$$

Wir verschmelzen auf der vierten Stufe die Klassen $\{3, 4, 5\}$ und $\{1, 2\}$ auf dem Niveau 16.47. Wir sehen, dass das Verschmelzungsniveau auf der vierten Stufe kleiner als das Verschmelzungsniveau der dritten Stufe ist. $\qquad\square$

Alle anderen in Abschnitt 13.2.2 beschriebenen hierarchischen Verfahren erfüllen die Monotoniebedingung.

Um dies zu zeigen, geht man von einer beliebigen Stufe des Verschmelzungsprozesses aus. Hier sucht man das kleinste Element der Distanzmatrix. Dieses sei die Distanz $D_{C_i\cdot C_j} = d$ zwischen den Klassen C_i und C_j. Also werden diese beiden Klassen verschmolzen. Nun wird die neue Distanzmatrix bestimmt. Die Distanzen, die nicht auf C_i oder C_j beruhen, müssen nicht neu berechnet werden. Diese sind alle nicht kleiner als d, da sonst die entsprechenden Klassen verschmolzen worden wären. Die Monotoniebedingung ist also erfüllt, wenn die neuen Klassen auf einem Niveau verschmolzen werden, das auch nicht kleiner als d ist.

Schauen wir uns dies für einige Verfahren an. Es gilt

$$D_{C_i\cdot C_j} = d , \qquad\qquad (13.19)$$

$$D_{C_i\cdot C_k} \geq d , \qquad\qquad (13.20)$$

$$D_{C_j\cdot C_k} \geq d . \qquad\qquad (13.21)$$

Tab. 13.27 Ergebnis des zweiten Schritts des Zentroid-Verfahrens

	$\{1, 2\}$	$\{1, 2\}$	$\{3, 4\}$	$\{5\}$
		$\{3, 4\}$	20.25	
		$\{5\}$	22.25	20

Beginnen wir mit dem Single-Linkage-Verfahren. Aus den (13.20) und (13.21) folgt

$$\min\{D_{C_i \cdot C_k}, D_{C_j \cdot C_k}\} \geq d \ .$$

Also sind die Verschmelzungsniveaus beim Single-Linkage-Verfahren monoton. Dies gilt auch beim Complete-Linkage-Verfahren. Aus den (13.20) und (13.21) folgt

$$\max\{D_{C_i \cdot C_k}, D_{C_j \cdot C_k}\} \geq d \ .$$

Beim Average-Linkage-Verfahren gilt

$$D_{\{C_i, C_j\} \cdot C_k} = \frac{n_i}{n_i + n_j} D_{C_i \cdot C_k} + \frac{n_j}{n_i + n_j} D_{C_j \cdot C_k} \ . \tag{13.22}$$

Wir multiplizieren die Ungleichung (13.20) mit $n_i / (n_i + n_j)$

$$\frac{n_i}{n_i + n_j} D_{C_i \cdot C_k} \geq \frac{n_i}{n_i + n_j} d \tag{13.23}$$

und die Ungleichung (13.21) mit $n_j / (n_i + n_j)$

$$\frac{n_j}{n_i + n_j} D_{C_j \cdot C_k} \geq \frac{n_j}{n_i + n_j} d \ . \tag{13.24}$$

Addieren wir die Ungleichungen (13.23) und (13.24), so erhalten wir

$$\frac{n_i}{n_i + n_j} D_{C_i \cdot C_k} + \frac{n_j}{n_i + n_j} D_{C_j \cdot C_k} \geq \frac{n_i}{n_i + n_j} d + \frac{n_j}{n_i + n_j} d = d \ . \tag{13.25}$$

Auf der linken Seite von Ungleichung (13.25) steht aber gerade die Rekursionsbeziehung (13.22) des Average-Linkage-Verfahrens. Somit ist dieses monoton.

Auch das Ward-Verfahren ist monoton. Die Rekursionsbeziehung des Ward-Verfahren lautet

$$D_{C_i \cup C_j \cdot C_k} = \frac{n_i + n_k}{n_i + n_j + n_k} D_{C_i \cdot C_k} + \frac{n_j + n_k}{n_i + n_j + n_k} D_{C_j \cdot C_k}$$
$$- \frac{n_k}{n_i + n_j + n_k} D_{C_i \cdot C_j} \ .$$

Wir multiplizieren die Ungleichung (13.20) mit $(n_i + n_k)/(n_i + n_j + n_k)$

$$\frac{n_i + n_k}{n_i + n_j + n_k} D_{C_i \cdot C_k} \geq \frac{n_i + n_k}{n_i + n_j + n_k} d \tag{13.26}$$

und Ungleichung (13.21) mit $(n_j + n_k)/(n_i + n_j + n_k)$

$$\frac{n_j + n_k}{n_i + n_j + n_k} D_{C_j \cdot C_k} \geq \frac{n_j + n_k}{n_i + n_j + n_k} d \; . \tag{13.27}$$

Addieren wir die Ungleichungen (13.26) und (13.27), so erhalten wir

$$\frac{n_i + n_k}{n_i + n_j + n_k} D_{C_i \cdot C_k} + \frac{n_j + n_k}{n_i + n_j + n_k} D_{C_j \cdot C_k}$$

$$\geq \frac{n_i + n_k}{n_i + n_j + n_k} d + \frac{n_j + n_k}{n_i + n_j + n_k} d.$$

Subtrahieren wir von beiden Seiten dieser Ungleichung $\frac{n_k}{n_i + n_j + n_k} D_{C_i \cdot C_j}$, so erhalten wir

$$\frac{n_i + n_k}{n_i + n_j + n_k} D_{C_i \cdot C_k} + \frac{n_j + n_k}{n_i + n_j + n_k} D_{C_j \cdot C_k} - \frac{n_k}{n_i + n_j + n_k} D_{C_i \cdot C_j}$$

$$\geq \frac{n_i + n_k}{n_i + n_j + n_k} d + \frac{n_j + n_k}{n_i + n_j + n_k} d - \frac{n_k}{n_i + n_j + n_k} D_{C_i \cdot C_j} \; .$$

Wir berücksichtigen auf der rechten Seite die (13.19):

$$\frac{n_i + n_k}{n_i + n_j + n_k} D_{C_i \cdot C_k} + \frac{n_j + n_k}{n_i + n_j + n_k} D_{C_j \cdot C_k} - \frac{n_k}{n_i + n_j + n_k} D_{C_i \cdot C_j}$$

$$\geq \frac{n_i + n_k}{n_i + n_j + n_k} d + \frac{n_j + n_k}{n_i + n_j + n_k} d - \frac{n_k}{n_i + n_j + n_k} d = d.$$

Somit erfüllt auch das Ward-Verfahren die Monotoniebedingung.

Änderung des Raumes

Bei einer hierarchischen Clusteranalyse starten wir mit den Distanzen d_{ij} zwischen den Objekten. Durch die Bildung der Klassen erhalten wir neue Distanzen d_{ij}^*. Dabei ist d_{ij}^* die Distanz, bei der das i-te und das j-te Objekt zum ersten Mal in einer Klasse sind. Ist d_{ij}^* kleiner als d_{ij}, so sind die Objekte i und j durch die Klassenbildung näher zusammen-gerückt. Ist d_{ij}^* größer als d_{ij}, so haben sich die Objekte i und j durch die Klassenbildung voneinander entfernt.

Gilt

$$d_{ij}^* \leq d_{ij}$$

für alle i, j, so nennt man das Verfahren der Clusteranalyse *kontrahierend*, gilt

$$d_{ij}^* \geq d_{ij}$$

für alle i, j, so nennt man das Verfahren der Clusteranalyse *dilatierend* (siehe dazu Bock (1974)).

Ein Verfahren, das weder kontrahierend noch dilatierend ist, nennt man *konservativ*.

Das Single-Linkage-Verfahren ist kontrahierend und das Complete-Linkage-Verfahren dilatierend. Das Average-Linkage-Verfahren, das Ward-Verfahren und das Zentroid-Verfahren sind konservativ.

Bei einem kontrahierenden Verfahren rücken einzelne Objekte näher zu einer Klasse und werden eher zu einer bestehenden Klasse hinzugefügt, als dass sie mit anderen Objekten neue Klassen bilden. Dies kann zu der sogenannten Kettenbildung führen, wie sie beim Single-Linkage-Verfahren beobachtet werden kann. Außerdem werden mit einem kontrahierenden Verfahren Ausreißer erkannt, da diese erst spät zu einer Klasse hinzugefügt werden.

Bei einem dilatierenden Verfahren entfernen sich einzelne Objekte eher von einer Klasse und bilden mit anderen Objekten neue Klassen.

Beispiel 70 Wir gehen aus von der Distanzmatrix

$$
\mathbf{D} = \begin{pmatrix}
0.0 & 0.9 & 1.9 & 3.1 & 5.1 & 6.8 \\
0.9 & 0.0 & 1.0 & 2.2 & 4.2 & 5.9 \\
1.9 & 1.0 & 0.0 & 1.2 & 3.2 & 4.9 \\
3.1 & 2.2 & 1.2 & 0.0 & 2.0 & 3.7 \\
5.1 & 4.2 & 3.2 & 2.0 & 0.0 & 1.7 \\
6.8 & 5.9 & 4.9 & 3.7 & 1.7 & 0.0
\end{pmatrix} .
$$

Abb. 13.9 zeigt das Dendrogramm des Single-Linkage Verfahrens. Hier können wir sehr schön die Kettenbildung erkennen. Es wird ein Objekt nach dem anderen zur Klasse $\{1, 2\}$ hinzugefügt.

Abb. 13.10 zeigt das Dendrogramm des Complete-Linkage-Verfahrens. Hier werden viele kleine Klassen gebildet.

Schauen wir uns an, warum die beiden Verfahren bei der gleichen Distanzmatrix zu so unterschiedlichen Ergebnissen kommen.

Auf der ersten Stufe werden bei beiden Verfahren die Klassen $\{1\}$ und $\{2\}$ zu einer neuen Klasse verschmolzen. Die Distanzen dieser Klasse zu den Klassen $\{3\}$, $\{4\}$, $\{5\}$ und $\{6\}$ werden aber bei beiden Verfahren unterschiedlich berechnet.

Beginnen wir mit dem Single-Linkage-Verfahren. An Tab. 13.28 können wir jetzt schön erkennen, warum auf der nächsten Stufe die Klassen $\{1, 2\}$ und $\{3\}$ verschmolzen werden. Das zweite Objekt liegt sehr nahe am dritten Objekt. Es reicht völlig aus, dass eines der Objekte einer Klasse nahe an einem anderen Objekt liegt, damit mit diesen Objekten eine Klasse gebildet wird.

Beim Complete-Linkage-Verfahren ist es umgekehrt. Tab. 13.29 zeigt, dass das dritte Objekt relativ weit entfernt vom zweiten Objekt ist. Hierdurch ist das dritte Objekt auch

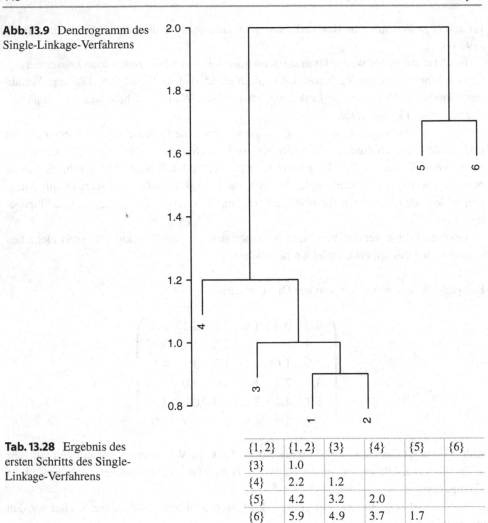

Abb. 13.9 Dendrogramm des
Single-Linkage-Verfahrens

Tab. 13.28 Ergebnis des
ersten Schritts des Single-
Linkage-Verfahrens

	{1, 2}	{1, 2}	{3}	{4}	{5}	{6}
{3}	1.0					
{4}	2.2	1.2				
{5}	4.2	3.2	2.0			
{6}	5.9	4.9	3.7	1.7		

Tab. 13.29 Ergebnis des
ersten Schritts des Complete-
Linkage-Verfahrens

	{1, 2}	{1, 2}	{3}	{4}	{5}	{6}
{3}	1.9					
{4}	3.1	1.2				
{5}	5.1	3.2	2.0			
{6}	6.8	4.9	3.7	1.7		

von der Klasse $\{1, 2\}$ relativ weit entfernt. Da andere Distanzen kleiner sind, wird zuerst
aus zwei anderen kleinen Klassen, hier $\{3\}$ und $\{4\}$, eine neue Klasse gebildet. $\square$

Abb. 13.10 Dendrogramm des
Complete-Linkage-Verfahrens

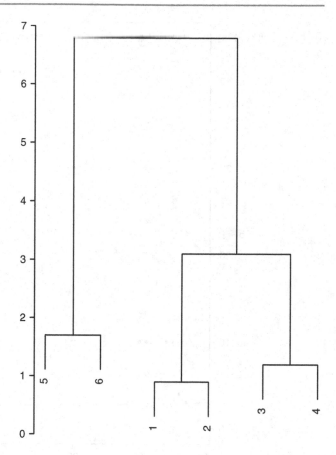

13.2.3   Praktische Aspekte

Güte der Lösung

Um zu entscheiden, wie gut die Lösung eines Verfahrens ist, vergleicht man die Distanzen der Distanzmatrix $\mathbf{D}$ mit den Distanzen der kophenetischen Matrix $\mathbf{D}^*$. Da die Matrizen symmetrisch sind, benötigen wir nur die Elemente unterhalb der Hauptdiagonalen, also d_{ij} mit $i < j$ und d_{ij}^* mit $i < j$. Gilt $d_{ij} < d_{kl}$, so sollte auch $d_{ij}^* < d_{kl}^*$ gelten. Um dies zu überprüfen, betrachten wir das Streudiagramm der d_{ij} und d_{ij}^* und bestimmen den empirischen Korrelationskoeffizienten zwischen den d_{ij} und d_{ij}^*. Dies ist der *kophenetische Korrelationskoeffizient*.

Beispiel 66 (Fortsetzung) Wir betrachten die Distanzmatrix $\mathbf{D}$ in (13.1) und die kophenetische Matrix $\mathbf{D}^*$, die sich aus dem Complete-Linkage-Verfahren ergibt. Diese ist in (13.3) gegeben. Abb. 13.11 zeigt das Streudiagramm von d_{ij}^* gegen d_{ij}.

Wir sehen, dass ein positiver Zusammenhang besteht. Der kophenetische Korrelationskoeffizient nimmt den Wert 0.974 an.   □

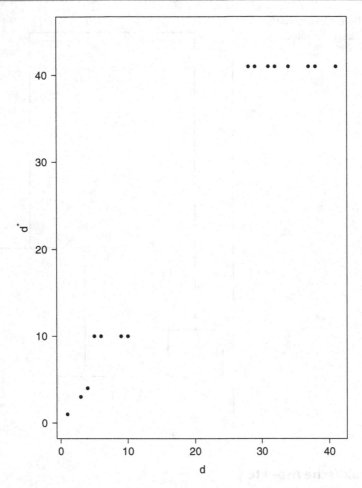

Abb. 13.11 Streudiagramm der d_{ij}^* gegen die d_{ij} für $i < j$

Man kann mit dem kophenetischen Korrelationskoeffizienten auch unterschiedliche Verfahren der Clusteranalyse vergleichen. Man entscheidet sich für das Verfahren mit dem größten Wert des kophenetischen Korrelationskoeffizienten.

Beispiel 66 (Fortsetzung) Beim Single-Linkage-Verfahren beträgt der Wert des kophenetischen Korrelationskoeffizienten 0.973 und beim Average-Linkage-Verfahren 0.974. Wir sehen, dass die drei Verfahren sich nicht stark unterscheiden. □

Hubert (1974) hat vorgeschlagen, den *Gamma-Koeffizienten* zur Beurteilung einer Clusterlösung zu verwenden. Dieser wurde von Goodman & Kruskal (1954) entwickelt. Bei diesem betrachtet man alle Paare der d_{ij} für $i < j$, so zum Beispiel

$$\begin{pmatrix} d_{12} \\ d_{13} \end{pmatrix}.$$

Außerdem betrachtet man noch das entsprechende Paar bei den d_{ij}^*. Man nennt die Paare

$$\begin{pmatrix} d_{ij} \\ d_{kl} \end{pmatrix}$$

und

$$\begin{pmatrix} d_{ij}^* \\ d_{kl}^* \end{pmatrix}$$

konkordant, wenn gilt

$$d_{ij} < d_{kl}$$

und

$$d_{ij}^* < d_{kl}^*.$$

Sind alle Paare konkordant, so besteht eine streng monoton wachsende Beziehung zwischen den d_{ij} und den d_{ij}^*. Zwischen zwei Paaren kann aber auch eine gegenläufige Beziehung bestehen. Es gilt also

$$d_{ij} < d_{kl}$$

und

$$d_{ij}^* > d_{kl}^*.$$

Man nennt die Paare in diesem Fall *diskordant*. Sind alle Paare diskordant, so besteht eine streng monoton fallende Beziehung zwischen den d_{ij} und den d_{ij}^*.

Goodman & Kruskal (1954) haben vorgeschlagen, die Anzahl C der konkordanten Paare und die Anzahl D der diskordanten Paare zu bestimmen. Der Gamma-Koeffizient als Maß für den monotonen Zusammenhang zwischen den d_{ij} und den d_{ij}^* ist definiert durch

$$\gamma = \frac{C - D}{C + D}. \qquad (13.28)$$

Wert von γ	Beurteilung
$0.9 \le \gamma \le 1.0$	sehr gut
$0.8 \le \gamma < 0.9$	gut
$0.7 \le \gamma < 0.8$	befriedigend
$0.6 \le \gamma < 0.7$	noch ausreichend
$0.0 \le \gamma < 0.6$	nicht ausreichend

Tab. 13.30 Beurteilung einer Clusterlösung anhand des Wertes des Gamma-Koeffizienten

Beispiel 66 (Fortsetzung) Beim Complete-Linkage-Verfahren gilt $C = 71$ und $D = 0$. Also ist γ gleich 1. $\square$

Tab. 13.30 aus Bacher (2010) gibt Anhaltspunkte zur Beurteilung einer Clusterlösung.

Anzahl der Klassen

Verfahren, mit denen entschieden werden kann, wie viele Klassen vorliegen, beruhen in der Regel auf den Distanzen, bei denen die einzelnen Partitionen gebildet werden, Wir bezeichnen diese Verschmelzungsniveaus im Folgenden mit $\alpha_1, \ldots, \alpha_{n-1}$. So ist α_1 der Abstand, bei dem zum ersten Mal zwei Objekte zu einer Klasse zusammengefasst werden.

Beispiel 66 (Fortsetzung) Wir betrachten das Dendrogramm des Complete-Linkage-Verfahrens in Abb. 13.1. Es gilt

$$\alpha_1 = 1, \quad \alpha_2 = 3, \quad \alpha_3 = 4, \quad \alpha_4 = 10, \quad \alpha_5 = 41 .$$

$\square$

Jedem Verschmelzungsniveau α_i, $i = 1, \ldots, n - 1$ ist die Anzahl von $n - i$ Klassen zugeordnet. Zu α_1 zum Beispiel gehören $n - 1$ Klassen, da auf diesem Niveau zum ersten Mal zwei Objekte zu einer Klasse verbunden werden. Jobson (1994) schlägt vor, die $\alpha_1, \ldots, \alpha_{n-1}$ um $\alpha_0 = 0$ zu ergänzen. Ist die Differenz $\alpha_{j+1} - \alpha_j$ groß im Verhältnis zu den Differenzen $\alpha_{i+1} - \alpha_i$ für $i < j$, so spricht dies für $n - j$ Klassen. Eine Grafik erleichtert die Auswahl. Man ordnet α_0 den Wert n zu und visualisiert die Zuwächse der α_i in Form einer Treppenfunktion.

Beispiel 66 (Fortsetzung) Abb. 13.12 zeigt die Treppenfunktion. Diese deutet auf das Vorliegen von zwei Klassen hin. $\square$

Mojena (1977) hat einen Test vorgeschlagen, der das oben beschriebene Verfahren objektiviert. Zur Durchführung des Tests berechnet man zunächst den Mittelwert und die Stichprobenvarianz der α_i:

$$\bar{\alpha} = \frac{1}{n-1} \sum_{i=1}^{n-1} \alpha_i$$

Abb. 13.12 Treppen-
funktion

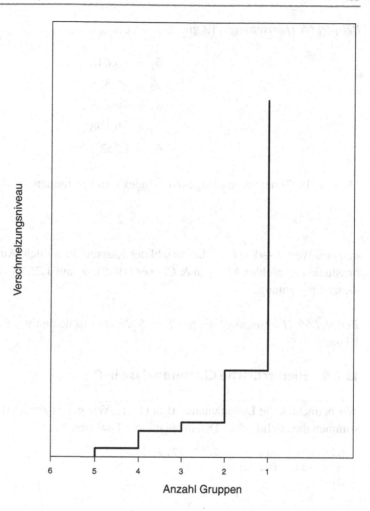

und

$$s_\alpha = \sqrt{\frac{1}{n-2} \sum_{i=1}^{n-1} (\alpha_i - \bar{\alpha})^2} \,.$$

Beispiel 66 (Fortsetzung) Es gilt $\bar{\alpha} = 11.8$ und $s_\alpha^2 = 277.7$. □

Anschließend bestimmt man die standardisierten α_i:

$$\tilde{\alpha}_i = \frac{\alpha_i - \bar{\alpha}}{s_\alpha} \,.$$

Beispiel 66 (Fortsetzung) Es gilt

$$\tilde{\alpha}_1 = -0.648 \, ,$$

$$\tilde{\alpha}_2 = -0.528 \, ,$$

$$\tilde{\alpha}_3 = -0.468 \, ,$$

$$\tilde{\alpha}_4 = -0.108 \, ,$$

$$\tilde{\alpha}_5 = 1.752 \, . \qquad\qquad\qquad \square$$

Mojena (1977) hat vorgeschlagen, den Index i zu bestimmen, für den zum ersten Mal gilt

$$\tilde{\alpha}_i > 2.75 \, ,$$

und den Wert $n + 1 - i$ für die Anzahl der Klassen zu wählen. Auf Grund von Simulationsstudien empfehlen Milligan & Cooper (1985), $\tilde{\alpha}_i$ mit 1.25 zu vergleichen. Wir folgen dieser Empfehlung.

Beispiel 66 (Fortsetzung) Es gilt $i = 5$. Also entscheiden wir uns für $6 + 1 - 5 = 2$ Klassen. $\square$

13.2.4 Hierarchische Clusteranalyse in R

Wir betrachten die Distanzmatrix **D** in (13.1). Wir geben zunächst die Daten ein und bestimmen die euklidischen Distanzen mit der Funktion `dist`.

```
> alter <- c(43,38,6,47,37,9)
> d <- dist(alter)
> d
   1  2  3  4  5
2  5
3 37 32
4  4  9 41
5  6  1 31 10
6 34 29  3 38 28
```

In R gibt es eine Funktion `hclust`, die für eine Distanzmatrix eine hierarchische Clusteranalyse durchführt. Der Aufruf von `hclust` ist

```
hclust(d, method = "complete", members = NULL)
```

Dabei ist `d` die Distanzmatrix, wie wir sie durch Aufruf der Funktion `dist` erhalten. Mit dem Argument `method` übergibt man das Verfahren, das man verwenden will. Dieses ist standardmäßig auf `"complete"` gesetzt. In diesem Fall wird das Complete-Linkage-Verfahren durchgeführt. Will man das Single-Linkage-Verfahren verwenden, so muss man `method` auf ßingle" setzen, beim Average-Linkage-Verfahren auf äverage". Das

Zentroid-Verfahren kann angewendet werden, wenn `method` auf `"centroid"` setzt. Für das Ward-Verfahren muss `method` auf `"ward"` gesetzt werden.

Wir beginnen mit dem Single-Linkage-Verfahren und interpretieren das Ergebnis der Funktion `hclust` am Beispiel:

```
> e <- hclust(d,method='single')
```

Das Ergebnis der Funktion `hclust` ist eine Liste, die insgesamt sieben Komponenten besitzt. Die erste Komponente `merge` ist eine (n-1,2)-Matrix:

```
> e$merge
       [,1]  [,2]
[1,]    -2    -5
[2,]    -3    -6
[3,]    -1    -4
[4,]     1     3
[5,]     2     4
```

In der i-ten Zeile dieser Matrix steht, welche Objekte bzw. Klassen auf der i-ten Stufe verschmolzen wurden. Handelt es sich um Objekte, so sind diese Zahlen negativ, bei Klassen sind sie positiv. So stehen in der ersten Zeile die Zahlen -2 und -5. Dies bedeutet, dass auf der ersten Stufe die Objekte 2 und 5 verschmolzen werden. In der vierten Zeile stehen die Zahlen 1 und 3. Dies bedeutet, dass auf der vierten Stufe die auf der ersten Stufe entstandene Klasse mit der Klasse verschmolzen wird, die auf der dritten Stufe gebildet wurde. Die zweite Komponente `height` gibt an, bei welchen Abständen die Klassen gebildet werden:

```
> e$height
[1]  1  3  4  5 28
```

Die dritte Komponente `order` gibt die Objekte in einer Reihenfolge an, in der das Dendrogramm so gezeichnet werden kann, dass sich keine Linien schneiden:

```
> e$order
[1]  3  6  2  5  1  4
```

Gezeichnet wird ein Dendrogramm mit der Funktion `plot`, deren Argument das Ergebnis der Funktion `hclust` ist. Wir geben also für ein unbeschriftetes Dendrogramm ein:

```
> par(las=1)
> plot(e,main='',xlab='',ylab='',sub='')
```

Dies liefert das Dendrogramm in Abb. 13.2.

Um die Güte der Clusterlösung bestimmen zu können, benötigt man die kophenetische Matrix. In Abschn. A.3 ist eine Funktion `cophenetic` angegeben, mit der man die kophenetische Matrix bestimmen kann. Wir wenden die Funktion `cophenetic` auf das Beispiel beim Complete-Linkage-Verfahren an. Wir bestimmen zunächst die einzelnen Stufen des Verschmelzungsprozesses und die Verschmelzungsniveaus:

```
> e <- hclust(d,method='complete')
```

Dann bestimmen wir mit der Funktion cophenetic die kophenetische Matrix. Dazu übergeben wir der Funktion die Matrix unter dem Listenelement merge und die Abstände der Klassen unter height

```
> coph <- cophenetic(e$merge,e$height)
```

```
> coph
      [,1] [,2] [,3] [,4] [,5] [,6]
[1,]     0   10   41    4   10   41
[2,]    10    0   41   10    1   41
[3,]    41   41    0   41   41    3
[4,]     4   10   41    0   10   41
[5,]    10    1   41   10    0   41
[6,]    41   41    3   41   41    0
```

Für den Wert des kophenetischen Korrelationskoeffizienten benötigen wir zunächst die vollständige Distanzmatrix. Dazu verwenden wir die Funktion full aus dem Paket ecodist von Goslee & Urban (2007). Wir erhalten den Wert dann durch

```
> library(ecodist)
> dm <- full(d)
> cor(dm[lower.tri(dm)],coph[lower.tri(coph)])
  [1] 0.9735457
```

In Abschn. A.3 ist eine Funktion gammakoeffizient gezeigt, die den Gamma-Koeffizienten bestimmt. Der folgende Aufruf bestimmt den Gamma-Koeffizienten zwischen der Distanzmatrix und der kophenetischen Matrix auf Grundlage der vollständigen Distanzmatrix

```
> gammakoeffizient(dm[lower.tri(dm)], coph[lower.tri(coph)])
  [1] 1
```

Wir können auch den Test von Mojena durchführen. Hierzu bestimmen wir die Verschmelzungsniveaus:

```
> e$height
  [1]  1  3  4 10 41
```

Wir standardisieren diese Werte:

```
> (e$height-mean(e$height))/sqrt(e$height)
  [1] -10.800000  -5.080682  -3.900000  -0.569210   4.560274
```

und sehen, dass zwei Klassen vorliegen.

Wir können dieses Ergebnis auch direkt erhalten:

```
> 1+sum((e$height-mean(e$height))/sqrt(e$height)>1.25)
[1] 2
```

Die von Jobson (1994) vorgeschlagene Abb. 13.12 erhalten wir durch folgende Befehls-folge:

```
> eh <- e$height
> plot(rep(1,2),c(0,eh[1]),xaxt="n",yaxt="n",xlim=c(0,7),
+     xaxs="i",yaxs="i",ylim=c(0,50),type="l",
+     xlab="Anzahl Gruppen",ylab="Verschmelzungsniveau")
> for(i in 2:5) lines(c(i,i),c(eh[i-1],eh[i]))
> for (i in 1:4) lines(c(i,i+1),rep(eh[i],2))
> axis(1,at=0:5,labels=6:1)
```

Mit den Argumenten `xaxt` und `yaxt` kann man festlegen, ob Ticks und Zahlen an die Achsen geschrieben werden sollen. Setzt man diese Argumente auf `"n"`, so werden kei-ne Ticks und Zahlen an die Achsen geschrieben. Mit der Funktion `axis` kann man eine eigene Beschriftung wählen. Mit dem ersten Argument von `axis` legt man fest, welche Achse beschriftet werden soll. Eine 1 steht für die x-Achse, eine 2 für die y-Achse. Mit dem Argument `at` legt man fest, an welchen Stellen die Achse beschriftet werden soll. Das Argument `labels` enthält die Beschriftung. Hat man sich für eine bestimmte Anzahl von Klassen entschieden, so will man natürlich wissen, welche Objekte in den einzelnen Klassen sind, und die Klassen gegebenenfalls beschreiben. In Abschn. A.3 ist eine Funkti-on `welche.cluster` gezeigt, die für jedes Objekt die Nummer der Klasse angibt, zu der es gehört. Wir rufen die Funktion `welche.cluster` auf. Dabei setzen wir das Argument `anz` auf den Wert 2

```
> welche.cluster(e$merge,e$height,anz=2)
[1] 1 1 2 1 1 2
```

13.3 Partitionierende Verfahren

13.3.1 Theorie

Bei den hierarchischen Verfahren bleiben zwei Objekte in einer Klasse, sobald sie ver-schmolzen sind. Dies ist bei partitionierenden Verfahren nicht der Fall. Von diesen wollen wir uns im Folgenden mit *K-Means* und *K-Medoids* beschäftigen. K-Means geht davon aus, dass an jedem von n Objekten p quantitative Merkmale erhoben wurden. Es liegen also $\mathbf{y}_1, \ldots, \mathbf{y}_n$ vor.

Beispiel 71 Wir betrachten wieder das Alter der sechs Personen:

43 38   6 47 37   9 .   □

Die n Objekte sollen nun so auf K Klassen aufgeteilt werden, dass die Objekte innerhalb einer Klasse sich sehr ähnlich sind, während die Klassen sich unterscheiden. Bei K-Means muss man die Anzahl K der Klassen vorgeben. Außerdem beginnt man mit einer Startlösung, bei der man jedes Objekt genau einer Klasse zuordnet.

Beispiel 71 (Fortsetzung) Wir bilden zwei Klassen. Das Alter der Personen beträgt in der ersten Klasse $43, 38, 6$ und in der zweiten Klasse $47, 37, 9$.   □

Wir bezeichnen die Anzahl der Elemente in der k-ten Klasse mit $n_k, k = 1, \ldots, K$.

Beispiel 71 (Fortsetzung) Es gilt $n_1 = 3$ und $n_2 = 3$.   □

Wir bezeichnen den Mittelwert $\bar{y}_k$ der k-ten Klasse auch als Zentrum der k-ten Klasse.

Beispiel 71 (Fortsetzung) Es gilt $\bar{y}_1 = 29$ und $\bar{y}_2 = 31$. Die folgende Grafik verdeutlicht die Ausgangssituation, wobei die Zentren der beiden Klassen mit **1** und **2** bezeichnet werden:

$$1 \quad 2 \qquad\qquad \mathbf{1}\ \mathbf{2} \qquad\qquad 21 \quad 1 \quad 2$$

□

Die Beschreibung der weiteren Vorgehensweise wird vereinfacht, wenn wir die Objekte aus der Sicht ihrer Klassen betrachten. Die Klasse des i-ten Objekts bezeichnen wir mit $C(i)$.

Beispiel 71 (Fortsetzung) Es gilt

$$C(1) = 1, \quad C(2) = 1, \quad C(3) = 1, \quad C(4) = 2, \quad C(5) = 2, \quad C(6) = 2 .$$ □

Das Zentrum der Klasse des i-ten Objekts bezeichnen wir mit $\bar{y}_{C(i)}$.

Beispiel 71 (Fortsetzung) Es gilt

$$\bar{y}_{C(1)} = 29, \ \bar{y}_{C(2)} = 29, \ \bar{y}_{C(3)} = 29, \ \bar{y}_{C(4)} = 31, \ \bar{y}_{C(5)} = 31, \ \bar{y}_{C(6)} = 31 .$$ □

Für jedes Objekt i bestimmen wir die quadrierte euklidische Distanz $d^2_{i.C(i)}$ zwischen $\mathbf{y}_i$ und $\bar{\mathbf{y}}_{C(i)}$.

Beispiel 71 (Fortsetzung) Die quadrierten euklidischen Distanzen der Objekte von den Zentren der beiden Klassen sind

$$d^2_{1.C(1)} = (43 - 29)^2 = 196 ,$$
$$d^2_{2.C(2)} = (38 - 29)^2 = 81 ,$$

$$d^2_{3.C(3)} = (6 - 29)^2 = 529 \,,$$

$$d^2_{4.C(4)} = (47 - 31)^2 = 256 \,,$$

$$d^2_{5.C(5)} = (37 - 31)^2 = 36 \,,$$

$$d^2_{6.C(6)} = (9 - 31)^2 = 484 \,. \qquad \square$$

Als Güte der Lösung bestimmen wir

$$\sum_{i=1}^{n} d^2_{i.C(i)} \,. \tag{13.29}$$

Beispiel 71 (Fortsetzung) Es gilt

$$\sum_{i=1}^{n} d^2_{i.C(i)} = 196 + 81 + 529 + 256 + 36 + 484 = 1582 \,. \qquad \square$$

Ziel von K-Means ist es, die n Beobachtungen so auf die K Klassen zu verteilen, dass (13.29) minimal wird. Um diese Partition zu finden, wird der Reihe nach für jedes der Objekte bestimmt, wie sich (13.29) ändert, wenn das Objekt von seiner Klasse in eine andere Klasse wechselt. Ist die Veränderung negativ, so wird das Objekt verschoben. Lohnt sich keine Verschiebung mehr, so ist der Algorithmus beendet.

Beispiel 71 (Fortsetzung) Wir verschieben das erste Objekt in die zweite Klasse. Hierdurch ändern sich die Zentren der beiden Klassen zu

$$\bar{y}_1 = 22, \quad \bar{y}_2 = 34 \,.$$

Die quadrierte euklidische Distanz jedes Objekts zum Zentrum seiner Klasse ist

$$d^2_{1.C(1)} = (43 - 34)^2 = 81 \,,$$

$$d^2_{2.C(2)} = (38 - 22)^2 = 256 \,,$$

$$d^2_{3.C(3)} = (6 - 22)^2 = 256 \,,$$

$$d^2_{4.C(4)} = (47 - 34)^2 = 169 \,,$$

$$d^2_{5.C(5)} = (37 - 34)^2 = 9 \,,$$

$$d^2_{6.C(6)} = (9 - 34)^2 = 625 \,.$$

Der neue Wert von (13.29) ist gegeben durch

$$\sum_{i=1}^{n} d^2_{i.C(i)} = 81 + 256 + 256 + 169 + 9 + 625 = 1396 \,.$$

Da sich (13.29) um 186 vermindert, lohnt es sich, das Objekt 1 in die andere Klasse zu verschieben.

Die folgende Grafik verdeutlicht die neue Situation:

$$1 \quad 2 \qquad\qquad\qquad 1 \qquad\qquad\qquad \mathbf{2} \;\; 21 \quad\; \mathbf{2} \quad\; \mathbf{2} \qquad\qquad\qquad \square$$

Wir sehen, dass sich die Zentren der beiden Klassen voneinander entfernt haben. Nun wird der Reihe nach für jedes weitere Objekt überprüft, ob es in eine andere Klasse transferiert werden soll. Der Algorithmus endet, wenn durch das Verschieben eines Objekts keine Verbesserung mehr erreicht werden kann.

Beispiel 71 (Fortsetzung) Der Algorithmus endet, wenn die Objekte 3 und 6 in der ersten Klasse und die restlichen Objekte in der zweiten Klasse sind. Die folgende Grafik veranschaulicht die Lösung:

$$1 \, \mathbf{1} \, 1 \qquad\qquad\qquad\qquad\qquad\qquad 22 \;\; \mathbf{2} \, 2 \quad\; 2$$

Wir sehen, dass die gefundenen Klassen kohärent und isoliert sind. $\qquad\qquad \square$

Ein Nachteil von K-Means ist es, dass die Beobachtungen quantitativ sein müssen, damit man die Mittelwerte in den Klassen bestimmen kann. Dieses Problem kann man dadurch umgehen, dass man Objekte als Zentren der Klassen wählt. Kaufman & Rousseeuw (1990) nennen diese *Medoide* und das Verfahren K-Medoids. Sei $d_{i.C(i)}$ die Distanz des i-ten Objekts zum Medoid seiner Klasse. Die Objekte werden so auf die K Klassen verteilt, dass

$$\sum_{i=1}^{n} d_{i.C(i)}$$

minimal ist. Dieses Verfahren hat auch den Vorteil, dass man nur die Distanzen zwischen den Objekten benötigt. Man kann K-Medoid also auch auf Basis einer Distanzmatrix durchführen. Wir wollen den Algorithmus hier nicht darstellen, sondern zeigen, wie man K-Medoids in R anwendet.

13.3.2 Praktische Aspekte

Silhouetten

Dendrogramme sind eine grafische Darstellung des Ergebnisses einer hierarchischen Clusteranalyse. Wir wollen uns in diesem Abschnitt mit einem Verfahren von Rousseeuw (1987) beschäftigen, das es uns erlaubt, das Ergebnis jeder Clusteranalyse grafisch darzustellen. Hierzu benötigt man die Distanzmatrix $\mathbf{D} = (d_{ij})$ und die Information, zu welcher Klasse das i-te Objekt gehört. Wir nehmen an, dass es K Klassen gibt, die wir mit $C_1, \ldots, C_K$ bezeichnen wollen. Die Anzahl der Objekte in der k-ten Klasse bezeichnen wir mit $n_k, k = 1, \ldots, K$.

Beispiel 72 Wir betrachten wieder das Alter der sechs Personen:

$$43 \quad 38 \quad 6 \quad 47 \quad 37 \quad 9$$

Mit K-Means wurden die dritte und sechste Person der ersten Klasse und die anderen Personen der zweiten Klasse zugeordnet. Es gilt also

$$C_1 = \{3, 6\}, \quad C_2 = \{1, 2, 4, 5\}$$

und

$$n_1 = 2, \quad n_2 = 4 \ .$$

Die Distanzmatrix zwischen den Objekten lautet

$$\mathbf{D} = \begin{pmatrix} 0 & 5 & 37 & 4 & 6 & 34 \\ 5 & 0 & 32 & 9 & 1 & 29 \\ 37 & 32 & 0 & 41 & 31 & 3 \\ 4 & 9 & 41 & 0 & 10 & 38 \\ 6 & 1 & 31 & 10 & 0 & 28 \\ 34 & 29 & 3 & 38 & 28 & 0 \end{pmatrix} \ . \qquad \square$$

Jedem Objekt wird nun eine Zahl $s(i)$ zugeordnet, die angibt, wie gut das Objekt klassifiziert wurde. Dabei werden zwei Aspekte betrachtet. Einerseits wird durch eine Maßzahl beschrieben, wie nah ein Objekt an allen anderen Objekten seiner Klasse liegt, andererseits wird eine Maßzahl bestimmt, die die Nähe eines Objekts zu seiner nächsten Klasse beschreibt. Beide Maßzahlen werden zu einer Maßzahl zusammengefasst.

Beginnen wir mit der Bestimmung der Distanz des i-ten Objekts zu allen anderen Objekten seiner Klasse. Nehmen wir an, das Objekt i gehört zur Klasse C_k. Wir bestimmen den mittleren Abstand $a(i)$ des Objektes i zu allen anderen Objekten, die zur Klasse C_k gehören:

$$a(i) = \frac{1}{n_k - 1} \sum_{j \in C_k, j \neq i} d_{ij} \ . \qquad (13.30)$$

Beispiel 72 (Fortsetzung) Sei $i = 1$. Das erste Objekt gehört zur zweiten Klasse. Außerdem sind in dieser Klasse noch die Objekte 2, 4 und 5. Somit gilt

$$a(1) = \frac{d_{12} + d_{14} + d_{15}}{3} = \frac{5 + 4 + 6}{3} = 5 \ .$$

Für die anderen Objekte erhalten wir:

$$a(2) = 5, \quad a(3) = 3, \quad a(4) = 7.67, \quad a(5) = 5.67, \quad a(6) = 3 . \qquad \square$$

Nun bestimmen wir für alle $j \neq k$ den mittleren Abstand $d(i, C_j)$ des Objektes i zu allen Objekten der Klasse C_j

$$d(i, C_j) = \frac{1}{n_j} \sum_{l \in C_j} d_{il} . \qquad (13.31)$$

Sei

$$b(i) = \min_{j \neq k} d(i, C_j) . \qquad (13.32)$$

Wir merken uns noch diese Klasse. Es ist die Klasse, die am nächsten zum Objekt i liegt.

Beispiel 72 (Fortsetzung) Betrachten wir wieder das erste Objekt. Da nur eine andere Klasse vorliegt, gilt

$$b(1) = \frac{d_{13} + d_{16}}{2} = \frac{37 + 34}{2} = 35.5 .$$

Analog erhalten wir

$$b(2) = 30.5, \quad b(3) = 35.25, \quad b(4) = 39.5, \quad b(5) = 29.5, \quad b(6) = 32.25 . \quad \square$$

Aus $a(i)$ und $b(i)$ bestimmen wir nun die Zahl $s(i)$, die beschreibt, wie gut ein Objekt klassifiziert wurde:

$$s(i) = \begin{cases} 1 - \dfrac{a(i)}{b(i)} & \text{falls} \quad a(i) < b(i) \\ 0 & \text{falls} \quad a(i) = b(i) \\ \dfrac{b(i)}{a(i)} - 1 & \text{falls} \quad a(i) > b(i) \end{cases} . \qquad (13.33)$$

Man kann (13.33) auch folgendermaßen kompakt schreiben:

$$s(i) = \frac{b(i) - a(i)}{\max\{a(i), b(i)\}} .$$

Wenn eine Klasse nur ein Objekt enthält, so setzen wir $s(i)$ gleich 0. Liegt $s(i)$ in der Nähe von 1, so liegt das i-te Objekt im Mittel in der Nähe der anderen Objekte seiner Klasse, während es im Mittel weit entfernt von den Objekten der Klasse ist, die ihm am nächsten ist. Das i-te Objekt liegt also in der richtigen Klasse. Liegt $s(i)$ in der Nähe von

0, so liegt das i-te Objekt im Mittel genauso nah an den anderen Objekten seiner Klasse wie an den Objekten der Klasse, die ihm am nächsten ist. Das i-te Objekt kann also nicht eindeutig einer Klasse zugeordnet werden. Liegt $s(i)$ in der Nähe von -1, so liegt das i-te Objekt im Mittel näher an den Objekten seiner nächsten Klasse als an den Objekten seiner eigenen Klasse.

Beispiel 72 (Fortsetzung) Es gilt

$$s(1) = 0.859 \,,$$
$$s(2) = 0.836 \,,$$
$$s(3) = 0.915 \,,$$
$$s(4) = 0.806 \,,$$
$$s(5) = 0.808 \,,$$
$$s(6) = 0.907 \,.$$

Wir sehen, dass alle Werte groß sind, was auf ein gutes Ergebnis der Klassenbildung hindeutet. □

Wir bestimmen nun noch für jede Klasse den Mittelwert der $s(i)$. Außerdem bestimmen wir den Mittelwert $\bar{s}(K)$ aller $s(i)$. Dieser dient als Kriterium bei der Entscheidung, wie viele Klassen gebildet werden sollen.

Beispiel 72 (Fortsetzung) Für die erste Klasse ist der Mittelwert 0.911 und in der zweiten Klasse 0.827. Außerdem gilt $\bar{s}(2) = 0.855$. □

Rousseeuw (1987) nennt eine grafische Darstellung von $s(i)$, $i = 1, \ldots, n$ *Silhouette*. Jedes $s(i)$ wird als Balkendiagramm abgetragen. Dabei werden die $s(i)$ einer Klasse nebeneinander der Größe nach abgetragen, wobei die größte zuerst kommt.

Beispiel 72 (Fortsetzung) Abb. 13.13 zeigt mit der Silhouette des Beispiels, dass die Daten durch zwei Gruppen sehr gut beschrieben werden können. □

Anzahl der Klassen
Kaufman & Rousseeuw (1990) schlagen vor, für $K = 2, \ldots, n - 1$ ein partitionierendes Verfahren wie K-Means anzuwenden und $\bar{s}(K)$ zu bestimmen. Es soll dann die Partition gewählt werden, bei der $\bar{s}(K)$ am größten ist.

Beispiel 72 (Fortsetzung) Tab. 13.31 zeigt die Partition und den Wert von $\bar{s}(K)$ in Abhängigkeit von K.
Sie zeigt, dass $K = 2$ der angemessene Wert ist. □

Abb. 13.13 Silhouette

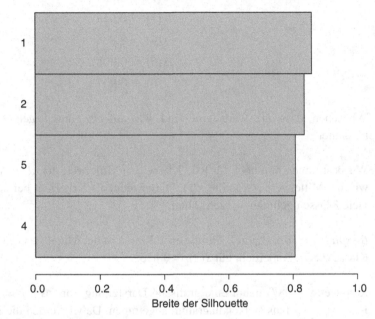

Breite der Silhouette

Tab. 13.31 Werte von $\bar{s}(K)$ in Abhängigkeit von K für die Altersdaten

K	Partition	$\bar{s}(K)$
2	$\{\{1, 2, 4, 5\}, \{3, 6\}\}$	0.86
3	$\{\{1, 4\}, \{2, 5\}, \{3, 6\}\}$	0.73
4	$\{\{1\}, \{4\}, \{2, 5\}, \{3, 6\}\}$	0.57
5	$\{\{1\}, \{4\}, \{2\}, \{3, 6\}, \{5\}\}$	0.30

Es gibt noch eine Reihe weiterer Verfahren zur Bestimmung der angemessenen Anzahl der Klassen. Milligan & Cooper (1985) verglichen über 30 Verfahren zur Bestimmung der Anzahl der Klassen. Zu den besten Verfahren gehört das Verfahren von Calinski & Harabasz (1974). Dieses wollen wir im Folgenden näher betrachten.

Beispiel 73 Wir betrachten das Alter der sechs Personen:

    43 38 6 47 37 9 .

Bei der Lösung mit zwei Klassen waren die Personen 3 und 6 in einer Klasse, die restlichen Personen in der anderen. □

Calinski & Harabasz (1974) betrachten die Auswahl der Verfahren aus Sicht der multivariaten Varianzanalyse, die wir in Abschnitt 11.3 behandelt haben. Für eine Lösung mit K Klassen sei $\mathbf{y}_{kj}$ der Merkmalsvektor des j-ten Objekts in der k-ten Klasse, $k = 1, \ldots, K$, $j = 1, \ldots, n_k$. Calinski & Harabasz (1974) bestimmen die Zwischen-Gruppen-Streumatrix

$$\mathbf{B} = \sum_{k=1}^{K} n_k \, (\bar{\mathbf{y}}_k - \bar{\mathbf{y}})(\bar{\mathbf{y}}_k - \bar{\mathbf{y}})' \tag{13.34}$$

und die Inner-Gruppen-Streumatrix

$$\mathbf{W} = \sum_{k=1}^{K} \sum_{j=1}^{n_k} (\mathbf{y}_{kj} - \bar{\mathbf{y}}_k)(\mathbf{y}_{kj} - \bar{\mathbf{y}}_k)' \, . \tag{13.35}$$

Dabei ist $\bar{\mathbf{y}}_k$ der Mittelwert der Beobachtungen in der k-ten Klasse, $k = 1, \ldots, K$ und $\bar{\mathbf{y}}$ der Mittelwert aller Beobachtungen. Als Kriterium wählen Calinski & Harabasz (1974):

$$G1(K) = \frac{tr(\mathbf{B})}{tr(\mathbf{W})} \frac{n - K}{K - 1} \, . \tag{13.36}$$

Wurde nur ein Merkmal erhoben, so ist $G1(K)$ identisch mit der Teststatistik des F-Tests in (11.9). Wächst $G1(K)$ monoton in J, so deutet dies darauf hin, dass keine Klassenstruktur vorliegt. Fällt $G1(K)$ monoton in K, so ist dies ein Indikator für eine hierarchische Struktur. Existiert ein Maximum von $G1(K)$ an der Stelle K_M, die nicht am Rand liegt, so deutet dies auf das Vorliegen von K_M Klassen hin.

Beispiel 73 (Fortsetzung) Das Zentrum der ersten Klasse ist $\bar{y}_1 = 7.5$, das der zweiten Klasse ist $\bar{y}_2 = 41.25$ und das Zentrum aller Beobachtungen lautet $\bar{y}_2 = 30$. Somit gilt

$$\mathbf{B} = \sum_{k=1}^{K} n_k \, (\bar{y}_k - \bar{y})^2 = 2 \cdot (7.5 - 30)^2 + 4 \cdot (41.25 - 30)^2 = 1518.75$$

und

$$\mathbf{W} = \sum_{k=1}^{K} \sum_{k=1}^{n_k} (y_{kj} - \bar{y}_k)^2 = (6 - 7.5)^2 + (9 - 7.5)^2 + (43 - 41.25)^2$$
$$+ (38 - 41.25)^2 + (47 - 41.25)^2 + (37 - 41.25)^2 = 69.25 \, .$$

Tab. 13.32 Werte von $G1(K)$
in Abhängigkeit von K für die
Altersdaten

K	Partition	$G1(K)$
2	$\{\{1, 2, 4, 5\}, \{3, 6\}\}$	87.72563
3	$\{\{1, 4\}, \{2, 5\}, \{3, 6\}\}$	181.73077
4	$\{\{1\}, \{4\}, \{2, 5\}, \{3, 6\}\}$	211.06667
5	$\{\{1\}, \{2\}, \{3, 6\}, \{4\}, \{5\}\}$	87.97222

Tab. 13.33 Beurteilung einer
Clusterlösung anhand des Silhouettenkoeffizienten

SC	Interpretation
0.71 bis 1.00	starke Struktur
0.51 bis 0.70	vernünftige Struktur
0.26 bis 0.50	schwache Struktur
0.00 bis 0.25	keine substanzielle Struktur

Es gilt

$$G1(2) = \frac{1518.75}{69.25} \frac{4}{1} = 87.72563 \, .$$

Tab. 13.32 gibt $G(K)$ in Abhängigkeit von K an.

Wir sehen, dass nach dem Kriterium von Calinski und Harabasz eine Lösung mit vier Klassen gewählt wird. □

Güte der Lösung

Kaufman & Rousseeuw (1990) schlagen vor, den sogenannten *Silhouettenkoeffizienten* SC zu bestimmen. Dieser ist definiert durch

$$SC = \max_K \bar{s}(K) \, .$$

Anhand des Wertes von SC wird die Lösung mithilfe der Tab. 13.33 begutachtet.

Im Beispiel ist SC gleich 0.86. Somit wurde eine starke Gruppenstruktur gefunden. Die nach dem Kriterium von Calinski und Harabasz gefundene Lösung ist mit einem Wert von 0.57 hingegen nur eine vernünftige Lösung.

13.3.3   Partitionierende Verfahren in R

Wir betrachten die Daten in Beispiel 62 und geben sie ein:

```
> alter <- c(43,38,6,47,37,9)
```

In R gibt es für K-Means eine Funktion kmeans, die folgendermaßen aufgerufen wird:

```
kmeans(x, centers, iter.max = 10, nstart = 1,
       algorithm = c("Hartigan-Wong", "Lloyd",
                 "Forgy","MacQueen"), trace=FALSE)
```

Dabei ist x die Datenmatrix. In den Zeilen der Matrix `centers` stehen Startwerte für die Mittelwerte der Klassen. Die maximale Anzahl der Iterationen steht in `iter.max`. Das Ergebnis der Funktion `kmeans` ist eine Liste, die wir uns am Beispiel ansehen. Wir wählen zwei Klassen. Als Startwerte für die Klassen wählen wir die ersten beiden Beobachtungen:

```
> e <- kmeans(matrix(alter,6,1),matrix(alter[1:2],2,1))
> e
K-means clustering with 2 clusters of sizes 4, 2

Cluster means:
    [,1]
1 41.25
2  7.50


Clustering vector:
[1] 1 1 2 1 1 2

Within cluster sum of squares by cluster:
[1] 64.75   4.50
 (between_SS / total_SS =  95.6 %)

Available components:

[1] "cluster"      "centers"      "totss"      "withinss"
[5] "tot.withinss" "betweenss"    "size"       "iter"
[9] "ifault"
```

Die erste Komponente der Ausgabe von e ist das Listenelement `centers` und gibt die Mittelwerte der Klasse an. Die zweite Komponente der Ausgabe e ist ein Vektor, dessen i-te Komponente die Nummer der Klasse der i-ten Beobachtung ist. Der Vektor ist mit `cluster` in der Liste bezeichnet. Wir sehen, dass die Beobachtungen 1, 2, 4 und 5 in der ersten Klasse und die beiden anderen Beobachtungen in der zweiten Klasse sind. Die dritte Komponente der Ausgabe ist der Vektor `withinss`, dessen i-te Komponente die Spur folgender Matrix ist:

$$\sum_{k=1}^{n_k} (\mathbf{y}_{kj} - \bar{\mathbf{y}}_k)(\mathbf{y}_{kj} - \bar{\mathbf{y}}_i)' .$$

Die Summe der Komponenten dieses Vektors ist gleich der Spur von $\mathbf{W}$ in (13.35). Die Komponente `size` von e gibt die Größen der Klassen an:

```
> e$size
[1] 4 2
```

Um K-Medoids durchführen zu können, müssen wir zuerst das Paket `cluster` von Maechler et al. (2016) laden. Das Paket gehört zur Standardinstallation von R und muss nicht extra heruntergeladen werden. Wir rufen also zunächst

```
> library(cluster)
```

auf. In diesem Paket gibt es eine Funktion pam, mit der man K-Medoids durchführen kann. Dabei steht pam für *partitioning around medoids*. Die Funktion pam wird folgendermaßen aufgerufen:

```
pam(x, k, diss = inherits(x, "dist"), metric = "euclidean",
    medoids = NULL, stand = FALSE, cluster.only = FALSE,
    do.swap = TRUE,
    keep.diss = !diss && !cluster.only && n < 100,
    keep.data = !diss && !cluster.only,
    pamonce = FALSE, trace.lev = 0)
```

Das Argument x enthält die Datenmatrix, wenn diss gleich FALSE ist. Ist diss gleich TRUE, so ist x eine Distanzmatrix. Die Anzahl der Klassen wählt man durch das Argument k. Wurde eine Datenmatrix übergeben, so kann man durch das Argument metric festlegen, ob man die euklidische Metrik oder die Manhattan-Metrik berechnen will. Sollen die Beobachtungen skaliert werden, so setzt man das Argument stand auf TRUE. Die weiteren Argumente der Funktion sind für uns hier nicht relevant.

Schauen wir uns das Ergebnis von pam für das Beispiel an, wobei wir wieder zwei Klassen wählen:

```
> e <- pam(alter,k=2)
> e
Medoids:
     ID
[1,]  1 43
[2,]  6  9
Clustering vector:
[1] 1 1 2 1 1 2
Objective function:
   build      swap
3.333333 3.000000

Available components:
 [1] "medoids"    "id.med"     "clustering" "objective"
 [5] "isolation"  "clusinfo"   "silinfo"    "diss"
 [9] "call"       "data"
```

Es werden identische Klassen wie bei K-Means gewählt. Das Ergebnis ist erneut eine Liste. Die Medoide der Klassen sind 43 und 9. Sie sind unter medoids abgelegt. Das Element clustering der Liste ist ein Vektor, dessen i-te Komponente die Klassenzugehörigkeit der i-Beobachtung anzeigt. Hat man mit der Funktion pam die Klassen bestimmt, so kann man problemlos die Silhouette zeichnen. Für das Zeichnen der Silhouette verwenden wir das Listenelement silinfo, das die wesentlichen Informationen der Silhouette enthält:

```
> e$silinfo
$widths
  cluster neighbor sil_width
```

```
1          1          2 0.8591549
2          1          2 0.8360656
5          1          2 0.8079096
4          1          2 0.8059072
3          2          1 0.9148936
6          2          1 0.9069767


$clus.avg.widths
[1] 0.8272593 0.9109352

$avg.width
[1] 0.8551513
```

Wir rufen die Funktion `plotsilho` aus Abschn. B.9 mit dem Listenelement `silinfo` auf:

```
> plotsilho(e$silinfo)
```

Nach dem Aufruf von `kmeans` sind die wesentlichen Informationen der Silhouette nicht vorhanden. Die Funktion `silho` aus Abschn. B.8 liefert diese. Die Funktion `silho` benötigt als erstes Argument das Listenelement `cluster` nach Auruf der Funktion `kmeans`. Als zweites Argument übergeben wir die Distanzmatrix. Das dritte Argument ist ein Vektor mit den Namen der Objekte. Wir rufen `silho` mit der vollen Distanzmatrix für die Daten des Beispiels auf:

```
> e <- kmeans(matrix(alter,6,1),matrix(c(29,31),2,1))
> dm <- full(dist(alter))
> es <- silho(e$cluster,dm,1:6)
> es
[[1]]
   [,1] [,2]       [,3]
1     1     2 0.8591549
2     1     2 0.8360656
5     1     2 0.8079096
4     1     2 0.8059072
3     2     1 0.9148936
6     2     1 0.9069767

[[2]]
[1] 0.8272593 0.9109352

[[3]]
[1] 0.8551513
```

Das Ergebnis der Funktion `silho` ist eine Liste. Die erste Komponente ist eine Matrix. In der ersten Spalte steht die Nummer der Klasse des Objekts, in der zweiten Spalte die Nummer der Klasse, die am nächsten liegt, und in der dritten Spalte der Wert von $s(i)$. Die Namen der Objekte sind die Namen der ersten Dimension der Matrix. Die zweite Komponente ist ein Vektor mit den Mittelwerten der $s(i)$ für die Klassen. Die dritte Komponente

enthält den Silhouettenkoeffizienten. Die Funktion `plotsilho` zeichnet die Silhouette.
Der Aufruf

```
> plotsilho(es)
```

liefert Abb. 13.13.

Um die Werte in Tab. 13.31 zu erhalten, müssen wir für $k = 2, \ldots, n - 1$ die Werte
von $\bar{s}(k)$ bestimmen. Hierzu verwenden wir eine Iteration. Als Startwert für K-Means bei
k Klassen wählen wir die ersten k Beobachtungen:

```
> si <- rep(0,length(alter)-2)
> dm <- full(dist(alter))
> for(i in 2:(length(alter)-1)){
+                   wo <- kmeans(matrix(alter,6,1),
+                   matrix(alter[1:i],i,1))$cluster
+                   si[i-1]<-silho(wo,dm,1:6)[[3]]
+                   }
> si
[1] 0.8551513 0.7305527 0.5721387 0.2993472
```

Wie man die Maßzahl $G1(k)$ in (13.36) bestimmen kann, schauen wir uns exemplarisch
für $k = 2$ in Beispiel 71 an.

Wir setzen k auf 2:

```
> k <- 2
```

Wir bestimmen zuerst $tr(\mathbf{B}+\mathbf{W})$, wobei $\mathbf{B}$ in (13.34) und $\mathbf{W}$ in (13.35) steht. Dies erhalten
wir durch

```
> spT <- sum((length(alter)-1)*var(alter))
> spT
[1] 1588
```

Anschließend rufen wir die Funktion `kmeans` wie oben auf:

```
> e <- kmeans(matrix(alter,ncol=1),matrix(alter[1:k],ncol=1))
```

Die Summe der Komponenten von `e$withinss` ist gleich der Spur von $\mathbf{W}$. Den Wert von
$G1(k)$ erhalten wir also durch

```
> spW <- sum(e$withinss)
> spW
[1] 69.25
> spB <- spT-spW
> spB
[1] 1518.75
> (spB/spW)*(length(alter)-k)/(k-1)
[1] 87.72563
```

Wurde mehr als ein Merkmal erhoben, so muss man die obige Befehlsfolge nur leicht
variieren. Wir wollen in Beispiel 1 mit Hilfe von K-Means eine Lösung mit drei Klassen
bestimmen. Die Daten mögen in der Matrix `PISA` stehen. Die nachstehende Befehlsfolge
liefert den Wert von $G1(k)$:

```
> n <- dim(PISA)[1]
> spT <- sum(diag((n-1)*var(PISA)))
> k <- 3
> e <- kmeans(PISA,PISA[1:3,])
> spW <- sum(e$withinss)
> spB <- spT-spW
> (spB/spW)*(n-k)/(k-1)
[1] 197.2751
```

13.4 Clusteranalyse von Daten der Regionen

Wir wollen nun noch eine Clusteranalyse der Daten aus Beispiel 13 durchführen. Wir beginnen mit der hierarchischen Clusteranalyse. Bevor wir die Distanzen bestimmen, schauen wir uns die Stichprobenvarianzen der Merkmale an. Es gilt

$$s_1^2 = 637438, \quad s_2^2 = 29988, \quad s_3^2 = 1017,$$
$$s_4^2 = 315, \quad s_5^2 = 37, \quad s_6^2 = 96473.$$

Die Varianzen unterscheiden sich sehr stark. Deshalb führen wir die Analyse auf Basis der skalierten Daten durch. Die Distanzmatrix der skalierten euklidischen Distanz lautet:

$$\mathbf{D} = \begin{pmatrix} 0 & 0.80 & 4.16 & 3.28 & 3.92 & 4.69 \\ 0.80 & 0 & 4.14 & 3.57 & 4.00 & 4.64 \\ 4.16 & 4.14 & 0 & 2.71 & 1.98 & 2.15 \\ 3.28 & 3.57 & 2.71 & 0 & 3.16 & 3.78 \\ 3.92 & 4.00 & 1.98 & 3.16 & 0 & 2.52 \\ 4.69 & 4.64 & 2.15 & 3.78 & 2.52 & 0 \end{pmatrix}. \tag{13.37}$$

Wir führen eine hierarchische Clusteranalyse mit dem Single-Linkage-Verfahren, dem Complete-Linkage-Verfahren und dem Average-Linkage-Verfahren durch. Der Wert des kophenetischen Korrelationskoeffizienten beträgt beim Single-Linkage-Verfahren 0.925, beim Complete-Linkage-Verfahren 0.883 und beim Average-Linkage-Verfahren 0.929. Der Wert des Gamma-Koeffizienten beträgt beim Single-Linkage-Verfahren 0.945, beim Complete-Linkage-Verfahren 0.881 und beim Average-Linkage-Verfahren 0.945. Wir entscheiden uns für das Average-Linkage-Verfahren. Abb. 13.14 zeigt das Dendrogramm.

Abb. 13.14 Dendrogramm des
Average-Linkage-Verfahrens

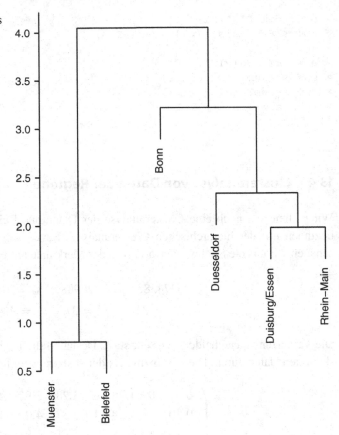

Die standardisierten Verschmelzungsniveaus sind:

$$\tilde{\alpha}_1 = -1.357,$$
$$\tilde{\alpha}_2 = -0.402,$$
$$\tilde{\alpha}_3 = -0.114,$$
$$\tilde{\alpha}_4 = 0.599,$$
$$\tilde{\alpha}_5 = 1.274.$$

Wir entscheiden uns für zwei Klassen. Die erste Klasse besteht aus Bielefeld und Münster,
die zweite Klasse aus den restlichen Regionen.

Wir wollen uns noch anschauen, zu welchem Ergebnis wir mit K-Means gelangen. Wir
betrachten auch hier die skalierten Merkmale.

Tab. 13.34 zeigt die Partition und den Wert von $\bar{s}(k)$ in Abhängigkeit von k.

Die Werte in Tab. 13.34 sprechen für eine andere Lösung als beim Average-Linkage-
Verfahren. Wir entscheiden uns beim partitionierenden Verfahren für drei Klassen. Dabei

Tab. 13.34 Werte von $\bar{s}(k)$ in Abhängigkeit von k für die Daten der Regionen

k	Partition	$\bar{s}(k)$
2	$\{\{1, 2, 4\}, \{3, 5, 6\}\}$	0.373
3	$\{\{1, 2\}, \{3, 5, 6\}, \{4\}\}$	0.407
4	$\{\{1\}, \{2\}, \{3, 5, 6\}, \{4\}\}$	0.151
5	$\{\{1\}, \{2\}, \{3, 5\}, \{4\}, \{6\}\}$	0.049

Abb. 13.15 Silhouette der Daten der Regionen

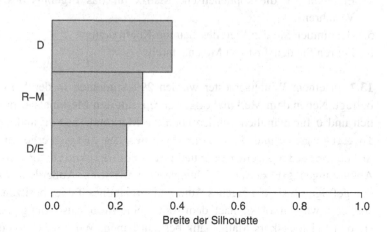

besteht eine Klasse aus Bielefeld und Münster. Eine andere Klasse enthält Düsseldorf, Rhein-Main und Duisburg-Essen. Bonn bildet eine eigene Klasse.

Die Silhouette in Abb. 13.15 zeigt, dass die Region Bonn nicht gut angepasst ist. Dies führt auch dazu, dass der Silhouettenkoeffizient mit einem Wert von 0.407 nach Tab. 13.33 auf eine nur schwache Struktur hinweist. Ist man trotz dieser Bedenken mit der Lösung zufrieden, so bestände der nächste Schritt der Analyse in einer Beschreibung der Klassen. Diesen möge der Leser selbst durchführen.

13.5 Ergänzungen und weiterführende Literatur

Wir haben in diesem Kapitel einige Verfahren der hierarchischen und partitionierenden Clusteranalyse beschrieben. Neben diesen gibt es noch viele andere, die ausführlich bei Everitt et al. (2011), Gordon (1999), Bacher (2010) und in Fahrmeir et al. (1996, Kapitel 9) dargestellt werden. Diese Bücher enthalten auch viele praktische Aspekte. Die unterschiedlichen Algorithmen werden detailliert von Härdle & Simar (2012) beschrieben. Das Buch von Kaufman & Rousseeuw (1990) enthält eine Vielzahl von Verfahren, die in R verfügbar sind. Diese kann man ebenfalls mit dem Befehl `library(cluster)` aktivieren. Weitere Details zu Anwendung in R gegen Everitt & Hothorn (2011).

13.6 Übungen

13.1 Betrachten Sie Übung 6.3.

1. Erstellen Sie die Distanzmatrix.
2. Führen Sie für die Distanzmatrix das Complete-Linkage-Verfahren durch.
3. Erstellen Sie ein Dendrogramm mithilfe des Complete-Linkage-Verfahrens.
4. Erstellen Sie die kophenetische Matrix für das Ergebnis des Complete-Linkage-Verfahrens.
5. Bestimmen Sie den Wert des Gamma-Koeffizienten.
6. Führen Sie den Test von Mojena durch.

13.2 In einem Wintersemester wurden 299 Studenten in der Veranstaltung Statistik I befragt. Neben dem Merkmal `Geschlecht` mit den Merkmalsausprägungen 1 für weiblich und 0 für männlich wurden noch die Merkmale `Alter` und `Größe`, `Abiturnote in Mathematik` und `Durchschnittsnote im Abitur` erhoben. Für die Merkmale `Abiturnote in Mathematik` und `Durchschnittsnote im Abitur` wählen wir die Abkürzungen `MatheNote` beziehungsweise `AbiNote`. Außerdem wurden die Studierenden gefragt, ob sie ein eigenes Auto und ein eigenes Tablet besitzen, ob sie in Bielefeld studieren wollten, ob sie nach dem Abitur eine Berufsausbildung gemacht haben und ob sie den Leistungskurs Mathematik besucht haben. Wir bezeichnen diese Merkmale mit `Auto`, `Tablet`, `Biele`, `Ausb` und `MatheLK`. Ihre Ausprägungsmöglichkeiten sind 0 und 1. Die Ergebnisse der Befragung von vier Studenten zeigt Tab. 13.35.

Tab. 13.35 Ergebnis der Befragung von vier Studenten

Geschlecht	Alter	Größe	Auto	Tablet	Biele	Ausb	MatheLK	MatheNote	AbiNote
0	20	183	0	0	1	0	1	4	3.1
0	22	185	1	1	0	0	0	5	3.4
1	28	160	1	1	1	1	1	1	1.7
1	23	168	1	1	1	1	0	2	2.5

Die folgende Matrix gibt die Werte der Distanzen zwischen den Studenten an, die mithilfe des Gower-Koeffizienten bestimmt wurden. Dabei wurde davon ausgegangen, dass alle binären Merkmale symmetrisch sind. Die Werte sind auf zwei Stellen nach dem Komma gerundet:

$$\mathbf{D} = \begin{pmatrix} 0 & 0.48 & 0.75 & 0.68 \\ 0.48 & 0 & 0.78 & 0.51 \\ 0.75 & 0.78 & 0 & 0.27 \\ 0.68 & 0.51 & 0.27 & 0 \end{pmatrix}.$$

1. Verifizieren Sie den Wert des Gower-Koeffizienten zwischen den ersten beiden Studenten.
2. Erstellen Sie das Dendrogramm mithilfe des Single-Linkage-Verfahrens.
3. Erstellen Sie die kophenetische Matrix.
4. Bestimmen Sie den Wert des kophenetischen Korrelationskoeffizienten.
5. Bestimmen Sie den Wert des Gamma-Koeffizienten.

13.3 Wir betrachten die Daten in Beispiel 1. Verwenden Sie im Folgenden R.

1. Führen Sie zunächst eine hierarchische Clusteranalyse durch, die auf euklidischen Distanzen beruhen soll.
   (a) Welches der drei hierarchischen Verfahren ist aufgrund des Gamma-Koeffizienten am besten geeignet?
   (b) Erstellen Sie das Dendrogramm.
   (c) Wie viele Klassen sollte man bilden?
   (d) Beschreiben Sie die Charakteristika der Klassen.
2. Wenden Sie nun K-Means an.
   (a) Wie viele Klassen sollte man bilden?
   (b) Erstellen Sie die Silhouette.

13.4 Eine Population besteht aus sechs Studenten. Jeder Student wurde gefragt, wie viel Geld er monatlich zur Verfügung hat. Es ergaben sich folgende Beträge in EUR:

334 412 772 374 688 382

1. Bilden Sie zwei Klassen mit K-Means.
2. Erstellen Sie die Silhouette.

13.5 Zeigen Sie, dass die kophenetische Matrix folgende Eigenschaft besitzt:

$$d_{ij} \leq max\{d_{ik}, d_{jk}\} \tag{13.38}$$

für alle Tripel (i, j, k) von Objekten.

Skizzieren Sie die Lage der Objekte i, j und k im $I\!R^2$, wenn sie die Bedingung (13.38) erfüllen.

13.6 Vollziehen Sie die Analyse der Daten der Regionen in Abschnitt 13.4 in R nach.

Anhang A Mathematische Grundlagen

A.1 Matrizenrechnung

Das Erlernen und die Anwendung multivariater Verfahren setzt insbesondere Grundkenntnisse der Matrizenrechnung voraus. So sind zum Beispiel in Abschnitt 8.2 folgende Umformungen zu finden:

$$S(\beta) = (\mathbf{y} - \mathbf{X}\beta)' \, (\mathbf{y} - \mathbf{X}\beta) \tag{A.1}$$

$$= (\mathbf{y}' - (\mathbf{X}\beta)') \, (\mathbf{y} - \mathbf{X}\beta) \tag{A.2}$$

$$= (\mathbf{y}' - \beta'\mathbf{X}') \, (\mathbf{y} - \mathbf{X}\beta) \tag{A.3}$$

$$= \mathbf{y}'\mathbf{y} - \mathbf{y}'\mathbf{X}\beta - \beta'\mathbf{X}'\mathbf{y} + \beta'\mathbf{X}'\mathbf{X}\beta \tag{A.4}$$

$$= \mathbf{y}'\mathbf{y} - (\mathbf{y}'\mathbf{X}\beta)' - \beta'\mathbf{X}'\mathbf{y} + \beta'\mathbf{X}'\mathbf{X}\beta \tag{A.5}$$

$$= \mathbf{y}'\mathbf{y} - \beta'\mathbf{X}'\mathbf{y} - \beta'\mathbf{X}'\mathbf{y} + \beta'\mathbf{X}'\mathbf{X}\beta \tag{A.6}$$

$$= \mathbf{y}'\mathbf{y} - 2\beta'\mathbf{X}'\mathbf{y} + \beta'\mathbf{X}'\mathbf{X}\beta \, . \tag{A.7}$$

Dabei ist $\mathbf{y}$ ein n-dimensionaler Vektor, $\mathbf{X}$ eine $(n, k + 1)$-Matrix und β ein $k + 1$-dimensionaler Vektor. Der Übergang von einer zur nächsten Zeile erfolgt jeweils nach einer bestimmten Regel. Diese Regeln werden in diesem Abschnitt A.1 nach und nach dargestellt. Vorausgeschickt sei dabei, dass folgende Gleichungen verwendet werden, um von einer Zeile zur nächsten zu gelangen:

von (A.1) zu (A.2):   (A.14),
von (A.2) zu (A.3):   (A.24),
von (A.3) zu (A.4):   (A.23),
von (A.4) zu (A.5):   (A.10),
von (A.5) zu (A.6):   (A.9) und (A.24).

Die Regel beim Übergang von (A.6) zu (A.7) kennt man aus der elementaren Mathematik.

© Springer-Verlag GmbH Deutschland 2017
A. Handl, T. Kuhlenkasper, *Multivariate Analysemethoden*, Statistik und ihre Anwendungen,
DOI 10.1007/978-3-662-54754-0

A.1.1 Definitionen und spezielle Matrizen

Definition A.24 *Eine (n, p)-Matrix $\mathbf{A}$ ist ein rechteckiges Schema reeller Zahlen, das aus n Zeilen und p Spalten besteht:*

$$
\mathbf{A} = \begin{pmatrix} a_{11} & a_{12} & \dots & a_{1p} \\ a_{21} & a_{22} & \dots & a_{2p} \\ \vdots & \vdots & \ddots & \vdots \\ a_{n1} & a_{n2} & \dots & a_{np} \end{pmatrix}.
\tag{A.8}
$$

Dabei heißt (n, p) die Ordnung der Matrix, i Zeilenindex, j Spaltenindex und a_{ij} Element der Matrix, das in der i-ten Zeile und j-ten Spalte steht. Wir schreiben kurz $\mathbf{A} = (a_{ij})$. Eine $(1, 1)$-Matrix ist ein Skalar a.

Beispiel 74 Wir betrachten im Folgenden die Matrizen

$$
\mathbf{A} = \begin{pmatrix} 2 & 1 \\ 1 & 2 \end{pmatrix}, \quad \mathbf{B} = \begin{pmatrix} 0 & -1 \\ 1 & 0 \end{pmatrix}, \quad \mathbf{C} = \begin{pmatrix} 1 & 2 \\ 1 & 1 \\ 1 & 2 \end{pmatrix}, \quad \mathbf{D} = \begin{pmatrix} 3 & 0 \\ 0 & 1 \end{pmatrix}. \quad \square
$$

Definition A.25 *Vertauscht man bei einer (n, p)-Matrix $\mathbf{A}$ Zeilen und Spalten, so erhält man die transponierte Matrix $\mathbf{A}'$ von $\mathbf{A}$.*

Beispiel 74 (Fortsetzung) Es gilt

$$
\mathbf{C}' = \begin{pmatrix} 1 & 1 & 1 \\ 2 & 1 & 2 \end{pmatrix}. \quad \square
$$

Es gilt

$$
(\mathbf{A}')' = \mathbf{A}.
\tag{A.9}
$$

Für einen Skalar a gilt

$$
a' = a.
\tag{A.10}
$$

Definition A.26 *Eine Matrix $\mathbf{A}$, für die $\mathbf{A}' = \mathbf{A}$ gilt, heißt symmetrisch.*

Beispiel 74 (Fortsetzung) Die Matrizen $\mathbf{A}$ und $\mathbf{D}$ sind symmetrisch. $\square$

Definition A.27 *Eine* $(n, 1)$*-Matrix heißt n-dimensionaler Spaltenvektor* **a** *und eine* $(1, n)$*-Matrix n-dimensionaler Zeilenvektor* **b**′.

Beispiel 74 (Fortsetzung) Im Folgenden betrachten wir die beiden Spaltenvektoren

$$\mathbf{a}_1 = \begin{pmatrix} 2 \\ 1 \end{pmatrix}, \quad \mathbf{a}_2 = \begin{pmatrix} 1 \\ 2 \end{pmatrix}.$$ □

Die beiden Vektoren des Beispiels sind die Spalten der Matrix **A**. Eine (n, p)-Matrix **A** besteht aus p n-dimensionalen Spaltenvektoren $\mathbf{a}_1, \ldots, \mathbf{a}_p$. Wir schreiben hierfür auch

$$\mathbf{A} = \begin{pmatrix} \mathbf{a}_1, \ldots, \mathbf{a}_p \end{pmatrix}.$$

Entsprechend können wir die Matrix aus Zeilenvektoren aufbauen.

Eine Matrix, die aus lauter Nullen besteht, heißt *Nullmatrix* **0**. Wir bezeichnen den n-dimensionalen Spaltenvektor, der aus lauter Nullen besteht, ebenfalls mit **0** und nennen ihn den *Nullvektor*. Eine Matrix, die aus lauter Einsen besteht, bezeichnen wir mit **E**. Der n-dimensionale Spaltenvektor **1**, der aus lauter Einsen besteht, heißt *Einservektor* oder *summierender Vektor*. Wir werden in diesem Abschnitt A.1 eine Begründung für die letzte Bezeichnungsweise liefern.

Ein Vektor, bei dem die i-te Komponente gleich 1 und alle anderen Komponenten gleich 0 sind, heißt i-ter *Einheitsvektor* $\mathbf{e}_i$.

Definition A.28 *Eine* (n, p)*-Matrix heißt quadratisch, wenn gilt* $n = p$.

Beispiel 74 (Fortsetzung) Die Matrizen **A**, **B** und **D** sind quadratisch. □

Definition A.29 *Eine quadratische Matrix, bei der alle Elemente außerhalb der Hauptdiagonalen gleich null sind, heißt Diagonalmatrix.*

Beispiel 74 (Fortsetzung) Die Matrix **D** ist eine Diagonalmatrix. □

Definition A.30 *Sind bei einer* (n, n)*-Diagonalmatrix alle Hauptdiagonalelemente gleich 1, so spricht man von der Einheitsmatrix* $\mathbf{I}_n$.

A.1.2 Matrixverknüpfungen

Definition A.31 *Sind* **A** *und* **B** (n, p)*-Matrizen, dann ist die Summe* $\mathbf{A} + \mathbf{B}$ *definiert durch*

$$\mathbf{A} + \mathbf{B} = \begin{pmatrix} a_{11} + b_{11} & \cdots & a_{1p} + b_{1p} \\ \vdots & \ddots & \vdots \\ a_{n1} + b_{n1} & \cdots & a_{np} + b_{np} \end{pmatrix}.$$

Die Differenz $\mathbf{A} - \mathbf{B}$ *ist definiert durch*

$$\mathbf{A} - \mathbf{B} = \begin{pmatrix} a_{11} - b_{11} & \cdots & a_{1p} - b_{1p} \\ \vdots & \ddots & \vdots \\ a_{n1} - b_{n1} & \cdots & a_{np} - b_{np} \end{pmatrix}.$$

Beispiel 74 (Fortsetzung) Es gilt

$$\mathbf{A} + \mathbf{B} = \begin{pmatrix} 2 & 0 \\ 2 & 2 \end{pmatrix}$$

und

$$\mathbf{A} - \mathbf{B} = \begin{pmatrix} 2 & 2 \\ 0 & 2 \end{pmatrix}. \qquad \Box$$

Schauen wir uns einige Rechenregeln für die Summe und Differenz von Matrizen an. Dabei sind $\mathbf{A}$, $\mathbf{B}$ und $\mathbf{C}$ (n, p)-Matrizen. Es gilt

$$\mathbf{A} + \mathbf{B} = \mathbf{B} + \mathbf{A}, \tag{A.11}$$
$$(\mathbf{A} + \mathbf{B}) + \mathbf{C} = \mathbf{A} + (\mathbf{B} + \mathbf{C}), \tag{A.12}$$
$$(\mathbf{A} + \mathbf{B})' = \mathbf{A}' + \mathbf{B}' \tag{A.13}$$

und

$$(\mathbf{A} - \mathbf{B})' = \mathbf{A}' - \mathbf{B}'. \tag{A.14}$$

Eine Matrix kann mit einem Skalar multipliziert werden.

Definition A.32 *Ist* $\mathbf{A}$ *eine* (n, p)-*Matrix und* $k \in I\!R$ *ein Skalar, dann ist das Produkt* $k\mathbf{A}$ *definiert durch*

$$k\mathbf{A} = \begin{pmatrix} k\,a_{11} & \cdots & k\,a_{1p} \\ \vdots & \ddots & \vdots \\ k\,a_{n1} & \cdots & k\,a_{np} \end{pmatrix}.$$

Beispiel 74 (Fortsetzung) Es gilt

$$2\mathbf{A} = \begin{pmatrix} 4 & 2 \\ 2 & 4 \end{pmatrix}. \qquad \Box$$

Sind $\mathbf{A}$ und $\mathbf{B}$ (n, p)-Matrizen und k und l Skalare, dann gilt

$$k(\mathbf{A} + \mathbf{B}) = k\mathbf{A} + k\mathbf{B} \tag{A.15}$$

und

$$(k + l)\mathbf{A} = k\mathbf{A} + l\mathbf{A} . \tag{A.16}$$

Geeignet gewählte Matrizen kann man miteinander multiplizieren. Das Produkt von Matrizen beruht auf dem inneren Produkt von Vektoren.

Definition A.33 *Seien*

$$\mathbf{a} = \begin{pmatrix} a_1 \\ \vdots \\ a_n \end{pmatrix}$$

und

$$\mathbf{b} = \begin{pmatrix} b_1 \\ \vdots \\ b_n \end{pmatrix}$$

n-dimensionale Spaltenvektoren. Das innere Produkt von $\mathbf{a}$ *und* $\mathbf{b}$ *ist definiert durch*

$$\mathbf{a}'\mathbf{b} = \sum_{i=1}^{n} a_i \, b_i .$$

Beispiel 74 (Fortsetzung) Es gilt

$$\mathbf{a}_1'\mathbf{a}_2 = 2 \cdot 1 + 1 \cdot 2 = 4 . \qquad \square$$

Offensichtlich gilt

$$\mathbf{a}'\mathbf{b} = \mathbf{b}'\mathbf{a} . \tag{A.17}$$

Bildet man $\mathbf{a}'\mathbf{a}$, so erhält man gerade die Summe der quadrierten Komponenten von $\mathbf{a}$:

$$\mathbf{a}'\mathbf{a} = \sum_{i=1}^{n} a_i \, a_i = \sum_{i=1}^{n} a_i^2 . \tag{A.18}$$

Beispiel 74 (Fortsetzung) Es gilt

$$\mathbf{a}_1'\mathbf{a}_1 = 2^2 + 1^2 = 5.$$ □

Die Länge $\|\mathbf{a}\|$ eines n-dimensionalen Vektors $\mathbf{a}$ ist definiert durch

$$\|\mathbf{a}\| = \sqrt{\mathbf{a}'\mathbf{a}}.$$ (A.19)

Dividiert man einen Vektor durch seine Länge, so spricht man von einem normierten Vektor. Die Länge eines normierten Vektors ist gleich 1.

Beispiel 74 (Fortsetzung) Es gilt

$$\frac{1}{\sqrt{\mathbf{a}_1'\,\mathbf{a}_1}}\,\mathbf{a}_1 = \frac{1}{\sqrt{5}}\begin{pmatrix} 2 \\ 1 \end{pmatrix}.$$ □

Das innere Produkt des n-dimensionalen Einservektors $\mathbf{1}$ mit einem n-dimensionalen Vektor $\mathbf{a}$ liefert die Summe der Komponenten von $\mathbf{a}$. Deshalb heißt $\mathbf{1}$ auch summierender Vektor.

Nun können wir uns dem Produkt zweier Matrizen zuwenden.

Definition A.34 *Das Produkt* $\mathbf{AB}$ *einer* (n, p)-*Matrix* $\mathbf{A}$ *und einer* (p, q)-*Matrix* $\mathbf{B}$ *ist definiert durch*

$$\mathbf{AB} = \begin{pmatrix} \sum_{k=1}^{p} a_{1k}b_{k1} & \cdots & \sum_{k=1}^{p} a_{1k}b_{kq} \\ \vdots & \ddots & \vdots \\ \sum_{k=1}^{p} a_{nk}b_{k1} & \cdots & \sum_{k=1}^{p} a_{nk}b_{kq} \end{pmatrix}.$$

Das Element in der i-ten Zeile und j-ten Spalte von $\mathbf{AB}$ erhält man, indem man das innere Produkt aus dem i-ten Zeilenvektor von $\mathbf{A}$ und dem j-ten Spaltenvektor von $\mathbf{B}$ bildet. Das Produkt $\mathbf{AB}$ einer (n, p)-Matrix $\mathbf{A}$ und einer (p, q)-Matrix $\mathbf{B}$ ist eine (n, q)-Matrix.

Beispiel 74 (Fortsetzung) Es gilt

$$\mathbf{AB} = \begin{pmatrix} 1 & -2 \\ 2 & -1 \end{pmatrix}$$

und

$$\mathbf{BA} = \begin{pmatrix} -1 & -2 \\ 2 & 1 \end{pmatrix}.$$ □

Das Beispiel zeigt, dass $\mathbf{AB}$ nicht notwendigerweise gleich $\mathbf{BA}$ ist.

Ist $\mathbf{A}$ eine (n, p)-Matrix, $\mathbf{B}$ eine (p, q)-Matrix und $\mathbf{C}$ eine (q, r)-Matrix, dann gilt

$$(\mathbf{AB})\mathbf{C} = \mathbf{A}(\mathbf{BC}) . \tag{A.20}$$

Ist $\mathbf{A}$ eine (n, p)-Matrix, $\mathbf{B}$ eine (p, q)-Matrix und k ein Skalar, dann gilt

$$k\mathbf{AB} = \mathbf{A}k\mathbf{B} = \mathbf{AB}k . \tag{A.21}$$

Sind $\mathbf{A}$ und $\mathbf{B}$ (n, p)-Matrizen und $\mathbf{C}$ und $\mathbf{D}$ (p, q)-Matrizen, dann gilt

$$(\mathbf{A} + \mathbf{B})(\mathbf{C} + \mathbf{D}) = \mathbf{AC} + \mathbf{AD} + \mathbf{BC} + \mathbf{BD} \tag{A.22}$$

und

$$(\mathbf{A} - \mathbf{B})(\mathbf{C} - \mathbf{D}) = \mathbf{AC} - \mathbf{AD} - \mathbf{BC} + \mathbf{BD} . \tag{A.23}$$

Ist $\mathbf{A}$ eine (n, p)-Matrix und $\mathbf{B}$ eine (p, q)-Matrix, dann gilt

$$(\mathbf{AB})' = \mathbf{B}'\mathbf{A}' . \tag{A.24}$$

Der Beweis ist bei Zurmühl & Falk (2011) gegeben.

Definition A.35 *Das äußere Produkt des n-dimensionalen Spaltenvektors* $\mathbf{a}$ *mit dem p-dimensionalen Spaltenvektor* $\mathbf{b}$ *ist definiert durch*

$$\mathbf{ab}' = \begin{pmatrix} a_1b_1 & a_1b_2 & \ldots & a_1b_p \\ a_2b_1 & a_2b_2 & \ldots & a_2b_p \\ \vdots & \vdots & \ddots & \vdots \\ a_nb_1 & a_nb_2 & \ldots & a_nb_p \end{pmatrix} . \tag{A.25}$$

Man nennt das äußere Produkt auch das *dyadische Produkt*. Ist $\mathbf{a}$ ein n-dimensionaler Spaltenvektor und $\mathbf{b}$ ein p-dimensionaler Spaltenvektor, so ist $\mathbf{ab}'$ eine (n, p)-Matrix und $\mathbf{ba}'$ eine (p, n)-Matrix. In der Regel ist $\mathbf{ab}'$ ungleich $\mathbf{ba}'$.

Beispiel 74 (Fortsetzung) Es gilt

$$\mathbf{a}_1\mathbf{a}_2' = \begin{pmatrix} 2 & 4 \\ 1 & 2 \end{pmatrix}$$

und

$$\mathbf{a}_2\mathbf{a}_1' = \begin{pmatrix} 2 & 1 \\ 4 & 2 \end{pmatrix} . \qquad \square$$

A.1.3 Inverse Matrix

Definition A.36 *Die (n, n)-Matrix $\mathbf{A}$ heißt invertierbar, wenn eine (n, n)-Matrix $\mathbf{A}^{-1}$ existiert, sodass gilt*

$$\mathbf{A}^{-1}\mathbf{A} = \mathbf{A}\mathbf{A}^{-1} = \mathbf{I}_n \ . \tag{A.26}$$

Man nennt $\mathbf{A}^{-1}$ auch die inverse Matrix von $\mathbf{A}$.

Beispiel 74 (Fortsetzung) Die inverse Matrix von

$$\mathbf{A} = \begin{pmatrix} 2 & 1 \\ 1 & 2 \end{pmatrix}$$

ist

$$\mathbf{A}^{-1} = \frac{1}{3} \begin{pmatrix} 2 & -1 \\ -1 & 2 \end{pmatrix} \ .$$

Es gilt nämlich

$$\mathbf{A}^{-1}\mathbf{A} = \frac{1}{3} \begin{pmatrix} 2 & -1 \\ -1 & 2 \end{pmatrix} \begin{pmatrix} 2 & 1 \\ 1 & 2 \end{pmatrix} = \frac{1}{3} \begin{pmatrix} 3 & 0 \\ 0 & 3 \end{pmatrix} = \mathbf{I}_2 \ . \qquad \Box$$

Für uns sind folgende Eigenschaften wichtig:

1. Die inverse Matrix $\mathbf{A}^{-1}$ der Matrix $\mathbf{A}$ ist eindeutig. Der Beweis ist bei Strang (2009) gegeben.
2. Sei $\mathbf{A}$ eine invertierbare (n, n)-Matrix. Dann gilt:

$$\left(\mathbf{A}^{-1}\right)^{-1} = \mathbf{A} \ . \tag{A.27}$$

3. Sei $\mathbf{A}$ eine invertierbare (n, n)-Matrix. Dann gilt:

$$\left(\mathbf{A}^{-1}\right)' = \left(\mathbf{A}'\right)^{-1} \ . \tag{A.28}$$

  Der Beweis ist bei Zurmühl & Falk (2011) gegeben.
4. Sind die (n, n)-Matrizen $\mathbf{A}$ und $\mathbf{B}$ invertierbar, so gilt

$$(\mathbf{AB})^{-1} = \mathbf{B}^{-1}\mathbf{A}^{-1} \ . \tag{A.29}$$

  Der Beweis wird bei Zurmühl & Falk (2011) gegeben.

A.1.4   Orthogonale Matrizen

Definition A.37 *Die n-dimensionalen Spaltenvektoren* **a** *und* **b** *heißen orthogonal, wenn gilt* $\mathbf{a}'\mathbf{b} = 0$.

Definition A.38 *Eine* (n, n)-*Matrix* **A** *heißt orthogonal, wenn gilt*

$$\mathbf{A}\mathbf{A}' = \mathbf{A}'\mathbf{A} = \mathbf{I}_n \ . \tag{A.30}$$

Beispiel 74 (Fortsetzung) Die Matrix **B** ist orthogonal.   □

In einer orthogonalen Matrix haben alle Spaltenvektoren die Länge 1, und die Spaltenvektoren sind paarweise orthogonal.

Man kann einen n-dimensionalen Spaltenvektor als Punkt in einem kartesischen Koordinatensystem einzeichnen. Multipliziert man eine orthogonale (n, n)-Matrix **T** mit einem Spaltenvektor **x**, so wird der Vektor bezüglich des Nullpunkts gedreht. Betrachten wir dies in einem zweidimensionalen kartesischen Koordinatensystem. Multipliziert man die orthogonale Matrix

$$\mathbf{T} = \begin{pmatrix} \cos\alpha & -\sin\alpha \\ \sin\alpha & \cos\alpha \end{pmatrix}$$

mit dem Vektor

$$\mathbf{x} = \begin{pmatrix} x_1 \\ x_2 \end{pmatrix},$$

so wird der Vektor **x** um α Grad gegen den Uhrzeigersinn gedreht. Eine Begründung hierfür geben Zurmühl & Falk (2011).

Beispiel 74 (Fortsetzung) Es gilt $\cos(0.5\pi) = 0$ und $\sin(0.5\pi) = 1$. Somit erhalten wir für $\alpha = 0.5\pi$ die Matrix **B**. Wir bilden

$$\mathbf{B}\mathbf{a}_1 = \begin{pmatrix} 0 & -1 \\ 1 & 0 \end{pmatrix} \begin{pmatrix} 2 \\ 1 \end{pmatrix} = \begin{pmatrix} -1 \\ 2 \end{pmatrix} \ .$$

Abb. A.1 verdeutlicht den Zusammenhang.   □

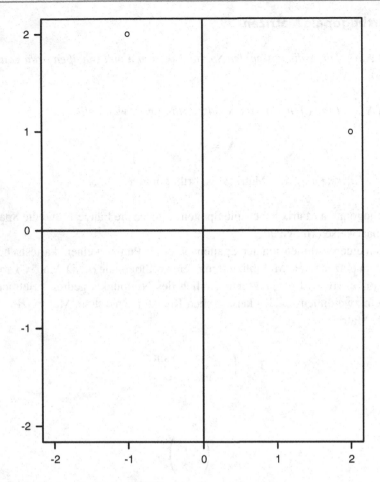

Abb. A.1 Drehung eines Punktes um 90 Grad im Gegenzeigersinn

A.1.5 Spur einer Matrix

Definition A.39 *Sei **A** eine* (n, n)*-Matrix. Die Spur* $tr(\mathbf{A})$ *ist gleich der Summe der Hauptdiagonalelemente:*

$$tr(\mathbf{A}) = \sum_{i=1}^{n} a_{ii} \,. \tag{A.31}$$

Dabei steht tr *für trace.*

Beispiel 74 (Fortsetzung) Es gilt

$$tr(\mathbf{A}) = 4 \,.$$

$\square$

Sind $\mathbf{A}$ und $\mathbf{B}$ (n, n)-Matrizen, so gilt

$$tr(\mathbf{A} + \mathbf{B}) = tr(\mathbf{A}) + tr(\mathbf{B}) \ . \tag{A.32}$$

Ist $\mathbf{A}$ eine (n, p)-Matrix und $\mathbf{B}$ eine (p, n)-Matrix, so gilt

$$tr(\mathbf{AB}) = tr(\mathbf{BA}) \ . \tag{A.33}$$

Der Beweis ist bei Zurmühl & Falk (2011) gegeben.

A.1.6 Determinante einer Matrix

Man kann einer (n, n)-Matrix $\mathbf{A}$ eine reelle Zahl zuordnen, die $\mathbf{A}$ charakterisiert. Dies ist die Determinante $|\mathbf{A}|$.

Definition A.40 *Seien $\mathbf{A}$ eine (n, n)-Matrix und $\mathbf{A}_{ij}$ die $(n - 1, n - 1)$-Matrix, die man dadurch erhält, dass man die i-te Zeile und j-te Spalte von $\mathbf{A}$ streicht. Die Determinante $|\mathbf{A}|$ von $\mathbf{A}$ ist definiert durch*

$$|\mathbf{A}| = \begin{cases} a_{11} & \text{für } n = 1 \\ \sum_{j=1}^{n} (-1)^{i+j} a_{ij} |\mathbf{A}_{ij}| & \text{für } n \geq 2, \ i \text{ fest, aber beliebig, } 1 \leq i \leq n \ . \end{cases}$$

Sei

$$\mathbf{A} = \begin{pmatrix} a_{11} & a_{12} \\ a_{21} & a_{22} \end{pmatrix}$$

eine $(2, 2)$-Matrix. Wir bestimmen $|\mathbf{A}|$ von $\mathbf{A}$ für $i = 1$:

$$|\mathbf{A}| = (-1)^{1+1} a_{11} |\mathbf{A}_{11}| + (-1)^{1+2} a_{12} |\mathbf{A}_{12}| = a_{11} a_{22} - a_{12} a_{21} \ .$$

Beispiel 74 (Fortsetzung) Es gilt

$$|\mathbf{A}| = 2 \cdot 2 - 1 \cdot 1 = 3 \ . \qquad \qquad \square$$

Für uns sind drei Eigenschaften der Determinante wichtig:

1. Für eine (n, n)-Diagonalmatrix

$$\mathbf{D} = \begin{pmatrix} d_1 & 0 & \dots & 0 \\ 0 & d_2 & \dots & 0 \\ \vdots & \vdots & \ddots & \vdots \\ 0 & 0 & \dots & d_n \end{pmatrix}$$

gilt

$$|\mathbf{D}| = d_1 \cdot d_2 \cdot \ldots \cdot d_n .\tag{A.34}$$

Der Beweis ist bei Wetzel et al. (1981) gegeben.

2. Sind $\mathbf{A}$ und $\mathbf{B}$ (n, n)-Matrizen, so gilt

$$|\mathbf{AB}| = |\mathbf{A}||\mathbf{B}| .\tag{A.35}$$

Der Beweis ist bei Jänich (2013) gegeben.

3. Die Invertierbarkeit einer (n, n)-Matrix $\mathbf{A}$ kann über die Determinante von $\mathbf{A}$ charakterisiert werden. Die (n, n)-Matrix $\mathbf{A}$ ist genau dann invertierbar, wenn die Determinante von $\mathbf{A}$ ungleich null ist. Der Beweis ist bei Jänich (2013) enthalten.

A.1.7 Lineare Gleichungssysteme

Wir betrachten ein in den p Unbekannten $x_1, \ldots, x_p$ lineares Gleichungssystem :

$$a_{11} x_1 + a_{12} x_2 + \ldots + a_{1p} x_p = b_1$$
$$a_{21} x_1 + a_{22} x_2 + \ldots + a_{2p} x_p = b_2$$
$$\vdots \qquad \vdots$$
$$a_{n1} x_1 + a_{n2} x_2 + \ldots + a_{np} x_p = b_n.\tag{A.36}$$

Gilt $b_i = 0$ für $i = 1, \ldots, n$, so spricht man von einem *linear homogenen Gleichungssystem*, ansonsten von einem *linear inhomogenen Gleichungssystem*. Gesucht sind Werte von $x_1, \ldots, x_p$, die das Gleichungssystem erfüllen.

Mit

$$\mathbf{A} = \begin{pmatrix} a_{11} & a_{12} & \ldots & a_{1p} \\ a_{21} & a_{22} & \ldots & a_{2p} \\ \vdots & \vdots & \ddots & \vdots \\ a_{n1} & a_{n2} & \ldots & a_{np} \end{pmatrix}, \quad \mathbf{x} = \begin{pmatrix} x_1 \\ \vdots \\ x_p \end{pmatrix}, \quad \mathbf{b} = \begin{pmatrix} b_1 \\ \vdots \\ b_n \end{pmatrix}$$

können wir (A.36) auch folgendermaßen schreiben:

$$\mathbf{Ax} = \mathbf{b} .\tag{A.37}$$

Um die Lösbarkeit von (A.37) diskutieren zu können, benötigen wir den Begriff der linearen Unabhängigkeit.

Definition A.41 *Die n-dimensionalen Vektoren* $\mathbf{a}_1, \ldots, \mathbf{a}_p$ *heißen linear unabhängig, wenn aus*

$$x_1 \mathbf{a}_1 + \ldots + x_p \mathbf{a}_p = \mathbf{0}$$

folgt

$$x_1 = x_2 = \ldots = 0 \,.$$

Matrizen sind aus Spaltenvektoren beziehungsweise Zeilenvektoren aufgebaut. Die Maximalzahl linear unabhängiger Spaltenvektoren einer Matrix $\mathbf{A}$ nennt man den *Spaltenrang* von $\mathbf{A}$. Die Maximalzahl linear unabhängiger Zeilenvektoren einer Matrix $\mathbf{A}$ nennt man den *Zeilenrang* von $\mathbf{A}$. Die Maximalzahl linear unabhängiger Spaltenvektoren ist gleich der Maximalzahl linear unabhängiger Zeilenvektoren. Der Beweis ist bei Jänich (2013) gegeben. Diese Zahl bezeichnet man als *Rang* $rg(\mathbf{A})$ von $\mathbf{A}$.

Mithilfe des Rangs kann man die Lösbarkeit von (A.37) diskutieren. Wir beginnen mit dem linear homogenen Gleichungssystem.

Das linear homogene Gleichungssystem

$$\mathbf{A}\mathbf{x} = \mathbf{0} \tag{A.38}$$

besitzt für $n \geq p$ genau eine Lösung, wenn der Rang von $\mathbf{A}$ gleich p ist. Dies folgt aus der Definition der linearen Unabhängigkeit. Ist der Rang von $\mathbf{A}$ kleiner als p, so besitzt das linear inhomogene Gleichungssystem mehr als eine Lösung. Die Struktur des Lösungsraums ist bei Wetzel et al. (1981) beschrieben. Gilt $p = n$, so kann man die Lösbarkeit von (A.38) auch über die Determinante der Matrix $\mathbf{A}$ charakterisieren. Die Determinante $|\mathbf{A}|$ von $\mathbf{A}$ ist genau dann ungleich 0, wenn der Rang von $\mathbf{A}$ gleich n ist (siehe dazu Wetzel et al. (1981)). Ist die Determinante der (n, n)-Matrix $\mathbf{A}$ also gleich 0, so ist der Rang von $\mathbf{A}$ kleiner als n und das linear homogene Gleichungssystem (A.38) hat mehr als eine Lösung.

Wir betrachten nun das linear inhomogene Gleichungssystem

$$\mathbf{A}\mathbf{x} = \mathbf{b} \,, \tag{A.39}$$

wobei $\mathbf{A}$ eine (n, n)-Matrix ist. Ist der Rang von $\mathbf{A}$ gleich n, so existiert die inverse Matrix $\mathbf{A}^{-1}$ von $\mathbf{A}$ (siehe dazu Wetzel et al. (1981)). Wir multiplizieren (A.39) von links mit $\mathbf{A}^{-1}$ und erhalten die Lösung

$$\mathbf{x} = \mathbf{A}^{-1}\mathbf{b}. \tag{A.40}$$

Da die inverse Matrix $\mathbf{A}^{-1}$ eindeutig ist, ist diese Lösung eindeutig.

Wir betrachten an einigen Stellen in diesem Buch eine (n, p)-Matrix $\mathbf{X}$, wobei gilt $rg(\mathbf{X}) = p$, und bilden die Matrix $\mathbf{X}'\mathbf{X}$. Schauen wir uns diese (p, p)-Matrix genauer an. Sie ist symmetrisch. Dies sieht man folgendermaßen:

$$(\mathbf{X}'\mathbf{X})' = \mathbf{X}'(\mathbf{X}')' = \mathbf{X}'\mathbf{X} \,. \tag{A.41}$$

Der Rang von $\mathbf{X}'\mathbf{X}$ ist gleich p. Da $\mathbf{X}$ den Spaltenrang p besitzt, gilt

$$\mathbf{X}\mathbf{y} = \mathbf{0} \Rightarrow \mathbf{y} = \mathbf{0} \,.$$

Wir haben zu zeigen:

$$\mathbf{X}'\mathbf{X}\mathbf{y} = \mathbf{0} \Rightarrow \mathbf{y} = \mathbf{0} \,.$$

Es gilt

$$\begin{aligned}
\mathbf{X}'\mathbf{X}\mathbf{y} = \mathbf{0} &\Rightarrow \mathbf{y}'\mathbf{X}'\mathbf{X}\mathbf{y} = \mathbf{0} \\
&\Rightarrow (\mathbf{X}\mathbf{y})'\mathbf{X}\mathbf{y} = \mathbf{0} \\
&\Rightarrow \mathbf{X}\mathbf{y} = \mathbf{0} \\
&\Rightarrow \mathbf{y} = \mathbf{0} \,.
\end{aligned} \tag{A.42}$$

Da $\mathbf{X}'\mathbf{X}$ eine (p, p)-Matrix mit Rang p ist, existiert $(\mathbf{X}'\mathbf{X})^{-1}$. Die Matrix $(\mathbf{X}'\mathbf{X})^{-1}$ ist symmetrisch. Mit (A.28) und (A.41) gilt nämlich

$$\left((\mathbf{X}'\mathbf{X})^{-1}\right)' = \left((\mathbf{X}'\mathbf{X})'\right)^{-1} = (\mathbf{X}'\mathbf{X})^{-1} \,. \tag{A.43}$$

A.1.8 Eigenwerte und Eigenvektoren

Bei einer Reihe multivariater Verfahren benötigt man die *Eigenwerte* und *Eigenvektoren* einer symmetrischen (n, n)-Matrix $\mathbf{A}$.

Definition A.42 *Sei $\mathbf{A}$ eine (n, n)-Matrix. Erfüllen ein Skalar λ und ein n-dimensionaler Spaltenvektor $\mathbf{u}$ mit $\mathbf{u} \neq \mathbf{0}$ das Gleichungssystem*

$$\mathbf{A}\mathbf{u} = \lambda\mathbf{u} \,, \tag{A.44}$$

so heißt λ Eigenwert von $\mathbf{A}$ und $\mathbf{u}$ zugehöriger Eigenvektor von $\mathbf{A}$.

Erfüllt ein Vektor $\mathbf{u}$ die Gleichung (A.44), so erfüllt auch jedes Vielfache von $\mathbf{u}$ die Gleichung (A.44).

Um eine Lösung von (A.44) zu erhalten, formen wir (A.44) um zu

$$(\mathbf{A} - \lambda\mathbf{I}_n)\mathbf{u} = \mathbf{0} \, . \tag{A.45}$$

Für festes λ ist (A.45) ein linear homogenes Gleichungssystem. Dieses besitzt genau dann Lösungen, die ungleich dem Nullvektor sind, wenn die Spalten von $\mathbf{A} - \lambda\mathbf{I}_n$ linear abhängig sind. Dies ist genau dann der Fall, wenn gilt

$$|\mathbf{A} - \lambda\mathbf{I}_n| = 0 \, . \tag{A.46}$$

Gleichung (A.46) ist ein Polynom n-ten Grades in λ. Dieses besitzt genau n Nullstellen. Die Nullstellen $\lambda_1, \ldots, \lambda_n$ des Polynoms sind also die Eigenwerte der Matrix $\mathbf{A}$. Diese Eigenwerte müssen nicht notwendigerweise verschieden sein. Im Folgenden seien die Eigenwerte der Größe nach durchnummeriert, wobei der erste Eigenwert der größte ist.

Beispiel 75 Wir bestimmen die Eigenwerte der Matrix

$$\mathbf{A} = \begin{pmatrix} 2 & 1 \\ 1 & 2 \end{pmatrix} \, .$$

Es gilt

$$\mathbf{A} - \lambda\mathbf{I}_2 = \begin{pmatrix} 2 - \lambda & 1 \\ 1 & 2 - \lambda \end{pmatrix} \, .$$

Somit gilt

$$|\mathbf{A} - \lambda\mathbf{I}_2| = (2 - \lambda)^2 - 1 \, .$$

Ein Eigenwert λ erfüllt also die Gleichung

$$(2 - \lambda)^2 - 1 = 0 \, . \tag{A.47}$$

Die Nullstellen von (A.47) und somit die Eigenwerte von $\mathbf{A}$ sind $\lambda_1 = 3$ und $\lambda_2 = 1$. □

Die Eigenvektoren zum Eigenwert λ_i, $i = 1, \ldots, n$ erhalten wir dadurch, dass wir λ_i in Gleichung (A.45) für λ einsetzen und die Lösungsmenge des dadurch entstandenen linear homogenen Gleichungssystems bestimmen.

Beispiel 75 (Fortsetzung) Beginnen wir mit $\lambda_1 = 3$. Der zu $\lambda_1 = 3$ gehörende Eigenvektor

$$\mathbf{u}_1 = \begin{pmatrix} u_{11} \\ u_{21} \end{pmatrix}$$

erfüllt also das Gleichungssystem

$$(\mathbf{A} - 3\mathbf{I}_2)\mathbf{u} = \mathbf{0} \, .$$

Wegen

$$\mathbf{A} - 3\mathbf{I}_2 = \begin{pmatrix} -1 & 1 \\ 1 & -1 \end{pmatrix}$$

ergibt sich

$$-u_{11} + u_{21} = 0 \, ,$$
$$u_{11} - u_{21} = 0 \, .$$

Für die Komponenten des Eigenvektors $\mathbf{u}_1$ zum Eigenwert $\lambda_1 = 3$ muss also gelten $u_{11} = u_{21}$. Der Vektor

$$\begin{pmatrix} 1 \\ 1 \end{pmatrix}$$

und alle Vielfachen dieses Vektors sind Eigenvektoren zum Eigenwert $\lambda_1 = 3$. Analoge Berechnungen zum Eigenwert $\lambda_2 = 1$ ergeben, dass für die Komponenten u_{12} und u_{22} des zu $\lambda_2 = 1$ gehörenden Eigenvektors $\mathbf{u}_2$ die Beziehung $u_{12} = -u_{22}$ gelten muss. Der Vektor

$$\begin{pmatrix} 1 \\ -1 \end{pmatrix}$$

und alle Vielfachen dieses Vektors sind Eigenvektoren zum Eigenwert $\lambda_2 = 1$.   □

In der multivariaten Analyse sollen die Eigenvektoren normiert sein.

Beispiel 75 (Fortsetzung) Die normierten Eigenvektoren von $\mathbf{A}$ sind

$$\mathbf{u}_1 = \frac{1}{\sqrt{2}} \begin{pmatrix} 1 \\ 1 \end{pmatrix}$$

und

$$\mathbf{u}_2 = \frac{1}{\sqrt{2}} \begin{pmatrix} 1 \\ -1 \end{pmatrix} \, .$$ □

Folgende Eigenschaften von Eigenwerten und Eigenvektoren sind wichtig:

1. Ist λ ein Eigenwert von $\mathbf{A}$ und k eine reelle Zahl, so ist $k\lambda$ ein Eigenwert von $k\mathbf{A}$. Dies ist offensichtlich.

2. Der Rang der symmetrischen (n, n)-Matrix $\mathbf{A}$ ist gleich der Anzahl der von 0 verschiedenen Eigenwerte von $\mathbf{A}$. Der Beweis ist bei Basilevsky (2005) gegeben.

3. Die Eigenwerte einer symmetrischen Matrix sind alle reell. Der Beweis ist bei Basilevsky (2005) gegeben.

4. Die Eigenvektoren einer symmetrischen Matrix, die zu unterschiedlichen Eigenwerten gehören, sind orthogonal. Den Beweis zeigt Basilevsky (2005).

5.

$$tr(\mathbf{A}) = \sum_{i=1}^{n} \lambda_i \ . \tag{A.48}$$

6.

$$|\mathbf{A}| = \lambda_1 \cdot \lambda_2 \cdot \ldots \cdot \lambda_n \ . \tag{A.49}$$

Wir beweisen die Eigenschaften 5. am Ende von Abschnitt A.1.9 für eine symmetrische Matrix $\mathbf{A}$. Der Beweis von 6. ist bei Basilevsky (2005) gegeben.

A.1.9 Spektralzerlegung einer symmetrischen Matrix

Wir gehen zunächst davon aus, dass die Eigenwerte λ_i, $i = 1, \ldots, n$ der symmetrischen (n, n)-Matrix $\mathbf{A}$ alle unterschiedlich sind. Sei $\mathbf{u}_i$ der normierte Eigenvektor zum Eigenwert λ_i, $i = 1, \ldots, n$. Die Eigenwerte λ_i und Eigenvektoren $\mathbf{u}_i$ erfüllen für $i = 1, \ldots, n$ die Gleichungen

$$\mathbf{A}\mathbf{u}_i = \lambda_i \mathbf{u}_i \ . \tag{A.50}$$

Mit $\mathbf{U} = (\mathbf{u}_1, \ldots, \mathbf{u}_n)$ und

$$\Lambda = \begin{pmatrix} \lambda_1 & 0 & \ldots & 0 \\ 0 & \lambda_2 & \ldots & 0 \\ \vdots & \vdots & \ddots & \vdots \\ 0 & 0 & \ldots & \lambda_n \end{pmatrix}$$

können wir diese Gleichungen auch folgendermaßen kompakt schreiben:

$$\mathbf{A}\mathbf{U} = \mathbf{U}\Lambda \ . \tag{A.51}$$

Da bei einer symmetrischen Matrix Eigenvektoren zu unterschiedlichen Eigenwerten orthogonal sind, ist die Matrix $\mathbf{U}$ eine Orthogonalmatrix. Es gilt also

$$\mathbf{U}\mathbf{U}' = \mathbf{U}'\mathbf{U} = \mathbf{I}_n \ .$$

Multiplizieren wir (A.51) von rechts mit $\mathbf{U}'$, so erhalten wir:

$$\mathbf{A} = \mathbf{U}\boldsymbol{\Lambda}\mathbf{U}' \ . \tag{A.52}$$

Gleichung (A.52) nennt man *Spektralzerlegung* der symmetrischen (n,n)-Matrix $\mathbf{A}$. Diese Zerlegung ist auch möglich, wenn nicht alle Eigenwerte unterschiedlich sind. Ein Beweis des allgemeinen Falles ist bei Jänich (2013) gegeben.

Beispiel 75 (Fortsetzung) Es gilt

$$\boldsymbol{\Lambda} = \begin{pmatrix} 3 & 0 \\ 0 & 1 \end{pmatrix}$$

und

$$\mathbf{U} = \frac{1}{\sqrt{2}} \begin{pmatrix} 1 & 1 \\ 1 & -1 \end{pmatrix} \ .$$

Somit gilt

$$\mathbf{U}\boldsymbol{\Lambda}\mathbf{U}' = \frac{1}{\sqrt{2}} \begin{pmatrix} 1 & 1 \\ 1 & -1 \end{pmatrix} \begin{pmatrix} 3 & 0 \\ 0 & 1 \end{pmatrix} \frac{1}{\sqrt{2}} \begin{pmatrix} 1 & 1 \\ 1 & -1 \end{pmatrix}$$

$$= \frac{1}{2} \begin{pmatrix} 1 & 1 \\ 1 & -1 \end{pmatrix} \begin{pmatrix} 3 & 3 \\ 1 & -1 \end{pmatrix} = \frac{1}{2} \begin{pmatrix} 4 & 2 \\ 2 & 4 \end{pmatrix} = \begin{pmatrix} 2 & 1 \\ 1 & 2 \end{pmatrix} \ . \qquad \square$$

Wir können die Gleichung (A.52) in Abhängigkeit von den Eigenwerten $\lambda_1, \ldots, \lambda_n$ und den Eigenvektoren $\mathbf{u}_1, \ldots, \mathbf{u}_n$ auch folgendermaßen schreiben:

$$\mathbf{A} = \sum_{i=1}^{n} \lambda_i \, \mathbf{u}_i \mathbf{u}_i' \ . \tag{A.53}$$

Dies sieht man folgendermaßen:

$$\mathbf{A} = \mathbf{U}\boldsymbol{\Lambda}\mathbf{U}' = \begin{pmatrix} \mathbf{u}_1, & \mathbf{u}_2, & \ldots, & \mathbf{u}_n \end{pmatrix} \begin{pmatrix} \lambda_1 & 0 & \ldots & 0 \\ 0 & \lambda_2 & \ldots & 0 \\ \vdots & \vdots & \ddots & \vdots \\ 0 & 0 & \ldots & \lambda_n \end{pmatrix} \begin{pmatrix} \mathbf{u}_1' \\ \mathbf{u}_2' \\ \vdots \\ \mathbf{u}_n' \end{pmatrix}$$

$$
\begin{aligned}
&(\mathbf{u}_1, \quad \mathbf{u}_2, \quad \ldots, \quad \mathbf{u}_n) \begin{pmatrix} \lambda_1 \mathbf{u}_1' \\ \lambda_2 \mathbf{u}_2' \\ \vdots \\ \lambda_n \mathbf{u}_n' \end{pmatrix} = \sum_{i=1}^{n} \lambda_i \, \mathbf{u}_i \mathbf{u}_i' .
\end{aligned}
$$

Wir können die Matrix $\mathbf{A}$ also als Summe von Matrizen darstellen. Sind die ersten beiden Eigenwerte groß im Verhältnis zu den restlichen Eigenwerten, so reichen vielleicht schon die ersten beiden Summanden und somit die ersten beiden Eigenvektoren zur Approximation von $\mathbf{A}$.

Wir wollen nun noch (A.48) beweisen für den Fall, dass die Matrix $\mathbf{A}$ symmetrisch ist. Es gilt

$$
tr(\mathbf{A}) = tr(\mathbf{U}\Lambda\mathbf{U}') \tag{A.54}
$$

$$
= tr(\mathbf{U}'\mathbf{U}\Lambda) \tag{A.55}
$$

$$
= tr(\Lambda) = \sum_{i=1}^{n} \lambda_i . \tag{A.56}
$$

Beim Übergang von (A.54) zu (A.55) wird (A.33) eingesetzt. Beim Übergang von (A.55) zu (A.56) wird (A.30) verwendet.

A.1.10 Singulärwertzerlegung

Wir haben im letzten Abschnitt gesehen, dass man eine symmetrische Matrix so in das Produkt von drei Matrizen zerlegen kann, dass die Matrix durch eine Summe von einfachen Matrizen geschrieben werden kann. Eine ähnlich nützliche Zerlegung ist für jede (n, p)-Matrix $\mathbf{A}$ mit $rg(\mathbf{A}) = r$ möglich. Zu jeder (n, p)-Matrix $\mathbf{A}$ mit $rg(\mathbf{A}) = r$ existiert eine orthogonale (n, n)-Matrix $\mathbf{U}$, eine orthogonale (p, p)-Matrix $\mathbf{V}$ und eine (n, p)-Matrix $\mathbf{D}$ mit

$$
\mathbf{D} = \begin{pmatrix}
d_1 & 0 & \ldots & 0 & 0 & \ldots & 0 \\
0 & d_2 & \ldots & 0 & 0 & \ldots & 0 \\
\vdots & \vdots & \ddots & \vdots & \vdots & \ddots & \vdots \\
0 & 0 & \ldots & d_r & 0 & \ldots & 0 \\
0 & 0 & \ldots & 0 & 0 & \ldots & 0 \\
\vdots & \vdots & \ddots & \vdots & \vdots & \ddots & \vdots \\
0 & 0 & \ldots & 0 & 0 & \ldots & 0
\end{pmatrix} ,
$$

sodass gilt

$$
\mathbf{A} = \mathbf{U}\mathbf{D}\mathbf{V}' . \tag{A.57}
$$

Dabei sind die Spalten der Matrix $\mathbf{U}$ die Eigenvektoren der Matrix $\mathbf{AA}'$ und die Spalten der Matrix $\mathbf{V}$ die Eigenvektoren der Matrix $\mathbf{A}'\mathbf{A}$. $d_1, \ldots, d_r$ sind die positiven Quadratwurzeln aus den positiven Eigenwerten der Matrix $\mathbf{AA}'$ beziehungsweise $\mathbf{A}'\mathbf{A}$. Man nennt (A.57) auch die *Singulärwertzerlegung* der Matrix $\mathbf{A}$. Eine ausführliche Darstellung der Singulärwertzerlegung unter Berücksichtigung von Anwendungen ist bei Watkins (2010) gegeben.

A.1.11 Quadratische Formen

Wir benötigen in diesem Buch an einigen Stellen quadratische Formen.

Definition A.43 *Sei* $\mathbf{x}$ *ein n-dimensionaler Vektor und* $\mathbf{A}$ *eine symmetrische* (n,n)-*Matrix. Dann heißt*

$$Q = \mathbf{x}'\mathbf{Ax} \tag{A.58}$$

quadratische Form in den Variablen $x_1, \ldots, x_n$.

Beispiel 76 Sei

$$\mathbf{A} = \begin{pmatrix} 2 & 1 \\ 1 & 2 \end{pmatrix}.$$

Es gilt

$$\mathbf{x}'\mathbf{Ax} = \begin{pmatrix} x_1 & x_2 \end{pmatrix} \begin{pmatrix} 2 & 1 \\ 1 & 2 \end{pmatrix} \begin{pmatrix} x_1 \\ x_2 \end{pmatrix} = \begin{pmatrix} x_1 & x_2 \end{pmatrix} \begin{pmatrix} 2x_1 + x_2 \\ x_1 + 2x_2 \end{pmatrix}$$
$$= 2x_1^2 + 2x_1 x_2 + 2x_2^2. \qquad \square$$

In einer Reihe von Situationen benötigen wir die Definitheit einer Matrix.

Definition A.44 *Die Matrix* $\mathbf{A}$ *heißt positiv definit, wenn* $\mathbf{x}'\mathbf{Ax} > 0$ *für alle* $\mathbf{x} \neq \mathbf{0}$ *gilt.*
Die Matrix $\mathbf{A}$ *heißt positiv semidefinit, wenn* $\mathbf{x}'\mathbf{Ax} \geq 0$ *für alle* $\mathbf{x} \neq \mathbf{0}$ *gilt, wobei* $\mathbf{x}'\mathbf{Ax} = 0$
für mindestens ein $\mathbf{x} \neq \mathbf{0}$ *gilt.*
Die Matrix $\mathbf{A}$ *heißt negativ definit, wenn* $\mathbf{x}'\mathbf{Ax} < 0$ *für alle* $\mathbf{x} \neq \mathbf{0}$ *gilt.*
Die Matrix $\mathbf{A}$ *heißt negativ semidefinit, wenn* $\mathbf{x}'\mathbf{Ax} \leq 0$ *für alle* $\mathbf{x} \neq \mathbf{0}$ *gilt, wobei* $\mathbf{x}'\mathbf{Ax} = 0$
für mindestens ein $\mathbf{x} \neq \mathbf{0}$ *gilt.*

Beispiel 76 (Fortsetzung) Es gilt

$$2x_1^2 + 2x_1 x_2 + 2x_2^2 = x_1^2 + 2x_1 x_2 + x_2^2 + x_1^2 + x_2^2 = (x_1 + x_2)^2 + x_1^2 + x_2^2.$$

Dieser Ausdruck ist nichtnegativ. Er wird nur null, wenn gilt $x_1 = x_2 = 0$. Somit ist $\mathbf{A}$ positiv definit.   □

Die Definitheit einer Matrix lässt sich auch über die Eigenwerte charakterisieren. Es gilt

$$\mathbf{A} = \mathbf{U}\boldsymbol{\Lambda}\mathbf{U}' \, ,$$

wobei die Spalten von $\mathbf{U}$ die normierten Eigenvektoren enthalten und die Hauptdiagonal-elemente der Diagonalmatrix $\boldsymbol{\Lambda}$ die Eigenwerte $\lambda_1, \ldots, \lambda_n$ von $\mathbf{A}$ sind. Daher gilt

$$\mathbf{x}'\mathbf{A}\mathbf{x} = \mathbf{x}'\mathbf{U}\boldsymbol{\Lambda}\mathbf{U}'\mathbf{x} = (\mathbf{U}'\mathbf{x})'\boldsymbol{\Lambda}\mathbf{U}'\mathbf{x} = \mathbf{z}'\boldsymbol{\Lambda}\mathbf{z} = \sum_{i=1}^{n} \lambda_i z_i^2$$

mit

$$\mathbf{z} = \mathbf{U}'\mathbf{x} \, .$$

Somit ist die symmetrische (n, n)-Matrix

- positiv definit, wenn alle Eigenwerte größer als null sind,
- positiv semidefinit, wenn alle Eigenwerte größer gleich null sind und mindestens ein Eigenwert gleich null ist,
- negativ definit, wenn alle Eigenwerte kleiner als null sind,
- negativ semidefinit, wenn alle Eigenwerte kleiner gleich null sind und mindestens ein Eigenwert gleich null ist.

Beispiel 76 (Fortsetzung) Wir haben in Beispiel 75 die Eigenwerte von $\mathbf{A}$ bestimmt. Da diese positiv sind, ist $\mathbf{A}$ positiv definit.   □

A.2 Extremwerte

Wir müssen an einigen Stellen in diesem Buch Extremwerte von Funktionen mehrerer Veränderlicher bestimmen. Dabei betrachten wir die Funktionen

$$f : D \subset I\!R^n \to I\!R \, .$$

Beispiel 77 Wir betrachten die Funktion $f : I\!R^2 \to I\!R$ mit

$$\mathbf{x} \mapsto f(\mathbf{x}) = \mathbf{x}'\mathbf{A}\mathbf{x}$$

mit

$$\mathbf{A} = \begin{pmatrix} 2 & 1 \\ 1 & 2 \end{pmatrix} \, .$$

Wir können $f(\mathbf{x})$ auch explizit in Abhängigkeit von den Komponenten x_1 und x_2 von $\mathbf{x}$ schreiben. Es gilt

$$f(x_1, x_2) = a_{11}x_1^2 + 2a_{12}x_1x_2 + a_{22}x_2^2 = 2x_1^2 + 2x_1x_2 + 2x_2^2 \,. \qquad \square$$

Die ϵ-Umgebung $U_\epsilon(\mathbf{x}_0)$ eines Punktes $\mathbf{x}_0 \in I\!R^n$ ist definiert durch

$$U_\epsilon(\mathbf{x}_0) = \{\mathbf{x} \mid \|\mathbf{x} - \mathbf{x}_0\| < \epsilon\} \,.$$

Definition A.45 *Die Funktion $f : D \subset I\!R^n \to I\!R$ besitzt in $\mathbf{x}_0$ ein lokales Minimum, wenn eine ϵ-Umgebung $U_\epsilon(\mathbf{x}_0)$ von $\mathbf{x}_0$ existiert, sodass für alle $\mathbf{x} \in U_\epsilon(\mathbf{x}_0)$ mit $\mathbf{x} \neq \mathbf{x}_0$ gilt*

$$f(\mathbf{x}_0) < f(\mathbf{x}) \,.$$

Die Funktion $f : D \subset I\!R^n \to I\!R$ besitzt in $\mathbf{x}_0$ ein lokales Maximum, wenn eine ϵ-Umgebung $U_\epsilon(\mathbf{x}_0)$ von $\mathbf{x}_0$ existiert, sodass für alle $\mathbf{x} \in U_\epsilon(\mathbf{x}_0)$ mit $\mathbf{x} \neq \mathbf{x}_0$ gilt

$$f(\mathbf{x}_0) > f(\mathbf{x}) \,.$$

A.2.1 Gradient und Hesse-Matrix

Eine notwendige Bedingung für einen Extremwert in x_0 einer in x_0 differenzierbaren Funktion $f : D \subset I\!R \to I\!R$ ist $f'(x_0) = 0$. Dabei ist $f'(x_0)$ die erste Ableitung von f an der Stelle x_0. Diese ist folgendermaßen definiert:

$$f'(x_0) = \lim_{h \to 0} \frac{f(x_0 + h) - f(x_0)}{h} \,.$$

Dieses Konzept kann auf eine Funktion $f : D \subset I\!R^n \to I\!R$ übertragen werden. Die partielle Ableitung von f nach x_i an der Stelle $\mathbf{x}_0$ ist definiert durch

$$\frac{\partial f(\mathbf{x}_0)}{\partial x_i} = \lim_{h \to 0} \frac{f(\mathbf{x}_0 + h\mathbf{e}_i) - f(\mathbf{x}_0)}{h} \,.$$

Dabei ist $\mathbf{e}_i$ der i-te Einheitsvektor. Wir sagen, dass die Funktion $f : D \subset I\!R^n \to I\!R$ in $\mathbf{x}_0$ nach der i-ten Komponente partiell differenzierbar ist, wenn $\frac{\partial f(\mathbf{x}_0)}{\partial x_i}$ existiert.

Beispiel 77 (Fortsetzung) Es gilt

$$\frac{\partial f(\mathbf{x})}{\partial x_1} = 4x_1 + 2x_2$$

und

$$\frac{\partial f(\mathbf{x})}{\partial x_2} = 2\,x_1 + 4\,x_2\,. \qquad \square$$

Ist die Funktion $f : D \subset I\!R^n \to I\!R$ nach jeder Komponente von $\mathbf{x}$ partiell differenzierbar, dann heißt der Vektor

$$\frac{\partial f(\mathbf{x})}{\partial \mathbf{x}} = \begin{pmatrix} \frac{\partial f(\mathbf{x})}{\partial x_1} \\ \vdots \\ \frac{\partial f(\mathbf{x})}{\partial x_n} \end{pmatrix}$$

Gradient der Funktion.

Beispiel 77 (Fortsetzung) Es gilt

$$\frac{\partial f(\mathbf{x})}{\partial \mathbf{x}} = \begin{pmatrix} 4\,x_1 + 2\,x_2 \\ 2\,x_1 + 4\,x_2 \end{pmatrix}. \qquad \square$$

Betrachten wir den Gradienten spezieller Funktionen. Sei

$$\mathbf{a} = \begin{pmatrix} a_1 \\ \vdots \\ a_n \end{pmatrix}.$$

Dann gilt

$$\frac{\partial \mathbf{a}'\mathbf{x}}{\partial \mathbf{x}} = \mathbf{a}\,. \qquad (A.59)$$

Es gilt nämlich

$$\frac{\partial \mathbf{a}'\mathbf{x}}{\partial x_i} = \frac{\partial a_1 x_1 + \ldots + a_n x_n}{\partial x_i} = a_i\,.$$

Ist $\mathbf{A}$ eine symmetrische Matrix, so gilt

$$\frac{\partial \mathbf{x}'\mathbf{A}\mathbf{x}}{\partial \mathbf{x}} = 2\,\mathbf{A}\mathbf{x}\,. \qquad (A.60)$$

Der Beweis ist bei Büning et al. (2000) gegeben.

Man kann bei einer Funktion $f : D \subset I\!R^n \to I\!R$ auch partielle Ableitungen höherer Ordnung betrachten. Existieren die partiellen Ableitungen zweiter Ordnung und sind sie stetig, so heißt die Matrix der partiellen Ableitungen zweiter Ordnung *Hesse-Matrix*:

$$\mathbf{H}(\mathbf{x}) = \begin{pmatrix} \frac{\partial^2 f(\mathbf{x})}{\partial x_1^2} & \cdots & \frac{\partial^2 f(\mathbf{x})}{\partial x_1 \partial x_n} \\ \vdots & \ddots & \vdots \\ \frac{\partial^2 f(\mathbf{x})}{\partial x_n \partial x_1} & \cdots & \frac{\partial^2 f(\mathbf{x})}{\partial x_n^2} \end{pmatrix} . \tag{A.61}$$

Beispiel 77 (Fortsetzung) Es gilt

$$\frac{\partial^2 f(\mathbf{x})}{\partial x_1^2} = \frac{\partial \, 4x_1 + 2x_2}{\partial x_1} = 4 \,,$$

$$\frac{\partial^2 f(\mathbf{x})}{\partial x_1 \, \partial x_2} = \frac{\partial \, 4x_1 + 2x_2}{\partial x_2} = 2 \,,$$

$$\frac{\partial^2 f(\mathbf{x})}{\partial x_2 \, \partial x_1} = \frac{\partial \, 2x_1 + 4x_2}{\partial x_1} = 2 \,,$$

$$\frac{\partial^2 f(\mathbf{x})}{\partial x_2^2} = \frac{\partial \, 2x_1 + 4x_2}{\partial x_2} = 4 \,.$$

Es gilt also

$$\mathbf{H}(\mathbf{x}) = \begin{pmatrix} 4 & 2 \\ 2 & 4 \end{pmatrix} . \qquad\qquad \Box$$

A.2.2 Extremwerte ohne Nebenbedingungen

Wir suchen in diesem Buch Extremwerte von Funktionen $f : D \subset I\!R^n \to I\!R$, deren erste und zweite partielle Ableitungen existieren und stetig sind. Eine notwendige Bedingung dafür, dass die Funktion $f : D \subset I\!R^n \to I\!R$ einen Extremwert an der Stelle $\mathbf{x}_0$ hat, ist

$$\frac{\partial f(\mathbf{x}_0)}{\partial \mathbf{x}} = \mathbf{0} \,.$$

Der Beweis ist bei Khuri (2003) gegeben.

Beispiel 77 (Fortsetzung) Notwendige Bedingungen für Extremwerte von

$$f(x_1, x_2) = a_{11}x_1^2 + 2a_{12}x_1x_2 + a_{22}x_2^2 = 2x_1^2 + 2x_1x_2 + 2x_2^2$$

sind

$$4\,x_1 + 2\,x_2 = 0 \,,$$
$$2\,x_1 + 4\,x_2 = 0 \,.$$

Dieses linear homogene Gleichungssystem hat die Lösung $x_1 = x_2 = 0$. $\qquad \Box$

Um zu überprüfen, ob in $\mathbf{x}_0$ ein Extremwert vorliegt, bestimmt man $\mathbf{H}(\mathbf{x}_0)$.

Ist $H(x_0)$ negativ definit, so liegt ein lokales Maximum vor. Ist $H(x_0)$ positiv definit, so liegt ein lokales Minimum vor. Der Beweis ist bei Khuri (2003) gezeigt.

Beispiel 77 (Fortsetzung) Es gilt

$$H(x_1, x_2) = \begin{pmatrix} 4 & 2 \\ 2 & 4 \end{pmatrix}.$$

Es gilt $H(x) = 2A$ mit

$$A = \begin{pmatrix} 2 & 1 \\ 1 & 2 \end{pmatrix}.$$

Wir haben die Eigenwerte von A bereits in Beispiel 75 bestimmt. Da die Eigenwerte von $2A$ doppelt so groß sind wie die Eigenwerte von A, sind auch beide Eigenwerte von $2A$ positiv. Also liegt ein lokales Minimum vor. □

A.2.3 Extremwerte unter Nebenbedingungen

Bei der Optimierung von $f(x)$ müssen oft Nebenbedingungen der Form $g(x) = 0$ berücksichtigt werden. Zur Bestimmung der Extremwerte stellen wir die Lagrange-Funktion

$$L(x, \lambda) = f(x) - \lambda\, g(x)$$

auf.

Eine notwendige Bedingung eines Extremwerts von $f(x)$ in x_0 unter der Nebenbedingung $g(x) = 0$ ist

$$\frac{\partial L(x_0, \lambda_0)}{\partial x} = 0$$

und

$$\frac{\partial L(x_0, \lambda_0)}{\partial \lambda} = 0.$$

Der Beweis ist bei Khuri (2003) gegeben.

Beispiel 78 Wir suchen den Extremwert von

$$f(x_1, x_2) = 2x_1^2 + 2x_1 x_2 + 2x_2^2$$

unter der Nebenbedingung

$$x_1^2 + x_2^2 = 1.$$

Wir stellen die Lagrange-Funktion auf:

$$L(x_1, x_2, \lambda) = 2x_1^2 + 2x_1x_2 + 2x_2^2 - \lambda \left(x_1^2 + x_2^2 - 1 \right) \ .$$

Die partiellen Ableitungen lauten:

$$\frac{\partial L(x_1, x_2, \lambda)}{\partial x_1} = 4x_1 + 2x_2 - 2\lambda x_1 \ ,$$

$$\frac{\partial L(x_1, x_2, \lambda)}{\partial x_2} = 2x_1 + 4x_2 - 2\lambda x_2$$

und

$$\frac{\partial L(x_1, x_2, \lambda)}{\partial \lambda} = -x_1^2 - x_2^2 + 1 \ .$$

Ein Extremwert

$$\mathbf{x} = \left(\begin{array}{c} x_1 \\ x_2 \end{array} \right)$$

muss also die folgenden Gleichungen erfüllen:

$$4x_1 + 2x_2 - 2\lambda x_1 = 0 \ , \tag{A.62}$$

$$2x_1 + 4x_2 - 2\lambda x_2 = 0 \tag{A.63}$$

und

$$x_1^2 + x_2^2 = 1 \ . \tag{A.64}$$

Wir können die Gleichungen (A.62) und (A.63) auch schreiben als:

$$2x_1 + x_2 = \lambda x_1 \ , \tag{A.65}$$
$$x_1 + 2x_2 = \lambda x_2 \ . \tag{A.66}$$

Mit

$$\mathbf{A} = \left(\begin{array}{cc} 2 & 1 \\ 1 & 2 \end{array} \right)$$

lauten diese Gleichungen in Matrixform

$$\mathbf{Ax} = \lambda \mathbf{x} \, .$$

Dies ist aber ein Eigenwertproblem. Ein Eigenvektor von $\mathbf{A}$ erfüllt also die notwendigen Bedingungen für einen Extremwert. Da dieser auch die Nebenbedingung erfüllen muss, müssen wir ihn normieren. Die notwendigen Bedingungen erfüllen also die Punkte

$$\mathbf{x}_1 = \frac{1}{\sqrt{2}} \begin{pmatrix} 1 \\ 1 \end{pmatrix}$$

und

$$\mathbf{x}_2 = \frac{1}{\sqrt{2}} \begin{pmatrix} 1 \\ -1 \end{pmatrix} \, . \qquad \Box$$

Auf die hinreichenden Bedingungen für einen Extremwert unter Nebenbedingungen wollen wir hier nicht eingehen. Sie sind bei Wetzel et al. (1981) dargestellt.

A.3 Matrizenrechnung in R

In R sind alle beschriebenen Konzepte der Matrizenrechnung implementiert. Wir schauen uns die Beispiele aus Abschnitt A.1 in R an und beginnen mit Vektoren. Wir geben zunächst die Vektoren

$$\mathbf{a}_1 = \begin{pmatrix} 2 \\ 1 \end{pmatrix}, \quad \mathbf{a}_2 = \begin{pmatrix} 1 \\ 2 \end{pmatrix}$$

aus Beispiel 74 ein. Dazu verwenden wir die Funktion c:

```
> a1 <- c(2,1)
> a2 <- c(1,2)
```

Betrachten wir zuerst Verknüpfungen von Vektoren. In R kann man die Vektoren a1 und a2 mit einem Operator verknüpfen, wenn sie die gleiche Länge besitzen. Das Ergebnis ist ein Vektor a3, der die gleiche Länge besitzt wie die Vektoren a1 und a2. Jedes Element des Vektors a3 erhält man dadurch, dass man die entsprechenden Elemente der Vektoren a1 und a2 mit dem Operator verknüpft. Die Operatoren sind dabei nicht wie in der Matrizenrechnung beschränkt auf + und -. Man kann also auch den Multiplikationsoperator ∗ verwenden. Dieser liefert dann aber nicht das aus der Matrizenrechnung bekannte innere Produkt der Vektoren. Zuerst überprüfen wir aber, ob die beiden Vektoren die gleiche Länge besitzen:

```
> length(a1)
[1] 2
> length(a2)
[1] 2
```

Zum Vergleich der Längen der beiden Vektoren verwenden wir den Vergleichsoperator ==. Beim Vergleich von zwei Skalaren liefert dieser den Wert TRUE, wenn beide identisch sind, ansonsten den Wert FALSE:

```
> 3==(2+1)
[1] TRUE
> 3==(3+1)
[1] FALSE
```

Wir geben also ein:

```
> length(a1)==length(a2)
[1] TRUE
```

Schauen wir uns einige Beispiele für Verknüpfungen von Vektoren an:

```
> a1+a2
[1] 3 3
> a1-a2
[1]  1 -1
> a1*a2
[1] 2 2
> a1==a2
[1] FALSE FALSE
```

Beim letzten Beispiel war das Ergebnis ein logischer Vektor. Um zu überprüfen, ob irgendeine Komponente eines Vektors mit der entsprechenden Komponente eines anderen Vektors übereinstimmt, verwenden wir die Funktion any:

```
> any(a1==a2)
[1] FALSE
```

Mit der Funktion all können wir überprüfen, ob alle Komponenten übereinstimmen:

```
> all(a1==a2)
[1] F
```

Das innere Produkt der gleichlangen Vektoren a1 und a2 liefert der Operator %*%:

```
> a1%*%a2
     [,1]
[1,]    4
```

Das Ergebnis ist eine Matrix und kein Vektor. Man kann einen Vektor mit einem Skalar verknüpfen. Dabei wird jedes Element jeder Komponente des Vektors mit dem Skalar verknüpft:

```
> 1+a1
[1]  3  2
> 2*a1
[1]  4  2
```

Das äußere Produkt der Vektoren `a1` und `a2` gewinnt man mit der Funktion `outer`:

```
> outer(a1,a2)
       [,1] [,2]
 [1,]    2    4
 [2,]    1    2
> outer(a2,a1)
       [,1] [,2]
 [1,]    2    1
 [2,]    4    2
```

Schauen wir uns Matrizen an. Wir geben die Matrizen

$$A = \begin{pmatrix} 2 & 1 \\ 1 & 2 \end{pmatrix}, \quad B = \begin{pmatrix} 0 & -1 \\ 1 & 0 \end{pmatrix}, \quad C = \begin{pmatrix} 1 & 2 \\ 1 & 1 \\ 1 & 2 \end{pmatrix}, \quad D = \begin{pmatrix} 3 & 0 \\ 0 & 1 \end{pmatrix}$$

aus Beispiel 74 mit der Funktion `matrix` ein. Dabei beachten wir, dass Matrizen spalten-weise aufgefüllt werden:

```
> A <- matrix(c(2,1,1,2),2,2)
> B <- matrix(c(0,1,-1,0),2,2)
> C <- matrix(c(1,1,1,2,1,2),3,2)
> D <- matrix(c(3,0,0,1),2,2)
```

Man kann zwei Matrizen mit einem Operator verknüpfen, wenn sie die gleiche Dimension besitzen. Die Dimension einer Matrix erhält man mit der Funktion `dim`:

```
> dim(C)
[1]  3  2
```

Das Ergebnis der Verknüpfung der Matrizen `A` und `B` ist eine Matrix `C` mit der Dimension der Objekte, die durch den Operator verknüpft werden. Jedes Element der Matrix `C` er-hält man dadurch, dass man die entsprechenden Elemente der Matrizen `A` und `B` mit dem Operator verknüpft:

```
> A+B
       [,1] [,2]
 [1,]    2    0
 [2,]    2    2
> A-B
       [,1] [,2]
 [1,]    2    2
 [2,]    0    2
```

```
> A*B
     [,1] [,2]
[1,]    0   -1
[2,]    1    0
```

Um das Produkt der Matrizen **A** und **B** bilden zu können, muss die Anzahl der Spalten von **A** gleich der Anzahl der Zeilen von **B** sein. Ist dies der Fall, so liefert der Operator %*% das Produkt:

```
> A%*%B
     [,1] [,2]
[1,]    1   -2
[2,]    2   -1
```

Die Transponierte **A**′ einer Matrix **A** erhält man mit der Funktion t:

```
> t(C)
     [,1] [,2] [,3]
[1,]    1    1    1
[2,]    2    1    2
```

Um zu überprüfen, ob eine quadratische Matrix symmetrisch ist, geben wir ein:

```
> all(A==t(A))
[1] TRUE
```

Mit der Funktion diag kann man eine Diagonalmatrix erzeugen. Der Aufruf

```
> diag(c(3,1))
```

liefert als Ergebnis

```
     [,1] [,2]
[1,]    3    0
[2,]    0    1
```

Die Einheitsmatrix I_3 erhält man durch

```
> diag(3)
     [,1] [,2] [,3]
[1,]    1    0    0
[2,]    0    1    0
[3,]    0    0    1
```

Außerdem kann man mit der Funktion diag die Hauptdiagonalelemente einer Matrix extrahieren:

```
> diag(A)
[1] 2 2
```

Die inverse Matrix A^{-1} erhält man mit der Funktion solve:

```
> solve(A)
            [,1]        [,2]
[1,]   0.6666667 -0.3333333
[2,]  -0.3333333  0.6666667
```

Der Aufruf

```
> solve(A)%*%A
      [,1] [,2]
[1,]    1    0
[2,]    0    1
```

liefert im Rahmen der Rechengenauigkeit die Einheitsmatrix. Mit der Funktion solve kann man auch lineare Gleichungssysteme lösen. Hierauf wollen wir aber nicht eingehen.

Die Spur einer quadratischen Matrix erhält man durch

```
> sum(diag(A))
[1] 4
```

Die Funktion eigen liefert die Eigenwerte und Eigenvektoren einer quadratischen Matrix. Das Ergebnis von eigen ist eine Liste. Die erste Komponente der Liste enthält die Eigenwerte und die zweite die Eigenvektoren:

```
> e <- eigen(A)
> e
$values
[1] 3 1

$vectors
          [,1]         [,2]
[1,] 0.7071068 -0.7071068
[2,] 0.7071068  0.7071068
```

Wir bilden die orthogonale Matrix U mit den Eigenvektoren von A in den Spalten:

```
> U <- e$vectors
```

und eine Diagonalmatrix L mit den Eigenwerten von A:

```
> L <- L <- diag(e$values)
```

Der Aufruf

```
> U%*%L%*%t(U)
```

liefert die Matrix A

```
      [,1] [,2]
[1,]    2    1
[2,]    1    2
```

Der Aufruf

```
> e <- svd(C)
> e
$d
[1] 3.4396151 0.4111546
```

```
$u
              [,1]           [,2]
[1,]  -0.6492292    0.2801810
[2,]  -0.3962358   -0.9181488
[3,]  -0.6492292    0.2801810

$v
              [,1]           [,2]
[1,]  -0.4926988   -0.8701999
[2,]  -0.8701999    0.4926988
```

liefert die Singulärwertzerlegung UDV′ der Matrix C. Das Ergebnis ist eine Liste. Die erste Komponente enthält die positiven Elemente der Matrix D, die zweite Komponente die Matrix U und die dritte Komponente die Matrix V. Wir bilden die Matrizen U, D und V:

```
> U <- e$u
> D <- diag(e$d)
> V <- e$v
```

Der Aufruf

```
> U%*%D%*%t(V)
```

liefert die Matrix C

```
        [,1]  [,2]
[1,]      1     2
[2,]      1     1
[3,]      1     2
```

Anhang B Eigene R-Funktionen

B.1 Quartile

Die Funktion berechnet für den Vektor x die Quartile nach der Methode aus Abschnitt 2.1.2:

```
quartile <- function(x) {
    # berechnet Quartile
    # x ist Datensatz
    x <- sort(x)
    uq <- median(x[1:ceiling(length(x)/2)])
    x <- rev(x)
    oq <- median(x[1:ceiling(length(x)/2)])
    return(c(uq, oq))
}
```

B.2 Monotone Regression

Die Funktion monreg führt eine monotone Regression für die Elemente des Vektors p durch.

```
monreg <- function(p){
  # Monotone Regression der Elemente des Vektors p
    g <- rep(1, length(p))
    while(!all(p[ - length(p)] <= p[-1])){
      i <- pooladjacent(p)
      p <- miblock(p, i, g)
      g <- gew(i, g)
    }
    rep(p, g)
}
```

Sie ruft folgende Funktionen auf:

```
pooladjacent <- function(p) {
    i <- numeric(0)
    j <- 1
    h <- p
    while(length(h) > 0) {
        a <- sum(cumprod(h[ - length(h)] > h[-1])) + 1
        i <- c(i, rep(j, a))
        h <- h[ - (1:a)]
        j <- j + 1
    }
    i
}


miblock <- function(p, i, g) {
    m <- numeric(0)
    for(j in 1:max(i))
        m <- c(m, sum(g[i == j] * p[i == j])/sum(g[i == j]))
    m
}


gew <- function(ind, ag) {
    m <- numeric(0)
    for(i in 1:max(ind))
        m <- c(m, sum(ag[ind == i]))
    m
}
```

B.3   STRESS1

Die Funktion `stress1` berechnet STRESS1. Ihre Argumente sind der Vektor `d` der Distanzen und der Vektor `disp` der Disparitäten:

```
stress1<-function(d,disp){sqrt(sum((d-disp)^2)/sum(d^2))}
```

B.4   Bestimmung einer neuen Konfiguration

Die Funktion `Neuekon` bestimmt bei nichtmetrischer mehrdimensionaler Skalierung eine neue Konfiguration. Das Argument `X` ist die alte Konfiguration und das Argument `delta` die Matrix Δ. Das Ergebnis ist eine Liste. Die erste Komponente ist die neue Konfiguration `xneu` und die zweite Komponente der Wert `stress` von STRESS1:

```
Neuekon <- function(X, delta) {
    # Neue Konfiguration bei einer nichtmetrischen MDS.
    # X: Startkonfiguration
```

```
    # delta: Matrix Delta
    # Ergebnis ist Liste mit
    # xneu: neue Konfiguration # stress:
            Wert von STRESS1 fuer diese Konfiguration
    n <- dim(X)[1]
    delta <- delta[lower.tri(delta)]
    d <- dist(X)
    disp <- monreg(d[order(delta)])
    dm <- matrix(0, n, n)
    dm[lower.tri(dm)] <- d
    dm <- dm + t(dm)
    dispm <- matrix(0, n, n)
    dispm[lower.tri(dispm)] <- disp[rank(delta)]
    dispm <- dispm + t(dispm)
    xneu <- matrix(0, n, 2)
    for(i in 1:n) {
        h <- matrix((dm[i,-i] - dispm[i,-i])/dm[i,-i],n-1,2)
                    * (X[-i,]-matrix(X[i,],n-1,2,b = T))
        xneu[i,] <- X[i,] + apply(h,2,mean)
                    }
    d <- dist(xneu)
    disp <- monreg(d[order(delta)])
    stress <- stress1(delta, d, disp)
    list(xneu, stress)
}
```

B.5   Kophenetische Matrix

Die Funktion cophenetic bestimmt die kophenetische Matrix. Ihre Argumente sind Ergebnisse der Funktion hclust. Das erste Argument ist die Komponente merge und das zweite die Komponente height:

```
cophenetic <- function(m, h){
    k <- length(h) + 1
    co <- matrix(0, k, k)
    obj <- abs(m[1,  ])
    grp <- rep(1, 2)
    co[ - m[1, 1],  - m[1, 2]] <- h[1]
    co[ - m[1, 2],  - m[1, 1]] <- h[1]
    for(i in 2:(k - 1)) {
        if(all(m[i,  ] < 0)) {
            obj <- c(obj, abs(m[i,  ]))
            grp <- c(grp, rep(i, 2))
            co[ - m[i, 1],  - m[i, 2]] <- h[i]
            co[ - m[i, 2],  - m[i, 1]] <- h[i]
        }
        else if(all(m[i,  ] > 0)) {
```

```
            z <- abs(obj[grp == abs(m[i, 1])])
            s <- abs(obj[grp == abs(m[i, 2])])
            obj <- c(obj, z, s)
            grp <- c(grp, rep(i, length(z) + length(s)))
            co[z, s] <- h[i]
            co[s, z] <- h[i]
        }
        else {
            z <- abs(m[i,  ][m[i,  ] < 0])
            obj <- c(obj, z)
            grp <- c(grp, i)
            pos <- abs(m[i,  ][m[i,  ] > 0])
            s <- abs(obj[grp == pos])
            obj <- c(obj, s)
            grp <- c(grp, rep(i, length(s)))
            co[z, s] <- h[i]
            co[s, z] <- h[i]
        }
    }
    co
}
```

B.6   Gamma-Koeffizient

Die Funktion gammakoeffizient bestimmt den Gamma-Koeffizienten zwischen den
Vektoren v1 und v2:

```
gammakoeffizient <- function(v1, v2){
    m1 <- outer(v1, v1, FUN = "<")
    m1 <- m1[lower.tri(m1)]
    m2 <- outer(v2, v2, FUN = "<")
    m2 <- m2[lower.tri(m2)]
    m3 <- outer(v1, v1, FUN = ">")
    m3 <- m3[lower.tri(m3)]
    m4 <- outer(v2, v2, FUN = ">")
    m4 <- m4[lower.tri(m4)]
    C <- sum((m1 + m2) == 2)
    C <- C + sum((m3 + m4) == 2)
    D <- sum((m1 + m4) == 2)
    D <- D + sum((m2 + m3) == 2)
    (C - D)/(C + D)
}
```

B.7   Bestimmung der Zugehörigkeit zu Klassen

Die Funktion `welche.cluster` gibt für jedes Objekt an, zu welcher Klasse es gehört.
Ihre Argumente sind Ergebnisse der Funktion `hclust` und die Anzahl `anz` der Klassen.
Das erste Argument ist die Komponente `merge` und das zweite die Komponente `height`.
Das dritte Argument ist die Anzahl `anz` der Klassen:

```
welche.cluster <- function(mer,hei, anz){
    co <- cophenetic(mer, hei)
    h <- hei[length(hei) + 1 - anz]
    n <- ncol(co)
    cl <- rep(0, n)
    k <- 1
    for(i in 1:n) {
        if(cl[i] == 0) {
            ind <- (1:n)[co[i,  ] <= h]
            cl[ind] <- k
            k <- k + 1
        }
    }
    cl
}
```

B.8   Silhouette

Die Funktion `silho` liefert die Informationen zum Zeichnen einer Silhouette. Das Argument `wo` ist ein Vektor, der für jedes Objekt die Nummer der Klasse enthält, zu der es
gehört. Das Argument `d` ist die Distanzmatrix und das Argument `namen` ein Vektor mit
den Namen der Objekte. Das Ergebnis der Funktion `silho` ist eine Liste. Die erste Komponente ist eine Matrix. In der ersten Spalte steht die Nummer der Klasse des Objekts,
in der zweiten Spalte die Nummer der Klasse, die am nächsten liegt, und in der dritten
Spalte der Wert von $s(i)$. Die Namen der Objekte sind die Namen der ersten Dimension
der Matrix. Die zweite Komponente ist ein Vektor mit den Mittelwerten der $s(i)$ für die
Klassen. Die dritte Komponente enthält den Silhouettenkoeffizienten:

```
silho <- function(wo, d, namen){
    if(is.numeric(namen))
        namen <- as.character(namen)
    anzgr <- max(wo)
    n <- length(wo)
    indgr <- matrix(0, anzgr, 2)
    gruppen <- numeric(0)
    mi <- 1
    for(k in 1:anzgr) {
        g <- (1:n)[wo == k]
```

```
        indgr[k, ] <- c(mi, mi + length(g) - 1)
        mi <- mi + length(g)
        gruppen <- c(gruppen, g)
    }
    b <- rep(0, n)
    a <- rep(0, n)
    naechstes <- rep(0, n)
    for(i in 1:n) {
        andere <- (1:anzgr)[ - wo[i]]
        bgr <- rep(0, length(andere))
        for(j in 1:length(andere))
            bgr[j] <- mean(d[i, gruppen[indgr[andere[j], 1]:
                                    indgr[andere[j], 2]]])
        b[i] <- min(bgr)
        naechstes[i] <- andere[bgr == b[i]]
        eigene <- gruppen[indgr[wo[i], 1]:indgr[wo[i], 2]]
        if(length(eigene) == 1)
            a[i] <- b[i]
        else a[i] <- mean(d[i, eigene[eigene != i]])
    }
    si <- (b - a)/pmax(a, b)
    siclu <- rep(0, anzgr)
    for(l in 1:anzgr)
        siclu[l] <- mean(si[wo == l])
    m <- cbind(wo, naechstes, si)
    namen <- namen[order(m[, 1])]
    m <- m[order(m[, 1]), ]
    ms <- numeric(0)
    namens <- numeric(0)
    clusmittel <- rep(0, anzgr)
    for(i in 1:anzgr) {
        h <- matrix(m[m[, 1] == i, ], ncol = 3)
        clusmittel[i] <- mean(h[, 3])
        n <- namen[m[, 1] == i]
        ms <- rbind(ms, h[rev(order(h[, 3])), ])
        namens <- c(namens, n[rev(order(h[, 3]))])
    }
    dimnames(ms) <- list(namens, dimnames(ms)[[2]])
    list(ms, clusmittel, mean(ms[, 3]))
}
```

B.9   Zeichnen einer Silhouette

Die Funktion plotsilho zeichnet eine Silhouette. Ihr Argument ist das Ergebnis der
Funktion silhouette. Sie beruht auf der Funktion plot.partition aus der Library
cluster und wurde für unsere Zwecke angepasst:

```
plotsilho <- function(silinfo) {
    S <- rev(silinfo[[1]][, 3])
    space <- c(0, rev(diff(silinfo[[1]][, 1])))
    names <- rev(dimnames(silinfo[[1]])[[1]])
    if (!is.character(names))
        names <- as.character(names)
    barplot(S, space = space, names = names,
    xlab = "Breite der Silhouette", ylab = "",
    xlim = c(min(0, min(S)), 1), horiz = T,
    mgp = c(2.5, 1, 0))
    invisible()
}
```

Anhang C Tabellen

C.1 Standardnormalverteilung

Tab. C.1 Quantil z_p der Standardnormalverteilung

p	.000	.001	.002	.003	.004	.005	.006	.007	.008	.009
0.50	0.000	0.002	0.005	0.008	0.010	0.012	0.015	0.018	0.020	0.023
0.51	0.025	0.028	0.030	0.033	0.035	0.038	0.040	0.043	0.045	0.048
0.52	0.050	0.053	0.055	0.058	0.060	0.063	0.065	0.068	0.070	0.073
0.53	0.075	0.078	0.080	0.083	0.085	0.088	0.090	0.093	0.095	0.098
0.54	0.100	0.103	0.106	0.108	0.110	0.113	0.116	0.118	0.121	0.123
0.55	0.126	0.128	0.131	0.133	0.136	0.138	0.141	0.143	0.146	0.148
0.56	0.151	0.154	0.156	0.159	0.161	0.164	0.166	0.169	0.171	0.174
0.57	0.176	0.179	0.182	0.184	0.187	0.189	0.192	0.194	0.197	0.199
0.58	0.202	0.204	0.207	0.210	0.212	0.215	0.217	0.220	0.222	0.225
0.59	0.228	0.230	0.233	0.235	0.238	0.240	0.243	0.246	0.248	0.251
0.60	0.253	0.256	0.258	0.261	0.264	0.266	0.269	0.272	0.274	0.277
0.61	0.279	0.282	0.284	0.287	0.290	0.292	0.295	0.298	0.300	0.303
0.62	0.306	0.308	0.311	0.313	0.316	0.319	0.321	0.324	0.327	0.329
0.63	0.332	0.334	0.337	0.340	0.342	0.345	0.348	0.350	0.353	0.356
0.64	0.358	0.361	0.364	0.366	0.369	0.372	0.374	0.377	0.380	0.383
0.65	0.385	0.388	0.391	0.393	0.396	0.399	0.402	0.404	0.407	0.410
0.66	0.412	0.415	0.418	0.421	0.423	0.426	0.429	0.432	0.434	0.437
0.67	0.440	0.443	0.445	0.448	0.451	0.454	0.456	0.459	0.462	0.465
0.68	0.468	0.470	0.473	0.476	0.479	0.482	0.484	0.487	0.490	0.493
0.69	0.496	0.499	0.501	0.504	0.507	0.510	0.513	0.516	0.519	0.522
0.70	0.524	0.527	0.530	0.533	0.536	0.539	0.542	0.545	0.548	0.550
0.71	0.553	0.556	0.559	0.562	0.565	0.568	0.571	0.574	0.577	0.580
0.72	0.583	0.586	0.589	0.592	0.595	0.598	0.601	0.604	0.607	0.610
0.73	0.613	0.616	0.619	0.622	0.625	0.628	0.631	0.634	0.637	0.640
0.74	0.643	0.646	0.650	0.653	0.656	0.659	0.662	0.665	0.668	0.671

Tab. C.2 Quantil z_p der Standardnormalverteilung

p	.000	.001	.002	.003	.004	.005	.006	.007	.008	.009
0.75	0.674	0.678	0.681	0.684	0.687	0.690	0.694	0.697	0.700	0.703
0.76	0.706	0.710	0.713	0.716	0.719	0.722	0.726	0.729	0.732	0.736
0.77	0.739	0.742	0.745	0.749	0.752	0.755	0.759	0.762	0.766	0.769
0.78	0.772	0.776	0.779	0.782	0.786	0.789	0.793	0.796	0.800	0.803
0.79	0.806	0.810	0.813	0.817	0.820	0.824	0.827	0.831	0.834	0.838
0.80	0.842	0.845	0.849	0.852	0.856	0.860	0.863	0.867	0.870	0.874
0.81	0.878	0.882	0.885	0.889	0.893	0.896	0.900	0.904	0.908	0.912
0.82	0.915	0.919	0.923	0.927	0.931	0.935	0.938	0.942	0.946	0.950
0.83	0.954	0.958	0.962	0.966	0.970	0.974	0.978	0.982	0.986	0.990
0.84	0.994	0.999	1.003	1.007	1.011	1.015	1.019	1.024	1.028	1.032
0.85	1.036	1.041	1.045	1.049	1.054	1.058	1.062	1.067	1.071	1.076
0.86	1.080	1.085	1.089	1.094	1.098	1.103	1.108	1.112	1.117	1.122
0.87	1.126	1.131	1.136	1.141	1.146	1.150	1.155	1.160	1.165	1.170
0.88	1.175	1.180	1.185	1.190	1.195	1.200	1.206	1.211	1.216	1.221
0.89	1.226	1.232	1.237	1.243	1.248	1.254	1.259	1.265	1.270	1.276
0.90	1.282	1.287	1.293	1.299	1.305	1.311	1.316	1.322	1.328	1.335
0.91	1.341	1.347	1.353	1.360	1.366	1.372	1.379	1.385	1.392	1.398
0.92	1.405	1.412	1.419	1.426	1.432	1.440	1.447	1.454	1.461	1.468
0.93	1.476	1.483	1.491	1.498	1.506	1.514	1.522	1.530	1.538	1.546
0.94	1.555	1.563	1.572	1.580	1.589	1.598	1.607	1.616	1.626	1.635
0.95	1.645	1.655	1.665	1.675	1.685	1.695	1.706	1.717	1.728	1.739
0.96	1.751	1.762	1.774	1.787	1.799	1.812	1.825	1.838	1.852	1.866
0.97	1.881	1.896	1.911	1.927	1.943	1.960	1.977	1.995	2.014	2.034
0.98	2.054	2.075	2.097	2.120	2.144	2.170	2.197	2.226	2.257	2.290
0.99	2.326	2.366	2.409	2.457	2.512	2.576	2.652	2.748	2.878	3.090

C.2 χ^2-Verteilung

Tab. C.3 Quantile der χ^2-Verteilung mit k Freiheitsgraden

k	$\chi^2_{k;0.95}$	$\chi^2_{k;0.975}$	$\chi^2_{k;0.9833}$	$\chi^2_{k;0.9875}$	$\chi^2_{k;0.99}$
1	3.84	5.02	5.73	6.24	6.63
2	5.99	7.38	8.19	8.76	9.21
3	7.81	9.35	10.24	10.86	11.34
4	9.49	11.14	12.09	12.76	13.28
5	11.07	12.83	13.84	14.54	15.09
6	12.59	14.45	15.51	16.24	16.81
7	14.07	16.01	17.12	17.88	18.48
8	15.51	17.53	18.68	19.48	20.09
9	16.92	19.02	20.21	21.03	21.67
10	18.31	20.48	21.71	22.56	23.21
11	19.68	21.92	23.18	24.06	24.72
12	21.03	23.34	24.63	25.53	26.22
13	22.36	24.74	26.06	26.98	27.69
14	23.68	26.12	27.48	28.42	29.14
15	25.00	27.49	28.88	29.84	30.58
16	26.30	28.85	30.27	31.25	32.00
17	27.59	30.19	31.64	32.64	33.41
18	28.87	31.53	33.01	34.03	34.81
19	30.14	32.85	34.36	35.40	36.19
20	31.41	34.17	35.70	36.76	37.57
21	32.67	35.48	37.04	38.11	38.93
22	33.92	36.78	38.37	39.46	40.29
23	35.17	38.08	39.68	40.79	41.64
24	36.42	39.36	41.00	42.12	42.98
25	37.65	40.65	42.30	43.45	44.31

C.3 t-Verteilung

Tab. C.4 Quantile der
t-Verteilung mit k Freiheitsgraden

k	$t_{k;0.90}$	$t_{k;0.95}$	$t_{k;0.975}$	$t_{k;0.99}$	$t_{k;0.995}$
1	3.0777	6.3138	12.7062	31.8205	63.6567
2	1.8856	2.9200	4.3027	6.9646	9.9248
3	1.6377	2.3534	3.1824	4.5407	5.8409
4	1.5332	2.1318	2.7764	3.7469	4.6041
5	1.4759	2.0150	2.5706	3.3649	4.0321
6	1.4398	1.9432	2.4469	3.1427	3.7074
7	1.4149	1.8946	2.3646	2.9980	3.4995
8	1.3968	1.8595	2.3060	2.8965	3.3554
9	1.3830	1.8331	2.2622	2.8214	3.2498
10	1.3722	1.8125	2.2281	2.7638	3.1693
11	1.3634	1.7959	2.2010	2.7181	3.1058
12	1.3562	1.7823	2.1788	2.6810	3.0545
13	1.3502	1.7709	2.1604	2.6503	3.0123
14	1.3450	1.7613	2.1448	2.6245	2.9768
15	1.3406	1.7531	2.1314	2.6025	2.9467
16	1.3368	1.7459	2.1199	2.5835	2.9208
17	1.3334	1.7396	2.1098	2.5669	2.8982
18	1.3304	1.7341	2.1009	2.5524	2.8784
19	1.3277	1.7291	2.0930	2.5395	2.8609
20	1.3253	1.7247	2.0860	2.5280	2.8453
21	1.3232	1.7207	2.0796	2.5176	2.8314
22	1.3212	1.7171	2.0739	2.5083	2.8188
23	1.3195	1.7139	2.0687	2.4999	2.8073
24	1.3178	1.7109	2.0639	2.4922	2.7969
25	1.3163	1.7081	2.0595	2.4851	2.7874
26	1.3150	1.7056	2.0555	2.4786	2.7787
27	1.3137	1.7033	2.0518	2.4727	2.7707
28	1.3125	1.7011	2.0484	2.4671	2.7633
29	1.3114	1.6991	2.0452	2.4620	2.7564
30	1.3104	1.6973	2.0423	2.4573	2.7500
⋮	⋮	⋮	⋮	⋮	⋮
36	1.3055	1.6883	2.0281	2.4345	2.7195
⋮	⋮	⋮	⋮	⋮	⋮
43	1.3016	1.6811	2.0167	2.4163	2.6951

C.4 F-Verteilung

Tab. C.5 0.95-Quantil $F_{m,n;0.95}$ der F-Verteilung mit m und n Freiheitsgraden

n \ m	1	2	3	4	5	6	7	8	9	10
1	161.45	199.5	215.71	224.58	230.16	233.99	236.77	238.88	240.54	241.88
2	18.51	19.00	19.16	19.25	19.30	19.33	19.35	19.37	19.38	19.40
3	10.13	9.55	9.28	9.12	9.01	8.94	8.89	8.85	8.81	8.79
4	7.71	6.94	6.59	6.39	6.26	6.16	6.09	6.04	6.00	5.96
5	6.61	5.79	5.41	5.19	5.05	4.95	4.88	4.82	4.77	4.74
6	5.99	5.14	4.76	4.53	4.39	4.28	4.21	4.15	4.10	4.06
7	5.59	4.74	4.35	4.12	3.97	3.87	3.79	3.73	3.68	3.64
8	5.32	4.46	4.07	3.84	3.69	3.58	3.50	3.44	3.39	3.35
9	5.12	4.26	3.86	3.63	3.48	3.37	3.29	3.23	3.18	3.14
10	4.96	4.10	3.71	3.48	3.33	3.22	3.14	3.07	3.02	2.98
11	4.84	3.98	3.59	3.36	3.20	3.09	3.01	2.95	2.90	2.85
12	4.75	3.89	3.49	3.26	3.11	3.00	2.91	2.85	2.80	2.75
13	4.67	3.81	3.41	3.18	3.03	2.92	2.83	2.77	2.71	2.67
14	4.60	3.74	3.34	3.11	2.96	2.85	2.76	2.70	2.65	2.60
15	4.54	3.68	3.29	3.06	2.90	2.79	2.71	2.64	2.59	2.54
16	4.49	3.63	3.24	3.01	2.85	2.74	2.66	2.59	2.54	2.49
17	4.45	3.59	3.20	2.96	2.81	2.70	2.61	2.55	2.49	2.45
18	4.41	3.55	3.16	2.93	2.77	2.66	2.58	2.51	2.46	2.41
19	4.38	3.52	3.13	2.90	2.74	2.63	2.54	2.48	2.42	2.38
20	4.35	3.49	3.10	2.87	2.71	2.60	2.51	2.45	2.39	2.35
21	4.32	3.47	3.07	2.84	2.68	2.57	2.49	2.42	2.37	2.32
22	4.30	3.44	3.05	2.82	2.66	2.55	2.46	2.40	2.34	2.30
23	4.28	3.42	3.03	2.80	2.64	2.53	2.44	2.37	2.32	2.27
24	4.26	3.40	3.01	2.78	2.62	2.51	2.42	2.36	2.30	2.25
25	4.24	3.39	2.99	2.76	2.60	2.49	2.40	2.34	2.28	2.24
26	4.23	3.37	2.98	2.74	2.59	2.47	2.39	2.32	2.27	2.22
27	4.21	3.35	2.96	2.73	2.57	2.46	2.37	2.31	2.25	2.20
28	4.20	3.34	2.95	2.71	2.56	2.45	2.36	2.29	2.24	2.19
29	4.18	3.33	2.93	2.70	2.55	2.43	2.35	2.28	2.22	2.18
30	4.17	3.32	2.92	2.69	2.53	2.42	2.33	2.27	2.21	2.16

Tab. C.6 0.95-Quantil $F_{m,n;0.95}$ der F-Verteilung mit m und n Freiheitsgraden

n	m 1	2	3	4	5	6	7	8	9	10
31	4.16	3.30	2.91	2.68	2.52	2.41	2.32	2.25	2.20	2.15
32	4.15	3.29	2.90	2.67	2.51	2.40	2.31	2.24	2.19	2.14
33	4.14	3.28	2.89	2.66	2.50	2.39	2.30	2.23	2.18	2.13
34	4.13	3.28	2.88	2.65	2.49	2.38	2.29	2.23	2.17	2.12
35	4.12	3.27	2.87	2.64	2.49	2.37	2.29	2.22	2.16	2.11
36	4.11	3.26	2.87	2.63	2.48	2.36	2.28	2.21	2.15	2.11
37	4.11	3.25	2.86	2.63	2.47	2.36	2.27	2.20	2.14	2.10
38	4.10	3.24	2.85	2.62	2.46	2.35	2.26	2.19	2.14	2.09
39	4.09	3.24	2.85	2.61	2.46	2.34	2.26	2.19	2.13	2.08
40	4.08	3.23	2.84	2.61	2.45	2.34	2.25	2.18	2.12	2.08
41	4.08	3.23	2.83	2.60	2.44	2.33	2.24	2.17	2.12	2.07
42	4.07	3.22	2.83	2.59	2.44	2.32	2.24	2.17	2.11	2.06
43	4.07	3.21	2.82	2.59	2.43	2.32	2.23	2.16	2.11	2.06
44	4.06	3.21	2.82	2.58	2.43	2.31	2.23	2.16	2.10	2.05
45	4.06	3.20	2.81	2.58	2.42	2.31	2.22	2.15	2.10	2.05
46	4.05	3.20	2.81	2.57	2.42	2.30	2.22	2.15	2.09	2.04
47	4.05	3.20	2.80	2.57	2.41	2.30	2.21	2.14	2.09	2.04
48	4.04	3.19	2.80	2.57	2.41	2.29	2.21	2.14	2.08	2.03
49	4.04	3.19	2.79	2.56	2.40	2.29	2.20	2.13	2.08	2.03
50	4.03	3.18	2.79	2.56	2.40	2.29	2.20	2.13	2.07	2.03
51	4.03	3.18	2.79	2.55	2.40	2.28	2.20	2.13	2.07	2.02
52	4.03	3.18	2.78	2.55	2.39	2.28	2.19	2.12	2.07	2.02
53	4.02	3.17	2.78	2.55	2.39	2.28	2.19	2.12	2.06	2.01
54	4.02	3.17	2.78	2.54	2.39	2.27	2.18	2.12	2.06	2.01
55	4.02	3.16	2.77	2.54	2.38	2.27	2.18	2.11	2.06	2.01
56	4.01	3.16	2.77	2.54	2.38	2.27	2.18	2.11	2.05	2.00
57	4.01	3.16	2.77	2.53	2.38	2.26	2.18	2.11	2.05	2.00
58	4.01	3.16	2.76	2.53	2.37	2.26	2.17	2.10	2.05	2.00
59	4.00	3.15	2.76	2.53	2.37	2.26	2.17	2.10	2.04	2.00
60	4.00	3.15	2.76	2.53	2.37	2.25	2.17	2.10	2.04	1.99
⋮	⋮	⋮	⋮	⋮	⋮	⋮	⋮	⋮	⋮	⋮
110	3.93	3.08	2.69	2.45	2.30	2.18	2.09	2.02	1.97	1.92

Literatur

Agresti, A: Categorical Data Analysis, 3. Aufl. Wiley, New York (2013)

Andersen, E. B.: The statistical analysis of categorical data, 3. Aufl. Springer, Berlin (1994)

Bacher, J.: Clusteranalyse: Anwendungsorientierte Einführung in Klassifikationsverfahren, 3. Aufl. Oldenbourg, München (2010)

Bankhofer, U.: Unvollständige Daten- und Distanzmatrizen in der Multivariaten Datenanalyse. Eul, Bergisch Gladbach (1995)

Basilevsky, A.: Statistical Factor Analysis and related Methods: Theory and Applications. Wiley, New York (1994)

Basilevsky, A.: Applied Matrix Algebra in the Statistical Sciences. Dover, New York (2005)

Birkes, D., Dodge, Y.: Alternative Methods of Regression. Wiley, New York (1993)

Bock, H.: Automatische Klassifikation. Vandenhoeck & Ruprecht, Göttingen (1974)

Bödeker, M., Franke, K.: Analyse der Potenziale und Grenzen von Virtual Reality Technologien auf industriellen Anwendermärkten. Diplomarbeit, Universität Bielefeld (2001)

Bollen, K. A.: Structural Equations with Latent Variables. Wiley, New York (1989)

Borg, I., Groenen, P.: Modern Multidimensional Scaling: Theory and Applications, 2. Aufl. Springer, New York (2005)

Breiman, L., Friedman, J. H., Olshen, R. A., Stone, C. J.: Classification and Regression Trees. Wadsworth, Belmont (1984)

Brühl, O., Kahn, T.: Analyse der Standortqualität zur Beurteilung der wirtschaftlichen Leistungsfähigkeit im interregionalen Vergleich. Diplomarbeit, Universität Bielefeld (2001)

Büning, H.: Robuste und adaptive Tests. de Gruyter, Berlin (1991)

Büning, H.: Adaptive tests for the c-sample location problem – the case of two-sided alternatives. Communications in Statistics – Theory and Methods 25:1569–1582 (1996)

Büning, H., Naeve, P., Trenkler, G., Waldmann, K.-H.: Mathematik für Ökonomen im Hauptstudium. Oldenbourg, München (2000)

Büning, H., Trenkler, G.: Nichtparametrische statistische Methoden, 2. Aufl. de Gruyter, Berlin (1994)

Calinski, T., Harabasz, J.: A dendrite method for cluster analysis. Communications in Statistics – Theory and Methods A 3:1–27 (1974)

Carroll, J. D., Chang, J. J.: Analysis of individual differences in multidimensional scaling via an N-way generalization of Eckart-Young decomposition. Psychometrika 35:283–320 (1970)

Carroll, R. J., Ruppert, D.: Transformation and weighting in regression. Chapman & Hall, London (1988)

Cattell, R. B.: The scree test for the number of factors. Multivariate Behavioral Research 1:245–276 (1966)

Christensen, R.: Log-linear models and logistic regression, 2. Aufl. Springer, New York (1997)

Clark, L. A., Pregibon, D.: Tree-based models. In: Chambers, J. M., Hastie, T. J. (Hrsg.) Statistical models in S, Pacific Grove. Chapman & Hall/CRC (1992)

Cook, R. D., Weisberg, S.: Residuals and Influence in Regression. Chapman & Hall, New York (1982)

Cox, T. F., Cox, M. A. A.: Multidimensional scaling. Chapman & Hall, London (1994)

Davison, M. L.: Multidimensional Scaling. Wiley, New York (1992)

Deutsches PISA-Konsortium (Hrsg.): PISA 2000. Leske + Budrich, Opladen (2001)

Draper, N. R., Smith, H.: Applied regression analysis, 3. Aufl. Wiley, New York (1998)

Everitt, B., Hothorn, T.: An Introduction to Applied Multivariate Analysis with R. Springer, New York (2011)

Everitt, B., Landau, S., Leese, M., Stahl, D.: Cluster Analysis, 5. Aufl. Wiley, London (2011)

Fahrmeir, L., Hamerle, A., Tutz, G.: Multivariate statistische Verfahren, 2. Aufl. de Gruyter, Berlin (1996)

Fahrmeir, L., Heumann, C., Künstler, R., Pigeot, I., Tutz, G.: Statistik : Der Weg zur Datenanalyse, 8. Aufl. Springer, Berlin (2016)

Fahrmeir, L., Kneib, T., Lang, S.: Regression – Modelle, Methoden und Anwendungen, 2. Aufl. Springer, Heidelberg (2009)

Friedman, J. H., Tukey, J. W.: A projection pursuit algorithm for exploratory data analysis. IEEE Transactions on Computers 23:881–890 (1974)

Goodman, L. A.: The analysis of multidimensional contingency tables: stepwise procedures and direct estimation methods for building models for multiple classifications. Technometrics 13:33–61 (1971)

Goodman, L. A., Kruskal, W. H.: Measures of association for cross-classification. Journal of the American Statistical Association 49:732–764 (1954)

Gordon, A. D.: Classification, 2. Aufl. Chapman & Hall, Boca Raton (1999)

Goslee, S. C., Urban, D. L.: The ecodist package for dissimilarity-based analysis of ecological data. Journal of Statistical Software, 22:1–19 (2007)

Gower, J. C.: A general coefficient of similarity and some of its properties. Biometrics, 27:857–872 (1971)

Gower, J. C.: Generalized procrustes analysis. Psychometrika, 40:33–51 (1975)

Gower, J. C., Legendre, P.: Metric and Euclidean properties of dissimilarity coefficients. Journal of Classification, 3:5–48 (1986)

Guttman, L.: Some necessary conditions for common factor analysis. Psychometrika, 19:149–161 (1954)

Hand, D. J.: Construction and Assessment of Classification Rules. Wiley, Chichester (1997)

Härdle, W.: Applied Nonparametric Regression. Cambridge Univ. Press, Cambridge (1990a)

Härdle, W.: Smoothing techniques: with implementation in S. Springer, Berlin (1990b)

Härdle, W., Simar, L.: Applied Multivariate Statistical Analysis, 3. Aufl. Springer, New York (2012)

Hastie, T. J., Tibshirani, R. J.: Generalized Additive Models. Chapman & Hall, London (1991)

Hastie, T. J., Tibshirani, R. J., Friedman, J. H.: The Elements of Statistical Learning : Data Mining, Inference, and Prediction, 2. Aufl. Springer, New York (2011)

Heiler, S., Michels, P.: Deskriptive und explorative Datenanalyse. Oldenbourg, München (1994)

Hosmer, D. W., Lemeshow, S.: Applied Logistic Regression, 3. Aufl. Wiley, New York (2013)

Huber, P. J.: Projection pursuit (with discussion). Ann. Statist. 13:435–535 (1985)

Hubert, L.: Approximate evaluation techniques for the single-link and complete-link hierarchical clustering procedures. Journal of the American Statistical Association 69:698–704 (1974)

Huberty, C. J., Olejnik, S.: Applied MANOVA and Discriminant Analysis, 2. Aufl. Wiley, New York (2006)

Hyndman, R. J., Fan, Y.: Sample quantiles in statistical packages. The American Statistician **50**:361–365 (1996)

Jaccard, P.: Nouvelles recherches sur la distribution florale. Bulletin de la Societe Vaudoise de Sciences Naturelles **44**:223–370 (1908)

Jackson, J. E.: A User's Guide to Principal Components. Wiley, New York (2003)

Jänich, K.: Lineare Algebra, 11. Aufl. Springer, Berlin (2013)

Jobson, J. D.: Applied Multivariate Data Analysis, Vol. II. Categorical and Multivariate Methods. Springer, New York (1994)

Johnson, R. A., Wichern, D. W.: Applied Multivariate Statistical Analysis. Prentice Hall, Pearson (2013)

Johnson, S. C.: Hierarchical clustering schemes. Psychometrika **32**:241–254 (1967)

Jolliffe, I. T.: Discarding variables in principal component analysis, I: Artificial data. Applied Statistics **21**:160–173 (1972)

Jolliffe, I. T.: Principal Component Analysis, 2. Aufl. Springer, New York (2002)

Jones, M. C., Sibson, R.: What is projection pursuit? Journal of the Royal Statistical Society, Series A **150**:1–36 (1987)

Kaiser, H. F.: The varimax criterion for analytic rotation in factor analysis. Psychometrika **23**:187–200 (1958)

Kaiser, H. F.: The application of electronic computers to factor analysis. Educ. Psychol. Meas., **20**:141–151 (1960)

Kauermann, G., Küchenhoff, H.: Stichproben – Methoden und praktische Umsetzung mit R. Springer, Heidelberg (2011)

Kaufman, L., Rousseeuw, P. J.: Finding Groups in Data. Wiley, New York (1990)

Kearsley, A. J., Tapia, R. A., Trosset, M. W.: The solution of the metric STRESS and SSTRESS problems in multidimensional scaling using Newton's method. Computational Statistics **13**:369–396 (1998)

Khuri, A. I.: Advanced Calculus with Applications in Statistics, 2. Aufl. Wiley, New York (2003)

Kleinbaum, D. G.: Logistic Regression: A Self-Learning Text, 3. Aufl. Springer, New York (2010)

Krause, A., Olson, M.: The Basics of S and S-PLUS. Springer, New York (2000)

Kruskal, J. B.: On the shortest spanning subtree of a graph and the travelling salesman problem. Poceedings AMS **7**:48–50 (1956)

Kruskal, J. B.: Nonmetric multidimensional scaling: a numerical method. Psychometrika **29**:115–129 (1964)

Krzanowski, W. J.: Principles of Multivariate Analysis: A User's Perspective. Oxford University Press, Oxford (2000)

Lachenbruch, P. A., Mickey, M. R.: Estimation of error rates in discriminant analysis. Technometrics **10**:1–11 (1968)

Lance, G., Williams, W.: A general theory of classifactory sorting strategies I. Hierarchical systems. The Computer Journal **9**:373–380 (1967)

Lasch, R., Edel, R.: Einsatz multivariater Verfahren zur Analyse von Geschäftsstellen eines Kreditinstituts. Diskussionsarbeit am Institut für Statistik und mathematische Wirtschaftstheorie der Universität Augsburg (1994)

Loh, W. Y., Shih, Y. S.: Split selection methods for classification trees. Statistica Sinica **7**:815–840 (1997)

Maechler, M., Rousseeuw, P., Struyf, A., Hubert, M., Hornik, K.: cluster: Cluster Analysis Basics and Extensions. R package version 2.0.4 — For new features, see the 'Changelog' file (in the package source) (2016)

Mardia, K. V.: Some properties of classical multidimensionale scaling. Communications in Statistics – Theory and Methods A **7**:1233–1241 (1978)

Mardia, K. V., Kent, J. T., Bibby, J. M.: Multivariate Analysis. Academic Press, London (1980)

McLachlan, G. J.: Discriminant analysis and statistical pattern recognition. Wiley, New York (1992)

Miller, R. G.: Simultaneous Statistical Inference, 2. Aufl. Springer, New York (1981)

Milligan, G. W., Cooper, M. C.: An examination of procedures for determining the number of clusters in a data set. Psychometrika **50**:159–179 (1985)

Mojena, R.: Hierarchical grouping methods and stopping rules: an evaluation. Computer Journal **20**:359–363 (1977)

Mood, A. M., Graybill, F. A., Boes, D. C.: Introduction to the Theory of Statistics, 3. Aufl. McGraw-Hill, New York (1974)

Neuhaus, J., Wrigley, C.: The quartimax method: an analytical approach to orthogonal simple structure. British Journal of Mathematical and Statistical Psychology **7**:81–91 (1954)

OECD: PISA 2012 – Ergebnisse im Fokus. URL: https://www.oecd.org/pisa/keyfindings/pisa-2012-results-overview-GER.pdf, zuletzt aufgerufen: 10.10.2016 (2013)

Oksanen, J., Blanchet, F. G., Friendly, M., Kindt, R., Legendre, P., McGlinn, D., Minchin, P. R., O'Hara, R. B., Simpson, G. L., Solymos, P., Stevens, M. H. H., Szoecs, E., Wagner, H.: vegan: Community Ecology Package. R package version 2.4-1 (2016)

Rice, J. A.: Mathematical Statistics and Data Analysis, 3. Aufl. Cengage Learning, Boston (2006)

Ripley, B.: tree: Classification and Regression Trees. R package version 1.0-37 (2016)

Ripley, B. D.: Pattern Recognition and Neural Networks. Cambridge Univ. Press, Cambridge (2008)

Rogers, D. J., Tanimoto, T. T.: A computer program for classifying plants. Science **132**:1115–1118 (1960)

Rousseeuw, P. J.: Least median of squares regression. Journal of the American Statistical Association **79**:871–880 (1984)

Rousseeuw, P. J.: Silhouettes: A graphical aid to the interpretation and validation of cluster analysis. Journal of Computational and Applied Mathematics **20**:53–65 (1987)

Rousseeuw, P. J., Ruts, I., Tukey, J. W.: The bagplot: a bivariate boxplot. The American Statistician **53**:382–387 (1999)

Rousseeuw, P. J., van Driessen, K.: A fast algorithm for the minimum covariance determinant estimator. Technometrics **41**:212–223 (1999)

Schafer, J. L.: Analysis of Incomplete Multivariate Data. Chapman & Hall, London (1997)

Schlittgen, R.: Statistische Inferenz. Oldenbourg, München (1995)

Schlittgen, R.: Einführung in die Statistik, 12. Aufl. Oldenbourg, München (2012)

Seber, G. A. F.: Linear regression analysis. Wiley, New York (1977)

Seber, G. A. F.: Multivariate observations. Wiley, New York (1984)

Seshan, V. E.: clinfun: Clinical Trial Design and Data Analysis Functions. R package version 1.0.13 (2016)

Small, C. G.: A survey of multidimensional medians. International Statistical Review **58**:263–277 (1990)

Smith, M.: Neural Networks for Statistical Modelling. Van Nostrand Reinhold, New York (1993)

Sneath, P. H., Sokal, R. R.: Principles of Numerical Taxinomy. Freeman, San Francisco (1973)

Sokal, R., Michener, C.: A statistical method for evaluation systematic relationships. The University of Kansas Scientific Bulletin **38**:1409–1438 (1958)

Strang, G.: Linear Algebra and Its Applications, 4. Aufl. Brooks Cole, Boston (2009)

Süselbeck, B.: S und S-PLUS : Eine Einführung in Programmierung und Anwendung. Fischer, Stuttgart (1993)

Tukey, J. W.: Exploratory Data Analysis. Addison-Wesley, Reading, Mass. (1977)

Utts, J. M.: Seeing Through Statistics, 4. Aufl. Cengage Learning, Pacific Grove (2014)

Venables, W. N., Ripley, B. D.: Modern Applied Statistics with S-PLUS, 3. Aufl. Springer, Berlin (1999)

Venables, W. N., Ripley, B. D.: Modern Applied Statistics with S, 4. Aufl. Springer, New York (2002)

Ward, J.: Hierarchical grouping to optimize an objective function. Journal of the American Statistical Association **58**:236–244 (1963)

Watkins, D. S.: Fundamentals of Matrix Computations, 3. Aufl. Wiley, New York (2010)

Wetzel, W., Skarabis, H., Naeve, P., Büning, H.: Mathematische Propädeutik für Wirtschaftswissenschaftler, 4. Aufl. de Gruyter, Berlin (1981)

Wishart, D.: An algorithm for hierarchical classifications. Biometrics **25**:165–170 (1969)

Wolf, H.: aplpack: Another Plot PACKage: stem.leaf, bagplot, faces, spin3R, plotsummary, plothulls, and some slider functions. R package version 1.3.0 (2014)

Zurmühl, R., Falk, S.: Matrizen und ihre Anwendungen 1: Grundlagen, 7. Aufl. Springer, Berlin (2011)

Sachverzeichnis

A

agglomerativ, 416
Ähnlichkeitskoeffizient, 91
Analysis of Variance, 337
ANOVA-Tabelle, 337
Ast, 392
Average-Linkage-Verfahren, 421, 427

B

Bagplot, 67
Balkendiagramm, 19
Baum
  minimal spannender, 140
  spannender, 140
Bayes-Entscheidungsregel, 368, 388
Bestimmtheitsmaß, 237
Bindung, 340
Boxplot, 22

C

City-Block-Metrik, 102
Cluster, 415
Complete-Linkage-Verfahren, 421, 424

D

Datenanalyse
  multivariate, 3
  univariate, 3
Datenmatrix, 15
  zentrierte, 27
Datensatz
  geordneter, 19
Dendrogramm, 417
Determinante, 487
Devianz, 398
Diagonalmatrix, 479
Dichtefunktion, 73

dilatierend, 447
diskordant, 451
Diskriminanzanalyse, 363
  lineare, 377
  logistische, 390
  quadratische, 377
Disparität, 187
Disparitätenmatrix, 187
Distanzmaß, 91
Distanzmatrix, 92
divisiv, 417
Drehung, 205
Durchschnittsrang, 340

E

Eigenvektor, 490
Eigenwert, 490
Einfachregression, 220
Einfachstruktur, 270
Einheitsmatrix, 479
Einheitsvektor, 479
Einservektor, 479
Endknoten, 392
Entropie, 395
Entscheidungsknoten, 392
Entscheidungsregel, 363
Erwartungswert, 74
euklidische Distanz, 95

F

Faktor, 253
Faktorladung, 253
fehlende Beobachtung, 67
Fehlerrate, 366
  individuelle, 366
Fundamentaltheorem der Faktorenanalyse, 258

Fünf-Zahlen-Zusammenfassung, 21

G
Gamma-Koeffizient, 450, 471
Gini-Index, 397
Gleichungssystem
 linear homogenes, 488
 linear inhomogenes, 488
 lineares, 488
Gower-Koeffizient, 108
Gradient, 499
Graph, 139
 zusammenhängender, 139
Grundgesamtheiten, 71

H
Hat-Matrix, 231
Häufigkeit
 absolute, 17
 bedingte relative, 42
 erwartete absolute, 285
 geschätzte erwartete, 285
 relative, 17, 285
Häufigkeitstabelle, 17
Hauptfaktorenanalyse, 264
Hauptkomponente, 127
Hesse-Matrix, 225, 500
Heteroskedastie, 220
Histogramm, 20
Homoskedastie, 220, 238

I
INDSCAL, 196
Inner-Gruppen-Streumatrix, 347, 465
IPF-Algorithmus, 293, 296, 298, 305, 308, 311
isoliert, 416, 438, 439, 460

J
Jaccard-Koeffizient, 104

K
Kante, 139
Kategorie, 17
Klasse, 415
Klassifikationsbaum, 392
Kleinste-Quadrate-Methode, 223
K-Means, 457
K-Medoids, 457, 460
Knoten, 392
kohärent, 416, 438, 439, 460

Kommunalität, 259
konkordant, 451
konservativ, 447
Kontingenztabelle, 41
kontrahierend, 446
konvexe Hülle, 29
Konvexe-Hüllen-Median, 31
Korrelationskoeffizient, 82
 empirischer, 38
 kophenetischer, 449
 partieller, 251
Korrelationsmatrix, 87
 empirische, 38, 249
Kosten, 370
Kovarianz, 80
 empirische, 33, 35
Kovarianzmatrix, 84
Kreis, 139
Kreuzproduktverhältnis, 282
Kriterium von Jolliffe, 138
Kriterium von Kaiser, 137

L
Lage einer Verteilung, 21, 22
Lagrange-Funktion, 126, 501
Länge eines Vektors, 482
Leaving-one-out-Methode, 400
Lernstichprobe, 399
Likelihood-Prinzip, 365
Likelihood-Quotienten-Teststatistik, 291
linear unabhängig, 489

M
Mahalanobis-Distanz, 100
Manhattan-Metrik, 102
Maßzahlen, 73
Matrix
 Definition, 478
 der standardisierten Merkmale, 33
 invertierbare, 484
 kophenetische, 419
 orthogonale, 485
 quadratische, 479
 symmetrische, 478
 transponierte, 478
Maximum, 19, 21
Maximum-Likelihood-Entscheidungsregel, 365
Maximum-Likelihood-Verfahren, 264
MCD-Schätzer, 67

Median, 21
    multivariater, 31
Median-Verfahren, 432
Medoid, 460
Merkmal
    binäres, 103
        asymmetrisches, 103
        symmetrisches, 103
    nominalskaliertes, 17
    ordinalskaliert, 17
    qualitatives, 17
    quantitatives, 17
    standardisiertes, 32
    zentriertes, 26
metrische mehrdimensionale Skalierung, 160
Minimum, 19, 21
Mittelwert, 22
    getrimmter, 24
Modell
    0, 290
    A, 291
    A, B, 296
    $A B$, 298
    B, 295
    der bedingten Unabhängigkeit, 289, 309
    der totalen Unabhängigkeit, 302
    der Unabhängigkeit einer Variablen, 306
    ohne Drei-Faktor-Interaktion, 312
    saturiertes, 315
Modellselektion, 299, 315
Monotoniebedingung, 185
Monotonieeigenschaft der
        Verschmelzungsniveaus, 443
multiples Testproblem, 287
MVE-Schätzer, 67

N
negativ definit, 496
negativ semidefinit, 496
Newton-Verfahren, 194
nichtmetrische mehrdimensionale Skalierung,
    160
Normalgleichung, 224
Normal-Quantil-Plot, 339
Nullmatrix, 479
Nullvektor, 479

O
Ordnung einer Matrix, 478

orthogonaler Vektor, 485

P
Parameter, 220
partielle Ableitung, 498
Partition, 415
PAV-Algorithmus, 187
Peeling, 31
PISA-Studie, 4, 23, 29, 34, 40, 68, 123, 252,
    329
positiv definit, 496
positiv semidefinit, 496
Procrustes-Analyse, 200
Produkt
    äußeres, 483
    dyadisches, 483
    inneres, 481
Profil, 42

Q
quadratische Form, 496
Quartil
    oberes, 21
    unteres, 21
Quartimax-Kriterium, 272
QUEST, 403

R
R
    Addition, 44
    ANOVA-Tabelle, 355
    Average-Linkage-Verfahren, 454
    Balkendiagramm, 56
    Baum
        minimal spannender, 153
    bedingte Anweisung, 53
    Befehlsmodus, 44
    Bereitschaftszeichen, 44
    Boxplot, 54
    Complete-Linkage-Verfahren, 454
    Dataframe, 63, 243
    Datenmatrix
        zentrierte, 59
    Dendrogramm, 455
    Devianz, 410
    Diagonalmatrix, 506
    Diskriminanzanalyse
        lineare, 405
        logistische, 408

Division, 44
Eigenvektor, 507
Eigenwert, 507
Einheitsmatrix, 507
euklidische Distanz, 111
Faktorenanalyse, 272
fehlende Beobachtung, 52
function, 53
Fünf-Zahlen-Zusammenfassung, 53, 244
Funktionskopf, 53
Funktionskörper, 53
Gamma-Koeffizient, 456
Gower-Koeffizient, 114
Häufigkeit
    absolute, 56
    relative, 56
Hauptdiagonalelement, 506
Hauptkomponentenanalyse, 150
Histogramm, 54
Hülle
    konvexe, 62
Indizierung, 48, 58
Jaccard-Koeffizient, 114
Klassifikationsbaum, 409
Kleinste-Quadrate-Schätzer, 244
K-Means, 466
K-Medoids, 467
Komponente, 46
Kontingenztabelle, 65
Korrelationskoeffizient
    kophenetischer, 456
Korrelationsmatrix
    empirische, 61
Kriterium von Jolliffe, 152
Kriterium von Kaiser, 151
Länge eines Vektors, 48
Leaving-one-out-Methode, 408, 409
Lernstichprobe, 407
Liste, 57
logische Operatoren, 51
Manhattan-Metrik, 111
Matrix, 57, 505
    inverse, 506
    kophenetische, 455
    quadratische, 506
Median, 52
Mittelwert, 51
    getrimmter, 52
Modell

loglineares, 317
    verallgemeinertes lineares, 408
Modellselektion, 320
Multiplikation, 44
NA, 52
Normal-Quantil-Plot, 356
Operator, 44
Potenzieren, 44
Procrustes-Analyse, 212
Produkt
    äußeres, 505
    inneres, 504
Quartil, 54
Regression
    logistische, 408
Resubstitutionsfehlerrate, 409
Scores, 153
Screeplot, 152
Silhouette, 468
Simple-Matching-Koeffizient, 114
Single-Linkage-Verfahren, 454
Singulärwertzerlegung, 508
Spur, 507
Standardabweichung, 52
Standardfehler, 244
Stichprobenvarianz, 59
Streudiagramm, 60
Subtraktion, 44
Test
    χ^2-Unabhängigkeitstest, 317
    Jonckheere-Test, 358
    Kruskal-Wallis-Test, 356
    t-Test, 356
    von Mojena, 456
    Wilcoxon-Test, 357
Teststichprobe, 407
Variable, 47
Varianz, 52
Varianzanalyse
    multivariate, 357
    univariate, 355
Varianz-Kovarianz-Matrix
    empirische, 61
Varimax, 275
Vektor, 46
Vergleichsoperator, 50, 504
Ward-Verfahren, 455
Workspace, 48
Zeichenkette, 54

Zentroid-Verfahren, 455
Zuweisungsoperator, 47
R Pakete
  aplpack, 62
  clinfun, 358
  cluster, 115, 467
  ecodist, 111, 456
  MASS, 194, 406
  tree, 410
  vegan, 153, 212
Rang, 340, 489
Rangreihung, 117
Ratingverfahren, 116
Regression
  gewichtete, 238
  logistische, 390
  monotone, 186
  multiple, 220
Regressionsmodell, 220
Rekursionsbeziehung von Lance und Williams, 429
Residuen, 226
Residuenplot, 238
Resubstitutionsfehlerrate, 399
R-Funktion
  abline, 245
  all, 51, 504
  any, 51, 504
  aov, 355
  apply, 58, 112
  array, 66, 318
  as.data.frame, 354
  barplot, 56, 153
  boxplot, 54
  c, 46, 503
  cbind, 357
  chisq.test, 317
  chull, 62
  cmdscale, 182
  coefficients, 408
  colnames, 153
  cophenetic, 455
  cor, 61
  cumsum, 273
  daisy, 115
  data.frame, 64
  diag, 506
  dim, 114, 505
  dimnames, 57

dist, 111, 454
eigen, 273, 507
else, 53
expression, 245
factanal, 273
factor, 56
fitted, 245, 409
full, 112, 456
gammakoeffizient, 456
glm, 408
hclust, 454
if, 53
isoMDS, 194
jonckheere.test, 358
kmeans, 466
kruskal.test, 356
lda, 406, 407
length, 48, 503
list, 57
lm, 243
load, 48
loadings, 152
loglin, 317
ls, 48
manova, 357
matrix, 57, 505
max, 49, 113
mean, 51, 152, 407
min, 49, 113
ordered, 56
outer, 505
pairs, 61
pam, 468
par, 54
pchisq, 320
plot, 60, 184, 215, 244, 410, 455
plotsilho, 469, 470
predict, 407, 409
princomp, 151
procrustes, 212
q, 48
qchisq, 320
qqline, 356
qqnorm, 356
quartile, 54
rep, 56, 358
residuals, 245, 356
return, 53
rev, 49

rm, 48
round, 61, 112
rownames, 153, 154, 354
sample, 407
save, 48
scale, 59, 213
screeplot, 152
sd, 52
segments, 154
silho, 469
solve, 506
sort, 50, 407
Spannweite, 113
spantree, 153
sqrt, 45, 112
sum, 51
summary, 53, 152, 244, 355, 358
svd, 214, 507
sweep, 59, 112
t, 506
table, 56, 65, 318
text, 61, 153, 154, 184, 215, 410
tree, 410
t.test, 356
var, 52, 61
which, 51, 356
wilcox.test, 357
xaxs, 457
xaxt, 457
yaxs, 457
yaxt, 457
robust, 24
Rotationsmatrix, 270

S
Schälen, 31
Scheinkorrelation, 252
Score, 132
Screeplot, 137
Silhouette, 463
Silhouettenkoeffizient, 466
Simple-Matching-Koeffizient, 104
Single-Linkage-Verfahren, 421, 422
Singulärwertzerlegung, 209, 496
Skalar, 478
SMACOF-Algorithmus, 194
Spaltenrang, 489
Spaltenvektor, 479
Spannweite, 21

Spektralzerlegung, 142, 170, 494
spezifischer Faktor, 253
Spur einer Matrix, 486
Stabdiagramm, 19
Standardabweichung, 24, 31
Startkonfiguration, 186
Stetigkeitskorrektur, 344
Stichprobe, 71
Stichprobenvarianz, 24, 31
Störgröße, 219
STRESS1, 189
Streudiagramm, 28, 223
Streudiagrammmatrix, 39
Streuung, 21, 24
Streuung innerhalb der Gruppen, 333
Streuung zwischen den Gruppen, 332
Streuungszerlegung, 237, 336

T
Test
    χ^2-Unabhängigkeitstest, 285, 287
    adaptiver Test, 343
    Bonferroni-Test, 287
    Kolmogorow-Smirnow-Test, 339
    Kruskal-Wallis-Test, 339
    t-Test, 338
    von Mojena, 452
    Wilcoxon-Test, 343
Teststichprobe, 399
Transformation, 238

U
Überschreitungswahrscheinlichkeit, 242, 244,
        317, 356, 357
unabhängig, 280
Unabhängigkeit
    paarweise, 287
    vollständige, 287
unkorrelierte Störgrößen, 221
Unreinheitsmaß 394
Urliste, 17

V
Variable
    erklärende, 219
    zu erklärende, 219
Varianz, 75
Varianzanalyse
    multivariate, 330

univariate, 330
  Varianzhomogenität, 330
Varianz-Kovarianz-Matrix, 86
  empirische, 33, 36
  gepoolte, 380
Varimax-Kriterium, 272
Vektor
  normierter, 482
  summierender, 479
Verschiebung, 204
Verschmelzungsniveau, 452, 456
Verteilung
  χ^2-Verteilung, 286, 320
  Bernoulli-Verteilung, 72
  F-Verteilung, 336, 347
  linksschiefe, 20
  logistische, 390
  multivariate Normalverteilung, 88, 375
  Normalverteilung, 73, 372
  rechtssteile, 20
  Standardnormalverteilung, 73
  t-Verteilung, 242, 338
  Λ-Verteilung, 347
Verteilungsfunktion, 73
  empirische, 339
Verwechslungswahrscheinlichkeit, 366

W
Wahrscheinlichkeit
  A-posteriori-, 369
  A-priori-, 368, 371
  bedingte, 280
Wahrscheinlichkeitsfunktion, 72
Ward-Verfahren, 432
Wettchance 1. Ordnung, 281
Wilks' Λ, 347
Wurzelknoten, 392

Z
Zäune, 22
Zeilenrang, 489
Zeilenvektor, 479
Zentrierungsmatrix, 28
Zentroid-Verfahren, 432, 436
Zufallsmatrix, 76
Zufallsvariable
  diskrete, 72
  mehrdimensionale, 71, 78
  stetige, 72, 73
  univariate, 71
Zufallsvektor, 76, 78
Zweistichprobenproblem
  unverbundenes, 337
Zwischen-Gruppen-Streumatrix, 346, 465

Willkommen zu den Springer Alerts

- Unser Neuerscheinungs-Service für Sie:
  aktuell *** kostenlos *** passgenau *** flexibel

Springer veröffentlicht mehr als 5.500 wissenschaftliche Bücher jährlich in gedruckter Form. Mehr als 2.200 englischsprachige Zeitschriften und mehr als 120.000 eBooks und Referenzwerke sind auf unserer Online Plattform SpringerLink verfügbar. Seit seiner Gründung 1842 arbeitet Springer weltweit mit den hervorragendsten und anerkanntesten Wissenschaftlern zusammen, eine Partnerschaft, die auf Offenheit und gegenseitigem Vertrauen beruht.

Die SpringerAlerts sind der beste Weg, um über Neuentwicklungen im eigenen Fachgebiet auf dem Laufenden zu sein. Sie sind der/die Erste, der/die über neu erschienene Bücher informiert ist oder das Inhaltsverzeichnis des neuesten Zeitschriftenheftes erhält. Unser Service ist kostenlos, schnell und vor allem flexibel. Passen Sie die SpringerAlerts genau an Ihre Interessen und Ihren Bedarf an, um nur diejenigen Information zu erhalten, die Sie wirklich benötigen.

Mehr Infos unter: springer.com/alert

Printed in the United States
by Bookmasters

Printed in the United States
By Bookmasters